通信网络前沿
技术丛书

6G关键技术
权威指南

蒋伟（Wei Jiang）
[美] 罗发龙（Fa-Long Luo） 著

陈鹏 朱剑驰 佘小明 蒋峥 李南希 刘胜楠 尹航 吴径舟 译

6G KEY TECHNOLOGIES
A Comprehensive Guide

图书在版编目（CIP）数据

6G 关键技术权威指南 / 蒋伟，（美）罗发龙著；陈鹏等译. -- 北京：机械工业出版社，2024. 7. --（通信网络前沿技术丛书）. -- ISBN 978-7-111-76643-8

Ⅰ. TN929. 59-62

中国国家版本馆 CIP 数据核字第 20244ZD145 号

机械工业出版社（北京市百万庄大街 22 号　邮政编码 100037）

策划编辑：王　颖　　　责任编辑：王　颖

责任校对：杜丹丹　马荣华　景　飞　　　责任印制：单爱军

保定市中画美凯印刷有限公司印刷

2025 年 1 月第 1 版第 1 次印刷

186mm×240mm · 21. 75 印张 · 621 千字

标准书号：ISBN 978-7-111-76643-8

定价：109. 00 元

电话服务	网络服务
客服电话：010-88361066	机　工　官　网：www. cmpbook. com
010-88379833	机　工　官　博：weibo. com/cmp1952
010-68326294	金　　书　　网：www. golden-book. com
封底无防伪标均为盗版	机工教育服务网：www. cmpedu. com

|The Translator's Words| 译者序

移动通信正在迈入6G时代，我们很荣幸受邀翻译*6G Key Technologies: A Comprehensive Guide*一书。这本书让我们这些3GPP标准从业者为作者深厚的知识储备和敏锐的技术洞察力所折服。希望它能为移动通信从业者和学习者的6G探索之旅提供一些有效的参考和指引。

这本书延续了作者兼具广度与深度的作品风格，内容全面而不失条理，分析深刻而不显烦琐。相较于一些仅罗列新技术的6G读物，本书更加注重技术的实用性和实现难度，选取了最具代表性和可行性的技术进行深入剖析，并从6G的愿景出发，依次对毫米波、太赫兹、可见光等新频谱以及RIS、超大规模MIMO、Cell-free、NOMA等新技术进行了详尽的阐述和分析。更难能可贵的是，本书中的每一章都尽可能与现有技术结合，由浅入深地进行讲解，使读者既能轻松理解，又能深入钻研，获得启发。

我们的翻译工作历时近五个月，原书的丰富内涵和深刻见解使翻译过程成为一次宝贵的学习之旅。在保留原书精髓的基础上，我们力求译文准确、流畅、优美。然而，受限于个人理解和语言表达能力，部分译文可能仍有不足之处，敬请读者谅解。

在翻译过程中，我们得到了作者的大力支持和认可。同时，机械工业出版社的编辑给我们提供了悉心指导，使我们翻译的工作得以顺利进行并按时完成，为此我们深表感谢。

目前，5G-A第一个版本Rel-18的标准已完成制定，第二个版本Rel-19的标准化工作接近尾声，Rel-20作为6G第一个版本已并不遥远，6G不应再是纸上谈兵。本书所阐述的技术兼顾了创新性和可行性，具备很强的实用价值。希望本书能为移动通信的学习者提供方向指引，为诸位通信同行提供研究参考，帮助读者迸发更多的灵感，让通信技术为全人类创造更美好的生活。

译者

于北京昌平未来科学城

前 言 |Preface|

随着无线技术的迅速发展，相关应用已经形成了庞大的市场规模。2019 年初，在韩国的三家移动运营商与美国的威瑞森通信公司（Verizon）争论谁才是全球第一个 5G 通信服务供应商时，我们正式迈入了 5G 时代。过去三年，5G 一直是最热议的话题之一，引起了全社会前所未有的关注。除了进一步提升网络容量之外，5G 还将移动通信服务从人扩展到物，从消费者扩展到垂直行业。移动通信用户的潜在规模从数十亿人大幅扩大到海量的人，并实现了机器和事物之间的互联互通。5G 将支持从传统移动宽带到工业 4.0、虚拟现实、物联网和自动驾驶等更多更广泛的新兴业务。近些年，网络和数字基础设施在保持社会运转和家庭联系方面越来越重要，特别是 5G 服务和应用越来越有价值，例如远程外科医生、在线教育、远程工作、无人驾驶汽车、无人配送、机器人、智能治疗和自动制造等。

随着 5G 技术在全球范围内的广泛部署，学术界和工业界已经前瞻性地将焦点转向了 5G 演进或更为先进的第六代移动通信技术（sixth-generation，6G），且许多研究团队、标准化和监管组织等已经启动了 6G 的相关研究。2018 年 7 月，国际电信联盟电信（International Telecommunication Union Telecommunication，ITU-T）标准部成立了一个名为“网络 2030 技术”的小组，该小组致力于研究在 2030 年及之后可支持新型前瞻性场景（如全息型通信、普惠智能、触觉互联网、多维感知体验和数字孪生等）的网络。此外，欧盟委员会开始赞助 B5G 的研究活动，于 2020 年初启动了一系列 6G 开创性研究项目，包括 ICT-20 5G 长期演进和 ICT-52 超 5G 智能互联。2020 年 10 月，下一代移动网络（Next Generation Mobile Networks，NGMN）联盟启动了 6G 愿景和驱动因素项目，旨在为全球 6G 活动提供及时且前瞻性的指导。2020 年 2 月，国际电信联盟无线通信（International Telecommunication Union Radiocommunication，ITU-R）部决定启动国际移动通信（IMT-2030）的未来演进和技术趋势的研究。

5G 技术彰显了移动通信系统对经济繁荣和国家安全的重要性。近几年，许多国家都宣布了 6G 发展计划或已正式启动相关研究。在芬兰，奥卢大学开展了 6G 无线智能社会和生态系统（芬兰科学院旗舰项目）的研究，该研究专注于可靠的近实时无线连接、分布式计算和智能，以及未来用于电路和电子设备的材料和天线这几个具有挑战性的研究领域。美国联邦通信委员会于 2019 年 3 月宣布，为 6G 及未来通信系统开放 95GHz~3THz 的实验许可证，以促进太赫兹通信的测试。2020 年 10 月，美国电信行业解决方案联盟发起了下一代通信技术联盟（包括 AT&T、T-Mobile、Verizon、高通、爱立信、诺基亚、苹果、谷歌、脸书、微软等），旨在提升北美移动技术在 6G 领域的地位。此外，美国太空探索技术公司 SpaceX，于 2015 年宣布了 Starlink（超大规模的低轨通信卫星）项目，旨在为全球提供无处不在的互联网接入服务。可以预见的是，空间通信基础设施将重塑下一代移动通信的架构。2019 年 11 月，中国科学技术部发起了 6G 技术研发工作，同时还成立了由来自高校、科研院所和企业的 37 名专家组成的总体专家组。2017 年末，日本内务通信省成立了一个工作组来研究下一代无线技术。韩国宣布计划在 2026 年进行首次 6G 试验，预计将在五年内花费约 1.69 亿美元来开发 6G 关键技术。2021 年 8 月开始，德国联邦教育和研究部（German Federal Ministry of Education and Research，BMBF）资助建立了四个 6G 未来技术研究中心，预计在前四年内提供高达 2.5 亿欧元的科研经费。

我们坚信一本关于 6G 的启发性指南可以激发人们对 6G 的兴趣并吸引学术界和工业界相关领域开展进一步的研究。然而，目前市场上仍缺乏一本全面而系统地阐述 6G 及其关键技术的书籍，本书应运而生，力求填补这一空白。本书由两位业内专家撰写，他们从技术研发角度出发，旨在为全球读者提供一本翔实且具有高度一致性的关于 6G 无线传输和信号处理使能技术的权威之作。本书共分为三个部分、10 章，内容涵盖了 6G 愿景、新频谱、新传输、新空口以及智能无线系统。

第一部分　6G 愿景和技术演进

在技术发展和应用实践方面，本书第一部分通过回顾 1G 标准到 5G 标准的演进以及 Pre-6G 技术与系统演进来呈现 6G 愿景（驱动因素、应用案例、应用场景、性能需求、路线图和关键推动技术）。第一部分由 3 章组成。

第 1 章　蜂窝系统标准的演进

为了更好地理解当今复杂的蜂窝系统，读者需要对蜂窝系统的演进有一个完整认知。第 1 章简要回顾从准蜂窝系统到 5G 移动蜂窝系统的演进。通过本章，读者能够为深入了解 6G 技术做好充分的准备。

第 2 章　Pre-6G 技术与系统演进

第 2 章将从技术角度对前几代蜂窝系统进行深入研究，阐述在全球商业市场上取得主导地位的标准中的主流技术。在这一章，读者将了解每一代具有代表性的蜂窝系统的总体架构，包括主要网元、功能划分、互联互通、交互和操作流程。

第 3 章　6G 愿景

在了解 6G 技术细节之前，阐明研发 6G 的意义和动机，并让读者相信 6G 一定会像前几代移动通信一样至关重要。本章将提供一个关于驱动因素、应用案例和应用场景的全面视图，给出基本的性能需求和关键推动技术。

第二部分　6G 全频谱通信

本书第二部分分为 3 章，重点介绍 6G 的全频谱通信，包括与毫米波、太赫兹通信和光无线通信相关的新频谱机会。

第4章　6G增强的毫米波无线通信

毫米波已被用于5G系统，但其应用尚处于起步阶段。因此，增强的毫米波无线通信是6G的关键推动技术。除了丰富的频谱资源和连续的大带宽，毫米波信号的传播特性也不同于特高频（UHF）和微波频段的低频带。本章将重点介绍毫米波信号传播的特点以及释放高频潜力的关键毫米波传输技术。

第5章　6G太赫兹技术和系统

为了满足6G系统中设想的每秒兆比特数量级的极高传输速率的需求，无线通信需要利用太赫兹（THz）频带中丰富的频谱。除了太赫兹通信，太赫兹频段还应用于其他特定应用，如成像、传感和定位，这些应用有望与6G中的太赫兹通信实现协同作用。本章除了阐述太赫兹的潜力外，还将分析高自由空间路径损耗、大气衰减、天气影响、阻塞和高多普勒波动等主要挑战，并将介绍太赫兹的关键推动技术，如超大规模MIMO系统中的子阵列波束赋形和透镜天线阵列。同时，将介绍世界上第一个太赫兹通信标准IEEE 802.15.3d。

第6章　6G光无线通信

光无线通信使用光谱作为传输介质进行通信，包括无线红外通信、可见光通信和无线紫外通信。光无线通信在如家庭网络、车辆通信、飞机乘客照明和对射频干扰敏感的电子医疗设备等部署场景中，显示出了巨大的优势。本章将介绍光频谱、光无线通信的应用和发展、光学设备、光MIMO以及光通信的主要挑战。

第三部分　6G智能无线网络和空口技术

第三部分分为4章，主要阐述智能反射面（intelligent reflecting surface，IRS）、6G多维技术和天线技术、6G蜂窝和无蜂窝大规模MIMO技术以及6G自适应非正交多址接入系统。

第7章　智能反射面辅助6G通信

IRS由大量小尺寸、无源且低成本的反射单元构成，可以主动实现智能可编程的无线环境。因此，IRS能以低成本、低复杂度和低能耗实现容量和性能的可持续增长，为6G无线系统的设计提供新的自由度。本章将介绍平坦衰落信道和频率选择性衰落信道两种情况下的IRS辅助通信的系统模型和信号传输过程，同时考虑了单天线基站和多天线基站。

第8章　6G多维技术和天线技术

本章将探讨多天线传输的基本原理，包括空间分集、波束赋形和空间复用。虽然6G之前的标准已经采用了这些多天线技术，但它们也将在6G系统中发挥关键作用，特别是与智能反射面、无蜂窝架构、非正交多址、太赫兹以及光无线通信等新兴技术相结合时。因此，本章将阐述对这些技术的全面见解，以挖掘其在6G中的更多潜能。

第 9 章 6G 蜂窝和无蜂窝大规模 MIMO 技术

本章首先介绍包括著名的脏纸编码原理在内的多用户 MIMO 技术的关键问题。接着介绍具有革命性的大规模 MIMO 技术，该技术通过增加系统规模而非试图达到完全的香农极限来打破可扩展性的限制。最后，本章着重介绍无蜂窝大规模 MIMO 这一前沿技术。无蜂窝架构对于即将到来的 6G 部署场景尤其具有吸引力，例如校园或垂直领域工业专用网络，被视为 6G 的关键技术之一。

第 10 章 6G 自适应非正交多址接入系统

蜂窝网络需要在有限的时频资源上同时容纳大量活跃用户。正交和非正交多址接入系统将进一步发展并在即将到来的 6G 系统设计中扮演重要角色。尽管 OFDM、OFDMA、SC-FDMA 和 NOMA 已经在 6G 之前的标准中使用，但这些技术仍将是 6G 传统的 6GHz 以下频段和更高频段通信的基础。当与智能反射面技术、无蜂窝架构、毫米波、太赫兹和可见光无线通信等技术相结合时，这些技术仍有很大的探索空间。

目　录 | Contents |

译者序

前言

第一部分　6G 愿景和技术演进

第 1 章　蜂窝系统标准的演进 …… 2

1.1　0G：准蜂窝系统 …… 2

1.2　1G：蜂窝网络的诞生 …… 3

1.3　2G：从模拟到数字 …… 5

1.4　3G：以数据为中心 …… 10

1.5　4G：移动互联网 …… 15

1.6　5G：从人到机器 …… 18

1.7　超越 5G …… 23

1.8　总结 …… 23

参考文献 …… 25

第 2 章　Pre-6G 技术与系统演进 … 27

2.1　1G-AMPS …… 27

2.2　2G-GSM …… 31

2.3　3G-WCDMA …… 35

2.4　4G-LTE …… 40

2.5　5G-新空口 …… 46

2.6　总结 …… 53

参考文献 …… 54

第 3 章　6G 愿景 …… 56

3.1　背景 …… 56

3.2　爆炸性移动流量 …… 57

3.3　应用案例 …… 59

3.4　应用场景 …… 61

3.5　性能需求 …… 63

3.6　研究计划和路线图 …… 66

3.7　关键推动技术 …… 72

3.8　总结 …… 78

参考文献 …… 78

第二部分　6G 全频谱通信

第 4 章　6G 增强的毫米波无线通信 …… 82

4.1　频谱短缺 …… 82

4.2　毫米波传播特性 …… 83

4.3　毫米波信道模型 …… 92

4.4　毫米波传输技术 …… 99

4.5　总结 …… 118

参考文献 …… 118

第 5 章　6G 太赫兹技术和系统 … 120

5.1　太赫兹频段的潜力 …… 120

5.2　太赫兹应用 …… 125
5.3　太赫兹通信的挑战 …… 129
5.4　子阵列波束赋形 …… 139
5.5　透镜天线 …… 141
5.6　研究案例：IEEE 802.15.3d …… 143
5.7　总结 …… 152
参考文献 …… 152

第6章　6G光无线通信 …… 155
6.1　光频谱 …… 155
6.2　优势与挑战 …… 158
6.3　光无线通信的应用 …… 160
6.4　光无线通信的发展 …… 161
6.5　光收发机 …… 163
6.6　光源和探测器 …… 165
6.7　光链路配置 …… 172
6.8　光MIMO …… 173
6.9　总结 …… 177
参考文献 …… 178

第三部分　6G智能无线网络和空口技术

第7章　智能反射面辅助6G通信 …… 180
7.1　基本概念 …… 180
7.2　IRS辅助单天线传输 …… 183
7.3　IRS辅助多天线传输 …… 188
7.4　双波束智能反射面 …… 192
7.5　IRS辅助宽带通信 …… 197
7.6　多用户IRS通信 …… 201
7.7　信道老化与信道预测 …… 206
7.8　总结 …… 218
参考文献 …… 219

第8章　6G多维技术和天线技术 …… 222
8.1　空间分集 …… 222
8.2　接收合并 …… 223
8.3　空时编码 …… 229
8.4　发射天线选择 …… 235
8.5　波束赋形 …… 237
8.6　空间复用 …… 242
8.7　总结 …… 254
参考文献 …… 255

第9章　6G蜂窝和无蜂窝大规模MIMO技术 …… 257
9.1　多用户MIMO …… 258
9.2　大规模MIMO …… 267
9.3　多小区大规模MIMO …… 271
9.4　无蜂窝大规模MIMO …… 276
9.5　机会性无蜂窝通信 …… 288
9.6　总结 …… 293
参考文献 …… 294

第10章　6G自适应非正交多址接入系统 …… 296
10.1　频率选择性衰落信道 …… 297
10.2　多载波调制 …… 299
10.3　OFDM技术 …… 303
10.4　正交频分多址接入 …… 313
10.5　无蜂窝大规模MIMO-OFDMA系统 …… 319
10.6　非正交多址接入 …… 325
10.7　总结 …… 335
参考文献 …… 336

第一部分　6G 愿景和技术演进

第 1 章　蜂窝系统标准的演进
第 2 章　Pre-6G 技术与系统演进
第 3 章　6G 愿景

第 1 章 |Chapter 1|

蜂窝系统标准的演进

1895 年夏天，在有线电话出现的几十年后，Guglielmo Marconi 成功地证明了无线传输的可行性。从那时起，全世界范围内各种各样的无线通信和广播服务竞相涌现。大约半个世纪后，贝尔实验室在 1947 年完成了两项历史性的概念创新——晶体管和蜂窝。20 世纪 80 年代初，经过数十年的技术发展，第一代蜂窝网络终于面世，开始为公众提供商用移动电话服务。与有线网络相比，移动蜂窝网络具有易部署、经济高效、可移植、可扩展和灵活等特点。基于这些特点，移动蜂窝网络在过去几十年中经历了爆炸式增长，并成了现代社会发展的关键基础设施之一。同时，移动蜂窝网络彻底改变了人们在商业、教育、娱乐和个人生活中的行为方式。第五代蜂窝系统（5G）被认为是 21 世纪 20 年代最伟大的创新之一。在本书开始撰写之际，全球约 130 多个国家的 400 多家移动运营商开始部署 5G 网络。无论是消费市场还是垂直行业，5G 用户数量在很多地区都已经达到了巨大规模。现在，学术界和工业界逐渐开始关注下一代移动通信系统。自 19 世纪 90 年代首次进行无线通信实验以来，移动通信系统经过了相当漫长的演进。要充分了解当今先进而又复杂的蜂窝系统，就需要全面了解蜂窝系统的发展过程。为此，本书前两章将帮助读者简要回顾从准蜂窝系统到第五代移动蜂窝系统的整个演进，从而为读者能够深入了解即将到来的第六代（6G）蜂窝系统做好充分准备。本章将按照时间顺序进行介绍。每部分介绍一代蜂窝系统，主要内容包括：

- 演进的潜在动机。
- 发展、标准化和部署的里程碑。
- 各种竞争标准及其主要技术特征的回顾。

1.1 0G：准蜂窝系统

在远古时代，人们通过烟雾、烽火、闪光镜、信号弹和信号旗等来传递敌人入侵等重要信息。人们建立信号塔或山峰上的观测站来形成信号“中继网络”，从而实现信号的远距离传输。这些早期的“通信系统”逐渐被传输文本消息的电报机（由 Samuel Morse 于 1837 年发明）和传输语音信号的有线电话（由 Alexander Graham Bell 于 1876 年发明）取代。1895 年夏天，在电话发明几十年后，Guglielmo Marconi 成功地进行了第一次实验，展示了无线通信的能力。从那时起，无线电报、移动电话、无线广播、电视广播、卫星通信、无线局域网和蓝牙等各种各样的无线服务在全世界范围内得到广泛应用。作为最成功的无线技术，移动通信在过去几十年间经历了爆炸式的增长。如今，蜂窝网络已经成为关键基础设施和价值数万亿美元的移动互联网产业的基础。

最早的蜂窝系统起源于 Walkie-Talkie 的便携式无线电话，其标志是摩托罗拉公司为美国军方开发的 SCR-536。这种手持式无线电收发器采用“按（键）即说”的工作方式，是半双工操作。虽然它很原始，但为后来发展准蜂窝式移动电话系统积累了很多经验。移动电话服务（Mobile Telephone Service，MTS）是最早的移动电话系统之一，它作为有线电话服务的延伸与公共电话网络相连，并于 1946 年由摩托罗拉公司与贝尔实验室共同在美国进行商业运营。1946 年 6 月 17 日，贝尔实验室在圣路易斯市通过一部重约 36kg 的车载电话演示了世界上第一个移动通话。最初，只有 3 个信道供大城市的所有用户使用，后来增加到了 32 个信道。三年内，这项服务已经扩展到美国的 100 个城市，吸引了 5000 名用户。1964 年，一个名为改进型移动电话服务（Improved Mobile Telephone Service，IMTS）的增强系统推出，取代了之前的移动电话服务系统。它实现了两项重大进步：一个是直接拨号，允许在没有人工操作员连接的情况下进行电话通话；另一个是全双工传输，允许通信双方同时说话。

这种准蜂窝系统是第一代蜂窝网络的先驱，因此有时也称为第零代（0G）。这些初始系统利用中央传输站为大城市提供服务。IMTS 基站通常使用 100W 的发射功率覆盖直径为 60~100km 的广阔区域，而现代基站的发射功率不到 1W。由于每个语音对话都会独占一个无线信道，即使是一个大城市往往也只能获得几个信道的许可，这就导致系统容量非常有限。20 世纪 70 年代，在部署蜂窝网络之前，希望申请移动电话服务的新用户只有在现有用户终止其移动电话服务时才能申请，而这往往需要等待三年时间。

蜂窝网络

网络容量的限制是采用蜂窝系统的主要驱动因素。

1947 年，曾在贝尔实验室工作的工程师 William R. Young 报告了他想利用六边形覆盖每个城市的想法，以便每部移动电话都可以连接到至少一个小区。同样在贝尔实验室工作的 Douglas H. Ring 扩展了 Young 的概念，他勾勒出了标准蜂窝网络的基本设计，并于 1947 年 12 月 11 日在贝尔实验室内部期刊上以“移动电话——广域覆盖”为题发表了技术备忘录［Ring，1947］。在蜂窝网络中，一个广阔的区域可以划分为几个地理小区域（称为小区），每个小区都被无线覆盖。基于传输信号的功率随距离增加而急剧衰减这一特征，它允许在空间分离的站点有效地重用宝贵的频谱资源。

然而，由于技术限制，蜂窝系统从初始概念到实际的网络应用的发展过程相当漫长。早在 1947 年，AT&T 向美国联邦通信委员会（Federal Communications Commission，FCC）申请了蜂窝服务的频谱许可。19 世纪 60 年代，蜂窝系统设计基本完成。1977 年，第一个由 10 个小区组成的试验网络搭建完成，此时许多原始技术已经过时［Goldsmith，2005］。在该试验网络的基础上，贝尔实验室制定了高级移动电话系统（Advanced Mobile Phone System，AMPS）这个美国第一个蜂窝网络标准［Young，1979］。该标准在多个国家成功部署并顺利演进为第二代蜂窝标准，即 IS-54（其中 IS 代表临时标准）。

1.2　1G：蜂窝网络的诞生

1979 年 12 月，日本网络运营商日本电报电话公司（Nippon Telegraph and Telephone，NTT）推出了世界上第一个商用蜂窝系统。初期组网包含 88 个小区，覆盖了东京市区，同时支持小区间切换。这个蜂窝系统工作在 900MHz 左右的频段，并提供了 600 对信道用于频分双工（Frequency-Division Duplexing，FDD）操作。每个移动用户的语音信号通过带宽为 25kHz 的模拟信道进行传输。不到五年，该网络便覆盖了日本全部人口，使日本成为第一个提供全国蜂窝通信服务的国家。

然而，NTT 网络中的早期移动基站仍然是车载电话，其必须安装在汽车上，并于 20 世纪 40 年代首次实现商业化。摩托罗拉公司于1946年10月演示了世界上第一次车载通话，但该电话非常重（原始设备重约36kg），并且耗电量非常大。1985年，NTT发布了体积虽然笨重但可以由人携带的肩背电话。1973年4月3日，天才工程师马丁·库珀（Martin Cooper）带领摩托罗拉团队开发了第一部手机原型，并在曼哈顿的纽约市中心希尔顿酒店演示了第一次手机通话。十年后，摩托罗拉公司推出了其具有历史意义的产品——DynaTAC 8000X——第一部轻巧的便于携带的商用手机。当时拥有手机是富裕和社会地位的象征。例如，摩托罗拉DynaTAC 8000X在1984年的售价为3995美元，此外还有昂贵的订阅费用。摩托罗拉公司在手机发展的早期发挥了极其重要的作用。继其标志性的DynaTAC 8000系列产品之后，该公司还发布了全球第一款翻盖（部分翻转）手机——摩托罗拉MicroTAC，随后又推出了第一款真正意义上的翻盖手机——摩托罗拉StarTAC，其不仅是当时世界上最小的手机，也是当时最轻的手机，重量仅为105g。同期，诺基亚先后推出了Cityman系列手机和与之前的“砖块”相反的诺基亚101直板型手机，这使得诺基亚崛起成为世界第二大手机制造商［Linge and Sutton，2014］。

在摩托罗拉公司开发手机的同时，贝尔实验室开发了高级移动电话系统，该系统成为美国第一个蜂窝网络标准［Frenkiel and Schwartz，2010］。1983年10月，Ameritech公司在美国芝加哥推出了第一个商业蜂窝网络。虽然美国的蜂窝网络服务比其他地区实现得晚，但其是通过手机而不是车载电话实现的。1981年，北欧移动电话（Nordic Mobile Telephone，NMT）这个第一个欧洲蜂窝网络标准在挪威和瑞典等北欧国家推出，次年在丹麦和芬兰推出。这是第一个支持国际漫游的移动网络。1985年，NMT网络的用户数量已增至11万，成为当时世界上最大的移动网络。最初的NMT网络在450MHz频段运行（因此也称为NMT-450），并采用25kHz的信道带宽。1986年，NMT网络分配了额外的频段，即用于上行链路的890~915MHz频段和用于下行链路的935~960MHz频段，在这些频段运行的系统称为NMT-900。据记载，截至2021年，仍存在部分NMT-450网络在俄罗斯一些偏远地区运行，为人口稀少、距离较远的地区提供基本的通信服务。除NMT之外，欧洲国家还制定了几种不同的蜂窝标准，包括1983年英国首先实施的全接入通信系统（Total Access Communication System，TACS）、1985年德国实施的C-450标准和1986年法国实施的Radiocom 2000标准。然而，由于采用了不同的频段、空口和通信协议，第一代欧洲标准并不相互兼容，如表1-1所示。

表1-1　第一代蜂窝网络标准

特征	AMPS	NMT	NTT	TACS	C-450	RC2000
启动时间（年）	1983	1981	1979	1983	1985	1986
下行频段/MHz	869~894	463~468①	870~885②	935~960	460~465.74	424.8~428③
上行频段/MHz	824~849	453~458	925~940	890~915	450~455.74	414.8~418
带宽/kHz	30	25	25	25	10	12.5
信道数	832	180	600	1 000	573	256
多址接入方式	FDMA					
复用方式	FDD					
调制方式	FM					

① NMT还在900MHz频段工作，称为NMT-900。

② NTT还在900MHz附近的其余频段工作。

③ Radiocom2000还在200MHz附近的其余频段工作。

来源：改编自Goldsmith［2005］。

在所有的第一代模拟标准中，NMT和AMPS被认为是当时取得巨大成功的两个优秀代表。

1.2.1 北欧移动电话

北欧电信管理局制定了北欧移动电话（NMT）标准以应对当时过度拥挤的移动电话网络无法满足大量语音服务需求的问题，如芬兰的自动无线电话（Auto Radio Phone，ARP）、瑞典和丹麦的移动电话系统（Mobile Telephony System，MTS）以及挪威的公共陆地移动电话（Public Land Mobile Telephony，PLMT）。1973 年，基本技术准备就绪，1977 年，基站标准完成。1981 年，第一个北欧移动电话系统在挪威和瑞典推出，次年在丹麦和芬兰推出。基于频分双工的操作模式，上行链路工作在 453~458MHz 频段，下行链路工作在 463~468MHz 频段。1986 年，新增了另一对频段，即分别用于上行链路和下行链路的 890~915MHz 频段和 935~960MHz 频段。该系统采用频分多址（Frequency-Division Multiple Access，FDMA）技术来服务大量的移动用户。此时，频谱被细分为一系列带宽为 25kHz 的窄带信道。语音信道是模拟的，其中语音信号通过调频技术（Frequency Modulation，FM）进行调制。然而，基站和移动台之间的控制信号是数字传输的，使用高达 1200bit/s 的快速频移键控（Fast Frequency-Shift Keying，FFSK）调制技术。北欧移动电话网络中的小区范围为 2~30km。为了服务车载电话，该系统使用了高达 15W（NMT-450）和 6W（NMT-900）的传输功率，而服务手机的传输功率较低（至多 1W）。北欧移动电话网络是第一个全自动切换（拨号）的蜂窝系统，从一开始就支持小区间的切换。它也是第一个实现国际漫游的蜂窝系统。北欧移动电话（NMT）标准是免费和开放的，允许诺基亚和爱立信等多家公司生产网络设备，这降低了部署成本。

1.2.2 高级移动电话系统

高级移动电话系统（AMPS）主要由美国贝尔实验室开发，其灵感来自严重拥挤的移动电话系统。它起源于 1947 年提出的蜂窝概念，经历了相当长的历程才成为实用的网络。AMPS 设计在 20 世纪 60 年代几乎完成，随后进行了广泛的试验（技术和商业），以优化系统参数并验证蜂窝布局的基本规划规则。1978 年，贝尔实验室与伊利诺斯贝尔电话公司、美国电话电报公司（AT&T）和西部电气公司合作，建立了一个大规模且全面运行的试验网络。试验网络利用 10 个小区覆盖伊利诺伊州芝加哥大约 3000mile^2（1mile^2=2.589 99×10^{6}m^2）的区域，旨在服务 2000 多个用户 [Ehrlich，1979]。直到 1983 年，美国联邦通信委员会为模拟蜂窝网络分配了 40MHz（后来增加到 50MHz）的初始频谱时，才颁发了商业运营许可证。下行链路传输和上行链路传输使用频分双工技术，分配了 824~849MHz 和 869~894MHz 的一对频段。频谱被细分为 416 个配对通道，包括 21 个控制信道和 395 个语音信道。移动用户的语音信号利用 FM 模拟调制技术调谐到载波频率，并通过 30kHz 信道传输。尽管高级移动电话系统是一个模拟蜂窝系统，但它的控制通道已经数字化。控制信令以 10kbit/s 的速率在基站和移动站之间交换，利用频移键控（Frequency-Shift Keying，FSK）技术调制数据，并使用曼彻斯特编码进行纠错。

1.3 2G：从模拟到数字

第一代蜂窝系统出现后的 20 年，人们采用 3G 来命名第三代蜂窝系统，与此同时，第一代蜂窝系统才被称为 1G。虽然 1G 开启了移动蜂窝通信时代，但它被认为是原始的，并且存在许多不足，例如：语音质量较差、系统容量有限、没有安全保护、国际漫游有限、切换可靠性差、手机笨重昂贵和电池寿命短暂。

因此，20 世纪 80 年代初移动行业开始开发第二代数字系统，并在 20 世纪 90 年代逐渐取代第一代模拟系统。这一代的数字蜂窝标准包括欧洲的全球移动系统（Global System for Mobile，GSM）、美国的数字高级移动电话系统（Digital Advanced Mobile Phone System，D-AMPS）和 IS-95，以及日本的个人数字蜂窝（Personal Digital Cellular，PDC）[Mishra，2005]。

数字化

第一代到第二代蜂窝系统的过渡是由数字技术推动的。数字系统可以实现比模拟系统更高的容量，因为数字通信可以应用频谱效率更高的数字调制和更高效的多址技术。数字化有利于压缩语音信号、信息加密防窃听并支持数据服务。此外，数字组件比模拟组件更强大、更轻便、更小、更便宜、更节能。

1.3.1　全球移动通信系统

欧洲各种系统之间的不兼容使得欧洲国家之间的旅行者难以通过一部模拟电话获得连续的通信服务。这推动了制定统一的欧洲标准和统一的分配频谱。早在 1982 年，欧洲邮政和电信会议（Conference of European Postal and Telecommunications，CEPT）就成立了全球移动通信系统（GSM）工作组来协调开发工作。从 1982 年至 1985 年，全球移动通信系统工作组就模拟系统和数字系统的选择进行了讨论。经过多次现场试验，该工作组决定开发基于窄带时分多址（Time-Division Multiple Access，TDMA）的数字蜂窝系统，并定义了该泛欧系统的要求，例如良好的主观语音质量、较低的终端和服务成本，以及提供国际漫游服务。1988 年，欧洲邮政和电信会议组建了欧洲电信标准协会（European Telecommunications Standards Institute，ETSI），随后将规范化标准的职责转交给了 ETSI。1990 年，ETSI 发布了全球移动通信系统的第一阶段建议。同时，在 ETSI 内标准化了在更高频段运行的全球移动通信系统的一种变体，称为 1800MHz 数字蜂窝系统（DCS-1800），并于 1991 年 2 月获得批准 [Mouly and Pautet，1995]。除了基本的语音业务外，全球移动通信系统终端还可以与综合业务数字网（Integrated Services Digital Network，ISDN）相连，以 9.6kbit/s 的速率提供各种数据业务。第一个全球移动通信系统网络的商业运营开始于芬兰。1991 年 7 月 1 日，时任的芬兰总理 Harri Holkeri 在使用诺基亚和西门子设备构建的 Radiolinja 移动网络上进行了世界上第一次 GSM 通话。从那时起，GSM 迅速获得认可并成为占主导地位的 2G 数字蜂窝标准 [Vriendt et al.，2002]。GSM 取得了非凡的商业成功，全球市场份额超过 90%。到 2004 年初，全球 200 多个国家和地区的 10 亿多人使用了 GSM 的移动电话服务。

1.3.2　数字高级移动电话系统

高级移动电话系统标准与相对分散竞争的欧洲标准相比，由于具有规模经济性，在 1G 时代取得了相对较好的地位。然而，美国并没有在 2G 时代保持同样的优势。第二代数字蜂窝的发展围绕时分多址和码分多址（Code-Division Multiple Access，CDMA）频谱共享技术展开了激烈的争论。这场争论产生了两个不兼容的系统：IS-54（及其演进系统 IS-136）与 IS-95。IS-54 和 IS-136 组成了数字高级移动电话系统，是美国此前高级移动电话系统的数字化升级。数字高级移动电话系统继承了其前身的基本架构和信令协议，实现了从模拟到数字的平稳过渡。数字高级移动电话系统网络部署在与高级移动电话系统相同的频段中，即下行链路频段为 869~894MHz，上行链路频段为 824~849MHz。但是每个 30kHz 的信道基于时分多址技术进一步细分为三个时隙，通过在单个模拟通道上多路复用来自三个用户的压缩语音信号，容量增加了三倍。IS-54 的协议于 1992 年完成，自 1993 年首次商业发布以来一直在美国和加拿大部署。随着时间的推移，它得到了增强，并基于这些增强演变出了 IS-136 标准。IS-136 标准为初始的 IS-54 标准引入了电路交换数据、文本消息以及支持在 1900MHz 下运行等新功能。IS-136 标准为全数字时分多址系统提供了可能性，而不是其前身采用的双模式操作。

1.3.3　暂行标准 95

对于蜂窝系统而言，码分多址技术相较于时分多址技术具有一些独特的技术优势，例如更高的系统容量和由通用频率复用带来的简单频谱规划、软切换期间的高质量服务、对用户数量（软容量）没有硬性限制、能够利用语音活动自动减少聚合干扰，并使用类似噪声的扩频信号提高鲁棒性。高通开发了第一个基于码分多址技术的蜂窝系统，该系统的初始协议于 1993 年最终确定。美国电信工业协会（Telecommunications Industry Association，TIA）和电子工业联盟（Electronic Industries Alliance，EIA）于 1995 年批准其为数字标准，因此将它命名为 IS-95 或 IS-95A。1995 年 10 月，Hutchison Telephone 在中国香港推出了名为 cdmaOne 的世界上第一个商用 CDMA 蜂窝网络。与之前的窄带移动通信不同，它是一种宽带系统，使用直接序列扩频技术在 1.25MHz 的信号带宽上扩展信息比特。CDMA 系统需要复杂的空口和通信协议，例如采用 Rake 接收机来减轻多径传输的影响。由于多用户干扰和小区间干扰，系统性能在很大程度上取决于精准的功率控制，以补偿远近效应，这在上行链路中更为明显。功率控制比特在前向链路上每秒传输 800 次，以指示移动台以 1dB 的粒度调整其传输功率。IS-95B 是其增强版，也称为第 2.5 代 CDMA 技术，它结合了 IS-95、ANSI-J-STD-008 和 TSB-74 等标准。IS-95B 的标准化于 1997 年完成，1998 年韩国运营商推出了世界上第一个 IS-95B 商用网络。它利用编码聚合技术提供了更高的数据速率，一个基站最多可以给单个移动站分配 8 个编码信道，将可实现的速率从 IS-95A 的 11.4kbit/s 提高到 115kbit/s。在 20 世纪 90 年代初期，关于 IS-54 标准和 IS-95 标准相对优势的争论很多，声称基于 IS-95 标准可以达到高级移动电话系统容量的 20 倍，而基于 IS-54 标准只能达到这个容量的三倍。最终，这两个系统都证明与高级移动电话系统相比，容量增加大致相同［Goldsmith，2005］。

1.3.4　个人数字蜂窝

日本独立开发了名为个人数字蜂窝（PDC）的数字蜂窝标准，其仅在日本部署。与数字高级移动电话系统和全球移动通信系统类似，个人数字蜂窝采用 TDMA 作为多址技术。为了与日本的模拟系统兼容，它为语音信道选择了 25kHz 的信号带宽。每个信道分为基于全速率（11.2kbit/s）语音编解码器的三个时隙或基于半速率（5.6kbit/s）语音编解码器的六个时隙。无线系统研究与开发中心（the Research and Development Center for Radio System，RCR）后来成为无线工业和商业协会（the Association of Radio Industries and Businesses，ARIB），于 1991 年 4 月完成了协议。基于 NEC、摩托罗拉和爱立信制造的网络设备，NTT DoCoMo 在 1993 年 3 月推出了数字服务。在达到近 8000 万用户的峰值后，它逐渐被 3G 技术所取代，并于 2012 年 4 月 1 日关闭。个人数字蜂窝网络提供移动语音服务（全速率和半速率）、补充服务（呼叫等待、语音邮件、三方通话和呼叫转移等）、电路交换数据服务（最高 9.6kbit/s）和分组交换数据服务（最高 28.8kbit/s）。尽管与世界其他地区隔绝，但日本 2G 网络培育了一项引人注目的创新，即 i-mode，它被视为移动互联网的先驱（表 1-2～表 1-4）。

表 1-2　第二代蜂窝网络标准

参数	GSM	D-AMPS	PDC	IS-95
启动时间（年）	1991	1993	1993	1995
下行频段/MHz	935～960	869～894	940～960，1 477～1 501	869～894
上行频段/MHz	890～915	824～849	810～830，1 429～1 453	824～849

（续）

参数	GSM	D-AMPS	PDC	IS-95
带宽/kHz	200	30	25	1250
用户容量	1 000	2 500	3 000	≈2 500（软容量）
多址接入方式	TDMA			CDMA
接收机	均衡器			RAKE
复用方式	FDD			
调制方式	GMSK	π/4-DPSK	π/4-DPSK	BPSK/QPSK
语音速率/(kbit/s)	13	7.95	11.2（全)/5.6（半）	1.2~9.6（可变的）

表 1-3 第三代蜂窝网络标准

参数	WCDMA	CDMA2000	TD-SCDMA	WiMAX
版本	Release 99	1x	Release 4	IEEE802.16e
启动时间	2001	2000	2009	2006
带宽/MHz	5	1.25	1.6	1.25/5/10/20
多址接入方式	CDMA			OFDMA
Duplexing	FDD	FDD	TDD	TDD
码片速率/Mcps	3.84	1.228 8	1.28	N/A
功率控制	1 500Hz	800Hz	200Hz	N/A
帧长/ms	10	20	10	5
调制方式	QPSK（DL)/BPSK（UL）		~8 PSK	~64 QAM
信道编码	Turbo 码			Turbo/LDPC

表 1-4 LTE/LTE-Advanced 和 WiMAX 主要系统参数的比较

参数	LTE	LTE-Advanced	WiMAX 1.0	WiMAX 2.0
协议	3GPP Release 8	3GPP Release 10	IEEE802.16e-2005	IEEE802.16m-2011
启动时间/年	2009	2012	2006	2012
带宽/MHz	1.4,3,5,10,15,20	（聚合）最大 100	1.25,5,10,20	5,10,20,40
多址接入方式	DL：OFDMA UL：SC-FDMA	DL：OFDMA UL：SC-FDMA	DL：OFDMA UL：OFDMA	DL：OFDMA UL：OFDMA
OFDM 子载波	15kHz	15kHz	10.94kHz	10.94kHz
双工模式	FDD/TDD	FDD/TDD	TDD	TDD/FDD
多天线	DL：2×2,4×2,4×4 UL：1×2,1×4	DL：最大 8×8 UL：最大 4×4	DL：2×2 UL：2×1	DL：最大 8×8 UL：最大 4×4
调制方式	QPSK,16QAM,64QAM	最大 256QAM①	QPSK,16QAM,64QAM	QPSK,16QAM,64QAM
信道编码	Turbo 码	Turbo 码	Turbo 码/LDPC	Turbo 码/LDPC
帧长/ms	10	10	5	5
移动性/(km/h)	350	350	120	350
数据速率	DL：300Mbit/s UL：75Mbit/s	DL：1Gbit/s UL：500Mbit/s	DL：75Mbit/s UL：20Mbit/s	DL：1Gbit/s UL：200Mbit/s
延迟	UP：5ms，CP：50ms	UP：5ms，CP：50ms	UP：20ms，CP：50ms	UP：10ms，CP：30ms

① 3GPP Release 12 在 LTE-Advanced 中加入了 256QAM 的支持。

1.3.5　通用分组无线业务

除了由数字加密而提高的安全性和比其前身显著增加的系统容量之外，2G 蜂窝系统的里程碑式进展是将数据服务引入移动网络。1992 年，支持 9.6kbit/s 数据速率的短信服务（Short Messaging Service，SMS）首次诞生。1992 年 12 月 3 日，在沃达丰（Vodafone）工作的 22 岁软件工程师 Neil Papworth 从电脑上用 Orbitel 901 手机向 Richard Jarvis 发送了内容为“圣诞快乐”的世界上第一条短信。随着短信服务的巨大成功以及通过手机和笔记本电脑访问互联网需求的不断增长，2G 蜂窝标准不断发展以增强承载高速分组数据（High-Rate Packet Data，HRPD）服务的能力。

ETSI 为响应早期的蜂窝数字分组数据（Cellular Digital Packet Data，CDPD）以及日本的 i-mode 服务，开发了通用分组无线业务（General Packet Radio Service，GPRS），利用高级移动电话系统提供 19.2kbit/s 的速率。在全球移动系统中引入分组交换的蜂窝分组无线电协议是自 1993 年起 GPRS 标准的基础 [Walke，2003]。2000 年 6 月，British Telecom Cellnet 在英国推出了世界上第一个商用 GPRS 网络。GPRS 是一种基于电路交换 GSM 网络的分组交换数据网络。依靠传统空口，运营商只需要安装一些网络节点，就可以将纯语音的 GSM 网络升级为语音加数据的 GPRS 网络。基站控制器将数据和语音业务分开，并将数据定向到与数据网络相连的 GPRS 支持节点。GPRS 通常以尽力而为的方式运行，通过将多个时隙聚合到一个承载中，在下行链路中实现 40kbit/s 的数据速率，在上行链路中实现 14kbit/s 的数据速率。在后期的增强协议中，理论上可以通过为单个用户同时聚合八个时隙来实现 171.2kbit/s 的峰值速率。

1.3.6　GSM 演进的数据速率增强

一方面，GPRS 表现出一些局限性，例如实际数据速率比理论值低得多。另一方面，未能获得 3G 牌照的移动运营商希望进一步增强 GPRS 标准，从而尽可能以接近 3G 网络可用上限的速度来提供数据服务。GSM 演进的数据速率增强（Enhanced Data Rates for GSM Evolution，EDGE）最早由 ETSI 在 1997 年作为 GPRS 的演进而开发。虽然 EDGE 重新使用了 GSM 载波带宽和时隙结构，但它并不局限于 GSM 蜂窝系统。相反，它旨在成为促进现有蜂窝系统向第三代功能演进的通用技术 [Furuskar et al.，1999]。在评估了几个不同的提案后，通用无线通信联盟（Universal Wireless Communications Consortium，UWCC）于 1998 年 1 月批准 EDGE 作为 IS-136HS 的室外补充，以提供 384kbit/s 的数据速率的服务。第一个商用 EDGE 网络于 2003 年由美国 AT&T 公司推出。通过引入名为八相移键控（Eight Phase-Shift Keying，8PSK）的高阶调制方案，与其前身的高斯最小相移键控（Gaussian Minimum-Shift Keying，GMSK）不同，它可以支持高达 470kbit/s 的最大数据速率。链路自适应、混合自动重复请求（Hybrid Automatic Repeat Request，HARR）和高级调度等多项新技术首先应用于 EDGE，随后应用于宽带码分多址（Wideband Code-Division Multiple Access，WCDMA）、CDMA2000 等标准。

同时，IS-54 和 IS-136 系统通过时隙聚合和高阶调制提供了 60kbit/s 的数据速率。基于 EDGE，IS-136 标准进一步发展为 IS-136HS 标准。它将 IS-136 系统的数据吞吐量提高到每载波 470kbit/s 以上。最初的 IS-95 系统以 14.4kbit/s 的数据速率支持电路模式和分组模式数据服务。在不破坏传统空口设计以保证严格后向兼容性的情况下，它升级到 IS-95B，提供了 115kbit/s 的更高数据速率 [Knisely et al.，1998]。

从 1G 模拟到 2G 数字的过渡也促进了移动终端的创新，更小、更轻、更便宜、更省电的手机以惊人的速度普及。手机从商业用户走向普通用户，成为现代生活中必不可少的一部分。诺基亚成功地认识到了人们将手机变成个性化设备的愿望。1994 年，诺基亚发布了第一款使用标志性铃声的手机——诺基亚 2110、第一款允许用户更换手机外壳以反映其心情或风格的手机——诺基亚 5110，以及第一款具有贪吃蛇手机游戏功能的手机——诺基亚6110。由此，诺基亚获得了全球手机市场的主导份额。2002年，全球完成向数字蜂窝网络的过渡，移动用户数量首次超过固定电话用户，蜂窝网络成为提供通信服务的主导技术。

1.4　3G：以数据为中心

第二代数字系统是针对第一代系统容量有限、容易被窃听、语音质量较差等不足而设计的。然而，GSM、IS-95和IS-136等标准仍然是为语音通信而设计的，在数据服务方面表现并不佳。

以数据为中心的蜂窝网

Web浏览、多媒体消息、电子邮件、交互式游戏和高保真音频和视频流等互联网服务激增，以及这些服务从有线网络扩展到移动网络的需求，促使了蜂窝系统对这些数据进行优化，以取代之前以语音为中心的蜂窝系统。

困扰前几代互不兼容的移动通信环境和碎片化的频谱使用促使国际电信联盟（International Telecommunications Union，ITU）在20世纪80年代开始制定具有完全互操作性和互通性的全球标准。1990年，国际电信联盟发布了第一份关于未来公共陆地移动通信系统（Future Public Land Mobile Telecommunications System，FPLMTS）的建议书。因为旧的缩略语很难发音，FPLMTS在20世纪90年代末更名为国际移动通信2000（International Mobile Telecommunications-2000，IMT-2000）[ITU-RM.1225，1997]。同时，1992年2月举行的世界无线电大会为IMT-2000确定了用于全球范围内的1885~2025MHz和2110~2200MHz的230MHz频谱。IMT-2000建议书定义了3G系统的最低技术要求，包括高数据速率、非对称数据传输、全球漫游、多项同时服务、改进的语音质量、更安全和更大的容量。国际电信联盟无线电通信（ITU-R）M.1225 [ITU-RM.1225，1997] 规定的评估标准设定了3G电路交换和分组交换数据服务的目标数据速率：

- 室内环境：2Mbit/s。
- 室外到室内和行人环境：144kbit/s。
- 车载环境：64kbit/s。

尽管如此，国际电信联盟并没有具体说明满足这些要求的技术解决方案，只是征求了感兴趣的组织建议。基于GSM的成功标准化，ETSI联合全球其他标准制定组织，包括ARIB（日本）、ATIS（美国）、CCSA（中国）、TTA（韩国）和TTC（日本），发起了第三代合作伙伴计划（Third Generation Partnership Project，3GPP）。与此同时，美国的另一个组织成立了第三代合作伙伴计划2（Third Generation Partnership Project 2，3GPP2），旨在制定基于IS-95演进的3G系统协议。尽管仍然存在一些差异，但3GPP和3GPP2都选择了CDMA作为底层基准技术。3GPP制定的标准是WCDMA或通用移动电信系统（Universal Mobile Telecommunications System，UMTS）。3GPP2重点开发了CDMA2000、复用了IS-95的频段、继承了1.25MHz的带宽集。1998年，国际电信联盟收到了众多技术提案，其中五项标准被批准用于地面业务，即UTRA FDD、UTRA时分双工（TDD）、CDMA2000、TDMA单载波和FDMA/TDMA。2007年，IEEE 802.16标准规定的全球微波接入互操作性（Worldwide Interoperability for Microwave Access，WiMAX）被ITU批准为第六个IMT-2000标准，也称为IMT2000 OFDMA TDD WMAN。与其他基于CDMA的3G标准不同，WiMAX采用了更多的准4G技术，如正交频分复用（Orthogonal Frequency-Division Multiplexing，OFDM）、多输入多输出（Multiple-Input Multiple-Output，MIMO）、低密度奇偶校验（Low-Density Parity-

Check，LDPC）编码。IMT-2000 TDMA 单载波也称为通用无线通信 136（Universal Wireless Communications 136U，WC-136），由超过 85 家无线网络运营商和供应商组成的联盟基于 TDMA 开发，并向后兼容 IS-136 标准。数字增强型无线通信（Digital Enhanced Cordless Telecommunications，DECT）也称为 IMT-2000 FDMA/TDMA，由 DECT 论坛和 ETSI 开发。UWC-136 和 DECT 虽然也被 ITU 认定为 3G 标准，但得到的业界支持较少，没有广泛部署。图 1.1 说明了经 ITU-R 批准的 IMT-2000 协议。

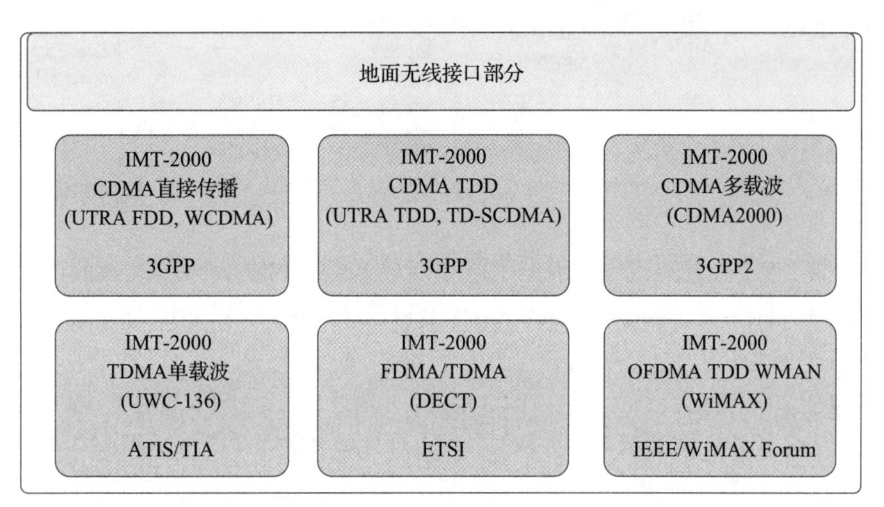

图 1.1　经 ITU-R 批准的 IMT-2000 协议［ITU-R M. 1457，2000］

来源：数据来自 ITU-R M. 1457（2000）。

1.4.1　宽带码分多址

在 20 世纪 90 年代后期，NTT DoCoMo 为其 3G 系统开发了宽带码分多址（WCDMA）技术，称为自由移动的多媒体接入（Freedom of Mobile Multimedia Access，FOMA）。WCDMA 只定义了空口部分，因此也称为通用地面无线接入（Universal Terrestrial Radio Access，UTRA）。作为 GSM 的 3G 继承者，WCDMA 被选为 UMTS 的空口。不同的系统（包括 FOMA、UMTS 和 J-Phone）共享 WCDMA 空口，但具有不同的完整通信标准协议栈。3GPP 将其作为 IMT-2000 提案提交，ITU-R 批准将其作为 IMT-2000 系列标准的一部分。它采用码片速率为 3.84Mcps 的直接序列码分多址技术。无线接入标准同时提供 FDD 和 TDD 变体，利用 5MHz 信道实现最高至 5Mbit/s 的峰值速率。2001 年 10 月，NTT DoCoMo 在日本推出了第一个商用 FOMA 网络，作为 i-mode 的继任者。在许多欧洲国家，移动运营商必须在拍卖中支付巨额费用来获得 3G 频谱牌照。例如，英国的移动运营商在 2000 年 4 月的拍卖中花费了 330 亿美元，而当年晚些时候德国则在拍卖中花费了 475 亿美元。高昂的许可成本给移动运营商带来了巨大的财务压力，延缓了欧洲 3G 网络的商用进程。例如，英国的第一个商业 3G 网络由 Hutchison Telecom 于 2003 年 3 月部署。

3GPP 标准 Release 99 和 Release 4 协议的 WCDMA 包含了满足 IMT-2000 要求的所有技术特性，同时未停止过进一步的增强，如图 1.2 所示。高速分组接入（High Speed Packet Access，HSPA）出现于 2002 年，是 WCDMA 无线接口的第一个重要演进。

- Release 5 增加了下行链路能力，最高速率可达 14Mbit/s，被称为高速下行链路分组接入（High Speed Downlink Packet Access，HSDPA）。为实现这一目标，Release 5 引入了一组技术特性，包括共享信道传输、信道相关调度、高阶调制（即 16QAM）、混合自动重复请求和链路自适应。

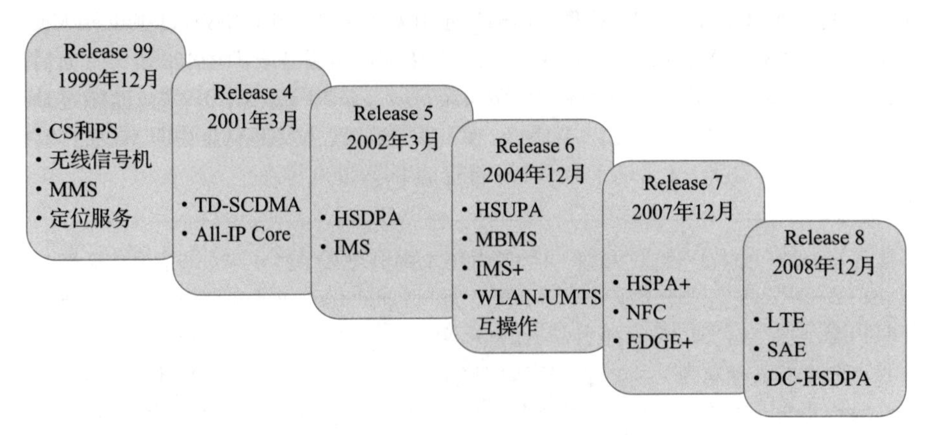

图 1.2　关于 WCDMA 的 3GPP 协议

- Release 6 于 2005 年 3 月完成，增加了高速上行链路分组接入（High Speed Uplink Packet Access，HSUPA）的增强功能，在上行链路中提供 5.74Mbit/s 的速率。
- Release 7 于 2007 年 9 月发布，作为 HSPA 的进一步演进，称为 HSPA 演进或 HSPA+。它利用多天线技术（2×2 MIMO）和更高级别的调制（即上行链路 16QAM 和下行链路 64QAM），基于 5MHz 带宽分别在上下行链路实现 11Mbit/s 和 28Mbit/s 的速率。
- Release 8 支持在下行链路中同时使用二层空间复用和 64QAM 调制技术。它采用与后来的长期演进（Long-term Evolution，LTE）类似的载波聚合技术，将最大带宽增加至 10MHz。通过聚合两个载波信道，双载波 HSDPA 可以将下行链路的数据速率提高一倍至 56Mbit/s。
- Release 9 通过引入两个聚合载波增强了上行链路，从而使上行链路速率达到 22Mbit/s。
- Release 10 可以聚合四个载波分量，将最大带宽增加至 20MHz，以实现 168Mbit/s 的下行峰值数据速率［Dahlmanetal et al.，2011］。

1.4.2　码分多址 2000

IS-95 是第一个采用码分多址（CDMA）技术的蜂窝系统，因此更容易演变为基于 CDMA 的 3G 标准。当它成为全球 IMT-2000 标准时，名称更改为 CDMA2000，同时标准化工作从美国 TIA 转移到了 3GPP2。3GPP2 推动 CDMA2000 技术沿着类似 WCMDA 的演进路线发展，重点从电路交换语音通信转向分组交换数据服务。如图 1.3 所示，采用两条并行的演进路线来进一步改善数据传输服务。主路线是 Evolution-Data Only（EV-DO），或解释为 Evolution-Data Optimized。另一条路线专门用于在同一载波上同时支持电路交换和分组交换服务，因此称为集成数据和语音演进（EV-DV）［Attar et al.，2006］。

- CDMA2000 1x：由 ITU-R 批准的 IMT-2000 CDMA Multi-Carrier 初始版本支持两种操作模式：单载波（CDMA2000 1x）和多载波（CDMA2000 3x）。虽然 3x 模式是 CDMA2000 提交到 ITU-R 的重要组成部分，但它从未在大规模网络中商业化部署。CDMA2000 1x 是 IS-95 的全面向后兼容的提升，继承了直接序列扩频和 1.25MHz 信道带宽的基本设计。它在 IS-95 的早期版本上增加了几个增强功能，以提高频谱效率并提供更高的数据速率。最重要的是，它提供了一种架构，为进一步发展分组交换数据服务提供了可能性。CDMA2000 1x 可以部署在 IS-95 频段上，因此 IS-95 网络运营商可以平稳地从 2G 升级到 3G，而无须获取 3G 频谱的许可证。2000 年 10 月，SK Telecom 在韩国首次推出

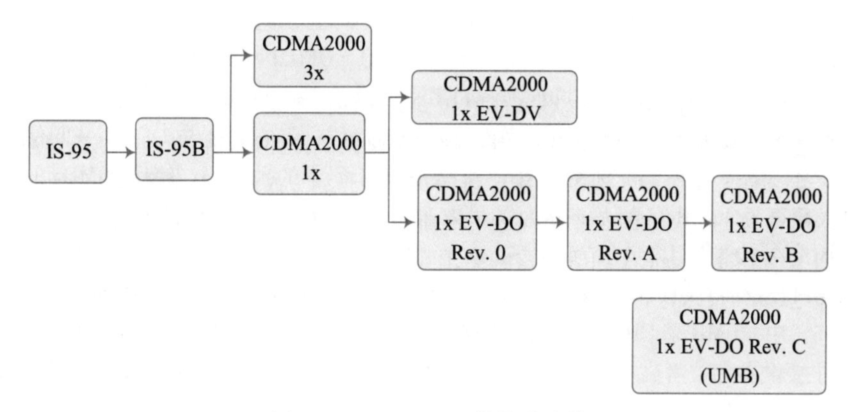

图 1.3　CDMA2000 的演进路线

了世界上第一个商用 CDMA2000 1x 网络。CDMA 开发组织表示，截至 2014 年，共 118 个国家 314 家运营商提供了 CDMA2000 1x 或 1x EV-DO 服务。

- CDMA2000 1x EV-DO Rev. 0：CDMA2000 的 1x 版本沿着不同的路径演进，产生了两种模式：CDMA2000 1x EV-DV 和 CDMA2000 1x EV-DO。前者侧重于语音容量的提升，在 3GPP2 下发展有限。相比之下，EV-DO 作为主要演进路线，经历了 Rev. 0、Rev. A、Rev. B 和 Rev. C 等版本。CDMA2000 1x EV-DO 后来也被命名为 HRPD。EV-DO Rev. 0 重新设计了 CDMA2000 1x 的上行链路和下行链路架构，优化了分组交换数据传输，同时消除了支持电路交换语音通信的限制。运营商为 EV-DO 部署额外的载波，将不同运营商上的语音和分组数据连接分开。3GPP2 在 CDMA2000 EV-DO Rev. 0 中增加了一套数据优化技术，包括共享信道传输、信道相关调度、短传输时间间隔（Transmission Time Interval，TTI）、链路自适应、高阶调制、HARQ、虚拟软切换和接收分集。这些技术也被 3GPP 用于 HSPA 的演进。得益于新的空口和仅用于数据传输的单独通道，前向链路在 1.25MHz 载波上的数据速率达到 2.4Mbit/s，而反向链路的数据速率为 153kbit/s。
- CDMA2000 1x EV-DO Rev. A：Rev. 0 的下一个版本命名为 Rev. A，而不是 Rev. 1。类似 3GPP 中的 HSUPA，它侧重于上行链路的增强。Rev. A 的前向链路与 Rev. 0 相似，但也包含一些更新：将数据速率从 2.4Mbit/s 提高到 3.1Mbit/s。在反向链路中，与 Rev. 0 中使用的 BPSK 相比，引入了高阶调制（即 QPSK 和可选支持 8PSK）以及 HARQ，实现了高达 1.8Mbit/s 的上行链路速率。此外，与其前身相比，利用更小的数据包和更短的 TTI，可以降低 50%延迟，从而更好地支持 IP 语音（VoIP）和时延敏感型数据服务。
- CDMA2000 1x EV-DO Rev. B：进一步增强的版本是 Rev. B，它通过使用多个载波支持更高的数据速率。最多可聚合 16 个载波形成 20MHz 带宽，理论速率可达 46.5Mbit/s。由于成本、硬件尺寸和电池寿命的限制，Rev. B 网络中的移动终端最多支持三个载波，从而导致峰值速率为 9.3Mbit/s。Rev. B 的空口向后兼容 Rev. 0 和 Rev. A，使多载波网络可以进一步支持传统的单载波终端。它支持非对称操作，其中载波不必在下行链路和上行链路之间对称分配。对于文件下载和视频流等非对称应用，前向链路可以使用更多的载波。一条反向链路可以承载多条前向链路的控制信令和反馈信息，减少了上行链路的信令开销。
- CDMA2000 1x EV-DO Rev. C：下一步是 1x EV-DO Rev. C，也称为超移动宽带（Ultra Mobile Broadband，UMB）。在采用松散后向兼容（Loosely Backward Compatible，LBC）技术后，Rev. C 与 CDMA2000 先前的标准版本不兼容。设计颠覆性的空口是为了实现更高的峰值速率、更高的频谱

效率、更低的延迟以及增强时延敏感数据应用的用户体验，例如 3GPP 开发的 LTE。Rev. C 的重要新特性是引入了典型的 4G 技术，即 OFDM 和 MIMO。OFDM 多载波传输选择了 9.6kHz 的子载波间隔与不同数据大小的快速傅里叶变换（FFT）（128、256、512、1024 和 2048），以灵活支持各种传输带宽。空间复用在前向链路中最多支持四个传输层，但它只能与 OFDM 一同使用。在反向链路中，在基站的控制下，最多两个空间层被赋予基于码本的预编码。使用 20MHz 的带宽，前向链路的最大速率为 260Mbit/s，后向链路的最大速率为 70Mbit/s。在 3G 部署的前几年中，CDMA2000 和 WCDMA 在全球范围内竞争 3G 市场。尽管与传统 GSM 标准不兼容，推出时间较晚，以及部署全新的空口技术的升级成本较高，但 WCDMA 最终赢得了这场竞争，并成为主导的 3G 标准。在 3GPP2 阵营中，UMB 是 CDMA2000 的计划中的 4G 继任者，在 3GPP 中与 LTE 展开竞争。然而，UMB 的主要利益相关者高通于 2008 年 11 月宣布停止进一步开发 CDMA2000 技术。3GPP2 在 2013 年举办了最后一次活动，此后该组织一直处于休眠状态。

1.4.3　时分同步码分多址

在开发 UTRA FDD/WCDMA 及 HSPA 的同时，3GPP 还致力于开发 UTRA 的 TDD 版本。尽管 FDD 和 TDD 之间的高层协议相似，但物理层设计却大不相同。由于历史原因，共有三种具有不同码片速率的变体。UTRA TDD 初始版本采用 3.84 Mcps 的码片速率，后来又增加了 7.68Mcps 和 1.28Mcps。UTRA 低码片速率（1.28Mcps）TDD，也称为时分同步码分多址（Time Division-Synchronous Code Division Multiple Access，TD-SCDMA），与其他两种差别较大。TD-SCDMA 是由电信科学技术研究院（Chinese Academy of Telecommunications Technology，CATT）牵头制定的行业标准。2001 年 3 月，它被批准合并到 3GPP 协议的 Release 4 中，以替代 UTRA TDD 版本。TD-SCDMA 与其他两个 3G 标准（WCDMA 和 CDMA2000）之间的主要区别在于它使用 TDD 而不是 FDD 进行双工信令传输。它采用 1.6MHz 的信号带宽、8PSK 调制和更短的 5ms TTI。该系统还引入了一些技术特征，例如多频操作和基于八天线的智能天线/波束赋形技术。在这三个版本中，TD-SCDMA 是唯一大规模部署的 UTRA TDD 标准，其他两个则仅限于小范围部署。就用户数量而言，中国移动是全球最大的移动运营商，它于 2009 年初获得了运营 TD-SCDMA 网络的 3G 牌照。全球独一无二的 TD-SCDMA 部署最终成为一个由约 50 万个基站组成的网络，订阅用户数量峰值高达 2.5 亿。虽然这项技术仅在中国应用，但它提升了 TDD 系统的优势，并推动了 4G TDD 版本的发展，称为 TD-LTE 或 LTE TDD。TD-SCDMA 的 HSPA 增强与 UTRA FDD 的应用类似，例如高阶调制（16QAM）和混合 ARQ 技术的应用。

1.4.4　全球微波接入互操作性

IEEE 802.16 协议是由电气与电子工程师协会（Institute of Electrical and Electronics Engineers，IEEE）在无线城域网（Wireless Metropolitan Area Network，WMAN）的框架下制定的。2001 年的初始版本是为了在毫米波频率范围（10~60GHz）内实现视距通信而设计的，目标是固定无线宽带（WiBro）接入。2003 年，称为 IEEE 802.16a 的增强版本引入了低频带（2~11GHz）上非视距操作的支持，但仅限于固定无线接入应用。里程碑式的事件是 2005 年发布的 IEEE 802.16e-2005 协议，第一个移动全球微波接入互操作性（WiMAX）系统［Etemad，2008］。凭借当时尖端技术的赋能，它在 20MHz 信道上提供了 128Mbit/s 的下行峰值数据速率和 56Mbit/s 的上行峰值数据速率。第一个商用网络于 2006 年在韩国部署（品牌为 WiBro），之后在世界各地部署。

IEEE 802.16 协议通常提供物理层和介质访问控制（MAC）层的协议，而不是整个通信协议栈。此外，IEEE 802.16 协议包含多种基本物理层传输方案的替代方案。没有必要在移动系统中实施所有选项和替代功能。WiMAX 论坛是一个行业主导的非营利性联盟，旨在促进和认证基于 IEEE 802.16 产品的兼容性和互操作性。它的职责是从 IEEE 802.16 协议定义的全套特征中选择技术特征，以形成一个完整且可实施的标准，称为 WiMAX 系统配置文件。2007 年，第一个配置文件（WiMAX Release 1.0）发布。2009 年，第二个配置文件（Release 1.5）完成。IEEE 802.16e，也称为移动 WiMAX，作为 IMT-2000 的提案提交给 ITU-R。它于 2007 年被 ITU 批准为与 WCDMA、CDMA2000 和 TD-SCDMA 并行的 IMT-2000 OFDMA TDD WMAN。

尽管 IEEE 802.16 为基本的物理层传输方案提供了包括 OFDM 和单载波传输的多种选择，但移动 WiMAX 是基于 OFDM 传输的。与 LTE 一样，IEEE 802.16e 通过采用可变带宽（即 1.25MHz、5MHz、10MHz 和 20MHz）来提高频谱灵活性。使用 10.94kHz 的公共子载波间隔，仅扩展传输带宽内的子载波数量（128、512、1024 和 2048）。IEEE 802.16e 规范了 TDD 和 FDD，包括半双工 FDD 的可行性，而移动 WiMAX 的第一个版本只支持 TDD 操作，其中一个 5ms 的帧分为下行链路和上行链路部分，由 48 个 OFDM 符号组成。与 LTE 类似，Mobile WiMAX 支持 QPSK、16QAM 和 64QAM 调制，以及在瞬时信道状态下的链路自适应（自适应调制和编码）。802.16e 协议支持各种信道编码方案，包括类似 HSPA 和 LTE 的 Turbo 码以及 LDPC 码。但是，Mobile WiMAX 仅支持 Turbo 码。

视频内容和网页浏览提出了更大更好的屏幕显示需求，促进了移动终端的革命。第一款智能手机是 1994 年发布的 IBM Simon，随后是 1996 年发布的诺基亚 9000，该手机集成了电子邮件、文字处理器、日记和 QWERTY 键盘等功能。2007 年 1 月 7 日，苹果公司宣布进军手机市场，并认为移动设备首先是电脑，其次才是手机，这为手机设计带来了全新的见解。Apple iPhone 被证明是一项颠覆性技术，它重新定义了手机并向世界介绍了应用程序（APP）——尽管第一款机型只是 2G 设备［Linge and Sutton，2014］。

1.5 4G：移动互联网

移动用户在 21 世纪的前十年急剧增长。2002 年达到第一个十亿用户的里程碑，并在 2010 年用户突破 50 亿。第四代蜂窝系统的另一个推动力是移动宽带带来的流量爆炸式增长。在蜂窝网络中，数据流量首次超过了语音流量，3G 网络很快饱和。此外，移动设备上基于互联网服务的激增对优化语音通信的蜂窝网络提出了重大挑战。自 2.5G 系统以来，蜂窝网络必须同时运行两个并行的基础设施：一个用于数据服务的分组交换网络，另一个用于语音呼叫的电路交换网络。

全 IP 蜂窝网络

4G 蜂窝系统朝着端到端的全 IP 架构发展，以便更好地支持基于互联网的服务。在蜂窝网络历史上，电路交换网络被彻底抛弃，只提供了分组交换网络，以实现更灵活和高效的操作。

3GPP、3GPP2、WiMAX 和 IEEE 等 3G 标准化组织致力于使用先进的空口技术和全 IP 网络基础设施，将 3G 标准提升到 4G。为保证 UMTS 的竞争力，3GPP 于 2004 年启动了 LTE 空口研究项目，也称为演进通用陆地无线接入（Evolved Universal Terrestrial Radio Access，E-UTRA）。2008 年 12 月，LTE 空口及其核心网（Evolved Packet Core，EPC）的第一个版本（Release 8）发布，随后是 2009 年 12 月冻结的增强版本（Release 9）。与 IMT-2000 的开发类似，ITU-R WP5D 定义了 4G 系统的最低技术要求，2008 年命名为 International Mobile Telecommunications Advanced（IMT-Advanced）。但由于 LTE 不能完全符合 IMT-Advanced 的需求，例如低移动性场景峰值数据速率要求 1Gbit/s，高移动性场景峰值数据速率要求 100Mbit/s，

3GPP 从 2009 年开始继续研究长期演进的增强版本（LTE-Advanced）。同时，IEEE 和 WiMAX 论坛继续推进 WiMAX 标准的发展。为了满足 IMT-Advanced 的要求，WirelessMAN-Advanced（也称为 Mobile WiMAX Release 2.0）协议于 2011 年完成。IEEE 802.16e-2005 引入了非常重要的增强功能，形成了 IEEE 802.16m-2011 新协议。IEEE 和 WiMAX 论坛向 ITU 申请将 IEEE 802.16m-2011 作为 IMT-Advanced 提案之一，并与 LTE-Advanced 竞争。

2010 年 10 月，ITU-R 完成了对 6 个备选方案的评估，同意两个行业开发的技术作为全球 4G 标准，如图 1.4 所示。M.2012 建议书［ITU-RM.2012，2012］确定了 IMT-Advanced 的地面空口技术并提供了详细的空口协议。

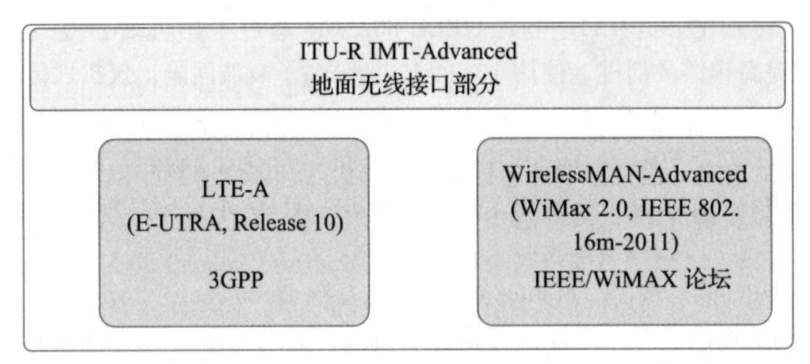

图 1.4　经 ITU-R 批准的 IMT-Advanced 协议

1.5.1 LTE-Advanced

3GPP 于 2004 年年底启动了长期演进（LTE）研究项目，旨在开发一种专用于分组交换数据传输的颠覆性无线接入技术。该研究的重点是确定 LTE 的技术要求。2005 年 6 月发布的重要成果包括低延迟、小区边缘的高数据速率和频谱灵活性。2005 年 12 月，3GPP 无线接入网（Radio Access Network，RAN）全体会议决定 LTE 的下行链路应基于正交频分多址接入（OFDMA），上行链路应基于单载波频分多址接入（SC-FDMA）。2008 年 12 月，LTE 空口及其核心网 EPC 的第一个版本（Release 8）完成，随后于 2009 年 12 月冻结了增强版本（Release 9）。LTE 是一个颠覆性的协议，其设计没有限制向后兼容性，以便灵活采用新的技术特性。它可以在 FDD 或 TDD 模式下运行，分别称为 LTE FDD 和 TD-LTE，其具有低延迟和扁平系统架构的特征。基于 20MHz 的信号带宽，下行链路的峰值数据速率达到 300Mbit/s，上行链路的峰值数据速率达到 75Mbit/s。2009 年 12 月，TeliaSonera 在斯堪的纳维亚半岛的两个首都斯德哥尔摩和奥斯陆推出了全球首个商用 LTE 移动服务，网络设备由爱立信和华为提供［Astely et al.，2009］。当时还没有符合 LTE 标准的手机上市，用户使用带有 USB 无线网络适配器的电脑接入 LTE 服务。直到 2010 年 9 月，全球首款 LTE 兼容手机三星 SCH-r900 发布。

由于 LTE 不能完全符合 IMT-Advanced 的要求，例如低移动性场景峰值数据速率为 1Gbit/s，高移动性场景峰值数据速率为 100Mbit/s，3GPP 从 2009 年开始继续研究其增强版本，即 LTE-Advanced。基于 LTE-Advanced 的提案于 2009 年 10 月提交给 ITU，后来完成了更详细的协议，形成了 LTE-Advanced 的第一个版本（Release 10）。LTE-Advanced 采用如增强型 MIMO 和高达 100MHz 的带宽等技术，以在上下行链路分别实现 500Mbit/s 和 1Gbit/s 的高速传输。2012 年，俄罗斯运营商 YOTA Networks 宣布利用华为设备在莫斯科组建全球首个 LTE-Advanced 网络。2016 年初完成的 3GPP 协议 Release 13 是 LTE-Advanced Pro 的第一个版本。虽然发展的新技术数量非常多，但 LTE-Advanced 和 LTE-Advanced Pro 都不意味着向后兼容性的中断。2022 年 6 月，3GPP 完成了 Release 16，并准备制定 Release 17，在制定第五代（5G）协议的同时还在进一步增强 LTE [Dahlman et al.，2021]。

针对 LTE 的 3GPP 协议如图 1.5 所示。

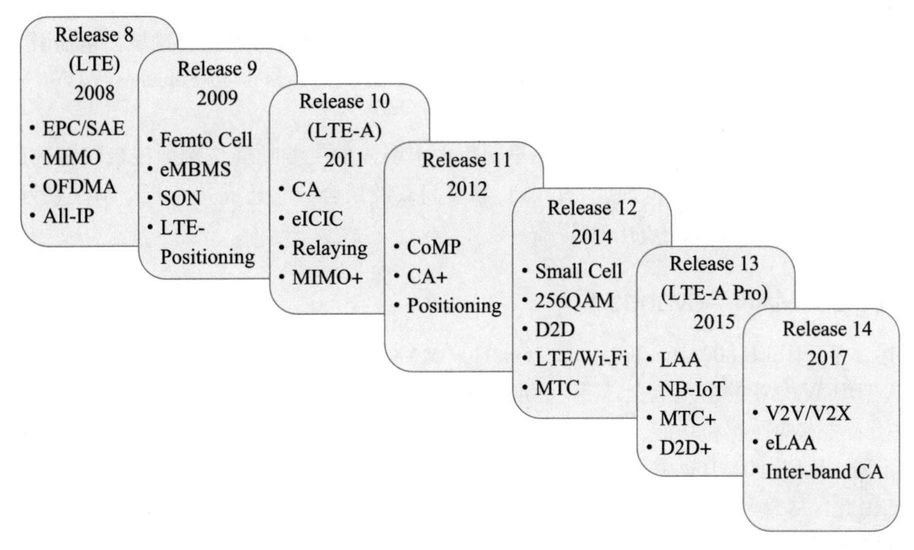

图 1.5　针对 LTE 的 3GPP 协议

- Release 8 第一次定义了 LTE 无线接入技术和全 IP EPC 网络，为后续演进奠定了基础。利用 FDD 和 TDD 技术支持对称或非对称的频谱，突出了频谱的灵活性。它还通过扩展 OFDM 子载波的数量来支持灵活的带宽（1.4MHz、3MHz、5MHz、10MHz、15MHz 和 20MHz）。基于 20MHz 带宽，在 2×2 MIMO 的上行链路场景中峰值数据速率可以达到 150Mbit/s，在 4×4 MIMO 的下行链路中峰值数据速率可以达到 300Mbit/s。
- Release 9 是 LTE 的第一次演进。它针对 Release 8 的遗留问题增加了一些改进和一些小的增强，涉及的技术包括微蜂窝、MIMO 波束赋形、自组织网络（Self-Organized Networks，SON）、多媒体广播多播服务增强（Enhanced Multimedia Broadcast Multicast Services，eMBMS）、LTE 定位和公共警报系统。
- Release 10 明确了 LTE-Advanced 标准，确保 LTE 无线接入技术完全符合 IMT-Advanced 要求，于 2011 年 3 月冻结。该协议引入了载波聚合、增强型上行多址接入、MIMO 增强、中继、小区间干扰协调增强（enhanced Inter-cell Interference Coordination，eICIC）、异构网络部署、SON 增强等技术。
- Release 11 于 2012 年 9 月完成，进一步增强了 LTE-Advanced 的性能和功能。LTE Release 11 最重要的特性之一是引入了多点协同（Coordinated Multi-Point，CoMP）传输和接收。其他改进包括载波聚合增强、新的控制信道结构、基于网络的定位、用于机器类型通信的 RAN 过载控制以及智能终端节电技术。
- Release 12 于 2014 年 6 月完成，重点针对小基站进行了优化和增强，包括双连接、小基站密集部署、小基站开/关、半动态 TDD。在小基站环境中利用高信号强度引入了高阶调制（256QAM）。该版本的另一个重点是将 LTE 技术应用于紧急事件和公共安全，并为关键任务应用层功能元素提供技术协议。其他功能包括设备到设备（D2D）通信、LTE TDD-FDD 联合操作（包括载波聚合）、安全保证方法和 LTE/WiFi 集成。

- Release 13 标志着 LTE-Advanced Pro 的开始，它在营销中有时称为 4.5G，被视为第一版 LTE 和 5G 之间的中间步骤。Release 13 是重要的一步，具有许多令人兴奋的功能，例如支持非授权频段的授权频谱辅助接入（License-Assisted Access，LAA），改进了对机器类型通信的支持，进一步增强了 MIMO、D2D 通信和载波聚合技术，并将其扩展到一系列新服务和新垂直领域，包括引入窄带物联网（Narrow-Band Internet of Things，NB-IoT）和对车与车（Vehicle-to-Vehicle，V2V）通信的初步研究。
- Release 14 于 2017 年冻结。除了增强了早期版本中引入的一些功能，例如授权频谱辅助接入增强（enhanced License-Assisted Access，eLAA）和带间载波聚合，它还支持车与车和车联万物（V2X）通信，以及子载波间隔减小的广域广播。

1.5.2 WirelessMAN-Advanced

如前所述，基于 IEEE 802.16e-2005 802.16m 的 WiMAX Release 1.0 于 2007 年被 ITU 批准为名为 IMT-2000 OFDMA TDD WMAN 的第六个全球 3G 标准。IEEE WMAN 社区计划推进 IEEE 802.16m，旨在增强 802.16 无线接入技术的性能和功能，以确保符合 IMT-Advanced 要求。与 LTE-Advanced 是 LTE 的完全向后兼容演进不同，IEEE 802.16m 并不是 IEEE 802.16e 的平稳演进，其具有一些颠覆性特征［Dahlman et al.，2011］。因此，尽管 IEEE 802.16m 保留了 IEEE 802.16e 的一些基本特征，包括基本的 OFDM 参数集，但其依旧被认为是一个新标准。基于时间复用，这两种无线接入技术可以在 IEEE 802.16e 5ms 帧结构内的同一载波上共存。IEEE 802.16m 采用了许多类似 LTE-Advanced 的功能，例如对超过 20MHz 的带宽使用载波聚合以及对中继功能的支持。它还引入了长度约为 0.6ms 的更短子帧，以减少 HARQ 的往返时间，从而可以减少空口上的延迟。IEEE 802.16m 没有继承为 IEEE 802.16e 定义的资源映射方案，而是引入了物理资源单元。类似 LTE 中的资源块，物理资源单元在一个子帧期间由一定数量级的频率连续子载波组成。每个资源单元包括 18 个子载波，子载波间隔为 10.94kHz，此时带宽接近 LTE 资源块的 180kHz 带宽。由于 LTE-Advanced 和 IEEE 802.16m 之间有许多相似之处，因此性能评估表明这两种空口技术性能相当也就不足为奇了。与 LTE-Advanced 类似，IEEE 802.16m 也可以满足 ITU 定义的 IMT-Advanced 的所有要求。2010 年 10 月，基于 IEEE 802.16m 的 WiMAX Release 2.0 和 LTE-Advanced 被 ITU-R 批准为 WirelessMAN-Advanced 的两个 IMT-Advanced 标准之一。

WiMAX 比 LTE 更早推向市场，在 2005 至 2009 年期间是一项针对数据吞吐量的卓越技术。WiMAX 率先采用 MIMO、OFDM 等准 4G 技术，支持可变传输带宽等新特性。早在 2006 年，两家韩国电信运营商就以 WiBro 品牌推出了全球首个基于 IEEE 802.16e 协议的移动 WiMAX 服务。截至 2010 年 10 月，WiMAX 论坛声称在超过 148 个国家和地区部署了超过 592 个 WiMAX（固定和移动）网络，覆盖超过 6.21 亿人。然而，LTE 是主导标准（即 GSM 和 WCDMA）的演进，而 WiMAX 是一种相对颠覆性的技术，没有庞大的用户群。因此，威瑞森、沃达丰、中国移动、日本电报电话公司和德国电信等主要移动运营商选择将其传统基础设施从 3G 升级到 LTE，而不是采用新的技术标准。最终，LTE/LTE-Advanced 赢得了竞争，成为主导的 4G 标准。借助 LTE/LTE-Advanced，移动通信的全球通用标准形成，并由全球移动网络运营商部署，适用于对称和非对称频谱。

1.6 5G：从人到机器

5G 建立在 4G LTE 成功的基础上，在 4G 全面部署之前就开始了 5G 的探索，一些较早的 5G 技术在 2010 年前后就已经开始研究，并证明了其技术的可行性。2012 年 8 月，纽约大学成立了名为 NYU Wireless 的多学科学术研究中心，以发展 5G 无线通信的基础理论和开创性工作。他们重点关注 10GHz 以上高频段运行的毫米波（mmWave）通信，并取得了多项研究成果，如最先进毫米波无线信道的测量，证明了毫米波频谱的潜力，还论证了毫米波辐射对人体的安全性。在 NYU Wireless 成立两个月后，英国萨里大学宣布建立一个新的 5G 研究中心，由英国政府和华为、三星、西班牙电信、富士通和罗德与施瓦茨等主要移动运营商和供应商共同出资。2012 年 11 月，由欧盟委员会资助的面向 2020 信息社会的移动和无线通信技术（Mobile and wireless communications Enablers for the Twenty-twenty Information Society，METIS）研究项目启动［Osseiran et al.，2014］。在 ITU-R 和 3GPP 等全球标准化组织之前，METIS 就 5G 的前景达成了早期的全球共识。

面向人和机器的蜂窝网络

与之前只专注以人为中心的通信服务不同，5G 需要将移动通信领域从人扩展到物联网、从消费者扩展到垂直行业、从公共网络扩展到私有网络。移动订阅的潜在规模从全球人口的几十亿大幅扩大到几乎无数的人、机器和物之间的互联。它使得各种颠覆性的用例成为可能，例如工业 4.0、虚拟现实、物联网和自动驾驶。

2013 年 2 月，ITU-R 5D 工作组启动了两项研究项目，以分析 2020 IMT 愿景和陆地 IMT 系统的未来技术趋势，即 IMT-2020。IMT-2020 的设想是支持超越以往 IMT 系统的各种使用场景和应用。此外，各种各样的功能将与这些预期的不同使用场景和应用程序紧密耦合，如图 1.6 所示。部分研究成果转移到了 2015 年发布的 ITU-R Recommendation M.2083［ITU-R M.2083，2015］中，其中定义了三种应用场景。

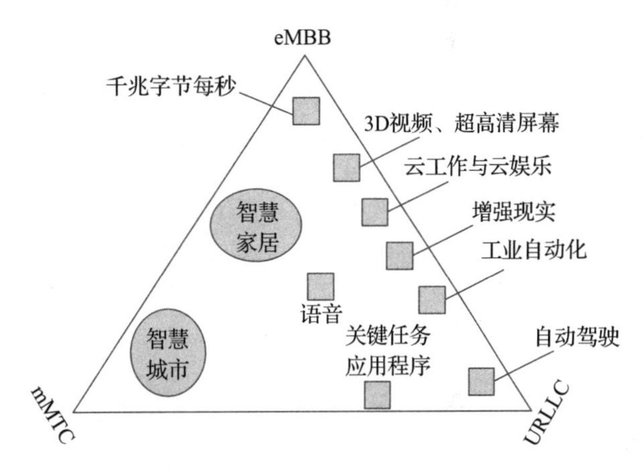

图 1.6　ITU-R M.2083 中定义的 IMT-2020 应用场景
来源：改编自 ITU-R M.2083［2015］。

- 增强型移动宽带（enhanced Mobile Broadband，eMBB）：移动宽带解决了以人为中心的多媒体内容、服务、云和数据访问用例。随着智能设备（智能手机、平板电脑和可穿戴电子产品）的普及和视频流需求的增长，移动宽带的需求持续增长，这对 ITU-R 定义的 eMBB 提出了新的要求。这种应用场景伴随着新的用例，以及对功能增强和无缝用户体验的需求。eMBB 涵盖了各种用例，包括广域覆盖和热点覆盖，不同的用例有不同的要求。对于用户密度高的热点区域，需要提供非常高的业务容量，此时移动性要求低，用户数据速率要高于广域覆盖下的用户数据速率。广域覆盖用例需要无缝覆盖和中到高的移动性，数据速率比现有数据速率大。然而，与热点区域相比，数据速率要求可能会放宽。
- 超可靠低延迟通信（Ultra-Reliable Low-Latency Communications，URLLC）：此场景旨在支持以人为中心和关键机器类型的通信。这是对前几代仅专注移动用户服务的蜂窝系统的颠覆性提升。它为提供关键任务无线应用提供了可能性，例如自动驾驶、涉及安全的车对车通信、工业制造或生产过程的无线控制、远程医疗手术、智能电网中的配电自动化以及运输安全。它的特点是超低延迟、超可靠和可用性等严格要求。

- 大规模机器类型通信（massive Machine-Type Communications，mMTC）：此场景支持与大量设备的大规模连接，这些设备通常具有非常稀疏的延迟容忍数据传输。此类设备（如远程传感器、执行器和监控设备）需要具有低成本和低功耗等特点，基于远程物联网（Internet of Things，IoT）部署的可能性，电池寿命往往长达 10 年。

IMT-2020 提供了比 IMT-Advanced 更强大的功能。此外，IMT-2020 可以从多个角度考虑，包括用户、制造商、应用开发商、网络运营商以及服务和内容提供商。因此，人们认识到 IMT-2020 的技术可以应用于各种部署场景，并且可以支持一系列环境、服务能力和技术选项［Andrews et al.，2014］。基于 Recommendation M. 2083 中描述的应用场景，ITU-R 定义了一组技术性能要求。2017 年 11 月，ITU 发布了关于 IMT-2020 空口技术性能最低需求的 Recommendation M. 2410［ITU-R M. 2410，2017］，作为 IMT-2020 候选技术的评估基准。除了需要提供更高的传输速率，如下行链路实现 20Gbit/s 和上行链路实现 10Gbit/s 的峰值数据速率，还设置了一些新的关键性能指标（Key Performance Indicators，KPI），例如可靠性、能效和连接密度。从 IMT-Advanced 到 IMT-2020 的关键性能指标改进如图 1.7 所示。表 1-5 总结了这些性能要求。

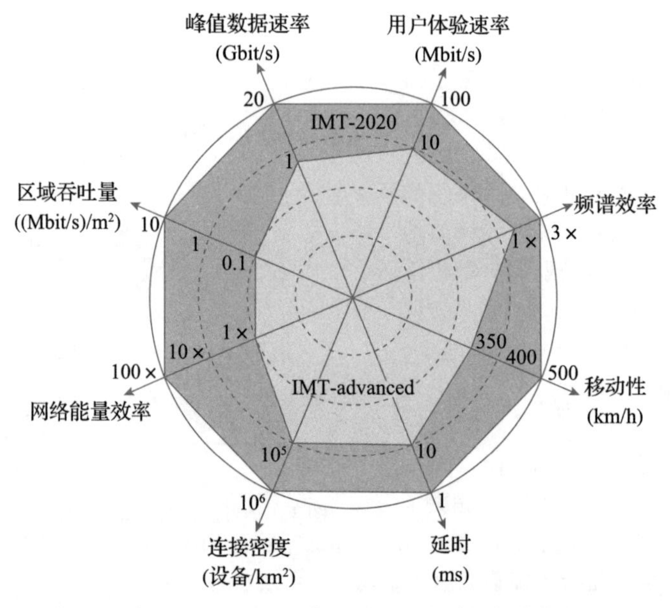

图 1.7 从 IMT-Advanced 到 IMT-2020 的关键性能指标改进

来源：ITU-R M. 2083［2015］/ITU。

表 1-5 IMT-2020 的最低技术性能需求

KPI	最低性能需求
峰值数据速率	下行：20Gbit/s 上行：10Gbit/s
峰值频谱效率	下行：30（bit/s）/Hz 上行：15（bit/s）/Hz
用户体验速率	下行：100Mbit/s 上行：50Mbit/s

（续）

KPI	最低性能需求
第 5 百分位用户频谱效率	下行：0.12~0.3（bit/s）/Hz 上行：0.045~0.21（bit/s）/Hz
平均频谱效率	下行：3.3~9（bit/s）/Hz 上行：1.6~6.75（bit/s）/Hz
区域流量	10（Mbit/s）/m^2（室内热点）
用户面延时	4ms-eMBB 1ms-URLLC
控制面延时	20ms
连接密度	每平方千米设备数为 1 000 000
能效	支持两个方面： ①负载情况下高效数据传输 ②没有数据时低能耗
可靠性	1-10^{-5}（99.999%）
移动性	最大 500km/h
移动中断时长	0ms
最大带宽	100MHz（6GHz 以下频段） 1GHz（mmWave）

5G 发展的另一个里程碑是在世界无线电大会（World Radio Conference）上确定了需要研究的频谱。WRC-15 在全球范围内为 IMT 确定了一组低于 6GHz 的新频段（例如 470~694MHz、694~790MHz 和 3300~3400MHz）。这次会议还为随后的 WRC-19 指定了一个议程项目，即为 IMT-2020 移动服务确定 24GHz 以上的更高频谱。基于 ITU-R 在 WRC-15 之后进行的研究，WRC-19 指出超低延迟和极高数据速率的应用需要更大的连续频谱块。因此，由一组高频段组成的共 13.5GHz 频谱被分配用来部署 5G 毫米波通信：24.25~27.5GHz，37~43.5GHz，45.5~47GHz，47.2~48.2GHz，66~71GHz。

根据 ITU-R 定义的 IMT-2020 框架和 WRC 确定的频段，详细技术标准化的任务落到了标准化组织的身上。与前几代相互冲突的技术路径和多个标准化组织不同，3GPP 在 5G 技术的发展过程中发挥了主导作用。3GPP 发布的技术协议由一系列版本构成，成为事实标准。早在 2015 年，3GPP RAN 工作组就决定在 Release 14 中设立 5G New Radio（NR）研究项目，并启动了 6GHz 以上频段的信道建模任务。初始的 5G NR 协议是通过 Release 15 中的一个工作项目进行的。为了在 2018 年实现早期大规模试验和部署的商业需求，3GPP 承诺加快进程，早于最初设想的 2020 年左右的时间表，同意提前完成非独立（Non-Standalone，NSA）变体。2017 年底，第一版 5G 协议问世。在 NSA 部署中，NR 空口连接到现有的 EPC 核心网络，使 NR 提供的功能（更低的延迟等）在无须更换网络的情况下便可使用。在 2018 年 2 月 26 日世界移动通信大会开始之前，世界上第一个 5G NSA 通话由沃达丰和华为在西班牙联合完成。在 NSA 初始交付完成之后，3GPP 的大部分工作重心转向了 Release 15，以形成第一个完整的 5G 标准。因此，3GPP 同时开发了一种新的核心网，称为 5G Core（5GC）网络，以支持 NR 无线接入技术。2018 年 6 月，支持 5G NR 独立（Standalone，SA）模式的 Release 15 最终版本发布，标志着 5G 的第 1 阶段完成。

Release 15 的重点主要是 eMBB 和（在某种程度上）URLLC，而 mMTC 仍然使用基于 LTE 的机器类型通信技术（如 eMTC 和 NB-IoT）进行支持。Release 15 为 3GPP 继续发展 5G 能力和功能提供了基础，以支持新的频谱和应用，并进一步增强现有的核心功能。5G NR 的演进在 Release 16 中继续进行，通常非正式地称为“5G 第 2 阶段”，该阶段于 2020 年 6 月完成。5G NR 中新增了一系列技术特性，以支持工业物联网（Industrial Internet of Things，IIoT）和增强 URLLC 应用程序。该版本旨在满足 IMT-2020 要求，并与 Release 15 一起作为提交给 ITU-R 的完整 3GPP 5G 初始协议。3GPP 最终提案包括两个单独且独立的模块，分别定义为独立空口技术（Radio Interface Technology，RIT）和组合空口技术集（Sets of Radio Interface Technologies，SRIT）。2020 年 11 月，ITU-R 宣布 3GPP 5G-SRIT 和 3GPP 5G-RIT 符合 IMT-2020 愿景和严格的性能要求。3GPP 开发了 Release 17，即第三个版本的 5G 协议，并在 2021 年和 2022 年分别完成第 2 阶段和第 3 阶段工作。从技术特性数量上看，Release 17 可能是 3GPP 历史上最通用的版本之一，如图 1.8 所示。3GPP 还宣布将 5G 演进到 5.5G，并正式更名为 5G-Advanced，在 Release 18 及以后进行标准化。

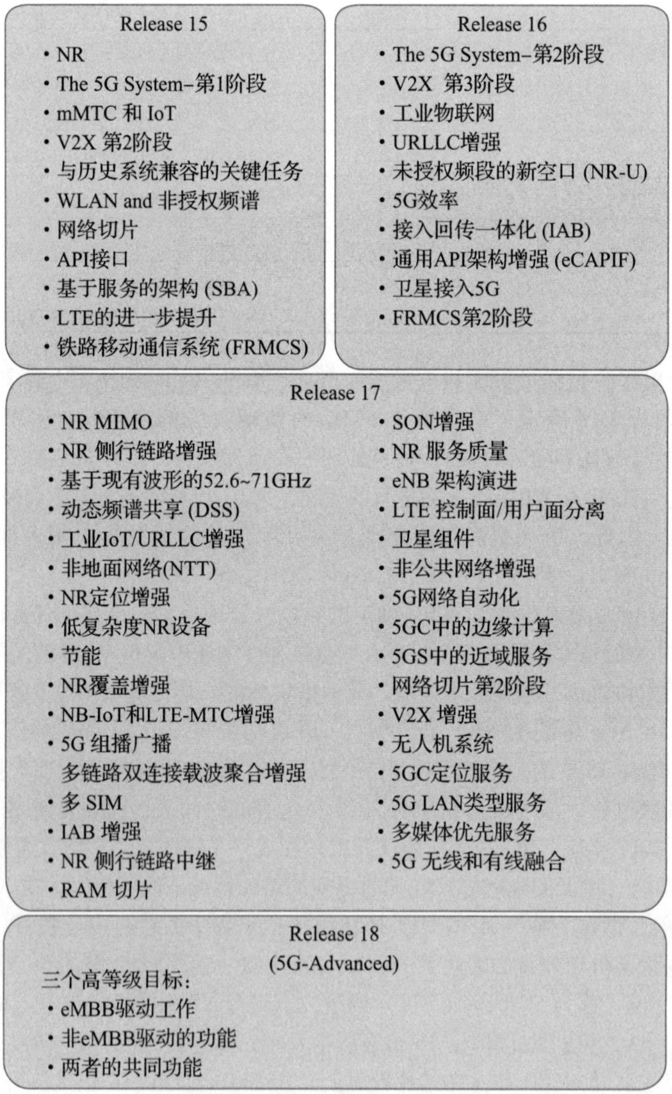

Release 15
- NR
- The 5G System–第1阶段
- mMTC 和 IoT
- V2X 第2阶段
- 与历史系统兼容的关键任务
- WLAN and 非授权频谱
- 网络切片
- API接口
- 基于服务的架构 (SBA)
- LTE的进一步提升
- 铁路移动通信系统 (FRMCS)

Release 16
- The 5G System–第2阶段
- V2X 第3阶段
- 工业物联网
- URLLC增强
- 未授权频段的新空口 (NR-U)
- 5G效率
- 接入回传一体化 (IAB)
- 通用API架构增强 (eCAPIF)
- 卫星接入5G
- FRMCS第2阶段

Release 17
- NR MIMO
- NR 侧行链路增强
- 基于现有波形的52.6~71GHz
- 动态频谱共享 (DSS)
- 工业IoT/URLLC增强
- 非地面网络(NTT)
- NR定位增强
- 低复杂度NR设备
- 节能
- NR覆盖增强
- NB-IoT和LTE-MTC增强
- 5G 组播广播
  多链路双连接载波聚合增强
- 多 SIM
- IAB 增强
- NR 侧行链路中继
- RAM 切片
- SON增强
- NR 服务质量
- eNB 架构演进
- LTE 控制面/用户面分离
- 卫星组件
- 非公共网络增强
- 5G网络自动化
- 5GC中的边缘计算
- 5GS中的近域服务
- 网络切片第2阶段
- V2X 增强
- 无人机系统
- 5GC定位服务
- 5G LAN类型服务
- 多媒体优先服务
- 5G 无线和有线融合

Release 18
(5G-Advanced)

三个高等级目标：
- eMBB驱动工作
- 非eMBB驱动的功能
- 两者的共同功能

图 1.8　3GPP NR-5GC 规范的发布

2019 年 4 月，韩国三大移动运营商（SK 电信、LG U+、KT）与美国 Verizon 争论谁是全球第一家 5G 通信服务提供商，这标志着我们步入了 5G 时代。在过去的两年里，我们见证了全球 5G 网络的强劲扩张，以及主要国家 5G 用户的大幅增长。例如，截至 2020 年底，韩国 5G 使用率已超过 15.5%，而中国已部署超过 70 万个基站，为约 2 亿 5G 用户提供服务。与此同时，5G 这个词一直是媒体最热的流行语之一，受到了全社会前所未有的关注，它甚至超越了技术和经济领域。当我们开始撰写本书时，大约 130 个国家的 400 多家移动运营商正在投资建设 5G 网络，5G 用户数量在很多地区已经达到非常庞大的规模。2020 年，疫情（COVID-19）的爆发对社会和经济活动带来前所未有的挑战。但这场公共卫生危机凸显了网络和数字基础设施在保持社会运转和家庭联系方面的独特作用，尤其是 5G 服务和应用的价值，如远程外科医生、在线教育、远程工作、无人驾驶车辆、无人送货、机器人、智能医疗和自主制造。

1.7　超越 5G

目前，全球范围内 5G 仍在部署，但学术界和工业界已经逐步将注意力转移到超越 5G 或第六代（6G）系统，以满足对未来 2030 年信息和通信技术（Information and Communications Technology，ICT）的需求，蜂窝系统的演进如图 1.9 所示。即使在无线社区内部仍在讨论是否需要 6G，甚至有人反对谈论 6G [Fitzeck and Seeling，2020]，但关于下一代无线网络的开创性工作已经启动 [Jiang and Schotten，2021]。2018 年 7 月，国际电信联盟电信（ITU-T）标准化部门成立了一个名为“2030 网络技术”的研究小组。该小组打算研究 2030 年及以后的网络能力 [ITU-TNET-2030，2019]，届时有望支持全息式通信、泛在智能、触觉互联、多感体验、数字孪生等前瞻场景。欧盟委员会发起资助超越 5G 的研究活动，如最近的 Horizon 2020 calls——ICT-20 5G 长期演进和 ICT-52 超越 5G 的智能连接——一批针对 6G 关键技术的先驱研究项目于 2020 年初启动。欧盟委员会还宣布了加速对欧洲“千兆连接”（包括 5G 和 6G）的投资以塑造欧洲数字未来的战略 [EU Gigabit Connectivity，2020]。2020 年 10 月，下一代移动网络（Next Generation Mobile Networks，NGMN）启动了新的“6G 愿景和驱动”项目，旨在为全球 6G 活动提供早期和及时的指导。在 2020 年 2 月的会议上，ITU-R 决定开始研究国际移动通信（International Mobile Telecommunications，IMT）未来演进的技术趋势（ITU-R WP5D，2020）。作为芬兰科学院旗舰计划 [Latva-aho et al.，2019] 的一部分，奥卢大学开始了名为基于 6G 的无线智能社会和生态系统（6G-Enabled Wireless Smart Society and Ecosystem）的开创性 6G 研究，该研究侧重多项具有挑战性的研究内容，包括可靠的近乎即时的无线连接、分布式计算和智能，以及未来用于电路和设备的材料和天线。此外，美国、中国、德国、日本和韩国等移动通信领域的其他传统主要参与者已经正式启动了 6G 研究，或至少宣布了他们的雄心和初步路线图 [Jiang et al.，2021]。

1.8　总结

本章回顾了移动系统从准蜂窝系统到最新 5G 蜂窝网络的演进。根据移动系统的发展时间进行介绍。每部分介绍一代蜂窝系统，主要内容包括①演进的潜在动机；②发展和部署的里程碑；③不同技术标准的比较评估。本章的目的是提供前几代蜂窝系统和演进路径的整体视图，以便读者能够更好地了解即将到来的 6G 系统的最新进展。下一章将深入介绍前几代蜂窝系统，包括它们的系统架构和关键技术。

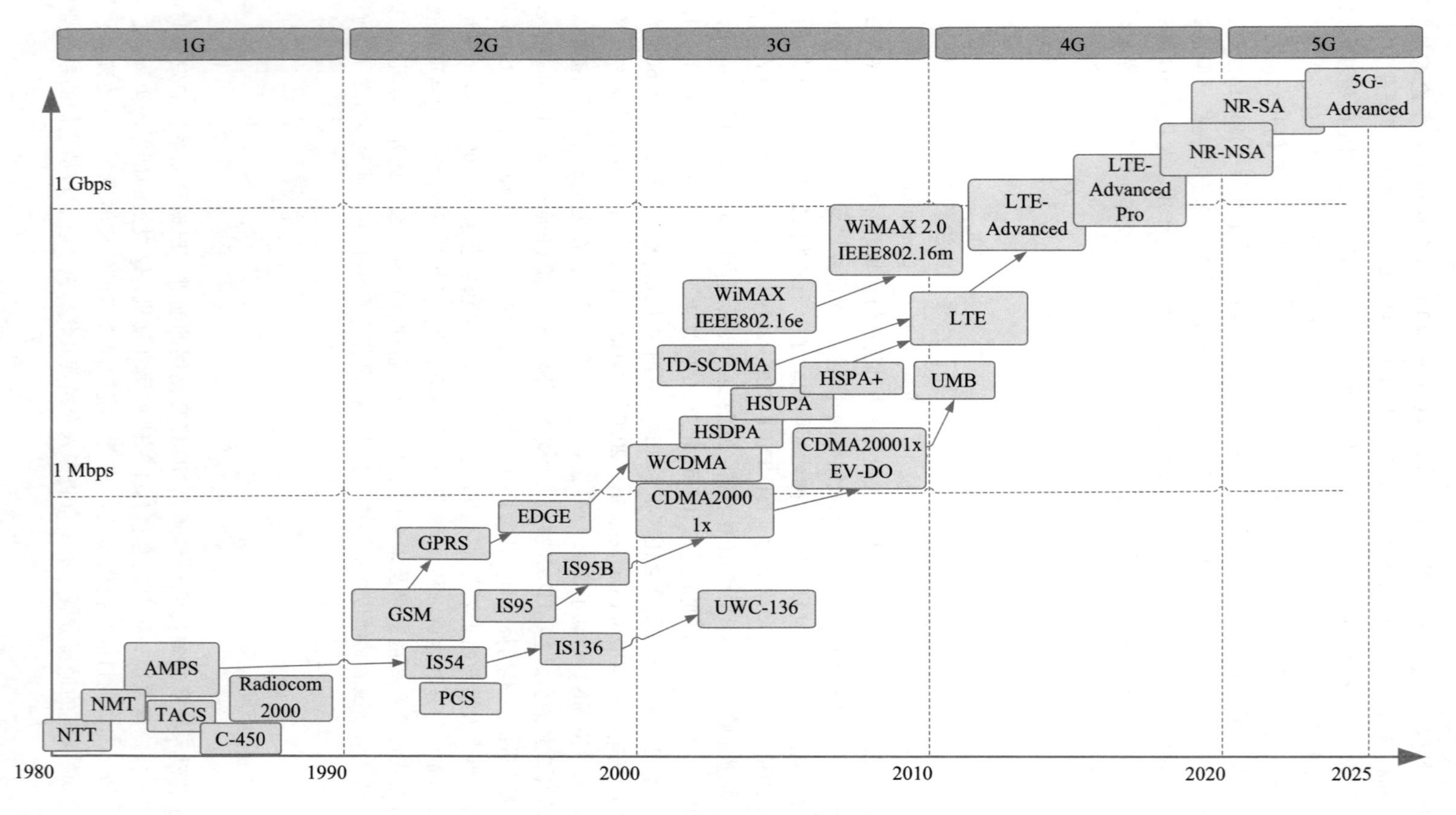
1G
2G
3G
4G
5G
1 Gbps
1 Mbps
NTT
NMT
AMPS
TACS
C-450
Radiocom 2000
GSM
GPRS
IS54
PCS
EDGE
IS95
IS136
IS95B
WCDMA
CDMA2000 1x
HSDPA
HSUPA
HSPA+
TD-SCDMA
UWC-136
WiMAX IEEE802.16e
WiMAX 2.0 IEEE802.16m
CDMA20001x EV-DO
LTE
UMB
LTE-Advanced
LTE-Advanced Pro
NR-NSA
NR-SA
5G-Advanced
1980
1990
2000
2010
2020
2025

图1.9　蜂窝系统的演进

参考文献

Andrews, J. G., Buzzi, S., Choi, W., Hanly, S. V., Lozano, A., Soong, A. C. K. and Zhang, J. C. [2014], 'What will 5G be?', *IEEE Journal on Selected Areas in Communications* **32**(6), 1065–1082.

Astely, D., Dahlman, E., Furuskär, A., Jading, Y., Lindström, M. and Parkvall, S. [2009], 'LTE: The evolution of mobile broadband', *IEEE Communications Magazine* **47**(4), 44–51.

Attar, R., Ghosh, D., Lott, C., Fan, M., Black, P., Rezaiifar, R. and Agashe, P. [2006], 'Evolution of CDMA2000 cellular networks: Multicarrier EV-DO', *IEEE Communications Magazine* **44**(3), 46–53.

Dahlman, E., Parkvall, S. and Sköld, J. [2011], *4G LTE/LTE-Advanced for Mobile Broadband*, Academic Press, Elsevier, Oxford, The United Kingdom.

Dahlman, E., Parkvall, S. and Sköld, J. [2021], *5G NR - The Next Generation Wireless Access Technology*, Academic Press, Elsevier, London, The United Kingdom.

Ehrlich, N. [1979], 'The advanced mobile phone service', *IEEE Communications Magazine* **17**(2), 9–16.

Etemad, K. [2008], 'Overview of mobile WiMAX technology and evolution', *IEEE Communications Magazine* **46**(10), 31–40.

EU Gigabit Connectivity [2020], Shaping Europe's digital future, Communication COM(2020)67, European Commission, Brussels, Belgium.

Fitzek, F. H. P. and Seeling, P. [2020], 'Why we should not talk about 6G', *arXiv*.

Frenkiel, R. and Schwartz, M. [2010], 'Creating cellular: A history of the AMPS project (1971–1983)', *IEEE Communications Magazine* **48**(9), 14–24.

Furuskar, A., Mazur, S., Muller, F. and Olofsson, H. [1999], 'EDGE: Enhanced data rates for GSM and TDMA/136 evolution', *IEEE Personal Communications* **6**(3), 56–66.

Goldsmith, A. [2005], *Wireless Communications*, Cambridge University Press, Stanford University, California.

ITU-R M.1225 [1997], Guidelines for evaluation of radio transmission technologies for IMT-2000, Recommendation M.1225-0, ITU-R.

ITU-R M.1457 [2000], Detailed specifications of the terrestrial radio interfaces of International Mobile Telecommunications-2000 (IMT-2000), Recommendation M.1457-0, ITU-R.

ITU-R M.2012 [2012], Detailed specifications of the terrestrial radio interfaces of International Mobile Telecommunications-Advanced (IMT-Advanced), Recommendation M.2012-0, ITU-R.

ITU-R M.2083 [2015], IMT Vision-Framework and overall objectives of the future development of IMT for 2020 and beyond, Recommendation M.2083-0, ITU-R.

ITU-R M.2410 [2017], Minimum requirements related to technical performance for IMT-2020 radio interface(s), Recommendation M.2410-0, ITU-R.

ITU-R WP5D [2020], Future technology trends for the evolution of IMT towards 2030 and beyond, Liaison Statement, ITU-R Working Party 5D.

ITU-T NET-2030 [2019], A blueprint of technology, applications and market drivers towards the year 2030 and beyond, White Paper, ITU-T Focus Group NET-2030.

Jiang, W. and Schotten, H. D. [2021], The kick-off of 6G research worldwide: An overview, *in* 'Proceedings of 2021 Seventh IEEE International Conference on Computer and Communications (ICCC)', Chengdu, China.

Jiang, W., Han, B., Habibi, M. A. and Schotten, H. D. [2021], 'The road towards 6G: A comprehensive survey', *IEEE Open Journal on the Communications Society* **2**, 334–366.

Knisely, D., Kumar, S., Laha, S. and Nanda, S. [1998], 'Evolution of wireless data services: IS-95 to CDMA2000', *IEEE Communications Magazine* **36**(10), 140–149.

Latva-aho, M., Leppänen, K., Clazzer, F. and Munari, A. [2019], Key drivers and research challenges for 6G ubiquitous wireless intelligence, White paper, University of Oulu.

Linge, N. and Sutton, A. [2014], 'The road to 4G', *The Journal of the Institute of Telecommunications Professionals* **8**(1), 10–16.

Mishra, A. R. [2005], *Advanced Cellular Network Planning and Optimisation*, John Wiley & Sons, West Sussex, England.

Mouly, M. and Pautet, M.-B. [1995], 'Current evolution of the GSM systems', *IEEE Personal Communications* **2**(5), 9–19.

Osseiran, A., Boccardi, F., Braun, V., Kusume, K., Marsch, P., Maternia, M., Queseth, O., Schellmann, M., Schotten, H., Taoka, H., Tullberg, H., Uusitalo, M. A., Timus, B., and Fallgren, M. [2014], 'Scenarios for 5G mobile and wireless communications: The vision of the METIS project', *IEEE Communications Magazine* **52**(5), 26–35.

Ring, D. H. [1947], 'Mobile telephony - Wide area coverage', Bell Labs, Murray Hill, NJ, USA, Internal Tech. Memo.

Vriendt, J. D., Laine, P., Lerouge, C. and Xu, X. [2002], 'Mobile network evolution: A revolution on the move', *IEEE Communications Magazine* **40**(4), 104–111.

Walke, B. H. [2003], 'The roots of GPRS: The first system for mobile packet-based global internet access', *IEEE Wireless Communications* **20**(5), 12–23.

Young, W. R. [1979], 'Advanced mobile phone service: Introduction, background, and objectives', *Bell System Technical Journal* **58**(1), 1–14.

|Chapter 2| 第2章

Pre-6G技术与系统演进

第1章回顾了准蜂窝系统到最近的5G系统的发展历史，至此，读者已经全面了解了每一代蜂窝系统的发展驱动因素、核心技术之间的竞争、典型应用和服务、标准竞争和演进路线、标准化活动、频谱策略及商业部署等多个方面。然而，仅知道这些信息不足以洞悉未来第六代移动通信技术的发展趋势，因此，本章将从技术角度对前几代蜂窝系统进行深入分析，选取了在全球商业市场上取得主导地位的标准，包含主流技术，来代表每一代蜂窝系统。基于此，本章将分别介绍第一代蜂窝系统AMPS（Advanced Mobile Phone System，高级移动电话系统）、第二代蜂窝系统GSM（Global System for Mobile Communications，全球移动通信系统）、第三代蜂窝系统WCDMA（Wideband Code Division Multiple Access，宽带码分多址）、第四代蜂窝系统LTE（Long Term Evolution，长期演进技术）和第五代蜂窝系统NR（New Radio，新空口），并按照时间顺序详细介绍每一代蜂窝系统的架构及关键技术。通过阅读本章，将收获以下知识：

- 了解每代代表性蜂窝系统的总体架构，包括主要网元、功能划分、互联互通和操作流程。
- 了解每一代通信系统的关键技术，以及这些技术的基本原理、优势和挑战。
- 了解构建一套蜂窝系统所需的关键技术及这些技术间的协作机制。

2.1 1G-AMPS

高级移动电话系统（Advanced Mobile Phone System，AMPS）作为最具影响力的1G标准，由美国贝尔实验室在严重拥塞的IMTS系统的启发下开发，它最初起源于1947年提出的蜂窝网络的概念，经历了相当长时间的研究和实践才成为一个实用的网络。AMPS的系统设计在20世纪60年代基本完成，随后进行了广泛的技术和商用试验来对系统参数进行优化并对蜂窝网络布局进行验证。1978年，贝尔实验室与伊利诺斯贝尔电话公司、美国电话电报公司及西电公司合作，建立了大规模全方位的试验系统，该系统由10个小区组成，覆盖伊利诺伊州芝加哥地区约3000mile^{2}范围，旨在为2000多个用户提供覆盖服务[Ehrlich，1979]。1983年，联邦通信委员会（Federal Communications Commission，FCC）为模拟蜂窝网络分配了40MHz的初始频谱（后来增加到50MHz），并颁发了商业运营许可证。在AMPS系统中，后向传输使用824~849MHz的频率范围，前向传输使用869~894MHz的频率范围。通过将信号复用在时、频、码、空域可实现频谱共享，尤其是无线系统中的多址接入。AMPS系统采用频分多址（Frequency-division Multiple Access，FDMA）技术，将整个频谱划分为一组带宽为30kHz的正交信道。为了鼓励竞争，在一个地理区域向A和B两个运营商颁发许可，为这些运营商分配不同的信道，其中，每个运营商共有416个配对信道可以使用，包含21个控制信道和395个语音信道。语音信号通过采用调频（Frequency

Modulation，FM）机制进行模拟调制，每个控制信道可以与一组语音信道相关联。因此每组语音信道可以分 16 个信道组，由不同的控制信道控制。尽管 AMPS 是一个模拟蜂窝系统，但控制信道已经数字化，信令以 10kbit/s 的速率在基站和移动站之间传输，信令数据使用频移键控（Frequency-Shift Keying，FSK）和用于纠错的曼彻斯特编码进行数字调制。

2.1.1　系统架构

除了移动终端，典型的 AMPS 网络还包括两个主要部分：基站收发台（Base Transceiver Station，BTS）和移动电话交换局（Mobile Telephone Switching Office，MTSO），其架构如图 2.1 所示。BTS 一般位于小区中心，由发射和接收无线电信号的收发机以及与 MTSO 相连的传输设备组成，主要负责呼叫建立、呼叫监听、移动站定位和呼叫终止等本地处理任务。一定地理区域内的所有基站都通过高速有线或微波链路连接到 MTSO，MTSO 的主要作用是执行交换功能，使基站与公共交换电话网（Public Switched Telephone Network，PSTN）之间建立连接。此外，MTSO 还负责处理网络的整体控制、分配每个小区内的信道、协调移动终端跨越小区边界时的小区间切换、路由与移动用户之间的呼叫以及检测系统故障功能。通常情况下，MTSO 可以控制城市服务区内的所有移动终端。

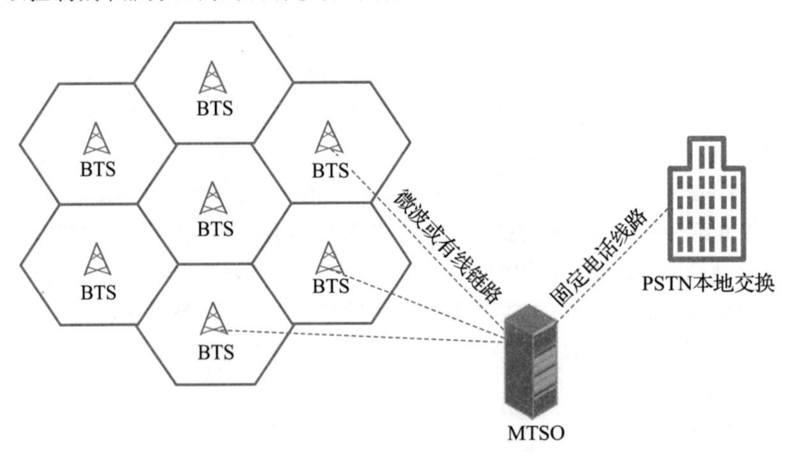

图 2.1　典型 AMPS 系统架构

AMPS 的部署虽然暂时缓解了手机业务的容量限制，但也暴露出诸多弊端。例如，该系统的频谱效率低下，它的频率复用因子是 7，即将所有信道分为 7 组，以避免相邻小区间干扰（Inter-cell Interference，ICI）。但是，一个小区的容量有限，无法容纳大量的活跃用户。此外，AMPS 没有为终端提供足够的安全保护，手机的电子序列号（Electronic Serial Number，ESN）或手机号码（Cellular Telephone Number，CTN）等信息可以通过伪基站被克隆并在其他站点非法重复使用。上述这些问题引发了对功能更强大、更高效、更可靠通信系统的需求。基于此，D-AMPS 作为 AMPS 的后继者应运而生。D-AMPS 通过采用时分多址（Time-division Multiple Access，TDMA）技术在带宽 30kHz 的信道上同时支持三个用户传输压缩后的语音数据来增加容量，它继承了 AMPS 的基本架构和信令协议，促进了无线通信系统从模拟系统到数字系统的平滑过渡。D-AMPS 的移动终端最初可以通过传统的 AMPS 控制信道接入网络，然后在数字语音信道可用时请求数字语音信道或保持模拟模式。D-AMPS 被电子工业协会（Electronics Industries Association，EIA）和电信工业协会（Telecommunication Industries Association，TIA）命名为 IS-54 和 IS-136，是美国第一个 2G 数字蜂窝标准。

2.1.2 关键技术

在早期的移动通信系统中，通常将基站的天线安装在高海拔处并发射大功率无线电信号以覆盖数十公里的范围。该覆盖范围内的所有移动用户共享分配的频谱，从而导致容量受限。随着移动用户订阅需求不断增加，对无线通信系统功能强大、经济且便携的迫切需求促进了蜂窝概念的诞生。1947 年，曾在 AT&T 贝尔实验室工作的工程师 William Rae Young 提出了在城市中采用六边形小区布局来使每部移动终端都可以连接到至少一个小区的想法。同在 AT&T 贝尔实验室工作的 Douglas H. Ring 扩展了 Young 的概念，概述了一个标准蜂窝网络的基本设计，并于 1947 年 12 月 11 日发布了题为“移动电话-广域覆盖”的技术备忘录［Ring，1947］。

蜂窝系统的两个基本特征是频率复用和小区分裂［Donald，1979］。

2.1.2.1 频率复用

由于信号功率会随着传播距离的增加而急剧衰减，在距离足够大的情况下，同频干扰是可接受的，因此可以在空间分离的位置使用相同的频谱来传输信号。中等功率的基站分布在整个覆盖区域，每个基站覆盖的其附近区域称为小区。无线电和电视广播在蜂窝网络出现之前就已经采用了频率复用，但在系统设计上存在本质差异，后者需要移动终端和网络之间的双向通信来传送个性化消息，而不是公共信息。蜂窝网络的频率复用通过将可用频谱分成 N 个窄带信道，每个信道的带宽为 W/NHz，为每个小区分配 n 个信道，这些信道不一定是连续的，相邻小区不重复使用相同的信道以降低同频干扰。N/n 的比值表示信道可以重用的频率，称为频率重用因子（一些文献使用 n/N 作为重用因子）。在如图 2.2 所示的典型的六边形布局中，重用因子为 7，其中信道分为 7 组，用 $\{f1, f2, f3, f4, f5, f6, f7\}$ 表示。通过频率复用，每 7 个相邻小区（有时也称为一个簇）使用整个频谱来提供移动服务。根据蜂窝排列的方式和干扰避免模式，重用因子可以不同。AMPS 网络的重用因子是 7，GSM 网络的重用因子是 3。码分多址（Code Division Multiple Access，CDMA）系统实现了通用频率复用方式，借助先进的干扰抑制技术，整个频谱在小区中被最大程度复用，重用因子是 1。

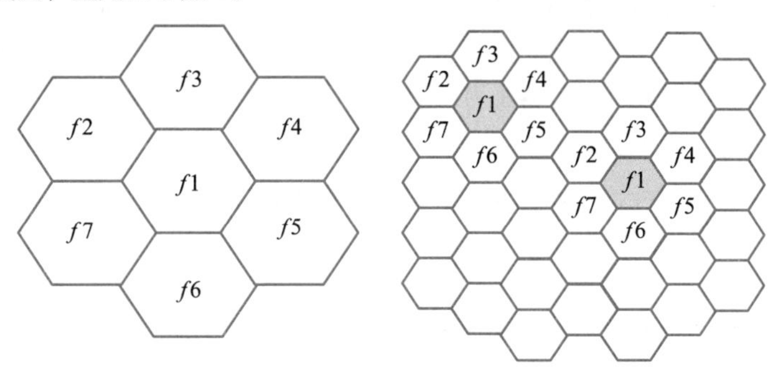

图 2.2　蜂窝网络下频率复用和小区分裂示意图

2.1.2.2 小区分裂

在蜂窝网络建设初始阶段，通常只使用几个大小区来覆盖整个城市或地区，这些大小区的覆盖范围至少有几平方千米，简称宏小区。基站需要安装在高大的建筑物或山上，并以较高的功率发送信号。这种部署方式主要由两个因素决定：高基站成本和低移动用户密度。当一个区域的流量需求饱和时，最直接的解决办法就是获得更大的带宽。然而，获得授权频谱不仅价格昂贵，而且在某些地区根本无法使用。在没有额外频谱的情况下进一步增加小区容量的替代解决方案是改变小区边界，将之前由单个小区覆盖的区域分为多个小区，这个过程称为小区分裂。如图 2.2 所示，通过部署更多发射功率较小的基站，将原本 7 个单元格覆盖的区域分成几个簇，频谱资源 {$f1$，$f2$，$f3$，$f4$，$f5$，$f6$，$f7$} 可以在每个簇中重复使用。

2.1.2.3　扇区化

受到小区分裂可以提高频谱效率启发，小区被进一步划分为更小的区域，称为扇区。配备全向天线的基站在各个角度均匀发射信号。1985 年，Philip T. Porter 提议在基站使用定向天线（Porter，1985）来降低干扰以支持 7 小区重用模式。小区扇区化的思想在无须建立新站或网络基础设施的情况下，为如何进一步增加系统容量提供了一种有效的方法。理论上使用 3 组 120°定向天线可以将小区容量增加三倍。当基站较高且周围障碍物很少时，扇区化是非常有效的，然而在扇区间干扰较大，散射和反射较多的情况下，扇区化的效果就要差很多。

频率复用和小区分裂技术使得蜂窝网络可以基于有限的频谱在广阔的覆盖范围内为大量移动用户提供服务。同时，小区分裂技术还可以实现可扩展的网络，以适应移动流量的增长和各种空间密度。在蜂窝网络中可以用宏小区为低需求区域提供服务，用微小区为高需求区域提供服务。然而，蜂窝网络带来了一个新的问题——当移动用户从一个小区移动到另一个小区时，它的通信质量会下降。为了保证用户服务体验，用户需要在两个小区间无缝切换。

2.1.2.4　切换

每个基站以恒定的功率广播信标信号，来自不同基站的信号通过使用伪随机序列来进行区分。基站的伪随机序列和载波频率、信号格式、功率的对应关系是预先规定的，并且网络内的所有移动终端都知道。移动终端定期测量周围基站的信号强度，如果它位于一个小区的中心，则该小区的信号强度最强，其他小区的信号强度相对较弱；如果移动终端位于小区边缘，则可能会收到几个强度相似的信号。但无论哪种情况，移动终端都可以在允许接入的小区中选择信号强度最强的小区接入。当移动终端离开这个小区时，测量到的信号强度会降低，一旦接收信号强度低于最低可接受性能所需的预定义阈值，就会触发切换流程。基站和控制器会协助移动终端释放源小区中占用的信道，并接入目标小区的新信道中。

除上述蜂窝网络的关键技术外，1G 系统另一个关键技术是 FDMA。

2.1.2.5　频分多址接入

与广播和电视系统以单向方式广播公共信号不同，移动通信是双向的，为不同的用户传输专属信息。这种多用户系统需要将资源分配给特定的用户，称之为多址接入。语音或视频通信等实时应用需要使用专用信道传输，以确保信号不中断。正交信道化技术例如频分、时分、空分或混合组合等被应用于生成专用信道。相反，针对延迟容忍型服务，例如突发数据传输，通常使用非正交多址，称之为随机接入。AMPS、北欧移动电话（Nordic Mobile Telephony，NMT）、全接入通信系统（Total Access Communication System，TACS）和 C-450 等 1G 系统均采用 FDMA 多址接入方式，其中系统带宽沿频率轴划分为正交信道。每个用户获得一个专用信道，不存在多用户干扰，如果单个信道是窄带的，则不存在频率选择性衰落。然而，由于硬件不完善、多普勒频移引起的频谱扩展、邻道频谱泄漏等缺陷，FDMA 信道不得不在两侧使用保护带，这导致了频谱资源的浪费。例如，每个 AMPS 用户都分配了一个 30kHz 的信道，对应 24kHz 的 FM 信号传输频带和每侧 3kHz 的保护频带。此外，终端还需要配置频率捷变射频（Radio Frequency，RF）组件来确保调谐到不同频带。

2.2　2G-GSM

由于欧洲各种通信系统的不兼容性，导致穿梭于欧洲国家之间的旅行者难以通过一部模拟手机来获得持续的通信服务，这激发了在整个欧洲区域内制定统一标准和统一频率分配的必要性。早在 1982 年，欧洲邮电会议（Conference of European Postal and Telecommunications，CEPT）就成立了名为 Groupe Special Mobile（GSM 的初始含义）的工作组，负责协调通信技术发展工作。在 1982 年到 1985 年期间，GSM 小组针对模拟系统和数字系统的选择问题进行了讨论。经过多次现场试验，决定开发基于窄带 TDMA 的数字蜂窝系统，并定义了该系统的要求，例如良好的语音质量、较低的终端和服务成本以及支持国际漫游服务。1988 年，CEPT 组建了欧洲电信标准协会（European Telecommunications Standards Institute，ETSI），随后由该协会负责通信规范和标准的制定。1990 年，全球移动通信系统（Global System for Mobile communications，GSM）第一阶段协议正式发布。紧接着，ETSI 于 1991 年 2 月推出了 1800MHz 数字蜂窝系统（Digital Cellular System at 1800 MHz，DCS-1800），被认为是 GSM 的变体，相比 GSM 可以在更高频段运行 [Mouly and Pautet，1995]。GSM 终端除了支持最基本的语音业务，还可以以 9.6kbit/s 的速率接入综合业务数字网（Integrated Services Digital Network，ISDN）享受各种数据业务。历史上第一个商用 GSM 网络的国家是芬兰，1991 年 7 月 1 日，芬兰总理哈里・霍尔克里在诺基亚和西门子构建的 Radiolinja 移动网络上完成了世界上第一通 GSM 通话。从那时起，GSM 网络迅速获得认可并成为占主导地位的 2G 数字蜂窝标准 [Vriendt et al.，2002]。GSM 全球市场份额超过 90%，取得了非凡的商业成功。截至 2004 年初，全球超过 200 多个国家和地区的 10 亿多人口享受到了 GSM 的移动电话服务。

2.2.1　系统架构

通用 GSM 系统由四个部分组成：移动终端子系统（Mobile Station Subsystem，MSS）、基站子系统（Base Station Subsystem，BSS）、网络和交换子系统（Network and Switching Subsystem，NSS）以及操作和支持子系统（Operation and Support Subsystem，OSS）。每个子系统包含各种功能实体，这些功能实体通过指定的接口互相连接 [Rahnema，1993]。

2.2.1.1　移动终端子系统

MSS 的硬件是移动终端，支持用户的语音通话、短信和低速数据接入，使用称为国际移动设备识别码（International Mobile Equipment Identity，IMET）的唯一序列码进行标识。此外，使用用户识别模块（Subscriber Identity Module，SIM）智能卡来存储国际移动用户识别码（IMSI）、用于身份验证的密钥和其他用户信息。由于 IMEI 和 IMSI 是独立的，因此支持移动用户的移动性。

2.2.1.2　基站子系统

BSS 由 BTS 和基站控制器（Base Station Controller，BSC）组成，其中 BTS 包含用于发射和接收电磁波的天线、用于产生和检测无线电信号的收发器，以及用于和 BSC 之间通信加密和解密的设备。BTS 通常部署在小区中心，并根据用户密度配置一个或多个收发器，它是系统中最复杂的部分，配备昂贵且耗电的 RF 组件，例如：

- 将多个馈源组合成单个天线的合成器。
- 放大发射信号的功率放大器。
- 允许双向（双工）通信的双工器。

BSC 负责管理一个或多个 BTS 的无线资源，并对用户接入、无线信道建立、跳频和 BTS 间切换进行控制。

2.2.1.3 网络和交换子系统

NSS的主要作用是执行交换功能，为移动终端和其他移动用户或PTSN固定电话用户提供连接服务。此外，它还为移动用户提供一些其他必要的功能，如身份验证、注册、位置更新、移动交换中心（Mobile Switching Center，MSC）间切换和呼叫路由等。MSC是NSS的核心组件，包括使用一组数据库来存储用户和移动性信息，具体如下：

- 归属位置寄存器（Home Location Register，HLR）是用于存储服务区域内所有用户管理信息的重要数据库。存储的信息包括每个用户的IMSI、电话号码、身份验证密钥、订阅服务列表以及一些临时数据，例如移动终端上次注册时的位置信息。当终端开机时，它向网络发起注册并确定与哪个BTS建立通信连接，以便正确路由传入呼叫。即使终端处于未激活状态（但已开机），它也会周期性向网络报告位置信息以确保网络知晓其最新位置。
- 访客位置寄存器（Visitor Location Register，VLR）是用于存储访问用户信息的数据库。当MSC在其服务区域内检测到新的移动终端时，为确保订阅服务和呼叫路由，与该MSC相关联的VLR需要向HLR或移动终端请求诸如IMSI、身份验证密钥、电话号码及HLR地址等必要的签约信息。
- 鉴权中心（Authentication Center，AuC）以及存储每个用户的密钥副本，以及无线信道的认证和加密。当移动终端尝试接入网络时，AuC需要验证其SIM卡的有效性。此外，在通信过程中，AuC还提供一个加密密钥来加密手机和核心网络（Core Network，CN）之间的数据。
- 设备标识寄存器（Equipment Identity Register，EIR）是用于安全验证的数据库。它维护着一个由其IMEI标识的网络上所有有效终端的目录，可以禁止注册为被盗或未经授权的无效终端呼叫。

2.2.1.4 操作和支持子系统

OSS是帮助网络运营商监控和管理整个无线通信系统的功能实体。运维中心（Operation and Maintenance Center，OMC）是连接交换系统和BSC中不同组件的关键设备，主要负责操作管理（订阅、终止、计费、统计）、安全管理、网络配置、性能监控和维护等功能。

2.2.1.5 通用分组无线服务

在Release 97版本的GSM标准［3GPP TS23.060，1999］中指定了对通用分组无线服务（General Packet Radio Service，GPRS）的支持。如图2.3所示，GPRS通过在传统电路交换网络上叠加一个分组交换子网络来实现。GSM网络可以通过增加新的节点和升级软件平台来支持互联网浏览、无线应用协议接入（Wireless Application Protocol，WAP）和多媒体消息服务（Multimedia Messaging Service，MMS）等数据服务。为支持路由和对数据包处理进行适当的增强，GSM网络引入了服务GPRS支持节点（Serving GPRS Support Node，SGSN）和网关GPRS支持节点（Gateway GPRS Support Node，GGSN），其中SGSN在分组交换子网中的作用与电路交换网络中的MSC相同。SGSN通过基站为移动终端提供服务，并与GGSN相连，可以接入外部网络，它包含的功能如下：

移动性管理：当移动终端附着到分组交换网络时，SGSN根据移动台的当前位置生成移动性管理信息，跟踪已注册移动终端的移动情况并将用户数据包转发到相应地址。

会话管理：SGSN负责管理实时或非实时数据会话的发起、维护和终止，并使用恰当的机制保证各种数据服务所需的服务质量（Quality of Services，QoS）。

交换：SGSN负责转发来自BSC和GGSN的输入和输出数据包。此外，它还与网络中的电路交换节点（诸如MSC）进行通信，从而获得必要的管理信息。

计费：SGSN还负责对GPRS网络上的用户数据流量进行计费和统计收集，为计费实体提供呼叫详情记录。

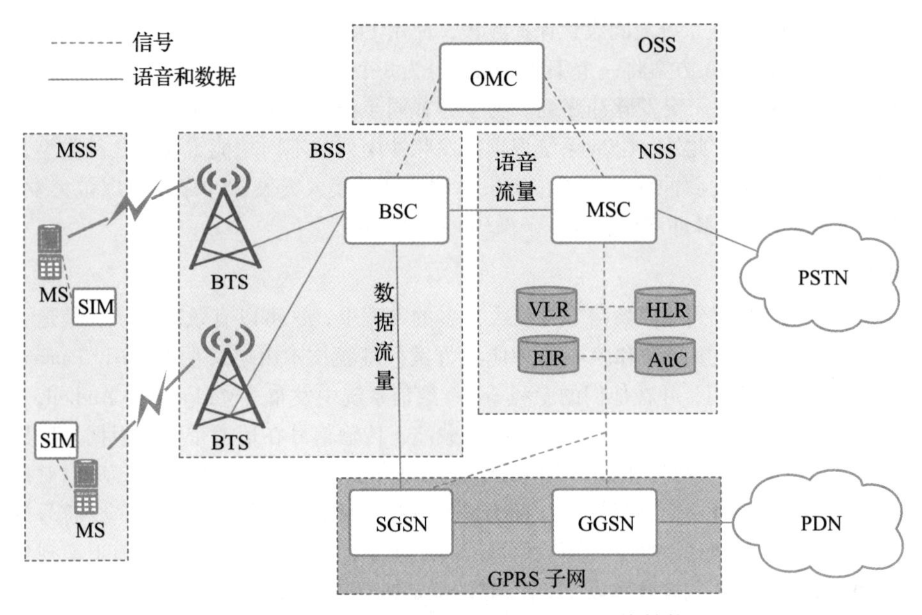

图 2.3　与 GPRS 网络重叠的 GSM 系统结构

2.2.1.6　网关 GPRS 支持节点

GGSN 负责处理与外部分组数据网络（例如 Internet 或 X.25 网络）的互通，并通过 GRPS 骨干网与 SGSN 相连。从外部网络角度看，GGSN 是一个路由器，支持网关功能，例如发布用户地址、映射地址、路由和转发数据包、筛选信息和数据包计数。来自 SGSN 的 GPRS 数据包在 GGSN 转换成适当的数据格式（例如 IP 或 X.25）后被转发到外部数据网络。同样，来自外部数据网络的传入数据包在 GGSN 上进行格式转换，之后被转发到与目标移动终端关联的 SGSN 上［Lin et al.，2001］。

2.2.2　关键技术

与 1G 模拟系统相比，2G 系统提供了更大的系统容量、更高的 QoS、更安全的配置和更高效的频谱使用效率。蜂窝系统的数字化促进了众多先进技术的应用，2G 主要技术简述如下。

2.2.2.1　时分多址接入

时分多址接入（Time Division Multiple Access，TDMA）技术将传输信道沿时间维度划分为多个正交信道，每个用户通过循环使用分配的时隙在整个系统带宽上传输数据。这意味着使用 TDMA 传输数据的用户需要非连续传输，但其可以在其他用户占用时隙期间执行一些如信道估计的处理工作，通过这种方式，简化了系统设计。TDMA 的另一个优点是可以为单个用户分配多个时隙，来实现高数据传输速率。TDMA 系统中的一个主要挑战是上行信道的同步，空间分离的用户发送的上行信号具有不同的传播延迟，此外，由于用户的移动性，其多径传播环境也会发生变化，使得上行信道的同步难以实现。在之前的模拟系统中，TDMA 信道的带宽一般大于 FDMA 信道的带宽，如果传输信道的带宽超过无线信道的相干带宽，那么符号间干扰（Inter-Symbol Interference，ISI）就会增加，因此接收机需要一个均衡器来补偿 ISI。

GSM 系统采用 TDMA 技术结合 FDMA 技术作为多址接入方案。最初的 GSM 系统使用成对的频带，每个频带的带宽为 25MHz：其中 890~915MHz 用于上行链路传输，935~960MHz 用于下行链路传输。在

GSM 和在相邻频段运行的其他系统之间设置保护频段，使用 FDMA 方案将剩余带宽划分为共 124 个带宽为 200kHz 的信道，使用 TDMA 方案将一个 TDMA 信道分为 8 个时隙，每个时隙的持续时间约为 0.577ms，一个时隙中承载的内容称为一个突发脉冲序列。为了弥补同步误差和多径时延扩展，在每个突发脉冲序列的尾部插入一个保护周期。此外，GSM 系统根据突发脉冲序列的不同功能定义了几种类型，包括正常突发脉冲序列、频率校正突发脉冲序列、同步突发脉冲序列、接入突发脉冲序列和虚拟突发脉冲序列，8 个总长度为 4.615ms 的突发脉冲序列组成一个循环的 TDMA 帧。

2.2.2.2　跳频

扩频技术通过将信号扩展到比原始信号宽度大得多的带宽上，这可以有效减轻多径信道引起的窄带干扰和 ISI 影响，具体包含直接序列和跳频两种应用方案。跳频技术由电影明星 Hedy Lamarr 和作曲家 George Antheil 在二战期间发明，并在他们的专利 Secret 通信系统中发布（Markey and Antheil，n. d.）。发射机的频率合成器根据扩展码的伪随机序列生成跳频载波，传输信号在信道带宽上根据发射机生成的跳频载波不断改变其载波频率。在接收机处，频率合成器使用相同的扩频码生成载波频率以对接收的信号进行变频。如果跳频时间超过一个符号周期，称为慢速跳频，反之，跳频时间小于一个符号周期时，称为快速跳频。GSM 系统采用慢速跳频，利用收发器固有的频率捷变特性，在不同信道上实现发送和接收功能。其中，每个 TDMA 帧的载波频率以 217 次/秒的恒定速率改变。

2.2.2.3　语音压缩

早期移动系统提供的最基本服务是语音传输。在 1G 系统中，语音信号是以模拟方式进行调制的。2G 系统需要在传输前将模拟语音信号数字化。在有线电话系统中，为了使语音信号在高速骨干网或光纤线路上进行多路复用，采用脉冲编码调制（Pulse Coded Modulation，PCM）对语音信号进行编码。PCM 的编码速率为 64kbit/s，由于无线资源的限制，这对于空口传输速率来说过高。因此，GSM 工作组研究了多种语音编码和合成算法，用于减少语音信号中的冗余信息。最终，基于语音质量、处理延迟、功耗和复杂性等原因，选择规则脉冲激励长期预测（Regular Pulse Excitation Long-Term Prediction，RPE-LTP）作为 GSM 语音编解码方案。RPE-LTP 通过使用过去的语音信号样本来预测当前样本。每 20ms 对语音信号采样一次，获得 260bit 的数据块，相当于 13kbit/s 的编码速率。

2.2.2.4　信道编码

1G 模拟系统由于无法滤除模拟发射信号上的噪声和干扰，导致语音质量较差。2G 数字系统可以采用信道编码来提高语音质量（AMPS 系统只对控制信道进行信道编码）。与语音编码试图尽可能地压缩数据量相反，信道编码有意地在原始信息中添加冗余比特，以检测或纠正传输过程中发生的错误。例如，在 GSM 系统中，根据语音信号的重要性来提供不同级别的保护。GSM 终端的语音编解码器每 20ms 生成一个 260bit 的数据块。从用户的角度来看，感知到的语音质量更多地取决于该数据块的某个部分，而不是平均的每个比特。因此，数据块被划分为 3 部分：Ia 类，50bit——最重要；Ib 类，132bit——中等重要；II 类，78bit——最不重要。首先，类别 Ia 的尾部添加循环冗余码（Cyclic Redundancy Code，CRC）用于错误检测，共 53bit，加上类别 Ib 的 132bit 和 4bit 的尾部序列，共 189bit，将这 189bit 数据块输入一个速率为 1/2、约束长度为 4 的卷积编码器中。第 II 类中的 78bit 数据被添加到没有任何保护的编码序列中。最终，每 20ms 的语音信号转换为一个长度为 456bit 的传输块，编码速率为 22.8kbit/s。此外，使用交错的传输块来预防无线接口常见的突发错误。

2.2.2.5　数字调制

数字调制相比模拟调制具有更多优势，例如高频谱效率、高功率效率、鲁棒性、安全性和隐私性，以及更经济的硬件实现［Goldsmith，2005］等。具体来说，高阶数字调制如 M 进制正交幅度调制（M-ary Quadrature Amplitude Modulation，MQAM）可以在相同的信号带宽情况下提供比模拟调制高得多的传输速率。数字收发器可以使用信道编码、信道均衡和扩频等先进技术来抵抗硬件损坏、信道衰落、噪声和干扰。应用数字调制的调制星座的信息比特相比模拟信号更容易加密，因此具有较高的安全性和隐私性。在众多调制方案中，GSM 系统通过对频谱效率、发射机复杂度和有限杂散发射综合考虑，选取了高斯调制移位键控（Gaussian Modulation Shift Keying，GMSK）作为折中方案对信息比特进行调制。GMSK 是一种恒包络信号，可以减少功率放大器非线性失真带来的问题。GSM 演进增强数据速率（Enhanced Data Rates for GSM Evolution，EDGE）是 GSM 系统增强方案，采用高阶相移键控（8PSK）技术来提高数据传输速率。

2.2.2.6　非连续传输

考虑到一个人在交谈中讲话时间通常低于 50%，因此在传输语音信号时可以在静默期内暂停信号传输，这就是非连续传输（Discontinuous Transmission，DXT）的基本原理。DTX 的显著优势包括减少重复使用同一信道小区之间的同信道干扰、低功耗、增加系统容量和延长电池寿命。实现 DTX 功能需要语音活动检测（Voice Activity Detection，VAD）和舒适噪声发生器两个重要组件，其中，VAD 用于区分噪声和语音。如果语音信号被识别为噪声，发射机就会关闭，产生一种令人不愉快的“夹音”效果。在发射机关闭期间，数字信号存在绝对静音，导致用户在接收端可能会感觉连接已经断开。为了克服这一问题，接收机需要产生一段舒适信号来模拟背景噪声。

2.3　3G-WCDMA

20 世纪 90 年代末，NTT DoCoMo 为他们的 3G 系统开发了宽带 CDMA 技术，称为自由移动多媒体接入（Freedom of Mobile Multimedia Access，FOMA）。另一种多址技术，宽带码分多址（Wideband Code Division Multiple Access，WCDMA）又称为通用地面无线接入（Universal Terrestrial Radio Access，UTRA），仅定义了空中接口部分，作为 GSM 的继承者选为 UMTS 的空中接口。FOMA、UMTS 和 J-Phone 系统共享 WCDMA 空中接口，但各自具备不同的完备通信标准协议。国际电信联盟无线通信部门（International Telecommunication Union Radiocommunication Secto，ITU-R）批准 3GPP 提交的 WCDMA 作为 IMT-2000 系列标准的一部分。WCDMA 采用直接序列码分多址技术，码片速率为 3.84Mbit/s，支持频分双工（Frequency Division Duplex，FDD）和时分双工（Time Division Duplex，TDD）两种双工模式，使用 5MHz 信道实现高达 5Mbit/s 的峰值速率。2001 年 10 月，NTT DoCoMo 在日本推出了第一个商用 FOMA 网络，作为 i-mode 的继承者。在许多欧洲国家，运营商需支付巨额拍卖费用来获得 3G 频谱许可证。例如，英国的移动运营商在 2000 年 4 月的拍卖中花费了 330 亿美元，同年在德国的拍卖中花费了 475 亿美元。高昂的许可证成本给移动运营商带来了巨大的财务压力，导致欧洲 3G 网络的商用延迟。例如，英国的第一个商用 3G 网络直到 2003 年 3 月才由 Hutchison Telecom 部署。

Release 99 和 Release 4 版本协议包含了满足 IMT-2000 需求的所有 WCDMA 无线空口技术特性，此后，无线空口技术标准持续演进。其中，高速分组接入（High Speed Packet Access，HSPA）作为 WCDMA 无线空口的第一个重要演进版本于 2002 年发布。

2.3.1　系统架构

WCDMA 的网络要素分为三部分：用户设备（User Equipment，UE）、处理无线接口的 UMTS 地面无线接入网（UMTS Terrestrial Radio Access Network，UTRAN）和负责处理语音呼叫和路由数据包的核心网（Core Network，CN）。在 WCDMA 部署初期，为了实现网络的平滑过渡，部分 CN 实体直接继承自 GSM，传统 GSM 网络的无线空口部分被称为 GSM 边缘无线接入网（GSM EDGE Radio Access Network，GERAN）[Holma and Toskala，2004]。

2.3.1.1　用户设备

用户设备是一个新的术语，不同于之前的移动电话，它可以是介于语音通话的移动电话和没有语音功能的计算机之间的任何设备，以支持更多的应用和功能（见图 2.4）。用户设备由两部分组成：用于无线通信的移动终端和用于存储用户身份标识、鉴权加密密钥和订阅信息的 UMTS 用户标识模块（UMTS Subscriber Identity Module，USIM）。

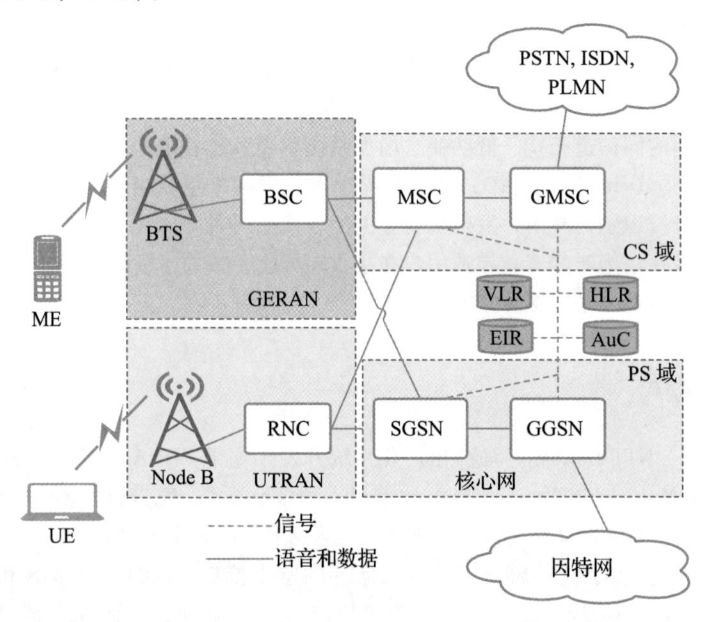

图 2.4　WCDMA 系统架构（UTRAN 是 WCDMA 的新空口，GERAN 是传统 GSM 的无线接入）

2.3.1.2　UMTS 地面无线接入网

UTRAN 由一个或多个无线网络子系统（Radio Network Subsystems，RNS）组成，RNS 由若干个基站（Node B）和对应的无线网络控制器（Radio Network Controller，RNC）组成。Node B 配备了无线收发器对空口进行处理，同时也具备一些无线资源的管理功能，其主要功能包括：无线信号发射与接收、调制与解调、扩频与解扩、信道编码与解码、频率同步与时间同步和闭环功率控制。

WCDMA 是一种宽带直接序列码分多址（Wideband Direct-Sequence CDMA，WCDMA）系统，该系统内的用户信息通过乘以准随机扩频码扩展到 5MHz 的带宽上传输。WCDMA 支持 FDD 和 TDD 两种双工模式，通过使用不同的扩频码支持可变的数据速率，用户速率可以在每帧 10ms 持续时间内灵活变化。表 2-1 列出了 WCDMA 空中接口的主要参数，并与 IS-95 和 GSM 进行了比较。

表 2-1　WCDMA、IS-95 及 GSM 主要无线参数对比

参数	WCDMA	IS-95	GSM
信号带宽/kHz	5M	1.25M	200k

（续）

参数	WCDMA	IS-95	GSM
多址接入	DS-CDMA	DS-CDMA	TDMA
双工方式	FDD/TDD	FDD	FDD
码片速率/cps	3. 84M	1. 228 8M	N/A
帧长/ms	10	20	4. 615 38
频率复用因子	1	1	3
功率控制/Hz	下行：1 500M 上行：1 500	下行：800 上行：慢速	可选，2
峰值速率/(bit/s)	2M①	14. 4k	9. 6k

① 这些值是系统初始版本的速率，即未增强 GPRS 的 WCDMA、IS-95A 和 GSM 的 Release 99。

来源：Mcps，每秒兆码片；N/A，不可应用。

RNC 主要负责无线资源的控制和 UTRAN 系统内的移动性管理，通过与 MSC 连接进行语音通信，与 SGSN 连接进行分组数据传输。RNC 的主要功能有：无线资源控制、接纳控制、信道分配、开环功率控制、移动性管理、加密和宏分集。

2. 3. 1. 3　核心网

UMTS 的核心网（Core Network，CN）分为电路交换（Circuit-Switched，CS）域和分组交换（Packet-Switched，PS）域。UMTS 的核心网相当于 GSM 网络的 NSS，负责提供交换、路由以及所有集中处理和管理功能，同时也作为与 PSTN、ISDN、公共陆地移动网络（Public Land Mobile Network，PLMN）和互联网等外部网络之间的接口。HLR、VLR、AuC 和 EIR 等数据库从 GSM 网络继承，在两个域共享。

- CS 域：该域主要基于电路交换方式为语音传输提供优化，例如用于长期通话的语音信道，由 GSM 网络继承而来，具体包含 MSC（与 GSM 中的 MSC 相同）和作为外部网络接口的网关移动交换中心（Gateway Mobile Switching Center，GMSC）。
- PS 域：该域中主要针对分组数据传输进行了优化，由 GPRS 网络继承而来，具体包含 SGSN 和 GGSN（如表 2-2 所示）。

表 2-2　前几代通信系统中主要技术特征对比

系统	1G	2G	3G	4G	5G
部署时间/年	1979	1991	2000	2009	2019
数据速率/(bit/s)	N/A	9. 6~384k	2~56M	1G	20G
频带/Hz	400M/800M	900M/1 800M	最大 2. 1G	Sub-6G	6G 以下频段/mm-Wave
带宽/Hz	20k，30k	200k	5M	20M/100M	400M/1G
多址接入	FDMA	TDMA	CDMA	OFDMA	OFDMA/NOMA
双工	FDD	FDD	FDD/TDD	FDD/TDD	FDD/TDD
调制	FM	GMSK	8PSK	64QAM/256QAM	1024QAM
信道编码	N/A	卷积码	Turbo	Turbo/LDPC	LDPC/极化码
多天线	N/A	接收分集	波束赋形	MIMO 8×8	MIMO 256×832

（续）

网络	电路交换	电路、分组交换	电路、分组交换	全 IP	全 IP
服务	模拟话音	数字话音、SMS、低速数据	VoIP、高速数据、视频	移动互联网	eMBB、URLLC、mMTC
标准	AMPS、NMT、NTT、TACS、C-450、Radiocom2000	GSM、D-AMPS、IS-9	WCDMA、CDMA2000、TD-SCDMA、WiMAX	LTE、LTE-Advanced、WiMAX2.0	NR-NSA、NR-SA、5G-Advanced
技术	蜂窝、FDMA、FDD、FM	TDMA、FHSS、GMSK	CDMA、Rake 接收机、Turbo 码	MIMO、OFDM、载波聚合、CoMP、中继、异构网、D2D、非授权频谱	大规模 MIMO、毫米波、SDN/NFV、网络切片、LDPC、极化码

2.3.2 关键技术

从纯语音通信服务到语音和数据混合通信服务的转变给空中接口和核心网的设计带来了许多挑战。因此，WCDMA 采用了可支持先进的多址接入、灵活的资源共享、高可变数据速率以及增强频谱效率的新技术。在众多 3G 技术中，CDMA、Rake 接收机和 Turbo 编码被认为是最基本的使能技术，具体介绍如下。

2.3.2.1 码分多址接入

在窄带系统中，相同小区内的用户通过正交的时频资源块（通过 FDMA 或 TDMA）传输信号，相邻小区的用户根据小区布局分配不同的频率块。在 CDMA 系统中，每个用户使用直接序列扩频技术，通过复用名为扩频码的伪随机序列将其信号扩展到整个传输带宽上，其中，传输带宽远大于原始信号带宽，传输带宽和原始带宽的比率称为处理增益。来自不同用户的扩频信号同时共享同一带宽，并将其他用户信号视为随机噪声，在接收端应用相同的扩频码来检测期望信号。使用诸如 Walsh-Hadamard 码等正交扩频码，可以很好地分离来自不同用户的信号。使用非正交扩频码也可以有效区分多用户信号，但会增加信号间的相互干扰。这就是使用直接序列扩频实现码分多址的基本原理。扩频技术的应用除了允许多址接入，还可提供频率分集以抵抗多径衰落和窄带干扰。

与窄带信号传输相比，CDMA 技术具有以下优势。

- 通用频率复用：指最大频率复用，即频率复用因子为 1。在 FDMA 或 TDMA 系统中，为了避免多用户间的相互干扰，通常将正交时频资源分配给同一小区的用户，将不相交的频带分配给相邻小区，系统中每个用户的自由度较低。在 CDMA 系统中，无论是同一小区内的用户，还是不同小区（包括相邻小区）间的用户都共享相同的时频资源。通用频率复用除了增加每个用户的自由度，还简化了网络规划。从另一个角度来看，这些优势是以牺牲单个链路的信干噪比（Signal-to-Interference-plus-Noise Ratio，SINR）为代价的。
- 软切换：窄带系统为相邻小区分配不同的频点，而终端一次只能接入一个载频。因此，终端必须在连接到新小区之前断开和源小区的连接。这种硬切换会导致语音通话中断，造成用户体验较差，这是第一代和第二代系统之间最主要问题之一。在 CDMA 系统中，相邻小区可以使用相同的频率，因此位于小区边缘的用户可以同时与多个基站进行通信，称之为软切换，有时也称为宏分集技术。在上行链路中，终端信号经由不同小区的扩频码进行调制，然后由多个基站接收。接收端在中央处理单元（例如 RNC）对信号进行合并和检测。同样，在下行链路中，同一信号可以同时由一个以上的基站发送给终端。

- 软容量：在窄带系统中，时频资源被划分为固定数量的正交信道，一旦所有信道都被占用，则不再允许新用户接入网络。因此，窄带系统的硬容量是有限制的。使用非正交扩频码的 CDMA 系统对服务用户数没有硬限制，但是共享非正交码自由度的用户越多，多用户干扰程度越高。
- 干扰共享：已分配的信道在语音通话静音期间处于空闲状态，然而在 FDMA 或 TDMA 系统中，该信道不能与其他用户共享。CDMA 系统对信道数量没有限制，但其系统容量会受到干扰的影响。当一个终端没有信号发送时，系统整体干扰水平会下降，其他终端的性能会提高。因此，CDMA 系统可以从信源变化中获得增益。

CDMA 的系统性能很大程度上取决于精准的功率控制，特别是在上行链路中，以补偿远近效应。如果两个终端以相同的功率发射，则基站附近终端的信号强度可能比小区边缘终端高几十分贝，导致远端目标终端很难从严重的多用户干扰中检测到自己想要的信号。因此，CDMA 系统需要进行功率控制，使所有终端的接收信号强度大致相同。但频繁的传输功率控制信号会增加系统的信令开销。与 CDMA 系统不同，功率控制在窄带系统中是可选功能，主要用于降低功耗，而不是降低干扰。

2.3.2.2　Rake 接收机

多径衰落是限制无线传输性能的主要因素。在无线通信系统中，传输信号经历多次延迟在接收机处进行合并，这种合并大多情况下是具备破坏性的。由于每个多径分量都包含原始信息，因此理想情况是将所有分量进行相干叠加，以尽可能提高有用信号功率并降低深度衰落的概率。因此，Rake 接收机得以应用。它包含多个分支，又称为手指，用于处理不同路径的信号。其中，每个手指都与信号路径同步，并配备了独立的相干器对接收到的信号进行解扩。Rake 接收机支持不同的合并方法（例如选择性合并和最大比合并）对每个手指的输出信号进行合并，进而检测出传输信号。直接序列码分多址（Direct-sequence CDMA）非常适合于 Rake 接收的应用，因为大信号带宽允许以高分辨率来区分多条路径。它特别适用于信号带宽为 5MHz 的 WCDMA 收发机。Rake 接收本质上是一种分集技术，由 Price 和 Green（1958）提出。它被描述为历史上最重要的自适应接收机之一，可用于多径衰落信道。

2.3.2.3　Turbo 编码

根据信息论，随机选择一个分组长度足够长的编码可以接近香农容量。这种编码的最大似然译码复杂度随着分组长度的增加而呈指数增长，直至物理上不可实现。在 20 世纪 90 年代中期，Berrou、Glavieux 和 Thitimajshima 发明了一种强大的编码方案，可以在高斯信道上以香农容量几分之一的码率传输数据（Berrou and Glavieux，1996）。该编码方案依赖软判决交换信息，并结合并行级联卷积码、大分组长度、交织和迭代译码方法。通常情况下，一个典型的编码器由两个并行卷积编码器和一个交织器组成，其中一个卷积编码器根据 m 生成 X1，另一个卷积编码器根据交织信息生成 X2。信息位 m 与两个奇偶校验位序列 X1 和 X2 连接，编码器将级联后的数据（m，X1，X2）发送到接收端。Turbo 码的迭代译码由交织器和去交织器两个并行译码器实现，使用最大后验概率（Maximum a Posteriori，MAP）算法进行最大似然（Maximum-likelihood，ML）估计，从而产生可靠性信息（软决策）。具体来说，第一解码器根据码字（m，X1）生成每个信息比特的概率度量 p(m1)，该概率度量被传递到第二个解码器。随后，第二个解码器根据（m,X2）生成另一个概率度量 p(m2)，并将其传递给第一个编码器。此后不断迭代这个过程直到达到收敛条件，理想情况下，解码器最终会在概率度量上达成一致。Berrou 和 Glavieux 的研究表明，在高斯信道上应用 1/2 码率的 QPSK（quadrature phase shift keying），在误比特率为 10^{-5} 时，所需的 E_b/N_0 比香农容量高 0.5dB，这一差距后续被缩小到 0.35dB。因此，Turbo 编码迅速得到广泛认可，并引发了对其设计、实现、性能评估和在数字通信系统中应用的研究和开发浪潮。

CDMA2000 系统采用 1/5 码率 Turbo 编码，由两个相同的 1/3 码率并行八状态递归系统卷积（Recursive Systematic Convolutional，RSC）编码器组成，该码率的收缩范围是 1/4~1/2，交织器长度在 378~12 282 之间。除了两个 Turbo 编码器使用不同的伪随机交织器，WCDMA 中的 Turbo 编码与 CDMA2000 中的 Turbo 编码相似。

2.4　4G-LTE

与 3G 系统采用的 CDMA 技术不同，长期演进（Long-Term Evolution，LTE）系统采用了一种更高效的多址技术，称为正交频分复用（Orthogonal Frequency-Division Multiplexing，OFDM），这不仅对空口设计有影响，对网络架构设计也有影响。LTE 空中接口的下行链路使用 OFDMA 技术，上行链路使用单载波频分多址（Single-Carrier Frequency-Division Multiple Access，SC-FDMA）技术，支持终端侧使用低成本功率放大器。由于 OFDM 调制的灵活性，移动通信系统支持在 1.4~20MHz 内的多个范围信号带宽。在 20MHz 的带宽下，采用 2×2 多输入多输出（Multiple-Input Multiple-Output，MIMO）技术，峰值数据速率可达 150Mbit/s；采用 4×4 MIMO 技术，峰值速率可达到 300Mbit/s。LTE 的系统资源被划分为多个 180kHz 的资源块，用于实现灵活的资源分配和数据包调度。为了提高 LTE 的通用性，系统设计方面将 TDD 和 FDD 的差异最小化。LTE 的核心网采用了端到端 IP 架构，并针对分组交换数据服务进行了优化，传统的语音服务被 IP 语音（Voice over IP，VoIP）取代。

2.4.1　系统架构

除了先进的空口技术，提高网络容量还需要高效的网络架构。在网络架构设计方面，可以通过减少网元数量，采用扁平化结构来最小化端到端延迟，提高网络可扩展性。LTE 系统由三个子系统组成：UE、演进的通用陆地无线接入网（Evolved Universal Terrestrial Radio Access Network，E-UTRAN）和演进的分组核心网（Evolved Packet Core，EPC）。下面简要介绍下 E-UTRAN 和 EPC。

2.4.1.1　演进的通用陆地无线接入网

相比 UTRAN 中的两种网元节点（Node B 和 RNC），LTE 的无线接入网络简化为只有一种名为 E-UTRAN Node B 或演进的 Node B（Evolved Node B，eNodeB）的网元。所有的无线信号处理、无线资源管理和数据包处理都在 eNodeB 中进行。eNodeB 充当交换机的角色，通过各种接口与 UE、其他 eNodeB 和 EPC 进行通信。除了数据包的处理和转发，它还负责许多控制功能，具体如下。

- 无线资源管理：无线承载的建立、维护和释放，无线资源分配、流量调度和优先级设置，以及资源利用率监测。
- 移动性管理：包括小区间切换和无线信号测量。
- 接入控制：接受或拒绝访问请求。
- 移动性管理实体（Mobility Management Entity，MME）选择：选择可用的 MME 为 UE 提供服务，使 UE 转移到不同的 MME，建立通向 MME 的路由。
- 数据包压缩：对下行数据包进行 IP 头压缩，以实现通过空中接口的无线高效传输，对上行数据包进行 IP 头解压缩。
- 加密：通过加密算法对数据包进行加密和解密。
- 消息传输：发送寻呼消息、操作维护消息或广播信息，接收 MME 发送的广播信息和寻呼消息。

2.4.1.2　演进的分组核心网

LTE 的核心网只有少量的网元设备，采用扁平化结构，从而有效降低端到端延迟，实现高效的数据传输。

LTE 系统用户面（User Plane，UP）和控制面（Control Plane，CP）是解耦的，以实现网络的可扩展性和独立升级。借助这种分离架构，运营商可以对网络进行按需调整或升级。LTE 系统的演进分组系统（Evolved Packet System，EPS）的基本架构如图 2.5 所示，由以下网络元素组成：服务网关（Serving Gateway，S-GW）、分组数据网络网关（Packet Data Network Gateway，P-GW）、MME、归属用户数据库（Home Subscriber Server，HSS）、策略与计费规则功能（Policy and Charging Rules Function，PCRF）和策略与计费执行功能（Policy and Charging Enforcement Function，PCEF）。

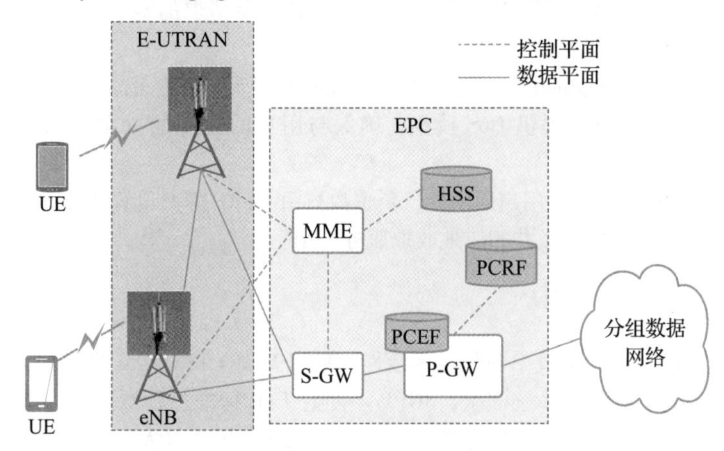

图 2.5　LTE 系统架构

来源：Secureroot/FreeImages。

- S-GW 是一个主要用于 IP 数据包转发和隧道传输的用户面实体，具有最小控制功能。当终端处于连接状态时，S-GW 负责在 eNodeB 和 P-GW 之间中继转发连接模式下属于 UE 的所有传入和传出 IP 数据包。当终端处于空闲状态时，S-GW 会缓存数据，并请求 MME 为终端进行寻呼。如果需要合法窃听，S-GW 可以将监控用户的数据复制给相关部门。为了支持移动性管理，S-GW 充当本地移动锚点，实现相邻 eNodeB 之间的切换。S-GW 还负责处理 LTE 和其他电路交换网络之间的移动性。
- P-GW 是连接 EPC 和外部分组数据网络的边缘路由器，负责路由传入和传出的数据包，并确保与外部网络的连接。一个 UE 可以连接多个 P-GW 进行多个分组数据网络（Packet Data Network，PDN）访问。当 UE 与外部网络中的其他 IP 主机通信时，P-GW 通过执行动态主机配置协议或查询外部动态主机配置协议（Dynamic Host Configuration Protocol，DHCP）服务器为 UE 分配 IP 地址。此外，P-GW 与 PCRF 和 PCEF 合作，负责执行策略，例如对合法拦截的数据包进行过滤和筛查，并收集相关的计费信息。
- MME 是 EPC 控制面中的主要网元，具备以下功能。

  ⓐ认证和安全：当 UE 注册网络时，MME 会向 UE 所属的本地网络中的 HSS 请求认证密钥，并执行挑战-响应认证（challenge-response authentication）以确保终端是可信任的。MME 从认证密钥生成用于加密和完整性保护的密钥，以防止窃听和未经授权的更改。为了保护用户的隐私，MME 还为每个 UE 提供一个名为全局唯一临时标识符（Global Unique Temporary Identity，GUTI）

的临时 ID，以隐藏永久 ID。

ⓑ移动性管理：当 UE 首次注册网络时，MME 会创建位置条目并通知 UE 所属本地网络中的 HSS，接下来 MME 会持续跟踪 UE 的位置。处于激活态的 UE 位置信息在 eNodeB 层面，而处于空闲模式下的 UE 位置信息在跟踪区域（例如一组 eNodeB）层面。此外，MME 还负责 UE 的资源分配和释放，并控制切换过程。

ⓒ用户配置文件管理：MME 负责检索用户配置文件，例如来自本地网络的订阅信息，该信息用于确定在网络接入时应为 UE 分配到哪个 PDN 连接。

- HSS 是一个包含用户配置文件和订阅信息的数据库。它的作用类似以前的移动网络中 HLR 和鉴权中心的组合。它存储有关已订阅服务、允许的 PDN 连接信息以及对特定网络漫游权限的信息。它还存储本地 UE 的永久密钥，用于生成访问网络中 MME 所请求的鉴权密钥。此外，HSS 记录了使用访问网络中 MME 地址的用户位置信息。
- PCRF 是一个结合了计费功能和策略决策功能的控制面网元，负责策略控制决策和控制 PCEF 中基于流量的计费功能。PCRF 提供 QoS 授权，确保与用户的订阅配置文件相匹配，并决定如何在 PCEF 中处理数据流。
- PCEF 是位于 P-GW 中的一个用户面网元，负责执行由 PCRF 静态设置或动态配置的策略，确保数据流按照网络策略进行处理，并相应地收取服务费用。

2.4.2　关键技术

LTE 网络的基本需求是高频谱效率和频谱灵活性，采用 MIMO 和 OFDM 技术作为基础传输方案。为了在后向兼容的前提下满足更高的系统需求，3GPP 不断对 LTE 标准进行增强。为确保 LTE 系统完全符合 IMT-Advanced 的要求，3GPP 引入了载波聚合（Carrier Aggregation，CA）和增强多天线传输技术，并支持中继和异构网络（Heterogeneous Network，HetNet）部署来提高频谱灵活性。在 2012 年底完成的 Release 11 协议进一步增强了 LTE 的功能，其中最显著的是多点协作（Coordinated Multi-Point，CoMP）传输和接收功能。2014 年推出的 Release 12 协议引入了设备到设备（Device-to-Device，D2D）通信技术，并支持用于机器类通信的低复杂度终端。Release 13 协议标志着一个重要演进 LTE-Advanced Pro 的开始，引入了授权辅助接入（License-Assisted Access，LAA）技术，以支持非授权的频谱作为授权频谱的补充。接下来简要回顾关键技术的促成因素。

- 多输入多输出（MIMO）：20 世纪 90 年代末期，贝尔实验室的垂直分层空时结构（vertical Bell laboratories layered space-time，V-BLAST）多天线无线系统展示了极大的潜力，引起了人们对 MIMO 技术的极大关注。多天线的使用可以利用空间域作为另一个自由度以提高频谱效率，在复杂的散射传播环境中，理论频谱效率与发送和接收天线数量的最小值成线性比例关系。引入 MIMO 可以带来三个好处。

ⓐ空间复用：通过多个天线创建多个空间层，在同一频率上同时传输多个数据流，可以获得更高的频谱效率。

ⓑ空间分集：利用多个天线提供的独立传播路径，提高信号传输的可靠性，对抗多径衰落的影响。

ⓒ阵列增益：将天线阵列的传输能量集中在特定方向上，可以提高有用信号的接收功率并抑制同频干扰。

MIMO 技术是 LTE 无线传输的重要基础，但由于硬件、成本和能耗等方面的限制，在基站侧部署多个天线更具有吸引力和实用性。LTE 中实现了多种 MIMO 传输方案，例如，

- 发送分集：这种 MIMO 传输方案在多个低相关信号路径上传输单层数据流，通过足够大的天线间

距或不同的天线极化获得空间分集，适用于控制信道或广播信道等高可靠性场景。LTE 系统仅支持两个或四个传输天线的发送分集，传输符号可以使用空时分组编码（Space-Time Block Coding，STBC）、空频分组编码（Space-Frequency Block Coding，SFBC）、频率切换发送分集（Frequency-Switched Transmit Diversity，FSTD）或循环延迟分集（Cyclic Delay Diversity，CDD）进行编码。

- 波束赋形：除发送分集外，如果已知下行信道信息，发射机还可以通过波束赋形来将传输能量集中到特定方向。波束赋形技术可以提高接收信号的强度（提高的强度与传输天线数成比例），从而有效抑制其他方向的干扰。该技术方案既可以在高相关天线阵列上以经典波束赋形的形式实现，也可以在低相关天线阵列上通过应用发送预编码实现。
- 开环空间复用：LTE 系统中使用了开环空间复用方案，在两个或多个天线上发送两个数据流。除了来自 UE 的用于确定空间层数的发送秩指示（Transmit Rank Indicator，TRI），没有其他信道信息。
- 闭环空间复用：该方案通过 UE 向 eNodeB 反馈隐式信道状态信息（Channel State Information，CSI），如预编码矩阵指示（Precoding Matrix Indicator，PMI），用于选择最理想的预编码矩阵。码本由一组预先定义好且发射端和接收端都知道的预编码矩阵来组成，发射端可以根据信道状况调整预编码符号，使接收端能够有效区分数据流，从而最大化传输容量。
- 多用户多输入多输出（Multi-User multiple-input multiple-output，MU-MIMO）：该方案通过在同一频率同时服务多个用户，以更复杂的信号处理为代价，提高网络容量和系统灵活性。LTE 的早期版本主要关注发送分集和单用户多输入多输出（SU-MIMO）方案。从 Release 8 开始提供了对 MU-MIMO 的基本支持，但采用了与 SU-MIMO 相同的基于码本的隐式 CSI 反馈方案。在后续的版本中，通过引入 UE 特定的参考信号，增强了对 MU-MIMO 的支持。显式 CSI 反馈消除了码本的限制，并提供了应用高级传输方案的灵活性，如迫零预编码和共轭波束赋形。

2.4.2.1　正交频分复用

由多径信道时延扩展引起的系统间干扰是阻碍高速传输的主要原因。频率选择性衰落信道的抽头系数高达数百个，这对于窄带信号传输中使用的传统均衡技术的复杂度而言是难以接受的。LTE 系统采用多载波传输作为基本调制技术，将一个高速率数据流划分为大量并行的低速率数据流，使每个子载波上的符号持续时间显著增加，远超信道时延扩展。

OFDM 的主要优势包括：

- 高传输速率，通过将带宽划分为多个窄带子载波，并在每个符号的开头添加名为循环前缀（Cyclic Prefix，CP）的保护间隔，可以有效抑制 ISI 的影响。
- 低复杂度接收机，通过应用频域均衡来补偿每个子载波上的信道失真。
- 高灵活性，通过与空间信号的简易结合，使 MIMO-OFDM 传输变得更加容易。

然而，OFDM 信号的峰均功率比（Peak-to-Average Power Ratio，PAPR）较高，因此需要高线性功率放大器。一般情况下，上行传输很难容忍 OFDM 的高峰均功率比 PAPR，因为移动终端需要考虑室外覆盖所需的输出功率、功耗和功率放大器的成本之间的折中。因此，LTE 系统采用了一种 OFDM 的变形，为上行传输提供了一个低峰均功率比的选择方案，即离散傅里叶变换扩展正交频分复用（Discrete Fourier Transform Spread Orthogonal Frequency Division Multiplexing，DFT-s-OFDM），其本质上是一个单载波信号。

多个正交子载波单独或成组承载独立的数据流，可实现非常高效的多址接入方案。OFDMA 扩展了 OFDM 多载波技术，在多个用户之间提供正交的时频资源。该方案使用频域作为另一个自由度，从以下多个方面提高了系统的灵活性：

- 无须改变基本系统参数或设备设计方案即可支持可扩展的系统带宽，大大提高了窄频或碎片化频段的部署灵活性，实现了系统容量的平滑扩展。
- 灵活地将时频资源分配给不同的用户，并进行频域调度，充分利用频域分集增益。
- 促进了部分频率复用或软频率复用以及小区间干扰协调（Inter-cell Interference Coordination，ICIC）的应用。

经过初步评估，LTE 空口下行链路的候选方案为 OFDMA 和多载波 CDMA（Multi-Carrier CDMA，MC-CDMA），而上行链路的候选方案为 SC-FDMA、OFDMA 和 MC-CDMA。2005 年 12 月，3GPP RAN 全体会议最终确定了多址接入方案，下行采用 OFDMA，上行采用 SC-FDMA。

2.4.2.2　载波聚合

LTE-Advanced 的研究旨在满足 IMT-Advanced 的要求，包括支持至少 40MHz 的最大带宽、1Gbit/s 的峰值数据速率。然而，由于频谱利用的高度竞争和现有频谱分配的碎片化，无法得到大量的连续频谱，因此，LTE-Advanced 利用 CA 技术来实现大带宽传输。CA 支持单个终端的最大传输带宽为 100MHz，最多可以聚合 5 个载波，每个载波可能具有不同的带宽。为保持后向兼容性，每个分量载波都是基于 LTE Release 8 结构设计的，这使得 LTE-Advanced 系统可以支持传统 LTE 终端。LTE-Advanced 终端可以同时使用多个分量载波以实现更高的数据速率，而 LTE 终端则可以在单个分量载波上进行传输。

聚合的方式可以分为以下三种。

- 带内连续聚合：最简单的聚合方式是在同一频段内使用连续的分量载波。连续频谱可以节省用作保护带的频谱资源，并且如果 RF 收发机的带宽足够宽，可以应用单个基带处理链。然而，由于频率分配的碎片化，通常这种情况是不可能实现的。
- 带内非连续聚合：如果不要求连续的分量载波，则可以利用碎片化的频段。LTE-Advanced 支持同一频段内非连续的 CA，其中分量载波属于同一频段，但它们之间存在间隔。
- 带间非连续聚合：该方式下分量载波不仅是碎片化的，而且属于不同的频段。由于不同的频段对应于不同的信道衰落，非连续聚合具有频率分集的优点，但它需要几个独立的 RF 和基带处理链。

2.4.2.3　中继

终端进行高数据速率传输往往需要相对较高的信噪比，链路传输性能受路径损耗的影响最大，而路径损耗很大程度上取决于传播距离，因此除了增加链路预算（例如使用更高的发射功率或部署天线阵列进行波束赋形），一般还需要部署更加密集的基站设备来缩短传播距离。另一种有效的方案是使用中继，通过中继可以有效减小终端与基站之间的距离，从而改善链路预算。中继部署的基本要求是中继节点应该对终端透明，也就是说，从终端的角度来看，中继节点的作用是充当普通的低功率基站。另一方面，中继节点可以像普通 LTE 终端一样连接基站来获得基于 LTE 的无线回传。相应地，基站-中继和中继-终端之间的连接分别称为回传链路和接入链路。根据用于回传和接入链路的频带，中继可以分为带内和带外中继。简化终端实现和使中继节点向后兼容是中继系统的一个重要特性。Release10 在 LTE-Advanced 网络中增加了对解码和转发中继的支持，另一种称为放大转发中继的简单方案不需要额外的标准化。

- 放大转发中继，通常称为中继器，用于放大和转发接收到的模拟信号，是一种常见的解决覆盖漏洞的手段。中继器对终端和基站而言都是透明的，因此可以引入现有的网络中。中继器的基本原理是放大接收到的所有信号，包括噪声、干扰和有用的信号，主要适用于高信噪比环境。
- 解码转发中继，用于在转发接收到的信号之前对其进行解码和重新编码。解码和重新编码过程使此类中继器不会放大噪声和干扰，因此，解码转发中继同样适用于低信噪比环境。然而，与放大转发中继器相比，解码转发中继的译码转发操作引入了较大的延迟。

2.4.2.4　异构网络

为了满足大量移动用户高速数据传输的需求，需要对网络结构进行升级。在蜂窝网络中，可以采用先进的无线传输技术通过提高频谱效率、获取更多的频谱资源或部署更密集的网络节点来提高系统容量。在传统的同构网络中，为了获得更高的系统容量，采用小区分裂的方案减小小区半径，但该方案需要进行网络的重新规划以及系统的重新配置。同时，用户的流量需求也是不均匀的。因此，LTE-Advanced 引入了 HetNet，即由不同大小、发射功率、覆盖范围和硬件能力的小区混合组网，如宏小区、微小区、微微小区和毫微微小区。宏小区网络采用低功耗、低成本的基站作为底层节点，负责在室内和室外热点场景提供高容量或填补覆盖漏洞。如果系统有足够的无线资源来为不同的基站类型分配不同的频段，那么它们之间就不会互相干扰。然而，随着流量需求的增加，系统没有足够的资源来为小型基站分配专用载波，工作在相同频段的异构小区不得不在地理区域上相互重叠。在这种异构部署方案中，最具挑战性的是小区间干扰的处理。因此，3GPP 设立了一个关于 ICIC 的工作项目，并在之后增强小区间干扰协调（enhanced Inter-cell Interference Coordination，eICIC）来解决这个问题。LTE-Advance 还利用 CA 来支持 HetNet 的部署，其中应用跨载波调度使控制信令能够在一个共同的分量载波上传输，以避免宏基站层和小型基站层之间控制信道的干扰。

2.4.2.5　多点协作传输与接收

移动用户希望在任何时间和任何地点都能获得较高的用户服务质量。然而，小区边缘用户不仅受到传输距离带来的信号衰减的影响，而且还面临着较强的 ICI，用户服务质量较差。多年来，人们提出了几种不同的技术如干扰平均、跳频和干扰协调来抑制 ICI，如 LTE-Advanced 引入了 ICIC 或其增强版本 eICIC。3GPP 还采用了一种称为 CoMP 传输和接收的干扰协调方法，作为提高边缘用户频谱效率的技术手段。多个位置分离的站点之间的协作可以在下行链路或上行链路中进行，从而产生不同程度的协作。

- 联合处理：多个站点同时向位于协作区域的单个 UE 发送或接收信号，可以提高接收到的信号质量，抑制或避免 ICI，并获得宏分集增益。然而，由于需要在协作站点之间交换传输或接收的数据、信道信息和计算的传输权重，这种方法对回传网络的要求很高。
- 协作调度或波束赋形：只选择一个站点与用户通信，不需要在多个协作站点上共享用户数据，只需共享调度决策或生成波束上的控制信令。该方案简化了实现方式，降低了对回传网络的要求。

2.4.2.6　设备到设备通信

在传统移动网络中，即使通信双方距离较近，信息也会先通过上行链路发送到基站，再通过下行链路转发到目标终端。众所周知，传输链路的性能严重依赖于传播距离，也就是说，较短的传输距离可以获得较高的信噪比。3GPP Release 12 中定义的内容分发和近域通信（Proximity-based Service，ProSe）场景促进了 D2D 通信在蜂窝网络中的应用。D2D 直接通信在此类场景下具有很大的潜力，例如高频谱效率、高系统容量、高能量效率、低延迟和公平性。D2D 通信通常情况下对蜂窝网络不透明，并且可工作于授权频谱（带内）或非授权频谱（带外）。

- 带内 D2D 方式：指 D2D 和蜂窝链路都利用蜂窝频谱。根据 D2D 和蜂窝链路中使用的频率，带内 D2D 通信进一步分为两种模式——非正交模式和正交模式。非正交模式通过在两个链路中重复使用相同的频谱来提高蜂窝网络的频谱效率。正交模式需要专用的频谱资源用于发送端和接收端直接连接的 D2D 链路。带内 D2D 通信的主要缺点是 D2D 用户对蜂窝通信的干扰，反之亦然。

- 带间 D2D 方式：该方式通过利用非授权频谱，避免 D2D 和蜂窝链路之间的干扰。使用非授权频谱需要不同的接口，并且通常采用其他无线技术，如 Wi-Fi 和蓝牙。尽管使用非授权频谱避免了带内干扰，但它可能会受到非授权频谱上不受控制的干扰。

2.4.2.7　授权辅助接入

LAA 是 LTE 的一个技术特性，作为 LTE Advanced Pro 的一部分在 Release 13 中引入。其基本思想是将非授权频谱与授权频谱相结合，为用户提供更高的数据速率和更好的用户体验。用户可以利用授权和非授权频段的结合在室内和室外场景下实现更高的峰值速率，例如借助 CA 技术使用非授权频谱辅载波（5GHz）分流授权频谱主载波承载的业务。LAA 面临的一个主要挑战是 3GPP 和非 3GPP 技术在共享相同非授权频谱时的互操作性。LAA 采用诸如信道感知和先听后说（Listen-Before-Talk，LBT）机制来管理共享信道和邻近信道干扰。由于 Wi-Fi 是运行在 5GHz 非授权频谱上的主流系统，LAA 需要动态选择 Wi-Fi 不占用的空闲信道。如果某个地理区域没有可用信道，LTE LAA 仍然可以与其他非授权用户公平地共享一个信道。

2.5　5G-新空口

早在 2015 年，3GPP RAN 小组就决定在 Release 14 中设立新空口（New Radio，NR）研究项目，并启动了 6GHz 以上频段的信道建模工作。最初的 NR 标准规范制定工作是通过 Release 15 中的一个工作项目（Work Item，WI）进行的。为了满足 2018 年早期大规模试验和部署的商业需求，3GPP 承诺加快研究进程，并决定提前完成非独立组网（Non-Standalone，NSA）标准协议，这一时间点比最初设想的 2020 年更早。2017 年底，第一版 NR NSA 标准问世。2018 年 2 月 26 日世界移动通信大会开幕前夕，沃达丰和华为在西班牙共同完成了全球首个非独立组网 NR 通话。在 NSA 首次交付后，3GPP 的大部分工作转移到按时完成 Release 15 规范制定上，从而形成了第一套完整的 NR 标准。基于此，在开展 NR 无线接入技术研究的同时，3GPP 开发了一种新的核心网，称为 5G 核心网（5G Core，5GC）。2018 年 6 月，支持 NR 独立组网（Standalone，SA）的 Release 15 协议最终版本面世。Release 15 的重点是支持增强型移动宽带（enhanced Mobile Broadband，eMBB）和一部分高可靠低延迟通信（Ultra Reliable Low Latency Communications，URLLC），而大规模机器类型通信（massive Machine Type Communications，mMTC）仍然通过使用基于 LTE 的机器类型通信技术（如 eMTC 和 NB-IoT）来支持。Release 15 版本规范为 3GPP 继续扩展 5G 的能力和功能提供了基础，包括支持新的频谱和应用以及进一步增强现有的核心功能。2020 年 6 月完成的 Release 16 版本规范继续扩展了 NR 的能力和技术特性，以支持工业物联网（Industrial Internet of Things，IIoT）并增强 URLLC 应用。该版本旨在满足 IMT-2020 要求，并与 Release 15 一起，作为提交给 ITU-R 的完整版 3GPP 规范。3GPP 的最终提案包括两个独立的提案，分别为单一无线接入技术（Radio Interface Technology，RIT）和组合无线接入技术（Sets of Radio Interface Technologies，SRIT）。2020 年 11 月，ITU-R 宣布 3GPP 5G-SRIT 和 3GPP 5G-RIT 符合 IMT-2020 愿景和性能要求。

与 LTE 相比，NR 具有以下优势：

- NR 系统利用毫米波频段获得足够的频谱资源和广阔的传输带宽以实现极高的数据速率。NR 可以在高达 100GHz 的频率范围内工作，采用异构部署方式将宏基站部署在低频频段，微基站部署在高频频段。
- NR 系统的极简（Ultra-lean）设计可以显著提高网络能效并减少在高负载情况下的干扰。与前几代网络不同，NR 系统内同步信号、系统广播信息和参考信号仅在必要时传输。

- NR 系统具备前向兼容性，并为进一步的增强做好准备，以支持未知的新用例和应用。前向兼容通过自包含和良好限制传输实现，其中自包含是指数据在当前时隙和波束中被检测而无须依赖其他时隙和波束；良好限制传输意味着将传输限制在频域和时域中，以便将来在传统传输的同时引入新的传输类型 [Zaidi et al.，2017]。
- 灵活的适应性，适用于更广阔的载频范围、异构部署（宏、微、微微小区）、多样化的应用场景（eMBB，URLLC 和 mMTC）。NR 的物理层设计是灵活且可扩展的，包括调制方案（从 mMTC 的上行使用二进制相移键控调制到 eMBB 的下行使用 1024QAM）的高度适应性、可扩展的 OFDM 参数集、具备速率兼容结构的低密度奇偶校验（Low-Density Parity-Check，LDPC）码和灵活的帧结构。
- 以波束为中心的设计方案，使大规模多输入多输出（Massive MIMO）不仅可以用于数据传输，还可以用于控制信令。参考信号可以在时域和频域以可配置的粒度进行波束成形。

2.5.1 系统架构

与前几代通信系统相比，3GPP 5G 系统采用了服务化网络架构（Service-based Architecture，SBA），将网络架构中的元素组成一组面向服务的网络功能（Network Functions，NF）。NF 间的交互可以通过两种方式表述。

- 服务化表述，NF 通过通用框架的接口使其他授权的 NF 能够访问其服务。
- 参考点表述，任意两个 NF 之间的交互由点对点的参考点描述。

5G 系统架构旨在支持各种各样的用例，这些用例具有严格的性能要求，但性能要求有时候也会相互矛盾。网络部署可以使用如网络功能虚拟化（Network Function Virtualization，NFV）、软件定义网络（Software-Defined Networking，SDN）和网络切片等技术。5G 核心网在设计时遵循了以下关键原则和概念 [3GPP TS23.501，2021]。

- 用户面功能与控制面功能分离，允许独立的可扩展性、演进和灵活的部署。
- 模块化功能设计，例如，实现灵活高效的网络切片。将功能设计模块化，以实现灵活高效的网络切片。在适用的情况下，将流程（即网络功能之间的交互）定义为服务，以便可以重复使用它们。
- 每个 NF 及其 NF 服务在需要时通过服务通信代理直接或间接地与其他 NF 进行交互。
- 最小化接入网络（Access Network，AN）和 CN 之间的依赖关系，将 NR 网络架构定义为一个集成 3GPP 和非 3GPP 接入技术通用 AN-CN 接口的融合 CN。
- 支持统一的认证框架。
- 支持无状态 NF，其中计算资源与存储资源解耦。
- 支持能力开放。
- 支持对本地服务和集中服务的并发访问。为了支持低延迟服务和本地数据网络的访问，UP 功能可以部署在接入网附近。
- 支持漫游，包括用户归属地路由和本地分流路由。

2.5.1.1 5G 核心网

5G 核心网的一些功能与前几代看起来类似，这是因为网络总是需要实现一些基本功能，如认证、计费、资源分配和移动性管理等。然而，为了支持新的网络模式，如网络切片、服务化架构、用户/控制面分离等，5G 网络也新增了一些以前没有的重要功能。为了方便实现不同的数据服务和需求，NF 已经进一步简化，其中大多数是基于软件实现的，以便它们可以在通用计算机硬件上运行。5G 服务化系统架构如图 2.6 所示，主要由以下 NF 组成。

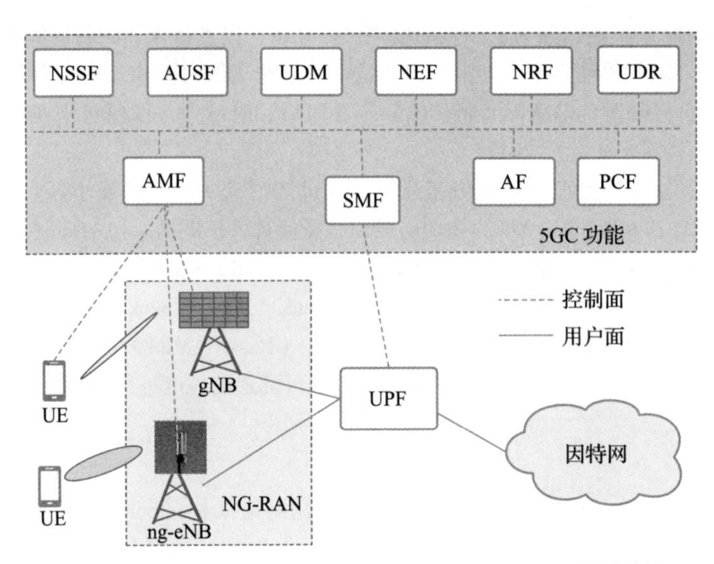

图 2.6　5G 服务化系统架构（该图只展示了一些典型的网络功能，而不是详尽的 5GC 网络功能列表。）
来源：Secureroot/FreeImages。

- 应用功能（Application Function，AF）：负责应用层的各种服务，包括数据路由、NF 交互处理和策略管控等。
- 接入和移动性管理功能（Access and Mobility Management Function，AMF）：负责接收非接入层（Non-Access Stratum，NAS）信令、NAS 加密和完整性保护、注册管理、连接管理、移动性管理、接入验证与授权以及上下文管理等。
- 鉴权服务器功能（Authentication Server Function，AUSF）作为鉴权服务器。
- 网络开放功能（Network Exposure Function，NEF）：负责管理网络对外开放的事件，包含从外部应用中为 3GPP 网络获取信息、翻译内部或外部信息。
- 网络存储功能（NF Repository Function，NRF）：负责 NF 登记、管理、状态监测等，包含业务发现功能，维护 NF 配置文件和可用实例。
- 网络切片准入控制功能（Network Slice Admission Control Function，NSACF）。
- 网络切片特定鉴权及授权功能（Network Slice Specific Authentication and Authorization Function，NSSAAF）。
- 网络切片选择功能（Network Slice Selection Function，NSSF）：负责网络切片的选择，确定允许的 NSSAI，确定服务于 UE 的 AMF。
- 网络数据分析功能（Network Data Analytics Function，NWDAF）。
- 策略控制功能（Policy Control Function，PCF）：负责策略控制，为控制面功能提供策略规则，访问签约信息用于策略决策。
- 会话管理功能（Session Management Function，SMF）：负责会话管理（会话的建立、修改和释放）、IP 地址分配和管理、DHCP 功能、NAS 消息 SM 部分的终结点、下行数据通知以及配置 UPF 的业务流定向，将业务流路由到合适的目的地。
- 统一数据管理（Unified Data Management，UDM）：负责身份验证和密钥协议（Authentication and Key Agreement，AKA）凭证的生成、用户身份处理、访问授权和订阅管理。
- 统一数据存储功能（Unified Data Repository，UDR）。

- 用户面功能（User Plane Function，UPF）：负责数据包路由和转发、数据包检测、QoS 处理，作为与数据网络（DN）互连的 PDU 会话节点，是无线接入技术（RAT）内/RAT 间移动性的锚点。
- UE 无线能力管理功能（UE radio Capability Management Function，UCMF）。
- 非结构化数据存储功能（Unstructured Data Storage Function，UDSF）。

2.5.1.2　下一代无线接入网

下一代无线接入网络（Next Generation Radio Access Network，NG-RAN）是 5G 系统的无线接入部分，由一组连接到 5GC 的 NG-RAN 节点组成。该节点可以是 gNodeB（gNB）或下一代 eNodeB（next-generation eNodeB，ng-eNB）：

- gNB 提供 NR 用户面和控制面协议。
- ng-eNB 提供 E-UTRA 用户面和控制面协议。

gNB（或 ng-eNB）负责一个或多个小区内的无线信号处理和无线控制功能。gNB 和 ng-eNB 连接到 5GC，更确切地说是连接到 AMF 进行控制功能，并连接到 UPF 进行用户数据传输。根据 3GPP TS 23.501 标准［3GPP TS23.501，2021］，与 NG-RAN 相关的节点或 NF 的功能总结如下。

gNB 和 ng-eNB 承载以下功能：

- 无线资源管理功能，负责无线承载控制、无线接入控制、连接移动性控制以及 UE 上下行资源的动态分配（调度）。
- 负责数据的 IP 和报头压缩、加密和完整性保护。
- 当无法从 UE 提供的信息确定 AMF 的路由时，在 UE 附加设备处选择 AMF 功能。
- 将 UP 数据路由到 UPF（s）。
- 将 CP 信息路由到 AMF。
- 负责连接建立和释放。
- 负责调度和传输寻呼消息。
- 负责调度和传输系统广播信息（来源于 AMF 或 OAM）。
- 负责用于移动性和调度的测量报告配置及测量。
- 负责在上行链路中进行传输层的数据包标记。
- 会话管理。
- 支持网络切片。
- 负责 QoS 流管理和映射到数据无线承载。
- 支持处于 RRC_ INACTIVE 状态的 UE。
- 负责 NAS 消息的分发功能。
- 支持无线接入网络共享。
- 支持双连接。
- NR 和 E-UTRA 之间的紧耦合。
- 维护安全性和无线配置以进行 UP CIoT 5GS 优化。

AMF 承载的主要功能如下：

- 作为 NAS 信令的终止节点。
- 负责 NAS 信令安全性。
- 负责 AS 安全控制。
- 负责 3GPP 接入网移动性管理信息在 CN 之间的交互。

- 管理空闲模式UE，包括寻呼重传的控制和执行。
- 注册区管理。
- 支持系统内和系统间移动性。
- 接入认证。
- 接入授权，包括漫游权限检查。
- 移动性管理控制（订阅和策略）。
- 支持网络切片。
- 负责SMF选择。
- 负责CIoT 5GS优化的选择。

UPF承载以下主要功能：

- 作为无线接入技术（RAT）内/RAT间移动性的锚点。
- 作为与数据网络（DN）互连的PDU会话节点。
- 负责分组路由和转发。
- 负责数据包检测和执行用户面策略规则。
- 生成流量使用情况报告。
- 负责上行链路分类器功能，用于支持业务流到不同数据网的路由。
- 分支点功能，支持多归属PDU会话。
- 用户面的服务质量（QoS）处理，例如分组过滤、UL/DL速率执行。
- 上行链路流量验证，例如业务数据流（SDF）到QoS流的映射。
- 下行链路分组缓存和下行链路数据通知触发。

SMF承载以下主要功能：

- 会话管理。
- UE IP地址分配和管理。
- UP功能的选择和控制。
- 配置UPF的业务流定向，将业务流路由到合适的目的地。
- 策略执行和QoS的控制部分。
- 下行链路数据通知。

2.5.2 关键技术

为了满足IMT-2020中定义的性能要求，5G系统在无线接入和组网方面都引入了革命性的技术。主要技术突破包括大规模MIMO、毫米波通信、非正交多址接入、极化码、网络功能虚拟化、软件定义网络、网络切片等。

2.5.2.1 大规模MIMO

大规模MIMO，也称为大规模天线阵列、超大规模MIMO、全维度MIMO，是NR的关键组成部分。通过大量的天线，可以将传输能量以极高的精度定向到非常小的区域。定向性可以极大地提高频谱效率和能量效率。大规模MIMO利用低成本、低精度的射频组件实现了成本效益，其中用于常规系统的昂贵高线性功率放大器可以由数百个输出功率在毫瓦数量级的廉价功率放大器所替代。大规模MIMO的其他好处包括空中接口延迟的降低、多接入层的简化以及意外干扰和故意干扰鲁棒性的提升［Larsson et al.，2014］。

NR系统在低频段使用小至中等数量的天线（基站侧在700MHz时支持高达64个发射和接收天线）[3GPP TR38.913，2020]。在这种情况下，可以支持FDD双工方式，即通过在下行传输CSI参考信号（Channel State Information Reference Signal，CSI-RS），并在上行传输CSI报告来获取CSI。在可用带宽有限的频段下，需要通过比LTE更高分辨率的CSI反馈来实现MU-MIMO和更高阶的空间复用，进而实现更高的频谱效率。在高频段，可以使用具有相同硬件尺寸的大量天线（NR在4GHz时支持高达256个发射和接收天线）来提高波束赋形和MU-MIMO的能力。由于参考信号的数量与发射天线的数量成正比，因此大规模MIMO必须利用信道互易性在TDD模式下运行。在这种情况下，基站通过估算上行链路的信道探测参考信号来获取下行CSI。在下行数据传输中，没有参考信号，应用一些预编码方案（如共轭波束赋形和迫零预编码）来简化UE侧的信号接收。在更高频率（毫米波范围内）中，目前通常需要采用模拟波束赋形实现，这将每个时间单位和无线链路的传输限制为单个波束方向。由于载波波长短，各向同性天线元素在这个频率范围内非常小，因此需要大量的天线元素来保持覆盖范围。即使是控制信道传输也需要在发射和接收端应用波束赋形来抵消增加的路径损耗。为了获取CSI，需要一种新的波束管理过程，其中基站需要及时有序地扫描无线发射候选波束，而UE需要保持适当的无线接收机波束以使其能够接收所选的发射波束。在30GHz和70GHz左右的频段内，NR支持基站侧高达256个天线单元和UE侧高达32个天线单元。

2.5.2.2 毫米波

前几代移动通信系统通常在几百兆赫兹到几千兆赫兹的低频段工作。与移动宽带的需求相比，这些频段的频谱资源非常有限，并且这些频段有广泛的应用，如电视广播、卫星通信、雷达、无线电天文和海上导航等。因此，全球频谱资源仍然稀缺。这促使移动网络运营商开始探索未被充分利用的毫米波谱段来提供移动宽带服务。毫米波，也称为毫米频段，是指波长在10mm（相当于30GHz）到1mm（300GHz）之间的电磁波谱。可以想象，移动通信中受益于毫米波的应用案例中有许多，例如低成本光纤替代移动回传、密集毫米波小蜂窝、无线宽带接入和低延迟无压缩高清媒体传输[Rappaport et al.，2013]。3GPP为NR定义了相关频谱，并将其分为两个频率范围：FR1（First Frequency Range），包括从450MHz到6GHz的6GHz以下频段，以及FR2（Second Frequency Range），覆盖24.25~52.6GHz。最初的毫米波计划部署在28GHz（3GPP NR频段n257和n261）和39GHz（3GPP n260），其次是26GHz（3GPP n258）。随着NR服务需求的增加，预计会开放更多的毫米波频段。然而，毫米波在移动网络中的实际部署给射频和天线组件的设计和开发带来了重大的技术挑战。毫米波信号由于水蒸气和氧气的吸收而遭受大气损耗，这种损耗很容易超过常规的自由空间损耗。此外，毫米波信号通常不能穿透钢筋混凝土墙等固体材料。为了弥补如此巨大的传播损耗，毫米波部署时需要在基站和UE两侧使用多元天线阵列将传输能量聚焦到一个小区域。此外，由于NR系统对数据吞吐量要求极高，因此需要更宽的传输带宽。单载波支持高达400MHz以及通过载波聚合技术整体带宽超过1GHz的要求使射频和天线元件的实现更具挑战性。

2.5.2.3 非正交多址

多址接入是指允许多个用户共享无线资源的技术，是蜂窝通信系统的基本组成部分。在过去的几十年中，蜂窝系统见证了其多址接入方案的突破式演变，包括已经应用于1G到4G蜂窝网络的FDMA、TDMA、CDMA和OFDMA技术，这些多址方案属于正交多址接入（Orthogonal Multiple Access，OMA）类别，其中每个用户通过在频域、时域、码域或其组合中正交无线资源单元发送或接收用户特定信号。OMA一直是前几代蜂窝通信的首选，因为它简化了收发机设计并减少了多用户干扰。然而，无线资源池在最大活跃用户数方面限制了系统容量。

与OMA相比，非正交多址接入（Non-Orthogonal Multiple Access，NOMA）允许多个用户共享相同的无线资源单元，提高了系统容量和连接密度。它可以通过多用户干扰消除来实现，但代价是接收端的计算复杂度较高。用户叠加传输（Multi-User Superposed Transmission，MUST）作为NOMA技术的一个特例，在LTE Release 13中进行了研究，且研究主要集中在下行传输［Chen et al.，2018］。根据自适应功率控制和发射端比特标记，MUST方法可分为三类：第一类将两个或多个共同调度用户的编码比特独立映射到星座符号分量上，不需要格雷映射；第二类使用格雷映射，将两个或多个共同调度用户的编码比特联合映射到星座分量上；第三类将编码比特直接映射到复合星座符号上。Release 14的研究项目提出了不同的NOMA方案，如稀疏码多址接入（Sparse Code Multiple Access，SCMA）、多用户共享接入（Multi-User Shared Access，MUSA）、图样分割多址接入（Pattern Division Multiple Access，PDMA）和资源扩展多址接入（Resource Spread Multiple Access，RSMA）。Release 14 LTE指定了支持eMBB下行链路的基于授权的NOMA，通常在无线资源控制（Radio Resource Control，RRC）连接状态下工作。3GPP Release 15的一个研究项目继续研究发射端的信号处理、多用户接收机设计、复杂度分析以及NOMA相关流程，例如混合自动重复请求（Automatic Repeat Request，ARQ）、链路自适应和功率分配。由于NR中的大规模MIMO带来了巨大的性能增益，因此在NR下行应用NOMA带来的增益有限。因此，Release 16中NOMA研究项目的重点转移到上行链路免授权传输上，旨在降低控制信令开销、传输延迟和设备功耗。

2.5.2.4　SDN/NFV

SDN是一种将控制面与数据转发功能解耦的网络范式，它由一个非营利性运营商领导的联盟——开放网络基金会（Open Networking Foundation，ONF）开发。网络控制可以集中在SDN控制器中，底层基础设施被抽象为转发元素池。SDN控制器包含整个网络的全局视图，可以直接编程实现路由、拥塞控制、流量工程和安全检查等网络控制。SDN并没有直接解决网络控制的任何技术挑战，但通过向北向接口开放网络服务，为创造和部署创新解决方案提供了新的机会。SDN控制器通过使用OpenFlow协议，通过南向接口将SDN应用程序的指令解释为底层基础设施的具体配置命令。SDN带来了许多技术上的优势，包括：

- 多厂商网元集中控制。
- 通过抽象底层基础设施以及标准接口公开来实现网络自动化和可编程性。
- 通过部署新的网络应用程序和服务以实现快速创新，无须配置特定元素或等待供应商发布。
- 通过对网元的集中和自动化管理、统一的策略实施，减少了配置错误，提高了网络的可靠性和安全性。

NFV是另一种将软件与硬件分离的网络范式，旨在改变网络部署方式。NFV允许网络运营商将NF部署为虚拟化的软件实例，以取代专用的硬件设备。虚拟化的NF可以在标准通用大容量服务器上运行，并按需在各种位置之间迁移，而不需要安装新设备。NFV具有许多优势，包括：

- 利用IT产业的规模经济，降低设备成本和功耗。
- 缩短新服务的上市时间。
- 灵活性，可以弹性扩展和缩小网络容量。
- 多租户，允许不同的应用程序、用户和租户共享单个平台。
- 促进开放性，实现更广泛的独立软件生态系统。

尽管SDN和NFV在不同组织（ETSI和ONF）下独立发展，但它们可以相互补充。一方面，SDN控制器和SDN应用可以实现典型的虚拟网络功能（Virtual Network Function，VNF），并部署在标准的IT平台上。在NFV管理和编排（Management and orchestration，MANO）的统一控制下，SDN相关软件实例可以在虚拟化的基础设施中灵活地实例化、伸缩、迁移、更新和部署。另外，NFV可以利用SDN支持的网络可编程性来实现各种 NF。

2.5.2.5 网络切片

网络切片是指在共享物理网络上创建专用逻辑网络的一种技术。通过对功能、隔离机制和管理工具的定制设计，网络切片能够提供网络即服务（Network-as-a-Service，NaaS），以满足垂直行业的多样化需求。根据移动运营商和客户之间的服务水平协议（Service Level Agreement，SLA），实例化一个独立的虚拟网络，称为网络切片。网络切片是一个独立的端到端逻辑网络，具有虚拟资源、拓扑结构、流量和配置规则，但运行在共享的物理基础设施上。通过可扩展的资源分配和灵活的配置，网络切片可以提供定制化的网络功能，例如数据吞吐量、覆盖范围、QoS、延迟、可靠性、安全性和可用性。有各种类型的网络切片，以满足不同用户的特定通信需求。网络切片的主要概念如下。

- 网络切片实例：网络切片实例是一组共享或专用的 NF 和用于运行这些网络功能的物理或虚拟资源。它形成一个完整的实例化逻辑网络，以满足特定的网络特征，如超高可靠性和超低延迟。实例通常涵盖多个技术域，包括终端、接入网络、传送网、核心网和承载垂直行业的第三方应用的数据中心。
- 网络切片类型：网络切片类型是网络切片实例的高层分类，反映了对不同网络解决方案的需求。5G 确定了三种基本类型，即 eMBB、URLLC 和 mMTC，切片类型可以根据 5G 的需求或演变进一步扩展。
- 租户：租户是网络切片（例如垂直行业）或网络运营商本身的客户，他们利用网络切片实例为用户提供服务。因此，租户通常具有独立的操作和管理策略，这些策略唯一地适用于他们的网络切片实例。

2.5.2.6 极化码

以可接受的复杂度逼近香农容量的极限是过去几十年数字通信编码理论面临的主要挑战。Turbo 码通过在编码器处交织信息比特引入编码随机性，可以在合理的复杂度下获得接近最优的性能，并广泛应用于 WCDMA、CDMA2000、LTE 等 3G 和 4G 蜂窝系统中。LDPC 码利用变量与校验节点之间的伪随机连接实现编码随机性，由于其极好的性能，被 WiMAX 的 IEEE 802.16e 和 IEEE 802.16m 规范采纳。2009 年，Arikan 发明了一种新的编码方案，称为 Polar 码，它开辟了构造纠错码以实现香农容量的开端（Arikan，2009）。Polar 码依赖于极化，被视为数字世界的马太效应（强者越强、弱者越弱）。信道极化可以通过将一个给定的二进制输入离散无记忆信道（Binary-input Discrete Memoryless Channel，B-DMC）的多个独立使用转化为一组连续使用的合成二进制输入信道来递归实现。首先，将独立信道转化为两种合成信道：好信道和坏信道；这些信道是极化的，传输单个比特的可靠性略有不同。通过在产生的信道上递归地应用这种极化变换，合成信道的互信息趋于两个极端：接近 0（噪声信道）或接近 1（无噪声信道）。然后，在无噪声信道上传输信息比特，并将冻结位分配给有噪声的信道，从而获得极限的信道容量。2016 年 10 月，华为宣布使用极化码成功实现了 27Gbit/s 的下行速率，标志着极化码能够同时满足 ITU IMT-2020 定义的 eMBB（高达 20Gbit/s）、URLLC（1 毫秒延迟）和 mMTC（大规模连接）三类应用场景。极化码可以为 5G 提供高效的信道编码技术，使其具有更高的频谱效率和线性复杂度的实际解码能力，以最小化实现成本。2016 年 11 月，3GPP 批准在 5G NR 系统控制信道中采用 Polar 码，在数据信道中采用 LDPC 码。

2.6 总结

在第 1 章的基础上，本章深入介绍了前几代蜂窝通信中使用的关键技术。每一节由两个主要部分组成：（i）每一代蜂窝系统代表性标准的系统架构，包括其主要网络元件、功能划分、互连以及互操作流程；（ii）每一代蜂窝系统关键技术的基本原理、优势和挑战，以及这些技术在构建蜂窝系统时的协同作用。本章的目的是提供移动通信技术演进的概述，以便读者能够充分了解即将到来的6G系统的最新进展。下一章将给出6G愿景，包括潜在的用例、应用场景、性能要求、发展路径，以及潜在的6G技术。

参考文献

3GPP TR38.913 [2020], Study on scenarios and requirements for next generation access technologies (Release 16), Report TR38.913, The 3rd Generation Partnership Project.

3GPP TS23.060 [1999], General Packet Radio Service (GPRS): Service description, Specification TS23.060, The 3rd Generation Partnership Project.

3GPP TS23.501 [2021], System architecture for the 5G system (5GS); stage 2 (Release 17), Specification, The 3rd Generation Partnership Project.

Arikan, E. [2009], 'Channel polarization: A method for constructing capacity-achieving codes for symmetric binary-input memoryless channels', *IEEE Transactions on Information Theory* **55**(7), 3051–3073.

Berrou, C. and Glavieux, A. [1996], 'Near optimum error correcting coding and decoding: Turbo-codes', *IEEE Transactions on Communications* **44**(10), 1261–1271.

Chen, Y., Bayesteh, A., Wu, Y., Ren, B., Kang, S., Sun, S., Xiong, Q., Qian, C., Yu, B., Ding, Z., Wang, S., Han, S., Hou, X., Lin, H., Visoz, R. and Razavi, R. [2018], 'Toward the standardization of non-orthogonal multiple access for next generation wireless networks', *IEEE Communications Magazine* **56**(3), 19–27.

Donald, V. H. M. [1979], 'Advanced mobile phone service: The cellular concept', *The Bell System Technical Journal* **58**(1), 15–41.

Ehrlich, N. [1979], 'The advanced mobile phone service', *IEEE Communications Magazine* **17**(2), 9–16.

Goldsmith, A. [2005], *Wireless Communications*, Cambridge University Press, Stanford University, California.

Holma, H. and Toskala, A. [2004], *WCDMA for UMTS-Radio Access for Third Generation Mobile Communications* (*Third Edition*), John Wiley & Sons Inc., England.

Larsson, E. G., Edfors, O., Tufvesson, F. and Marzetta, T. L. [2014], 'Massive MIMO for next generation wireless systems', *IEEE Communications Magazine* **52**(2), 186–195.

Lin, Y.-B., Rao, H. C.-H. and Chlamtac, I. (2001), 'General packet radio service (GPRS): Architecture, interfaces, and deployment', *Wiley - Wireless Communications and Mobile Computing* **1**(1), 77–92.

Markey, H. K. and Antheil, G. (n.d.) , 'US2292387A: Secret communication system', *US Patent*.

Mouly, M. and Pautet, M.-B. [1995], 'Current evolution of the GSM systems', *IEEE Personal Communications* **2**(5), 9–19.

Porter, P. [1985], 'Relationships for three-dimensional modeling of co-channel reuse', *IEEE Transactions on Vehicular Technology* **34**(2), 63–68.

Price, R. and Green, P. E. [1958], 'A communication technique for multipath channels', *Proceedings of the IRE* **46**, 555–570.

Rahnema, M. [1993], 'Overview of the GSM system and protocol architecture', *IEEE Communications Magazine* **31**(4), 92–100.

Rappaport, T. S., Sun, S., Mayzus, R., Zhao, H., Azar, Y., Wang, K., Wong, G. N., Schulz, J. K., Samimi, M. and Felix Gutierrez, J. [2013], 'Millimeter wave mobile communications for 5G cellular: It will work!', *IEEE Access* **1**, 335–349.

Ring, D. H. [1947], 'Mobile telephony - wide area coverage', *Bell Telephone Laboratories*.

Vriendt, J. D., Laine, P., Lerouge, C. and Xu, X. [2002], 'Mobile network evolution: A revolution on the move', *IEEE Communications Magazine* **40**(4), 104–111.

Zaidi, A. A., Baldemair, R., Andersson, M., Faxér, S., Molés-Cases, V. and Wang, Z. [2017], 'Designing for the future: The 5G NR physical layer', *Ericsson Technology Review* **7**, 1–13.

第3章 |Chapter 3|

6G 愿景

截至撰写本书时，大约 130 个国家和地区的 400 多家移动运营商正在投资 5G 技术，并且在许多地区的 5G 用户数量都达到了一个相当大的规模。一方面，学术界和工业界已经将关注点转移到下一代通信技术，即第六代移动通信技术（the Sixth Generation，6G），移动通信行业的主要参与者也已经开始探索潜在的 6G 技术。另一方面，当前仍存在一些如“有必要使用 6G 吗?”或者“我们真的需要 6G 吗?”的声音。因此，在讨论 6G 技术细节之前，阐明研发 6G 的意义和动机，并让读者相信 6G 一定会像前几代移动通信一样到来至关重要。本章将提供有关驱动因素、用例和应用场景的全面视野，给出基本的性能需求，并确定关键技术的使能因素。

3.1 背景

2019 年 4 月，第五代移动通信（the Fifth Generation，5G）时代到来，当时韩国三大移动运营商 SK 电信、LG U+和 KT 正在与美国运营商 Verizon 竞争，推出世界上第一个 5G 商业网络。在过去的两年里，我们见证了全球 5G 覆盖范围的大幅扩大，以及在主要国家中 5G 用户数的巨大增长。例如，截至 2020 年底，韩国的 5G 使用渗透率已超过 15.5%，而中国已部署 70 多万个基站，为约 2 亿名 5G 用户提供服务。与前几代蜂窝网络专注以人为中心的通信服务不同，5G 的目标是为严苛的应用程序提供包括移动宽带、大规模机器和超可靠性低延迟的通信。5G 的出现将移动通信领域从人扩展到物、从消费者扩展到垂直行业、从公共服务扩展到公私混合应用程序。移动通信的规模从数十亿世界人口大幅扩大到海量的人、机器和事物之间的互联互通。5G 网络的部署将促进各种新的应用程序，如工业 4.0、电子健康、虚拟现实（Virtual Reality，VR）、物联网（Internet of Things，IoT）和自动驾驶［Andrews et al.，2014］。2020 年，疫情（COVID-19）的爆发夺去了很多人的生命，给社会经济活动也带来了巨大挑战。然而，这场公共卫生危机也凸显了网络和数字基础设施在保持社会运转和家庭联系方面的重要性。特别是，5G 赋能的应用程序在抗击疫情期间展示的实用性，例如远程外科医生、在线教育、远程工作、高清视频会议、无人驾驶汽车、无人配送、机器人、非接触式医疗保健和自动制造等。

截至目前，5G 仍正在全球范围内广泛部署，但学术界和工业界已经将注意力转移到 5G 演进或第六代移动通信技术（sixth-generation，6G）上，以满足 2030 年对信息和通信技术（Information and Communications Technology，ICT）的需求。尽管无线领域中存在一些争论如是否需要 6G 通信技术，或者是否应该停止在第 5 代移动通信，甚至有人反对谈论 6G［Fitzek and Seeling，2020］，但几项关于新型移动通信技术的开创性工作已经启动。2018 年 7 月，国际电信联盟电信（International Telecommunication Union

Telecommunication，ITU-T）标准化部成立了一个名为“网络2030技术”的重点小组，该小组计划研究2030年及以后的网络能力［ITU-T NET-2030，2019］，届时预计将支持新的前瞻性场景，如全息型通信、普惠智能、触觉互联网、多维感知体验和数字孪生。此外，欧盟委员会开始赞助B5G的研究活动，2020年初启动了一批针对潜在6G技术的开创性研究项目，包括ICT-20 5G长期演进和ICT-52超5G智能互联。此外，欧盟委员会还宣布了加快对包括5G和6G在内的欧洲千兆连接投资的战略，以塑造欧洲的数字未来［EU Gigabit Connectivity，2020］。2020年10月，下一代移动网络（Next Generation Mobile Networks，NGMN）联盟启动了新的6G愿景和驱动程序项目，旨在为全球6G活动提供早期和及时的指导。在2020年2月的会议上，国际电信联盟无线通信（International Telecommunication Union Radiocommunication Sector，ITU-R）部决定开始研究国际移动通信（International Mobile Telecommunications，IMT）未来发展趋势［ITU-RWP5D，2020］。

美国、中国、芬兰、德国、日本和韩国等移动通信领域的传统领先企业已经正式启动了6G研究计划。在芬兰，奥卢大学开始了6G开创性技术（芬兰科学院旗舰项目）——6G无线智能社会和生态系统（6G-Enabled Wireless Smart Society and Ecosystem，6Genesis）的研究，该研究专注于可靠的近实时无线连接、分布式计算和智能，以及未来用于电路和电子设备的材料和天线［Latva-aho et al.，2019］。2020年10月，电信行业解决方案联盟（Alliance for Telecommunications Industry Solutions，ATIS）成立了“下一代通信技术联盟”，创始成员包括AT&T、T-Mobile、Verizon、高通、爱立信、诺基亚、苹果、谷歌、脸书、微软等。这是一项行业倡议，旨在通过私营企业主导的努力，在未来十年提升北美移动技术在6G领域的领先地位。该倡议非常重视技术商业化，其目标涵盖6G研发、制造、标准化和市场准备的整个生命周期。早在2018年，中国工业和信息化部5G工作组就开始了对潜在6G技术的研究，中国成为首批探索6G技术国家之一。2019年11月，中国科学技术部发起了6G技术研发工作，同时还成立了由来自高校、科研院所和企业的37名专家组成的总体专家组。

3.2 爆炸性移动流量

自2019年下半年以来，全球范围内已经开展了5G网络的商业部署，一些地区的5G用户数已经达到了相当大的规模。新一代移动通信通常每十年出现一次，因此学术界和工业界都开始探索5G的接续技术。然而，在迈向6G的道路上，我们遇到的第一个问题是要解决人们的顾虑，比如“我们真的需要6G吗？”或“5G已经足够了吗？”要打破这一障碍，无线领域首先需要澄清6G发展的关键驱动因素。

新一代系统是由呈现指数增长的移动流量、移动用户数量以及即将出现的新颠覆性服务和应用程序驱动的。此外，它还受到移动通信领域不断提高网络效率的内在需求的驱动，即成本效率、能源效率、频谱效率和运营效率。此外，随着人工智能、太赫兹通信和大规模卫星通信等先进技术的出现，通信网络可以朝着更强大、更高效的系统发展，以更好地满足应用服务的要求，并为前所未见的困难性服务创造解决的可能性。本节介绍了移动流量的发展趋势，预计到2030年，移动流量将继续呈爆炸式增长。后续两小节将介绍潜在的用例和应用场景。

我们正处于一个前所未有的时代，许多交互式、智能化的产品、服务和应用程序快速涌现和发展，对移动通信提出了巨大的需求。可以预见，到2030年以后，5G系统将难以满足巨大移动通信流量的需求。2015年，ITU-R发布了一份报告［ITU-R M.2370，2015］，分析了2020~2030年IMT流量的增长趋势。基于这份报告，可以分析出流量增长背后的主要驱动因素。

- 视频服务：视频点播服务将继续增长，这些视频的分辨率将继续提高。人们希望观看高分辨率的视觉内容，而无论内容是如何传递的。贝尔实验室的一项研究显示，在 2016 年，视频流量几乎占所有移动流量的三分之二。

- 设备扩散：世界上有超过 50 亿人拥有智能手机，占世界总人口的 66.5%，并且每年在市场上销售的新智能手机超过 10 亿部。此外，可穿戴电子设备、VR 眼镜和智能汽车等各种新型智能设备都会连接到移动网络。
- 应用程序占有率：移动应用程序的传播速度正在加快。2013 年，全球应用程序的年下载量为 1020 亿，2017 年增长至 2700 亿。大多数应用程序在下载后不会多次使用，这类应用程序的使用和渗透将有助于增加移动宽带流量，此外，这数千亿应用程序的定期更新也将增加移动宽带流量。

除了这些数据流量增长的主要驱动因素，到 2030 年，还有一些其他特征和趋势会影响整体流量需求。

- IMT-2020 的部署：新技术将提高感知体验质量（Quality of Experience，QoE）并降低每比特的成本，这反过来又会产生更多的流量需求。
- 机器对机器（Machine-to-Machine，M2M）类应用程序和设备也是移动服务增长最快的细分市场之一，并最终增加移动数据需求。M2M 的连接数量可能比世界人口要多几个数量级。数十亿台机器将有可能利用移动网络访问在线服务并相互连接。
- 增强的屏幕分辨率：屏幕容量的不断提高，如 4K 超高清（Ultra-High-Definition，UHD），以及对视频下载和流媒体的日益增长需求，将为移动网络带来更多流量。
- 环境屏幕或承载信息向有互联网连接的智能屏幕演进，以获取最新信息，如电梯和公交车上的屏幕，这将增加流量。
- 云计算：由于用户需要越来越普遍的访问服务，因此对移动云服务的需求将增长。随着越来越多的用户通过移动网络连接到云，移动终端、云服务器和云存储之间的移动数据流量将继续增长。
- 固定宽带（Fixed Broadband，FBB）被移动宽带（Mobile Broadband，MBB）取代：在有些区域，移动宽带用于替代有线宽带，如铜、电缆和光纤，这将有助于 IMT 流量的增加。
- 流媒体：人们更频繁地使用移动设备进行多媒体和流媒体娱乐，由于时间变化（云的扩展）、空间转移（内容随处可得）和设备转换（多屏幕、移动设备和便携式设备之间的切换），单播媒体消耗增加。2014 年，电视直播仍占全球视听服务的 90%，比前一年增长 4.2%；而互联网电视（Over-the-Top，OTT）视频传输占 4.4%，增长了 37%。目前，大多数视听业务是通过非 IMT 网络传输的，这些业务将被转移到 IMT 网络中。

换言之，由于丰富的视频应用程序、增强的屏幕分辨率、M2M 通信、移动云服务等激增，移动网络上的流量将以爆炸性的方式持续增长。根据 2015 年 ITU-R［ITU-R M.2370，2015］的估计，2030 年全球移动流量将达到每月 5016EB[⊖]，而 2020 年为 62EB。爱立信的一份报告显示，截至 2019 年底，全球移动通信量已达到每月 33EB，这证明了 ITU-R 估计的正确性。

在过去的十年里，由于移动宽带的普及，智能手机和平板电脑的数量经历了惊人的增长。这一趋势将在 20 世纪 20 年代持续下去，因为智能手机和平板电脑的渗透率仍远未饱和，尤其是在发展中国家。与此同时，可穿戴电子产品和 VR 眼镜等新型用户终端迅速出现在市场上，并以前所未有的速度被消费者接纳。因此，如图 3.1 所示，预计到 2030 年，全球 MBB 用户总数将达到 171 亿。除了 MBB 用户数量的增

⊖ 1 exabyte（EB）= 1 000 000 terabytes（TB），1TB = 1000 gigabytes（GB）。

加，每个 MBB 用户的流量需求也在不断增加。这主要是因为 YouTube、Netflix 等移动视频服务的流行，以及最近的短视频平台 Tik-Tok，以及移动设备屏幕分辨率的稳定提高。来自移动视频服务的流量目前已经占到了所有移动流量的三分之二［Ericsson Report，2020］，预计未来将更加占据主导地位。在一些发达国家，2025 年之前的强劲流量增长将由各类视频服务推动，而后续的长期持续增长将由增强现实（Augmented Reality，AR）和 VR 应用程序的渗透来推动。如图 3.1 所示，每个移动用户每月的平均数据消耗量将从 2020 年的 5GB 左右增加到 2030 年的 250GB 以上。除了以人为中心的通信，M2M 终端的规模将更快地增长，并在 2030 年之前达到饱和。M2M 订阅量将达到 970 亿，约为 2020 年的 14 倍［ITU-R M.2370，2015］，这是移动流量爆炸式增长的另一个驱动因素。

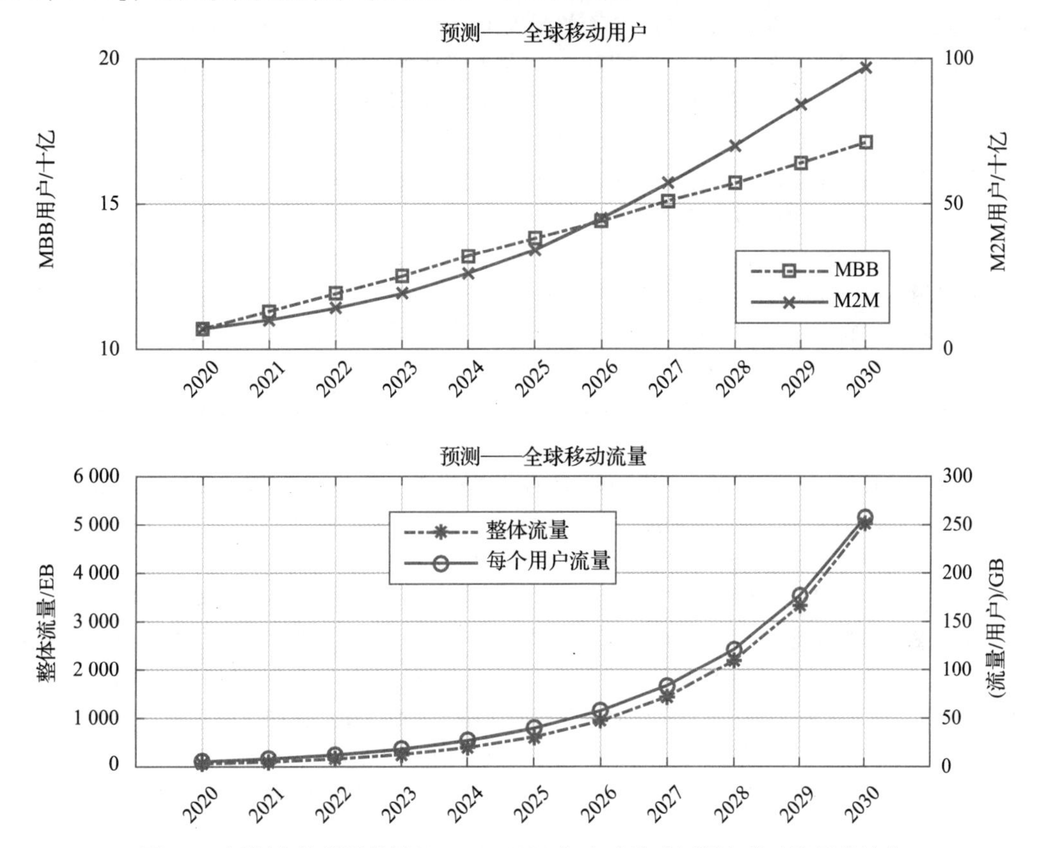

图 3.1　国际电信联盟估计的 2020~2030 年全球移动订阅和移动流量的趋势

来源：Jiang et al［2021］/经 IEEE 许可。

3.3　应用案例

随着新技术的出现和现有技术的不断发展，如全息、机器人、微电子、新能源、光电子、人工智能和空间技术，许多前所未有的应用程序在移动网络中得到了发展。为了强调 6G 的独特特性并定义其技术要求，无线领域的研究人员试图识别有挑战性的用例，例如 Jiang 等人［2021］的定义。

- 全息类型通信（Holographic-Type Communication，HTC）：与使用双目视差的传统 3D 视频相比，真正的全息图可以尽可能自然地满足肉眼观察 3D 物体的所有视觉信息。随着近年来全息显示技术的显著提升，如微软的 HoloLens，预计全息类应用将在未来十年成为现实。通过移动网络远程渲染高清全息图像可以带来真正身临其境的体验，例如，远程全息呈现将允许远程参与者以全息图的形式投影到会议室，或者允许在线培训或教育参与者与超现实物体互动。然而，HTC 导致了对 Tbit/s 量级巨大带宽的需求，即使在图像压缩的情况下也是如此。除了二维（two-dimensional，2D）视频中的帧速率、分辨率和颜色深度，全息图质量还涉及体积数据，如倾斜、角度和位置。如果用每 0.3°的图像来表示一个物体，那么具有 30°视场和 10°倾斜的基于图像的全息图需要 3300 个单独图像的 2D 阵列［Clemm et al.，2020］。全息类型通信还需要超低时延才能实现真正的沉浸感，以及用于重建全息图的大量相互关联数据流之间的高精度同步。

- 扩展现实（Extended Reality，ER）：结合增强现实、虚拟现实和混合现实，在 5G 时代开始出现扩展现实类型应用程序，但它仍处于起步阶段，类似移动互联网初期的视频服务。为了达到相同水平的图像质量，与 2D 视频流相比，具有 360°视场的 ER 设备需要更高的数据吞吐量。为了获得理想的沉浸体验，需要具有更高分辨率、更高帧率、更多色彩深度和高动态范围的视频质量，这将导致每个设备的带宽需求超过 1.6Gbit/s［Huawei VR Report，2018］。与 4G 网络饱和的视频流量类似，ER 设备的激增将受到峰值速率为 20Gbit/s 的 5G 有限容量的限制，尤其是在小区边缘。交互式 ER 应用程序，如沉浸式游戏、远程手术和关键任务远程操作，除了需要高数据吞吐量，还需要低延迟和高可靠性。
- 触觉互联网：它提供极低的端到端（End-to-End，E2E）延迟，以满足人类感官极限的 1 毫秒或更短的反应时间［Fettweis et al.，2014］。结合高可靠性、高可用性、高安全性，甚至高吞吐量的服务需求，出现了许多有挑战的实时应用程序。触觉互联网将在工业 4.0 和智能电网的实时监控和远程工业试验管理中发挥关键作用。例如，通过 ER 或 HTC 流媒体提供的沉浸式视听信息，再加上触觉传感数据，人类操作员可以在被生物或化学危害包围的地方远程控制机器。以及由数百英里（1 英里 = 1 609.344 米）外的医生进行的远程机器人手术。典型的闭环控制场景，特别是对于快速旋转的设备或机械对时间是敏感的，E2E 延迟需求低于 1ms。
- 多感官体验：人类利用五种感官（视觉、听觉、触觉、嗅觉和味觉）来感知外部环境，而目前的通信只关注光学（文本、图像和视频）和声学（音频、语音和音乐）媒体。味觉和嗅觉的参与可以创造一种完全沉浸式的体验，这可能会为食品行业带来一些新的服务［ITU-T NET-2030，2019］。此外，触觉通信的应用将发挥更关键的作用，并衍生出广泛的应用程序，如远程手术、远程控制和沉浸式游戏。然而，这个用例对低延迟提出了严格要求。
- 数字孪生：数字孪生用于创建物理（真实）对象完整而详细的虚拟副本。软件副本具有与原始对象相关的广泛特性、信息和性能。然后，这种孪生体被用来制造一个对象的多个副本，其具有完全自动化和智能化。早期数字孪生的推出吸引了许多垂直行业和制造商的极大关注。随着 6G 网络的发展，有望实现其全面部署。
- 普惠智能：随着移动智能设备的普及和机器人、智能汽车、无人机和 VR 眼镜等新型互联设备的出现，空中智能服务有望蓬勃发展。这些智能任务主要依赖于传统的计算密集型人工智能技术：计算机视觉、同步定位和映射（Simultaneous Localization And Mapping，SLAM）、人脸和语音识别、自然语言处理、运动控制等。由于移动设备的计算、存储和连接资源有限，6G 网络将通过利用云、移动边缘和终端设备上的分布式计算资源，并培养高效通信的机器学习（Machine Learning，ML）训练和干扰机制，以人工智能即服务的方式提供普惠智能［Letaief et al.，2019］。例如，波士顿动力公司的 Atlas 等人形机器人可以将 SLAM 的计算负载卸载到边缘计算资源上，以提高运动精度，延长电池寿命，并通过移除一些嵌入式计算组件变得更轻。除了计算密集型任务，普惠智能还有助于对时间敏感的人工智能任务，以满足云计算在需要快速决策或对条件做出响应时的延迟约束。

- 智能交通和物流：在2030年及以后，数百万辆自动驾驶汽车和无人机为人员和货物提供了安全、高效和绿色的运输。为了保证乘客和行人的安全，自动驾驶网络对可靠性和延迟性有着严格的要求。无人机，尤其是无人机群，为各类前所未有的应用程序提供了可能性，同时也给移动网络带来了颠覆性的需求挑战。
- 增强型交通通信：随着经济的发展，人类的活动范围和活动频率将在未来十年迅速增加。乘坐商用飞机、直升机、高铁、游轮和其他交通工具的乘客数量将会非常巨大，这将带来对交通工具高质量通信服务的需求飙升。尽管前几代通信技术直到5G之前都做出了努力，但不可否认的是，由于高移动性、频繁切换、地面网络覆盖稀疏、带宽有限和卫星通信成本高等因素的影响，在大多数情况下，移动交通工具上的无线网络连接质量不能令人满意。借助可重复使用的太空发射技术和卫星的大规模生产，使得如太空探索技术公司的星链等大型卫星星座的部署成为现实，实现了低成本和高吞吐量的全球覆盖。考虑到这一点，6G有望成为地面网络、卫星通信和其他空中平台的集成系统，以提供无缝的3D覆盖，为广泛的通信服务提供高质量、低成本和全球漫游的通信保障。
- 全球普遍可连接性：前几代移动通信主要集中在密集的大都市地区，聚焦室内场景。然而，偏远、稀疏和农村地区的大量人口无法获得基本的信息和通信技术服务，这在世界各地的人类之间造成了巨大的数字鸿沟。此外，超过70%的地球表面被水覆盖，而海洋应用程序的增长需要水上和水下网络的覆盖。然而，无所不在的覆盖、足够的容量、可接受的服务质量（Quality of Service，QoS）和可承受的成本在全球范围内还远未实现。一方面，从技术上讲，地面网络不可能覆盖偏远地区和极端地形，如海洋、沙漠和高山地区。同时，为人口稀少的地区提供地面通信服务的成本太高。另一方面，地球静止轨道（Geostationary Earth Orbit，GEO）卫星的部署成本很高，目前每颗卫星的容量仅限于几Gbit/s［Qu et al.，2017］，仅适用于海事和航空等高端用户。如前所述，大规模近地轨道卫星星座的部署将实现低成本和高通量的全球通信服务。6G系统旨在利用地面网络、卫星星座和其他空中平台的协同作用，为全球MBB用户和广域物联网应用程序实现泛在的连接。

3.4 应用场景

2013年2月，ITU-R 5D工作组启动了两个研究项目，以分析2020年IMT愿景和地面通信系统（即IMT-2020）的未来技术趋势。IMT-2020旨在满足各种垂直应用和服务引起的多样化QoS需求，这是前几代移动用户中从未遇到过的。此外，各种各样的功能将与这些不同应用场景和应用程序紧密结合。部分研究成果纳入了2015年发布的ITU-R M.2083建议书［ITU-R M.2083，2015］中，其中首次定义了三种应用场景。

- 增强型移动宽带（Enhanced Mobile Broadband，eMBB）：移动宽带解决了访问多媒体内容、服务、云和数据以人为中心的用例。随着智能设备（智能手机、平板电脑和可穿戴电子设备）的普及和对视频流的需求不断增长，对移动宽带的需求也在持续增长，对ITU-R所称的增强型移动宽带提出了新的要求。这种应用场景带来了新的用例和对演进功能和无缝用户体验的新要求。增强型移动宽带涵盖了各类场景，包括广域覆盖和热点覆盖，这些场景有着不同的需求。对于热点覆盖场景，针对用户密度高的区域需要非常高的业务容量，其用户数据速率要求较高，但对用户移动性的要求较低。对于广域覆盖的场景，需要无缝覆盖和中到高的移动性，其数据速率相比现有数据速率显著提高，然而，与热点覆盖覆盖相比，数据速率要求可能会有所放宽。

- 超可靠低延迟通信（Ultra-Reliable Low-Latency Communications，URLLC）：该场景旨在支持以人为中心和关键机器类型的通信。这是对前几代仅专注于移动用户服务的蜂窝系统的颠覆性推广。它为提供关键任务的无线应用程序提供了可能性，如自动驾驶、涉及安全的车对车通信、工业制造或生产过程的无线控制、远程医疗手术、智能电网中的配电自动化和运输安全。URLLC 具有超低延迟、超可靠性和可用性等严格的需求。
- 大规模机器类型通信（massive Machine-Type Communications，mMTC）：该场景支持与大量连接设备的大规模连接，这些设备通常具有非常稀疏的延迟容忍数据传输。由于远程物联网部署的可能性，如远程传感器、执行器和监测设备等类型设备需要具有低成本和低功耗的特性，并允许电池寿命长达 10 年。

由此可见，这些 5G 应用场景无法满足上述 6G 用例的技术要求。例如，用户佩戴轻型 VR 眼镜玩交互式沉浸式游戏，不仅需要超高带宽，还需要低延迟。道路上的自动驾驶汽车或飞行的无人机需要具有高吞吐量、高可靠性和低延迟的无处不在连接。无线联盟已经针对 6G 的潜在应用场景进行了一些讨论。例如，Jiang 等人［2021］通过扩展当前应用场景的范围，采用整体方法来定义 6G 场景，如图 3.2 所示。为了满足上述用例的要求，提出了三种新的场景，覆盖了 5G 场景的重叠区域，从而形成了一个完整的集合。

- 泛在移动宽带（ubiquitous Mobile Broadband，uMBB）：为了支持高质量的车载通信和全球泛在连接，在 6G 时代，MBB 服务应该在整个地球表面都可用，称为泛在 MBB 或 uMBB。除泛在外，uMBB 的另一个增强是显著提高了热点的网络容量和传输速率，从而支持颠覆性服务，例如，一群戴着轻便 VR 眼镜的用户聚集在一个小房间里，每个用户需要几 Gbit/s 的数据速率。uMBB 场景将作为数字孪生、普适智能、增强的机载通信和全球泛在连接的基础，如图 3.2 所示。除了用于评估 eMBB 的关键性能指标（Key Performance Indicators，KPI）（如峰值数据率和用户体验数据率），其他 KPI 如移动性、覆盖率和定位等在 uMBB 中也一样重要。
- 超可靠的低延迟宽带通信（Ultra-reliable low-latency broadband communication，ULBC）：ULBC 将支持不仅需要 URLLC 而且需要极高吞吐量的应用程序，例如基于 HTC 的沉浸式游戏。预计 HTC、ER、触觉互联、多感官体验和普惠智能的用例将从该场景中受益。
- 大规模超可靠低延迟通信（massive Ultra-Reliable Low-Latency Communication，mULC）：mULC 结合了 mMTC 和 URLLC 的特点，这将有助于在垂直行业部署大规模传感器和执行器。与 eMBB、URLLC 和 mMTC 一起，三个新的场景填补了两者之间的空白，形成了一套完整的应用场景，以支持 6G 中的各种用例和应用，如图 3.2 所示。

对于可能的应用场景，还有其他定义。例如，华为宣布了对 B5G 系统的愿景［HuaweiNetX2025，2021］，该系统可以改善个人用户的实时交互体验，增强蜂窝物联网能力，并探索新的场景，包括上行为主的宽带通信（Uplink-Centric Broadband Communication，UCBC）、实时宽带通信（Real-Time Broadband Communication，RTBC）和协调通信与传感（Harmonized Communication and Sensing，HCS），以实现更好、更智能的世界。5.5G 的目标是从万物互联发展到万物智联，并有望因此创造全新的价值。

- UCBC 加速产业智能化升级。UCBC 可提供超宽带上行体验（图 3.3）。依靠 5G 功能，UCBC 将使上行带宽增加 10 倍，这非常适用于需要上传机器影像和大规模宽带物联网视频的制造商，这将加速他们的智能升级。UCBC 还显著改善了需要密集覆盖的室内区域内的手机用户体验，通过多频段上行链路聚合和上行链路大规模天线阵列技术，这些场景中的上行链路容量和用户体验也可以得到相当大的改善。

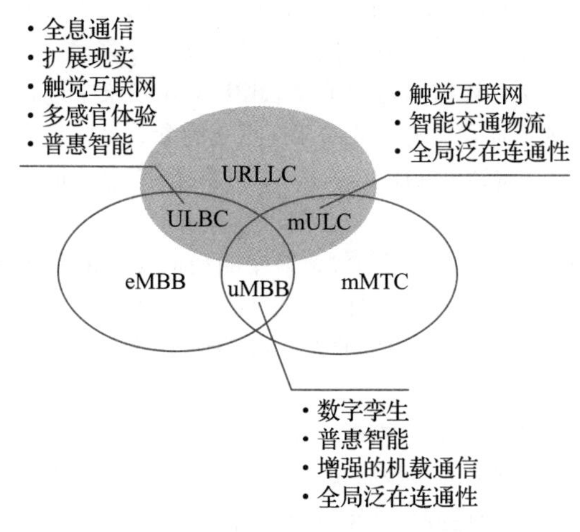

图3.2 6G应用场景示例：在三种典型5G应用场景的基础上增加了uMBB、ULBC和mULC三种新场景

来源：Jiang et al [2021]/经IEEE许可。

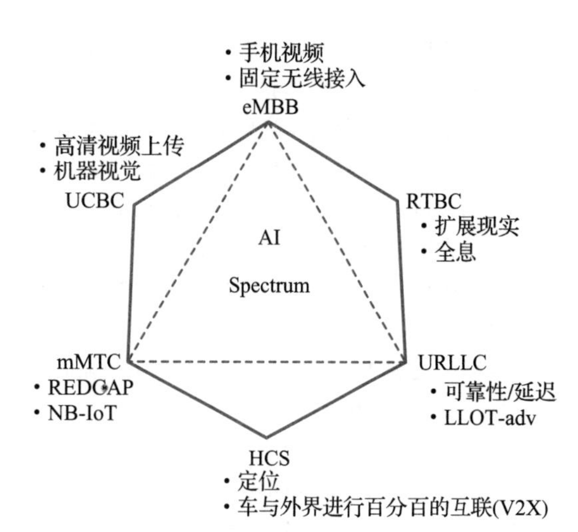

图3.3 超5G愿景

来源：改编自华为NetX2025 [2021]。

- RTBC提供了一种身临其境的真实体验。RTBC支持大带宽和低延迟通信，它的目标是在指定的延迟下提供10倍的带宽增长，从而为XR Pro和全息图等物理虚拟交互案例创造身临其境的体验。RTBC利用传统的载波快速扩展网络能力，并利用E2E跨层XR体验机制来构建具有大带宽的实时交互能力。
- HCS旨在实现联网汽车和无人机网络，在这些场景中，自动驾驶是关键需求。HCS主要支持V2X和无人机（Unmanned Aerial Vehicle，UAV）场景，将自动驾驶作为一项关键需求。这些场景需要同时具有通信和感知能力的无线蜂窝网络。
- 低于100GHz的新应用模式将最大限度地提高频谱效率。频谱是无线领域最重要的资源，为了实现行业愿景，5.5G需要在低于100GHz的频段中提供更多频谱。不同的光谱类型具有不同的特征，例如，FDD对称频谱具备低延迟的特征，TDD频谱具备高带宽的特征，毫米波可以实现超大带宽和低延迟。在这种背景下，无线通信技术发展的主要目标之一是充分挖掘频谱的潜力。因此，希望通过上行链路和下行链路解耦以及在所有频带上按需灵活聚合来重塑低于100GHz的频谱使用，从而实现最大的频谱效率。
- 人工智能将使5G连接更加智能。在5G时代，运营商必须处理更多的频带和更多类型的终端、服务和客户。基于此，5.5G需要从多个方面进行智能渗透，以推进L4高级自动驾驶网络（High Autonomous Driving Network，High ADN）和L5全自动驾驶网络。

3.5 性能需求

为了更好地支持2030年及以后的颠覆性用例和应用，6G系统将提供极致的容量和性能。与IMT-2020在ITU-R M2410中定义的无线电接口技术性能相关的KPI一样，6G系统同样使用了许多定量或定性KPI来规定系统需求。用于评估5G系统的大多数KPI对6G系统而言仍然有效，此外，还将引入一些新KPI来评估新技术特征[Jiang et al.，2021]，简要介绍如下。

- 峰值数据速率指的是理想条件下的最高数据速率，例如，对应链路方向的所有可分配无线电资源（不包括用于物理层同步的无线电资源、参考信号、保护频带和保护间隔）都用于单个移动站。峰值速率与信道带宽和该频带中的峰值频谱效率成比例，该需求是为了在 eMBB 应用场景中进行评估而定义的。传统意义上而言，它是区分不同代移动通信系统的最具象征意义的参数。在用户需求和太赫兹通信等技术进步的推动下，峰值速率预计将达到 1Tbit/s，是 5G 的数十倍（5G 的峰值速率为下行 20Gbit/s，上行 10Gbit/s）。
- 峰值频谱效率是衡量空口技术进步的重要 KPI。IMT-2020 中对峰值频谱效率的最低要求是下行 30 (bit/s)/Hz 和上行 15（bit/s)/Hz，其中假设天线配置能够在下行链路中实现 8 个空间流，在上行链路中实现 4 个空间流。根据经验数据显示，具有更高空间自由度的先进 6G 无线技术预计可以实现比 5G 系统高三倍的频谱效率。
- 信号带宽指最大聚合系统带宽，可以由单个或多个 RF 载波来支持。5G 系统需要支持 100MHz 的最低系统带宽，在 6GHz 以上的高频带中支持高达 1GHz 的系统带宽。为了达到 Tbit/s 的峰值速率，6G 应支持高达 10GHz 的端口带宽，以便在太赫兹通信或光无线通信（Optical Wireless Communications，OWC）中更高的频带甚至更高的带宽下运行。与 5G 一样，它应在可扩展的带宽下运行，以支持频谱灵活性。
- 用户体验数据率定义为用户吞吐量累积分布函数（Cumulative Distribution Function，CDF）的第 5 个百分位点（5%），其中用户吞吐量被定义为在激活态期间的特定时间段内传送到第 3 层的服务数据单元（Service Data Units，SDU）中正确接收的比特数量。换言之，移动用户可以在任何时间或地点至少达到该数据速率的概率为 95%。在小区边缘测量感知性能并反映网络设计的质量，如站点密度、架构和小区间优化，是更有意义的工作。在 5G 密集的城市部署场景中，用户体验速率的目标定义为下行链路为 100Mbit/s，上行链路为 50Mbit/s。预计 6G 可以提供 10 倍的用户体验速率，即高达 1Gbit/s 甚至更高。
- 5%用户频谱效率被定义为归一化用户吞吐量 CDF 的 5%。标准化的用户吞吐量被定义为在特定时间段内传送到第 3 层的 SDU 中正确接收的比特数除以信道带宽。在这种情况下，信道带宽被定义为有效带宽乘以频率重用因子，其中有效带宽指的是考虑下行链路和上行链路比率的归一化操作带宽。与用户体验数据率的增长类似，6G 系统下该 KPI 预计将比 IMT-2020 提高十倍，如表 3-1 所示。
- 平均频谱效率指的是所有移动用户的总吞吐量（在一定时间段内正确接收的比特数，即传送到第 3 层的 SDU 中包含的比特数）除以相应信道带宽再除以发送和接收点的数量（Transmission and Reception Points，TR×Ps）。6G 系统平均频谱效率预计将比 IMT-2020 提高两到三倍，如表 3-2 所示。

表 3-1 5%用户频谱效率的性能要求

部署环境	下行 (bit/s/Hz)	上行 (bit/s/Hz)
室内热点	3	2.1
密集城市	2.25	1.5
乡村	1.2	0.45

表 3-2 平均频谱效率的性能要求

部署环境	下行 (bit/s/Hz/TRxP)	上行 (bit/s/Hz/TRxP)
室内热点	25	15
密集城市	20	10
乡村	10	5

- 时延可以分为两类：用户面时延和控制面时延。前者是假设移动终端处于激活态，从数据源发送数据包到接收端接收这段时间产生的时延。具体而言，它定义为在网络中给定业务空载条件下，对于上行或者下行的应用层小包（例如，仅具有 IP 报头，有效载荷为 0 字节）传输，从无线协议第 2/3 层的 SDU 入口点传输到无线接口的第 2/3 层的 SDU 出口点所需的单向时间。在 5G 中，

eMBB和URLLC对用户面时延的最低要求分别是4ms和1ms。预计6G系统中该延迟需求将进一步降低至100μs，甚至10μs。控制面延迟是指从最“省电”的状态（例如空闲态）到开始连续数据传输（例如连接态）的转换时间。5G系统中控制面最低的时延要求为20ms，预计在6G中也将进一步降低。除了无线延迟，往返延迟或端到端延迟更有意义，但由于涉及大量网络实体，因此也很复杂。在6G系统中，可能会将端到端延迟作为一个整体进行考虑。

- 移动性是指在提供可接受的QoS和QoE的情况下，网络支持终端的最大移动速度。为了支持高铁的部署场景，5G系统支持的最高移动性为500km/h。5G定义了不同等级的移动性。
  ⓐ静止：0km/h。
  ⓑ行人：0~10km/h。
  ⓒ车辆：10~120km/h。
  ⓓ高速车辆：120~500km/h。
  在6G系统中，如果考虑商业航空系统，则目标最高速度为1000km/h。
- 连接密度是用于在mMTC的应用场景中进行评估的KPI。在5G系统无线资源数量受限的情况下，每平方千米具有宽松QoS要求设备的最小数量为10^6个，在6G系统中这一数字预计将进一步提高10倍，达到每平方千米10^7个。
- 能源效率对于实现高成本效益的移动网络和减少绿色信息通信技术的二氧化碳总排放至关重要，在社会经济方面发挥着关键作用。网络和设备的能源效率与是否支持以下两个特性有关：
  ⓐ在有负载情况下的高效数据传输。
  ⓑ无数据时能耗较低。
  网络和移动设备应具备支持高睡眠率和长睡眠持续时间以实现低能耗的能力。睡眠率是在没有用户数据传输时，与控制信令周期（对于网络）或不连续接收周期（对于设备）相对应的时间段内，未占用的时间资源（对于网络）或睡眠时间（对于设备而言）的比例。此外，睡眠持续时间，即没有数据传输（对于网络和设备）和接收（对于设备）的连续时间段，应该足够长。在早期5G网络部署之后，虽然每比特的能源效率与前几代相比有了很大的提高，但人们已经对其高能耗显示了一些不满。在6G网络中，网络能效将是5G的10~100倍，因此需要提高每比特的能源效率，同时降低移动行业的整体功耗。
- 区域业务容量是指一个网络在单位面积内可以容纳的移动业务量，与可用带宽、频谱效率和网络密度有关。5G网络区域业务容量的最低要求是每平方米10Mbit/s，在室内热点等一些部署场景中预计将达到每平方米1Gbit/s。
- 可靠性是指在预定时间内以高成功概率传输给定流量的业务能力，该需求是为了评估URLLC应用场景。在5G网络城市环境部署场景中覆盖边缘信道质量的情况下，对可靠性的最低要求是在1ms内传输一个32字节数据包的成功概率为1×10^{-5}，预计下一代通信系统将至少提高两个数量级，即1×10^{-7}或99.99999%。
- 5G定位服务的定位精度小于10m。许多垂直和工业应用对更高的定位精度有着强烈的需求，特别是在卫星定位系统无法覆盖的室内环境中。随着在高精度定位方面具有强大潜力的太赫兹无线站的应用，6G网络支持的精度将有望达到厘米级。
- 5G需求定义中的覆盖范围主要关注单站的无线信号接收质量。通常使用耦合损耗来衡量基站覆盖的区域，其定义为终端和基站之间链路的长期信道损耗，包括天线增益、路径损耗和阴影衰落。在6G网络中，覆盖的范围将得到大幅扩展，实现全球无缝覆盖，并且将从2D的地面网络向3D的空天地一体化系统转变。

- 安全性和隐私是评估网络运行是否足够安全以保护基础设施、设备、数据和资产的必要条件。移动网络的主要安全任务是机密性（防止敏感信息暴露给未经授权的实体）、完整性（保证信息不被非法修改）和身份验证（确保通信双方身份验证的可靠性）。此外，隐私成为了大众日益担忧的问题，并且隐私问题已经成为立法的优先考虑事项，如欧洲的《通用数据保护条例》（General Data Protection Regulation，GDPR）。一些KPI可用于定量测量安全和隐私，例如，威胁识别算法识别出的安全威胁百分比，可用来评估异常检测的有效性。
- 资本和运营支出（Capital and Operational Expenditure，OPEX）是衡量移动服务可负担性的关键因素，对移动系统的商业成功具有重大影响。移动运营商的支出有两个主要方面：资本支出（Capital Expenditure，CAPEX），即建设通信基础设施的成本，以及用于维护和运营的运营支出。由于网络的密集化，移动运营商承受着高资本支出的压力。同时，移动网络仍然无法避免基于手动操作的故障排除（系统故障、网络攻击和性能下降等）。移动运营商必须具备一个由大量具有高专业知识的网络管理员组成的运营团队，这将导致昂贵的运营成本［Jiang et al.，2017a］。在6G网络的设计过程中，开销将是一个需要考虑的关键因素。为了提供5G和6G之间的定量性能比较，我们将8个具有代表性的KPI通过可视化的方式展示出来，如图3.4所示。

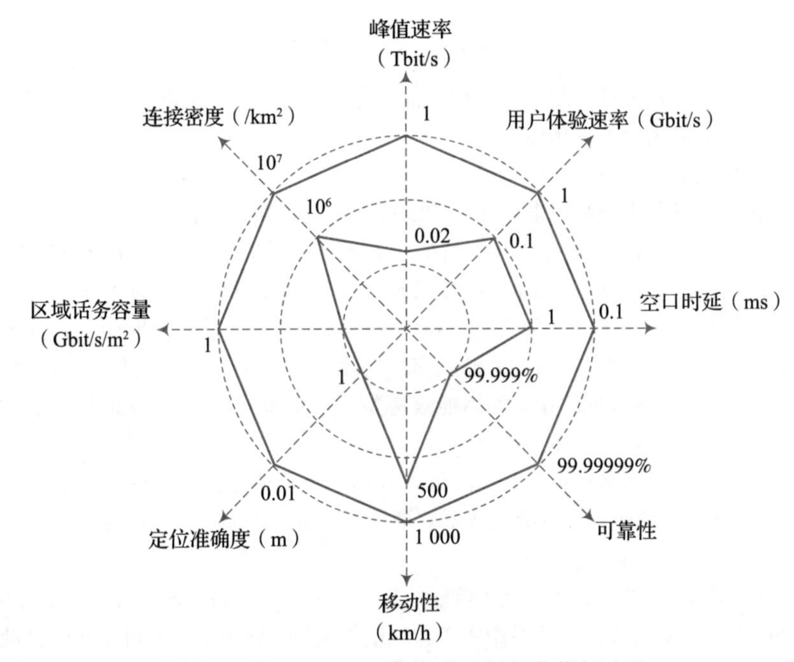

图3.4　从IMT-2020到6G的关键性能指标改进

来源：Jiang et al.［2021］/经IEEE许可。

3.6　研究计划和路线图

尽管无线界还在讨论是否需要6G，以及无线通信是否应该止步在5G，但一些关于下一代无线技术的开创性研究工作已经启动。本节将介绍一些代表性机构，如国际电信联盟和第三代合作伙伴计划（Third Generation Partnership Project，3GPP），以及一些主要国家和公司对6G探索的最新进展。此外，可能的研究、技术规范、标准化和部署路线图如图3.5所示。

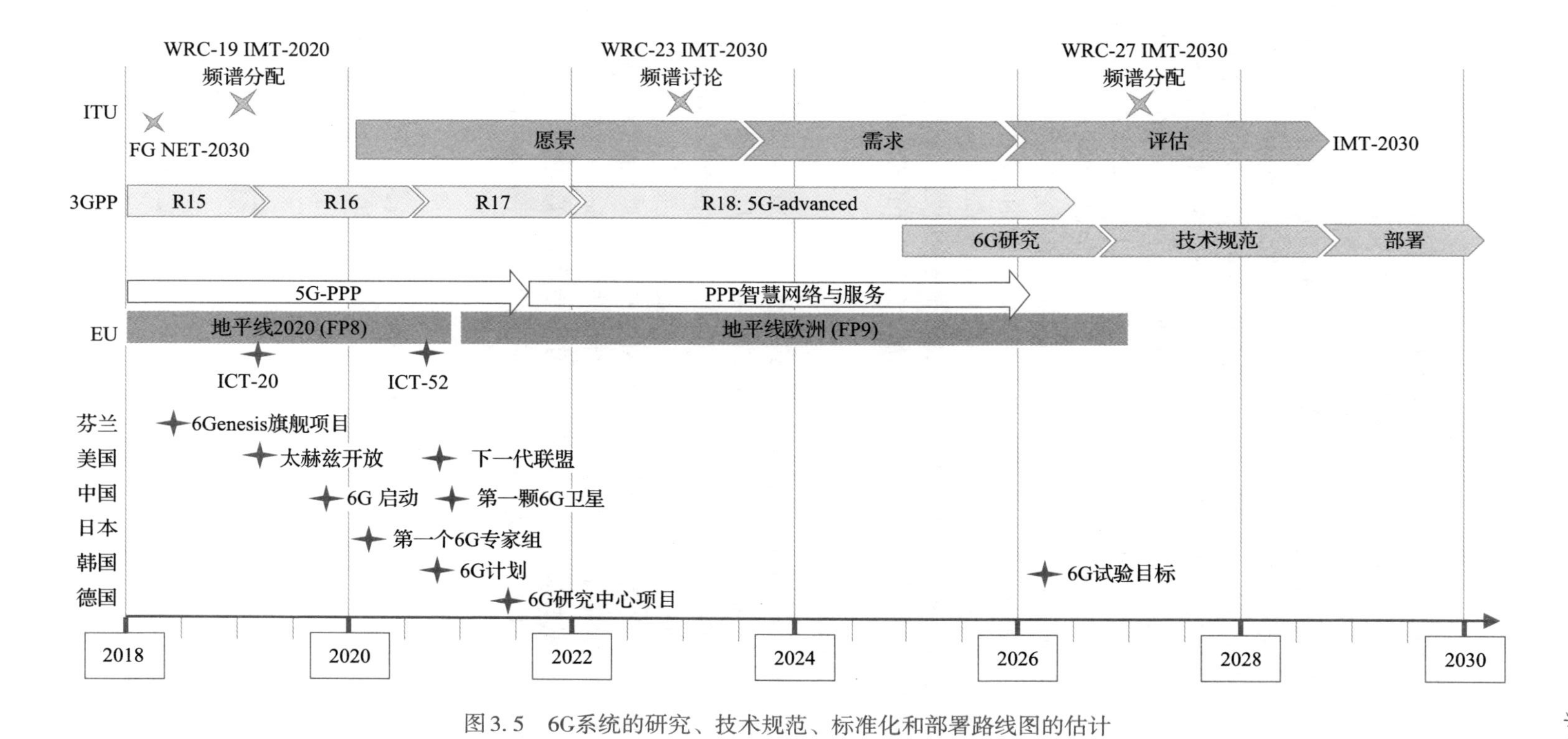

图 3. 5　6G系统的研究、技术规范、标准化和部署路线图的估计

来源：Jiang et al.[2021]/经IEEE许可。

3.6.1 ITU

作为未来数字社会和网络的风向标，ITU-T焦点组“网络2030技术”（Focus Group “Technologies for Network 2030”，FG NET-2030）[ITU-T NET-2030，2019] 于2018年7月成立。它旨在确定2030年及以后网络能力的差距和技术挑战，届时它有望满足极致的性能要求，以支持全息通信、触觉互联网、多感网络和数字孪生等颠覆性用例。尽管它主要关注固定通信网络，但该组中确定的网络的未来架构、需求、用例和功能将是6G移动系统定义的指南。此外，ITU-R部门最近发布了题为“国际移动通信（International Mobile Telecommunications，IMT）无线电接口的详细规范-2020”的建议，可以视为5G标准的完成。随着国际电信联盟在IMT-2000（第三代（3G））、IMT-Advanced（4G）和IMT-2020（5G）发展方面取得的巨大成功，类似的过程将再次应用于2030年及以后的IMT发展。根据IMT流程，ITU-R将首先研究ITU关于6G的愿景，然后在21世纪20年代中期发布2030年及之后IMT的最低要求和评估标准，随后将进入提案邀请和评估阶段。在2020年2月的会议上，ITU-R工作组5D决定开始对未来技术趋势展开研究 [ITU-R WP5D，2020]，并计划在2022年6月的会议中完成这项研究。它邀请ITU-R内部和外部组织为2021年6月和10月的会议提供输入，这将有助于制定“2030年及以后的未来技术趋势”初稿。ITU-R还负责组织每三至四年举行一次的世界无线电通信会议（World Radiocommunication Conference，WRC），该会议负责管理频率分配。例如，WRC-19批准了5G系统的频谱分配问题。预计在2023年举行的WRC（WRC-23）上将讨论6G的频谱问题，6G通信的频谱分配预计在2027年正式确定（WRC-27）。

3.6.2 第三代合作伙伴项目

2019年初，3GPP Release 15标准冻结，它是5G的第一版标准。2020年7月，3GPP完成了Release 16版本的标准，其主要是对第一版5G标准的增强 [Ghosh et al.，2019]。目前，3GPP正在制定一个更先进的版本（Release 17），由于疫情（COVID-19）带来的影响，该版本的制定时间有所推迟，于2021年完成。在传统移动行业、各种垂直行业和非陆地行业的众多关键利益相关者的推动下，Relese 17版本被认为是3GPP历史上特性最灵活的版本，包括非陆地网络NR、52.6MHz以上的NR、NR侧链增强、网络自动化等。此外，3GPP宣布其从5G向5.5G演进，官方新名称为5G Advanced，包括Release 18及更高版本。根据前几代移动通信的经验，6G将是一个颠覆性的系统，其研发将不受后向兼容性的限制。3GPP预计将在2025年左右启动6G的研究项目，随后是标准化阶段，以确保到2030年实现6G的首次商业部署。

3.6.3 行业

对于移动行业，供应商、移动运营商和设备制造商是真正的驱动因素。因此，行业的观点，尤其是主流供应商的观点，在新一代移动通信的发展中发挥着重要作用。2020年1月，NTT DOCOMO发布了《5G演进与6G》白皮书，其他主要参与者紧随其后。表3-3总结了他们的主要观点。

表3-3 移动行业的6G愿景

公司	白皮书	发布时间	主要观点
NTT DOCOMO	5G演进与6G	2020年1月	5G是使用毫米波频段的第一代移动系统，5G的发展需要进一步提高毫米波技术的覆盖和移动性能。为支持网络物理融合，从物理到网络空间的上行链路需要极高的容量和极低的时延，而从网络空间到物理的下行链路需要极高的可靠性和极低延迟，这需要在5G演进和6G中大幅增强上行链路传输。6G需求将是5G需求与新用例的新型结合或特殊用例的极致需求

（续）

公司	白皮书	发布时间	主要观点
Nokia	6G时代的通信	2020年3月	5G将继续发展，并以后向兼容的方式，采用新的技术提高系统性能。与5G框架不兼容或需要很大代价才能实现的修改将成为6G的一部分，如提供物理、生物和数字世界的互连。潜在6G关键技术包括高频段和认知频谱共享、人工智能驱动的空口、新型网络范式（包括专用网络和无线接入网-核心网融合）、通感定位一体化、极致的延迟和可靠性以及新的安全和隐私
Rohde & Schwarz	从5G迈向6G	2020年3月	跟进标准化工作以深入了解供应商、移动运营商和设备制造商试图实现和解决的问题是非常重要的。5G标准的弱点是迈向6G的驱动因素，尤其是在安全和隐私方面。6G发展的与众不同之处在于，各国现在认识到了无线标准对经济繁荣和国家安全的重要性
Samsung	下一代超级互联体验	2020年7月	推动移动行业迈向6G的大趋势包括大规模联网机器、人工智能、开放的网络以及移动通信日益增加的社会影响。6G将支持三项关键服务：真正的沉浸式扩展现实（extended reality，XR）、高保真移动全息图和数字孪生。其关键使能技术包括太赫兹技术、先进的天线技术、演进的双工技术、动态网络拓扑、频谱共享、全面的人工智能、分割计算和高精度网络
Ericsson	无处不在的智能通信：面向6G的研究展望	2020年11月	尽管5G系统设计得非常灵活，但随着社会需求的拉动和更先进技术的推动，它仍将向6G继续演进。6G背后的主要驱动因素是可信赖性、可持续性、自动化、数字化以及随时随地的无限连接。超越连接，6G应当成为一个鼓励创新的可信计算和数据平台，并成为社会的信息支柱
Huawei	5.5G是更加美好和智能的世界	2020年11月	持续发展是充分释放技术潜力的必要条件，行业应共同努力，通过充分利用低于100GHz的频谱，推动5.5G生态系统蓬勃发展。本白皮书提出了三种新场景，即以上行为中心的宽带通信（Uplink Centric Broadband Communication，UCBC），有助于高清视频上传和机器视觉；实时宽带通信（Real-Time Broadband Communication，RTBC）提供身临其境的体验；以及用于自动驾驶和联网无人机的协调通信和传感（Harmonized Communication and Sensing，HCS）

3.6.4 欧洲

我们强调欧洲的6G研究是因为其项目不仅是世界上最早的，而且是最透明和公开的，提供了大量公众可获取的信息。在过去十年中，欧洲在5G基础设施公私合作伙伴关系（5G Infrastructure Public-Private Partnership，5G-PPP）下成功开展了5G研发。欧洲电信标准协会（European Telecommunications Standards Institute，ETSI）提出并标准化了一些关键的5G概念和技术，如网络功能虚拟化（Network Function Virtualization，NFV）和移动边缘计算（Mobile Edge Computing，MEC），也称为多址边缘计算。2018年4月，芬兰奥卢大学宣布了世界上第一个6G研究项目，名为6G无线智能社会和生态系统

(6G-Enabled Wireless Smart Society and Ecosystem)，作为芬兰学院旗舰项目的一部分。它专注于开创性的 6G 研究，包括四个相互关联的战略领域：无线连接、分布式计算、设备和电路技术以及服务和应用程序。2019 年 9 月发布的世界上第一份 6G 白皮书作为第一届 6G 无线峰会的成果，在其发布之后，又有一系列白皮书发布，涵盖了 12 个特定的兴趣领域，如 ML、边缘智能、定位、传感和安全。在其第八个研究和技术发展框架计划（FP8）中，也被称为地平线 2020，欧盟委员会通过 ICT-20-2019 开始了 5G 研究之外的工作，称为“5G 长期演进”。经过有竞争性筛选，8 个开创性项目于 2020 年初启动，由供应商、移动运营商、学术界、研究机构、小公司和垂直行业组成的联盟共提交了 66 份高质量的提案。2021 年初，通过 ICT-52-2020“超越 5G 的智能连接”发起了另一批以 6G 为重点的研究项目。表 3-4 总结了 ICT-20 和 ICT-52 研究项目的详细信息。继地平线 2020 5G-PPP 计划取得成功后，欧洲 6G 的研发将继续进行，即将在第九个框架计划（Ninth Framework Program，FP9）（也称为地平线欧洲）下开展公私合作伙伴关系（Public-Private Partnership，PPP）“智能网络与服务”。2020 年 2 月，欧盟委员会还宣布加快对欧洲“千兆连接”的投资，包括 5G 和 6G，以塑造欧洲的数字未来［EU Gigabit Connectivity，2020］。

表 3-4　欧盟委员会 ICT-20 和 ICT-52 研究项目

	项目缩写	项目名称	主要研究课题
ICT-20	5G-CLARITY	由人工智能和基于意图的策略驱动的 B5G 集成蜂窝、Wi-Fi 和 LiFi 的多租户专用网络	专用网络、人工智能驱动的网络自动化、基于意图的网络
	5G-COMPLETE	一个统一的网络、计算和存储资源管理框架，旨在为安全的 5G 多技术和多租户环境进行端到端性能优化	计算存储网络融合、结构、后量子密码系统、光纤无线前端
	5G-ZORRO	5G 网络中泛在计算和连接的零接触安全和信任	安全、隐私、分布式边缘技术（Distributed Ledge Technology，DLT）、零接触自动化、E2E 网络切片
	ARIADNE	用于 5G 长期演进的人工智能辅助 D 频段网络	D 频段、超表面、基于人工智能的管理
	INSPIRE-5G+	智能安全和普及对 5G 及 B5G 的需求	可信的多租户、安全、人工智能、区块链
	LOCUS	对于无处不在的垂直应用，嵌入 5G 生态系统的本地化和按需分析	定位分析和位置即服务
	MonB5G	B5G 网络切片的分布式管理	网络切片管理、零接触自动化、人工智能辅助安全
	TERAWAY	太赫兹技术，用于在具有网络和无线电资源的 SDN 管理的系统中超宽带操作回传和前传链路	太赫兹、光子学收发器、回传和前传、网络和资源管理

（续）

	项目缩写	项目名称	主要研究课题
ICT-52	6G BRAINS	将强化学习引入无线电信网络，实现大规模连接	THz、OWC、AI、3D SLAM、D2D无蜂窝网络、强化学习
	AI@ EDGE	安全且可重复使用的人工智能平台，用于B5G网络的边缘计算	人工智能用于网络自动化、人工智能网络应用、边缘计算、安全
	DAEMON	基于自适应和自学习移动网络的网络智能	网络智能、人工智能、E2E架构
	DEDICAT 6G	为以人为中心的应用程序提供动态覆盖扩展和分布式智能，确保安全、隐私和信任：从5G到6G	分布式智能、安全和隐私、人工智能、区块链、智能连接
	Hexa-X	B5G/6G愿景和连接人类、物理和数字世界的智能技术结构的旗舰	高频、定位和传感、互联智能、人工智能驱动的空中接口、6G架构
	MARSAL	基于机器学习的5G及B5G智能网络的网络和计算基础设施资源管理	光无线融合、固定移动融合、分布式无小区、O-RAN、AI、区块链、安全多租户切片
	REINDEER	通过高能效无线电编织技术中的超多样性实现高效互动应用	智能表面、无蜂窝无线接入、分布式无线电、计算和存储、信道测量
	RISE-6G	6G无线网络的可重构、智能、可持续的环境	RIS、多RIS架构和操作、无线电传播建模
	TeraFlow	为Tera的SDN流提供安全的自主流量管理	SDN、DLT、基于机器学习的安全性、云原生架构

3.6.5 美国

2016年，美国国防部高级研究计划局（Defense Advanced Research Projects Agency，DARPA）与英特尔（Intel）、美光（Micron）和亚德诺半导体公司（Analog Devices）等半导体和国防行业的公司一起，成立了联合大学微电子计划（Joint University Microelectronic Project，JUMP），共有六个研究中心，以解决微电子技术中面临的挑战。太赫兹融合通信和传感中心（Center for Converged TeraHertz Communications and Sensing，ComSecTer）旨在为未来的蜂窝基础设施研发相关技术。美国联邦通信委员会（Federal Communications Commission，FCC）于2019年3月宣布，为6G及未来通信系统开放95GHz~3THz之间的实验许可证，以促进THz通信的测试。2020年10月，ATIS发起了“下一代通信技术联盟”，创始成员包括AT&T、T-Mobile、Verizon、高通、爱立信、诺基亚、苹果、谷歌、脸书、微软等。这是一项行业倡议，旨在通过私营部门主导的努力，在未来十年提升北美移动技术在6G领域的领先地位。它非常重视技术商业化，其目标是覆盖6G研发、制造、标准化和市场准备的整个生命周期。另一家以可重复使用火箭的革命性创新而闻名的美国太空探索技术公司SpaceX于2015年宣布了星链项目［Foust，2019］。星链是一个非常大规模的低轨通信卫星星座，旨在为全球提供无处不在的互联网接入服务。美国联邦通信委员会已经批准了第一阶段计划，计划发射12 000颗卫星，并正在考虑另一项额外30 000颗卫星发射的申请。自2019年5月首次发射以来，迄今已通过19次太空发射成功部署了1100多颗卫星。2021上半年，通过十几次发射部署了数百颗星链卫星，实现了其之前的计划，即通过两次发射每月部署 120 颗卫星。截至目前，星链服务已使用 1500 多颗卫星提供商业服务，用户数量超过 60 000。当有人声称星链将取代 5G 或代表 6G 时，这种说法太过夸张，但移动行业应该认真考虑如此大规模的低轨卫星星座对 6G 的影响。

3.6.6　中国

早在 2018 年，中国工业和信息化部 5G 工作组就开始了对潜在 6G 技术的概念研究，中国成为首批探索 6G 技术的国家之一。2019 年 11 月，中国科学技术部发起了 6G 技术研发工作，同时还成立了由来自高校、科研院所和企业的 37 名专家组成的总体专家组。2020 年 11 月，中国电子科技大学研发的第一颗 6G 实验卫星成功发射。它的任务是使用高频太赫兹频谱测试太空通信。中国领先的 ICT 公司华为表示，其目前正处于 6G 研究的初始阶段。根据华为提供的 6G 发展路线图，预计 2023 年左右实现 6G 愿景，2026 年实现标准化，2028 年推出相关技术，2030 年进行初步商业部署。2020 年，另一家远程通信设备巨头中兴通讯和中国三大运营商之一的中国联通启动了 6G 技术创新和标准合作。最近，由华为和中国移动牵头成立了"6G 网络人工智能联盟（6G Alliance of Network AI，6GANA）"，该联盟专注于将人工智能技术与移动网络集成，以支持下一代系统中的人工智能即服务（AI as a Service，AIaaS）特性。

3.6.7　日本

2017 年末，日本内务通信省成立了一个工作组，主要研究下一代无线技术。他们认为 6G 应该提供比 5G 快至少十倍的传输速率、近乎即时的连接以及每平方千米 1000 万台设备的大规模连接。2020 年初，日本政府成立了一个由私营部门和学术界代表组成的专门小组，讨论技术开发、潜在用例和政策。据报道，日本预计将投入约 20 亿美元，鼓励私营部门研发 6G 技术。

3.6.8　韩国

韩国宣布计划在 2026 年进行首次 6G 试验，预计将在五年内花费约 1.69 亿美元开发 6G 关键技术。该试验旨在实现 1Tbit/s 的峰值数据速率和比 5G 低十倍的极低延迟。韩国政府将推动六个关键领域（超性能、超带宽、超精度、超空间、超智能和超信任）的项目研究，以优先确保下一代技术的可实施性。随着华为的 5G 技术在美国、澳大利亚和英国被禁止，三星电子加速实现成为全球主要电信供应商的目标。三星研究院在 6G 标准研究团队的基础上成立了下一代通信研究中心，是三星研究院最大的部门。LG 电子宣布了其引领 6G 全球标准化并创造新商机的目标。随后，LG 电子于 2019 年 1 月成立了 6G 研究中心，并成立了韩国科学技术高级研究院（Korea Advanced Institute of Science and Technology，KAIST）。

3.7　关键推动技术

为了满足新兴用例和应用程序的极致性能要求，需要研发更为先进的无线传输和网络技术，用于 6G 系统的构建。到目前为止，无线研究机构已经通过学术出版物、白皮书、研究项目等提供了一些对潜在技术的看法。本节将介绍 6G 使能技术，可以分为以下几类：

- 新型频谱，包括毫米波、太赫兹通信和光无线通信。
- 新型空口，包括大规模 MIMO、智能反射面和下一代多址接入。
- 新型网络，包括开放式无线接入网（Radio Access Network，RAN）和非陆地网络。
- 新型范式，包括通信、感知和计算的融合，以及与人工智能技术的集成。

3.7.1 毫米波

5G NR引入了毫米波技术，业界认为毫米波仍将是6G网络的重要组成部分。与工作在6GHz以下的传统射频技术相比，毫米波的载波频率最高可达到300GHz，显著拓宽了可用带宽。正如香农定理所揭示的那样，如此巨大的带宽将提升信道容量，满足人们对更高数据速率的迫切需求。同时，更短的波长意味着更小的天线尺寸。因此，它不仅可以提高设备的便携性和集成度，还可以增加天线阵列的规模。毫米波的波束可以更窄［Wang et al.，2018］，这有利于特定的应用，如探测雷达和物理层安全。另外，大气和分子吸收在毫米频段的不同频率下表现出高度变化的特性，为不同的用例提供了潜能。一方面，可以观察到信号在如35GHz、94GHz、140GHz和220GHz的特定频带上的衰减较低，使得在这些频率下的长距离传输成为可能。另一方面，在一些“衰减峰值”（如60Hz、120Hz和180GHz）处会出现很高的传播损耗，这可能有利于具有严格安全要求的短程隐蔽网络。

毫米波技术展现其优势的同时，也面临着独特的技术挑战。首先，毫米波频段的大带宽和高传输功率会导致严重的非线性信号失真，对集成电路的技术要求比对RF设备的技术要求更高。同时，由于毫米波的有效传输范围受到大气和分子吸收的严重限制，特别是在60GHz频段，毫米波信道通常由LOS路径主导。这是毫米波的一个主要缺点，另外由于短波长的衍射效果很差，进一步放大了这一缺点，在存在密集小型障碍物（如车辆、行人）的情况下，会导致传输受阻。高传播损耗和LOS依赖性也显著提高了信道状态对移动性的敏感性，即衰落的影响比RF频带中的影响要大得多。

3.7.2 太赫兹通信

尽管毫米波目前拥有丰富的频谱资源，但它很难在未来十年内解决日益增长的带宽需求。因此，展望6G时代，在更高频率下运行的无线技术，如太赫兹或光频段，有望在下一代RAN中发挥重要作用，提供巨大的带宽。

与毫米波类似，太赫兹波也受到高路径损耗影响，因此在提供非常有限覆盖范围时高度依赖定向天线和LOS信道。然而，当存在很强的LOS链路时，由于高频可以提供比传统系统大很多的可用带宽，从而有可能同时提供吞吐量、延迟和可靠性方面的超高性能。此外，与工作在较低频率的毫米波系统和工作在较高频带的无线光学系统相比，太赫兹通信系统对大气效应不那么敏感，这降低了波束赋形和波束追踪的难度。除了用于特定用例的主流射频技术，太赫兹通信成了一种很好的补充解决方案，例如室内通信和无线回传；并为未来具有极致QoS需求的网络物理应用提供了一个强有力的选择。

此外，高频下可以使用更小的天线尺寸以实现更高的集成水平。因此，可以设想在单个太赫兹基站（Base Station，BS）中嵌入1000多个天线，以同时提供数百个超窄波束，来克服高传播损耗［Zhang et al.，2019］。极致流量容量和大规模连接的支持开启了其在超大规模机器类型通信中的应用，如万物互联（Internet-of-Everything，IoE）。尽管太赫兹在许多方面优于毫米波，但它也面临着严峻的技术挑战，特别是在基本硬件电路的实现方面，包括天线［Vettikalladi et al.，2019］、放大器［Tucek et al.，2016］和调制器。利用集成电路将基带信号有效地调制到这种高频载波上是太赫兹技术实际部署最关键的挑战。

3.7.3 光无线通信

光无线通信指的是使用红外线（Infrared，IR）、可见光或紫外线（Ultraviolet，UV）频带作为传输介质的无线通信［Elgala et al.，2011］。对于在RF频带上操作的传统无线通信来说，这是一种很有前途的补充技术。光频段可以提供几乎不受限制的带宽，而无须全球频谱监管机构的许可。通过使用光学发射机和探测器，可以在光频段实现高速、低成本的访问。由于 IR 和 UV 波具有与可见光相似的行为，因此可以显著抑制安全风险和干扰，并且可以消除关于无线电辐射对人类健康影响的担忧。预计它在对电磁干扰敏感的部署场景中具有独特的优势，例如智能交通系统中的车载通信、飞机乘客照明和医疗机器。尽管 OWC 具有优势，但它仍存在环境光噪声、大气损耗、发光二极管（light-emitting diodes，LED）的非线性、多径色散和指向误差等缺陷。

在可见光频段工作的 OWC 系统通常被称为可见光通信（Visible Light Communications，VLC），近年来引起了学术界和工业界的广泛关注，VLC 的工作频率范围为 400～800THz。与低太赫兹范围内的 RF 技术不同（使用天线收发），VLC 依赖于照明源（尤其是 LED）和图像传感器或光电二极管阵列来实现收发器功能。有了这些转换器，可以在不产生电磁或无线电干扰的情况下，以低功耗轻松实现大带宽，例如 100mW 可实现 10～100Mbit/s 的速率。主流 LED 的高功率效率、长寿命（长达 10 年）和低成本，加上非授权频谱接入，使 VLC 成为对电池寿命和接入成本敏感使用用例（如大规模物联网和无线传感器网络）的一个有吸引力的解决方案。此外，在一些非陆地场景中，如航空航天和水下场景，VLC 也表现出比 RF 技术更好的传播性能，这可能成为未来 6G 生态系统的重要方面之一。

陆地点对点 OWC，也称为自由空间光学（Free-Space Optical，FSO）通信，主要使用近红外频段 [Juarez et al.，2006]。在发射机处使用高功率、高集中的激光束，FSO 系统可以在长距离（高达 10 000km）上实现高数据速率，即每波长 10Gbit/s。因此，它为陆地网络中的回传瓶颈提供了一个具有成本效益的解决方案，实现了空间、空中和地面平台之间的交叉，并为新兴的低轨卫星星座提供了高容量的卫星间链路。此外，由于非 LOS 紫外线通信的固态光学发射机和探测器的最新进展，人们对紫外线通信的兴趣也越来越大 [Xu and Sadler，2008]，这些发射机和探测器提供了广泛的覆盖范围和高安全性。

3.7.4　大规模 MIMO

大规模多输入多输出（Massive Multiple-Input Multiple-output，大规模 MIMO）已在 5G NR 中发挥了关键作用。通过大量天线，传输能量可以集中在非常小的目标区域，从而显著提高频谱利用率和能量效率。大规模 MIMO 通过利用低成本、低精度的 RF 器件使其在成本上具有优势，其中数百个毫瓦输出功率量级的廉价功率放大器可以取代传统系统的昂贵高线性功率放大器。对于较低的频率，NR 采用中等数量的天线（在 700MHz 左右，基站采用最多 64 个发射和接收天线）。对于更高的频率，可以在相同的硬件尺寸下使用更多的天线（在 4GHz 左右，NR 支持最多 256 个发射和接收天线），这提高了波束赋形和 MU-MIMO 的性能。由于参考信号的数量与发射天线的数量成比例，大规模 MIMO 需要工作在 TDD 模式，以利用信道互易性。更高的频率（如毫米波频段）通常使用模拟波束赋形，即限制了每个单位时间内采用相应的射频链路只能传输单一方向的波束。预计大规模 MIMO 也将在 6G 空中接口中发挥关键作用，特别是在部署毫米波频带和太赫兹频带时。天线单元的数量将进一步增加到非常大的量级，这给预编码方案、检测算法、RF 实现、硬件损伤和干扰管理带来了技术挑战。为了使 6G 获得成功，人们期望具有更高的频谱效率、能效和成本效益的多输入多输出方案。除了集中式大规模 MIMO，一种称为无小区大规模 MIMO 的分布式大规模 MIMO 方案最近受到了学术界和工业界的广泛关注 [Ngo et al.，2017]。此方案中没有小区或小区边界的概念。大量的分布式接入点（Access Points，AP）在相同的时间-频率资源上为较小数量的用户提供服务，为所有用户提供统一的 QoS，以消除传统蜂窝网络的小区边缘服务不足问题。目前已开展关于无小区大规模 MIMO 的多方面研究，如资源分配、功率控制、导频分配、能量效率、回传约束和可扩展性。无小区大规模 MIMO 为工业应用程序的专用网络部署提供了一个具有潜力的解决方案。无蜂窝网络和蜂窝网络之间的协同作用有望为下一代移动网络带来驱动因素。

3.7.5 智能反射表面

在释放大量带宽以支持高吞吐量的同时，6GHz 以上高频带的使用也带来了新的挑战，如更高的传播损耗、更低的衍射和严重的阻塞。在毫米波的频率范围内，大规模 MIMO 已被证实可以通过有源波束赋形提供高天线增益以有效补偿传播损耗。尽管如此，它的能力可能还不足以满足未来 6G 的新频谱。在增强当前波束赋形方法的所有潜在解决方案中，智能反射表面（Intelligent Reflecting Surfaces，IRS）技术被广泛认为在 6G 移动网络中具有前景。

所谓的 IRS，又称为可重构智能表面（Reconfigurable Intelligent Surfaces，RIS）[ElMossallamy et al.，2020]，由一类可编程和可重构材料构成，这些材料能够自适应地改变其无线电反射特性。当嵌入墙壁、眼镜和天花板等环境表面时，IRS 能够将无线环境转换为智能可重新配置的反射器，即智能无线电环境（Smart Radio Environment，SRE）。因此，与有源大规模 MIMO 天线阵列相比，它形成了一种无源波束赋形，可以以低实现成本和低功耗有效提高信道增益。此外，与必须足够紧凑才能集成的天线阵列不同，SRE 在大尺寸表面上实现，从而更容易实现超窄波束的精确波束赋形。此外，与专门针对每个单独的无线电接入技术（Radio Access Technology，RAT）实现的有源 mMIMO 天线阵列不同，IRS 所依赖的无源反射机制几乎适用于所有 RF 和光频段，这对于在超宽带中工作的 6G 系统来说尤其具有成本效益。尽管 IRS 在 6G 新频谱的背景下表现出了巨大的技术竞争力，但它仍然缺乏对信道和 IRS 表面进行精确建模和估计的成熟技术，尤其是在近场范围内。此外，IRS 的部署可能依赖于外界评估，例如不属于移动运营商的建筑是否能够进行部署，需要解决业界这一担忧后，IRS 才可能进行商业部署。因此，它需要对提供虚拟接口、协议和信令协议的框架进行谨慎的设计和标准化，以便 6G 运营商能够在公共和私人区域中广泛访问和使用配备 IRS 的对象。

3.7.6 下一代多址接入

LTE 和 NR 都采用了 OFDMA 作为正交多址技术 [Jiang and Kaiser，2016]，这是 OMA 技术的典型例子，不允许同一物理资源同时支持多个用户。与 3G 系统中部署的 CDMA 相比，OFDMA 仅通过简单的信道均衡就能在对抗多径衰落方面表现出显著的优势。此外，当与 MIMO 相结合时，OFDMA 在频谱效率方面相比 CDMA 具有压倒性优势。然而，MIMO-OFDM 的性能在很大程度上依赖 MIMO 预编码和资源映射，它们必须获取精确的信道信息才能实现最优。随着 MIMO 尺寸的增加，从 LTE-A 中的 8×4 逐渐增加到超过 256×32 的大规模 MIMO，最终增加到未来的超大规模 MIMO（例如 1024×64），MIMO-OFDM 自适应的复杂性急剧增加。同时，为了满足对更高移动性的需求，即更大的信道衰落变化，对这种在线自适应的计算延迟约束也变得越来越严格。为了应对这些新出现的挑战，针对未来的 6G 系统，提出了一种人工智能驱动的 MIMO-OFDM 收发机的新架构，该架构依赖人工智能技术来有效解决在线 MIMO 预编码和资源映射的问题。

与大多数传统蜂窝网络中的正交多址相比，非正交多址（Non-Orthogonal Multiple Access，NOMA）可以通过允许多个用户共享相同的无线资源来提供更高的系统吞吐量和连接密度。作为 NOMA 技术的一个特例，LTE Release 13 中研究了多用户叠加传输（Multi-User Superposed Transmission，MUST），主要集中在下行链路传输 [Chen et al.，2018]。基于授权的 NOMA 通常在无线资源控制（Radio Resource Control，RRC）连接状态下操作，在 Release 14 LTE 中完成了标准化，用于支持下行链路 eMBB。NOMA 在 Release 16 中的研究项目是上行免授权传输，这可以减少控制信令开销、传输延迟和设备功耗。由于 5G 和 6G 网络有望支持大规模连接，NOMA 将在下一代网络中发挥重要作用。最近的研究也表明，NOMA 可以在新的频谱中得到有效利用，包括毫米波、太赫兹和光频率。此外，当 NOMA 与 CoMP 一起部署时在功率效率和频谱效率方面优于 CoMP-OMA。由于完全基于连续干扰消除，NOMA 的接收机设计复杂度明显高于 OMA，其复杂度随着用户数量的增加而以多项式甚至指数增加。特别是在一些需要跨不同 UE 进行协作解码的场景中，必须为该功能保留特定的 D2D 接口，并应考虑安全/信任问题，以实现 NOMA 在 6G 中的部署。

3.7.7　开放式无线接入网

为了支持颠覆性的场景，网络基础设施应具有灵活性、智能性，并对多供应商设备和多租户开放。为此，软件化、云化、虚拟化和网络切片将进一步针对 6G 网络进行定制。此外，一种称为开放式无线接入网（Open Radio Access Network，O-RAN）的新网络范式最近受到了学术界和工业界的广泛关注。O-RAN 联盟在一份白皮书［Lin et al.，2018］中介绍了 O-RAN 的关键概念，包括其愿景、架构、接口、技术、目标和其他重要方面。随后，O-RAN 联盟进一步研究了利用 O-RAN 架构来展示其实时行为能力的用例。RAN 架构中开放性和智能性的主要目标是建立一个资源高效、成本效益高、软件驱动、虚拟化、切片感知、集中式、开源、开放硬件、智能化的无线电网络，因此比任何前一代移动网络都更具灵活性和动态性。为此，科研界在 RAN 架构的每一层都引入了人工智能和 ML 技术，以满足 5G 和 6G 移动通信系统之外密集网络边缘的要求。

将 RAN 从单一供应商环境开放到标准化、开放、多供应商和人工智能驱动的分层结构，使第三方和移动运营商能够部署传统 RAN 架构中无法部署或支持的创新应用和新兴服务。此外，O-RAN 建立在 ETSI 提出的 NFV 管理和编排（NFV Management and Orchestration，NFV-MANO）参考架构的基础上，该架构部署了商用现成硬件组件、虚拟化技术和软件。因此，很容易创建、部署、配置和停用从底层物理资源中抽象（或虚拟化）的虚拟机。因此，这种虚拟化环境为 O-RAN 架构带来了灵活性，并降低了 CAPEX、OPEX 和能耗。尽管 O-RAN 提供了灵活性和互操作性，但它也存在一些关键问题，需要进一步研究才能在未来的移动网络中充分实现，包括多供应商技术在同一平台上的融合、管理和框架的协调，以及与网络相关的性能验证和故障排除。预计工业界和学术界的研究人员也将参与这项技术的理论分析和实际推广，为 6G 移动网络提供开放和智能的 RAN，以克服这些挑战。

3.7.8　非陆地网络

传统蜂窝系统的重点是地面基础设施，这导致了广域覆盖的问题。在海洋、大洋和野外陆地等传统蜂窝网络难以覆盖或经济具有挑战性的地区，卫星一直是最常见的通信解决方案。为了提高覆盖率，一个新兴课题就是部署非地面基础设施并将其作为 6G 网络的一部分，称为空间和地面一体化网络（Integrated Space and Terrestrial Network，ISTN）。ISTN 预计由三层组成：

- 地面基站建立的地面层。
- 高空平台（High Altitude Platform，HAP）和无人机增强的机载层。
- 由卫星星座实现的星载层。

陆地网络只覆盖整个地球表面的一小部分。首先，在海洋和沙漠中安装地面基站以实现大规模覆盖在技术上是不可能的。其次，很难覆盖极端地形，例如高山地区、山谷和悬崖，而使用陆地网络为人口稀少的地区提供服务则不具有成本效益。最后，地面网络容易受到地震、洪水、飓风和海啸等自然灾害的影响，灾害发生时通信基础设施会遭到破坏或伴随着通信服务中断，而此时人们对通信的需求尤为迫切。随着人类活动范围的扩大，例如商用飞机和游轮上的乘客，未覆盖地区对 MBB 服务的需求越来越大。此外，物联网部署场景（如野外环境监测、海上风力发电场和智能电网）的连接需求需要广域无处不在的覆盖。卫星通信一直是广域覆盖最常见的解决方案，但目前由于地球同步轨道卫星发射成本高昂，覆盖范围广泛（每颗地球同步轨道卫星有 1/3 的地球表面），因此其能提供的移动通信服务成本高昂、数据速率低、延迟时间长。

低轨卫星在提供通信服务方面比地球同步轨道卫星具有一些优势［Hu and Li，2001］。LEO 卫星通常在低于 1000km 的轨道上运行，与 36 000km 轨道上的 GEO 卫星相比，这可以大大降低由于信号传播而引起的延迟。同时，LEO 的传播损耗要小得多，这有助于直接连接移动和物联网设备，这些设备严格受限于电池电量供给。此外，像安装在监控位置的物联网设备这样的固定地面终端可能会受到障碍物的遮挡，使其与 GEO 的视距链路被阻挡。早期尝试的全球卫星移动通信系统部署，即铱星星座，于 1998 年 11 月开始商业化。它由 66 颗近地轨道卫星组成，高度约 781km，可以为全球提供移动电话和数据服务。尽管由于成本昂贵和需求不足最终以失败告终，但这仍是一项重大的技术突破。它至今仍在运行，第二代铱系统于 2019 年成功部署。近年来，高科技公司太空探索技术公司 SpaceX 因其在太空发射技术方面的革命性发展而备受关注。其可重复使用的火箭，即猎鹰 9 号，大大降低了太空发射成本，为部署大型太空基础设施开辟了可能性。展望未来全球无处不在的覆盖，强烈建议将卫星网络整合到 6G 网络中。

3.7.9　人工智能

在 6G 赋能的一系列技术中，人工智能被认为是最有潜力的技术。随着移动网络越来越复杂和异构，许多优化任务变得棘手，这为先进的机器学习（Machine Learning，ML）技术提供了机会。ML 通常分为有监督、无监督和强化学习，其被认为是一种很有前景的数据驱动工具，可以从物理层到网络管理提供计算无线电［Jiang and Schotten，2018］和网络智能［Jiang et al.，2017b］。作为 ML 的一个分支，深度学习可以模拟生物神经系统并自动提取特征，扩展到上述三种学习范式［Jiang and Schotten，2020］。它在无线通信中具有各种各样的应用程序，可以应用于在大规模 MIMO 中实现更自适应的传输（功率、预编码器、编码速率和调制星座），实现对衰落信道的更准确估计和预测，提供更高效的 RF 设计（用于功率放大器补偿的预失真、波束成形和峰值因子降低），为智能网络管理提供更好的解决方案，并为 MEC、网络切片和虚拟资源管理提供更高效的协调。

除了深度学习，以联邦学习和迁移学习为代表的一些前沿 ML 技术在无线通信中开始显示出强大的潜力。数据驱动的方法必须考虑数据隐私问题，这限制了处理收集数据的方式。在某些情况下，严格禁止分发数据，并且只允许在收集数据的设备上进行本地处理。联邦学习是一种通过在本地处理原始数据并以屏蔽形式分发处理后的数据来满足这一要求的方法。屏蔽式的设计使得每个单独的数据处理都不会暴露任何信息，而它们的合作允许对通用模型进行有意义的参数调整。虽然联邦学习提供了一种从许多数据源训练 ML 模型而不暴露敏感数据的方法，但它只创建了一个通用的共享模型。当需要对模型进行单独调整才能成功部署时，可以使用迁移学习来实现这些调整，并以需要更少数据量的方式进行调整。通过在不同的环境中重用预训练模型的主要部分，并且只调整一些参数，迁移学习能够仅使用少量的局部数据来提供快速适应。

除了使用人工智能辅助网络操作（即网络化的人工智能），使用泛在的计算、连接和存储资源，以“人工智能即服务”的模式向终端用户提供移动人工智能服务也很重要。原则上来说，这为机器人、智能汽车、无人机和 VR 眼镜等新型终端提供了深度边缘资源，使其能够进行基于人工智能的计算，这些终端需要大量的计算资源，但同时也受限于嵌入式计算组件和电力供应。此类人工智能任务主要是指传统的计算密集型人工智能任务，如计算机视觉、SLAM、语音和面部识别、自然语言处理和运动控制。

3.7.10　通感算融合

移动边缘网络在网络边缘提供计算和缓存功能，使低时延、高带宽、位置感知的普及计算服务成为现实。随着物联网和触觉互联网的普及，大量传感器和执行器连接到移动网络。下一代系统有望成为一台巨大的计算机，它将无处不在的通信、计算、存储、传感和控制整合为一个整体，以提供颠覆性的应用。由于无线连接在集成和移动性方面优于有线连接，无线连接逐渐应用于现代和未来的控制系统，以闭合信号环路，从而产生了 URLLC 的应用场景。这一概念背后的系统设计思想遵循了传统的独立设计控制和通信的方法论。它从控制部分开始设计，而不考虑通信系统的特性，然后根据预期控制性能提出了一系列通信需求。接下来是无线系统的设计，旨在实现上一阶段提出的目标性能。URLLC 的 KPI 要求是以这种方式为通用控制场景制定的，如 99.999%的可靠性和 10ms 的时延。然而，最近的研究揭示了紧耦合的通信和控制系统环内协同设计的必要性。例如，控制系统的闭环可靠性已被证明随着反馈信道上的信息老化（Age of Information，AoI）呈指数级下降。同时，作为一种通信度量，控制/反馈信道上的 AoI 对于控制信令和反馈信息呈凸函数，这对应于控制系统中传感器的采样率和决策率。因此，通信系统的性能受到传感和控制系统设计的限制。

类似的问题也需要在云计算中得到解决。例如偶尔会发生某些计算任务长时间占用云服务器，阻塞等待队列中的所有其他挂起任务并导致严重拥塞，但其源可能已重新发布具有更新状态的同一任务，使先前的任务过时且缺乏实用性。对服务器的抢占，即在任务完成之前终止正在进行的任务，将有助于减少任务的老化，提高云计算服务的质量。此外，对于降低 AoI 来说，调度来自多个应用程序卸载到云中计算任务的顺序也是至关重要的。然而，这种抢占和调度的最优决策不能仅由计算服务器来解决，也不能由通信系统来解决，而只能通过终端设备、网络控制器和云计算服务器之间的协作来实现。

3.8　总结

本章全面介绍了第六代移动系统的驱动因素、用例、应用场景、技术性能要求、研究计划和使能技术。传统上，每十年会出现一代新技术，5G 并不是终点，第一个 6G 网络预计将在 2030 年甚至更早部署。6G 将实现 5G 无法支持的前所未有的用例和应用，例如全息通信、泛在智能和无处不在的全球覆盖，以及其他我们难以想象的新型应用。6G 系统需要满足吞吐量、时延、可靠性、覆盖率、移动性和安全性方面极其严格的要求，这些要求将通过采用大量颠覆性技术来实现。6G 关键推动技术包括毫米波、太赫兹、光无线通信、大规模 MIMO、智能反射面、下一代多址、O-RAN、非地面网络、人工智能和通信计算感知融合。本书的其余部分将详细介绍其中的一些技术。我们将主要关注下一代无线通信的无线传输和信号处理。

参考文献

Andrews, J. G., Buzzi, S., Choi, W., Hanly, S. V., Lozano, A., Soong, A. C. K. and Zhang, J. C. [2014], 'What will 5G be?', *IEEE Journal on Selected Areas in Communications* **32**(6), 1065–1082.

Chen, Y., Bayesteh, A., Wu, Y., Ren, B., Kang, S., Sun, S., Xiong, Q., Qian, C., Yu, B., Ding, Z., Wang, S., Han, S., Hou, X., Lin, H., Visoz, R. and Razavi, R. [2018], 'Toward the standardization of non-orthogonal multiple access for next generation wireless networks', *IEEE Communications Magazine* **56**(3), 19–27.

Clemm, A., Vega, M. T., Ravuri, H. K., Wauters, T. and Turck, F. D. [2020], 'Toward truly immersive holographic-type communication: Challenges and solutions', *IEEE Communications Magazine* **58**(1), 93–99.

Elgala, H., Mesleh, R. and Haas, H. [2011], 'Indoor optical wireless communication: Potential and state-of-the-art', *IEEE Communications Magazine* **49**(9), 56–62.

ElMossallamy, M. A., Zhang, H., Song, L., Seddik, K. G., Han, Z. and Li, G. Y. [2020], 'Reconfigurable intelligent surfaces for wireless communications: Principles, challenges, and opportunities', *IEEE Transactions on Cognitive Communications and Networking* **2**(3), 990–1002.

Ericsson Report [2020], Mobile data traffic outlook, Report, Ericsson.

EU Gigabit Connectivity [2020], Shaping Europe's digital future, Communication COM(2020)67, European Commission, Brussels, Belgium.

Fettweis, G., Boche, H., Wiegand, T., Zielinski, E., Schotten, H. D., Merz, P., Hirche, S., Festag, A., Häffner, W., Meyer, M., Steinbach, E., Kraemer, R., Steinmetz, R., Hofmann, F., Eisert, P., Scholl, R., Ellinger, F., Weiß, E. and Riedel, I. [2014], The Tactile Internet, Technology Watch Report, ITU-T.

Fitzek, F. H. P. and Seeling, P. [2020], 'Why we should not talk about 6G', *arXiv*.

Foust, J. [2019], 'SpaceX's space-internet woes: Despite technical glitches, the company plans to launch the first of nearly 12,000 satellites in 2019', *IEEE Spectrum* **56**(1), 50–51.

Ghosh, A., Maeder, A., Baker, M. and Chandramouli, D. [2019], '5G evolution: A view on 5G cellular technology beyond 3GPP release 15', *IEEE Access* **7**, 127639–127651.

Hu, Y. and Li, V. O. K. [2001], 'Satellite-based internet: A tutorial', *IEEE Communications Magazine* **39**(3), 154–162.

Huawei NetX2025 [2021], Netx2025 target network technical white paper, White Paper, Huawei.

Huawei VR Report [2018], Cloud VR network solution white paper, White Paper, Huawei.

ITU-R M.2083 [2015], IMT Vision-Framework and overall objectives of the future development of IMT for 2020 and beyond, Recommendation M.2083-0, ITU-R.

ITU-R M.2370 [2015], IMT traffic estimates for the years 2020 to 2030, Recommendation M.2370-0, ITU-R.

ITU-R M.2410 [2017], Minimum requirements related to technical performance for IMT-2020 radio interface(s), Recommendation M.2410-0, ITU-R.

ITU-R WP5D [2020], Future technology trends for the evolution of IMT towards 2030 and beyond, Liaison Statement, ITU-R Working Party 5D.

ITU-T NET-2030 [2019], A blueprint of technology, applications and market drivers towards the year 2030 and beyond, White Paper, ITU-T Focus Group NET-2030.

Jiang, W. and Kaiser, T. [2016], From OFDM to FBMC: Principles and comparisons, *in* F. L. Luo and C. Zhang, eds, *'Signal Processing for 5G: Algorithms and Implementations'*, John Wiley&Sons and IEEE Press, United Kindom, chapter 3.

Jiang, W. and Schotten, H. D. [2018], Multi-antenna fading channel prediction empowered by artificial intelligence, *in* 'Proceedings of the 2018 IEEE Vehicular Technology Conference (VTC)', Chicago, USA.

Jiang, W. and Schotten, H. D. [2020], 'Deep learning for fading channel prediction', *IEEE Open Journal of the Communications Society* **1**, 320–332.

Jiang, W., Strufe, M. and Schotten, H. D. [2017a], Experimental results for artificial intelligence-based self-organized 5G networks, *in* 'Proceedings of the 2017 IEEE International Symposium on Personal, Indoor and Mobile Radio Communications (IEEE PIMRC)', Montreal, QC, Canada.

Jiang, W., Strufe, M. and Schotten, H. D. [2017b], A SON decision-making framework for intelligent management in 5G mobile networks, *in* 'Proceedings of the 2017 IEEE International Conference on Computer and Communication (ICCC)', Chengdu, China.

Jiang, W., Han, B., Habibi, M. A. and Schotten, H. D. [2021], 'The road towards 6G: A comprehensive survey', *IEEE Open Journal of the Communications Society* **2**, 334–366.

Juarez, J. C., Dwivedi, A., Hammons, A. R., Jones, S. D., Weerackody, V. and Nichols, R. A. [2006], 'Free-space optical communications for next-generation military networks', *IEEE Communications Magazine* **44**(11), 46–51.

Latva-aho, M., Leppänen, K., Clazzer, F. and Munari, A. [2019], Key drivers and research challenges for 6G ubiquitous wireless intelligence, White paper, University of Oulu.

Letaief, K. B., Chen, W., Shi, Y., Zhang, J. and Zhang, Y.-J. A. [2019], 'The roadmap to 6G: AI empowered wireless networks', *IEEE Communications Magazine* **57**(8), 84–90.

Lin, C., Katti, S., Coletti, C., Diego, W., Duan, R., Ghassemzadeh, S., Gupta, D., Huang, J., Joshi, K., Matsukawa, R., Suciu, L., Sun, J., Sun, Q., Umesh, A. and Yan, K. [2018], O-RAN: Towards an Open and Smart RAN, White Paper, O-RAN Alliance.

Ngo, H. Q., Ashikhmin, A., Yang, H., Larsson, E. G. and Marzetta, T. L. [2017], 'Cell-free massive MIMO versus small cells', *IEEE Transactions on Wireless Communications* **16**(3), 1834–1850.

Qu, Z., Zhang, G., Cao, H. and Xie, J. [2017], 'LEO satellite constellation for internet of things', *IEEE Access* **5**, 18391–18401.

Tucek, J. C., Basten, M. A., Gallagher, D. A. and Kreischer, K. E. [2016], Operation of a compact 1.03 THz power amplifier, *in* 'Proceedings of the 2016 IEEE International Vacuum Electronics Conference (IVEC)', Monterey, CA, USA, pp. 1–2.

Vettikalladi, H., Sethi, W. T., Abas, A. F. B., Ko, W., Alkanhal, M. A. and Himdi, M. [2019], 'Sub-THz antenna for high-speed wireless communication systems', *International Journal of Antennas and Propagation* **2019**.

Wang, X., Kong, L., Kong, F., Qiu, F., Xia, M., Arnon, S. and Chen, G. [2018], 'Millimeter wave communication: A comprehensive survey', *IEEE Communications Surveys & Tutorials* **20**(3), 1616–1653.

Xu, Z. and Sadler, B. M. [2008], 'Ultraviolet communications: Potential and state-of-the-art', *IEEE Communications Magazine* **46**(5), 67–73.

Zhang, Z., Xiao, Y., Ma, Z., Xiao, M., Ding, Z., Lei, X., Karagiannidis, G. K. and Fan, P. [2019], '6G wireless networks: Vision, requirements, architecture, and key technologies', *IEEE Vehicular Technology Magazine* **14**(3), 28–41.

第二部分　6G 全频谱通信

第 4 章　6G 增强的毫米波无线通信
第 5 章　6G 太赫兹技术和系统
第 6 章　6G 光无线通信

第4章 |Chapter 4|

6G 增强的毫米波无线通信

传统的移动蜂窝系统建立在低频带上，低频带具有良好的传播特性，这使得室外通信的覆盖面积大，室内通信的建筑物穿透性好。然而，低于6GHz的频谱长期过度拥挤，IMT服务的可用频谱资源受到高度限制。毫米波（mmWave）是指30~300GHz的频带，对应的信号波长范围为1~10mm。一方面，由于丰富的频谱资源和连续的大容量带宽，毫米波为下一代移动通信提供了巨大的潜力。另一方面，毫米波信号的传播特性不同于超高频和微波频段等低频带。高传播和穿透损耗给毫米波通信系统的设计带来了许多技术挑战。

本章将重点介绍毫米波传播特性和关键传输技术。

- 毫米波信号传播的大尺度衰落，包括自由空间路径损耗、大气衰减、天气影响和阴影效应。
- 毫米波信号传播的小尺度衰落发生在与载波波长量级相当的距离上，由多径信号分量的相长和相消叠加造成。
- 毫米波频率高达100GHz的大尺度和小尺度信道建模。
- 毫米波频率下波束赋形的潜力和挑战，以及数字波束赋形、模拟波束赋形和混合波束赋形的原理。
- 毫米波通信系统初始接入、多波束同步和广播方案，以及LTE和NR标准化初始接入过程的技术挑战。
- 多天线系统中广播信道的全向覆盖，包括随机波束赋形及其增强方案。

4.1 频谱短缺

由于低频频带具有良好的传播特性，前几代蜂窝系统通常采用范围从几百兆赫到几千兆赫的低频频带。具体而言，第一代系统在800MHz左右的频带工作，而第二代系统利用900MHz和1800MHz频段来支持更高的系统容量。第三代和第四代系统进一步将国际移动电信（International Mobile Telecommunications，IMT）服务的频带分别扩展到2.1GHz和2.6GHz。在低频传输无线信号具有自由空间路径损耗（Free-Space Path Losses，FSPL）小的优点，有利于广域覆盖和中等辐射功率的远程传输。此外，这些信号很容易穿透建筑物和水。因此，6GHz以下，特别是低于3GHz的频谱，是IMT服务的理想频带，因为移动运营商可以利用更具性价比的蜂窝网络提供良好的室外和室内覆盖。

随着移动互联网的普及，迫切需要更多频谱资源，以满足爆炸性流量增长的需求，而在低于6GHz的频带内找到足够的频谱，特别是具有大的连续带宽，则是非常具有挑战的。一方面，与移动宽带的需求相比，这些频带上的频谱资源非常有限。另一方面，在这些频带中有各种各样的应用，如雷达、无线电导航、无线电定位、无线电天文、广播（AM、FM和电视）、海上移动通信、航空移动通信、卫星通信和业余无线电，导致全球带宽短缺。这激励了移动网络运营商开始研究未充分利用的毫米波频谱来提供移动宽带服务。毫米波，也称为毫米频段，是指波长介于1mm（300GHz）和10mm（相当于30GHz）之间的电磁频谱。据设想，移动通信可以在一系列应用场景中从毫米波频段中获益，例如，替代光纤的低成本移动回传、密集毫米波蜂窝、无线宽带接入和低延迟未压缩高清媒体传输等［Rappaport et al.，2014］。

3GPP规定了5G新无线电（NR）的相关频段，分为两个频率范围：第一频率范围（FR1），包括450MHz~6GHz的6GHz以下频段，第二频率范围（FR2）覆盖24.25~52.6GHz的毫米波频段。毫米波首次部署在28GHz（3GPP NR频带n257和n261）和39GHz（3GPP n260）进行，然后是26GHz（3GPP n258）。随着NR服务需求的增加，需要开发更多的毫米波频段。然而，毫米波在移动网络中的实际应用给系统设计、无线传输技术和通信协议带来了重大的技术挑战。例如，毫米波信号具有高传播损耗，并且由于水蒸气和氧气吸收而容易受到大气衰减的影响，而这些在低频率下可以忽略不计。此外，毫米波信号不能穿透钢筋混凝土墙等固体材料，而且人体也可以阻断毫米波信号的直射路径。为了补偿这种显著的传播和穿透损失，在基站和终端侧都需要使用天线阵列，以将传输能量集中到一个小区域。然而，由于对昂贵射频（RF）组件的大量需求，给大规模天线阵列上的波束成形带来了难以负担的硬件成本和高功耗。基于波束的传输还对通信协议的设计提出了挑战，例如初始接入时，同步和广播信号的全向覆盖是强制性的。此外，极高的数据吞吐量需要应用更宽的传输带宽。在单个载波中支持高达400MHz和在载波聚合中支持超过1GHz的要求，这使得RF和天线振子、基带信号处理和相关通信协议的实现具有很大的挑战性。

4.2　毫米波传播特性

无线通信是通过从发射机到接收机的电磁波辐射实现的。无线信道易受噪声、干扰和各种信道损耗的影响，这种损耗随着用户的移动而动态变化。在毫米波无线通信中，周围环境中的大多数物理物体的尺寸与毫米波微小的波长相比变得非常大。毫米波与特高频（Ultra High Frequency，UHF）和超高频（Super High Frequency，SHF）频带相比，一些传播效应（如反射、散射和衍射）表现出明显不同的特性。此外，在UHF和SHF频带下，一些可忽略的传播效应在毫米波频率下变得非常严重，例如氧气和水蒸气引起的大气衰减，这就需要重新考虑无线传输介质。

本节将描述毫米波信道，及其关键物理特性和建模问题，大致可分为两种类型：

- 大尺度衰落发生在相对较远的距离上，包括由发射信号的耗散、传输信号耗散引起的大气衰减、天气影响以及发射机和接收机之间的阻碍物（信号功率由于穿透、反射、衍射和散射而衰减）而造成的阴影效应。
- 小尺度衰落发生在与载波波长量级相当的短距离上，它是由发射机和接收机之间通过不同路径传播的多个信号副本的相长或相消叠加引起的。

4.2.1　大尺度传播效应

大尺度衰落模拟了电磁传播的宏观特性，其中接收信号的强度取决于发射机和接收机之间的距离。由于载波频率的增加，由传输信号的损耗引起的自由空间传播损耗（Free-Space Propagation Loss，FSPL）变得更加显著，同时毫米波频段的反射、衍射和散射特征也与超高频和微波频段不同。毫米波信号在穿过树叶、建筑物和有色玻璃墙等障碍物时，会比低频信号遭受更严重的穿透损耗。此外，由于雨滴、冰雹和雪花的物理尺寸与毫米波波长处于同一数量级，毫米波无线通信必须考虑由氧气和水分子的能量吸收以及天气影响而引起的大气损耗。

4.2.1.1　自由空间传播损耗

首先，我们研究所有可能传输场景中最简单的一种：电磁波通过自由空间传输到距离发射机为 d 的接收机。发射机和接收机之间没有障碍，信号沿着视线（Line-of-Sight，LOS）直线传播，没有反射或散射。假设各向同性天线产生球面波，该波遵循能量守恒定律，即包含在任何半径为 d 的球体表面上的功率等于发射机的有效各向同性辐射功率（Effective Isotropic Radiated Power，EIRP）。传输信号的功率通量密度以 $\mathrm{W/m^2}$ 作为测量单位，由EIRP除以半径为 d 的球体表面积计算得出。考虑到接收天线接收到的信号功率与其有效面积 A_r 成正比，因此可以得到传输信号的功率通量密度的计算公式为

$$P_r(d)=\left(\frac{P_{\mathrm{EIRP}}}{4\pi d^2}\right)A_r \tag{4.1}$$

典型接收天线的增益可以用其有效面积和工作频率表示为

$$G_r=\eta A_r\left(\frac{4\pi}{\lambda^2}\right) \tag{4.2}$$

式中，λ 表示工作频率的波长，η 表示天线的最大效率，$\eta\leqslant 1$ 并且对于低效的天线可能会明显小于1。发射机的EIRP由它的发射功率 P_t 和它的天线增益 G_t 的乘积给出，即 $P_{\mathrm{EIRP}}=P_tG_t$。利用式（4.2）中给出的有效面积和天线增益之间的关系，可以将式（4.1）中的接收功率重写为

$$P_r(d)=\frac{P_tG_tG_r}{\eta}\left(\frac{\lambda}{4\pi d}\right)^2 \tag{4.3}$$

式中，P_t 和 P_r 分别表示发射功率和接收功率，单位为绝对线性单位（通常是W或者mW），G_t 和 G_r 表示发射天线和接收天线相对于单位增益（0dB）各向同性天线的线性增益。式（4.3）被称为Friis的FSPL公式，它在天线的远电磁场中成立。在无线通信中，通常用分贝值来表示传播衰减，因为信号功率的范围会在相对较短的距离内动态地在几个数量级上变化。式（4.3）在对数标度上可以重写为

$$P_r\big|_{\mathrm{dBm}}=P_t\big|_{\mathrm{dBm}}+\underbrace{10\lg(G_tG_r)+20\lg\left(\frac{\lambda}{4\pi d_0}\right)-20\lg\left(\frac{d}{d_0}\right)}_{\text{自由空间路径增益}} \tag{4.4}$$

式中，$\big|_{\mathrm{dBm}}$ 表示单位为dBm。参考距离 d_0 应该在天线的远场中，以防止近场效应影响参考路径损耗。在覆盖范围较大的传统蜂窝系统中，通常使用1km或100m作为参考距离，而对于毫米波频段而言，1m的参考距离就足够了。

自由空间传输损耗（FSPL）的定义为：不考虑天线增益下的发射功率和接收功率之间的对数比：

$$\mathrm{PL}=10\lg\frac{P_t}{P_r}=-\left[10\lg(G_tG_r)+20\lg\left(\frac{\lambda}{4\pi d_0}\right)-20\lg\left(\frac{d}{d_0}\right)\right] \tag{4.5}$$

FSPL的相反数为自由空间路径增益，即 $P_G=-\mathrm{PL}$，如式（4.4）所示。可以看出，接收功率的衰减与传播距离的二次方成反比，也与载波波长的二次方成正比。由于分母中的距离二次方项，自由空间中的信号接收功率在距离每增加10倍时，功率衰减20dB。注意，接收功率对波长 λ 的依赖是由于接收天线的有效面积［见式（4.2）］。这意味着与UHF和SHF的频段相比，毫米波频率的无线传输将因波长较短而将遭受更严重的路径损耗。波长 λ（以m为单位）与其频率 f 成反比，即 $\lambda=c/f$，其中 $c\approx 3\times 10^8\mathrm{m/s}$。为了证实更高频率的影响，表4-1提供了早期460MHz蜂窝频段、2.4GHz非授权的工业、科学和医疗频段、接近5GHz的非授权国家信息基础设施（Unlicensed National Information Infrastructure，U-NII）频段和60GHz典型毫米波频率的FSPL对比。这些简单的计算表明，与6GHz以下频段的通信环境相比，毫米波存在20~40dB的额外传播损耗。

表 4-1　不同频率下自由空间传播损耗的比较

	f_c=460MHz	f_c=2.4GHz	f_c=5GHz	f_c=60GHz
d=1m	25.7dB	40dB	46.4dB	68dB
d=10m	45.7dB	60dB	66.4dB	88dB
d=100m	65.7dB	80dB	86.4dB	108dB
d=1km	85.7dB	100dB	106.4dB	128dB

来源：[Rappaport et al.（2014），chap. 3]/Pearson Education.

4.2.1.2　NLOS 传播与阴影

由于陆地移动系统的物理环境不遵循 LOS 电磁传播，因此 FSPL 不能正确地反映毫米波信道的所有特征。在典型的城市或室内场景中，发射信号会遇到许多反射、衍射或散射该信号的物体，在发射机与接收机之间形成非视距（Non-Line-Of-Sight，NLOS）传播，如图 4.1 所示。由于传播距离和路径的差异，这些被称为多径信号的传输信号副本具有不同的功率衰减、不同的时间延迟以及不同的频率和相位偏移。这些多径信号在接收机处的组合进一步增加了接收信号功率的变化。

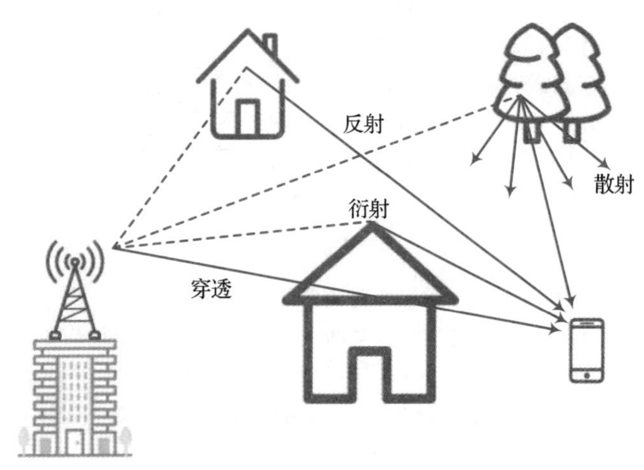

图 4.1　通过反射、衍射、散射和穿透的非视距无线传播示意图

电磁辐射的反射是指电磁波被光滑表面反射回来，一般来说，反射面是具有不同电磁特性的两种材料之间的边界，例如空气和玻璃、空气和金属或者空气和水之间的边界。反射是传统 UHF 和 SHF 频率下绕过发射机和接收机之间障碍物的关键传播机制。信道测量结果表明，毫米波频率在室内和室外环境中表现出比 UHF 和 SHF 频段更好的反射特性。一般的物理物体（如建筑物墙壁、灯柱、树木、金属垃圾桶甚至人类的头部等）都可以对毫米波信号产生很强的反射，通过周围物体的反射产生很强的多径信号。在电磁学中，反射系数用于描述电磁波在传输介质中阻抗不连续处的反射程度，它等于反射波与入射波的振幅之比。室外物体（如有色玻璃和钢筋混凝土墙等）的反射系数超过 0.8。表 4-2 提供了在 28GHz 毫米波频段下测量的常见建筑材料的反射系数。

表 4-2　在 28GHz 下测量的常见建筑材料的反射系数

环境	材料	入射角（°）	反射系数
室外	有色玻璃	10	0.896
	混凝土建筑	10	0.815
		45	0.623
室内	透明玻璃	10	0.740
	干墙/清水墙	10	0.704
		45	0.628

来源：Zhao et al. [2013]/经 IEEE 许可。

当反射面足够光滑时，电磁波就会发生镜

面反射，其反射角等于入射角。当平面波照射到非无限大的平面边界粗糙表面时，入射的电磁波不会发生镜面反射，而是会以许多随机的方向反射。在低频频段，散射是一种可以忽略的传播机制，原因是其会有严重的衰减，例如散射会以 d^4 的衰减率随距离的增加而衰减。在毫米波频段，所有物体（如人类、建筑物和灯柱）的尺寸相较于微小的波长都变得相对较大。这意味着散射信号可能和反射信号一样重要。除了反射和散射，由于地球的曲面、丘陵或者不规则地形以及建筑物边缘，传输信号还会在其到达接收机的路径上围绕物体发生弯曲。虽然衍射也是低频频段形成 NLOS 路径的重要传播机制，但由于毫米波频率的波长较短，其衍射成了最弱的传播机制。因此，在毫米波通信中，反射、散射和绕射都会对信号传播产生显著的影响。

如果物体阻挡了传输信号的 LOS 传播路径，电磁波可以穿透障碍物到达接收机，代价则是功率衰减。毫米波频率的测量结果表明，高频频段会比 UHF 和 SHF 频段遭遇更严重的衰减。在室外环境中，有色玻璃和厚墙在 28GHz 时的穿透损耗约为 40dB 和 28dB，这意味着部署在室外的基站很难为室内用户提供服务。然而，室内环境中的大多数隔墙和家具不会显著衰减信号，预计信号的穿透损耗将与 UHF 和 SHF 频段相当，例如 2～6dB。这意味着室内网络可以在毫米波频率下很好地工作，同时避免来自同信道室外网络的干扰。表 4-3 展示了在 28GHz 毫米波频率下测量的常见建筑材料的穿透损耗结果。

表 4-3　在 28GHz 下测量的常见建筑材料的穿透损耗结果

环境	材料	厚度/cm	穿透损耗/dB
室外	有色玻璃	3.8	40.1
	砖墙	185.4	28.3
室内	透明玻璃	<1.3	3.9
	有色玻璃	<1.3	24.5
	隔板墙	38.1	6.8

来源：改编自 Zhao et al.［2013］。

4.2.1.3　大气衰减

对于传统蜂窝通信的低频带，计算传播损耗时通常不考虑大气效应的影响。然而，由于氧气和水蒸气等气体分子的吸收，所有电磁波都会受到大气衰减的影响。这种效应在某些毫米波频率下会加剧。例如，许多氧气吸收线在 60GHz 附近融合在一起，形成单一的宽吸收带。大气衰减可以根据气压、温度和湿度等作为氧气和水蒸气各个谱线的总和来进行精确评估［ITU-R P.676，2019］。图 4.2 说明了在空气压力为 101.325×10^3Pa、温度为 15°C、空气完全干燥、水蒸气密度为 0g/m^3 的条件下，如“干燥空气”所示的氧气吸收效应。在 60GHz 附近，氧气吸收主导了大气衰减，导致峰值损耗约为 15dB/km。我们还可以观察到标准大气条件（气压为 101.325×10^3Pa，温度为 15℃，水蒸气密度为 7.5g/m^3）下湿度效应的影响。除了少数几个频段（即 60GHz 和 120GHz），水蒸气吸收在产生大气衰减中起主要作用。如果湿度增加，大气衰减就会加剧，在 180GHz 左右的频率处会出现约 50dB/km 的峰值。相比之下，6GHz 以下频段的大气衰减约为 0.01dB/km，可以忽略不计。

除了分子吸收，天气也是大气衰减的一个重要因素，因为雨滴、冰雹和雪花的物理尺寸与毫米波频率载波波长的数量级相当。20 世纪 70 年代和 80 年代的研究成果侧重于卫星通信链路上的天气特征，提供了各种天气条件下毫米波传播的知识。雨、雾、冰雹和雪会对毫米波在低层大气中的传播路径造成不必要的信号损耗。以降雨为例，其衰减是距离、降雨率和雨滴平均尺寸的函数，可通过降雨衰减模型（如［Crane，1980］）来估计。这种衰减可以视为附加的路径损耗，被简单地添加到了由自由空间传播损耗和大气吸收引起的路径损耗中。在 28GHz 频率下的测量结果表明，降雨强度超过 25mm/h 时带来约 7dB/km 的衰减。在 120GHz 的特定频率和 100～150mm/h 的极端降雨强度下，会出现高达 50dB/km 的衰减。从卫星通信的角度来看，由于卫星链路距离较远，天气衰减会使毫米波无线传输变得不可靠，甚至无法使用。然而，小区尺寸的地面毫米波移动通信是可行的（考虑到在 100m 距离上最大损耗为几分贝），特别是当应用大天线阵列来补偿这种传播损耗时。

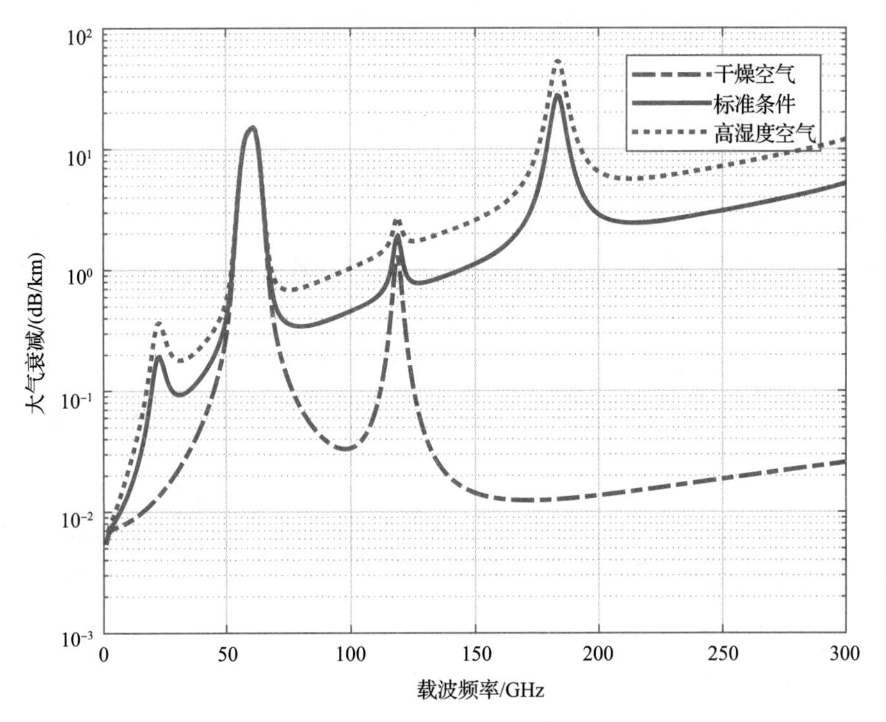

图 4.2 根据［ITU-R P.676，2019］，在标准大气条件下，空气压力为 101.325×10^3Pa，温度为 15℃，水蒸气密度为 7.5g/m^3，以 1GHz 的间隔计算氧气和水蒸气吸收导致的大气衰减。此外，还展示了水蒸气密度为 0g/m^3（干空气）和水蒸气密度为 15g/m^3（湿空气）的湿度效应。

来源：改编自 ITU-R P.676［2019］。

4.2.2 小尺度传播效应

当发射机发出正弦信号 $x(t)=\cos 2\pi ft$ 时，由于周围环境中物理物体的反射、散射和衍射效应，导致接收机接收的信号是该发射信号在不同传播路径上多个副本的结合，接收信号可以表示为

$$y(t)=\sum_{l=1}^{L(t)} a_l(f,t)\cos 2\pi f(t-\tau_l(f,t)) \tag{4.6}$$

式中，$a_l(f,t)$ 和 $\tau_l(f,t)$ 分别表示 t 时刻路径 l 上的衰减和传播延迟，$L(t)$ 是可解析的多径分量的数量。衰减和延迟主要由发射机到反射机的距离以及反射机到接收机的距离决定。这两个参数通常随频率缓慢变化，并且传输带宽远小于载波频率。因此，可以合理地假设每条传播路径上的衰减和延迟与频率无关。所以，式（4.6）可以改写为

$$y(t)=\sum_{l=1}^{L(t)} a_l(t)\cos 2\pi f(t-\tau_l(t)) \tag{4.7}$$

多径衰落信道可以建模为线性时变系统，由 $t-\tau$ 时刻的输入脉冲在 t 时刻的响应 $h(\tau,t)$ 来描述。根据式（4.7），可以很直观地得到冲激响应的表示

$$h(\tau,t)=\sum_{l=1}^{L(t)} a_l(t)\delta(t-\tau_l(t)) \tag{4.8}$$

无线传输的理想条件是只有一条无衰减、零延迟的传播路径，即$h(\tau,t)=\delta(t)$。在发射机、接收机和散射体都静止的特殊情况下，信道具有线性时不变的冲激响应

$$h(\tau)=\sum_{l=1}^{L}a_l\delta(\tau-\tau_l) \tag{4.9}$$

此外，我们可以通过傅里叶变换获得时变冲激响应的频率响应

$$H(f,t)=\int_{-\infty}^{+\infty}h(\tau,t)\mathrm{e}^{-2\pi\mathrm{j}f\tau}\,\mathrm{d}\tau=\sum_{l=1}^{L(t)}a_l(t)\mathrm{e}^{-2\pi\mathrm{j}f\tau_l(t)} \tag{4.10}$$

实际的无线通信是在载波频率f_c的带宽中进行的带通传输。然而，无线通信中的大多数信号处理，例如信道编码、调制、检测、同步和估计，通常都是在基带上实现的。从系统设计的角度来看，可以得到复杂基带等效模型，如下所示（Tse and Viswanath，2005）：

$$h_b(\tau,t)=\sum_{l=1}^{L(t)}a_l(t)\delta(\tau-\tau_l(t))\mathrm{e}^{-2\pi\mathrm{j}f_c\tau_l(t)} \tag{4.11}$$

与传统的UHF和SHF频段相比，毫米波传输链路具有更高的自由空间传播损耗、更高的穿透损耗以及由于大气衰减和天气影响造成的额外损耗。这种毫米波频率下的大尺度传播效应可以反映在路径衰减$a_l(t)$上，而无须修改式（4.8）或式（4.11）中给出的信道模型。此外，由于波长变小，毫米波信号在尺寸较大（尺寸比毫米波波长大得多）的物体上有更强的反射，在尺寸与毫米波相似的物体上有更丰富的散射。因此，可解的多径分量L显得很重要，但是使用前面提到的公式仍然可以正确地对其建模。

4.2.3 时延扩展和相干带宽

当信号脉冲通过多径信道时，接收到的信号将表现为脉冲序列，每个脉冲对应于直接路径或NLOS路径。无线电传播的一个重要特征是由各种传播路径的不同到达时间引起的多径时延扩展或时间弥散。假设式（4.11）给出的多径信道模型中的$\tau_1(t)$表示第一个到达的多径分量的传播时间，则最小超量延迟等于$\tau_1(t)$，并将其作为零参考延迟。同时，最后到达的多径分量的传播时间是$\tau_L(t)$。多径时延扩展可以简单地通过最长和最短可分辨路径之间的到达时间差来测量，也称为最大超量延迟，如下所示

$$T_d:=\tau_L(t)-\tau_1(t) \tag{4.12}$$

功率延迟分布（Power Delay Profile，PDP）给出了通过多径信道接收信号的强度，作为多径延迟τ的函数，表示为

$$S(\tau)=\mathbb{E}[|h(t,\tau)|^2] \tag{4.13}$$

平均时延扩展和方均根（Root Mean Square，RMS）时延扩展可通过下式计算

$$\mu_\tau=\frac{\int_0^{+\infty}\tau S(\tau)\mathrm{d}\tau}{\int_0^{+\infty}S(\tau)\mathrm{d}\tau} \tag{4.14}$$

$$T_\tau=\sqrt{\frac{\int_0^{+\infty}(\tau-\mu_\tau)^2S(\tau)\mathrm{d}\tau}{\int_0^{+\infty}S(\tau)\mathrm{d}\tau}} \tag{4.15}$$

无线信道的脉冲响应随时间和频率而变化，时延扩展决定了它随频率变化的速度。回顾式（4.10）中给出的频率响应，在多径分量i和j之间存在相位差$2\pi f(\tau_i-\tau_j)$。给定所有路径中的最大相位差为$2\pi fT_d$，当相位差增大或减小π时，整体频率响应的幅度将发生显著变化。因此，相干带宽，表示无线信

道在频域中的衰落速率，定义为

$$B_c := \frac{1}{2T_d} \tag{4.16}$$

在窄带传输中，传输信号的带宽通常远小于相干带宽，即 $B \ll B_c$。因此，整个带宽上的衰落是高度相关的，称为频率平坦衰落（Frequency-Flat Fading）。在这种情况下，时延扩展远小于符号周期 $T_s = 1/B$，因此单个抽头足以表示信道滤波器。反之，当信号带宽 $B \gg B_c$ 时，频率间隔超过相干带宽的两个频点表现出大致独立的响应。因此，宽带通信受到频率选择性衰落（Frequency-Selective Fading）和符号间干扰（Inter-Symbol Interference，ISI）的影响。多径延迟跨多个符号传播，并且带通滤波器可以用多个抽头而不是单个抽头来表示。在无线通信中，减轻ISI的机制在设计宽带信号格式和接收机结构中起着至关重要的作用。

传统宏基站，其小区尺寸为几千米，路径距离极有可能相差超过300~600m，从而导致1μs或2μs的延迟，对应的相干带宽远小于1MHz。由于受到大尺度传播损耗的限制，工作在毫米波频率的基站适合在室内和室外环境中提供小区覆盖。随着小区变小，延迟扩散也会缩小。大量的测试活动表明，毫米波信号在典型的小覆盖范围内的多径延迟扩展在10~100ns的范围内。当应用大规模天线阵列来产生非常窄的波束以将辐射能量集中到小区域时，预计会有更小的多径延迟扩展。这有助于产生更大的相干带宽，进而有助于毫米波无线传输的设计。

4.2.4 多普勒扩展和相干时间

多径信道的另一个基本特征是它的时间尺度变化，这是由发射机、接收机或周围物体的运动引起的。如果信号从移动的发射机连续发射或者接收机正在移动，我们将观察到可解析路径数量的变化，以及每条路径上的衰减和传播延迟，这将导致时变信道响应。

考虑一个移动站以恒定的速度 v 沿着空间角度为 θ 的方向移动，该角度是信号传播方向和移动方向之间的夹角。在 Δt 的时间间隔内，移动站从一个点移动到另一个点，距离为 $v\Delta t$。这导致了路径长度的差异，即电磁波从发射机到接收机传播的路径长度差为 $\Delta d = v\Delta t\cos\theta$。由于传播距离不同，接收信号的相位变化为

$$\Delta\phi = \frac{2\pi\Delta d}{\lambda} = \frac{2\pi v\Delta t\cos\theta}{\lambda} \tag{4.17}$$

因此，频率的变化称为多普勒频移，其表达式为

$$f_d = \frac{\Delta\phi}{2\pi\Delta t} = \frac{v\cos\theta}{\lambda} \tag{4.18}$$

众所周知，在多径传播环境中，信号以不同的方向到达。如果移动站向入射电磁波的方向移动，即 $-90° < \theta < 90°$，则多普勒频移为正，$f_d > 0$。反之，当移动站向远离入射电磁波的方向移动时，即 $90° < \theta < 270°$，则多普勒频移为负，$f_d < 0$。假设我们发射一个正弦信号 $\cos 2\pi f_c t$，接收信号的频域范围在 $f_c - v/\lambda$（当移动站正好远离发射机移动时，即 $\theta = 180°$）到 $f_c + v/\lambda$（当移动站正好向发射机移动时，即 $\theta = 0°$）内扩展。因此多普勒扩展可以表示为

$$D_s = 2f_m \tag{4.19}$$

其被定义为由相对运动引起的频谱扩展的量度，其中 $f_m = v/\lambda$ 表示最大多普勒频移。

考虑到多普勒频移的影响，式（4.10）中给出的无线信道的频率响应可以重写为

$$H(f,t) = \int_{-\infty}^{+\infty} h(\tau,t)\mathrm{e}^{-2\pi \mathrm{j} f\tau}\,\mathrm{d}\tau = \sum_{l=1}^{L(t)} a_l(t)\mathrm{e}^{-2\pi \mathrm{j}(f+f_d)\tau_l(t)} \tag{4.20}$$

可以看到，多普勒频移在每条路径上都引起相位变化，例如路径 l 上的 $2\pi f_d\tau_l(t)$，因此在时间间隔为 $\Delta\tau=1/2f_d$ 处相位发生了显著变化。当多径分量在接收机处合并时，这种相位变化会影响它们的相长和相消叠加，对应的时间间隔为

$$T_c=\frac{1}{4D_s}=\frac{1}{8f_m} \tag{4.21}$$

其被称为相干时间，用以表征信道响应不变的持续时间。这是一个相对粗略的定义，对于这个参数还有其他不同的定义。相干时间还可以近似地表示为

$$T_c\approx\frac{9}{16\pi f_m} \tag{4.22}$$

如果相干时间被定义为时间相关函数高于 0.5 的时间，在瑞利衰落中，式（4.22）就显得过于严格。数字通信的一个常用方法是将相干时间定义为 $1/f_m$ 和式（4.22）的几何平均值，也称为 Clarke 模型，即

$$T_c\approx\sqrt{\frac{9}{16\pi f_m^2}}=\frac{0.423}{f_m} \tag{4.23}$$

无论如何定义，其关键是时间相干性主要由互逆关系中的多普勒扩散确定，即多普勒扩散越大，时间相干性越小。根据发送的基带信号相对于信道衰落速率变化的速度，无线信道可以分为慢衰落和快衰落。在慢衰落中，符号周期比相干时间小得多，即

$$T_s\ll T_c \tag{4.24}$$

在快衰落的情况下，我们可以假设信道在时域中的多个符号周期内是恒定的，并且与信号带宽相比，多普勒扩散可以忽略不计，此时

$$T_s>T_c \tag{4.25}$$

式中信道响应在单个符号周期内变化，而由多普勒扩散引起的频率扩散是相当大的。

从式（4.18）中，我们知道多普勒效应随着波长的缩小而放大。因此，与 UHF 或 SHF 无线信道相比，毫米波信道表现出更显著的时域变化。这种效应在 Tharek 和 McGeehan（1988）中得到了证明，其中发射机以 1m/s 的恒定速度远离接收机，在 60GHz 的毫米频段产生大约 200Hz 的多普勒频移。理论上，对于速度为 120km/h、载波频率为 60GHz 的车辆，最大多普勒频移约为 6667Hz。对于更高的速度，例如高速火车或飞机速度，以及高于 60GHz 的更高频带，时变特性将是极其明显的。

在传统的低频无线通信中，发射机能够利用信道状态信息（Channel State Information，CSI）自适应地选择发射功率、星座大小、编码速率、发射天线和预编码模式等参数，来实现优异的性能。在频分双工（Frequency-Division Duplexing，FDD）系统中，CSI 通常是通过在接收机处估计接收到的参考信号，然后反馈给发射机获得的。由于反馈延迟，在信道变化迅速时它往往容易变得过时。人们已经认识到，过时的 CSI 会造成各种无线系统性能的大幅下降，如大规模 MIMO、多用户调度、干扰对齐、波束赋形、发射天线选择、闭环发射天线分集、机会中继、多点协作、正交频分复用、资源管理和物理层安全等。由于毫米波信道变化更剧烈，获取准确 CSI 的难度更大，因此，在毫米波频段下，多普勒效应对于物理层设计和无线资源控制方面都提出了巨大的挑战。

为了让读者了解毫米波信道的特性，表 4-4 列出了微波和毫米波信道之间关键参数的对比。

表 4-4 微波和毫米波信道关键参数的示例比较

参数	符号	典型值	
		微波	毫米波
载波/Hz	f_c	1GHz	60GHz
信号带宽/Hz	B	1MHz	1GHz
小区大小/km	d	1km	50m
时延扩展/s	T_d	1×10^{-6}	5×10^{-8}
相干带宽/Hz	$B_c=1/2T_d$	500k	10M
速度/(m/s)	v	20	1
多普勒扩展/Hz	D_s	133	400
相干时间/ms	$T_c=1/4D_s$	1.9	0.625

4.2.5　角度扩展

多天线技术的应用除了时域和频域之外，还要求对角度域赋予的自由度进行研究。对于典型的地面传播，电磁波从不同的角度到达接收机，如图 4.3 所示。在不失一般性的前提下，该图只关注方位面而忽略了仰角方向。LOS 路径相对于基站天线阵列垂线的离开角（Angle of Departure，AoD）用 ϕ_{LOS} 表示，LOS 路径相对于移动台天线阵列垂线的到达角（Angle of Arrival，AoA）用 φ_{LOS} 表示。第 m 条反射路径的绝对 AOD 和 AOA 分别表示为 ϕ_m 和 φ_m。类似，第 n 条反射路径的绝对 AOD 和 AOA 分别表示为 ϕ_n 和 φ_n。假设第 m 条和第 n 条路径分别代表从信号发射机传播到接收机的最大传播角和最小传播角，则 AoD 的瞬时角度扩展可以定义为

$$\phi_{\text{AS-AoD}}=\phi_m+\phi_n \tag{4.26}$$

而 AoA 的瞬时角度扩展可以定义为

$$\varphi_{\text{AS-AoA}}=\varphi_m+\varphi_n \tag{4.27}$$

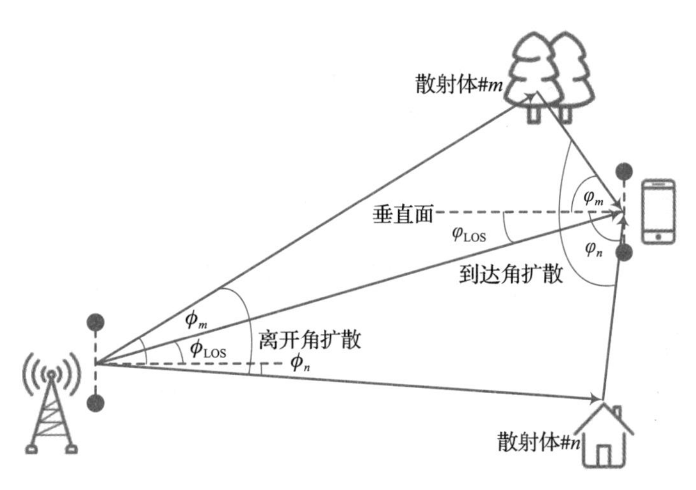

图 4.3　多径传播的角度域表示

一般来说，具有清晰传播空间的宏基站角度扩散比被许多物理物体包围的移动台角度扩散要小。

瞬时角度扩展是确定性的，但不能很好地描述时变的多径环境。因此，有必要对瞬时参数进行时间或空间平均统计模型的研究。多径功率在角度域上的分布通常使用角功率谱（Power Angular Spectrum，PAS）$p(\theta)$ 来描述，其中 $\theta\in[0,2\pi]$ 是方位角。PAS 是通过在一定范围内对数十个波长的瞬时方位角功率分布进行空间平均得到的，在该范围内保持相同的多径分量以抑制由于快衰落引起的变化。它可以通过零均值高斯分布或零均值拉普拉斯分布来分别建模，表示为

$$p(\theta)=\frac{1}{\sqrt{2\pi\sigma_\theta^2}}\exp\left(-\frac{\theta^2}{2\sigma_\theta^2}\right) \tag{4.28}$$

和

$$p(\theta)=\frac{1}{\sqrt{2\sigma_\theta^2}}\exp\left(-\left|\frac{\sqrt{2}\theta}{\sigma_\theta}\right|\right) \tag{4.29}$$

式中，σ_θ 为标准差。

在水平方向上，发射机的平均离开角或接收机的平均到达角可以通过下式计算

$$\mu_{\theta}=\frac{\int_{0}^{2\pi}\theta p(\theta)\mathrm{d}\theta}{\int_{0}^{2\pi}p(\theta)\mathrm{d}\theta} \tag{4.30}$$

为了比较不同的多径信道，并为无线系统制定一些通用的设计准则，可以用第二中心矩的二次方根来定义RMS角度扩散的统计信道参数，即

$$\theta_{\mathrm{RMS}}=\sqrt{\frac{\int_{0}^{2\pi}(\theta-\mu_{\theta})^{2}p(\theta)\mathrm{d}\theta}{\int_{0}^{2\pi}p(\theta)\mathrm{d}\theta}} \tag{4.31}$$

其中，角度扩散代表了多径环境的丰富性，这决定了空间分集和空间复用的有效性。各种信道测量活动表明，毫米波频段的PAS分布通常建模为簇的叠加，通常用于微波频率信道。

角度扩散的定义可以直接扩展到俯仰角，如图4.4所示。假设俯仰角的PAS为$p(\psi)$，则垂直方向上的平均离开角或到达角可以表示为

$$\mu_{\psi}=\frac{\int_{0}^{2\pi}\psi p(\psi)\mathrm{d}\psi}{\int_{0}^{2\pi}p(\psi)\mathrm{d}\psi} \tag{4.32}$$

角度扩散的方均根表示为

$$\psi_{\mathrm{RMS}}=\sqrt{\frac{\int_{0}^{2\pi}(\psi-\mu_{\psi})^{2}p(\psi)\mathrm{d}\psi}{\int_{0}^{2\pi}p(\psi)\mathrm{d}\psi}} \tag{4.33}$$

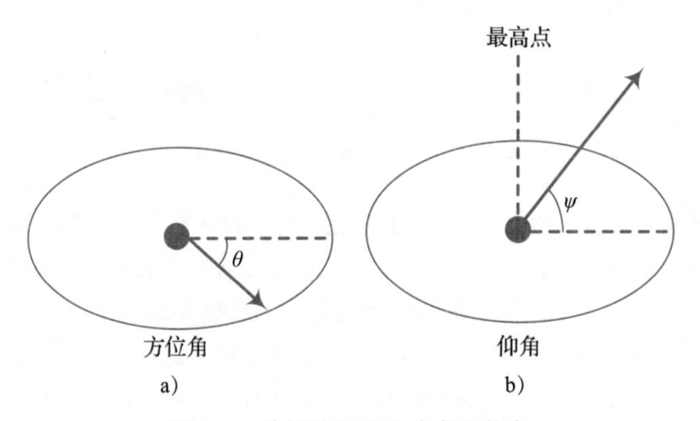

图4.4 传播路径的方位角和仰角

4.3 毫米波信道模型

设计移动通信系统的先决条件是为工作频段建立可靠准确的信道模型，使研究人员和工程师不必进行昂贵且耗时的现场测量，就能够评估相互竞争的无线电传输技术和介质控制技术的性能。在过去的几十年中，无线界通过将现场实测数据进行曲线拟合或解析表达式拟合，开发了大量的统计和经验信道模

型。这种方法隐式地考虑了所有已知或未知的传播效应，因此该方法的效果很好。然而，这些模型大多数集中应用在传统无线系统的 6GHz 以下频段。由于毫米波信号的波长远比 6GHz 以下频段的微波信号的波长要短，因此毫米波信道模型的参数将会有很大不同。因此，开发毫米波信道模型对于研究、开发、性能评估和标准化至关重要。在过去的十年中，工业和研究机构在各种部署场景中开展了广泛的信道测量活动，涵盖了高达 100GHz 的潜在毫米波频段。表 4-5 总结了毫米波信道测量和建模的主要工作。

表 4-5　毫米波信道测量和建模的主要测量工作汇总

模型	频率/Hz	说明
METIS	2~60G	● 确定了 5G 需求（例如，宽频率范围、大带宽、大规模 MIMO、三维（3D）和精确极化建模） ● 提供了不同的信道模型方法（基于地图的模型、随机模型或混合模型）
MIWEBA	60G	● 解决了各种挑战：阴影、空间一致性、环境变化、球面波建模、双移动多普勒模型、漫反射和镜面反射间的比率和极化 ● 提出的准确定性信道模型
NYU	28/38/60/73G	● 室内、室外广泛的城市测量 ● 视距、非视距和阻挡的建模 ● 宽带 PDP ● 基于物理的路径损耗建模
802. 11ad	60G	● 室内信道上的传导射线追踪方法 ● 基于射线过量延迟和射线功率分布的簇内参数 ● 人体遮挡模型涉及的遮挡概率和遮挡衰减
mmMAGIC	6~100G	● 广泛的信道测量，汇集了主要供应商、欧洲运营商、研究机构和大学 ● 先进的信道模型，用于对提出的概念和系统进行严格验证和可行性分析，并用于监管和标准化
QuaDRiGa	10/28/60/82G	● 成熟的基于 3D 几何的随机信道模型 ● 变化环境中用户移动的准确定性多链路追踪 ● 通过新的多反弹散射方法和球面波传播实现大规模 MIMO 建模
3GPP	6~100G	● 广泛认可的 3GPP 空间信道模型（SCM）和 3D SCM 模型的扩展 ● 6~100GHz 的广泛频带的统一建模 ● 支持各种场景：乡村宏蜂窝（RMa）、城市宏蜂窝（UMa）、都市微蜂窝（UMi）、室内热点（InH）和室内工厂（InF）

4. 3. 1　大尺度衰落

理论和经验传播模型表明，任何接收信号的平均功率在对数尺度上都会随着发射机和接收机之间距离的增加而降低。将式（4. 3）中的自由空间传播模型进行推广，可以得到

$$P_r(d)=P_tG_tG_r\left(\frac{\lambda}{4\pi d}\right)^n \tag{4.34}$$

式中，路径损耗指数 n 表示路径损耗随距离变化而增加的速率。n 的值取决于特定的传播环境，例如在自由空间传播环境中 $n=2$，在双射线地面反射传播环境中 $n=4$。在毫米波频率下，特定的传播损耗（如大气衰减和天气影响）可以通过较大的 n 值来反映在该模型中。因此，路径损耗可以表示为

$$\mathrm{PL}(d) \propto \left(\frac{d}{d_0}\right)^n \tag{4.35}$$

或

$$\mathrm{PL}(d) = \mathrm{PL}_{d_0} + 10n\lg\left(\frac{d}{d_0}\right) \tag{4.36}$$

式中，参考路径损耗基于式（4.5）计算得到。

特别地，微波传播损耗与毫米波传播损耗的差异主要包含在第一米传播的差异中。

上述的方程没有考虑阴影衰落，这是因为发射机与接收机之间距离相同的两个不同位置处，其周围的环境可能存在差异。阴影衰落是由信号路径上的物理遮挡、反射表面和散射物体引起的随机变化，这种随机性可以用对数正态分布来很好地描述。然后，我们建立了近距离自由空间参考距离模型来表征大尺度传播效应，即

$$\mathrm{PL}(d) = \mathrm{PL}_{d_0} + 10n\lg\left(\frac{d}{d_0}\right) + \chi_\sigma \tag{4.37}$$

式中，χ_σ 是一个均值为零、标准差为 σ 的高斯分布随机变量，即 $\chi_\sigma \sim \mathcal{N}(0,\sigma^2)$，其中，$\chi_\sigma$ 和 σ 的单位均为 dB。

3GPP 信道建模中常用的自由空间参考模型已进行了修订，新的模型采用了类似的数学表达式，但引入了浮动截距的概念，即测量数据使用任意杠杆点拟合到最小二乘曲线上。这种方法为测量数据拟合提供了更小的标准偏差，但得到的模型没有物理基础。浮动截距模型，也称为（α,β）模型，表示为

$$\mathrm{PL}(d) = \alpha + 10\beta\lg(d) + \chi_\sigma \tag{4.38}$$

4.3.2　3GPP 信道模型

基于学术界和工业界广泛的测量活动和信道建模的结果，3GPP 为 6～100GHz 频率开发了信道模型。考虑到 3GPP 开发的 SCM 和 SCM-Extended 模型已被广泛接受，并在 5G 及 5G 以上系统的标准化中发挥了主导作用，因此引入 3GPP 毫米波信道模型是有意义的。

2015 年 9 月，3GPP 技术规范组（Technology Specification Group，TSG）无线接入网络（Radio Access Network，RAN）第 69 次会议通过了《6GHz 以上频谱信道模型研究》项目。该研究项目确定了高频信息的现状和预期（例如频谱分配、感兴趣的场景和测量），以及频率高达 100GHz 的信道建模。与早期的 6GHz 以下频段模型［如 3D SCM 模型（3GPP TR36.873）或 IMT-Advanced（ITU-R M.2135）］一致，新模型支持不同频段之间的对比。随后，在 3GPP TSG RAN 第 81 次会议上，成立了《室内工业场景信道建模研究》项目。这两个研究项目的研究结果已在技术报告（3GPP TR38.900，2018）中发布。

该信道模型适用于以下条件的链路和系统级性能评估：

- 对于系统级仿真，支持的场景包括城市微小区街道峡谷、城市宏小区、室内办公室、乡村宏小区和室内工厂（Indoor Factory，InF）。
- 支持带宽高达中心频率的 10%，但不大于 2GHz。
- 支持链路一端或两端的移动性。
- 对于随机模型，通过大尺度参数、小尺度参数以及 LOS 和 NLOS 的相关性来支持空间一致性。
- 对大型天线阵列的支持是基于远场的假设和阵列尺寸上的静态信道。

4.3.2.1　城市微小区

城市微小区（Urban Micro，UMi）模型中，基站安装在周围建筑物的屋顶以下。该模型旨在捕捉现实

生活场景，例如城市或车站广场。该模型在很大程度上取决于是否存在直达路径，其中 NLOS 模型为

$$PL_{\text{UMi-NLOS}}=32.4+20\lg(f_c)+31.9\lg(d_{3D})+\chi_\sigma \tag{4.39}$$

式中，f_c 是载波频率，阴影衰落的标准差 $\sigma=8.2\text{dB}$，d_{3D} 表示发射机和接收机之间的 3D 距离，计算为

$$d_{3D}=\sqrt{d^2+(h_{BS}-h_{UE})^2} \tag{4.40}$$

式中，d 表示用于大规模覆盖的发射机和接收机之间传统距离，h_{BS} 表示基站天线高度、h_{UE} 表示用户设备天线高度。城市微小区场景的 LOS 信道采用双斜率模型描述

$$PL_{\text{UMi-LOS}}=\begin{cases}32.4+20\lg(f_c)+21\lg(d_{3D})+\chi_\sigma, & 10\text{m}\leqslant d\leqslant d_{BP}\\ 32.4+20\lg(f_c)+40\lg(d_{3D})-9.5\lg[d_{BP}^2+(h_{BS}-h_{UE})^2]+\chi_\sigma, & d_{BP}\leqslant d\leqslant 5\text{km}\end{cases} \tag{4.41}$$

式中，阴影衰落的标准差 $\sigma=4\text{dB}$，d_{BP} 表示断点距离，该距离可通过以下公式计算

$$d_{BP}=\frac{4(h_{BS}-h_E)(h_{UE}-h_E)f_c}{c} \tag{4.42}$$

式中，h_E 是有效环境高度，在城市微小区场景中 $h_E=1\text{m}$，$c=3\times10^8\text{m/s}$ 是自由空间的电磁波传播速度。

4.3.2.2　城市宏小区

城市宏小区（Urban Macro，UMa）模型提供了城市峡谷等人口密集场景的建模。与 UMi 模型相比，主要区别在于 UMa 模型覆盖面积更大，即站间距可达 500m，而 UMi 模型中仅为 200m。此外，UMa 模型假设基站安装在周围建筑物的屋顶以上，即基站的高度高于周围建筑物的屋顶高度。

NLOS 信道可以建模为

$$PL_{\text{UMa-NLOS}}=32.4+20\lg(f_c)+30\lg(d_{3D})+\chi_\sigma \tag{4.43}$$

式中，$\sigma=7.8\text{dB}$。

LOS 信道用双斜率模型描述为

$$PL_{\text{UMa-LOS}}=\begin{cases}28+20\lg(f_c)+22\lg(d_{3D})+\chi_\sigma, & 10\text{m}\leqslant d\leqslant d_{BP}\\ 28+20\lg(f_c)+40\lg(d_{3D})-9\lg[d_{BP}^2+(h_{BS}-h_{UE})^2]+\chi_\sigma, & d_{BP}\leqslant d\leqslant 5\text{km}\end{cases} \tag{4.44}$$

式中，$\sigma=4\text{dB}$。

4.3.2.3　室内场景

室内场景可以分为两种类型：室内热点（Indoor Hotspot，InH）或室内工厂（InF）。InH 选择了办公环境和购物中心两个典型案例。典型的办公环境由开放式隔间区域、封闭式办公室、开放式区域、走廊等组成。基站安装在高度为 1~3m 的天花板或墙壁上。购物中心通常有几层楼高，还可能包括由多个楼层共享的开放区域。基站通常安装在高度约 3m 的走廊和商店的墙壁或天花板上。根据周边环境和基站天线高度的不同，InF 场景可进一步分为四种类型：密集集群和低基站高度（Dense cluster and Low base station height，InF-DL）、稀疏集群和高基站高度（Sparse cluster and High base station height，InF-SH）、密集集群和高基站高度（Dense cluster and High base station height，InF-DH）、高发射机和高接收机高度（High transmitter and High receiver height，InF-HH）。室内场景的路径损耗如表 4-6 所示。

表 4-6　3GPP 室内路径损耗

场景	路径	路径损耗	阴影衰落
室内办公室	LOS	$32.4+20\lg(f_c)+17.3\lg(d_{3D})$	$\sigma=3$
	NLOS	$32.4+20\lg(f_c)+31.9\lg(d_{3D})$	$\sigma=8.29$

（续）

场景	路径	路径损耗	阴影衰落
室内购物中心 室内工厂	LOS	$32.4+20\lg(f_c)+17.3\lg(d_{3D})$	$\sigma=2$
	LOS	$PL_{LOS}=31.84+19\lg(f_c)+21.5\lg(d_{3D})$	$\sigma=4$
	NLOS	$PL_1=33+20\lg(f_c)+25.5\lg(d_{3D})$, $PL_{InF\text{-}SL}=\max(PL_1, PL_{LOS})$	$\sigma=5.7$
		$PL_2=18.6+20\lg(f_c)+35.7\lg(d_{3D})$, $PL_{InF\text{-}DL}=\max(PL_2, PL_{LOS}, PL_{InF\text{-}SL})$	$\sigma=7.2$
		$PL_3=32.4+20\lg(f_c)+23\lg(d_{3D})$, $PL_{InF\text{-}SH}=\max(PL_3, PL_{LOS})$	$\sigma=5.9$
		$PL_4=33.63+20\lg(f_c)+21.9\lg(d_{3D})$, $PL_{InF\text{-}DH}=\max(PL_4, PL_{LOS})$	$\sigma=4$

来源：来自 3GPP TR38.900［2018］.

为了读者有更具体的了解，图4.5和4.6分别展示了UMa和UMi场景下路径损耗与距离、载波频率的关系。值得注意的是，3GPP旨在提供通用建模以涵盖6~100GHz范围内的毫米波频段。这种概括必须忽略一些特定的频率相关信道特性，例如在60GHz时的强氧衰减。因此，当在特定频段上进行系统设计、研究或标准化时，最好是对3GPP模型进行一些修改或者采用一些专用的模型，例如针对60GHz室内场景的IEEE 802.11ad信道模型，可用于Wi-Fi系统运行。

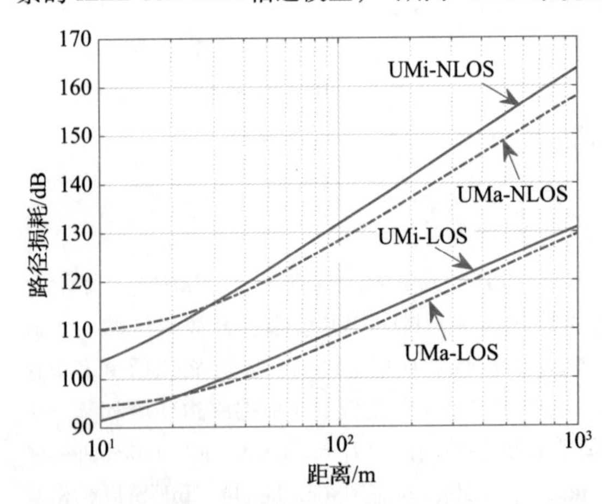

图4.5 3GPP UMa 和 UMi 场景的路径损耗（载波频率为60GHz，无阴影衰落、宏基站的天线高度为25m、微基站的天线高度为10m、终端的天线高度为1.5m）

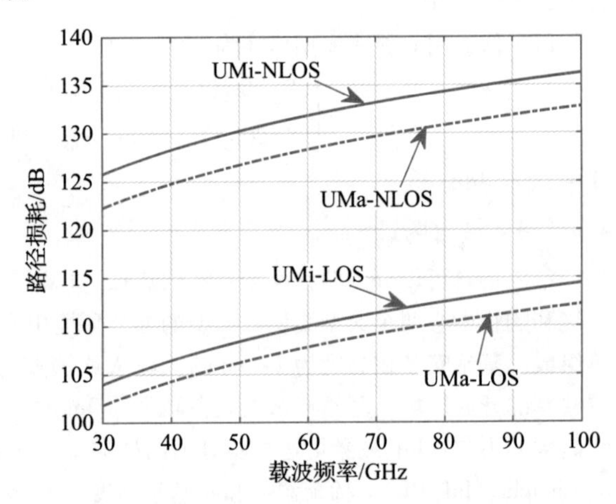

图4.6 3GPP UMa 和 UMi 场景的路径损耗随载波频率变化的函数（频率范围为30~100GHz、宏基站的天线高度为25m、微基站的天线高度是10m、终端的天线高度为1.5m、观测距离固定为100m）

4.3.3 小尺度衰落

由于多个信号分量的相长和相消叠加，接收信号强度在波长尺度上是时变的。根据中心极限定理，如果存在足够多的散射，无论个别分量如何，信道脉冲响应将被建模为高斯过程。当不存在主导的LOS

分量时，接收信号的包络服从瑞利分布，它的概率密度函数（Probability Density Function，PDF）表示为

$$p(r)=\frac{r}{\Omega}\exp\left(-\frac{r^2}{2\Omega}\right),\quad r\geqslant 0 \tag{4.45}$$

式中，Ω 是接收信号的平均功率。瑞利分布包络的均值为

$$\mu_r = \mathbb{E}[r] = \int_0^{+\infty} rp(r)\mathrm{d}r = \sqrt{\frac{\pi\Omega}{2}} = 1.2533\sqrt{\Omega} \tag{4.46}$$

瑞利分布包络的方差为

$$\sigma_r^2 = \mathbb{E}[r^2] - \mathbb{E}^2[r] = \int_0^{+\infty} r^2 p(r)\mathrm{d}r - \frac{\pi\Omega}{2} = 0.4292\Omega \tag{4.47}$$

如果存在主导信号分量，例如 LOS 路径，则小尺度衰落的包络呈现莱斯分布

$$p(r)=\frac{r}{\Omega}\exp\left(-\frac{r^2+A^2}{2\Omega}\right)I_0\left(\frac{Ar}{\Omega}\right),\quad \forall(r\geqslant 0, A\geqslant 0) \tag{4.48}$$

式中，A 表示主导信号的峰值，$I_0(\cdot)$ 表示第一类零阶修正贝塞尔函数。莱斯分布通常由一个 K 因子参数来描述，其定义为确定性信号功率与多径分量方差的比值

$$K=\frac{A^2}{2\Omega} \tag{4.49}$$

如果 $K\to 0$，由于主导路径消失，莱斯分布将退化为瑞利分布。

统计模型（如 3GPP SCM）用于带宽可达 100MHz 的 6GHz 以下频段，以产生复杂系数来模拟信道脉冲响应。这些模型提供了基本的统计信息，如多径延迟、聚簇功率、AoA、AoD 以及基于实际测量得到的大尺度传播损耗。虽然这些模型已成功地应用于描述低频信道的随机特性，但是它们在毫米波信道的时间分辨率上不够准确，并且做了一个简化的假设，即所有多径能量的聚簇在时间和空间上都紧密在一起传播。因此，这些模型很难准确描述毫米波信道，因为毫米波信道具有更宽的信号带宽，例如用于 28GHz 和 60GHz 测量活动的 800MHz 和 1.5GHz，其中多个多径簇可以在特定的空间方向内到达。

为了正确地建模拟毫米波信道，脉冲响应可以同时在时域和空域中表示。PDP 描述了时间特性，其中包含到达时间、时延扩展和功率水平等统计信息，而功率角度分布提供了空间特性，其中包括 AoA、AoD 和角度扩散。例如，在 IEEE 802.15.3c 和 IEEE 802.11ad 标准化过程中开发的小尺度信道模型，侧重于 60GHz 的非授权频段，基于测量中观察到的时间和空间域的簇。这些模型是通过扩展标准的 Saleh-Valenzuela（S-V）传播模型得到的。与原始的 S-V 模型不同之处在于，它们分别处理了发射机和接收机之间的 LOS 路径。LOS 路径的分离及其相对于其他多径分量的强度表明，当 LOS 路径存在时，毫米波信道可以视为莱斯分布。当 LOS 路径被阻塞时，毫米波信道可以用瑞利分布来很好地描述。

复基带中的信道脉冲响应由 Yong [2007] 给出

$$h(t,\phi)=\sum_{l=1}^{L}\sum_{k=1}^{K_l}\alpha_{l,k}\delta(t-T_l-\tau_{l,k})\delta(\phi-\Phi_l-\phi_{l,k}) \tag{4.50}$$

式中，L 表示簇的总数，K_l 表示第 l 个簇中射线的数量，簇间参数 T_l 和 Φ_l 分别表示第 l 个簇的延迟和平均 AoA，簇内参数 $\alpha_{l,k}$、$\tau_{l,k}$ 和 $\phi_{l,k}$ 分别表示第 l 个簇中第 k 个射线的复振幅、超量延迟和相对方位角。

利用定向天线，在各簇多径分量之上会有一个明显的强 LOS 路径。可以通过在式（4.50）中添加一个 LOS 分量来包含该 LOS 路径，如下所示：

$$h(t,\phi)=\beta\delta(t,\phi_{\mathrm{LOS}})+\sum_{l=1}^{L}\sum_{k=1}^{K_l}\alpha_{l,k}\delta(t-T_l-\tau_{l,k})\delta(\phi-\Phi_l-\phi_{l,k}) \tag{4.51}$$

式中，β 是从方位角 ϕ_{LOS} 以零超量延迟到达 LOS 路径的增益，可以通过射线追踪或简单的基于几何的方

法确定。式（4.51）仅包含到达方位角，但可以进一步扩展以表示发射机的离开方位角和仰角：

$$h(t,\phi,\varphi,\psi.\omega)=\beta\delta(t,\phi_{\mathrm{LOS}})+\sum_{l=1}^{L}\sum_{k=1}^{K_l}\alpha_{l,k}\delta(t-T_l-\tau_{l,k})\delta(\phi-\Phi_l^{\mathrm{AoA}}-\phi_{l,k}) \cdot\delta(\varphi-\Phi_l^{\mathrm{AoD}}-\varphi_{l,k}) \cdot\delta(\psi-\Psi_l^{\mathrm{AoA}}-\psi_{l,k}) \cdot\delta(\omega-\Psi_l^{\mathrm{AoD}}-\omega_{l,k}) \tag{4.52}$$

式中，φ、ψ 和 ω 分别表示方位角离开角、到达仰角和离开仰角。

3GPP 关于毫米波信道的研究项目提供了 6～100GHz 整个频率范围内的簇延迟线（Clustered Delay Line，CDL）模型，最大带宽为 2GHz。为描绘 NLOS 的三种不同的信道特性，构建了三种 CDL 模型，分别是 CDL-A、CDL-B 和 CDL-C，而 CDL-D 和 CDL-E 则适用于 LOS。为了提供一个具体的视图，表 4-7 列举了 CDL-A 的具体参数。ZoA 和 ZoD 的首字母缩写分别代表天顶到达角和天顶离开角。此外，3GPP 还提供了抽头延迟线（Tapped Delay Line，TDL）模型用于简化评估，例如非 MIMO 场景，毫米波频率高达 100GHz，最大带宽为 2GHz。3GPP 同时构建了三个 TDL 模型，即 TDL-A、TDL-B 和 TDL-C 来描述 NLOS 的三种不同信道传输特性，而 TDL-D 和 TDL-E 用于 LOS。TDL-A 模型参数见表 4-8。

表 4-7　3GPP CDL-A 模型参数

簇	时延/ms	功率/dB	AoD/(°)	AoA/(°)	ZoD/(°)	ZoA/(°)
1	0.000 0	-13.4	-178.1	51.3	50.2	125.4
2	0.381 9	0	-4.2	-152.7	93.2	91.3
3	0.402 5	-2.2	-4.2	-152.7	93.2	91.3
4	0.586 8	-4	-4.2	-152.7	93.2	91.3
5	0.461 0	-6	90.2	76.6	122	94
6	0.537 5	-8.2	90.2	76.6	122	94
7	0.670 8	-9.9	90.2	76.6	122	94
8	0.575 0	-10.5	121.5	-1.8	150.2	47.1
9	0.761 8	-7.5	-81.7	-41.9	55.2	56
10	1.537 5	-15.9	158.4	94.2	26.4	30.1
11	1.897 8	-6.6	-83	51.9	126.4	58.8
12	2.224 2	-16.7	134.8	-115.9	171.6	26
13	2.171 8	-12.4	-153	26.6	151.4	49.2
14	2.494 2	-15.2	-172	76.6	157.2	143.1
15	2.511 9	-10.8	-129.9	-7	47.2	117.4
16	3.058 2	-11.3	-136	-23	40.4	122.7
17	4.081 0	-12.7	165.4	-47.2	43.3	123.2
18	4.457 9	-16.2	148.4	110.4	161.8	32.6
19	4.569 5	-18.3	132.7	144.5	10.8	27.2
20	4.796 6	-18.9	-118.6	155.3	16.7	15.2
21	5.006 6	-16.6	-154.1	102	171.7	146
22	5.304 3	-19.9	126.5	-151.8	22.7	150.7
23	9.658 6	-29.7	-56.2	55.2	144.9	156.1

来源：3GPP TR38.900 [2018]/ETSI。

表 4-8 3GPP TDL-A 模型参数

抽头	归一化时延/ms	功率/dB	衰落分布
1	0.0000	-13.4	Rayleigh
2	0.3819	0	Rayleigh
3	0.4025	-2.2	Rayleigh
4	0.5868	-4	Rayleigh
5	0.4610	-6	Rayleigh
6	0.5375	-8.2	Rayleigh
7	0.6708	-9.9	Rayleigh
8	0.5750	-10.5	Rayleigh
9	0.7618	-7.5	Rayleigh
10	1.5375	-15.9	Rayleigh
11	1.8978	-6.6	Rayleigh
12	2.2242	-16.7	Rayleigh
13	2.1718	-12.4	Rayleigh
14	2.4942	-15.2	Rayleigh
15	2.5119	-10.8	Rayleigh
16	3.0582	-11.3	Rayleigh
17	4.0810	-12.7	Rayleigh
18	4.4579	-16.2	Rayleigh
19	4.5695	-18.3	Rayleigh
20	4.7966	-18.9	Rayleigh
21	5.0066	-16.6	Rayleigh
22	5.3043	-19.9	Rayleigh
23	9.6586	-29.7	Rayleigh

来源：3GPP TR38.900 [2018]/ETSI。

4.4 毫米波传输技术

毫米波无线通信具有广阔的发展前景，因为它在30~300GHz的频段内具有丰富可用的频谱资源和大量连续频谱，能够克服6GHz以下频段的频谱短缺问题。然而，在路径损耗、大气吸收、雨衰减、衍射和阻塞等方面，高频条件下的传播特性比低频更严重。因此，毫米波信号比微波信号遭受更显著的传播损耗和穿透损耗。毫米波通信主要用于提供局域覆盖，因此在每个小区中服务更少的用户，不像传统的微波蜂窝系统可以无缝覆盖广泛区域内的大量用户。为了补偿各向同性的传播损耗，毫米波通信需要具有数十或数百个元件的大规模天线阵列来提供高功率增益。由于高频信号的波长较短，通常在1~10mm之间，因此毫米波收发器的天线尺寸需要很小，以便于在一个紧凑的设备中实现大规模阵列。这些差异对毫米波系统的物理层传输算法和介质接入协议的设计带来了各种挑战和限制。本节将介绍实现毫米波通信预期优势的关键使能技术，重点是波束成形、初始接入、多波束同步和广播，以及异构部署。

4.4.1　波束赋形

波束赋形，也称为空间滤波或智能天线，具有广泛的应用领域，如声呐、雷达、无线通信、地震学、声学、无线电天文学和生物医学等。在无线通信中，波束赋形主要用于增加功率增益、抑制小区间或多用户干扰，并提供一种称为空分多址（Space-Division Multiple Access，SDMA）的空间域自由度。它是通过调整天线阵列中不同元件的相移来实现的，使得特定角度的信号经历相长叠加，而其他信号则经历相消叠加。

传统的波束赋形是全数字的，其中通过将基带信号与一个加权向量相乘而形成所需的波束。然而，数字波束赋形需要为每个天线元件提供一个射频链，这会导致在配备大型阵列的毫米波收发器时产生难以承受的能耗和硬件成本。因此，另一种可以降低实现复杂性的技术形式，称为模拟波束赋形，已被用于室内毫米波通信，如在 60GHz 下运行的无线局域网（Wireless Local Area Network，WLAN）。通过采用模拟移相器来调整信号的相位，模拟波束赋形只需要一个射频链来引导波束，从而降低了硬件成本和能耗。然而，由于模拟电路只能部分地调整信号的相位，很难使波束适应特定的信道条件，这将导致相当大的性能损失。此外，全模拟架构只能支持单流传输，无法实现多路复用增益来提高频谱效率。

混合模拟-数字波束赋形，平衡了全数字和全模拟波束赋形的优点，被认为适用于毫米波传输。在 2016 年 6 月举行的 3GPP RAN1 会议上，同意在 5G 系统中采用该混合架构。其关键思想是将传统的基带处理分为两部分：一个大规模的模拟信号处理（由模拟电路实现）和一个降维的数字信号处理（只需要少量的射频链）。由于在毫米波频率下有效散射体的数量通常很少，数据流的数量通常比天线的数量要小得多。因此，混合波束赋形可以显著减少射频链的数量，从而降低硬件成本和能源消耗。

4.4.1.1　数字波束赋形

数字波束赋形，也称为智能天线、自适应天线阵列或数字天线阵列，是一种多天线技术，利用先进的信号处理算法来识别信号的 AoA 等空间参数，并使用这些参数来确定加权向量，从而形成集中目标移动用户方向的波束。智能天线技术已被用作 TD-SCDMA 的一个关键特征，早于 MIMO 等其他多天线技术在蜂窝系统中的应用。

考虑一个由 N 个全向元件组成的阵列，索引为 $n=1,\cdots,N$，将信号辐射到频率为 f_0 的不相关正弦点源远场的均匀介质中。如图 4.7 所示，从第 n 个发射元件传播到位于 AoD θ 所指示方向上的接收天线平面波所花费的时间为

$$\tau_n(\theta)=\frac{\boldsymbol{r}_n\cdot\boldsymbol{u}(\theta)}{c} \tag{4.53}$$

式中，$\boldsymbol{r}_n$ 为第 n 个元素相对于参考点的位置向量，$\boldsymbol{u}(\theta)$ 为角度 θ 中的单位向量，c 为平面波前的传播速度，$\cdot$ 为内积运算。

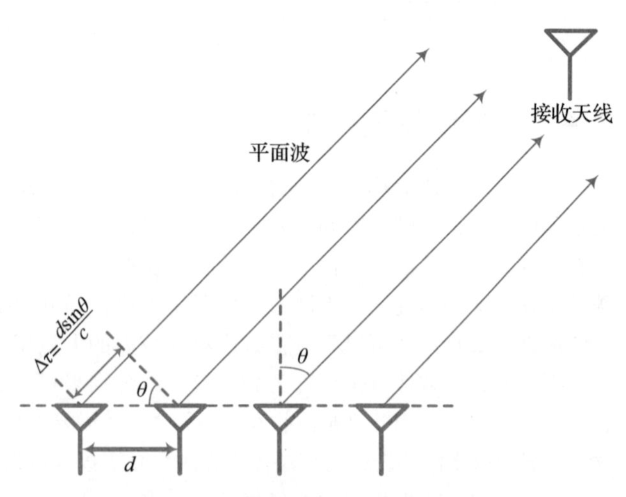

图 4.7　来自均匀线性阵列的平面波辐射的远场几何图，偏离角为 θ

接收机观察到由参考振子发射的信号，用复数表示为

$$s(t)\mathrm{e}^{\mathrm{j}2\pi f_0 t} \tag{4.54}$$

式中，$s(t)$ 表示复基带信号。第 n 个元件上的波前与参考元件上的波前到达时差为$\tau_n(\theta)$。因此，由于第 n 个元件而在接收天线上产生的信号可以表示为

$$s(t)\mathrm{e}^{\mathrm{j}2\pi f_0[t-\tau_n(\theta)]} \tag{4.55}$$

该表达式基于阵列信号处理的窄带假设，假设信号带宽足够窄，阵列维数足够小，使基带信号在 $\tau_n(\theta)$ 区间内几乎保持不变，即 $s(t)\approx s(t-\tau_n(\theta))$ 近似成立。

所有 N 个元件的整体接收信号为

$$y(t)=\sum_{n=1}^{N}s(t)\mathrm{e}^{\mathrm{j}2\pi f_0[t-\tau_n(\theta)]}+n(t) \tag{4.56}$$

式中，$n(t)$ 表示接收天线处的高斯白噪声。窄带波束赋形器的原理是通过与基带信号复用一个复权值 $w_n(t)$，在每个元件上施加信号的相移。因此，具有波束赋形的接收信号变为

$$y(t)=\sum_{n=1}^{N}w_n^*(t)s(t)\mathrm{e}^{\mathrm{j}2\pi f_0[t-\tau_n(\theta)]}+n(t) \tag{4.57}$$

式中，上标 * 表示共轭。

对于具有相同天线元件间距 d 的均匀线性阵列（Uniform Linear Array，ULA），对齐同一方向且使第一个元件位于原点，式（4.53）可以重写为

$$\tau_n(\theta)=\frac{d}{c}(n-1)\sin\theta \tag{4.58}$$

在加性高斯白噪声（Additive White Gaussian Noise，AWGN）信道中，通过将式（4.58）代入式（4.57），得到接收信号为

$$\begin{aligned}y(t)&=\sum_{n=1}^{N}w_n^*(t)s(t)\mathrm{e}^{\mathrm{j}2\pi f_0 t}\mathrm{e}^{-\mathrm{j}\frac{2\pi}{\lambda}(n-1)d\sin\theta}+n(t)\\&=\left(\sum_{n=1}^{N}w_n^*(t)\mathrm{e}^{-\mathrm{j}\frac{2\pi}{\lambda}(n-1)d\sin\theta}\right)s(t)\mathrm{e}^{\mathrm{j}2\pi f_0 t}+n(t)\\&=g(\theta,t)s(t)\mathrm{e}^{\mathrm{j}2\pi f_0 t}+n(t)\end{aligned} \tag{4.59}$$

式中，$g(\theta,t)$ 为波束赋形的效果，称为波束方向图。

定义加权向量为

$$\boldsymbol{w}(t)=[w_1(t),w_2(t),\cdots,w_N(t)]^{\mathrm{T}} \tag{4.60}$$

以及 ULA 的导向向量为

$$\boldsymbol{a}(\theta)=[1,\mathrm{e}^{-\mathrm{j}\frac{2\pi}{\lambda}d\sin\theta},\mathrm{e}^{-\mathrm{j}\frac{2\pi}{\lambda}2d\sin\theta},\cdots,\mathrm{e}^{-\mathrm{j}\frac{2\pi}{\lambda}(N-1)d\sin\theta}]^{\mathrm{T}} \tag{4.61}$$

ULA 的波束方向图可以表示为

$$g(\theta,t)=\boldsymbol{w}^{\mathrm{H}}(t)\boldsymbol{a}(\theta) \tag{4.62}$$

式中，上标 T 和 H 分别表示向量或矩阵的转置和共轭转置。

图 4.8 展示了在八元 ULA 上形成的两种波束模式。辐射能量可以集中在一个特定的方向，其功率增益等于天线元件的数量。换句话说，图中一个八元 ULA 在 0°和 180°方向上的波束 a，以及 90°和 270°方向上的波束 b，相较于相同功率的全向天线，其功率增益为 8。通过调整加权向量，可以将波束转向移动用户的任何特定方向，这可以通过使用一些经典算法来估计，如多重信号分类（Multiple SIgnal Classification，MUSIC）和旋转不变子空间信号参数估计（Estimation of Signal Parameters via Rational Invariance Techniques，ESPRIT）（Gardner，1988）。假设移动用户的角度是 θ_0，则设置权重向量为

$$w=a^*(\theta_0)=[1,e^{j\frac{2\pi}{\lambda}d\sin\theta_0},\cdots,e^{j\frac{2\pi}{\lambda}(N-1)d\sin\theta_0}]^T \quad (4.63)$$

其会形成指向所需角度的波束。

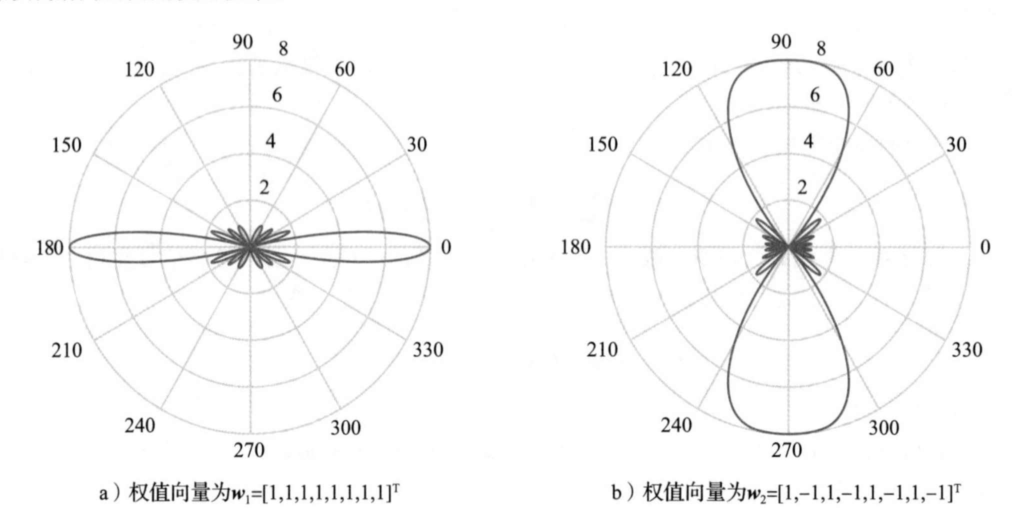

图 4.8　天线间距为 $d=\lambda/2$ 的八元均匀线性阵列波束模式

4.4.1.2　模拟波束赋形

在数字波束赋形过程中，每个天线元件都有自己的射频链。这种架构对于支持毫米波传输的移动设备来说过于耗电。因此，在毫米波收发机的初始实现中，考虑采用模拟波束赋形，其中波束在模拟域中形成，因此从混频器到数字基带只需要单个射频链。

如图 4.9 所示，首先将基带信号通过数字模拟转换器（DAC）转换为模拟信号 $s(t)$，然后上变频为 RF 信号 $s(t)e^{j2\pi f_0 t}$。此后，信号被分配到功率分配器中，并馈入一组模拟移相器，并经功率放大器（PA）处理后输出。在第 n 个元件处的发射信号为

$$s(t)e^{j2\pi f_0 t}e^{j\phi_n(t)} \quad (4.64)$$

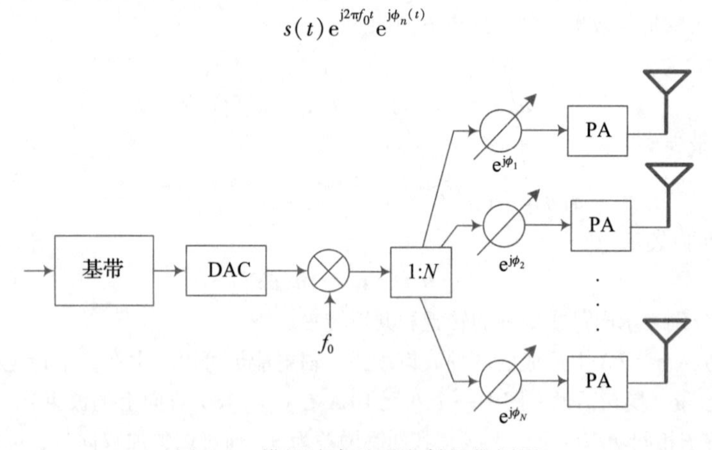

图 4.9　模拟波束赋形发射机的框图

其中，相移增加了 $\phi_n(t)$。考虑到传播时间的差异 $\tau_n(\theta)$，如图 4.7 所示，在接收机处引起的接收信号为

$$
\begin{aligned}
y(t) &= \sum_{n=1}^{N} s(t)\mathrm{e}^{\mathrm{j}2\pi f_0[t-\tau_n(\theta)]}\mathrm{e}^{\mathrm{j}\phi_n(t)}+n(t) \\
&= \left(\sum_{n=1}^{N}\mathrm{e}^{-\mathrm{j}2\pi f_0\tau_n(\theta)}\mathrm{e}^{\mathrm{j}\phi_n(t)}\right)s(t)\mathrm{e}^{\mathrm{j}2\pi f_0 t}+n(t) \\
&= g_a(\theta,t)s(t)\mathrm{e}^{\mathrm{j}2\pi f_0 t}+n(t)
\end{aligned} \tag{4.65}
$$

其生成的波束模式为

$$
g_a(\theta,t)=\sum_{n=1}^{N}\mathrm{e}^{-\mathrm{j}2\pi f_0\tau_n(\theta)}\mathrm{e}^{\mathrm{j}\phi_n(t)} \tag{4.66}
$$

比较式（4.66）与式（4.60），可得出结论，模拟波束赋形可以产生与数字波束赋形相同的效果。然而，模拟波束赋形只能聚焦于单一方向，这限制了其多路复用能力。由于模拟移相器的动态和分辨率有限，与数字信号中具有最优相位控制的数字波束赋形相比，也存在一定实现损耗。

4.4.1.3 混合波束赋形

在配备大规模天线阵列的毫米波系统中实现数字波束赋形需要大量的硬件组件，包括混频器、模数转换器、数模转换器和功率放大器（PA）。这将导致高昂的硬件成本和功耗，特别是对于移动终端而言，因此是不可行的。此外，波束赋形维度的显著增加给基带信号处理过程带来了较高的计算负担。这些约束驱使毫米波传输选择了模拟波束赋形，其使用单个射频链。因此，模拟波束赋形成了室内毫米波系统的实施方法。但是，它只支持单流传输，并且由于模拟移相器的硬件缺陷而导致了性能损失。作为一种权衡，只有少量射频链和一个移相器网络的混合波束赋形被提出作为一种有效的方法来支持多流传输。与模拟波束赋形相比，混合波束赋形支持空间多路复用和空分多址接入。此外，该方法的频谱效率与数字波束赋形相当，并具有更低的硬件复杂度。因此，在 B5G（Beyond 5G）系统中，它有望作为毫米波收发器结构被采用［Zhang et al.，2019］。

混合波束赋形可以在不同的电路网络结构中实现，从而导致不同的信号处理设计、不同的硬件约束和不同的毫米波系统性能。混合波束赋形有两个基本结构。

（1）全连接混合波束赋形

发送数据首先在基带中被预编码成 M 个数据流，每个数据流由一个独立的射频链处理。每个射频链通过一个模拟网络连接到所有 N 个天线，如图 4.10 所示。因此，总共需要 MN 个模拟移相器。通过调整所有天线上发送信号的相位，可以形成高度定向波束。

（2）部分连接混合波束赋形

在该结构中，每个射频链只连接到所有天线元件的子集，称为子阵列。由于这一限制，每个数据流只能实现等于子阵列中元件数量的功率增益，而波束的定向性与子阵列的数量成比例地降低。然而，这种结构可能更接近实际应用，因为它通过大幅减少所需模拟移相器的数量，即 N，从而大大降低了硬件复杂性。

数学上，基带预编码器的输出以 $s_m(t)$ 表示，$1\leqslant m\leqslant M$ 表示，如图 4.10 所示。经过数字模拟转换器（Digital-Analog Converter，DAC）和上变频后，第 m 个射频链馈电信号为

$$
s_m(t)\mathrm{e}^{\mathrm{j}2\pi f_0 t},\quad 1\leqslant m\leqslant M \tag{4.67}
$$

进入模拟网络。假设在全连接网络中第 m 个 RF 链和第 n 个天线之间的相移为 ϕ_{nm}，对于所有 $1\leqslant n\leqslant N$ 和 $1\leqslant m\leqslant M$，该移相器的输出为 $s_m(t)\mathrm{e}^{\mathrm{j}2\pi f_0 t}\mathrm{e}^{\mathrm{j}\phi_{nm}}$。因此，在天线 n 处获得的发射信号为

$$
x_n(t)=\sum_{m=1}^{M}s_m(t)\mathrm{e}^{\mathrm{j}2\pi f_0 t}\mathrm{e}^{\mathrm{j}\phi_{nm}} \tag{4.68}
$$

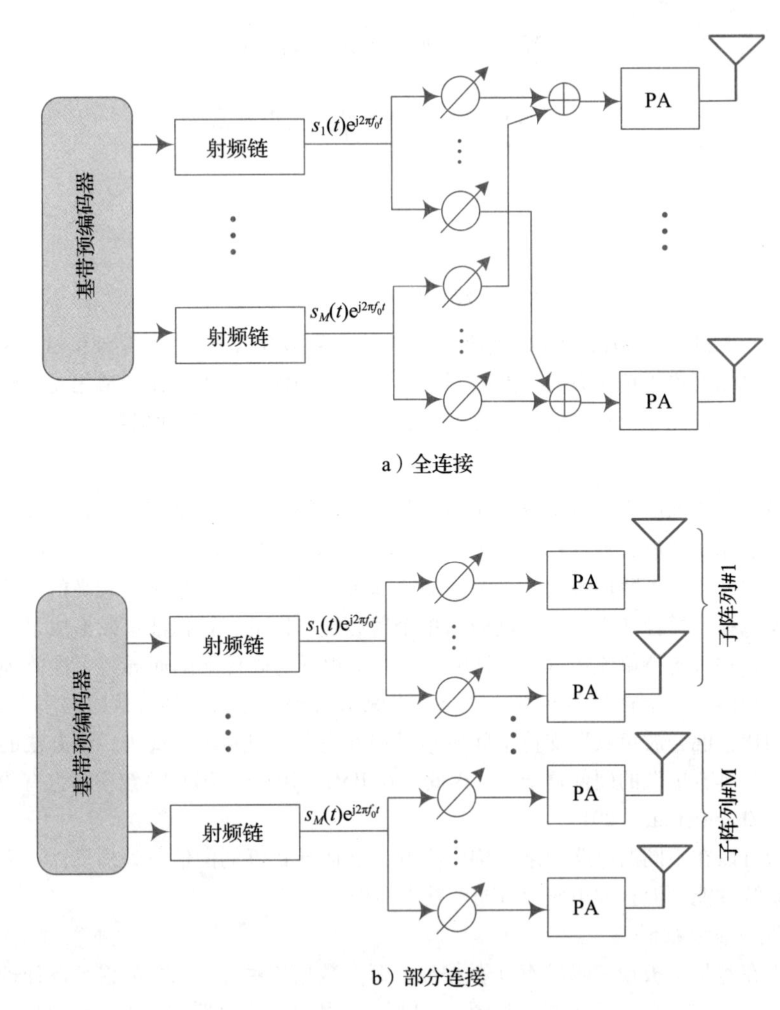

图 4.10　两种典型混合波束赋形的方框图

构建加权矩阵为

$$
\boldsymbol{W}=\begin{bmatrix} e^{j\phi_{11}} & e^{j\phi_{12}} & \cdots & e^{j\phi_{1M}} \\ e^{j\phi_{21}} & e^{j\phi_{22}} & \cdots & e^{j\phi_{2M}} \\ \vdots & \vdots & & \vdots \\ e^{j\phi_{N1}} & e^{j\phi_{N2}} & \cdots & e^{j\phi_{NM}} \end{bmatrix} \tag{4.69}
$$

定义

$$
\boldsymbol{x}(t)=[x_1(t),x_2(t),\cdots,x_N(t)]^{\mathrm{T}} \tag{4.70}
$$

$$
\boldsymbol{s}(t)=[s_1(t),s_2(t),\cdots,s_M(t)]^{\mathrm{T}} \tag{4.71}
$$

得到如下信号

$$
\boldsymbol{x}(t)=\boldsymbol{W}\boldsymbol{s}(t)e^{j2\pi f_0 t} \tag{4.72}
$$

在一个 AWGN 信道内，接收机观察到的感应信号如下

$$
\begin{aligned}
y(t) &= \sum_{n=1}^{N} x_n(t-\tau_n(\theta))+n(t) \\
&= \sum_{n=1}^{N}\sum_{m=1}^{M} s_m(t)\mathrm{e}^{\mathrm{j}2\pi f_0[t-\tau_n(\theta)]}\mathrm{e}^{\mathrm{j}\phi_{nm}}+n(t) \\
&= \left(\sum_{n=1}^{N}\sum_{m=1}^{M} s_m(t)\mathrm{e}^{-\mathrm{j}2\pi f_0\tau_n(\theta)}\mathrm{e}^{\mathrm{j}\phi_{nm}}\right)\mathrm{e}^{\mathrm{j}2\pi f_0 t}+n(t) \\
&= \left(\sum_{m=1}^{M} s_m(t)\boldsymbol{a}^{\mathrm{T}}(\theta)\boldsymbol{w}_m\right)\mathrm{e}^{\mathrm{j}2\pi f_0 t}+n(t)
\end{aligned}
\tag{4.73}
$$

式中，$\boldsymbol{a}^{\mathrm{T}}(\theta)$ 为阵列的导向向量，$\boldsymbol{w}_m=[\mathrm{e}^{\mathrm{j}\phi_{1m}},\mathrm{e}^{\mathrm{j}\phi_{2m}},\cdots,\mathrm{e}^{\mathrm{j}\phi_{Nm}}]^{\mathrm{T}}$ 为加权矩阵的第 m 列。

假设有 M 个用户位于不同的角度 θ_m，$1\leqslant m\leqslant M$，典型的用户 m 等待其期望的信号 $s_m(t)$。理论上，如果我们找到一组加权向量满足以下条件：

$$
\begin{cases}
\boldsymbol{a}^{\mathrm{T}}(\theta_{m'})\boldsymbol{w}_m=N, & \text{if } m=m' \\
\boldsymbol{a}^{\mathrm{T}}(\theta_{m'})\boldsymbol{w}_m=0, & \text{if } m\neq m'
\end{cases}
$$

将式（4.74）代入式（4.65），可以得到第 m 个用户的接收信号为

$$
y_m(t)=Ns_m(t)\mathrm{e}^{\mathrm{j}2\pi f_0 t}+n(t)。
$$

通过下变频和模数转换，成功地将期望的信号 $s_m(t)$ 传递给用户 m，实现了每个数据流的空间复用增益 M 和功率增益 N。

在部分连接模拟波束赋形中，天线阵列被分为多个子阵列，每个天线只分配给一个射频链。每个子阵列包含 $N_s=N/M$ 个天线（假设 N_s 是一个整数）。与式（4.68）中给出的全连接模拟波束赋形的发射信号相比，第 m 个子阵列的发射信号为

$$
\boldsymbol{x}_m(t)=[s_m(t)\mathrm{e}^{\mathrm{j}2\pi f_0 t}\mathrm{e}^{\mathrm{j}\phi_{1m}},\cdots,s_m(t)\mathrm{e}^{\mathrm{j}2\pi f_0 t}\mathrm{e}^{\mathrm{j}\phi_{N_s m}}]^{\mathrm{T}} \tag{4.74}
$$

接收信号可以表示为

$$
\begin{aligned}
y(t) &= \sum_{m=1}^{M}\sum_{n_s=1}^{N_s} s_m(t)\mathrm{e}^{\mathrm{j}2\pi f_0[t-\tau_{[(m-1)N_s+n_s]}(\theta)]}\mathrm{e}^{\mathrm{j}\phi_{n_s m}}+n(t) \\
&= \left(\sum_{m=1}^{M} s_m(t)\sum_{n_s=1}^{N_s}\mathrm{e}^{-\mathrm{j}2\pi f_0\tau_{[(m-1)N_s+n_s]}(\theta)}\mathrm{e}^{\mathrm{j}\phi_{n_s m}}\right)\mathrm{e}^{\mathrm{j}2\pi f_0 t}+n(t)
\end{aligned}
\tag{4.75}
$$

子阵列 m 的导向向量可以表示为

$$
\boldsymbol{a}_m(\theta)=[\mathrm{e}^{-\mathrm{j}2\pi f_0\tau_{[(m-1)N_s+1]}(\theta)},\cdots,\mathrm{e}^{-\mathrm{j}2\pi f_0\tau_{[mN_s]}(\theta)}]^{\mathrm{T}} \tag{4.76}
$$

其对应的加权向量可以表示为

$$
\boldsymbol{w}_m=[\mathrm{e}^{\mathrm{j}\phi_{1m}},\cdots,\mathrm{e}^{\mathrm{j}\phi_{N_s m}}]^{\mathrm{T}} \tag{4.77}
$$

式（4.75）可以重写为

$$
\begin{aligned}
y(t) &= \left(\sum_{m=1}^{M}\boldsymbol{a}_m^{\mathrm{T}}(\theta)\boldsymbol{w}_m s_m(t)\right)\mathrm{e}^{\mathrm{j}2\pi f_0 t}+n(t) \\
&= \sum_{m=1}^{M} g_m(\theta,t)s_m(t)\mathrm{e}^{\mathrm{j}2\pi f_0 t}+n(t)
\end{aligned}
\tag{4.78}
$$

式中，$g_m(\theta,t)$ 表示由第 m 个子阵列生成的波束模式。正如我们从式（4.78）中看到的，部分连接模拟波束赋形产生了 M 个波束，但每个波束的功率增益仅为 N_s，比全连接的模拟波束赋形低 M 倍。

4.4.1.4　三维波束赋形

上述波束赋形方案侧重在水平平面上生成和引导波束模式，也称为二维（2D）波束赋形，而垂直域没有被利用。与二维波束赋形相比，三维波束赋形在仰角和方位角平面上调整波束模式，以提供更多的自由度。更高的用户容量、更少的小区间和多用户干扰、更高的能效、更好的覆盖率和更高的频谱效率是三维波束赋形的优势。

用于毫米波传输的天线阵列通常有大量的天线元件来产生高功率增益，以补偿严重的传播损耗。例如，5G 毫米波系统在基站侧支持 64~256 个天线，在移动站侧支持 4~16 个天线。其中一个主要的挑战是如何在有限的体积内封装如此多的元件，特别是对于传统的一维天线阵列，如线性和圆形阵列。例如，当 100 个元件在 20GHz 的载波频率下均匀间隔半波长分布时，ULA 的长度约为 75cm，而均匀圆形阵列（Uniform Circle Array，UCA）的直径约为 24cm［Tan et al.，2017］。解决方案是使用平面天线阵列如均匀矩形平面阵列（Uniform Rectangular Planar Array，URPA）、均匀六角形平面阵列（Uniform Hexagonal Planar Array，UHPA）和均匀圆形平面阵列（Uniform Circular Planar Array，UCPA），它们可以在紧凑的设备中部署更多的天线元件，实现更为定向的波束，并提供更高的天线增益来克服路径损耗。

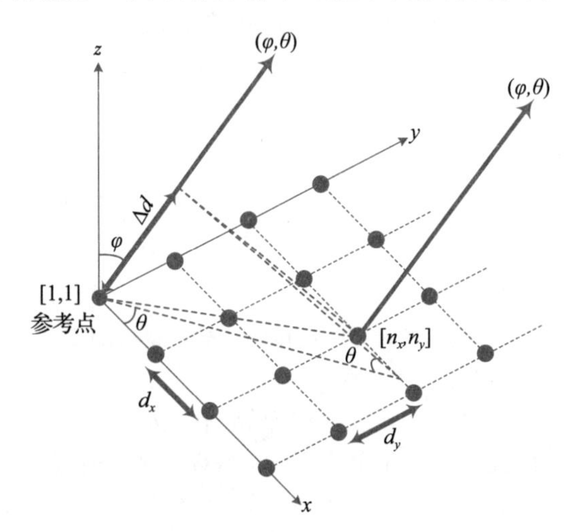

图 4.11　在具有仰角 φ 和方位角 θ 的均匀平面阵列方向上平面波辐射的远场几何图

如图 4.11 所示，这是一个均匀的平面阵列，在 x 方向上有 N_x 个元件，元件间距为 d_x，y 方向上有 N_y 个元件，元件间距为 d_y。在三维坐标系中，平面波的到达或离开方向由仰角 φ 和方位角 θ 来描述，用 (φ,θ) 表示。位于 n_x 行和 n_y 列的典型元件（即 $[n_x,n_y]$）与参考点 $[1,1]$ 之间的传播距离差可以表示为

$$\Delta d_{n_xn_y}(\varphi,\theta)=(n_x-1)d_x\sin\varphi\cos\theta+(n_y-1)d_y\sin\varphi\sin\theta \tag{4.79}$$

由此引起的时延为

$$\tau_{n_xn_y}(\varphi,\theta)=\frac{\Delta d_{n_xn_y}(\varphi,\theta)}{c}=\frac{\sin\varphi[(n_x-1)d_x\cos\theta+(n_y-1)d_y\sin\theta]}{c} \tag{4.80}$$

在远距离条件下，URPA 的导向向量表示为（Chen，2013）

$$\boldsymbol{a}(\varphi,\theta)=\boldsymbol{v}_x(\varphi,\theta)\otimes\boldsymbol{v}_y(\varphi,\theta) \tag{4.81}$$

式中，$\boldsymbol{v}_x(\varphi,\theta)$ 和 $\boldsymbol{v}_y(\varphi,\theta)$ 可以分别视为 x 方向和 y 方向上的导向向量，可以表示为

$$\boldsymbol{v}_x(\varphi,\theta)=[1,e^{j\frac{2\pi}{\lambda}d_x\sin\varphi\cos\theta},\cdots,e^{j\frac{2\pi}{\lambda}(N_x-1)d_x\sin\varphi\cos\theta}]^{\mathrm{T}} \tag{4.82}$$

$$\boldsymbol{v}_y(\varphi,\theta)=[1,e^{j\frac{2\pi}{\lambda}d_y\sin\varphi\sin\theta},\cdots,e^{j\frac{2\pi}{\lambda}(N_y-1)d_y\sin\varphi\sin\theta}]^{\mathrm{T}} \tag{4.83}$$

将天线元件 $[n_x,n_y]$ 的权重表示为 $w_{n_xn_y}(t)$，并假设平面阵列向移动用户发送单个流信号 $s(t)$。类似式（4.65），接收机观察到的感应信号为

$$
\begin{aligned}
y(t) &= \sum_{n_x=1}^{N_x}\sum_{n_y=1}^{N_y} w_{n_xn_y}(t)s(t)\mathrm{e}^{\mathrm{j}2\pi f_0[t-\tau_{n_xn_y}(\varphi,\theta)]}+n(t) \\
&= \left(\sum_{n_x=1}^{N_x}\sum_{n_y=1}^{N_y} w_{n_xn_y}(t)\mathrm{e}^{-\mathrm{j}\frac{2\pi\sin\varphi}{\lambda}[(n_x-1)d_x\cos\theta+(n_y-1)d_y\sin\theta]}\right)s(t)\mathrm{e}^{\mathrm{j}2\pi f_0 t}+n(t) \\
&= g(\varphi,\theta,t)s(t)\mathrm{e}^{\mathrm{j}2\pi f_0 t}+n(t)
\end{aligned} \tag{4.84}
$$

如果目标用户的移动方向为（φ_0,θ_0），则权值应为相应相位差的倒数，以最大化该方向上的信号强度，即

$$
w_{n_xn_y}(t)=\mathrm{e}^{\mathrm{j}\frac{2\pi\sin\varphi_0}{\lambda}[(n_x-1)d_x\cos\theta_0+(n_y-1)d_y\sin\theta_0]} \tag{4.85}
$$

将式（4.85）代入式（4.84），可以得到一个 3D 的波束模式为

$$
\begin{aligned}
g(\varphi,\theta,t) &= \sum_{n_x=1}^{N_x}\sum_{n_y=1}^{N_y} w_{n_xn_y}(t)\mathrm{e}^{-\mathrm{j}\frac{2\pi\sin\varphi}{\lambda}[(n_x-1)d_x\cos\theta+(n_y-1)d_y\sin\theta]} \\
&= \sum_{n_x=1}^{N_x}\sum_{n_y=1}^{N_y} \mathrm{e}^{\mathrm{j}\frac{2\pi\sin\varphi_0}{\lambda}[(n_x-1)d_x\cos\theta_0+(n_y-1)d_y\sin\theta_0]}\times \\
&\quad \mathrm{e}^{-\mathrm{j}\frac{2\pi\sin\varphi}{\lambda}[(n_x-1)d_x\cos\theta+(n_y-1)d_y\sin\theta]}
\end{aligned} \tag{4.86}
$$

在式（4.86）中设置 $\varphi=\varphi_0$ 和 $\theta=\theta_0$，则

$$
g(\varphi_0,\theta_0,t)=N_xN_y \tag{4.87}
$$

这意味着在（φ_0,θ_0）的方向上，实现了 N_xN_y 的最大功率增益，相当于天线元件的总数。

4.4.2 初始接入

在所有蜂窝通信系统中，当终端通电，执行从空闲（IDEL）到连接（CONNECTED）模式的转换，或初始进入系统的覆盖区域时，需要寻找合适的小区来启动初始接入和随机接入。在终端与基站通信之前，终端需执行以下接入过程。

- 小区搜索：初始接入系统时，移动设备在通电时执行小区搜索。之后，该设备必须不断地搜索相邻的小区，以确定是否需要触发切换。其主要功能包括：
  ⓐ获取频率和符号同步到一个小区；
  ⓑ获取小区的帧定时，即确定下行帧的开始；
  ⓒ确定小区的物理层小区标识。

为了执行小区搜索，两种类型的同步信号（SS），即主同步信号（PSS）和辅助同步信号（SSS）周期性地在每个小区的下行链路上发送。

- 系统信息提取：一旦实现了频率和时间的同步，终端的后续步骤是提取服务小区的系统信息。网络周期性地广播这些信息，终端可以通过它在网络和特定小区内进行适当地接入和操作。在长期演进（Long-Term Evolution，LTE）和 NR 中，系统信息分为两种不同的类型：主信息块（Master Information Block，MIB）和系统信息块（System Information Block，SIB）。MIB 包含有限的信息，这些信息对于获取剩余系统信息是必需的。更具体地说，MIB 包括如下行小区带宽、控制信道配置［如物理混合 ARQ 指示信道（Physical Hybrid ARQ Indicator Channel，PHICH）］和系统帧号（System Frame Number，SFN）等信息。SIB 包含系统信息的主要部分，通过下行共享信道周期性的广播。SIB 中的典型信息可能包括小区上行带宽、随机接入参数、与上行功率控制相关的参

数、与相邻小区相关的信息、子帧的分配等。MIB由物理广播信道传输，而SIB通过共享下行控制信道传输。

- 随机接入：设备需要请求建立连接，通过建立该连接可以为初始传输分配一个专用资源。该系统为终端分配一个特定的资源块来发送其请求，在LTE或NR中称为物理随机接入信道（Physical Random Access Channel，PRACH）。除了初始接入，随机接入还用于在无线电链路故障后重新建立无线电链路、在需要建立上行链路同步到新小区时进行切换、上行链路调度和定位。随机接入以无竞争或基于竞争的方式进行操作。无竞争随机接入只能用于下行数据到达、切换和定位时重新建立上行同步。基于竞争的随机接入通常采用以下四个步骤。

  ⓐ前导码（Preamble）传输：随机接入前导码的传输，允许基站能够估计上行链路定时。上行链路同步是必要的，否则终端无法传输任何上行链路数据。

  ⓑ随机接入响应：网络发送定时提前命令，以基于第一步中获得的定时估计来调整终端发送定时。除了建立上行链路同步，第二步还为终端分配上行资源，以便在第三步的随机接入过程中使用。

  ⓒ上行请求：终端向网络传输其识别信息。这个信令的确切内容取决于终端的状态，特别是网络之前是否已经知道了它。

  ⓓ冲突解决：最后一步包括在下行控制信道上网络向终端传输冲突解决消息。此步骤还解决了多个终端试图同时使用同一随机访问资源而引起的任何冲突。

4.4.2.1　多波束同步和广播

为了对抗由毫米波频率造成的严重传播损耗，基站和移动终端都需要高度定向的天线，以实现用于广域覆盖的足够功率增益。这种对方向性的依赖对控制层程序的设计有重大影响。在LTE系统中，SS和主系统信息在全向覆盖的下行信道中广播。仅在成功建立物理链路后，才应用波束赋形或其他定向传输。然而，5G毫米波蜂窝系统需要应用定向波束来传输控制和用户数据。因此，初始接入必须提供一种机制，使基站和移动终端可以确定初始广播方向。

毫米波蜂窝网络基本上可以采用多波束的方法进行同步和广播，包括穷举搜索、迭代搜索和基于上下文信息的搜索［Giordani et al.，2016］，具体描述如下。

- 穷举搜索：这是一种蛮力方法，通过多个窄波束顺序扫描360°空间，潜在地在时变的随机方向上进行。换句话说，基站通过不断地改变权重向量来周期性地传输SS和系统信息。终端和基站都有预定义的码本，由一组加权向量组成，其中每个加权向量可以形成一个窄的波束来覆盖一个特定的方向，所有波束一起无缝地覆盖整个角空间，如图4.12所示。与用户数据的传输相比，该方法提供了良好的覆盖，而且没有任何功率增益损失，特别是对于小区边缘的用户，但该方法会产生较高开销和较长的发现延迟。
- 迭代搜索：这是一种基于更快的用户发现技术的两阶段层次化过程，以缓解穷举搜索延迟。在第一阶段中，基站按顺序选择特定的加权向量在几个宽波束上依次传输SS。根据终端的反馈，基站可以知道终端的大致方向。在第二阶段，基站只需扫描被最佳宽波束所覆盖的角空间，而不是360°。虽然该方法可以比穷举搜索更快地确定终端的方向，但宽波束的功率增益小于窄波束的功率增益，从而带来了较小的覆盖范围和边缘用户较高的误检测概率。
- 基于上下文信息的搜索：该方法利用终端和基站的地理知识，由独立的控制面实现，旨在改善小区边缘的终端搜索并最小化延迟。在毫米波频率下工作的小区部署在传统低频率工作的锚点小区的覆盖范围内。宏基站控制几个小区的初始接入，通知毫米波基站终端的位置信息，使毫米波基站能够将其波束直接指向目标终端。此过程主要分为以下三个步骤。

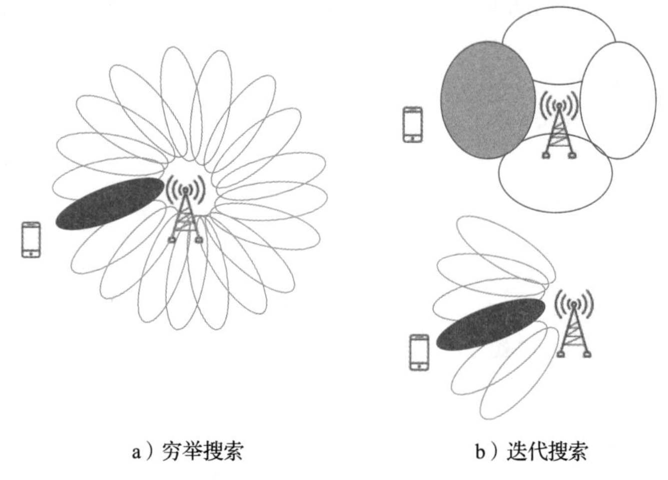

图 4.12　两种基本的多波束同步方法示意图

ⓐ宏基站在其覆盖范围内分发所有毫米波基站的全球导航卫星系统（Global Navigation Satellite System，GNSS）坐标等位置信息。

ⓑ每个终端都得到其 GNSS 坐标和方向。

ⓒ根据前面步骤中获得的位置信息，每个终端几何地选择最近的毫米波基站，并将波束指向它。类似地，每个毫米波基站可以获取终端的位置信息，并将波束指向特定方向为终端提供服务。

4.4.2.2　LTE 系统中的常规初始接入方式

具有特定特征的预定义序列周期性地在下行链路中的无线电帧中传输，以方便移动终端在小区搜索过程中实现频率和定时同步。在 LTE 中，有三种不同的 PSS，每个都是一个 62 符号的频域 Zadoff-Chu 序列，两侧有 5 个空子载波，并映射到以直流（Direct Current，DC）子载波为中心的 72 个子载波（6 个资源块）。Zadoff-Chu 序列是多相码，在所有非零滞后下具有零周期自相关的特殊特性。当作为 SS 使用时，如果滞后为零，则理想序列和接收序列之间的相关性最大。当两个序列之间存在任何滞后时，相关性为零。对 Zadoff-Chu 序列的长度没有限制［Chu，1972］。

用于 LTE 的 PSS 序列根据以下规则生成：

$$d_u(n)=\begin{cases}e^{-j\frac{\pi un(n+1)}{63}}, & n=0,1,\cdots,30\\ e^{-j\frac{\pi u(n+1)(n+2)}{63}}, & n=31,32,\cdots,61\end{cases} \tag{4.88}$$

式中，u 代表 Zadoff-Chu 根序列索引，它有三个值，这取决于组内的单元格标识，如表 4-9 所示。

LTE 的无线电帧持续 10ms，分为 10 个子帧，每个子帧由两个时隙组成，持续时间为 0.5ms。给定 30.72MHz 的采样率，每个时隙包含 15 360 个样本，它们被分成 7 个正交频分复用（Orthogonal Frequency-Division Multiplexing，OFDM）符号。根据其在组内的小区标识，一个小区在三个不同的 Zadoff-Chu 序列中选择一个 PSS，并以 5ms 的周期周期性地传递它。具体来说，在 FDD 模式下，将两个相同的 PSS 插入第一个时隙的最后一个 OFDM 符号（索引从 0 开始）和

表 4-9　组内小区标识与根序列索引之间的映射

组内小区标识 $N_{ID}^{(2)}$	根序列索引 u
0	25
1	29
2	34

来源：3GPP TS36.211［2009］/ETSI.

第十个时隙中，而TDD模式将两个相同的PSS插入第二个时隙的第三个OFDM符号和第十二个时隙中，分别如图4.13所示。通过搜索PSS，移动终端可以实现：

- 小区的频率和符号同步。
- 下行链路中无线帧的5ms定时。
- 小区标识的部分信息。
- SSS的位置。

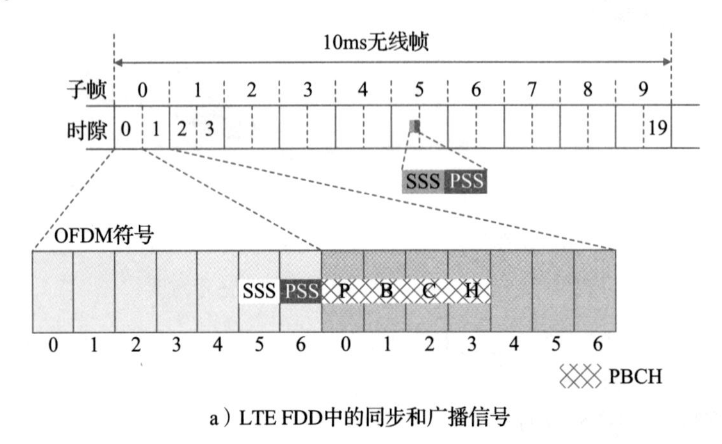

a）LTE FDD中的同步和广播信号

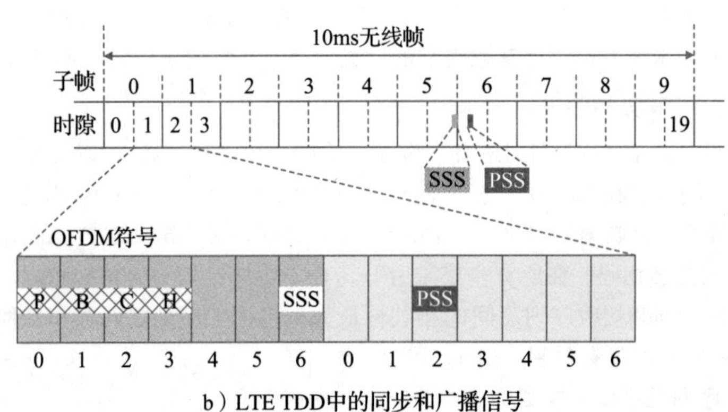

b）LTE TDD中的同步和广播信号

图4.13 LTE的FDD和TDD模式中的同步和广播信号的定时

与PSS类似，SSS占据中心72个子载波（不包括直流子载波），并位于子帧0和5（对于FDD和TDD）。SSS的主要功能是

- 确定下行链路中的帧定时。
- 确定物理层小区标识。

LTE有504个唯一的物理层小区标识。物理层小区标识被分为168个小区标识组，每个组包含3个唯一的标识。因此，物理层小区标识由0~167范围内的值唯一确定，表示小区标识组$N_{\mathrm{ID}}^{(1)}$，以及0~2范围内的值表示小区标识组$N_{\mathrm{ID}}^{(2)}$内的小区标识。用于SSS的序列是两个长度为31的m序列的交织串联。串联序列用PSS给出的加扰序列进行加扰。通过循环遍历长度为m的移位寄存器的每一种可能状态，它具有168个不同的值。SSS的值用于区分168个小区标识组，即$N_{\mathrm{ID}}^{(1)}=0,1,\cdots,167$。因此，物理层小区标识$N_{\mathrm{ID}}^{\mathrm{cell}}$可以由下式获得：

$$N_{\mathrm{ID}}^{\mathrm{cell}}=3N_{\mathrm{ID}}^{(1)}+N_{\mathrm{ID}}^{(2)} \tag{4.89}$$

加扰序列交织排列，以便在每个无线电帧中交替传输第一和第二 SSS 传输序列。这使得接收机可以仅通过观察其中一个序列来确定帧定时。根据应用的帧类型（TDD 或 FDD），SSS 与 PSS 在相同的子帧中传输，但在 FDD 中比 PSS 提前一个 OFDM 符号，而在 TDD 中比 PSS 提前三个 OFDM 符号，如图 4.13 所示。

在下行链路中实现频率和定时同步后，移动终端需要提取由 PBCH 所携带的主系统信息。PBCH 传输分布在四个连续的无线电帧上，时间跨度为 40ms。在每个无线电帧中，PBCH 占据第二个时隙中前四个 OFDM 符号的中心 72 个子载波。除了参考信号资源元素，整个 PBCH 占用约 960 个资源元素。由于 PBCH 使用正交相移键控（Quadrature Phase Shift Keying，QPSK）调制，它相当于 1920 个信息位。在 PBCH 上传输的比特块，即正常循环前缀（Cyclic Prefix，CP）为 1920，扩展 CP 为 1728，在调制前应使用小区特定的序列进行加扰。LTE 的 FDD 和 TDD 模式的无线电帧、SS 和 PBCH 的定时如图 4.13 所示。

4.4.2.3　NR 中的波束扫描初始接入

尽管术语 PSS、SSS 和 PBCH 已经在 LTE 中被定义了，但 NR 首先定义了术语 SS 块，它由 PSS、SSS 和 PBCH 组成。在 NR 系统中，如图 4.14 所示，一个 SS 块在时域跨越 4 个 OFDM 符号，在频域跨越 240 个子载波。

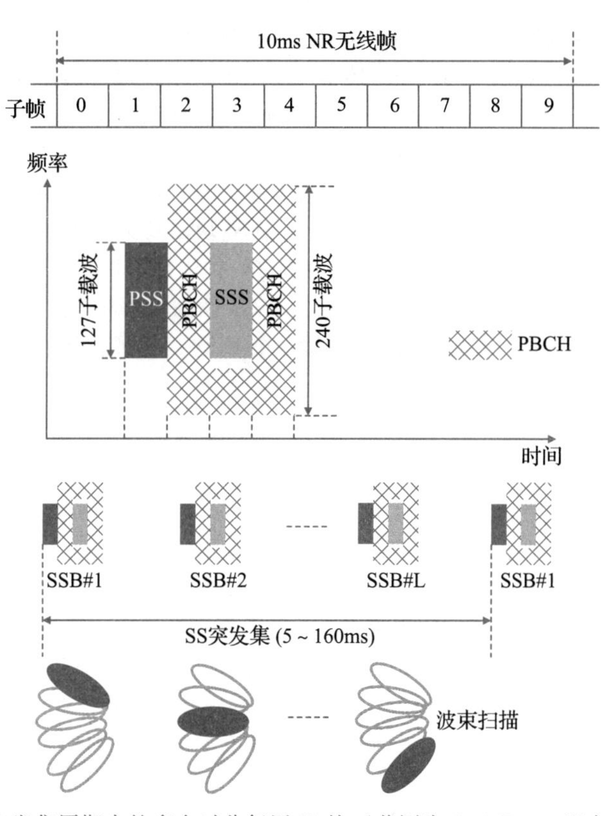

图 4.14　SS 突发集周期内的多个时分复用 SS 块（范围为 5~160ms，以实现波束扫描）

- PSS 使用 SS 块的第一个 OFDM 符号的 127 个子载波进行传输，而两侧的其余子载波都是空的。
- 在第三个 OFDM 符号中，SSS 与 PSS 占据相同的子载波集。PSS 的两侧各有 8 和 9 个子载波。

- PBCH占据了SS块的第二和第四OFDM符号的整个子载波，并且在SSS的每一侧使用48个子载波。因此，在单个SS块内用于PBCH的资源单元的总数等于576（见表4-10）。

表4-10　NR无线电帧和SS块参数中的OFDM参数集

ν	Δf/kHz	$N_{\text{OFDM}}^{\text{时隙}}$	$N_{\text{时隙}}^{\text{子帧}}$	SSB带宽/MHz	时长/μs
0	15	14	1	3.6	285
1	30	14	2	7.2	143
2	60	14	4	N/A	N/A
3	120	14	8	28.8	36
4	240	14	16	57.6	18

一个NR无线电帧的长度也为10ms，与LTE相同，它被分为10个子帧，每个子帧的持续时间为1ms。NR支持具有可变子载波间隔的灵活OFDM，可以表示为

$$\Delta f = 2^{\nu} \times 15\text{kHz} \tag{4.90}$$

式中，ν是一个整数，对于可能的子载波间隔，分别为15kHz、30kHz、60kHz、120kHz和240kHz，满足

$$0 \leqslant \nu \leqslant 4 \tag{4.91}$$

每个时隙包含一个固定数量的$N_{\text{OFDM}}^{\text{时隙}}=14$个普通CP OFDM符号，因此每个子帧由$N_{\text{时隙}}^{\text{子帧}}=2^{\nu}$个子载波间距时隙组成。NR中SS块与LTE中同步和广播信号之间的一个关键区别是SS块传输可以采用波束扫描。波束扫描过程中的一组SS块称为SS突发集。突发周期性地传输，周期为5~160ms。单个SS突发集中SS块的最大数量（L）取决于频率，具体如下。

- 在3GHz以下的低频段，在SS突发集中可以有$L=4$个SS块，以支持四个波束的波束扫描。
- 在3~6GHz的频段，在SS突发集中可以有$L=8$个SS块，以支持超过8个波束的波束扫描。
- 对于高频频带（FR2），在SS突发集中可以有$L=64$个SS块，以支持64个波束的波束扫描。这是因为在毫米波频率下必须使用大规模的天线阵列来补偿高传播和穿透损耗，因此需要有大量的波束并具有更窄的波束宽度。在每个波束上传输一个SS块，以保证所有方向都能接收到同步和广播信号，如图4.14所示。

4.4.3　全向波束赋形

如前所述，一些特定的信号，如物理SS和系统广播信息，必须发送给整个小区或扇区覆盖区域内的所有移动用户。因此，除了具有高功率或多路复用增益的专用信道，提供全向覆盖的广播信道还能确保小区或扇区中的每个用户接收到具有可接受质量的信号。传统传输同步和广播信号的方法是使用具有全向辐射模式的单一天线。因此，在早期使用单天线基站的移动系统中，信号广播从来都不是一个问题。然而，天线阵列已经成为先进的无线通信系统中提高频谱效率的重要组成部分。直观地说，可以使用天线阵列中特定的天线来传输广播信号。然而，为了实现与利用波束赋形增益的单播信号相似的覆盖范围，所选天线需要更高的功率放大，这比其余天线更昂贵且耗电量更大。因此，重新利用多个低功率天线来传输广播信号以保证经济节能的系统是有意义的。

目前已有几种用于全向覆盖的多天线方案。空时分组码，特别是Alamouti码，已经成功地应用于两个发射天线情况下的通用移动通信系统（Universal Mobile Telecommunications System，UMTS）。循环延迟分集（Cyclic delay diversity，CDD）是用于数字视频广播（Digital Video Broadcasting，DVB）和3GPP LTE的一种简单的多天线传输方案。一些研究表明，CDD本质上是一种频域的波束赋形技术。然而，

CDD 的性能还没有得到理论证明和实践的普遍验证，特别是对于四个天线及以上的情况。在 3GPP LTE 中，广播信道采用空频块码和频率切换来发送分集。这种广播方案效率高，但密切依赖于天线的数量。在使用智能天线技术的 TD-SCDMA 系统中，为广播信道设计了一种特殊的波束，称为广播波束，在一定角度范围内（如 120°）具有平坦的幅度。然而，该方案有两个缺陷。第一个是由于权重系数较小而导致的功率效率较低。例如，由加权向量生成具有 120°的广播波束，该加权向量为［0.55,1,1,0.55,0.85,1,0.85］，其中两个射频信道仅利用了 PA 全部能力的约 30%（由于 $0.552^2=0.304704$）。第二个缺点是由射频信道的特性偏差和故障引起的广播波束的波形畸变。由此，定期校准射频通道和维护权重向量将成为强制性的，这给移动运营商带来了沉重的负担。

用于毫米波传输的天线元件的数量通常很大，以提供高功率增益，从而补偿在毫米波频率下的高传播和穿透损耗。波束成形不仅应用于数据面，而且也应用于控制面。如前所述，NR 采用波束扫描技术，为同步和广播信号提供全向覆盖。然而，具有 64 个波束等大量波束的扫描过程是耗时的，而且 SS 块消耗的时频资源开销是显著的。本节将介绍一种称为随机波束赋形（Random Beamforming，RBF）的技术，旨在实现多天线系统中广播信道的全向覆盖［Yang et al.，2013］。对时频域内的每个通信资源元素应用一个随机加权向量，其平均波束方向是全向相等的。与机会波束赋形技术相比，它是一种开环方案，不需要用户反馈。此外，利用等权系数可以获得最大的 PA 利用效率。

4.4.3.1　随机波束赋形

RBF 的基本原理是通过应用特定的随机加权向量，在每个时频资源单元上生成一个随机波束模式。对于足够大数量的资源单元，这些随机模式在每个方向上的平均功率几乎相等，因为没有一个方向优于其他方向。因此，可以实现全向覆盖，重复使用现有的低功率天线，而不需要额外的高功率天线或射频链。

设计标准：以 ULA 为例。假设有 N 个元件，元件间距为 d，ULA 的导向向量可以表示为

$$\boldsymbol{a}(\theta)=\left[1,e^{-j\frac{2\pi}{\lambda}d\sin\theta},e^{-j\frac{2\pi}{\lambda}2d\sin\theta},\cdots,e^{-j\frac{2\pi}{\lambda}(N-1)d\sin\theta}\right]^{\mathrm{T}} \tag{4.92}$$

时频资源单元 t 上应用的加权向量表示为

$$\boldsymbol{w}(t)=\left[w_1(t),w_2(t),\cdots,w_N(t)\right]^{\mathrm{T}} \tag{4.93}$$

这可以通过在数字波束赋形中将加权系数复用到每个基带分支上，或通过模拟波束成形中的模拟移位器直接调整每个天线上的信号相位来实现。然后，ULA 的波束方向图可以表示为

$$g(\theta,t)=\boldsymbol{w}^H(t)\boldsymbol{a}(\theta) \tag{4.94}$$

在平坦衰落信道中，单天线系统的资源单元 t 处接收的信号表示为

$$y_{\mathrm{SISO}}(t)=h(t)s(t)+n(t) \tag{4.95}$$

式中，$s(t)$ 为窄带传输信号，$h(t)$ 为信道响应，$n(t)$ 为加性高斯噪声。从角度域来看，单天线系统具有最优的全向覆盖性能，这是多天线系统中 RBF 技术的基准。考虑一个具有远场假设的宏小区场景，即基站周围没有反射器，而移动台位于具有 L 个反射器的散射区域。与发射机和接收机之间的间隔距离相比，散射区域的直径足够小。然后，各种多径分量的到达角表示为 θ_l，近似相同，即 $\theta_l=\theta$。将第 n 个发射天线的第 l 个路径的信道响应记为 $h_{n,l}$，可以得到［Yang et al.，2011］

$$h_{n,l}=h_{1,l}e^{-j\frac{2\pi}{\lambda}(n-1)d\sin\theta_l}\approx h_{1,l}e^{-j\frac{2\pi}{\lambda}(n-1)d\sin\theta} \tag{4.96}$$

对于典型的移动用户，多天线 RBF 系统的模型与单天线系统的模型相同，只是叠加了由随机波束方向图引起的额外时间和频率选择性衰落，可以表示为

$$\begin{aligned} y_{\text{RBF}}(t) &= \sum_{l=1}^{L}\sum_{n=1}^{N} h_{n,l}(t) w_n^*(t) s(t) + n(t) \\ &\approx \sum_{l=1}^{L} h_{1,l}(t) \sum_{n=1}^{N} w_n^*(t) s(t) \mathrm{e}^{-\mathrm{j}\frac{2\pi}{\lambda}(n-1)d\sin\theta} + n(t) \\ &= h_1(t) g(\theta,t) s(t) + n(t) \end{aligned} \tag{4.97}$$

式中，$h_1(t)$ 是在时频资源单元 t 处参考天线和接收机之间的信道响应。比较式（4.95）与式（4.97）可知，影响全向覆盖的唯一因素是波束模式 $g(\theta,t)$。由于无法在所有方向上产生具有相同瞬时发射能量的波束模式，因此 RBF 的设计侧重于平均发射能量。为了保证对特定角度采用波束赋形后的平均功率不变，它需要

$$\int |g(\theta,t)|^2 p_g(\theta,t)\mathrm{d}t = 1 \tag{4.98}$$

式中，$p_g(\theta,t)$ 为随机模式的功率密度函数，由角度和时频资源单位表示。从上面的讨论中，设计随机模式序列的标准可以总结如下 [Yang et al.，2013]：

- 在每个方向上保持相同的平均功率以实现全向覆盖。
- 在每个天线上设置相同的功率以最大限度地提高 PA 效率。
- 使用方差最小的随机模式。

为了实现在每个方向上平均功率相等的全向覆盖目标，将波束赋形角维度中的方向图方差定义为度量模式偏离圆的程度：

$$\sigma_g^2 = \sqrt{\frac{1}{2\pi}\int_0^{2\pi}\left[|g(\theta,t)|^2 - \mathbb{E}(|g(\theta,t)|^2)\right]^2\mathrm{d}\theta} \tag{4.99}$$

随机波束模式：通过计算机搜索，可以方便地得到一个具有低方差的基加权向量。为了满足第二和第三个标准，基加权向量是具有最小方差和单位模的向量，可以表示为

- $|w_1| = |w_2| = \cdots = |w_N| = 1$。
- $\boldsymbol{w}_0 = \operatorname{argmin}\ (\sigma_g^2)$。

以 $d=\lambda/2$ 的八元 ULA 为例，方差最小的最优加权向量为

$$\boldsymbol{w}_0 = \frac{\sqrt{2}}{2}[-\sqrt{2}, -1+\mathrm{i}, \sqrt{2}\mathrm{i}, 1-\mathrm{i}, -1+\mathrm{i}, 1-\mathrm{i}, \sqrt{2}, 1+\mathrm{i}]^{\mathrm{T}} \tag{4.100}$$

为了从基模式中随机获得足够的波束模式，可以应用等振幅变换，即

$$\boldsymbol{w}_r = \boldsymbol{D}\boldsymbol{w}_0 \tag{4.101}$$

式中，$\boldsymbol{D}$ 是对角变换矩阵：

$$\boldsymbol{D} = \begin{bmatrix} 1 & 0 & 0 & \cdots & 0 \\ 0 & \mathrm{e}^{\mathrm{j}\phi(t)} & 0 & \cdots & 0 \\ 0 & 0 & \mathrm{e}^{\mathrm{j}2\phi(t)} & \cdots & 0 \\ \vdots & \vdots & \vdots & & \vdots \\ 0 & 0 & 0 & \cdots & \mathrm{e}^{\mathrm{j}(N-1)\phi(t)} \end{bmatrix} \tag{4.102}$$

$\boldsymbol{w}_r$ 形成的波束模式为

$$\begin{aligned} g_r(\theta,t) &= \sum_{n=1}^{N} w_n^* \mathrm{e}^{-\mathrm{j}\frac{2\pi}{\lambda}(n-1)d\sin\theta} \mathrm{e}^{\mathrm{j}(n-1)\phi(t)} \\ &= \sum_{n=1}^{N} w_n^* \mathrm{e}^{-\mathrm{j}(n-1)\left[\frac{2\pi}{\lambda}d\sin\theta - \phi(t)\right]} \end{aligned} \tag{4.103}$$

这表明，转换后的模式只改变了基模式的形态，同时保持其值集不变。基波束模式和三种转换模式如图 4.15 所示。

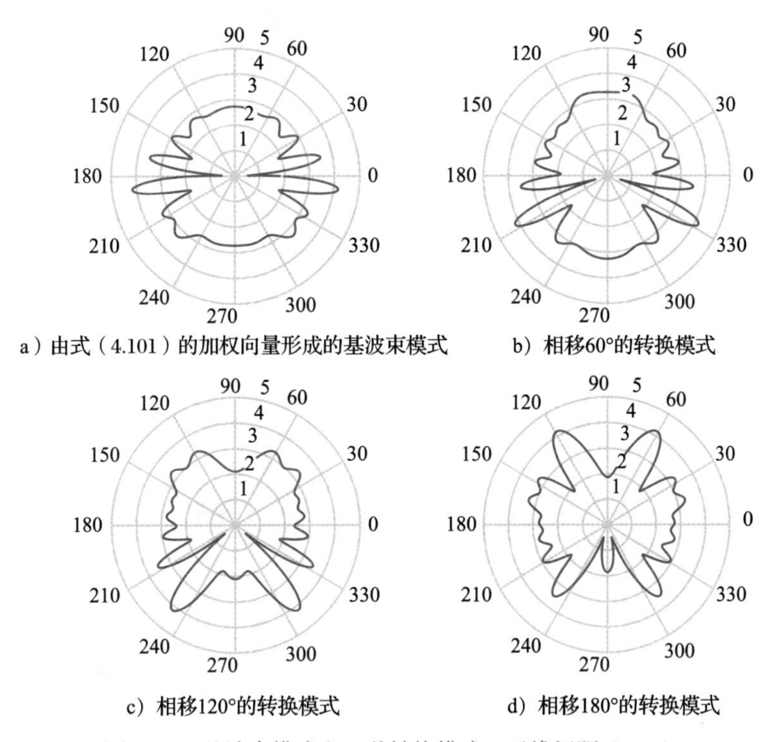

a）由式（4.101）的加权向量形成的基波束模式　b）相移60°的转换模式

c）相移120°的转换模式　d）相移180°的转换模式

图 4.15　基波束模式和三种转换模式，天线间距 $d=\lambda/2$

4.4.3.2　增强型随机波束赋形

对于特定方向的典型用户，当模式随不同的时频资源单元发生变化时，波束赋形增益会波动，即使用户没有移动，也具有与时间和频率选择衰落相似的效果。这种额外的缺陷会降低性能，导致单天线广播和 RBF 之间存在差距。除了传统的信道编码和分集技术可以用来克服这些影响，Yang 等人［2013］还提出了一种基于 Alamouti 编码的增强随机波束赋形（ERBF）技术。

Alamouti 编码是一种简单而有效的发送分集技术，通常应用于具有两个不相关发射天线的系统中，以实现最大速率和最大分集。发送的符号在空间和时间域中进行编码，而不是直接馈入波束赋形器。具体地说，两个连续的符号 $\boldsymbol{s}=[s_1,s_2]^{\mathrm{T}}$ 被编码为矩阵 $\boldsymbol{S}$，如下：

$$\boldsymbol{s}=\begin{bmatrix} s_1 \\ s_2 \end{bmatrix} \longrightarrow \boldsymbol{S}=\begin{bmatrix} s_1 & -s_2^* \\ s_2 & s_1^* \end{bmatrix} \tag{4.104}$$

如图 4.16 所示，将 Alamouti 编码器的两个输出乘以两个独立的加权向量，将得到每个天线元件对应的信号，然后加在一起，生成每个元件的发射信号。Alamouti 编码需要两个不相关的天线来实现分集增益。在 ERBF 方案中，模式 1 和模式 2 具有不相关的波束赋形增益，可以视为两个虚拟天线。

将模式 1 和模式 2 的波束赋形增益分别记为 g_1 和 g_2，单位方差为 $\mathrm{E}[|g_1|^2]=\mathrm{E}[|g_2|^2]=1$。因此，典型用户在两个连续时频资源单元上的接收信号可以表示为

$$\begin{cases} r_1=hg_1s_1+hg_2s_2+n_1 \\ r_2=-hg_1s_2^*+hg_2s_1^*+n_2 \end{cases}$$

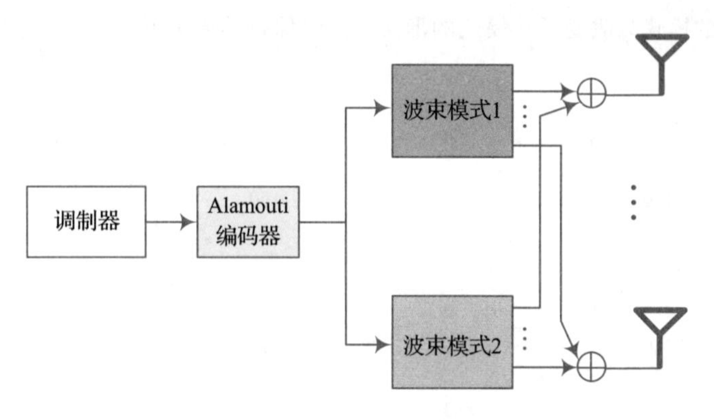

a）Alamouti增强随机波束赋形

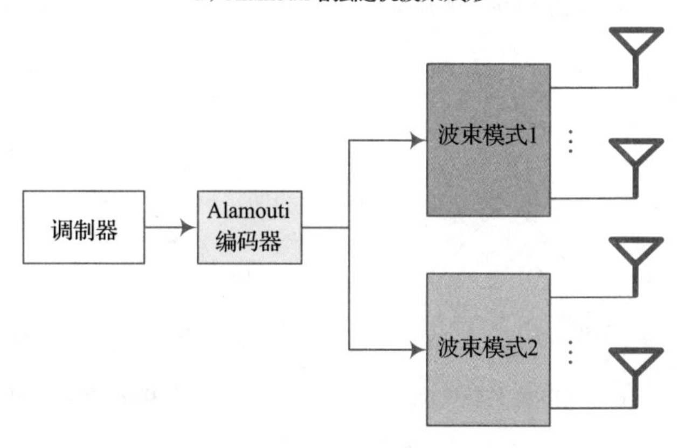

b）互补随机波束赋形

图　4.16

式中，$E[|s_1|^2]=E[|s_2|^2]=P/2$，$P$ 为所有天线的发射功率之和。定义接收信号向量 $\boldsymbol{r}=[r_1,r_2^*]^T$ 和噪声向量 $\boldsymbol{n}=[n_1,n_2^*]^T$，然后构建信道矩阵：

$$\boldsymbol{H}=\begin{bmatrix} hg_1 & hg_2 \\ h^*g_2^* & -h^*g_1^* \end{bmatrix} \tag{4.105}$$

式（4.105）可以重写为

$$\boldsymbol{r}=\boldsymbol{HS}+\boldsymbol{n} \tag{4.106}$$

可以对上式进行检测估计，例如采用最小均方误差（MMSE）估计，可以得到

$$\hat{s}=(\boldsymbol{H}^H\boldsymbol{H}+\sigma^2\boldsymbol{I})^{-1}\boldsymbol{H}^H\boldsymbol{r} \tag{4.107}$$

虽然增强型 RBF 可以提高全向覆盖的性能，但其容量和误比特率（Bit Error Rate，BER）性能仍然比单天线差，因为功率在时频资源单元之间波动。在 Jiang 和 Yang［2012］中，提出了一种称为互补随机波束赋形的方案，该方案可以在天线阵列上实现上限性能（与信号天线广播相同）。在角域中以尽可能平坦的振幅模式确定基加权向量，并在每个时频资源块上形成一对互补的模式，由此产生的瞬时发射功率在整个小区中变为各向同性。

4.4.3.3　互补随机波束赋形

首先，将物理天线阵列分为两个子阵列，用于传输由 Alamouti 编码器产生的正交信号的任一支路。

类似 RBF，为每个子阵列确定实现最小方差模式的基加权向量，这一对波束模式相互补充，使它们的复合模式在任何特定的角度瞬时地保持各向同性，而不是通过对大量时频资源单元进行平均得到统计上的相等。

将 $\boldsymbol{e}=[e_1,e_2,\cdots,e_N]$ 表示的 N 元天线阵列分为两个子阵列：

$$\begin{cases}\boldsymbol{e}_1=[e_1,e_2,\cdots,e_{N/2}]\\ \boldsymbol{e}_2=[e_{N/2+1},e_{N/2+2},\cdots,e_N]\end{cases} \tag{4.108}$$

在传统的波束赋形中，数据符号被正确地加权并在所有元件上传输，以实现在期望方向上的构造叠加。在互补波束赋形中，首先对传输的符号按照 Alamouti 方案进行编码，然后分别在 $\boldsymbol{e}_1$ 和 $\boldsymbol{e}_2$ 上独立形成两个正交的波束。电磁干扰现象只发生在发射相关信号的元件之间。因此，不同的子阵列模式可以视为是独立的。

选择一对基加权向量 $\boldsymbol{w}_1$ 和 $\boldsymbol{w}_2$，满足以下条件：

Ⅰ. 最小化在任意一个子阵列上的单个波束模式的方差：

$$\hat{\boldsymbol{w}}_k=\operatorname{argmin}(\sigma_{g_k}^2)$$

式中，g_k，$k=1,2$ 分别表示子阵列 1 和 2 上的波束模式。

Ⅱ. 最小化复合模式的方差：

$$[\hat{\boldsymbol{w}}_1,\hat{\boldsymbol{w}}_2]=\operatorname{argmin}(\sigma_g^2)$$

复合模式指向整个天线阵列上的合成模式，其振幅定义为：

$$|g|=\sqrt{\frac{|g_1|^2+|g_2|^2}{2}} \tag{4.109}$$

Ⅲ. 将每个天线上的发射功率设置为相同，以最大化 PA 效率：

$$|w_1|=|w_2|=\cdots=|w_N|=1$$

以元件间距为 $d=\lambda/2$ 的八元阵列为例，两个子阵列的导向向量可以表示为（见图 4.17）：

$$\begin{cases}\boldsymbol{a}_1(\theta)=[1,\mathrm{e}^{-\mathrm{j}\pi\sin\theta},\mathrm{e}^{-\mathrm{j}2\pi\sin\theta},\mathrm{e}^{-\mathrm{j}3\pi\sin\theta}]^{\mathrm{T}}\\ \boldsymbol{a}_2(\theta)=[\mathrm{e}^{-\mathrm{j}4\pi\sin\theta},\mathrm{e}^{-\mathrm{j}5\pi\sin\theta},\mathrm{e}^{-\mathrm{j}6\pi\sin\theta},\mathrm{e}^{-\mathrm{j}7\pi\sin\theta}]^{\mathrm{T}}\end{cases} \tag{4.110}$$

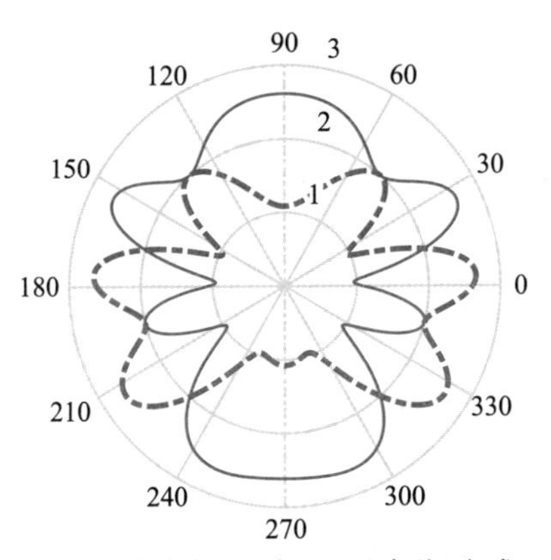

a）实线和虚线表示两个四元子阵列上与式 (4.112)和式 (4.113) 中的加权向量相对应的一对互补模式，其复合功率模式 $(|g_1|^2+|g_2|^2)/2=1$，实现各向同性瞬时辐射功率与单个天线相同

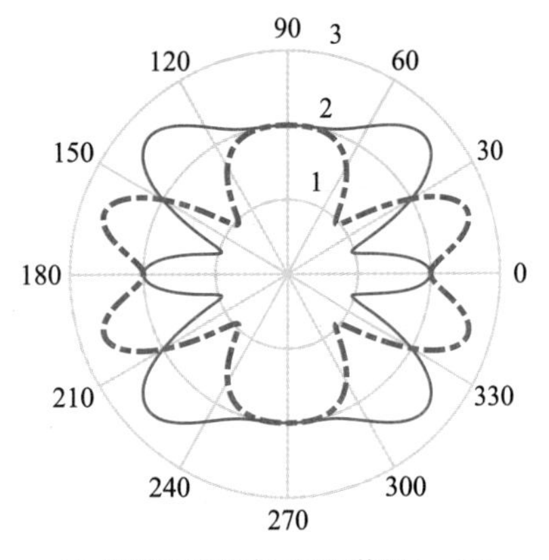

b）实线和虚线表示通过使用 $\phi_n=45°$ 进行等幅变换的转换模式

图 4.17 八元 ULA 上的互补随机波束，天线间间距 $d=\lambda/2$

通过计算机简单的数值搜索，得到一对基加权向量：

$$\boldsymbol{w}_1=[1,e^{j\frac{7\pi}{4}},e^{j\frac{\pi}{2}},e^{j\frac{5\pi}{4}}]^{\mathrm{T}} \tag{4.111}$$

$$\boldsymbol{w}_2=[1,e^{j\frac{3\pi}{4}},e^{j\frac{\pi}{2}},e^{j\frac{\pi}{4}}]^{\mathrm{T}} \tag{4.112}$$

如图 4.16 所示，尽管任一子阵列的模式在角度域上波动，就像 RBF 方案中的随机模式一样，但它们的复合功率模式在所有角度上都是各向同性的，即

$$|g|^2=\frac{|g_1|^2+|g_2|^2}{2}=1 \tag{4.113}$$

除了基波束模式，还可以使用式（4.101）获得转换后的模式。

因此，互补 RBF 的接收信噪比（signal-to-noise ratio，SNR）等于单个天线的接收信噪比，这在数学上可以表示为

$$\gamma_{\mathrm{CRBF}}=\frac{(|g_1|^2+|g_2|^2)|h|^2P}{2\sigma^2}=\frac{|h|^2P}{\sigma^2}=\gamma_{\mathrm{SISO}} \tag{4.114}$$

4.5　总结

本章重点讨论了毫米波传播的特性，这是毫米波传输算法和通信协议设计的基础。毫米波信号在自由空间传播中表现出与微波和超高频无线电信号相似的特性。然而，由于天线的尺寸有限，毫米波信号的接收功率较小，造成了毫米波信号具有更高自由空间传播损耗的错觉。同时，毫米波信号的穿透损耗较高，甚至人体也会影响直接传输。特别是，由于氧和水分子的吸收，大气效应和天气发挥了相当大的作用，这在低频频段通常可以忽略不计。本章介绍了高达 100GHz 的毫米波信道的大尺度和小尺度衰落信道模型，这对毫米波通信系统的系统设计、性能评估、验证至关重要。为了补偿在毫米波频率下的高传播和穿透损耗，采用了大规模的天线阵列来获得较高的波束赋形增益。接着介绍了数字波束赋形、模拟波束赋形和混合波束赋形三种实现方式的原理。波束赋形引出了毫米波通信系统初始接入中的多波束同步和广播问题。最后，本章提供了实现广播信道全向覆盖技术的解决方案，即 RBF 及其增强方案。

参考文献

3GPP TR38.900 [2018], Study on channel model for frequency spectrum above 6 GHz, Technical Report TR38.900 v15.0.0, 3GPP.

3GPP TS36.211 [2009], Evolved universal terrestrial radio access (E-UTRA); physical channels and modulation (Release 8), Technical Specification TS36.211 v8.6.0, 3GPP.

Chen, J. [2013], When does asymptotic orthogonality exist for very large arrays?, *in* 'Proceedings of IEEE 2013 IEEE Global Communications Conference (GLOBECOM)', Atlanta, USA, pp. 4146–4150.

Chu, D. C. [1972], 'Polyphase codes with good periodic correlation properties', *IEEE Transactions on Information Theory* **18**(4), 531–532.

Crane, R. K. [1980], 'Prediction of attenuation by rain', *IEEE Transactions on Communications* **28**(9), 1717–1733.

Gardner, W. [1988], 'Simplification of MUSIC and ESPRIT by exploitation of cyclostationarity', *Proceedings of the IEEE* **76**(7), 845–847.

Giordani, M., Mezzavilla, M. and Zorzi, M. [2016], 'Initial access in 5G mmWave cellular networks', *IEEE Communications Magazine* **54**, 40–47.

ITU-R P.676 [2019], Attenuation by atmospheric gases and related effects, Recommendation P676-12, ITU-R.

Jiang, W. and Yang, X. [2012], An enhanced random beamforming scheme for signal broadcasting in multi-antenna systems, *in* 'Proceedings of IEEE 23rd International Symposium on Personal, Indoor and Mobile Radio Communications (PIMRC)', Sydney, Australia, pp. 2055–2060.

Rappaport, T. S., Heath, R. W., Daniels, R. C. and Murdock, J. N. [2014], *Millimeter wave wireless communications*, Pearson Education, Englewood Cliffs, NJ, USA.

Tan, W., Assimonis, S. D., Matthaiou, M., Han, Y., Li, X. and Jin, S. [2017], Analysis of different planar antenna arrays for mmWave Massive MIMO systems, *in* 'Proceedings of IEEE 85th Vehicular Technology Conference (VTC Spring)', Sydney, Australia, pp. 1–5.

Tharek, A. R. and McGeehan, J. P. [1988], Propagation and bit error rate measurements within buildings in the millimeter wave band about 60 GHz, *in* 'Proceedings of the eighth European Conference on Electrotechnics (EUROCON 1988)', Stockholm, Sweden, pp. 318–321.

Tse, D. and Viswanath, P. [2005], *Fundamentals of Wireless Communication*, Cambridge University Press, Cambridge, United Kingdom.

Yang, X., Jiang, W. and Vucetic, B. [2011], A random beamforming technique for broadcast channels in multiple antenna systems, *in* 'Proceedings of 2011 IEEE Vehicular Technology Conference (VTC Fall)', San Francisco, CA, USA, pp. 1–6.

Yang, X., Jiang, W. and Vucetic, B. [2013], 'A random beamforming technique for omnidirectional coverage in multiple-antenna systems', *IEEE Transactions on Vehicular Technology* **62**(3), 1420–1425.

Yong, S.-K. [2007], Channel modeling sub-committee final report, Technical Report IEEE 15-07-0584-01-003c, IEEE P802.15 Working Group for Wireless Personal Area Networks (WPANs) TG3c.

Zhang, J., Yu, X. and Letaief, K. B. [2019], 'Hybrid beamforming for 5G and beyond millimeter-wave systems: A holistic view', *IEEE Open Journal of the Communications Society* **1**, 77–91.

Zhao, H., Mayzus, R., Sun, S., Samimi, M., Schulz, J. K., Azar, Y., Wang, K., Wong, G. N., Jr., F. G. and Rappaport, T. S. [2013], 28 GHz millimeter wave cellular communication measurements for reflection and penetration loss in and around buildings in New York city, *in* 'Proceedings of the 2013 IEEE International Conference on Communications (ICC)', Budapest, Hungary, pp. 5163–5167.

第 5 章 |Chapter 5|

6G 太赫兹技术和系统

为了满足每秒兆比特量级的极高传输速率的 6G 愿景需求，鉴于 100GHz 以下毫米频段的可用频谱资源有限，因此无线通信需要利用具有丰富频谱资源的太赫兹（THz）频段。本书使用的太赫兹频谱范围有三种：0. 1~10THz、300GHz~3THz 或 100GHz~3THz。为了给部署太赫兹通信提供便利，ITU-R 已经开放了 275~450GHz 之间的频谱用于陆地移动和固定服务。除了太赫兹通信，太赫兹频段还可应用于成像、传感和定位等其他特定应用，这些应用有望在即将到来的 6G 系统中与太赫兹通信实现协同。尽管太赫兹通信具有巨大的无线传输潜力，但受高自由空间路径损耗、大气衰减、降雨衰减、阻塞和高多普勒效应的影响，其信道非常恶劣。为了克服这种高传播损耗，太赫兹通信高度依赖由超大规模 MIMO 系统中的子阵列波束赋形或透镜天线阵列等先进技术实现的高定向传输。

本章将重点介绍太赫兹通信的关键部分，包括：

- 6G 时代利用太赫兹频段的必要性。
- 太赫兹频段的无线电规范和 275~450GHz 频率范围内最先进的频谱识别技术。
- 太赫兹通信在未来移动和无线网络中的潜在使用案例。
- 太赫兹技术在成像、传感和定位中的应用。
- 太赫兹传输的挑战，包括高自由空间扩散损失、大气气体吸收、降雨衰减、阻塞和高多普勒效应。
- 超大规模 MIMO 系统中的子阵列波束赋形原理。
- 透镜天线的原理和基于透镜天线阵列的太赫兹 MIMO 传输。
- 第一个太赫兹通信标准：IEEE802. 15. 3d，其工作频率为 252~322GHz。

5.1 太赫兹频段的潜力

5.1.1 频谱限制

在过去的几十年中，我们目睹了移动通信的一个重要发展趋势，即新一代蜂窝系统采用了更宽的信号带宽来实现比其前述版本更高的数据传输速率。最初，1G 模拟系统的信号带宽仅为 30kHz 左右，已经足以承载移动用户的语音信号。当时的系统设计者在选择用于移动通信的频带时，自然而然选择了具有良好传播和穿透特性的低频带。因此，直到 4G 系统之前的蜂窝网络都在低于 6GHz 的常规频段运行，现在称为 sub-6GHz 频段。为了支持 20Gbit/s 的峰值速率，5G 系统需要利用更高的频率来满足 1GHz 的更大带宽。一方面，在许多区域，由于不可能确定 6GHz 以下的大容量连续频谱，因此分配给 IMT 服务的频谱总量通常小于 1GHz；另一方面，在更高频率上通常具有更多的频谱资源，这些资源已经用于各种非蜂窝应用（APP），如卫星通信、遥感、射电天文学、雷达等。随着天线技术和射频元件的进步，先前被认为由于其不利的传播特性而不适合移动通信的毫米波频段在技术上变得可行。因此，5G 成了第一个利用高频频段的商用蜂窝系统。

在国际电信联盟（International Telecommunication Union，ITU）世界无线电第 15 次会议（WRC-15）上，指定了一个议程项目来确定用于 IMT-2020 移动服务的 24GHz 以上的高频频段。根据 ITU-R 在 WRC-15 后进行的研究，WRC-19 指出超低延迟和极高数据速率的应用需要更大的连续频谱块。因此，ITU-R 总共分配了 13.5GHz 频谱来部署 5GHz 毫米波通信，这包括一组高频频段，其值包括 24.25~27.5GHz、37~43.5GHz、45.5~47GHz、47.2~48.2GHz 和 66~71GHz。

同时，3GPP 规定了与 5G NR 相关的频谱，该频谱分为两个频率范围。

- FR1：第一频率范围，包括 450MHz~6GHz 的 6GHz 以下频段。
- FR2：第二频率范围，覆盖频段范围为 24.25~52.6GHz。

如表 5-1 所示，预计初始毫米波部署在 28GHz（3GPP NR 频带 n257 和 n261）和 39GHz（3GPP n260），然后是 26GHz（3GPP n258）。从这个角度来看，5G 与前几代移动系统相比最显著的特点可能是毫米波频段的应用，这种应用暂时解决了 4G 移动通信系统中的频谱短缺问题。

表 5-1　3GPP 为 FR2 频段下的 NR 规定的工作频段

NR 频段	频率范围/GHz	双工模式	区域
n257	26.5~29.5	TDD	亚洲、美洲
n258	24.25~27.5	TDD	亚洲、欧洲
n259	39.5~43.5	TDD	全球
n260	37.0~40.0	TDD	美洲
n261	27.5~28.35	TDD	美洲

来源：[Dahlman et al.，2021]/经 Elsevier 许可。

尽管目前毫米波频段拥有丰富的频谱冗余，但在未来十年之内，这种冗余不一定足以满足日益增长的带宽需求。虚拟现实、增强现实、超高清视频传输、物联网、工业 4.0、车联网和自动驾驶以及无线回传等新应用程序的激增，以及尚未构想的颠覆性用例如全息通信、完全沉浸式游戏、触觉互联网和智能互联网的出现，将要求极高的数据速率和比 5G 网络更严格的服务质量。预计到 2030 年及以后，6G 系统需要支持 Tbit/s 的数据传输速率，以满足信息和通信技术的需求 [Jiang et al，2021]。

5.1.2　开发太赫兹频段的必要性

整个电磁频谱如图 5.1 所示，不同频段的主要特性如表 5-2 所示。与其他频段相比，太赫兹频段在过去几年引起了学术界和工业界的更多关注。引起这种现象的原因可以总结如下。

- 无线电和微波频段无法支持太比特级的通信。得益于 6GHz 以下频段的优异传播特性，先进的传输技术（如正交频分复用（Orthogonal Frequency Division Multiplexing，OFDM）和非正交多址（Non-OrthogonalMultiple-Access，NOMA））、高阶调制（如 1024 阶正交幅度调制（Quadrature Amplitude Modulation，QAM））以及大规模多输入多输出（Multiple-Input Multiple-Output，MIMO）系统上的激进空间复用方案，已经被发明以实现更高的频谱效率。然而，可用带宽的稀缺性限制了可实现的传输速率。例如，LTE-A 系统在 100MHz 聚合带宽上使用 8×4 MIMO 方案实现了 1Gbit/s 的峰值数据速率。假设 6GHz 以下频段最终为 IMT 服务确定了 1GHz 带宽，则目标太比特级链路只能通过具有极限频谱效率（100(bit/s)/Hz）的无线传输技术来实现，这在可预见的未来是不可行的。
- 可用的毫米波频谱在支持太比特级的传输上仍然受限。截至目前，在高达 100GHz 的全球毫米波蜂窝频段内，总共有 13.5GHz 的频谱资源可用。在这样的带宽下，只有具有接近 100(bit/s)/Hz 的频谱效率传输方案才能实现 1Tbit/s 量级的数据速率，这需要使用当前已知的数字调制技术或收发机组件不能实现的符号保真度。相对于这样的极高目标，毫米波频率的可用带宽仍然有限，有效地限制了数据速率的上限。因此，鉴于高于 100GHz 频率的可用频段非常丰富，太比特通信将在该频段上蓬勃发展。

- 目前的硬件技术限制了支持太比特级链路的光频段。尽管在红外、可见光和紫外光频率的光频段有大量可用的频谱，但有几个问题限制了光无线通信（Optical Wireless Communications，OWC）的实用性。出于人眼安全考虑，低功率传输的限制、几种大气衰减（如雾、雨、灰尘或污染）对信号传播的影响、高漫反射损耗以及发射机和接收机间未对准的影响，都限制了光无线通信系统的可实现数据速率和传输范围［Akyildiza et al.，2014］。例如，在无线局域网（Wireless Local Area Network，WLAN）的视距（Line-of-Sight，LOS）传播中支持 10Gbit/s 无线链路的红外（Infra-Red，IR）通信系统和在可见光频率支持 1Gbit/s 链路的室内自由空间光通信系统已经成为现实。此外，十年前成功演示了一种远程自由空间光通信系统，其传输速率达到 1.28Tbit/s，令人印象深刻。然而，这种情况只发生在视距路径上，而在分散的非视距（Non-Line-of-Sight，NLOS）环境中，数据传输速率要低得多。典型光纤通信设备产生的大容量光信号被注入体积为 12cm×12cm×20cm、重量接近 1kg 的光学前端中。所有这些约束限制了用于个人和移动无线通信的大规模光学方法的可行性。
- 极高的频段不适合用于无线通信。众所周知，电离辐射具有足够高的粒子能量，可以驱逐电子并产生自由基，从而诱发癌症，因此，紫外线、X 射线和伽马射线等电离辐射是危险的。电离辐射已应用于许多领域，包括放射治疗、摄影、半导体制造、材料科学、金属厚度测量、天文学、核医学、医疗设备消毒以及某些食品和香料的巴氏杀菌。如果谨慎使用，电离辐射对健康的不利影响微乎其微，但它仍然不适合个体通信［Rappaport et al.，2019］。与电离辐射不同，毫米波和太赫兹辐射是非电离的，因为光子能量（0.1～12.4meV，比电离光子能级弱三个数量级以上）不足，无法释放原子或分子中的电子，而电离通常需要 12eV。由于毫米波和太赫兹频段不确定是否存在电离辐射的问题，因此在该频段，热量可能是唯一的主要癌症风险。国际非电离辐射防护委员会（ICNIRP）标准的制定是为了防止热危害，特别是对眼睛和皮肤。因为缺乏血液流动时，眼睛和皮肤对辐射出来的热量最为敏感。

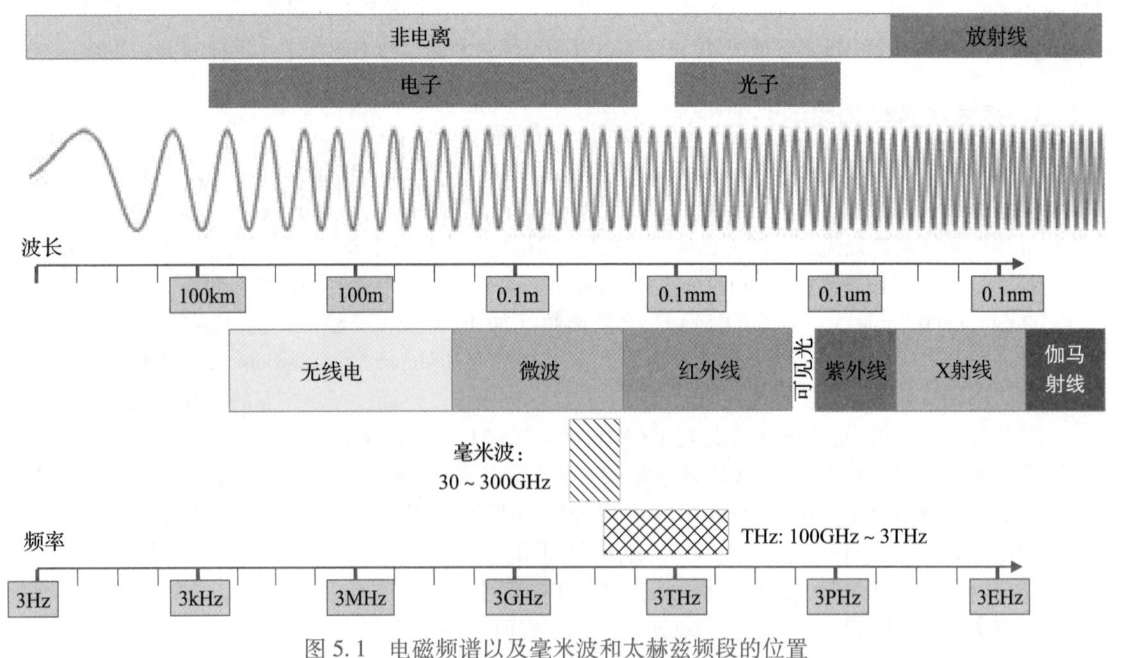

图 5.1　电磁频谱以及毫米波和太赫兹频段的位置

表 5-2　整个电磁频谱上不同频段的主要特征

频段	波长/m	频率/Hz	起源	应用
电力	>105	<100	在宏观距离上振动的原子或分子	电能传输
无线电通信	>1	3~300M	在宏观距离上振动的原子或分子	无线电/电视广播、通信、卫星、导航、无线定位、无线天文学、雷达、遥感
微波	$1\times10^{-3}\sim1$	300M~300G	振动的原子或分子	通信、导航、卫星、雷达、射天文学、加热、遥感和光谱学
红外线	$0.75\times10^{-6}\sim1\times10^{-3}$	300G~400T	原子振动或电子跃迁	通信、夜视、热成像、光谱学、天文学、加热、跟踪、高光谱成像、气象学和气候学
可见光	$0.38\sim0.76\times10^{-6}$	400~790T	原子振动或电子跃迁	照明、供暖、发电、生物系统和光谱学
紫外线	$10\times10^{-9}\sim0.38\times10^{-6}$	790T~30P	原子振动或电子跃迁	摄影、电气和电子工业、半导体制造、材料科学、生物相关用途、分析用途和荧光染料用途
X 射线	$10\times10^{-12}\sim10\times10^{-9}$	30P~30E	电子跃迁和制动	医学、投影射线照相、计算机断层扫描、荧光透视和放射治疗
伽马射线	$<10\times10^{-12}$	>30E	核跃迁	医学（放射治疗）、工业（杀菌和消毒）和核工业

太赫兹一词最早出现在 20 世纪 70 年代，该术语用于描述迈克尔逊干涉仪的谱线频率覆盖范围或描述点接触二极管探测器的频率覆盖范围［Siegel，2002］。光谱学家很早就使用了发射频率远低于远红外（Infra-Red，IR）的术语。远红外指的是波长为 15μm~1mm 的红外辐射的最低频率部分，对应频率范围为 300GHz~20THz。毫米波是指 30~300GHz 的频段，对应 1~10mm 的信号波长范围。远红外和太赫兹之间的边界，以及毫米波和太赫兹之间的边界仍然相当模糊。太赫兹频段的定义通常是指波长范围为 100~1000μm 或频率范围为 300GHz~3THz 的电磁波。但还有一种定义范围更广，涵盖 0.1~10THz 的整个频段。使用频率（THz）和波长（mmWave）进行命名的差异导致了 100~300GHz 范围的歧义，一些研究人员也将它称为 sub-THz 或 sub-mmWave。预计 5G 主要集中在 100GHz 以下的频段，而 6G 将跨越该频点。因此，我们希望将太赫兹频段定义为 100GHz~3THz 的频率范围，以便在本书中进行讨论。

太赫兹频段提供了更多的频谱资源，根据传输距离从数十兆赫兹到几太赫兹不等。因此，可用带宽比毫米波频段高一个数量级以上，而工作频率比光频段至少低一个数量级。从频谱的角度来看，它使太比特通信成为可能。此外，实现 THz 通信所需的技术正在迅速发展，基于卓越性能新材料构建的新型收发机架构和天线终于克服了其中一个重大挑战。高频率使得天线尺寸很小，甚至达到高度紧凑的水平。因此，可以考虑在单个基站中嵌入一千多根天线，以同时提供多个超窄波束并克服高传播损耗。这使得太赫兹通信成为传统低频网络的一个优秀补充，特别适用于室内通信和无线回传，并成为具有极端性能要求的信息物理（PHY）网络应用的一个有竞争力的选择。

在发挥太赫兹无线通信的潜力方面，还存在许多技术障碍，但研究界已经开始专注于用创新解决方案解决这些挑战。将太赫兹频段用于接入和回传连接需要重新思考一些传统传输和网络机制。与毫米波类似，太赫兹信号具有高路径损耗和相当大的特定频率的大气衰减，这对传输距离造成了很大的限制。大规模天线阵列将是太赫兹通信系统实现高功率增益、高传播损耗补偿的重要组成部分。太赫兹无线链路的超宽带和高度定向性在超宽带天线、射频前端、信道建模、波形设计、单处理、波束赋形、调制、编码和硬件约束等方面带来了挑战。笔形波束引起的干扰的根本差异需要彻底表征和详细的干扰建模。对于传播和信道建模，应考虑LOS和NLOS反射和散射信号分量，以及固有的分子噪声、非对齐损耗和阻塞概率。由于媒体访问控制和无线电资源管理协议需要使用笔形波束进行操作，因此必须基于全新的原则。在基于波束的传输中，快速切换过程需要包含检测、同步、定位和跟踪功能所需的时间。

5.1.3　太赫兹频段的频谱调节

除了以上的技术挑战，太赫兹通信的实现还需要解决频谱管理问题。国际电信联盟（ITU）和联邦通信委员会（Federal Communications Commission，FCC）等监管机构通过征求意见，以规范点对点通信、广播服务和其他无线传输应用可以使用的100GHz以上的频率。为了避免对运行在275~1000GHz频谱范围内的地球探测卫星服务（Earth Exploration Satellite Service，EESS）和无线电天文学产生有害干扰，2015年ITU-R世界无线通信会议发起了一项名为“为管理部门识别在275~450GHz频率范围内运行的陆地移动和固定服务应用程序而进行的研究”。由于EESS的可操作特性，共享研究将其确定为更为关键的服务。相比之下，射电天文学的大型天线通常位于偏远地区并指向天空，因此可以将太赫兹通信设备与其保持最小距离来保护。在WRC-19会议上，无线法规增加了一个新的脚注，允许275~450GHz之间的频谱开放给陆地移动和固定服务使用。连同已经分配的低于275GHz的频谱，总共160GHz的频谱，其中包括两个带宽，分别为44GHz（即252~296GHz）和94GHz，如表5-3所示，可用于太赫兹通信，无须特定条件即可保护EESS。此外，当根据WRC-19的第731号决议确定了保护无源应用的特定条件时，有三个总带宽为38GHz的频带只能用于陆地移动和固定服务，该决议涉及无源和有源服务之间的共享和相邻频带兼容性。

mmWave联盟是一个由创新公司和大学组成的团体，旨在清除对美国使用95~275GHz频率的技术监管障碍。该联盟于2019年1月向FCC和国家电信和信息管理局（National Telecommunications and Information Administration，NTIA）提交了关于制定可持续频谱战略的意见，并敦促NTIA促进95GHz以上频谱的访问。2019年3月，FCC宣布在美国开放使用95GHz~3THz之间的频率，提供21.2GHz的频谱供未经许可使用，并允许6G及更高版本的实验许可，如表5-4所示。此外，IEEE于2017年成立了IEEE 802.15.3d工作组，该工作组创建了第一个太赫兹无线标准，标称数据速率为100Gbit/s，信道带宽为2.16~69.12GHz，用于252~325GHz频率的全球Wi-Fi。

表5-3　ITU推荐的可用太赫兹通信频段

<table>
<tr><th>频段/GHz</th><th>带宽/GHz</th><th>无线电规则</th></tr>
<tr><td>252~275</td><td>23</td><td>在共同基础上提供陆地移动和固定服务</td></tr>
<tr><td>275~296</td><td>21</td><td rowspan="4">用于陆地移动和固定服务，与EESS共存，无特定条件即可保护EESS</td></tr>
<tr><td>306~313</td><td>7</td></tr>
<tr><td>318~333</td><td>15</td></tr>
<tr><td>356~450</td><td>94</td></tr>
<tr><td>296~306</td><td>10</td><td rowspan="3">38GHz的频谱仅适用于特定条件下的陆地移动和固定服务</td></tr>
<tr><td>313~318</td><td>5</td></tr>
<tr><td>333~356</td><td>23</td></tr>
</table>

来源：改编自Kuerner和Hirata［2020］。

表5-4　FCC指定的美国非授权太赫兹通信频段

频段/GHz	连续带宽/GHz
116~123	7
174.8~182	7.2
185~190	5
244~246	2
总计	21.2

来源：Rappaport等人［2019］/经IEEE许可。

5.2 太赫兹应用

太赫兹频段提供的大量频谱资源和超宽带宽支持各种需要超高传输速度的无线APP，例如全息通信、高清虚拟现实、完全沉浸式体验、超高清视频传输、空中计算、极速移动互联网、自动驾驶、远程控制、触觉互联网和数据中心的高速无线连接。它还为移动系统的设计提供了新的自由度。例如，在基站之间使用太赫兹链路进行无线回传，这可以实现灵活和超密集的架构，加快网络部署速度，并降低站点获取、安装和维护成本。由于太赫兹信号的波长很小，因此其天线尺寸也很小。它为开发大量新型APP提供了可能性，例如用于纳米级设备或纳米机器的纳米级通信、芯片上通信、纳米物联网（Internet of Nano-Thing，IoNT）和体内网络。它还可以与生物相容性和高能效的纳米器件相结合，以利用化学信号实现分子通信。除了在太赫兹频段运行的无线传输，还有一些非通信太赫兹APP可能集成到6G网络及更高网络中。例如，利用太赫兹信号的特定物理层特性来提供周围物理环境的高清传感，这有可能实现通信和传感的有效协调。目前已经可以预见一些如无线认知、传感、成像和定位等应用，而其他应用无疑会随着技术的进步而出现。

5.2.1 太赫兹无线通信

5.2.1.1 太比特蜂窝热点

在密集的城市环境或工业站点等特定场所，具有极高吞吐量需求的移动或固定用户数量不断增加，因此需要部署超密集网络。太赫兹频段可以为小小区提供丰富的频谱资源和超宽带，覆盖距离相对较短，LOS路径出现率较高，从而提供太比特通信链路。这些小小区覆盖了室内和室外场景中的静态和移动用户。具体的APP有超高清视频传输、高质量虚拟现实或全息型通信。结合在低频带中运行的传统蜂窝网络，由宏基站和小小区组成的异构网络可以实现无缝连接并且在广泛的覆盖区域和全球漫游上完全透明，满足下一代移动网络的极端性能要求。此外，高度定向的太赫兹链路可用于向小小区提供超高速无线回传，从而大大减少站点获取、安装和维护的时间和支出。

5.2.1.2 太比特无线局域网

太赫兹频段使得能够在无线局域网内实现太比特通信。它可以提供像光网络一样的卓越体验质量，允许超高速有线网络与智能手机、平板电脑、笔记本电脑和可穿戴电子设备等个人无线设备之间的无缝互联，无线和有线链路之间没有速度/延迟差。这将有助于静态和便携式用户使用带宽密集型APP，主要是在室内场景中。一些特定的APP包括高清虚拟现实、全息型服务、完全沉浸式游戏或数据中心的超高速无线数据分发。它还促进了工业网络的部署，以互连工厂或园区网络中的大量传感器和执行器，为物流中心的自动引导车辆（Automated Guided Vehicle，AGV）等设备和机器提供高数据吞吐量、低延迟和高可靠性。

5.2.1.3 太比特设备到设备链路

太赫兹通信是在邻近设备之间提供太比特直接链路的一个很好的候选者。设备到设备（Device-To-Device，D2D）链路可以应用在办公室或家庭等室内场景。在这些室内场景中，一组个人或商业设备互连，形成称为无线个人区域网络的自组织网络。特定的APP包括多媒体信息亭和个人设备之间的超高速数据传输。例如，通过每秒太比特量级的链路，将蓝光光盘的等效内容传输到高清大尺寸显示器可能需要不到一秒钟的时间，从而提高了Wi-Fi Direct、Apple Airplay或Miracast等现有技术的数据速率。一个很有前途的APP将是脑机接口（Brain-Computer Interface，BCI），其中太赫兹通信可以将大量收集的脑电波数据传输到处理数据的计算机。在计算机视觉中，太赫兹通信还将在收集到的高清视频传输到基于机器学习的分析软件的平台中发挥重要作用。太比特D2D链路还可应用于室外环境，用于车辆到X通信，提供车辆之间或车辆与周围基础设施之间的高吞吐量、低延迟连接。

5.2.1.4　安全无线通信

在太赫兹频率下的信号传输存在显著的路径损耗，因为收集到的辐射功率与天线的孔径成比例，对于这样的高频来说孔径是很小的。同时，太赫兹通信必须经历比微波和毫米波更严重的大气衰减。因此，为了补偿这种传播和穿透损失并实现合理的通信距离，必须在发射机和接收机处使用具有数百甚至数千个元件的非常大规模的天线阵列。高度定向的波束将辐射能量集中在一个非常窄的、几乎非常锋利的方向上，这可以大大增加窃听的难度。窃听者必须将其接收机放置在两个通信方的直接链路上。它可能会阻断通信，并导致两个通信方通过另一个方向建立新的连接。此外，太赫兹通信采用超宽信号带宽，在该带宽上，扩频技术可以大大减轻窄带干扰和常见的干扰攻击。因此，太赫兹通信可以被视为安全传输，在军事和国防领域等关键场景中实现超宽带安全通信链路。

5.2.1.5　太比特无线回传

光纤连接可以提供高数据吞吐量和可靠性，但安装通常耗时且成本高昂，因为需要等待预定的道路重建。有时，由于业主的反对，很难在某些建筑物或特定区域内部署移动运营商的公共光网络。然而，下一代移动网络被设想为高度异构的，包括宏基站、小小区、中继站、无蜂窝节点、分布式天线、分布式基带单元、远程射频单元（remote radio-frequency unit，RFU）、路边单元和智能反射面，所有这些都需要高吞吐量回传或前传连接。高度定向的太赫兹链路可用于向小小区提供超高速无线回传或前向传输，以互连这些网络元件。这将大大减少现场购置、安装和维护的时间和支出。同时，它为网络架构和通信机制的设计提供了新的自由度。此外，现在农村或偏远地区的移动或固定用户的覆盖范围更差，服务质量也很低。如果不能保证一个成本效益高且可行的解决方案，那么农村地区和主要城市之间的数字鸿沟将加剧。作为光纤的无线回传扩展，太赫兹无线链路可以很好地作为一个基本的构建块，以保证在任何地方都有高质量、无处不在的连接。在这种情况下，除了极高的数据速率，传输距离也是一个关键参数，应该达到几百米甚至千米的数量级。

5.2.1.6　太赫兹纳米通信

我们知道，用于传输太赫兹信号天线的最小尺寸可以达到微米量级。直观地说，它将实现纳米级机器或使用纳米级天线的纳米级机器之间的无线连接，用于在纳米级执行特定任务的非常微小的特定设备，例如注入人体血管的生物传感器。纳米机器的每一个部件的尺寸都高达几百立方纳米，整个设备的尺寸最多为几立方微米。这并不是说纳米机器是为了在太赫兹频段进行通信而开发的，而是纳米级收发机和天线的微小尺寸和紧凑特性有助于纳米机器传输收集的大量数据。通过摆脱电线或光纤的限制，这些纳米机器可以移动，可以进入更极端的区域，如人体或高温生物化学场所。

[Akyildiza et al.，2014] 提供了太赫兹纳米通信的几个具体用例。

- 健康监测：通过注射到人体内或嵌入皮肤下的纳米生物传感器，可以检测血液中的钠、葡萄糖和其他离子、胆固醇、癌症生物标志物或不同传染源的存在。分布在身体内部或周围的一组生物传感器组成了身体传感器网络，可以收集与人体健康相关的PHY或生化数据。通过无线接口，这些传感数据可以被传送到运行在个人智能手机或专业医疗设备的医疗APP上，以进行实时监控，或者被发送到医疗服务提供商的云端，以使用特定的智能工具和长期历史记录进行专业分析。
- 核、生物和化学防御：化学和生物纳米传感器能够以分布式方式检测有害化学品和生物威胁。使用纳米传感器而不是传统的宏观或微观传感器的主要优点之一是，可以在低至一个分子的浓度下检测到化学复合物，并且比传统传感器更及时。考虑到这些传感器需要与分子直接接触，将大量纳米传感器互连的无线传感器网络变得必要。无线太赫兹纳米通信能够将特定位置的空气、水或土壤的分子组成信息汇聚到高吞吐量和低延迟的监测设备。

- IoNT：使用太赫兹纳米通信将纳米级机器、设备和传感器与现有无线网络和互联网互连起来，形成一个真正的网络物理系统，可以称为 IoNT。IoNT 支持颠覆性应用程序，将重塑人类的工作或生活方式。例如，在智能办公室或智能家居中，可以在每个物体中嵌入纳米收发器和纳米天线，使它们永久连接到互联网。因此，用户可以毫不费力地跟踪其所有专业和个人项目。
- 片上通信：太赫兹通信可以为片上无线网络中的核间连接提供一种高效且可扩展的方法，使用平面纳米天线阵列创建超高速链路。这种新颖的方法有望通过其高带宽、低延迟和低开销来满足片上场景中对面积限制和通信密集型的严格要求。更重要的是，基于石墨烯的太赫兹通信将在核心层面提供固有的多播和广播通信能力。太赫兹通信为芯片设计提供了新的自由度，这可能为提高硬件性能带来了新的途径。

5.2.2 非通信太赫兹应用

5.2.2.1 太赫兹感知

由于高频下波长很小，传播信号的空间分辨率变得更精细，因而在太赫兹频率下可实现高清晰度的空间区分。太赫兹感知技术利用微米量级的微小波长和测量环境中各种材料的频率选择性共振，以基于观察到的信号特征获得独特的信息。太赫兹信号可以穿透各种非导电材料，如塑料、织物、纸张、木材和陶瓷。然而，当水严重衰减其辐射功率时，太赫兹信号很难穿透金属材料。不同材料的厚度、密度或化学成分会提高太赫兹信号的特定强度和相位变化，从而能够准确识别物理对象。此外，太赫兹感测可以利用超过 100GHz 的巨大信道带宽并能够在小物理尺寸中实现非常高增益的天线。此外，太赫兹光子能量比 X 射线弱几个数量级，从而允许在医学传感和安全筛查 APP 中与人体进行安全交互。

通过在不同角度的宽阵列上系统地监测接收到的信号特征来生成物理空间的图像将变得可行。由于可以实时控制波束，并且无线电传播距离较短（如房间内的几米），导致传播时间小于 10ns，因此在几秒或更短的时间内测量房间、办公室或复杂环境的属性是可行的。这一能力为无线 APP 开辟了一个新的自由度，使未来的无线设备能够进行无线现实感知，并收集任何地方的地图或视图，从而生成实时创建并在云端共享的详细三维地图。此外，由于某些材料和气体在整个太赫兹频带的特定频率下具有振动吸收，因此可以基于频率扫描光谱法检测某些物品的存在。例如，食物、水和空气中某些化学物质或过敏原的存在，或周围环境中的其他缺陷，都可以基于光谱学来检测。太赫兹传感将使新的 APP 成为可能，如用于手势检测和非接触式智能手机的小型雷达、用于爆炸物检测和气体传感的光谱仪、太赫兹安全人体扫描、空气质量检测、个人健康监测和无线同步。通过构建任何环境的实时地图，可以预测移动设备的信道特性，帮助定向天线的对准，提供实时定位，并调整无线传输参数。该功能也可以传输到云端，以实现实时收集功能，用于绘制和感知世界，该功能还可用于交通、购物和其他零售用途等商业应用 [Rappaport et al.，2019]。

5.2.2.2 太赫兹成像

太赫兹成像使用太赫兹辐射形成图像，相比微波和可见光具有许多特殊的技术优势。太赫兹成像显示出高空间分辨率，这是因为与使用低频成像相比，太赫兹成像具有更小的波长和超宽的带宽以及中等大小的硬件。与红外和可见光相比，太赫兹波具有更好的穿透性能，使得普通材料在太赫兹成像设备之前相对透明。有许多安检 APP，例如检查包裹是否有隐藏的物体，允许通过信封、包裹、邮件和小包进行太赫兹成像，以识别潜在的危险物品。紫外线、X射线和伽马射线在人体中的电离辐射会增加健康风险。太赫兹辐射是非电离的，除了加热，对生物细胞没有已知的健康风险，这推动了其在人体内的应用。因此，太赫兹成像适用于在机场、火车站和边境口岸对隐藏在衣服下的枪支、炸弹和爆炸带等物品进行远距离探测。太赫兹波可用于构建专门设计的厚度测量系统，该厚度测量系统用于以微米量级的精度确定金属和非金属基底上的多层系统中的各个层厚度。

安全检查和医学成像等APP利用了太赫兹波的穿透能力，而反射或散射被视为不受欢迎的组成部分。太赫兹波可以从大多数建筑材料上反射，以实现在可见光谱中不透明的遮挡物后隐藏场景的间接成像，这类似使用打开门的平坦表面作为镜子来观察房间内部。可见光和红外光的波长非常短，除非表面经过仔细抛光，否则光几乎向各个方向散射，导致图像模糊。同时，较低的频率具有较长的波长，限制了单个物体识别或运动检测的能力，而不是对遮挡场景的详细成像。与仅具有强镜面反射的微波和仅呈现漫反射的光波不同，太赫兹辐射具有来自大多数建筑表面的镜面反射和漫反射。强大的镜面反射组件将表面变得接近“电镜”，从而允许对障碍物周围的物体进行成像，同时保持空间一致性（窄光束）和高空间分辨率。因此，太赫兹波在电磁频谱中处于独特的位置，具有较小的波长，而大多数建筑材料的表面粗糙度将提供足够的镜面反射和漫反射。因此，太赫兹波可以增强人类和计算机的视觉能力，以观察拐角和非视距物体，从而实现救援和监视、自主导航和定位方面的独特能力。建筑表面（如墙、屋顶和门）通常表现为一级反射镜（如太赫兹能量的完美反射镜），因此，如果有足够的反射或散射路径，太赫兹成像可以看到墙角和墙后。NLOS太赫兹成像使用反向传播合成孔径雷达（Synthetic Aperture Radar，SAR），通过计算多径反向散射信号的飞行时间来生成三维场景。相反，光学波长小于大多数表面的表面粗糙度。因此，光学NLOS成像需要复杂的硬件和计算昂贵的重建算法，同时显示出短的成像距离。

此外，太赫兹成像因其对天气和环境光的鲁棒性而比可见光或基于红外的成像如光探测和测距（Light Detection and Ranging，LIDAR）更有效。值得注意的是，尽管LIDAR可以提供更高的分辨率，但在雾、雨、雪或多云的恶劣天气下无法工作，而太赫兹成像则可用于在恶劣天气下协助驾驶或飞行，也可用于军事和国家安全。工作频率为几百千兆赫的高清视频分辨率雷达将足以提供类似电视的画面质量，并将补充频率较低的雷达，从而提供远距离探测，但分辨率较差。双频成像系统将能够在大雾或大雨中驾驶或飞行［Rappaport et al.，2019］。

5.2.2.3 太赫兹定位

预计下一代蜂窝网络将在室内和室外环境中提供高精度定位和定位服务，此外还提供通信服务，这是全球导航卫星系统（Global Navigation Satellite System，GNSS）和使用低频频段的传统多蜂窝定位技术无法提供的。与其他方法相比，利用太赫兹成像进行定位具有独特的优势。太赫兹成像可以定位NLOS区域的用户，即使他们到基站的行进路径经历了不止一次反射（例如多次反射）。结合太赫兹成像和太赫兹通信的设备也可能在任何地方提供厘米级的定位。高频定位技术基于同步定位与建图（Simultaneous Localization And Mapping，SLAM）的概念，其中通过收集环境的高分辨率图像来提高精度，而前面提到的太赫兹成像可以提供这种高分辨率图像。基于SLAM的技术包括三个主要步骤：对周围环境进行成像、估计到用户的距离以及将图像与估计距离进行融合。例如，通过使用200～300GHz之间的信号构建环境的三维图像，并将用户的到达角度和到达时间信息投影到估计位置，可以实现亚厘米级的精度。由于SLAM处理相对缓慢移动的物体，因此有足够的时间处理高分辨率的太赫兹测量。此类测量可以保存传感信息，从而产生复杂的状态模型，包括目标物体的细粒度位置、大小和方向，以及它们的电磁特性和材料类型［Sarieddeen et al.，2020］。

5.3　太赫兹通信的挑战

尽管太赫兹无线通信具有很高的潜力，但在实现太赫兹无线通信的优势方面仍存在一些障碍。与毫米波类似，太赫兹信号的高传播损耗显著限制了其传输距离。太赫兹通信较小的波长使其天线孔径相对较小，进而导致其捕获辐射功率的能力较弱和更高频率下更大的自由空间路径损耗。与无线通信从不考虑大气吸收的低频率不同，水蒸气和氧分子会产生显著的衰减，衰减范围从每千米几百分贝到 2×10^4dB。除了从水分子中吸收气体，液态水滴，无论是以悬浮颗粒的形式进入云层，还是以降雨的形式降落，都会减弱信号强度，因为其尺寸与高频信号的波长相当。由于太赫兹频段波长的缩小，周围物理物体的尺寸变得相对较大，足以进行信号散射，而普通表面变得过于粗糙，无法进行镜面反射。因此，太赫兹传输严重依赖 LOS 链路的可用性。然而，发射机和接收机之间的直接路径很容易被建筑物、家具、车辆、树叶甚至人类阻挡，导致信号功率下降甚至中断。最后，太赫兹频段的无线信道比微波和毫米波频段的信道衰减更快，因为相同的速度会导致更高的多普勒频移。

5.3.1　高自由空间路径损耗

电磁波在自由空间传播时，当它从一个单点的理想辐射器中传播出去时，能量会不断地在一个持续增加的表面积上扩散。该各向同性天线的辐射将产生一个球面波，如图 5.2 所示。能量守恒定律告诉我们，任意半径 d 的球体表面所含的功率保持恒定并等于发射机的有效各向同性辐射功率（Effective Isotropic Radiated Power，EIRP）P_{EIRP}。功率流密度（单位为 W/m^2）由 EIRP 除以半径为 d 的球体表面积$\left(\text{即}\dfrac{P_{\text{EIRP}}}{4\pi d^2}\right)$得出。由于接收机捕获的能量与其由 A_r 表示的天线面积成比例，因此接收功率为

$$P_r=\left(\frac{P_{\text{EIRP}}}{4\pi d^2}\right)A_r \tag{5.1}$$

与各向同性天线相比，发射机的 EIRP 表示特定方向上的最大功率，各向同性天线在所有方向上以单位增益辐射功率。因此，EIRP 是发射功率 P_t 和发射天线增益 G_t 的乘积，即

$$P_{\text{EIRP}}=P_tG_t \tag{5.2}$$

同时，接收天线的增益由其有效孔径和工作频率决定，即

$$G_r=\eta A_r\left(\frac{4\pi}{\lambda^2}\right) \tag{5.3}$$

式中，λ 代表工作频率的波长，η 表示天线的最大效率。根据式（5.3），我们得到

$$A_r=G_r\left(\frac{\lambda^2}{4\pi\eta}\right) \tag{5.4}$$

将式（5.2）和式（5.4）代入式（5.1），得到 Friis 自由空间方程

$$P_r=P_tG_tG_r\,\frac{\lambda^2}{(4\pi d)^2\eta} \tag{5.5}$$

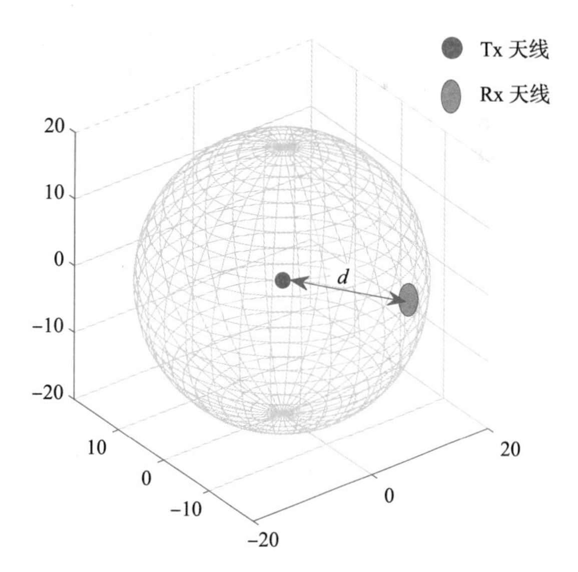

图 5.2　无线电、毫米波或太赫兹频段电磁波的自由空间辐射图示（其中从发射天线辐射的信号能量各向同性传播。因此，在传播距离为 d 时，能量均匀分布在半径为 d 的球体表面）

式中，P_t 和 P_r 分别是以绝对线性单位（通常为 W 或 mW）表示的发射和接收功率，而 G_t 和 G_r 表示发射和接收天线相对于单位增益（0dB）各向同性天线的线性增益。在无线通信中，通常使用 dB 值来表示传播衰减，因为信号功率的范围在相对较小的距离上在几个数量级上动态变化。

按对数比例重写式（5.5）：

$$P_r\big|_{\mathrm{dBm}} = 10\lg\left(\frac{P_t G_t G_r}{\eta}\right) + 20\lg\left(\frac{\lambda_0}{4\pi d}\right) + 20\lg\left(\frac{\lambda}{\lambda_0}\right) \tag{5.6}$$

式中，$\big|_{\mathrm{dBm}}$ 表示该值以 dBm 为单位，λ_0 表示参考波长。从上式可以看出，接收功率与波长的二次方成正比，这意味着自由空间中的接收功率随着波长的缩小每十年衰减 20dB。注意，接收功率随着频率的增加而减小是由于接收天线的有效面积（或孔径）对波长的依赖性，见式（5.3）。因此，与微波和毫米频段相比，太赫兹频率的无线传输由于波长微小而遭受更高的自由空间路径损耗。为了更直观地理解，作为示例，图 5.3 说明了在 3~3000GHz 范围内，接收功率的衰减率是频率的函数。假设 3GHz 对应的接收功率为-50dBm。频率每升高 10 倍，功率就下降 20dB，即 30GHz 时为-70dBm，300GHz 时为-90dBm，3THz 时为-110dBm。

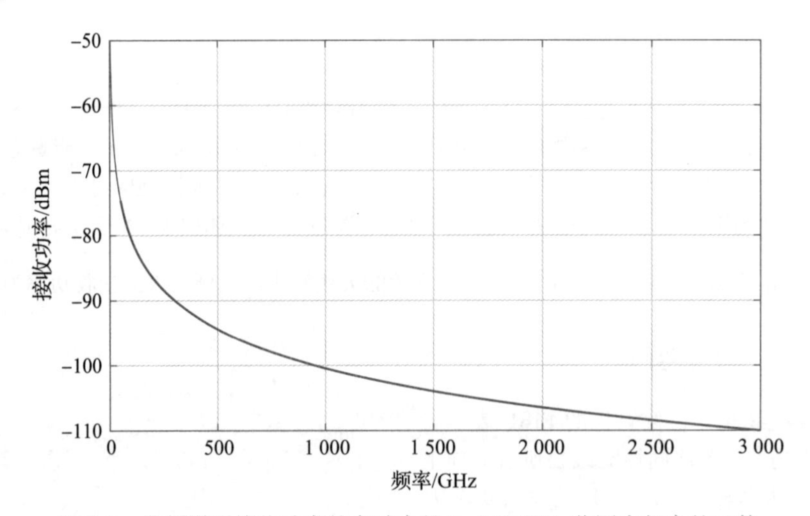

图 5.3　举例说明接收功率的衰减率是 3~3000GHz 范围内频率的函数

5.3.2　大气衰减

在传统低频带中工作的蜂窝通信系统在计算链路预算时没有考虑大气影响。然而，由于氧气和水蒸气等气体分子的吸收，所有电磁波或多或少地会受到大气衰减的影响。这种效应在毫米波和太赫兹频段的某些高频下显著放大。

在没有云层或降雨的晴朗空气条件下，自然气体的吸收是电磁波强度衰减的主要大气效应。大气的气体成分是不同物质的混合物，主要由氧和氮分子构成。由于吸收了氧气和水蒸气等气态分子，电磁波在所有频段的传播，都会在不同程度上受到大气衰减的影响。氧分子的吸收在大气衰减中起主要作用。悬浮在空气中的水蒸气是一种微量的气态成分，但它的存在强烈影响电磁辐射的传播。现有在低频段上部署的传统蜂窝通信系统，在链路预算时没有考虑大气衰减的影响。然而，大气衰减在毫米波和太赫兹频段的某些高频下会显著放大。值得注意的是，在大部分毫米波和太赫兹频段内，水蒸气是气体衰减的主要因素，只有少数特定的光谱范围除外，在这些区域，氧分子的吸收效应更为明显。气体衰减是由氧或水分子与电磁波之间的相互作用引起的。在毫米波和太赫兹频率下，入射辐射会引起极性分子的旋转和振动跃迁。这些过程具有量子特性，即分子运动发生在特定频率。因此，根据其内部分子结构，气态成分具有其特定的光谱吸收线，包括中心频率、定义吸收水平深度的线强度以及各种光谱参数。表 5-5 和表 5-6 分别给出了氧气和水蒸气衰减的光谱吸收线。

表 5-5 氧气衰减的光谱吸收线

f_i	a_1	a_2	a_3	a_4	a_5	a_6
50.474 214	0.975	9.651	6.690	0.0	2.566	6.850
50.987 745	2.529	8.653	7.170	0.0	2.246	6.800
51.503 360	6.193	7.709	7.640	0.0	1.947	6.729
52.021 429	14.320	6.819	8.110	0.0	1.667	6.640
52.542 418	31.240	5.983	8.580	0.0	1.388	6.526
53.066 934	64.290	5.201	9.060	0.0	1.349	6.206
53.595 775	124.600	4.474	9.550	0.0	2.227	5.085
54.130 025	227.300	3.800	9.960	0.0	3.170	3.750
54.671 180	389.700	3.182	10.370	0.0	3.558	2.654
55.221 384	627.100	2.618	10.890	0.0	2.560	2.952
55.783 815	945.300	2.109	11.340	0.0	−1.172	6.135
56.264 774	543.400	0.014	17.030	0.0	3.525	−0.978
56.363 399	1 331.800	1.654	11.890	0.0	−2.378	6.547
56.968 211	1 746.600	1.255	12.230	0.0	−3.545	6.451
57.612 486	2 120.100	0.910	12.620	0.0	−5.416	6.056
58.323 877	2 363.700	0.621	12.950	0.0	−1.932	0.436
58.446 588	1 442.100	0.083	14.910	0.0	6.768	−1.273
59.164 204	2 379.900	0.387	13.530	0.0	−6.561	2.309
59.590 983	2 090.700	0.207	14.080	0.0	6.957	−0.776
60.306 056	2 103.400	0.207	14.150	0.0	−6.395	0.699
60.434 778	2 438.000	0.386	13.390	0.0	6.342	−2.825
61.150 562	2 479.500	0.621	12.920	0.0	1.014	−0.584
61.800 158	2 275.900	0.910	12.630	0.0	5.014	−6.619
62.411 220	1 915.400	1.255	12.170	0.0	3.029	−6.759
62.486 253	1 503.000	0.083	15.130	0.0	−4.499	0.844
62.997 984	1 490.200	1.654	11.740	0.0	1.856	−6.675
63.568 526	1 078.000	2.108	11.340	0.0	0.658	−6.139
64.127 775	728.700	2.617	10.880	0.0	−3.036	−2.895
64.678 910	461.300	3.181	10.380	0.0	−3.968	−2.590
65.224 078	274.000	3.800	9.960	0.0	−3.528	−3.680
65.764 779	153.000	4.473	9.550	0.0	−2.548	−5.002
66.302 096	80.400	5.200	9.060	0.0	−1.660	−6.091
66.836 834	39.800	5.982	8.580	0.0	−1.680	−6.393
67.369 601	18.560	6.818	8.110	0.0	−1.956	−6.475
67.900 868	8.172	7.708	7.640	0.0	−2.216	−6.545

（续）

f_i	a_1	a_2	a_3	a_4	a_5	a_6
68. 431 006	3. 397	8. 652	7. 170	0. 0	−2. 492	−6. 600
68. 960 312	1. 334	9. 650	6. 690	0. 0	−2. 773	−6. 650
118. 750 334	940. 300	0. 010	16. 640	0. 0	−0. 439	0. 079

来源：ITU-R P. 676［2019］/国际电信联盟。

表 5-6 水蒸气衰减的光谱吸收线

f_j	b_1	b_2	b_3	b_4	b_5	b_6
22. 235 08	0. 107 9	2. 144	26. 38	0. 76	5. 087	1
67. 803 96	0. 001 1	8. 732	28. 58	0. 69	4. 93	0. 82
119. 995 94	0. 000 7	8. 353	29. 48	0. 7	4. 78	0. 79
183. 310 087	2. 273	0. 668	29. 06	0. 77	5. 022	0. 85
321. 225 63	0. 047	6. 179	24. 04	0. 67	4. 398	0. 54
325. 152 888	1. 514	1. 541	28. 23	0. 64	4. 893	0. 74
336. 227 764	0. 001	9. 825	26. 93	0. 69	4. 74	0. 61
380. 197 353	11. 67	1. 048	28. 11	0. 54	5. 063	0. 89
390. 134 508	0. 004 5	7. 347	21. 52	0. 63	4. 81	0. 55
437. 346 667	0. 063 2	5. 048	18. 45	0. 6	4. 23	0. 48
439. 150 807	0. 909 8	3. 595	20. 07	0. 63	4. 483	0. 52
443. 018 343	0. 192	5. 048	15. 55	0. 6	5. 083	0. 5
448. 001 085	10. 41	1. 405	25. 64	0. 66	5. 028	0. 67
470. 888 999	0. 325 4	3. 597	21. 34	0. 66	4. 506	0. 65
474. 689 092	1. 26	2. 379	23. 2	0. 65	4. 804	0. 64
488. 490 108	0. 252 9	2. 852	25. 86	0. 69	5. 201	0. 72
503. 568 532	0. 037 2	6. 731	16. 12	0. 61	3. 98	0. 43
504. 482 692	0. 012 4	6. 731	16. 12	0. 61	4. 01	0. 45
547. 676 44	0. 978 5	0. 158	26	0. 7	4. 5	1
552. 020 96	0. 184	0. 158	26	0. 7	4. 5	1
556. 935 985	497	0. 159	30. 86	0. 69	4. 552	1
620. 700 807	5. 015	2. 391	24. 38	0. 71	4. 856	0. 68
645. 766 085	0. 006 7	8. 633	18	0. 6	4	0. 5
658. 005 28	0. 273 2	7. 816	32. 1	0. 69	4. 14	1
752. 033 113	243. 4	0. 396	30. 86	0. 68	4. 352	0. 84
841. 051 732	0. 013 4	8. 177	15. 9	0. 33	5. 76	0. 45
859. 965 698	0. 132 5	8. 055	30. 6	0. 68	4. 09	0. 84
899. 303 175	0. 054 7	7. 914	29. 85	0. 68	4. 53	0. 9
902. 611 085	0. 038 6	8. 429	28. 65	0. 7	5. 1	0. 95
906. 205 957	0. 183 6	5. 11	24. 08	0. 7	4. 7	0. 53
916. 171 582	8. 4	1. 441	26. 73	0. 7	5. 15	0. 78
923. 112 692	0. 007 9	10. 293	29	0. 7	5	0. 8
970. 315 022	9. 009	1. 919	25. 5	0. 64	4. 94	0. 67
987. 926 764	134. 6	0. 257	29. 85	0. 68	4. 55	0. 9
1 780	175 06	0. 952	196. 3	2	24. 15	5

来源：ITU-R P. 676［2019］/国际电信联盟。

由于所观测信号的特性，射电天文学和遥感领域经常对大气衰减进行更详细的研究，例如微量气体成分的影响。然而，从无线通信的角度来看，因为相比水蒸气和氧气，一些额外种类的分子如氧同位素物质、氧振动激发物质、平流层臭氧、臭氧同位素物质、臭氧振动激发物质、各种氮、碳和硫氧化物等的含量很小，因此通常可以忽略这些额外种类的分子引起的衰减［Siles et al.，2015］。

为满足通信界对大气气体衰减特性建模的需求，ITU-R 开展了相关研究，并提供了计算大气气体衰减的数学算法。根据 ITU-R P. 676［2019］的描述，其可以在任何气压、温度和湿度下准确地估计 1～1000GHz 频率范围内的大气衰减，作为来自氧分子和水蒸汽的各个光谱线的总和，以及 10GHz 以下氧气的非共振德拜光谱、超过 100GHz 的压力诱导氮吸收和用于解释水蒸气过量吸收的湿连续体等微小额外因素。

综合大气效应以分贝每公里为单位的总气体衰减 γ 表示，单位为 dB/km。

$$\gamma=\gamma_o+\gamma_w \tag{5.7}$$

式中，γ_w 是水蒸气引起的衰减，γ_o 是氧气引起的衰减。后者由氧谱线以及由压力诱导的氮和氧的非共振德拜光谱产生的非常小的连续谱共同导致，它可以由下式确定

$$\gamma_o=0.182f\sum_i S_iF_i(f)+\Upsilon(f) \tag{5.8}$$

式中，f 表示频率，S_i 是第 i 条氧线的强度，F_i 表示这条氧线的形状因子。谱线强度由下式给出

$$S_i=a_1\times10^{-7}P\theta^3\mathrm{e}^{a_2(1-\theta)} \tag{5.9}$$

式中，P 代表干燥气压，单位为百帕（hPa ㊀），θ 是常数 $\theta=300/T$，温度 T 为开尔文温标。

式（5.8）的第二项代表干燥空气连续体，源于 100GHz 以上频段压力引起的氮气衰减和 10GHz 以下氧气的非共振德拜光谱。干燥连续体与频率相关，由下式给出

$$\Upsilon(f)=\theta^2Pf\left\{\frac{6.14\times10^{-5}}{\omega\left[1+\left(\frac{f}{\omega}\right)^2\right]}+\frac{1.4\times10^{-12}P\theta^{\frac{3}{2}}}{1+1.9\times10^{-5}f^{\frac{3}{2}}}\right\} \tag{5.10}$$

式中，ω 表示德拜光谱的宽度参数，即

$$\omega=5.6\times10^{-4}(P+E)\theta^{0.8} \tag{5.11}$$

E 表示从水蒸气密度 ρ 和温度 T 获得的水蒸气分压，表示为

$$E=\frac{\rho T}{216.7} \tag{5.12}$$

同时，式（5.8）中的形状因子是 f 的函数，由下式给出

$$F_i(f)=\frac{f}{f_i}\left[\frac{\Delta f_o-\delta(f_i-f)}{(f_i-f)^2+\Delta f_o^2}+\frac{\Delta f_o-\delta(f_i+f)}{(f_i+f)^2+\Delta f_o^2}\right] \tag{5.13}$$

式中，f_i 代表氧谱线的频率，如表 5-5 所列，δ 是由氧谱线干扰效应引起的相关因子

$$\delta=10^{-4}\times(a_5+a_6\theta)(P+E)\theta^{0.8} \tag{5.14}$$

Δf_o 代表谱线的宽度，即

$$\Delta f_o=a_3\times10^{-4}\left[P\theta^{(0.8-a_4)}+1.1E\theta\right] \tag{5.15}$$

需要对其进行修改以表征氧谱线的塞曼分裂，如下所示

$$\Delta f_o=\sqrt{\Delta f_o^2+2.25\times10^{-6}} \tag{5.16}$$

㊀ 1hPa = 100Pa

式（5.7）中水蒸气引起的特定衰减由下式计算

$$\gamma_w = 0.182 f \sum_j T_j K_j(f) \tag{5.17}$$

式中，T_j 是第 j 条水蒸气线的强度，K_j 是该水蒸气线的形状因子。强度由下式给出

$$T_j = b_1 \times 10^{-1} E\theta^{3.5} \mathrm{e}^{b_2(1-\theta)} \tag{5.18}$$

形状因子等于

$$K_j(f) = \frac{f}{f_j}\left[\frac{\Delta f_w}{(f_j - f)^2 + \Delta f_w^2} + \frac{\Delta f_w}{(f_j + f)^2 + \Delta f_w^2}\right] \tag{5.19}$$

式中，f_j 表示水蒸气线频率，如表5-6所示，Δf_w 表示谱线宽度，即

$$\Delta f_w = b_3 \times 10^{-4}(P\theta^{b_4} + b_5 E\theta^{b_6}) \tag{5.20}$$

需要对其进行修改以表征水蒸气线的多普勒展宽，如下所示

$$\Delta f_w = 0.535\Delta f_\omega + \sqrt{0.217\Delta f_w^2 + \frac{2.1316\times 10^{-12} f_j^2}{\theta}} \tag{5.21}$$

大气衰减随频率变化的结果如图5.4所示，涵盖了1～1000GHz的频谱范围。氧分子的吸收量，如图中氧气曲线所示，是在气压为101.325×10³Pa、温度为15℃假设空气完全干燥且水蒸气密度为0g/m³的情况下计算得出的。氧吸收在以60GHz和118.7GHz为中心的频率处形成两个峰值，因为许多氧吸收线在该处合并。我们使用了标准空气来显示密封层的标准大气条件（气压为101.325×10³Pa，温度为15℃，水蒸气密度为7.5g/m³）。除了这两个频点（60GHz和118.7GHz），水蒸气的吸收在整个毫米波和太赫兹频段的大气衰减中起主要作用。在高频下，大气衰减显著增大，导致在560GHz左右的频率上达到约20 000dB/km的峰值。换言之，仅仅10m的短距离传输就带来了大约200dB的功率损耗，这对于无线通信的实现来说成本过高。相比之下，低于6GHz频段的大气衰减量级约为0.01dB/km，可以忽略不计。

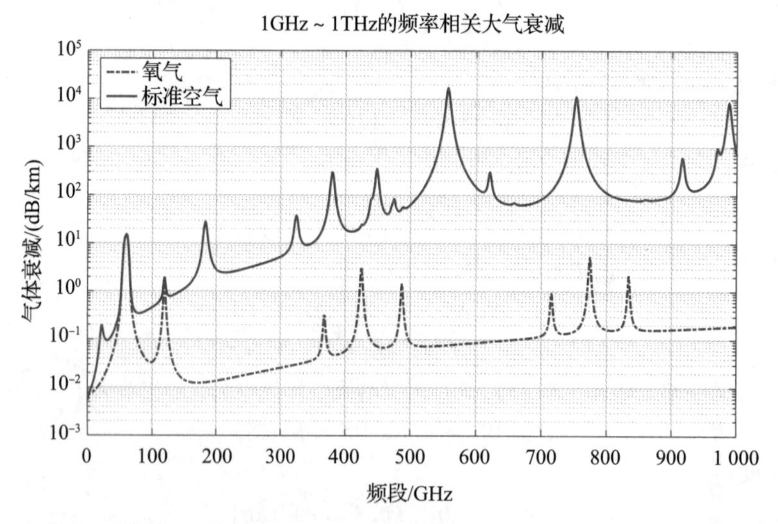

图5.4　由氧气和水蒸气吸收引起的毫米波和太赫兹频率下的大气衰减（Standard Air代表标准空气条件，气压为101.325×10³Pa，温度为15℃，水蒸气密度为7.5g/m³，根据ITU-R P.676［2019］，Oxygen通过将水蒸气密度设置为0g/m³来突出氧气吸收的效果。除60GHz和118.7GHz频点，水蒸气的影响主导了大部分毫米波频段和所有太赫兹频段）

来源：ITU-R P.676［2019］/经国际电信联盟许可。

到目前为止，我们已经能够在 30～50GHz、70～110GHz、130～170GHz、200～310GHz、330～370GHz、390～440GHz、625～725GHz、780～910GHz 频率范围内识别出各种用于无线通信的低吸收窗口：

例如，以 150GHz 为中心的频段已经被应用于传输距离约为 1km 的实验性点对点固定链路，在标准大气条件下，大气衰减约为 1dB。此外，在具有 3dB 大气衰减 240GHz 频段下 1km 通信距离上，德国的突破性工作实现了 40Gbit/s 的无线数据传输速率［Hirata et al.，2009］。在太赫兹频段内，大气衰减范围从 350GHz 的 10dB 到 840GHz 的约 80dB。对于短距离无线通信、覆盖范围有限的小型蜂窝和纳米级通信，这种衰减是可以接受的，并可以通过波束赋形等技术进行补偿。

5.3.3　天气影响

天气也是大气衰减的重要因素，因为雨滴、冰雹和雪花的物理尺寸与高频载波的波长处在相同量级。20 世纪 70 年代和 80 年代对卫星通信链路天气特性的研究为毫米波和太赫兹在各种天气条件下的传播提供了许多见解。研究表明，随着频率的增加，相比水分子造成的气体衰减，无论是以悬浮颗粒的形式进入云中，还是以降雨水成物的形式出现的液态水滴都值得特别关注［Crane，1980］。

一方面，一块由小水滴（超过 0℃）或冰晶（-40℃和-20℃）结合而成的云，会对通过对流层各种高度的电磁波造成能量损失。另一方面，以降雨、雾、冰雹和雪的形式存在的水滴在毫米波和太赫兹波的传播路径上也导致了额外的信号衰减。云中水颗粒的尺寸范围约为 1～30μm，而冰晶的尺寸为 0.1～1mm。雨滴是扁状体，半径高达几十毫米，或者通常是半径在 1 毫米以下的完美球体。水滴的大小可与毫米波频率（1～10mm）和太赫兹频率（0.1～1mm）的波长相当。因此，水滴通过吸收和散射减弱了这些频段的电磁波能量。从地面传输的角度来看，由于信号通过云的可能性相对较低，电磁波通过云的衰减并不需要过多关注。本书对于天气影响的分析将集中在降雨带来的衰减上。

雨衰是距离、降雨率和雨滴平均尺寸的函数，可通过［ITU-R P.838，2005］等衰减模型进行估算。这种衰减可以被视为附加损耗，简单添加到自由空间路径损耗和大气吸收上。在 28GHz 频点的测量表明，降雨率超过 25mm/h 的强降雨会带来大约 7dB/km 的衰减。在 120GHz 的特定频率和 100～150mm/h 的极端降雨情况下，极端衰减高达 50dB/km。根据经验，在太赫兹频段，雨水会在 1km 的距离内带来大约 10～20dB 的额外衰减。

ITR-R 提供了通过使用低功率方程［ITU-R P.838，2005］，来近似表示这种特定衰减与以毫米每小时（mm/h）为单位的降雨率 R 之间的关系：

$$\gamma_R = k(f) R^{\alpha(f)} \tag{5.22}$$

两个频率相关系数 k 和 α 是从曲线拟合到从散射计算得到的低功率系数，是以 GHz 为单位的频率 f 的函数，即

$$k = 10^{\left\{\sum_{j=1}^{4}\left(a_j \exp\left[-\left(\frac{\lg(f)-b_j}{c_j}\right)^2\right]\right) + m_k \lg(f) + n_k\right\}} \tag{5.23}$$

以及

$$\alpha = \sum_{i=1}^{5}\left(a_i \exp\left[-\left(\frac{\lg(f)-b_i}{c_i}\right)^2\right]\right) + m_\alpha \lg(f) + n_\alpha \tag{5.24}$$

在式（5.23）中，k 可以是水平极化常数 k_H，也可以是垂直极化常数 k_V。在式（5.24）中，α 的取值为水平极化 α_H 或垂直极化 α_V，如表 5-7 所示。对于线极化和圆极化，以及所有路径几何形状，k 和 α 可以使用以下公式计算：

$$k = \frac{[k_H + k_V + (k_H - k_V)\cos^2(\theta)\cos(2\tau)]}{2} \tag{5.25}$$

和

$$\alpha=\frac{\left[k_H\alpha_H+k_V\alpha_V+(k_H\alpha_H-k_V\alpha_V)\cos^2(\theta)\cos(2\tau)\right]}{2k} \tag{5.26}$$

式中，θ 表示路径仰角，τ 是偏振倾斜角。

表 5-7　降雨衰减计算中两个系数的值

	j	a_j	b_j	c_j	m_k	n_k
k_H	1	−5.339 8	−0.100 1	1.131 0	−0.189 6	0.711 5
	2	−0.353 5	1.269 7	0.454 0		
	3	−0.237 9	0.860 4	0.153 5		
	4	−0.941 6	0.645 5	0.168 2		
k_V	1	−3.806 0	0.569 3	0.810 6	−0.164 0	0.633 0
	2	−3.449 7	−0.229 1	0.510 6		
	3	−0.399 0	0.730 4	0.119 0		
	4	0.501 7	1.073 2	0.272 0		
	i	a_i	b_i	c_i	m_α	n_α
α_H	1	−0.143 2	1.824 4	−0.551 9	0.678 5	−1.955 4
	2	0.295 9	0.775 6	0.198 2		
	3	0.321 8	0.637 7	0.131 6		
	4	−5.376 1	−0.962 3	1.478 3		
	5	16.172 1	−3.299 8	3.439 9		
α_V	1	−0.077 7	2.338 4	−0.762 8	−0.053 7	0.834 3
	2	0.567 3	0.955 5	0.540 4		
	3	−0.202 4	1.145 2	0.268 1		
	4	−48.299 1	0.791 7	0.116 2		
	5	48.583 3	0.791 5	0.116 5		

来源：改编自 ITU-R P. 838［2005］。

上述 ITU-R 模型得出的雨衰如图 5.5 所示，频率范围为 1～1000GHz，降雨率从小雨（1mm/h）到大雨（200mm/h）。请注意，对于地面网络中的无线链路，我们假设 $\theta=90°$。

除上述 ITU-R 模型，还有例如 Smulders and Correia［1997］中给出的简化模型，即

$$\lambda_{[\mathrm{dB/km}]}(f_{[\mathrm{GHz}]},R)=k(f)R^{\alpha(f)} \tag{5.27}$$

式中

$$k(f)=10^{1.203\lg(f)-2.290} \tag{5.28}$$

和

$$\alpha(f)=1.703-0.493\lg(f) \tag{5.29}$$

从卫星通信的角度来看，由于其链路的传输距离很长，天气衰减使得高频无线传输变得不可靠。与此同时，具有小蜂窝尺寸的地面太赫兹移动通信是可行的（考虑到在 100m 距离处的最大损耗为几分贝），特别是当应用大型天线阵列来补偿这种额外损耗时。

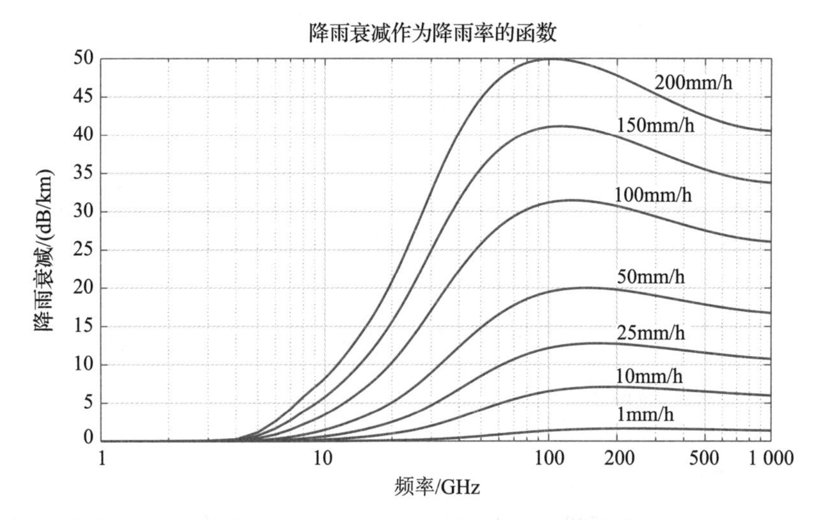

图 5.5 不同降雨率和频率下的地面通信链路雨衰（dB/km），覆盖范围为 1~1000GHz。降雨率以毫米每小时（mm/h）为单位，是一段时间（如 1h）内的平均值。图中展示了从小雨（1mm/h）到大雨（200mm/h）的数值。衰减峰值出现在 100~300GHz 的频率范围内，因为该频段的波长与雨滴的大小相匹配

5.3.4 阻塞

由于太赫兹频段波长的收缩，周围物体的物理尺寸变得相对较大，足以引起信号散射，使得太赫兹波在普通表面变得太粗糙而无法产生镜面反射。因此，太赫兹传输在很大程度上依赖 LOS 链路。然而，发射机和接收机之间的直接路径很容易被中间的物体或人体阻挡。与较低频率的信号相比，太赫兹信号及其对应的毫米波信号极易受到建筑物、家具、车辆、树叶甚至人体的阻挡。单个阻塞会导致几十分贝的功率损耗。例如，当存在植被时，其植被深度会导致信号发生衰减。在 28GHz、60GHz 和 90GHz 处观察到的衰减分别为 17dB、22dB 和 25dB。此外，由于人体的存在，人体动态运动产生的影响会更深远。归因于自体阻塞的太赫兹信号衰减会持续变化，其动态范围高达 35dB。这些阻塞会显著降低信号强度，甚至可能导致链路完全中断。因此，有必要明确阻塞的特征，找到有效的解决方案，避免阻塞或在链路被阻塞时快速恢复连接。

统计模型可用于量化阻塞的影响，例如通过布尔模型对自身阻塞进行建模。在该模型中，人体被视为三维圆柱体，中心形成二维（two-Dimensional，2D）泊松点过程（Poisson Point Process，PPP）。在室内环境中，自体阻塞也被建模为固定半径为 r 的二维圆，其中心形成 PPP。LOS 概率模型假设距离为 d 的链路是 LOS 的概率为 $P_L(d)$，否则为 NLOS。$P_L(d)$ 的表达式通常是针对不同的设置通过经验获得的。Tripathi et al. ［2021］ 提供了可以估计具有自身阻塞的 LOS 链接的 LOS 概率。

$$p_L = 1-\mathrm{e}^{-\mu(rd+\pi r^2)} \tag{5.30}$$

式中，μ 表示障碍物的密度，d 是以米为单位的二维距离。

在 3GPP 定义的城市宏小区场景下，LOS 概率为

$$p_L(d) = \min\left(\frac{d_1}{d},1\right)\left(1-\mathrm{e}^{-\frac{d}{d_2}}\right)+\mathrm{e}^{-\frac{d}{d_2}} \tag{5.31}$$

式中，d_1 和 d_2 是拟合参数，分别等于 18m 和 63m。

同样的模型也适用于城市微小区场景，$d_2=36\text{m}$。在不同的信道测量中，LOS 概率表达式存在一些变化。例如 NYU 所得出的 LOS 概率模型是

$$p_L(d)=\left(\min\left(\frac{d_1}{d},1\right)\left(1-e^{-\frac{d}{d_2}}\right)+e^{-\frac{d}{d_2}}\right)^2 \tag{5.32}$$

式中，拟合参数 d_1 和 d_2 分别等于 20m 和 160m。

在具有随机矩形阻塞的蜂窝网络中，阻塞被建模为布尔过程，LOS 概率由下式给出

$$p_L(d)=e^{-\beta d} \tag{5.33}$$

式中

$$\beta=\frac{2\mu(\mathbb{E}[W]+\mathbb{E}[L])}{\pi} \tag{5.34}$$

式中，L 和 W 是典型矩形障碍物的长度和宽度。

5.3.5　高多普勒波动

移动台以速度 v 沿着信号传播空间角为 θ 的路径移动时，会导致路径长度发生变化，即 $\Delta d=v\Delta t\cos\theta$。不同的传播距离带来的相位变化为

$$\Delta\phi=\frac{2\pi\Delta d}{\lambda}=\frac{2\pi v\Delta t\cos\theta}{\lambda} \tag{5.35}$$

因而产生了如下的多普勒频移

$$f_d=\frac{\Delta\phi}{2\pi\Delta t}=\frac{v\cos\theta}{\lambda} \tag{5.36}$$

接收信号将在 f_c+v/λ（当移动台恰好移向发射机时）到 f_c-v/λ（当移动台恰好远离发射机时）的范围内展宽。多普勒扩展被定义为由相对运动引起的频谱展宽的量度，其中 $f_m=v/\lambda$ 表示最大多普勒频移。

$$D_s=2f_m \tag{5.37}$$

当传输正弦信号 $\cos 2\pi f_c t$ 时，多普勒频移会引起每条传输径上的相位变化，例如传输路径 l 的相位变为 $2\pi f_d\,\tau_l(t)$。因此在 $\Delta\tau=1/2f_d$ 的时间间隔内，相位发生显著变化。当多径分量在接收端合并时，这种相位变化会影响它们的相长和相消干扰。其发生的时间间隔为

$$T_c=\frac{1}{4D_s}=\frac{1}{8f_m} \tag{5.38}$$

上述时间间隔被定义为相干时间，以表征通道响应可被视为不变的持续时间。还有其他更精确的定义，如

$$T_c\approx\frac{9}{16\pi f_m} \tag{5.39}$$

或

$$T_c\approx\sqrt{\frac{9}{16\pi f_m^2}}=\frac{0.423}{f_m} \tag{5.40}$$

尽管相干时间有多种定义，但更为关键的是时间相干性主要由多普勒扩展决定，并与其呈倒数关系，即多普勒扩展越大，时间相干性越小。根据传输的基带信号相对于信道衰落速率的变化，无线信道可分为慢衰落和快衰落信道。在慢衰落中，符号周期远小于相干时间

$$T_s\ll T_c \tag{5.41}$$

我们可以假设信道在时域中的多个符号周期内是恒定的，且多普勒扩展与信号带宽相比可以忽略不

计。在快衰落中

$$T_s > T_c \tag{5.42}$$

其信道响应在单个符号周期内变化，且由于多普勒扩展引起的频率色散相当大。

由式（5.36）可知，多普勒效应随着波长的缩短而放大。因此，与微波无线信道甚至毫米波信道相比，太赫兹信道表现出更显著的波动。当发射机以 1m/s 的恒定速度远离接收机时，它会在 60GHz 的毫米频段内产生约 200Hz 的多普勒频移。在 600GHz 的太赫兹频段中，该值将增加到 2000Hz。在太赫兹收发机的设计中，应该考虑这种高多普勒频移的影响。

5.4　子阵列波束赋形

由于接收端的功率与接收天线孔径成正比，与毫米波相比，太赫兹信号遭受的自由空间传播损耗更严重。此外，由于水蒸气和氧分子对太赫兹波有着显著的吸收，大气衰减在太赫兹频段变得更加严重。具体而言，衰减可达每千米数百分贝，而毫米波每千米只有几十分贝。此外，由于太赫兹频段的波长很小，因此传播路径上的反射和散射损耗比毫米波更严重。因此，太赫兹信号的传输路径更少，并且在角度域中比毫米波更稀疏。相应地，太赫兹通信以 LOS 为主，发射功率集中在 LOS 路径上，LOS 和 NLOS 路径之间的功率差距变大。由于反射损耗较高，光线较少，太赫兹信号的整体角度范围较小。例如，在太赫兹频段的室内环境中，观察到的最大角度扩展为 40°，而在 60GHz 毫米波频率的室内场景中，最大角度扩展为 120°。为了克服这种大的传播损耗，波束赋形技术在太赫兹通信系统中的应用是必不可少的。同时也得益于太赫兹波微小的波长，大量天线元件可以紧密地封装在一个小型设备中，以产生高功率增益。

全数字波束赋形通过简单地将发射信号与基带的加权向量相乘来形成所需的波束。然而，对于配备了大规模天线阵列的收发机来说，这会导致无法承受的能源消耗和硬件成本。因此，毫米波通信广泛研究了另一种可以降低实现复杂度的技术形式——模拟波束赋形。其只需要一个射频（Radio Frequency，RF）链来控制波束，并通过使用模拟移相器来调整信号的相位，从而降低了硬件成本和能耗。然而，由于模拟电路只能部分调整信号的相位，因此很难使波束适应特定的信道条件，从而导致相当大的性能损失。此外，全模拟架构只能支持单流传输，无法实现复用增益以提高频谱效率。

考虑到硬件的限制，从性能和复杂性权衡的角度来看，相比于全数字或全模拟架构，混合数模架构是太赫兹大规模天线系统的最佳选择。其核心思想是将传统的基带处理分为两部分：大尺寸模拟信号处理（通过模拟电路实现）和降维数字信号处理（只需要几个射频链）。由于毫米波和太赫兹频率下的有效散射体数量通常很少，因此数据流的数量通常远小于天线的数量。因此，混合波束赋形可以显著减少所需的射频链数量，从而实现简单的硬件和低能耗。

在混合架构中，天线元件可以通过两种典型方式连接到射频链，即完全连接（Fully Connected，FC）和子阵列连接（Array-of-Subarrays，AoSA）[Lin and Li，2016]。在 FC 结构中，射频链信号通过一组单独的移相器和相应的信号组合器辐射到所有天线元件上。而在 AoSA 结构中，射频链则只驱动一个独立的天线元件子集，且每个子集都连接到一个专用的移相器。即对于 FC 结构，不同射频链共享天线元件，而天线子阵列（Antenna Subarray，AS）只供一个特定的射频链使用。特别是对于 FC 结构而言，一个典型的射频链应该具有驱动整个大规模天线阵列的能力，考虑到太赫兹发射源功率有限，其 RF 链难以驱动整个大规模天线阵列，且损耗较高。此外，大量移相器和合路器的使用会加剧功耗。然而，对于 AoSA 结构，信号处理是在子阵列级别使用足够数量的天线进行的。因此，使用更少的移相器，可以显著降低硬件复杂性、功耗和信号功率损失。此外，如图 5.6 所示，还可以通过结合基带预编码来同时获得功率增益、复用增益和空间分集增益。

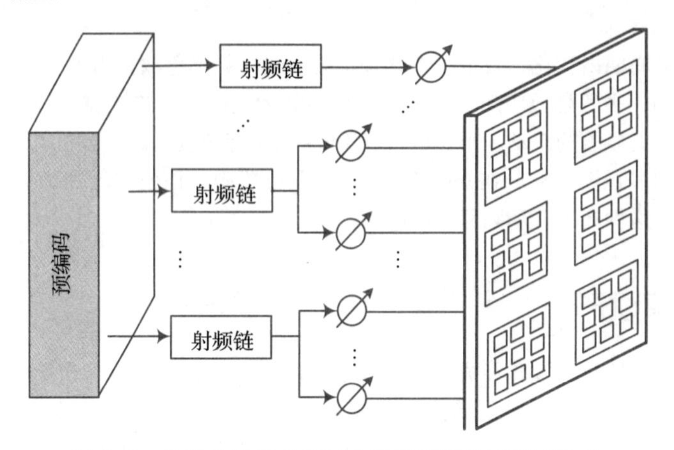

图 5.6 太赫兹通信系统混合波束赋型的子阵列结构

考虑一个3D超大规模天线MIMO系统，该系统使用石墨烯等纳米材料在非常紧凑的面积中集成了大量等离子体纳米天线。天线阵列包括在公共金属接地层上的有源石墨烯元件，中间有介电层。假设发射端和接收端分别由 $M_t \times N_t$ 和 $M_r \times N_r$ 个子阵列天线组成，每个子阵列又由 $Q \times Q$ 个阵元组成。因此，通过向量化每一侧的2D天线索引，其组成了一个 $M_t N_t Q^2 \times M_r N_r Q^2$ 的MIMO系统。这种双大规模MIMO系统不同于传统的大规模MIMO，后者仅在基站侧应用具有大量单元的大规模阵列，以使用单个或几个天线为多个用户提供服务。

由于有限的反射以及可忽略的散射和衍射分量，太赫兹信号传输以LOS为主。因此，频率平坦信道上的单载波LOS传输可以建模为［Sarieddeen et al.，2019］

$$\boldsymbol{y}=\boldsymbol{W}_r^H \boldsymbol{H} \boldsymbol{W}_t^H \boldsymbol{x}+\boldsymbol{W}_r^H \boldsymbol{n} \tag{5.43}$$

式中，$\boldsymbol{x}=[x_1, x_2, \cdots, x_{N_s}]^{\mathrm{T}}$ 是信息符号向量，$\boldsymbol{y} \in \mathbb{C}^{N_s \times 1}$ 表示接收符号向量，$\boldsymbol{H} \in \mathbb{C}^{M_r N_r \times M_t N_t}$ 表示信道矩阵，$\boldsymbol{W}_t \in \mathbb{C}^{N_s \times M_t N_t}$ 和 $\boldsymbol{W}_r \in \mathbb{C}^{M_r N_r \times N_s}$ 分别为预编码矩阵和合并矩阵，$\boldsymbol{n} \in \mathbb{C}^{M_r N_r \times 1}$ 为加性噪声向量。假定每个标准子阵列组合（Standards Association，SA）形成单个波束，因此（m_t, n_t）和（m_r, n_r）SA之间的信道响应定义为

$$h_{(m_r n_r, m_t n_t)}=\boldsymbol{a}_r^H(\phi_r, \theta_r) G_r \alpha_{(m_r n_r, m_t n_t)} G_t \boldsymbol{a}_t^H(\phi_t, \theta_t) \tag{5.44}$$

式中，$1 \leqslant m_t \leqslant M_t$，$1 \leqslant m_r \leqslant M_r$，$1 \leqslant n_t \leqslant N_t$，$1 \leqslant n_r \leqslant N_r$，$\alpha$ 是LOS路径增益，G_t 和 G_r 为式（5.5）中给出的Friis自由空间公式的发射和接收天线增益。$\boldsymbol{a}_t$ 和 $\boldsymbol{a}_r$ 分别表示发射和接收SA的导向向量，ϕ 是方位角，θ 是传播路径的仰角。

忽略天线单元之间的互耦合影响，发射SA的理想导向向量可以表示为

$$\boldsymbol{a}_0(\phi_t, \theta_t)=\frac{1}{Q}[\mathrm{e}^{\mathrm{j}\Phi_{1,1}}, \cdots, \mathrm{e}^{\mathrm{j}\Phi_{1,Q}}, \mathrm{e}^{\mathrm{j}\Phi_{2,1}}, \cdots, \mathrm{e}^{\mathrm{j}\Phi_{Q,1}}, \cdots, \mathrm{e}^{\mathrm{j}\Phi_{Q,Q}}]^{\mathrm{T}} \tag{5.45}$$

式中，$\boldsymbol{\Phi}_{p,q}$ 为天线元件（p,q）的相位差，定义为

$$\begin{aligned}\boldsymbol{\Phi}_{(p,q)}(\phi_t, \theta_t)=&\psi_x^{(p,q)} \frac{2\pi}{\lambda} \cos\phi_t \sin\theta_t+\\&\psi_y^{(p,q)} \frac{2\pi}{\lambda} \sin\phi_t \sin\theta_t+\psi_z^{(p,q)} \frac{2\pi}{\lambda} \cos\theta_t\end{aligned} \tag{5.46}$$

式中，$\psi_x^{(p,q)}$、$\psi_y^{(p,q)}$ 和 $\psi_z^{(p,q)}$ 为元件在三维空间的坐标位置。在接收端，$\boldsymbol{a}_0(\phi_r, \theta_r)$ 可以类似定义。假设

发射 SA 所需波束的出发角为（$\hat{\phi}_t,\hat{\theta}_t$），最佳加权向量由下式确定

$$\boldsymbol{w}_t=\boldsymbol{a}_t(\hat{\phi}_t,\hat{\theta}_t) \tag{5.47}$$

将（$\hat{\phi}_t,\hat{\theta}_t$）代入式（5.46）中可得

$$\begin{aligned}\hat{\Phi}_{(p,q)}(\hat{\phi}_t,\hat{\theta}_t)=&\psi_x^{(p,q)}\frac{2\pi}{\lambda}\cos\hat{\phi}_t\sin\hat{\theta}_t+\\&\psi_y^{(p,q)}\frac{2\pi}{\lambda}\sin\hat{\phi}_t\sin\hat{\theta}_t+\psi_z^{(p,q)}\frac{2\pi}{\lambda}\cos\hat{\theta}_t\end{aligned} \tag{5.48}$$

由此产生的波束模式可以表示为

$$\begin{aligned}g_t(\phi,\theta)&=\boldsymbol{w}_t^H\boldsymbol{a}_t(\phi,\theta)\\&=\frac{1}{\sqrt{M_tN_t}}\sum_{m_t=1}^{M_t}\sum_{n_t=1}^{N_t}\mathrm{e}^{\mathrm{j}\frac{2\pi}{\lambda}[\Phi_{(p,q)}(\phi_t,\theta_t)-\hat{\Phi}_{(p,q)}(\hat{\phi}_t,\hat{\theta}_t)]}\end{aligned} \tag{5.49}$$

这意味着在（$\hat{\phi}_t,\hat{\theta}_t$）所需方向上有着 M_tN_t 的最大功率增益。

类似地，接收 SA 的加权向量由 $\boldsymbol{w}_r=\boldsymbol{a}_r(\hat{\phi}_r,\hat{\theta}_r)$ 给出，到达角为（$\hat{\phi}_r,\hat{\theta}_r$），从而得到 LOS 路径上到达角为（$\hat{\phi}_r,\hat{\theta}_r$）处的最大功率增益为 M_rN_r。

5.5　透镜天线

用于太赫兹通信的天线必须具有高度的指向性，以减轻由于自由空间路径损耗、大气吸收和降雨衰减而造成的严重传播损耗。直接的方法是应用大规模天线阵列来产生高波束赋形增益，以补偿上述损失。尽管混合数模架构可以降低所需的射频链数量，但由于其仍需要大量的模拟射频组件，如模拟移相器，混合波束赋形的硬件复杂性和功耗仍然较高。一些研究表明，移相器及其可变增益放大器的功率消耗值得关注。由于模拟移相器的数量可能是射频链和天线数量的几倍，因此在混合架构中该问题变得更加严重。因此，高频通信急需颠覆性的天线技术。作为一种很有前途的低成本高频高指向天线解决方案——透镜天线，引起了研究人员的关注。

5.5.1　无线电波的折射

透镜天线是一种特殊的天线，就像光学透镜对可见光的作用一样，它采用一块赋形的无线电透明材料，通过折射来弯曲和集中电磁波。其通常包括辐射无线电波的发射机和位于发射机前方的一块电介质或复合材料，作为会聚透镜，使得无线电波形成窄波束。透镜将入射的无线电波导向接收天线的馈线，将感应的电磁波转换为电流。为了产生窄波束，透镜尺寸需要比电磁波的波长大得多，因此，透镜天线更适合波长很小的毫米波和太赫兹通信频段。与光学透镜相同，无线电波在透镜材料内的速度与在自由空间中的速度不同，因此不同的透镜厚度会在不同程度延迟电磁波的传播时间，从而改变波前的形状和波的方向，如图 5.7 所示。

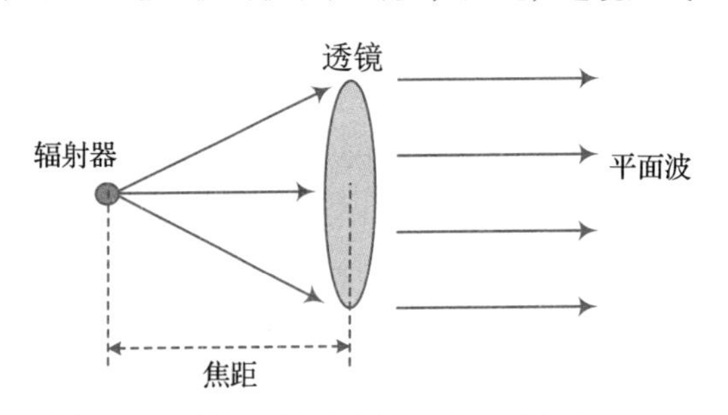

图 5.7　透镜天线示意图，由一个辐射器和一个无线电透镜组成

最早利用透镜折射和聚焦无线电波的实验发生在 19 世纪 90 年代的无线电波研究期间（参考维基百科）。詹姆斯·克拉克·麦克斯韦在 1873 年预测了电磁波的存在，并提出了可见光是由微小波长的电磁波

组成的推论。1887 年，海因里希·赫兹通过发现无线电波，成功地证明了电磁波的存在。早期的科学家认为无线电波是一种不可见光。为了验证麦克斯韦关于光是电磁波的理论，这些研究人员集中精力用短波长无线电波复制经典的光学实验，并用各种透镜衍射。赫兹首先用棱镜演示了 450MHz 无线电波的折射现象。这些实验证实，可见光和无线电波都是由麦克斯韦预测的电磁波组成的，只是频率不同。

光学透镜可以将无线电波作为光波聚焦成窄光束的可行性吸引了当时许多研究人员的兴趣。1889 年，奥利弗·洛奇和詹姆斯·L·霍华德试图用柱面透镜折射 300MHz 的电磁波，但由于设备小于波长，未能达到聚焦效果。1894 年，洛奇用玻璃透镜成功地将无线电波聚焦在 4GHz。同年，印度物理学家 Jagadish Chandra Bose 在其 6~60GHz 的微波实验中构建了透镜天线，使用圆柱形硫透镜来准直微波束，并为由玻璃透镜组成的接收天线申请了专利，该玻璃透镜将微波聚焦在晶体探测器上。1894 年，奥古斯托·里吉在博洛尼亚大学的微波实验中，用 32cm 的透镜聚焦了 12GHz 的无线电波。现代透镜天线的发展发生在第二次世界大战前后，微波技术的研究得到了大力发展，以开发军用雷达。1946 年，R. K. Luneberg 发明了著名的 Luneberg 透镜，它被用作雷达反射器，有时被连接到隐形战斗机上，以使其在训练行动中能够被探测到，或隐藏其实际的电磁特征。

5.5.2　透镜天线阵列

在透镜天线的基础之上，研究人员开发了一种称为透镜天线阵列的先进天线结构。透镜天线阵列通常由两个主要组件组成：电磁（Electro-Magnetic，EM）透镜和位于透镜焦点区域的天线元件阵列。EM 透镜可以通过不同的方式实现，例如介电材料、具有可变长度的传输线以及周期性的电感和电容结构。尽管其实现方式多种多样，但 EM 透镜的功能是为不同角度的电磁波提供可变相移。也就是说，透镜天线阵列可以将来自不同发射天线的信号导向具有足够分离发射角的不同波束。相应地，接收机处的透镜天线阵列可以将来自足够分离方向的入射信号集中到不同的接收天线。与传统阵列相比，该阵列可以应用于大规模 MIMO 系统，以实现显著的性能增益以及更低的成本和复杂度。

在不失一般性的情况下，在以 y-z 平面原点为中心的平面放置尺寸为 $D_y \times D_z$ 且厚度可忽略不计的平面 EM 透镜，仅考虑方位角平面（见 Zeng and Zhang［2016］）。天线元件位于方位平面的透镜焦弧上，如图 5.8 所示。一个典型元件 n 的坐标，其中 $n \in \{0, \pm 1, \cdots, \pm(N-1)/2\}$，$N$ 代表天线单元的总数（假定为奇数），可以表示为 $x_n = F\cos\theta_n$，$y_n = -F\sin\theta_n$，$z_n = 0$，其中透镜焦距 F 和第 n 个元件相对于 x 轴的夹角 $\theta_n \in [\pi/2, \pi/2]$。

元件间的间距是至关重要的，即元件放置在焦弧上，使得 $\widetilde{\theta}_n = \sin\theta_n$ 在区间［-1,1］中等距分布为

$$\widetilde{\theta}_n = \frac{n}{\widetilde{D}} \tag{5.50}$$

式中，$\widetilde{D} = D_y/\lambda$ 是由载波波长 λ 归一化的方位角平面中的透镜尺寸。如果平面波以 ϕ 的入射角到达，则透镜中心的入射信号为 $r_0(\phi)$，第 n 个元件的接收信号为 $r_n(\phi)$。

阵列响应向量可以由下式给出

$$\boldsymbol{a}(\phi) = [a_1(\phi), a_2(\phi), \cdots, a_N(\phi)]^{\mathrm{T}} \tag{5.51}$$

式中，元件响应为

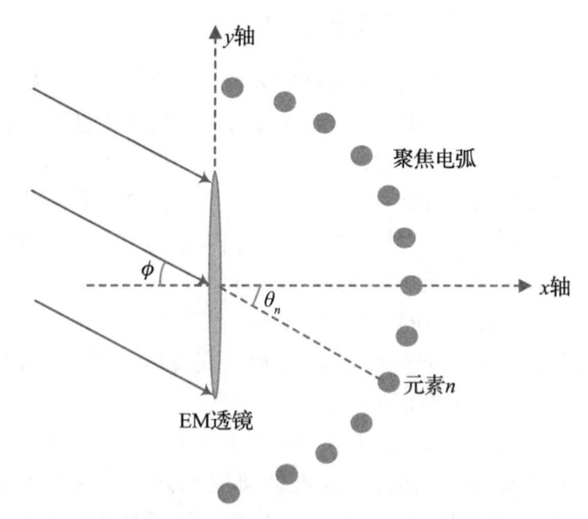

图 5.8　透镜天线阵列示意图，入射信号的方位角为 ϕ

$$a_n(\phi)=\frac{r_n(\phi)}{r_0(\phi)} \tag{5.52}$$

如果透镜天线阵列如式（5.50）所示至关重要，则阵列响应向量可以由下式给出

$$a_n(\phi)\approx \mathrm{e}^{-\mathrm{j}\Phi_0}\sqrt{A}\,\mathrm{sinc}(n-\widetilde{D}\widetilde{\phi}) \tag{5.53}$$

式中，$A=D_yD_z/\lambda^2$ 是归一化孔径，Φ_0 是镜头光圈到阵列的公共相移，$\widetilde{\phi}=\sin\phi\in[-1,1]$ 称为 ϕ 对应的空间频率。

与不同元件之间的相位差决定响应的传统阵列不同，透镜天线阵列具有与角度相关聚焦能力的 sinc 函数响应。具体来说，入射角为 ϕ 的信号功率可以被靠近焦点 $\widetilde{D}\widetilde{\phi}$ 的元件放大约 A 倍，而远离焦点元件处的功率几乎可以忽略不计。因此，两个信号以两个足够不同的角度到达，可以通过选择不同的元件来有效地分离这些角度。

图 5.9 为一个 MIMO 系统示意图，该系统配备了一个透镜天线阵列，在发射机和接收机端分别有 Q 和 N 个阵元。在多径环境中，信道冲激响应可以建模为

$$\boldsymbol{H}=\sum_{l=1}^{L}\alpha_l\boldsymbol{a}_r(\phi_{r,l})\boldsymbol{a}_T^H(\phi_{t,l})\delta(t-\tau_l) \tag{5.54}$$

式中，$\boldsymbol{H}$ 是 $N\times Q$ 矩阵，其元素 $h_{nq}(t)$ 表示从发射元件 q 到接收元件 n 的信道冲激响应，L 是可解析信号路径的总数，α_l 和 τ_l 是第 l 条路径的复值增益和延迟，$\phi_{t,l}$ 和 $\phi_{r,l}$ 表示出发角和到达角。$\boldsymbol{a}_t$ 和 $\boldsymbol{a}_r$ 分别代表发射机和接收机的透镜天线阵列的响应向量。

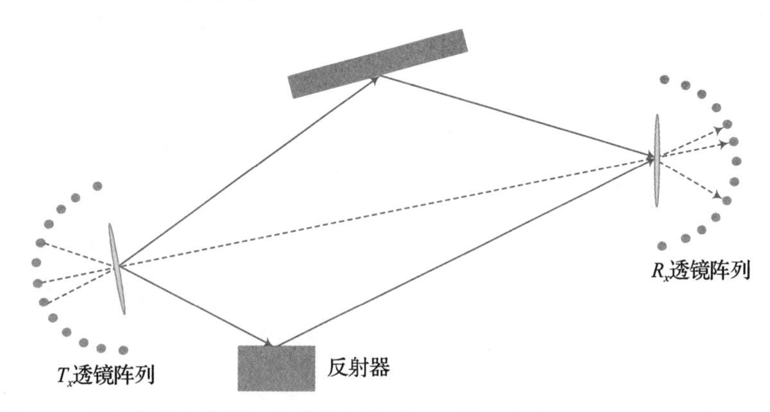

图 5.9　多径信道中发射机和接收机均采用透镜天线阵列的 MIMO 系统示意图

5.6　研究案例：IEEE 802.15.3d

5G NR 最重要的创新之一是在移动通信中应用了毫米波频段。3GPP 在为 NR 网络的初始部署定义频率范围 2（Frequency Range 2，FR2）期间，引入了 24.25~52.6GHz 频率范围内的几个毫米波频段。与此同时，IEEE 批准了 60GHz 定向毫米波通信的使用，其最初是在标准 IEEE 802.15.3c 中用于高清视频传输，然后在 IEEE 802.11ad 中用于每秒数千兆位的 WLAN。IEEE 802.11ad 的演进版本 IEEE 802.11ay 旨在通过在非授权毫米波频段上使用多流 MIMO、更高的信道带宽和高阶调制来实现超过 100Gbit/s 的传输速率。未来的 6G 系统有望实现更高的数据速率，其中无线通信频率超过 100GHz，特别是太赫兹频段通信和可见光通信（Visible Light Communications，VLC），都有望提供数十、数百甚至数千兆赫的连续频谱［Petrov et al.，2020］。

在过去的几十年里，来自学术界、工业界、标准化组织和监管机构的主要参与者一直在积极探索这

种通信的可行性。在VLC方面的努力促成了IEEE 802.15.7 [Rajagopal et al., 2012] 的建立，旨在为未来的OWC指定物理层和媒体访问控制层。2008年，IEEE 802.15框架下的太赫兹兴趣小组（IGthz）成立，其首次尝试以太赫兹频率构建无线通信系统。2014年5月，Task Group 3d成立，以标准化在60GHz及较低太赫兹频段频率下运行的交换式点对点通信系统。该小组的初步成果包括四个支持文档，即APP需求文档、技术需求文档、渠道建模文档和评估标准文档。2014年9月，它被分成两个独立的团队：Task Group 3d专注于较低太赫兹频段的活动，而Task Group 3e则致力于为60Gbit/s的近距离通信链路制定修正案。2016年3月的会议批准了IEEE 802.15.3d的支持文件，并发出了提案征集。基于提案审查和两次投票，IEEE 802.15.3d-2017于2017年9月获得IEEE SA标准委员会的批准。

IEEE 802.15.3d-2017是对IEEE 802.15.3-2016的修订，它指定了在252~325GHz之间的低太赫兹频段上用于交换点对点连接的替代PHY层，以及对于MAC层必要的修改 [IEEE 802.15.3d-2017, 2017]。此修订建立在IEEE 802.15.3e-2017中引入的新范例pairnet的基础上，并继承了其中定义的相应MAC层的修改。其主要特点如下：

- 为超过100Gbit/s的峰值速率而设计。
- 有效覆盖范围从几十厘米到几百米。
- 在252~352GHz的太赫兹频段内工作。
- 使用2.16~69.12GHz之间的8种带宽。
- 一种支持设备内通信、近距离通信、无线数据中心和无线回传的pairnet结构。
- 实现超高速或低复杂度模式的两种物理层选项：单载波和开关键控（OOK）。

5.6.1 IEEE 802.15.3d的应用场景

IEEE 802.15.3d的部署场景仅限于固定或准静态设备之间的点对点无线连接，从而降低了系统设计和实现的复杂性。与移动通信和WLAN（特别是IEEE 802.11ad和IEEE 802.11ay）相比，其放宽或避免了诸如多址、初始接入、资源分配和干扰抑制等过程，以简化太赫兹无线通信的初始标准化工作。尽管只提供点对点链路，但IEEE 802.15.3d依然能够在以下各种场景中发挥特定作用 [Kürner, 2015]。

- 近距离通信：IEEE 802.15.3d旨在为设备间近距离通信和Kiosk下载提供高速数据交换。到目前为止，使用WLAN传输大容量文件仍然需要很长时间，这降低了用户体验。太赫兹通信提供了超高的数据速率，其数量级远高于微波或毫米波频段现有和新兴的近距离无线传输。值得注意的是，1GB容量的高清电影的下载时间从IEEE 802.11ac的10s左右可减少到IEEE 802.15.3d的0.1s以下。Kiosk下载服务使移动终端能够立即与内容提供商或存储云同步。移动终端和售货亭终端之间的无线连接既不是由传统的蜂窝系统提供，也不是由覆盖至少几十米的本地无线网络提供，而是由传输范围仅为几厘米或更小的非接触式无线通信提供的。自助服务终端通常位于火车站、机场、购物中心、便利店、地铁、图书馆和公园等公共区域。当用户使用移动终端触摸Kiosk终端时，数据文件会在很短的时间内完成上传或下载。此外，文件交换等近距离D2D应用程序可以在智能手机、平板电脑、笔记本电脑、数码相机和打印机等两个电子设备之间高速传输大容量多媒体数据（照片、视频等）。用户只需一个触摸动作就可以将任何一个数据文件发送到另一个终端。例如，学生只需触摸智能手机的音乐播放器，就可以与朋友分享音乐；游客只需将智能手机放在游客咨询台附近或博物馆入口处，就可以获得用于介绍景点的数字视频。近距离D2D应用中使用的设备也可以是用于存储大容量数据的无线存储设备，如无线闪存、无线固态驱动器、游戏卡和智能海报等。
- 无线回传和前传链路：无线网络的趋势之一是利用小蜂窝的超密集部署来增加人口稠密地区的系统容量，这就需要小小区基站和核心网之间的高速回传连接。当一个小小区配备了几个远程射频头（Remote Radio Head，RRH）时，必须使用称为前传的通信链路将每个 RRH 与基带单元（Base-Band Unit，BBU）连接起来。在集中式无线电接入网络（Centralized Radio Access Network，C-RAN）中，BBU 控制多个分布式 RFU，同时仍旧需要可靠且高速的前传链路。5G 或 6G 之后的新研究成果进一步朝着更复杂和异构的网络方向发展，对回传和前传提出了更高的要求。例如，3GPP 和开放式无线接入网（O-RAN）协会讨论的功能划分进一步将无线接入网络划分为称为集中式单元（Centralized Unit，CU）、分布式单元（Distributed Unit，DU）或无线电单元（Radio Unit，RU）的不同功能节点。CU、DU 和 RU 的部署具有高度的灵活性和可扩展性，需要比以往任何时候都更先进的互连方法。最近，有一种备受热议的 6G 架构，称为无小区大规模 MIMO［Jiang and Schotten，2021］，这是一种很有潜力的架构，但也给中央处理器与大量分布式天线互连带来了挑战。在无小区架构中，网络需要实时交换由传输数据和瞬时信道状态信息组成的海量数据。其中，大规模利用光纤连接搭建回传与前传链路，在站点获取、安装和维护既耗时又昂贵。因此，最近提出了一种无线替代方案，如集成接入和回传（Integrated Access and Backhaul，IAB），以补充这种具有挑战性的设置中的光链路。在这些场景中，IEEE 802.15.3d 可以提供具有高数据速率和无干扰的点对点通信。它支持超过 100Gbit/s 的数据速率，比最先进的毫米波技术高出一个数量级，从而显著降低了布线复杂度。

- 数据中心的电缆替代：随着信息技术和人工智能的普及，许多基本服务供应和关键数据存储越来越依赖数据中心，导致过去十年数据中心的数量激增。数据中心的计算和存储节点通常通过光纤与高速以太网连接。然而，有线布线在安装和维护方面耗时且昂贵，浪费了大量空间，并且有可能阻塞气流而影响冷却系统。此外，从灵活性和可扩展性的角度来看，不容易重新配置也是其劣势之一。如今，学术界正在积极研究一种替代方案，即在将机器相互连接时使用高速率点对点无线链路。这种方法实现了数据中心更灵活的设计，并减少了布线数量，从而实现了经济高效的部署和运营。IEEE 802.15.3d 旨在提供这种“机器间”连接，从而只在特定部署中补充光纤［Petrov et al.，2020］。
- 设备内通信：早在 2001 年，Chang et al.［2001］就提出了使用无线链路进行设备内通信的想法。他们发现了两个主要挑战：缺乏高效的数模转换器，无法在高速采样时实现多级量化；以及缺乏分配的大带宽，无法进行简单的调制，可能只支持两级量化。太赫兹频段可以提供丰富的频谱，通过使用 OOK 等简单的调制方案来解决这两个问题。具体而言，用户设备和单个设备内的电子组件可以通过 IEEE 802.15.3d 连接。如今，现代计算机已经配备了多个高速有线链路，如中央处理单元（Central Processing Unit，CPU）与随机存取存储器之间的总线，以及芯片组和网络接口之间的总线。此外，新兴的大规模多核 CPU 采用了高度复杂的解决方案来连接计算核心和共享缓存。计算机内部数据交换的快速增长对其设计提出了挑战。例如，现代主板已经有 12 层，而用于未来 CPU 的新兴“片上网络”则占据了超过 30%的处理器空间和功耗。在此，IEEE 802.15.3d 提供了一种可能的替代方案，能够实现关键组件之间的高速数据链路，同时简化布局设计［Petrovet al.，2020］。

5.6.2　物理层

太赫兹通信的物理层被设计用于 252~322GHz 频段内的点对点交换无线传输。支持 2.16~69.12GHz 内的八种不同信道带宽，以实现超过 100Gbit/s 的峰值数据速率，并支持根据需要回退到较低的数据速率。支持以下两种物理层模式：

- THz 单载波（THz Single Carrier，THz-SC）模式：该模式适用于有效载荷数据速率极高的场景。根据不同的调制、带宽和信道编码组合，该模式支持多种速率，其最大数据速率理论上可达 300Gbit/s 左右。THz-SC 支持六种调制方式：二进制相移键控（Binary phase-shift keying，BPSK）、正交相移键控制（quadrature phase-shift Keying，QPSK）、8 相移键控（phase-shift keying，PSK）、8 振幅和相移键控（amplitude and phase-shift keying，APSK）、16-QAM 和 64-QAM。它有两种前向纠错（Forward Error Correction，FEC）编码模式，即速率为 14/15 和 11/15 的低密度奇偶校验（Low-Density Parity-Check，LDPC）码。

- THz 开-关键控（THz On-Off Keying，THz-OOK）模式：可用于要求低复杂度和简单设计的经济高效设备。THz-OOK 支持单调制方案，即 OOK 和三种 FEC 方案。它必须支持里德-所罗门（Reed Solomon，RS）码，并且允许在没有软判决信息的情况下进行简单解码。也可选择速率为 14/15 和 11/15 的 LDPC 码，但需要软判决信息。

5.6.2.1　信道划分

IEEE 802.15.3d 在 252.72～321.84GHz 太赫兹频率范围内工作，总计 69.12GHz 的可用频谱。根据其应用和硬件能力，整个频率范围可以分配给单个超宽信道，也可以分配给带宽较小的信道。该标准规定了 8 种不同的信道带宽，其中最小的带宽（BW）为 2.16GHz，而其他的带宽则是 2.16GHz 的整数倍，最高可达 69.12GHz。如图 5.10 所示，信道可以根据其带宽分为 8 组。例如，第一组将总频谱划分为 32 个正交信道，

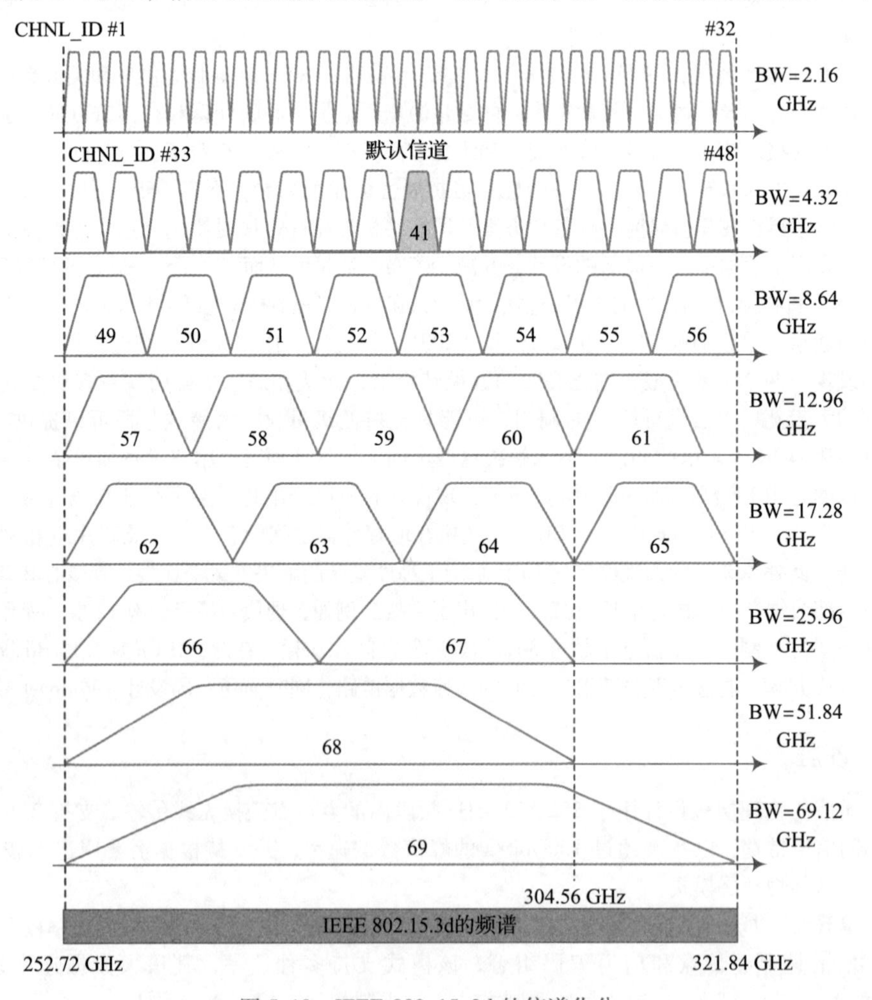

图 5.10　IEEE 802.15.3d 的信道化分

每个正交信道的带宽为 2.16GHz。如果将单个信道带宽翻倍到 4.32GHz，则该频谱可以容纳 16 个正交信道。带宽继续扩大，直到所有 69.12GHz 频谱被分配给单个信道。综上，存在 69 个不同的信道分配，通过信道标识（CHNL_ID）从 1 到 69 来区分。其中，具有 4.32GHz 带宽（频率范围为 287.28~291.6GHz）的信道（CHNL_ID=41）被定义为 IEEE 802.15.3d 系统的默认信道。物理层报头中的控制字段 phyCurrentChannel 包含当前信道的 CHNL_ID。根据 2019 年世界无线电大会（WRC-2019）的决议，当需要满足保护射电天文学和地球探测卫星服务的特定条件时，上述所有信道都可以在全球范围内用于太赫兹通信。这些条件没有明确规定任何发射功率限制，在实践中主要适用于地面射电天文站周围的狭窄区域。

5.6.2.2 调制

在信道编码和扩展之后，信息和控制位被馈送到调制器中用于星座映射。THz-SC 模式采用了六种不同的调制方案以支持根据不同信道条件的自适应调制和编码方案（MCS）。具体地说，编码和交织后的二进制串行数据 b_i，其中 $i=0,1,2,\cdots$，会根据所选择的 MCS，在单载波模式下使用 π/2-BPSK、π/2-QPSK、π/2-8PSK、π/2-8APSK、16QAM 或 64QAM 进行调制。二进制串行流被分成 1、2、3、4 或 6 位一组，并根据格雷编码映射转换为复数用以表示 π/2-BPSK、π/2-QPSK、π/2-8PSK、π/2-8APSK、16QAM 或 64QAM 的星座点。通过将映射星座点的值（I_k+jQ_k）乘以归一化因子 K，生成发送符号 c_k：

$$c_k=(I_k+\mathrm{j}Q_k)\times K \tag{5.55}$$

式中，I_k 和 Q_k 分别对应同相分量和正交分量，j 是虚数单位。使用归一化因子的目的是保证不同调制方案的平均功率相同。在实际实现中，只要设备符合调制精度要求，就可以使用归一化的近似值。π/2-BPSK、π/2-QPSK、π/2-8PSK、π/2-8APSK、16QAM 或 64QAM 的归一化因子分别为 1、1、1、$\sqrt{2}/\sqrt{11}$、$1/\sqrt{10}$ 和 $1/\sqrt{42}$。

相比之下，为了降低复杂性和功耗，THz-OOK 模式采用了最简单的 OOK 调制方式。该设计支持的比特速率为 1.3~52.6Gbit/s（信道带宽为 2.16~69.12GHz），传输范围为几十厘米。OOK 调制是两点星座映射，通过是否存在信号来表示二进制信息“1”和“0”。BPSK 和 OOK 的区别在于，前者可以由两个任意的星座点表示，而后者的星座点固定为 0 和 1。因此，OOK 的归一化因子是$\sqrt{2}$，而不是 1。

5.6.2.3 前向纠错

IEEE 802.15.3d 为 THz-SC 定义了两种类型的前向纠错码，一种是码率为 14/15 的 LDPC（1440，1344）码，一种是码率为 11/15 的 LDPC（1440，1056）码。THz-OOK 支持三种前向纠错码方案，其中 (240224)-RS 码是必选的，而 LDPC（1440，1344）和 LDPC（1440，1056）为可选。错误率要求当帧负载长度为 214Byte 时，误帧率（Frame Error Rate，FER）小于 10^{-7}，对应误码率（Bit Error Rate，BER）为 10^{-12}。在使用任何纠错方法（不包括重传）后，错误率的测量是在 PHY 服务接入点（Service Access Point，SAP）接口侧通过加性高斯白噪声（Additive White Gaussian Noise，AWGN）信道进行的。

里德-所罗门（RS）分组码：RS（240，224）用于对高速近距（HRCP）-OOK 的帧负载信息进行编码。RS（$n+16,n$）是 RS（240，224）的缩短版本，用于对 HRCP-OOK 的帧头进行编码。其中 n 是帧头中的八位组数。生成多项式如下：

$$g(x)=\prod_{k=1}^{16}(x+a^k) \tag{5.56}$$

式中，$a=0\mathrm{x}02$ 为二进制初始多项式 $p(x)=1+x^2+x^3+x^4+x^8$ 的根。信息位 $\boldsymbol{m}=(m_{223},m_{222},\cdots,m_0)$ 通过计算余数多项式，编码为码字 $\boldsymbol{c}=(m_{223},m_{222},\cdots,m_0,r_{15},r_{14},\cdots,r_0)$。

$$r(x)=\sum_{k=0}^{15}r_kx^k=x^{16}m(x)\bmod g(x) \tag{5.57}$$

式中，$m(x)$ 是信息位多项式

$$m(x)=\sum_{k=0}^{223} m_k x^k \tag{5.58}$$

$r_k(k=0,1,\cdots,15)$ 和 $m_k(k=0,1,\cdots,223)$ 是 $GF(2^8)$ 空间内元素。RS 编码器及其配置的更多细节可以参考 IEEE 802. 15. 3e-2017［2017］。

低密度奇偶校验码：LDPC 编码是系统码。即，LDPC 编码器通过在信息位 $\boldsymbol{i}=(i_0,i_1,\cdots,i_{k-1})$ 的末尾添加 1440−k 个奇偶校验位 $(p_0,p_1,\cdots,p_{1440-k-1})$ 来构建码字

$$\boldsymbol{c}=(i_0,i_1,\cdots,i_{k-1},p_0,p_1,\cdots,p_{1440-k-1}) \tag{5.59}$$

在 IEEE 802. 15. 3d 中，对于速率为 11/15 的 LDPC，信息块长度可以是 $k=1056$，或者对于速率为 14/15 的 LDPPC 码，信息块长度可以是 $k=1344$。码字需要满足

$$\boldsymbol{H}\boldsymbol{c}^{\mathrm{T}}=\boldsymbol{0} \tag{5.60}$$

式中，$\boldsymbol{H}$ 表示奇偶校验矩阵，其维度为 $(1440-k)\times1440$。该矩阵的每个二进制元素由 $h_{i,j}$ 表示，其中 $0\leqslant i<1440-k$ 和 $0\leqslant j<1440$。表 5-8 列出了 IEEE 802. 15. 3d 中指定的两个 LDPC 码的参数，包括码率、码字长度、信息块长度、奇偶校验长度以及奇偶校验矩阵的前 15 列中值为 1 的矩阵条目。对于 $j\geqslant15$ 的其他列，其元素可以由下式确定

$$h_{i,j}=h_{\left[\mathrm{mod}\left(i+\left\lfloor\frac{j}{15}\right\rfloor,96\right),\ \mathrm{mod}(j,15)\right]} \tag{5.61}$$

式中，$\lfloor x\rfloor$代表给出小于或等于 x 的最大整数，mod（x，y）是定义为 $x-n\times y$ 的模函数，其中 n 是小于或等于 x/y 的最近整数。每个 LDPC 码是准循环码，即码字每循环移位 15 个符号产生另一个码字。

表 5-8　IEEE 802. 15. 3d 中 LDPC 码参数

参数	值	
码率	11/15	14/15
码字长度/bit	1 440	1 440
信息块长度 k/bit	1 056	1 344
奇偶校验长度/bit	384	96
矩阵中值为 1 的元素	$h_{4,0}$，$h_{96,0}$，$h_{193,0}$	$h_{0,0}$，$h_{1,0}$，$h_{4,0}$
	$h_{34,1}$，$h_{135,1}$，$h_{320,1}$	$h_{32,1}$，$h_{34,1}$，$h_{39,1}$
	$h_{70,2}$，$h_{270,2}$，$h_{352,2}$	$h_{64,2}$，$h_{70,2}$，$h_{78,2}$
	$h_{104,3}$，$h_{287,3}$，$h_{306,3}$	$h_{8,3}$，$h_{18,3}$，$h_{95,3}$
	$h_{31,4}$，$h_{150,4}$，$h_{234,4}$	$h_{31,4}$，$h_{42,4}$，$h_{54,4}$
	$h_{91,5}$，$h_{159,5}$，$h_{364,5}$	$h_{63,5}$，$h_{76,5}$，$h_{91,5}$
	$h_{45,6}$，$h_{286,6}$，$h_{302,6}$	$h_{14,6}$，$h_{45,6}$，$h_{94,6}$
	$h_{126,7}$，$h_{239,7}$，$h_{371,7}$	$h_{30,7}$，$h_{47,7}$，$h_{83,7}$
	$h_{17,8}$，$h_{158,8}$，$h_{272,8}$	$h_{17,8}$，$h_{62,8}$，$h_{80,8}$
	$h_{28,9}$，$h_{178,9}$，$h_{336,9}$	$h_{28,9}$，$h_{48,9}$，$h_{82,9}$
	$h_{60,10}$，$h_{214,10}$，$h_{369,10}$	$h_{22,10}$，$h_{60,10}$，$h_{81,10}$
	$h_{145,11}$，$h_{219,11}$，$h_{372,11}$	$h_{27,11}$，$h_{49,11}$，$h_{84,11}$
	$h_{7,12}$，$h_{173,12}$，$h_{245,12}$	$h_{7,12}$，$h_{53,12}$，$h_{77,12}$
	$h_{19,13}$，$h_{140,13}$，$h_{373,13}$	$h_{19,13}$，$h_{44,13}$，$h_{85,13}$
	$h_{6,14}$，$h_{238,14}$，$h_{363,14}$	$h_{6,14}$，$h_{46,14}$，$h_{75,14}$

来源：改编自 IEEE 802. 15. 3-2016［2016］和 IEEE 802. 15. 3e-2017［2017］。

5.6.3　媒体接入控制

与蜂窝通信标准和 IEEE 802.11 系列 WLAN 标准相比，IEEE 802.15.3d 仅支持点对点通信。然而，与固定的点对点通信相比，它的无线连接可以切换。该标准遵循 IEEE 802.15.3e 中规定的 MAC 层，该 MAC 层采用连接不超过两个设备的简单网络模式，称为配对网络（pairnet）。尽管点对点传输限制了使用范围，但它简化了 MAC 过程，如多址、初始接入、资源分配和干扰抑制。

配对网络由最多两个设备组成，即配对网络协调器（Pairnet Coordinator，PRC）和配对网络设备（Pairnet Device，PRDEV），对于近距离通信，典型的传输范围为 10cm 或更小，对于其他情况，其覆盖范围可达几百米。能够充当 PRC 的设备通过初始化序列号字段和最后接收的序列号字段，然后在默认信道（即 CHNL_ID = 41 的信道）中发送信标帧，来建立配对网络。一旦配对网络连接建立，信标传输就会关闭。在通信过程完成后，PRC 或 PRDEV 通过发送解除关联请求命令来解除配对网络连接。之后，PRC 重新激活信标传输，以便为创建新的配对网络做准备。

通信流程分为配对网络设置阶段（Pairnet Setup Period，PSP）和配对关联阶段（Pairnet Associated Period，PAP）。

在 PSP 阶段，PRC 形成一个配对网络，并开始定期发送包含必要网络参数的信标。例如，信标帧包括关于需要加入配对网络的设备可以使用的接入时隙的数量和持续时间信息。此外，在每个超帧（superframe）开始发送的信标中，包含 PRDEV 与 PRC 时钟同步所需的定时信号。当具有 PRC 功能的设备形成配对网络时，配对网络的类型取决于支持的物理层模式。例如，如果 PRC 仅支持 THz-SC 模式，则它将启动 THz-SC 配对网络，其中信标帧以 THz-SC 方式发送。THz-OOK 模式使用相同的过程。如果 PRC 支持两种 THz PHY 模式，它可以选择配对网络的类型。它允许通过发送 THz-SC 模式信标帧和 THz-OOK 模式信标帧来与每种类型的设备建立连接。另一个准备加入配对网络的设备通过在所定义的接入时隙之一的开始处发送关联请求来对信标进行响应。在成功接收到关联请求之后，PRC 停止信标传输，并向 PRDEV 发送关联响应，从而结束 PSP。除了配对网络设置，由于关联请求和关联响应的命令帧都具有携带更高层协议信息的字段，因此在 PSP 阶段还可以执行更高层的协议设置，例如互联网协议（Internet Protocol，IP）或对象交换（Object Exchange，OBEX）文件传输。

点对点连接的切换意味配对网络连接可以被终止，进而可以与不同的设备建立新的配对网络。随着成功接收关联响应，实际的数据交换在第二阶段开始。PRC 和 PRDEV 在这个阶段都发送数据帧和可选的接收确认信息。这些帧由定义的短帧间间隔（Short Inter-Frame Space，SIFS）分隔开。当任何一个节点想要终止通信时，它会发送一个解除关联请求。此外，如果在定义的超时时间内没有接收到来自 PRDEV 的消息，则 PRC 也可以自主结束 PAP。如果 PRDEV 不想终止通信，但没有实际数据，它可以发送探测请求以重新启动 PRC 超时定时器。无论何时 PAP 结束（通过解除关联请求或超时），PRC 都会切换回 PSP，继续发送信标，并等待新的连接［Petrov et al.，2020］。

5.6.4　帧结构

IEEE 802.15.3d 太赫兹帧结构如图 5.11 所示，由三个主要部分组成：PHY 前导码、帧头和帧负载。

5.6.4.1　前导码

帧的前端包含 PHY 前导码，以帮助接收机进行自动增益控制、帧检测、定时获取、频率偏移估计、帧同步和信道估计。协议规定了两种类型的前导码，即长前导码和短前导码。在 PSP 期间使用 PHY 长前

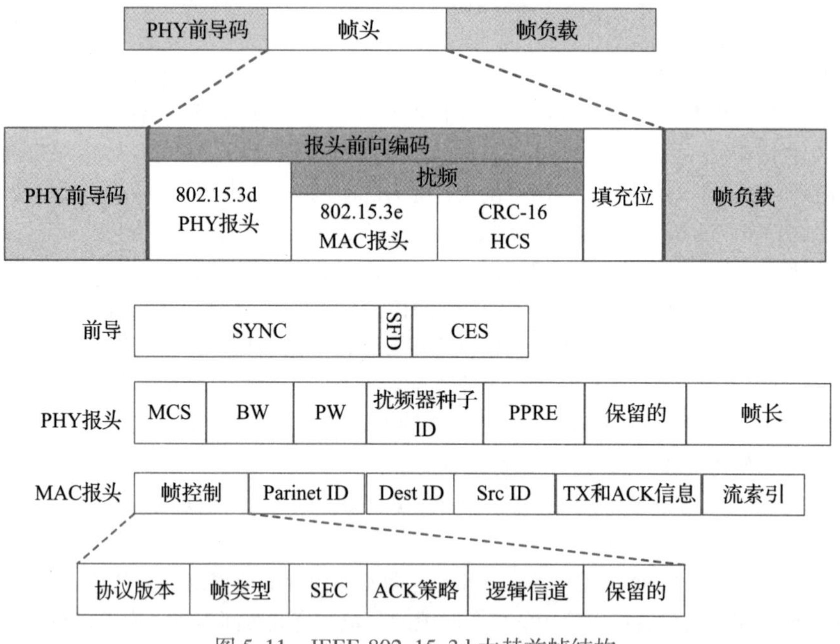

图5.11　IEEE 802.15.3d太赫兹帧结构

导码，而在PAP期间应用PHY短前导码。前导码的结构如图5.11所示，由三个字段组成：帧同步(Synchronization，SYNC)、起始帧分隔符（Start Frame Delimiter，SFD）和信道估计序列（Channel Estimation Sequence，CES)。SYNC字段用于帧检测，并使用128bit长度的重复格雷序列。长前导码的SYNC字段是格雷序列的28次重复，短前导码的SYNC字段是14次重复。SFC字段的功能是建立帧定时，通过原始格雷序列的符号反转来实现。CES字段是由格雷序列和格雷互补序列构建的1408bit序列。前导码是以1.76Gbit/s样本的码片速率发送的。因此，SFD的持续时间为0.07μs，而CES为0.8μs。长前导码和短前导码的同步持续时间分别为2.01μs和1.02μs，相当于整个前导码的两个长度，即2.91μs和1.89μs。

5.6.4.2　PHY报头

PHY前导码的尾部包含由PHY报头和MAC报头组成的帧报头，以传输接收端解码帧所需的系统信息。如图5.11所示，PHY报头由以下字段组成：MCS、带宽（Bandwidth，BW)、导频字（PilotWord，PW)、加扰器种子ID、导频前导码（Pilot Preamble，PPRE)、保留字段和帧长度，简要介绍如下。

- MCS字段用4bit来表示六种调制方案（即BPSK、QPSK、8PSK、8APSK、16QAM和64QAM）和两种编码类型（即11/15-LDPC和14/15-LDPC）的十二个MCS组合。
- BW字段用3bit来携带IEEE 802.15.3d八种类型的带宽索引，其范围为2.16~69.12GHz。
- 如果在帧中使用导频字，则PW字段应设置为1，否则应设置为0。
- 除了前导码和PHY报头，包括MAC报头、报头检查序列（Header Check Sequence，HCS）和帧主体的其他部分，都需要通过将数据与伪随机比特序列生成器的输出进行模2加法来进行加扰。初始化向量是根据包含在接收帧的PHY报头中的加扰器种子ID字段来确定的。
- PPRE是一种可选功能，允许设备定期调整接收机算法。它以1024、2048或4096个块的间隔插入加扰、编码、扩展和调制的MAC帧主体中。与PHY前导码一样，PPRE应为SYNC、SFD和CES的串联，并使用为π/2 BPSK进行调制。

- 帧长字段应为无符号整数，等于常规帧的 MAC 帧主体中的八位组数，不包括帧校验序列。允许的最大帧长度是 2 099 200 个八位组，包括 MAC 帧主体，但不包括 PHY 前导码、基本报头（PHY 报头、MAC 报头和 HCS）或填充位。

5.6.4.3　MAC 报头

MAC 报头包括以下字段：帧控制、对网标识、目的地标识（Destination Identity，DestID）、源标识（Source Identity，SrcID）、传输（Transmission，TX）和确认（Acknowledgement，ACK）信息以及流索引，如图 5.11 所示，简要介绍如下。

- 帧控制字段长为 2 组 8 位字节，其进一步分为六部分，即协议版本、帧类型、安全性（SEC）、ACK 策略、逻辑信道和预留比特。在 IEEE 802.15.3 标准的所有修订版中，协议版本字段的大小和位置是不变的，其值对于 piconet 为二进制 0，对于配对网络为二进制 1。只有当标准的新修订版和先前修订版之间完全不兼容时，协议版本才会增加。接收到具有比其支持的更高修订版本的帧时，设备可以在没有任何指示的情况下丢弃该帧。帧类型字段使用 3bit 来对信标帧、数据帧、命令帧和多协议数据帧进行分类，同时保留一些比特用于进一步修订。当使用安全 ID 指定的密钥保护帧负载时，SEC 字段应设置为 1，否则应设置为 0。ACK Policy 字段用于指示接收端需要执行的确认过程的类型。逻辑信道字段可供更高层协议用户使用。
- Pairnet ID 是配对网络的唯一标识符，其通常在配对网络的实例化期间保持不变，并且对于由同一 PRC 进行的配对网络的多个顺序实例化而言可以是持久不变的。
- MAC 帧中有两个字段用于指示源设备和目的设备。设备标识符在设备关联之前由 PRC 在信标帧中分配，并且在配对网络中是唯一的。

5.6.4.4　帧头构建流程

帧头应插入 PHY 前导码的尾部，传递 PHY 和 MAC 头中解码帧所需的信息。构建帧头的详细过程如图 5.12 所示。

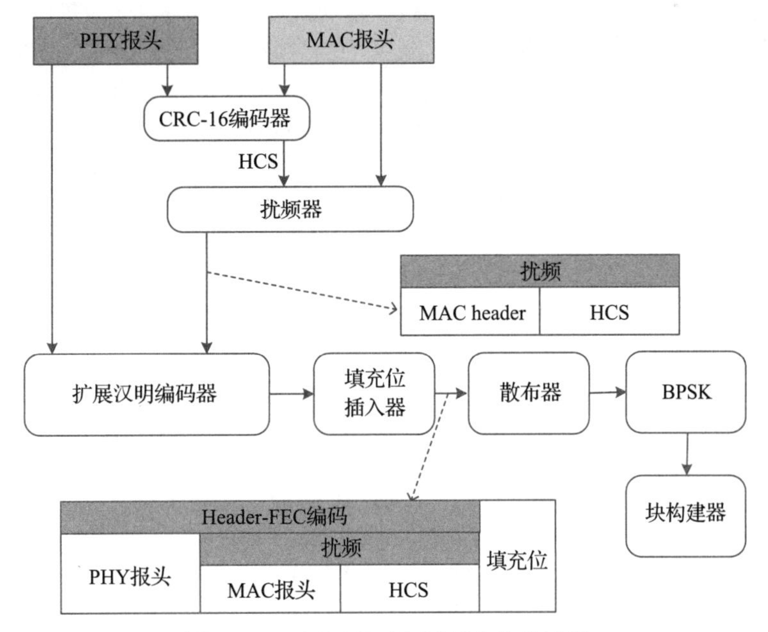

图 5.12　IEEE 802.15.3d 帧头构建流程

- 按如下方式构造基本帧头：
  ⓐ根据 MAC 提供的信息构造 PHY 报头；
  ⓑ根据 PHY 报头和 MAC 报头的组合计算 HCS。指定了基于长度为 16bit 的循环冗余校验序列（CRC-16）的错误检测代码；
  ⓒ将 HCS 附加到 MAC 报头；
  ⓓ将 MAC 报头和 HCS 组合加扰；
  ⓔ将 PHY 报头、加扰后的 MAC 报头和加扰后的 HCS 的级联进行编码，形为扩展汉明（EH）码的级联码字，以增加帧头的鲁棒性。对于每个 4bit 输入序列，EH 编码器生成四个奇偶校验位并形成一个 8bit 码字；
  ⓕ通过级联已编码的 PHY 报头、已编码并加扰的 MAC 报头、已编码并加扰的 HCS 以及报头填充位，形成基本帧报头。
- 为增加鲁棒性，IEEE 802. 15. 3d 应用了由线性反馈移位寄存器（Linear Feedback Shift Register，LFSR）生成的伪随机二进制序列（Pseudo-Random Binary Sequence，PRBS）进行扩展因子为 4 的编码扩展。对于 IEEE 802. 15. 3，输入二进制 0 将扩展为 1010，而 1 将扩展为 0101。
- 使用 π/2-BPSK 调制帧头。
- 将导频字插入生成的帧头构建传输块。对于长度为 0 的导频字，数据长度为 64 个符号，而对于长度为 8 的导频字，则有 56 个符号。

5. 7　总结

当前微波和毫米波频段的可用频谱资源仍然难以支持即将到来的 6G 移动网络所设想的每秒兆比特的传输速率。因此，无线通信必须在太赫兹频段开发更高的频率。太赫兹通信技术预计将在 6G 系统中发挥关键作用，如在 T bit/s 小型基站、无线回传和前传、设备到设备的近距离连接、设备内通信，甚至片上网络等中得到应用。此外，利用太赫兹信号的特殊特性实现的成像、传感和定位等功能可以与太赫兹通信相结合，以在多样化的 6G 用例和部署场景中实现巨大的协同效应。虽然太赫兹通信的研究还处于起步阶段，但 ITU-R 已经确定将 275～450GHz 之间的频谱向陆地移动和固定业务开放，从频谱监管的角度消除了部署太赫兹通信的障碍。然而，发挥太赫兹无线通信优势的最大挑战仍是传输距离，这是由高自由空间路径损耗、大气气体吸收、降雨衰减和阻塞引起的显著传播损耗。一方面，太赫兹波的微小波长促进了超大规模 MIMO 天线阵列的利用，其中子阵列波束赋形等新颖方案具有潜力。另一方面，提供低成本解决方案以生成高定向波束的透镜天线在太赫兹通信中也具有巨大潜力。作为世界上第一个运行在太赫兹频段的无线标准，IEEE 802. 15. 3 可以为未来的太赫兹移动通信系统提供指导。然而，它仅限于点对点链路，构建基于太赫兹的移动通信系统，仍然需要探索多址接入、初始接入、无线资源分配和干扰抑制等新方案。

参考文献

Akyildiza, I. F., Jornet, J. M. and Han, C. [2014], ‘Terahertz band: Next frontier for wireless communications’, *Physical Communication* **12**, 16–32.

Chang, M., Roychowdhury, V., Zhang, L., Shin, H. and Qian, Y. [2001], ‘RF/wireless interconnect for inter- and intra-chip communications’, *Proceedings of the IEEE* **89**(4), 456–466.

Crane, R. K. [1980], 'Prediction of attenuation by rain', *IEEE Transactions on Communications* **28**(9), 1717–1733.

Dahlman, E., Parkvall, S. and Sköld, J. [2021], *5G NR - The Next Generation Wireless Access Technology*, Academic Press, Elsevier, London, the United Kindom.

Hirata, A., Yamaguchi, R., Kosugi, T., Takahashi, H., Murata, K., Nagatsuma, T., Kukutsu, N., Kado, Y., Lai, N., Okabe, S., Kimura, S., Ikegawa, H., Nishikawa, H., Nakayama, T. and Inada, T. [2009], '10-Gbit/s wireless link using InP HEMT MMICs for generating 120-GHz-band millimeter-wave signal', *IEEE Transactions on Microwave Theory and Techniques* **57**(5), 1102–1109.

IEEE 802.15.3-2016 [2016], 802.15.3-2016 - IEEE standard for high data rate wireless multi-media networks, Standard 802.15.3-2016, IEEE Computer Society, New York, USA.

IEEE 802.15.3d-2017 [2017], 802.15.3d-2017 - IEEE standard for high data rate wireless multi-media networks–amendment 2: 100 Gb/s wireless switched point-to-point physical layer, Standard 802.15.3d-2017, IEEE Computer Society, New York, USA.

IEEE 802.15.3e-2017 [2017], 802.15.3e-2017 - IEEE standard for high data rate wireless multi-media networks–amendment 1: High-rate close proximity point-to-point communications, Standard 802.15.3e-2017, IEEE Computer Society, New York, USA.

ITU-R P.676 [2019], Attenuation by atmospheric gases and related effects, Recommendation P676-12, ITU-R.

ITU-R P.838 [2005], Specific attenuation model for rain for use in prediction methods, Recommendation P838-3, ITU-R.

Jiang, W. and Schotten, H. D. [2021], 'Cell-free massive MIMO-OFDM transmission over frequency-selective fading channels', *IEEE Communications Letters* **25**(8), 2718–2722.

Jiang, W., Han, B., Habibi, M. A. and Schotten, H. D. [2021], 'The road towards 6G: A comprehensive survey', *IEEE Open Journal of the Communications Society* **2**, 334–366.

Kürner, T. [2015], IEEE P802.15 working group for wireless personal area networks (WPANs): TG3d applications requirements document (ARD), Document Nr. 14/0304r16, IEEE P802.15.

Kuerner, T. and Hirata, A. [2020], On the impact of the results of WRC 2019 on THz communications, *in* 'Proceedings of 2020 Third International Workshop on Mobile Terahertz Systems (IWMTS)', Essen, Germany, pp. 1–3.

Lin, C. and Li, G. Y. [2016], 'Terahertz communications: An array-of-subarrays solution', *IEEE Communications Magazine* **54**(12), 124–131.

Petrov, V., Kurner, T. and Hosako, I. [2020], 'IEEE 802.15.3d: First standardization efforts for sub-terahertz band communications toward 6G', *IEEE Communications Magazine* **58**(11), 28–33.

Rajagopal, S., Roberts, R. D. and Lim, S.-K. [2012], 'IEEE 802.15.7 visible light communication: Modulation schemes and dimming support', *IEEE Communications Magazine* **50**(3), 72–82.

Rappaport, T. S., Xing, Y., Kanhere, O., Ju, S., Madanayak, A., Mandal, S., Alkhateeb, A. and Trichopoulos, G. C. [2019], 'Wireless communications and applications above 100 GHz: Opportunities and challenges for 6G and beyond', *IEEE Access* **7**, 78729–78757.

Sarieddeen, H., Alouini, M.-S. and Al-Naffouri, T. Y. [2019], 'Terahertz-band ultra-massive spatial modulation MIMO', *IEEE Journal on Selected Areas in Communications* **37**(9), 2040–2052.

Sarieddeen, H., Saeed, N., Al-Naffouri, T. Y. and Alouini, M.-S. [2020], 'Next generation Terahertz communications: A rendezvous of sensing, imaging, and localization', *IEEE Communications Magazine* **58**(5), 69–75.

Siegel, P. H. [2002], 'Terahertz technology', *IEEE Transactions on Microwave Theory and Techniques* **50**(3), 910–928.

Siles, G. A., Riera, J. M. and del Pino, P. G. [2015], 'Atmospheric attenuation in wireless communication systems at millimeter and THz frequencies', *IEEE Antennas and Propagation Magazine* **57**(1), 48–61.

Smulders, P. F. M. and Correia, L. M. [1997], 'Characterisation of propagation in 60 GHz radio channels', *Electronics and Communication Engineering Journal* **9**(2), 73–80.

Tripathi, S., Sabu, N. V., Gupta, A. K. and Dhillon, H. S. [2021], 'Millimeter-wave and terahertz spectrum for 6G wireless'. arXiv:2102.10267.

Zeng, Y. and Zhang, R. [2016], 'Millimeter wave MIMO with lens antenna array: A new path division multiplexing paradigm', *IEEE Transactions on Communications* **64**(4), 1557–1571.

6G光无线通信

光无线通信（OWC）是指使用光谱［包括红外线（IR）、可见光和紫外线（UV）］作为传输介质的无线通信，它是传统无线通信在射频（RF）频段工作的一种很有前景的补充技术。OWC系统使用可见光来传递信息，通常称为可见光通信（VLC），在过去几年中引起了广泛关注。光频段可以提供几乎无限的带宽资源，而无须获得全球监管机构的许可。得益于既有的光发射机和检测器（即发光二极管、激光二极管和光电二极管），可见光通信可用于实现低成本的高速接入。由于IR和UV与可见光具有相似的特征，其安全风险和RF干扰可以显著降低，并可以消除人们对无线辐射危害人体健康的担忧，在家庭网络、智能交通系统中的车载通信、飞机乘客照明、对射频干扰敏感的电子医疗设备等部署场景中具有明显优势。室外点对点OWC，也称为自由空间光通信（FSO），其在发射端使用高功率、高集中的激光束，可实现长达数千米的远距离高数据传输速率，为地面网络回传瓶颈提供了一种经济有效的解决方案，实现了太空、空中和地面平台之间的交叉链接，并为新兴的低轨卫星星座提供了高容量卫星间链路。此外，水下OWC可提供比传统声学通信系统更高的传输速率，具有极低的功耗和复杂度。

本章将重点介绍OWC的以下关键部分。

- 光频谱的定义和特性，包括IR、可见光和UV。
- 光无线通信的主要技术优势和挑战。
- 光无线通信的潜在应用场景。
- 无线IR通信、可见光通信、无线UV通信和FSO通信的演进。
- 光收发机的设置。
- 光发射源和接收检测器的主要特性，包括发光二极管、激光二极管和光电二极管。
- 不同的光链路配置及其优缺点。
- 光多输入多输出（MIMO）技术，包括光空间复用和光空间调制。

6.1 光频谱

光无线通信是指工作在光谱中的无线通信，使用光信号来传递信息。它是对基于无线频段和电子技术传统无线通信的一种补充技术。可见光通信，即使用可见光作为传输介质的OWC系统，在过去几年中备受关注。此外，使用红外线和紫外线信号的OWC系统，分别称为IR通信和UV通信，已在过去的几十年中得到了应用。

光谱由红外线、可见光和紫外线三部分组成，如图6.1和表6-1所示。

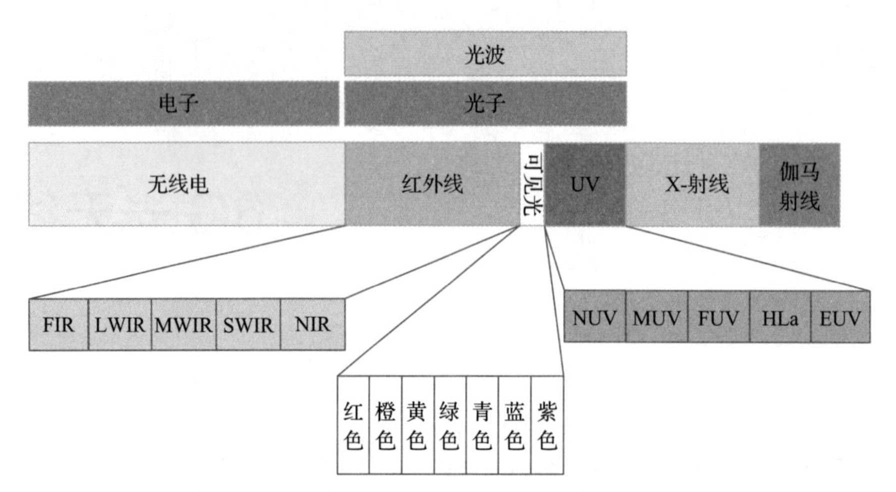

图 6.1　由红外线、可见光和紫外线频段组成的光谱

表 6-1　光频谱

频段		波长/m	频率/Hz
红外线	远红外线（FIR）	$15-1\,000\times10^{-6}$	300GHz to 20T
	长波红外线（LWIR）	$8-15\times10^{-6}$	20-37T
	中波红外线（MWIR）	$3-8\times10^{-6}$	37-100T
	短波红外线（SWIR）	$1.4-3\times10^{-6}$	100-214T
	近红外线（NIR）	$0.75-1.4\times10^{-6}$	214-400T
可见光	红色	$625-750\times10^{-9}$	400-480T
	橙色	$590-625\times10^{-9}$	480-510T
	黄色	$565-590\times10^{-9}$	510-530T
	绿色	$500-565\times10^{-9}$	530-600T
	青色	$485-500\times10^{-9}$	600-620T
	蓝色	$450-485\times10^{-9}$	620-670T
	紫色	$380-450\times10^{-9}$	670-790T
紫外线	近紫外线（NUV）	$300-400\times10^{-9}$	750T~1P
	中紫外线（MUV）	$200-300\times10^{-9}$	1-1.5P
	远紫外线（FUV）	$122-200\times10^{-9}$	1.5-2.46P
	氢莱曼-α	$121-122\times10^{-9}$	2.46-2.48P
	远紫外线（EUV）	$10-121\times10^{-9}$	2.48-30P

6.1.1　红外线

红外线有时也称为红外光，它是一种电磁辐射。当原子吸收然后释放能量时会产生连续频率的电磁辐射。从最低频率到最高频率，电磁辐射包括无线电波、微波、红外线、可见光、紫外线、X-射线和伽马射线。红外线的波长比可见光的波长长，因此人眼看不到它，但可以感觉到它的热量。宇宙中的所有物体都会发出一定强度的红外线，其中最主要的来源是太阳和火。红外辐射是热量从一个地方传递到另

一个地方的三种方式之一，另外两种是对流和传导。温度高于-268℃的所有物体都会发出红外线辐射。太阳发出的总能量中有一半都是红外线，而恒星的大部分可见光都会被吸收并以红外线的形式重新发射。英国天文学家威廉·赫歇尔（William Herschel）于 1800 年发现了红外线，他通过对温度计的观察注意到在光谱中有一种低于红光的不可见辐射。在一项测量可见光谱中不同颜色之间温差的实验中，他将温度计放置在可见光谱每种颜色内的光路中。他观察到温度从蓝色到红色逐渐升高，同时发现在可见光谱的红色端之外有一个甚至更高的温度值。

在电磁频谱中，IR 波的频率高于微波频率，略低于红光频率，因此命名为 IR。红外线从 750nm 的可见光谱的标称红色边缘延伸至 1μm，对应约 300GHz~400THz 的频率范围。与从紫色（最短可见光波长）到红色（最长波长）的可见光光谱类似，红外线也有自己的波长范围。较短的 NIR 波在电磁波谱上更接近可见光，不会发出任何可检测到的热量，其已应用于如电视遥控器等场景。较长的 FIR 波更接近电磁波谱中的微波部分，可以感觉到强烈的热量，例如来自太阳光或火的热量。FIR 与太赫兹频段部分重叠。

6.1.2　可见光

光或可见光是指电磁波谱中可以被人眼检测到并感知亮度和颜色的部分，可以穿透到眼睛的视网膜和皮肤的真皮层。大多数人可以在视觉上感知到约 400~700nm 之间波长的光波。通过观察彩虹，人类认识到白光由不同颜色的光组成：红、橙、黄、绿、青、蓝、紫。可见光频段由最长波长约 400nm 的紫光，到最短波长约 700nm 的红光组成。对人类而言，可见光谱区域的边界并非清晰，而是呈现出流畅的过渡。在可见光谱红色端以下的光谱区域，其光的波长比可见光谱中的任何光的波长都长，称为 IR，而在可见光谱紫色端以上的光谱区域，其光波长比可见频谱中的任何光的波长都短，称为 UV。此外，由于眼睛的老化，人的视力和对光的敏感度会发生变化。尤其是对于可见光谱中的短频段（蓝光），人眼晶状体的透过率会随着年龄的增长而降低。可见光的主要自然辐射源是太阳和其他光源，例如闪电等。同时，我们的日常生活也存在大量的人造光源。光不仅让我们能够看到周围的环境，还能产生其他生物效应并影响睡眠周期。但是，如果光强度超过特定的影响阈值，则存在对身体有害的风险，特别是对眼睛和皮肤。

6.1.3　紫外线

紫外线是指电磁波谱区域介于可见光和 X 射线之间的电磁波，其波长介于 10~400nm 之间（对应频率 30PHz~750THz），比可见光短但比 X 射线长。来自太阳的总电磁辐射中约有 10%是紫外线。它对人眼不可见，因为它的波长比我们大脑感知为图像的光短，而许多鸟类和昆虫可以在视觉上感知紫外线。1801 年德国物理学家约翰·威廉·里特（Johann Wilhelm Ritter）发现，在可见光谱紫色末端之外的不可见光比紫光能够更快地使浸有氯化银的纸张变暗。他将其命名为脱氧射线，以强调其化学反应性，以区别于前一年在可见光谱另一侧发现的热射线（IR）。1893 年，德国物理学家维克多·舒曼发现了波长在 200nm 以下的紫外线，因空气中的氧气对其有强烈吸收特性而将其命名为“真空紫外线”。

紫外线的天然来源是阳光，分为三种不同类型：

- UV-A 辐射（320~400nm），通常称为黑光，其通常应用于艺术和庆典中，使物体发出荧光。许多昆虫和鸟类可以从视觉上感知 UV-A 辐射。
- UV-B 辐射（290~320nm），长时间暴露在阳光下会导致皮肤晒伤，增加患皮肤癌和其他细胞损伤的风险。然而，大约 95%来自太阳的 UV-B 辐射可以被地球大气层中的臭氧层吸收。
- UV-C 辐射（100~290nm），紫外线中能量最高的部分。它对人体健康危害极大，但地球的臭氧层几乎将其全部吸收。它通常被用作食品、空气和水的消毒剂，通过破坏细胞的核酸来杀死微生物。

UV-B 辐射有助于皮肤产生一种维生素 D，这种维生素 D 可以促进人体对钙的吸收，对骨骼和肌肉健康起着至关重要的作用。然而，长时间暴露在 UV-A 和 UV-B 辐射下而没有足够的保护会导致严重的皮肤灼伤和眼睛损伤。防晒霜是抵御紫外线辐射的必要措施，因为它提供了一层保护层，其可以在影响皮肤之前吸收 UV-A 和 UV-B 射线。在没有保护的情况下长期暴露在阳光下，会急剧增加患皮肤癌和其他危险细胞疾病的风险。人们还应佩戴能阻挡 UV-A 和 UV-B 射线的太阳镜，以保护眼睛免受户外紫外线辐射，否则，它会导致如光角膜炎（在某些情况下称为弧光眼或雪盲）或严重的长期病症，包括导致失明的白内障。

在研究穿过外层空间的光线时，科学家们经常使用另一组不同的 UV 分类方式来处理天体，即

- 近紫外线（NUV）。
- 中紫外线（MUV）。
- 远紫外线（FUV）。
- 氢莱曼-α 辐射。
- 极紫外线（EUV）只能在真空中传播，并且会被地球大气层完全吸收。EUV 电离高层大气，形成电离层。此外，地球的热层主要由来自太阳的 EUV 波加热。由于太阳 EUV 波无法穿透大气层，因此科学家必须使用太空卫星对其进行测量。

6.2　优势与挑战

与在射频频段运行的传统无线通信相比，OWC 具有以下优势。

- 海量光谱资源。光谱跨度约为 300GHz~30PHz，相当于约 30 000THz 的海量可用光谱资源，是无线电波提供带宽的数十万倍。这意味着频谱资源不再是无线通信的瓶颈，我们需要重新思考在有限的带宽上以高频谱效率实现高数据速率目标的传统方法。
- 无须许可运营的无线电频率，尤其是低于 6GHz 的频段，承载着许多关键服务，如通信、导航、雷达、广播和电视广播、卫星和射电天文学，其中大多数都需要尽可能多的带宽。因此，地区和全球监管机构必须对无线频谱实施严格的规定，以分配资源并避免相互干扰。移动运营商在获得频谱许可证方面的支出很高。相比之下，光学频谱目前还没有这种限制，因为它具有巨大的光谱、高定向传输特性和抗干扰性。
- 对无线电干扰免疫。射频干扰由于电磁辐射或电磁感应会在电路中引发干扰。同时，无线通信系统的系统间或系统内干扰，如多用户干扰、小区间干扰、相邻信道干扰和带外辐射，会大大降低系统性能。因此，飞机或医院要求关闭包括消费电子设备在内的潜在无线电干扰源。而且，无线电辐射在发电厂、核发电机和地下矿山等危险作业中具有潜在的危险性。此外，无线电设备的发射功率应低于一定的规定水平，因为长期暴露在高无线电辐射下会对人类的健康产生严重危害。相比之下，光不会产生无线电干扰。因此，在传统无线通信被禁止的特定场所，部署 OWC 系统具有独特的优势。
- 低成本收发机。OWC 采用发光二极管（LED）或激光二极管（LD）作为光源，在发射机处将电信号转换为光信号，而接收机使用光电二极管（PD）将光信号转换为电流。信息是通过简单地对开关键控或脉冲位置进行调制进而调制光脉冲的强度来传递的。与射频通信中使用的昂贵射频组件和复杂的收发机不同，这些光学组件（例如 LED、LD 和 PD）都是现成的，在市场上很容易买到。此外，这些光学组件价格便宜、重量轻、高能效、热辐射低、寿命长。
- 内在安全性。射频频率的无线传输具有良好的广播特性，覆盖范围广，而且由于无线电波的波长

长，无线信号很容易穿透墙壁。因此，窃听者可以轻易地在任何地方拦截信号，而不容易被发现。相比之下，光波不能穿透其路径上的物体，并且更有可能被反射。同时，光信号具有传播高度定向而非广播的内在特征。因此，光带上的无线通信提供了高级别的安全性。

- 自适应传输范围。OWC 可以根据其部署场景和使用的光源提供灵活的传输距离。例如，使用低功率、廉价的 LED，光信号可以在几毫米或几米的距离内传输，用于短距离通信，而对于一些远距离场景，例如卫星间 FSO 链路和地面卫星激光通信，则需要使用高功率激光束，传输距离可达数千千米。

尽管 OWC 具有优势，但与无线电通信相比，它还面临一些特殊的挑战，例如大气衰减、大气吸收、闪烁、对准误差以及对人类的危害保护等问题［Wang et al.，2020］。

- 天气衰减。恶劣天气条件可能影响室外 OWC（或 FSO 通信）的运行，降低其性能或导致系统故障。散射是指入射光线偏离其初始方向而引起的空间、角度和时间扩散。它使光信号的能量以每千米数十或数百分贝的数量级衰减，并使传输的信号失真。精确的散射机制取决于颗粒尺寸与辐射波长的比值。当这个比值接近 1 时，光信号散射严重。在毫米波和太赫兹频率下，雨雪会阻碍信号传播。但是，雨滴和雪花比光波长要大得多。最有害的大气条件是雾和霾，因为它们的半径与光信号的波长处于同一数量级［Al-Kinani et al.，2018］。
- 大气吸收。大气中的分子，如氧气和水蒸气，可以吸收光的能量，造成光功率的衰减。这种吸收取决于波长，因此特定的大气环境可能对某些类型的光是透明的，而对其他类型的光则是完全阻挡的。例如，红外光主要被大气中的水蒸气和二氧化碳（CO_2）吸收，而氧气（O_2）和臭氧（O_3）的吸收则会强烈减弱紫外线。均匀透射的区域称为自由吸收窗，位于可见光和近红外频段。在中红外频段，在 3~5μm 和 8~12μm 区域存在较多的吸收窗，但在 22μm 以上，水蒸气的吸收再次上升到禁止透射的水平。天气通常变化很快，随着大气分子含量的变化，传播信道的传输特性也会发生变化。这些变化会严重影响光传输链路的可用性［Kedar and Arnon，2004］。
- 湍流。由于传播介质内的温度、气压和湿度水平不同，不同的大气条件会引起湍流。它导致光的闪烁和光束的漂移。换句话说，接收机获得的光功率会随时间而波动，并且入射光的位置会在空间中移位。这种现象源于收发机附近的空调通风口、屋顶的辐射热或大气中的污染物流动。温度和湿度梯度会引起大气折射率的变化，这是光学畸变的来源。风和云覆盖也会影响湍流的程度，而且一天中的时间也可以改变温度梯度。先前相关领域的许多研究开发了统计工具来模拟折射率对周围温度、压力、湿度以及辐射波长的依赖关系。
- 波束对准。室外 OWC 严重依赖视距传输。因此，在连续通信过程中，必须保持发射机和接收机的对准。然而，由于发射机的波束发散角窄，接收机的视场（FOV）窄，精确对准极具挑战性。室外 OWC 设备一般安装在高层建筑的顶部。由于建筑框架部件的热膨胀或弱地震导致的建筑摇摆可能会导致建筑物的错位。前者可能有每日循环和季节特征，而后者通常是不可预测的。另一个常见的错位原因是强风，特别是当 OWC 设备安装在高层建筑上时。在动力风荷载的影响下，许多高层建筑物会在顺风和横风方向上摇晃或因扭曲而扭转。由于这些影响，建筑物的水平运动可能在其高度的 1/800~1/200 之间变化。建筑物的摇摆会导致光束指向错误，从而降低系统性能。因此，室外 OWC 需要一个跟踪和指向系统来保持准确的对准。该对准过程包括粗跟踪和精指向两个步骤。它利用 GPS 定位信息或其他先验知识，首先实现粗跟踪。然后，它需要电光机制，如正交或矩阵探测器，以精细地控制光束［Kedar and Arnon，2004］。
- 安全和法规。暴露在光线下可能会对皮肤和眼睛造成伤害，对眼睛的伤害要更为严重，因为眼睛可以将波长为 0.4~1.4μm 左右的光集中在视网膜上。其他波长的光在能量集中之前会被眼睛的前部（即角膜）过滤掉。此外，如果操作不当，近红外频段的不可见光也会对人眼造成安全隐患。因此，光通信系统的设计、部署和操作必须确保光辐射是安全的，以避免对接触它的人造成任何伤害。0.7~1.0μm的光源和探测器价格低廉，但对眼睛安全的规定特别严格。在超过1.5μm的较长波长中，对眼睛安全的规定要宽松得多，但光学元件相对昂贵。国际标准化或监管机构已经发布了一些关于激光设备的指南或光束安全的法律，如美国国家标准协会（ANSI）Z136.1激光使用标准、国际电工委员会（IEC）激光和激光设备标准（IEC60825-1），以及美国食品和药物管理局（FDA）的法律（21 CFR 1040）。表6-2总结了IEC 60825-1标准规定的激光器的分类。

表6-2 激光器的分类

分类	描述
类型1	低功率器件在波长302.5~4 000nm频段产生辐射。根据其技术设计，在所有合理可预见的使用条件下，包括使用光学仪器（双筒望远镜、显微镜、单眼镜）的视觉，不存在危险的设备
类型1M	与类型1相同，但使用光学仪器（双筒望远镜、望远镜等）观察时存在危险的可能性。类型1M激光器产生大直径光束或发散光束
类型2	低功率器件，发射可见辐射（400~700nm）。眼睛的保护通常是由防御反射来保证的，包括眼睑反射（闭上眼睑）。眼睑反射在所有合理可预见的使用条件下提供了有效的保护，包括使用光学仪器（双眼、显微镜、单眼）的视觉
类型2M	低功率器件，发射可见辐射（400~700nm）。眼睛的保护通常是由防御反射来保证的，包括眼睑反射（闭上眼睑）。眼睑反射在所有合理可预见的使用条件下提供有效的保护，但使用光学仪器（双筒望远镜、显微镜、单目镜）的视觉除外
类型3R	产生302.5~4 000nm频段辐射的平均功率器件。直视有潜在的危险。一般位于屋顶上
类型3B	产生302.5~4 000nm频段辐射的平均功率器件。直视光束总是有危险的。在安装或维护之前进行医疗检查和特定的培训。一般位于屋顶上
类型4	对眼睛和皮肤总是有危害的，存在火灾风险。必须配备钥匙开关和安全联锁装置。在安装或维护之前进行医疗检查和特定的培训

来源：Ghassemlooy et al. [2018] /经Taylor & Francis许可。

6.3 光无线通信的应用

由于其低机动性和点对点特性等限制，OWC系统不能完全取代无线通信。然而，其作为无线电通信的补充技术具有很好的前景，可以部署在其他通信手段不能很好地发挥作用的特定场景中。因此，它可以在多种应用中被采用，包括：

- 最后一英里（1英里=1 609.344m）宽带接入：FSO应用于解决用户和光纤主干之间的最后一英里瓶颈问题，在该问题上安装光纤网络非常困难或过于昂贵。它在特定的部署场景中比较有吸引力，例如人口密集地区建筑物之间的连接，横跨河流、铁路轨道和街道的连接，岛屿之间的通信，以及校园网络。在市场上很容易获得距离从50m到几千米的点对点FSO设备，数据速率为Gbit/s数量级。
- 智能交通系统：VLC可应用于车对车、车对基础设施通信。例如，目前大多数车辆都配备了LED灯，作为发射机在两辆车之间发送交通、安全等信息。此外，交通灯、路灯、加油站等一些基础设施可以成为通信节点进行数据通信，交换瞬时交通信息。
- 机载通信：OWC的另一个有前景的应用是飞机、火车或船舶上的乘客通信服务。在这种情况下，乘客可以通过安装在头顶的白色LED阅读灯访问网络，通过车载服务器获取数据（例如实时旅行信息、美食预订和娱乐），或通过车载网关连接到互联网。它可以避免因可能对飞机造成无线电干扰而关闭个人电子设备的规定。

- 干扰敏感场景：OWC 不受无线电干扰影响，这对于对此类干扰敏感的特定场景很有吸引力。在医院，特别是呼吸和麻醉区，一些医疗设备容易受到各种无线电波的干扰。因此，OWC 系统的实施有利于这些设备的运作。在飞机上也存在类似的情况，乘客的电子设备在起飞和降落时必须关闭。在工业 4.0 工厂中，大量的自主设备如机械臂和自动导引车（AGV）都需要无线连接，形成复杂的无线电环境，导致相互干扰的可能性很高。此时，OWC 也可以发挥重要作用。
- 极端的环境：在井下使用无线电通信，由于其传输功率大，有可能引起爆炸。此外，除了 OWC，没有任何无线技术可以在水下建立高速通信链路。在这种情况下，OWC 是一种安全、适应性强的技术，可以同时提供照明和数据传输［Hou et al.，2015］。
- 远程连接：利用高功率、高集中的激光束，FSO 可以在几千米到几千千米的距离上有效地连接两个通信方。这对一些部署场景非常有利，例如天地链路、卫星间链路、空中平台链路和非地面网络的互联互通。
- 冗余链路和灾难恢复：FSO 通信可以快速部署，在光纤连接受损或中断时以提供备用的传输链路。自然灾害、恐怖袭击和临时性事件需要灵活部署、及时应对。在当地基础设施可能受损或饱和的紧急情况下，可以在数小时内迅速建立临时 FSO 链路。
- 室内照明-通信：通过 LED 灯的适当布局，OWC 系统可以为学校、大学、图书馆、商场、火车站、机场和办公室等室内场景提供良好的照明和数据通信［Elgala et al.，2011］。这是除了目前在无线电频率下运行的无线局域网，另一种提供高吞吐量网络的方法。在这种情况下，电力线通信和 OWC 可以自然地结合在一起，电缆既可以作为电源，也可以作为 LED 的回拉。
- 军事通信：应用光学无线军事通信［Juarez et al.，2006］与传统无线电通信相比有三方面的优势。（i）与无线电波的广播性质相反，光信号具有很强的指向性，容易被屏蔽，因此窃听者很难截获这些信号，从而提高了安全水平。（ii）OWC 可以提高军事装备的隐身性，因为它没有无线电信号，不会被雷达侦测到。此外，光束的高指向性大大降低了暴露于任何监控系统的可能性。（iii）使用 OWC 的军事设备不受无线电干扰和拥塞的影响，而频谱干扰技术仍然具有挑战性。

6.4　光无线通信的发展

从广义上讲，古代通过烟雾、烽火、火把、信号灯和阳光等交换承载信息的方式，可以认为是 OWC 的历史形式。光作为通信手段的最早应用可以追溯到公元前 800 年左右，古希腊和罗马战士在战场上使用抛光的盾牌利用阳光进行简单的信息传递。在中国古代，长城沿线的士兵在烽火台上发送烟雾信号，警告敌人入侵。通过在长城上定期建造烽火台，可以实现数千千米范围内的远距离通信。在 19 世纪后期，日照仪通常用于军事通信，白天使用一对镜子来引导可控的阳光光束，在晚上则使用其他形式的强光。OWC 领域的另一个历史性里程碑是由亚历山大·格雷厄姆·贝尔和他的助手查尔斯·萨姆纳·泰恩特在 1880 年发明的光电话。光电话利用光信号在约 200m 的距离上传输语音信号。发射机镜面上由声音引起的振动会被阳光反射到接收机，接收机再将这种振动转换回声音［Uysal and Nouri，2014］。

在现代意义上，LED 和 LD 在 OWC 系统中被用作光源，根据光信号的波长分为无线红外通信［Cahn and Barry，1997］、可见光通信［Pathak et al.，2015］和无线紫外通信［Xu and Sadler，2008］。此外，利用高功率激光进行远距离传输的户外可见光通信技术是一种被称为自由空间光通信（FSO）的专用技术［Khalighi and Uysal，2014］。

6.4.1 无线红外通信

几十年前，红外频段的无线传输作为一种短距离通信的方法首次被提出。由于红外收发机通常重量轻、成本低、功耗低且易于制造，因此广泛应用于电视、空调、DVD播放器和电子玩具的远程控制。20世纪70年代，出现了一种室内无线广播系统［Gfeller and Bapst，1979］，该系统使用950nm波长的红外线将范围高达50m的数据终端集群互连。

最初，来自不同制造商的商业产品无法相互操作，此时需要建立一个通用的红外通信标准。因此，1993年成立了红外数据协会（IrDA），这是一个由行业赞助的标准化组织，旨在为个人区域网络等应用程序中的短距离数据通信指定红外物理接口规范和通信协议。IrDA商用的IrDA产品在短视距链路中提供的数据速率为9.6kbit/s~16Mbit/s不等，短距离视距从不到一米到几米不等。在MAC层中，可以应用不同的协议，如红外移动通信（IrMC）、红外通信（IrCOMM）和对象交换（OBEX），以及支持高达100Mbit/s数据速率的超快红外（UFIR）协议。由于红外设备的光学接收机可能会被其透射光遮挡，因此采用半双工操作模式。早在1999年，IEEE 802.11工作组就规定了用于无线局域网的漫射IR物理层和介质访问控制层技术。与IrDA不同，IR WLAN系统通过反射墙壁和天花板上的信号来实现非视距。它可在相邻房间独立操作，互不干扰，被窃听的可能性极低。最后，红外激光通信系统也可以用于远程传输。典型的部署场景包括城域网或校园网的建筑物间链路。这样的系统是严格点对点的，对雾和其他天气条件很敏感。

6.4.2 可见光通信

与红外和紫外通信相比，可见光通信可以同时提供照明和无线连接。白色LED具有超过100lm/w的高发光效率（光通量与功率的比率），相比之下，白炽灯泡和荧光灯分别为15lm/w和60lm/w。此外，白色LED的寿命约为50 000h，而白炽灯泡和荧光灯通常分别能够使用1200h和10 000h。因此，LED照明在世界各地的普及得到了推动。

通过使用高速开关LED调制可见光来实现同时照明和通信的想法最早是在1999年提出的［Pang et al.，1999］。2001年，Twibright实验室的合理光学近距离联合接入（RONJA）项目建立了一个VLC系统，以实现一个10Mbit/s的全双工点对点无线连接，覆盖范围为1.4km。日本一个研究小组于2000年提出将白色LED用于家庭无线通信链路［Tanaka et al.，2000］。为了促进和规范使用可见光进行安全、高效的通信，中川实验室与日本的卡西欧、NEC和东芝于2003年成立了可见光通信联盟（VLCC）。2006年，宾夕法尼亚州立大学的研究人员提出使用电力线通信技术作为可见光通信的回程传输，为室内应用提供宽带接入。2010年，西门子和海因里希-赫兹研究所（Heinrich-Hertz Institute，Fraunhofer）的联合研究团队在柏林展示了一个白色LED在5m的距离内实现了500Mbit/s的传输速率，在更远的距离上使用5个LED实现了100Mbit/s的传输速率。2011年，IEEE 802.15工作组批准了第一个使用可见光的短程OWC标准，即IEEE 802.15.7。它旨在提供足够的数据速率来支持音频和视频多媒体服务，并考虑了可见链路的移动性。IEEE 802.15.7规范涵盖了380~780nm波长的物理层，以及一个适应可见链路独特需求的MAC子层。根据IEEE VLC标准，哈拉尔德·哈斯（Harald Haas）创造了术语“光保真度”（Li-Fi），通过利用红外波或无线电频率为上行链路提供双向可见光通信系统。后来，IEEE 802.15.7工作组继续开发了IEEE 802.15.7 r1标准，旨在提供三个主要功能，包括光学摄像机通信（OCC）、Li-Fi和发光二极管识别（LED-ID），作为照明、数据通信和定位的融合。2014年已经证明单个LED的传输速率超过3Gbit/s［Tsonev et al.，2014］，并且使用垂直腔面发射激光器实现了56Gbit/s的传输速率［Lu et al.，2017］。

6.4.3 无线紫外通信

在整个 UV 光谱（10~400nm）中，由于 UV-C 频段（100~290nm）具有非视线传输能力和环境噪声可忽略的特性，显示了作为无线通信介质的高潜力。UV-C 频段的主要 UV 辐射是日盲辐射，因为大部分太阳辐射被地球高层大气中的臭氧层吸收。因此，它产生了几乎可以忽略不计的带内环境噪声和理想的地面传输信道。其次，由于大气中悬浮粒子、雾和霾的存在，该频段内的紫外线具有高度的相对角度依赖散射。传输信道本身的高信噪比和强散射使得大视场光电二极管能够捕获大量散射光，从而建立非视距通信链路。

将无线紫外通信应用于户外海军的想法是在二战前美国海军研究实验室构想的。1968 年，麻省理工学院林肯实验室进行了一项超过 26km 范围的长距离链路实验。研究人员使用氙闪光管作为紫外线源，以高功率辐射连续光谱的波，最短波长为 280nm，接收机处使用光电倍增管 [Xu and Sadler，2008]。由于紫外线收发机体积大、耗电多且价格昂贵，无线紫外通信的研究在接下来的几十年中并没有取得进展。20 世纪 20 年代，半导体光源的商业化，为实现低成本、小尺寸、低功耗和大带宽的收发机提供了可能，为无线紫外通信带来了新生。在美国，麻省理工学院林肯实验室的研究人员进行了各种短距离 UV-C 链路（长达 100m）的户外实验。研究人员建立了一个合适的硬件平台，使用 LED 阵列或激光二极管作为光源，使用光电倍增管作为探测器，以获得通道测量值，并开发了合适的散射模型。在中国，北京理工大学的一个研究团队使用汞灯和光电倍增管设计并实现了一个 UV-C 平台，用于进行超过 1km 距离的传输实验 [Vavoulas et al.，2019]。

6.4.4 自由空间光通信

室外 OWC，即 FSO 通信，通常使用近红外线作为通信介质，因为其与可见光和紫外线相比衰减较低。FSO 系统通常使用激光二极管而不是发光二极管来产生高集中、高功率的光信号，用于数据传输。为建立发射机和接收机之间的通信链路，需要使用小发散角度的窄光束，这会导致指向和跟踪问题。因此，FSO 系统用于几米到几千千米距离的两个固定点之间的高数据速率通信。与基于射频的通信相比，FSO 链路具有非常高的可用带宽，从而可以提供相当高的数据速率。已经为远程通信实现了 10Gbit/s 的传输速率，并实现了 40Gbit/s 的 FSO 链路。

6.5 光收发机

在 OWC 系统中，如图 6.2 所示，发射机首先将信息位调制成光波形。然后，生成的光信号通过大气辐射到远程接收机。在发射机处应用发光二极管或激光二极管将电信号转换为光信号，接收机使用光电二极管将光信号转换为电流。最后，接收机处理该电流，然后对基带信号进行解调和解码，以恢复原始信息位。

发射机包括光源及其驱动电路、信道编码器、调制器和聚焦或形成光束的透镜。来自信息源的信息位首先被编码，然后被调制为电信号。然后，调制信号通过光源来调节光强。光束在传输之前利用光学透镜或光束赋形光学器件进行集中。带光束准直器的 LED 通常用于短距离无线通信，而 FSO 系统中的典型光源是用于远距离传输的高功率激光二极管。光学器件要求占地面积小、功耗低。同时，它应该在较宽的温度范围内提供相对较高的光功率，并具有较长的平均故障间隔时间（MTBF）。大多数商业 FSO 系统在 850nm 和 1550nm 两个特定波长窗口中工作，其中大气衰减小于 0.2dB/km，并且由于这两个窗口与

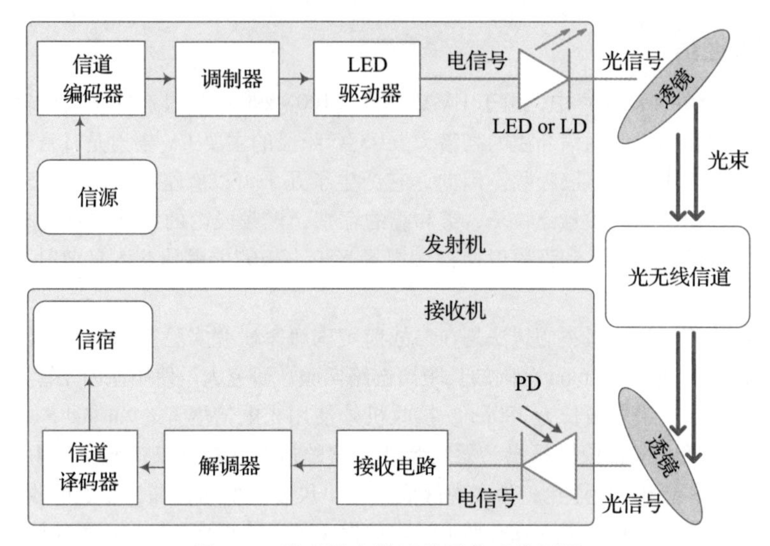

图 6.2　端到端光学无线通信系统框图

光纤通信系统的标准传输窗口一致，所以可以获得现成的组件。垂直腔面发射激光器（VCSEL）主要用于 850nm 波长的传输，法布里-珀罗（FP）和分布式反馈（DFB）激光器主要用于 1550nm 波长的传输［Khalighi and Uysal，2014］。

信息可以通过简单地调制光脉冲的强度来传输，这通常使用开关键控或脉冲位置调制等广泛使用的方案，也可以采用相干调制或高级多载波方案［Ohtsuki，2003］，例如正交频分复用（OFDM）来提高传输速率。为了在单个光接入点中支持多个用户，OWC 不仅可以应用典型的电复用技术，如时分、频分和码分多址，还可以应用光复用技术，如波分多址。光多输入多输出（MIMO）技术［Zeng et al.，2009］也能够在 OWC 中实现，其应用了多个 LED 和多个 PD，与在无线电频段工作的典型 MIMO 系统中的多个天线形成对比。

根据检测方法的不同，OWC 系统可以分为两类，即非相干和相干系统。非相干系统通常采用直接检测调制（IM/DD）方案，其中信息位通过发射机发出的光强度来表示。如图 6.3 所示，光强度根据通过 LED 的正向电流进行调整。理想情况下，驱动电流 I_d 由直流分量（DC）I_{DC} 和交流分量 I_s 组成，即

$$I_d = I_{\mathrm{DC}} + I_s \tag{6.1}$$

产生输出光功率为：

$$P_o = P_{\mathrm{DC}} + P_s \tag{6.2}$$

当在 LED 的线性区域内操作时［Karunatilaka et al.，2015］。在接收机处，光电二极管直接检测光强度的变化，以产生成比例的电流。IM/DD 系统由于其简单性和低成本，在地面可见光通信链路中被广泛采用。相比之下，相干系统除了使用振幅调制技术，还利用了频率或相位调制技术。在接收机处进行光检测之前，借助本地振荡器对接收到的信号进行光学混合。尽管相干系统在抑制背景噪声、减轻湍流引起的衰落和提高接收机灵敏度方面提供了优越的性能，但从实际应用的角度来看，它过于复杂和耗电。如图 6.2 所示，IM/DD OWC 系统的前端有一个光学透镜，用于收集接收到的光束并将其聚焦在光电二极管上。光电二极管利用跨阻抗电路将光信号转换为电流，其通常是一个带有负载电阻的低噪声光放大器。为了限制热噪声，对跨阻抗电路的输出进行低通滤波。最后，接收机对接收到的信号进行解调和解码，以恢复原始信息位。

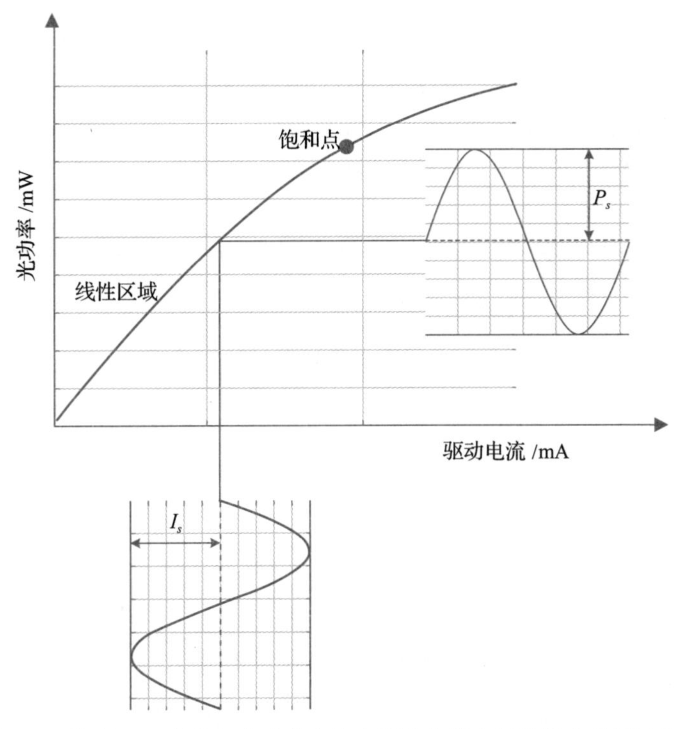

图 6.3　典型 LED 中输出光功率和输入驱动电流之间的线性映射示意图

商业可见光通信系统通常采用固态光电二极管，因为它们对常用波长有很好的量子效率。结材料可以是硅（Si）、砷化铟镓（InGaAs）或锗（Ge），它们主要对常用波长敏感，并具有极短的传输时间，从而实现了高带宽和快速响应的探测器。硅光电二极管在 850nm 附近具有高灵敏度，而 InGaAs 光电二极管适用于 1550nm 附近的较长波长。锗光电二极管很少被使用，因为它们的暗电流水平相对较高。固态光电二极管可以是正-本征-负（PIN）二极管或雪崩光电二极管（APD）。PIN 二极管通常用于室外 OWC（又名 FSO）系统，工作距离可达几千米。PIN 二极管的主要缺点是接收机性能会受到热噪声的严重限制。对于远距离传输，由于存在冲击电离过程，因此首选 APD。特别是，APD 反向偏置需要相对较高的电压，这就需要应用特殊的电子电路，从而导致更高的功耗［Khalighi and Uysal，2014］。除了光电二极管，OWC 系统中还应用了图像传感器来检测光脉冲，也称为光学摄像系统。图像传感器可以将光信号转换为电信号，由于现在智能手机已广泛配备摄像头，因此这种系统的实现更为容易。

6.6　光源和探测器

原子是保留元素所有化学性质的最小物质单位。根据经典物理学，原子由原子中心的原子核和围绕原子核的一个或多个束缚电子组成。电子形成概念上的壳层，壳层是电子围绕原子核运行的轨道。电子绕原子核越远，其能量就越大。最接近的壳层通常被称为基态。当电子从光（光子）、磁场或热量中吸收能量时，它会远离原子核，从较低的能级被激发到较高的能级，如图 6.4 所示。因为较高能级通常比较低能级更不稳定，激发态最终通过发射光子衰减到较低的状态。这被称为自发辐射，其中与光子相关的相位和方向是随机的。假设高能级和低能级的能量分别为 E_1 和 E_2，则发射的光子具有的能量为

$$\Delta E=E_1-E_2=hf_0 \tag{6.3}$$

式中，f_0 表示频率，普朗克常数

$$h=6.626\,070\,15\times10^{-34}\,\text{J/Hz} \tag{6.4}$$

或者，当受激电子与入射光子相互作用时，会发生受激辐射，产生一个方向和相位都与入射光子相同的新光子。因此，受激辐射产生高度定向和相干的光发射。

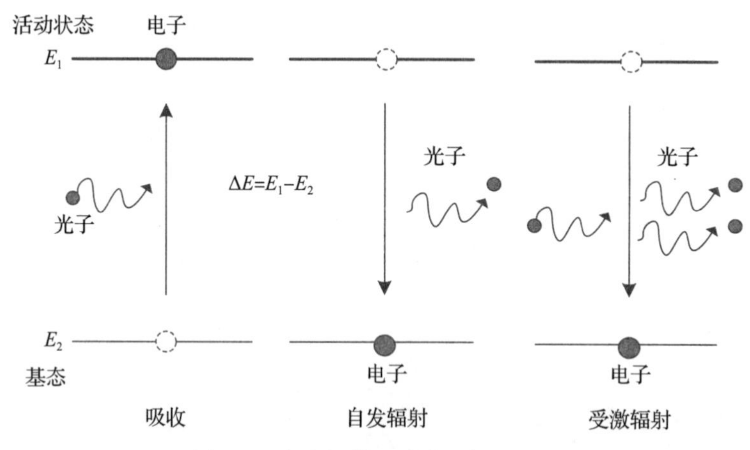

图 6.4　自发辐射和受激辐射的原理

1907 年，亨利 · 约瑟夫 · 朗德（Henry Joseph Round）在固态二极管上观察到电致发光时感到困惑，从而发现了发光二极管。这种光电现象称为复合辐射，是指当半导体导带中的电子落入价带空穴时，在 p 型半导体和 n 型半导体的结合处产生光发射。复合辐射是 LED 和 LD 发光的基础。

在 OWC 中，最常用的光源是用作光学发射机的非相干发光二极管和相干激光二极管。LED 用于短距离、中低数据速率的室内应用，而单色、相干、高功率和定向的 LD 主要用于高速室外应用。对于 OWC 中的光接收机，可以使用 PIN 光电二极管和 APD，尽管后者成本高昂，但提供了比 PIN PD 更高的灵敏度和带宽。本节将讨论光源的类型、结构及其光学特性。

6.6.1　发光二极管

发光二极管由半导体材料制成，可以通过在晶格中引入不同的杂质来改变导电性。例如，掺杂有磷（P）、砷（As）或锑（Sb）作为杂质的本征半导体（硅或锗）被称为 n 型半导体，因为它提供电子以产生负电流载流子。相反，在本征半导体中加入三价杂质，如硼（B）、镓（G）、铟（In）和铝（Al），就会生成 p 型半导体，其中含有过量的空穴作为正电流载流子。当融合这两种半导体材料时，它们的结表现与单独的任何一种材料都大不相同。在这样的 PN 结中，电流很容易从 p 端流向 n 端，而在反向方向上，电流流动变得非常困难，甚至是不流动的。半导体的 p 面也被称为阳极，n 面被称为阴极。

在结上没有电压差（即无偏置）的情况下，载流子的分布与杂质大致相同，导致没有净电流流动。在 PN 结附近达到平衡条件时，电子从导带落下，填充价带中的空穴。此外，通过在 n 侧加一个正电压，在 p 侧加一个负电压，在反向偏置下没有电流流动。负极吸引来自 p 型材料的空穴，而正极吸引来自 n 型材料的电子（见图 6.5）。它将载流子从结处吸引走，由于半导体的高电阻，这种电流流动被称为漏电流，其值仅略高于零。增加跨结的反向偏置电压不会导致电流增加，直到出现称为雪崩击穿的大反向电流［Bergh and Dean，1972］。

当正向偏置电压施加在 PN 结上时，LED 通过自发侧发射辐射光波，即 p 侧为正电压，n 侧为负电压。它将空穴吸引到 PN 结的 n 侧，反之亦然，当导带中的电子落入价带中的空穴时，它们将重新组合并释放额外的能量。从电能到光能的转换过程非常高效，与传统的白炽灯泡相比，产生的热量很少。辐射的光子可以是红外线、可见光或紫外线光波，其标称波长取决于半导体材料的带隙能量。材料的混合决定了化合物半导体的带隙。表 6-3 提供了用于产生各种波长光的不同半导体材料示例。LED 的发射特性可以被建模为一个发射光谱，其中包括一个峰值波长，即最大发射发生的波长以及一个与波长扩展相对应的线宽，由 Schubert［2006］确定。

$$\Delta\lambda = \frac{1.8\lambda^2 kT}{hc} \tag{6.5}$$

式中，T 为温度，h 为普朗克常数，c 为光速。例如，室温下 GaAs LED 发射的理论峰值波长和线宽分别为 625nm 和 28nm。图 6.6 显示了 LED 材料的三种典型辐射光谱（红、绿、蓝）。

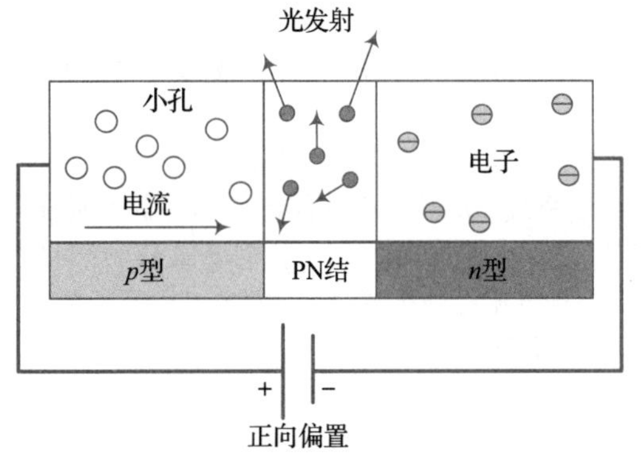

图 6.5 发光二极管的原理图，其中半导体 PN 结以正向偏置电压辐射光（红外线、可见光或紫外线）

表 6-3 一些典型的半导体材料及其发射范围

半导体材料	LED 发射	波长/nm
砷化镓铝（AlGaAs）	红光和红外线	230~350
硝酸铝（AlN）	紫外线	210
硝酸铟镓（InGaN）	绿色、蓝色、近紫外线	360~525
硒化锌（ZnSe）	蓝色	459
碳化硅（SiC）	蓝色	470
磷化镓（GaP）	红色、黄色、绿色	550~590
砷化镓（GaAs）	红外	910~1 020
砷化磷化镓（GaAsP）	红色和橙色	700

来源：Held［2008］/经 Taylor & Francis 许可。

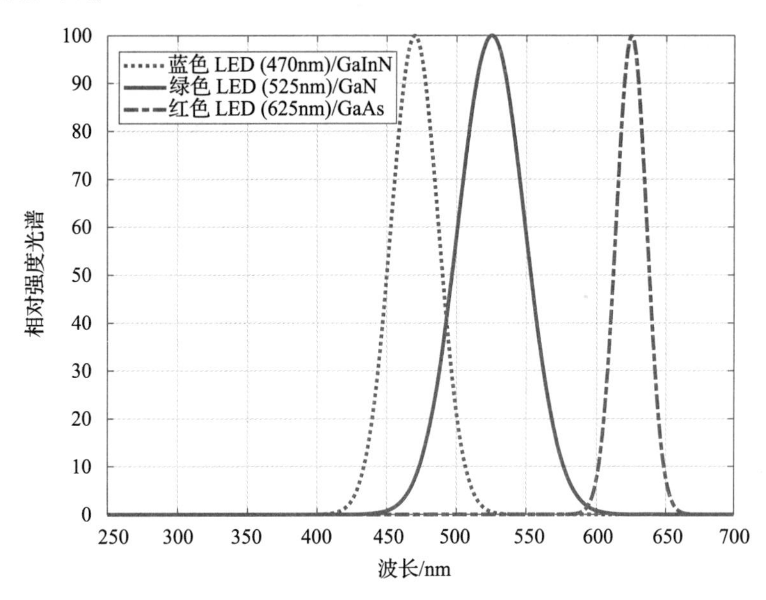

图 6.6 不同 LED 的典型辐射光谱，包括蓝色（470nm）、绿色（525nm）和红色（625nm）

因为LED发出的光是由自发辐射产生的，所以来自PN结的辐射光子以任意方向传播。因此，相比从受激辐射产生的激光，LED发出的光的角度范围更广，这使得它在某些应用中比激光更可取，如照明和显示器。为了获得最有效的输出，可以在LED的前面安装一个光学透镜来聚焦发射的光，其通常垂直于表面。但它的光功率仍然大大低于激光的光功率。因此，LED通常应用于低数据率、短距离的OWC，在这种情况下，其输出功率足够，但可以发挥其驱动电路简单、成本低、工作温度范围广和可靠性高的优点[Bergh and Copeland，1980]。相比之下，基于激光的OWC更适合高数据速率、长距离、高复杂度、高成本和大功耗的应用。

6.6.2　激光二极管

砷化镓和磷化铟等半导体材料也可用于制造激光二极管，它们可互换称为二极管激光器或半导体激光器。半导体二极管激光器与气体激光器、固态激光器和光纤激光器等其他类型一样，当电流通过半导体材料时，自发辐射引发一个受激辐射级联，导致共振光学谐振腔体内的粒子逆转从而形成光束。相比普通LED产生的光线，激光器具有明显增强的亮度和光功率以及更窄的光谱宽度。简单激光二极管的结构类似发光二极管，由n型半导体和p型半导体组成。与LED一样，LD通过PN结的正向偏置电压将电子-空穴激子重新组合产生光。当驱动电流较低时，与LED相同，电子-空穴激子通过自发发射释放能量。然而，LD具有用于光学反馈的反射表面。当电流低于产生载流子反转所需的阈值（称为激光阈值）时，反馈对其影响很小。随着驱动电流的增加，将会自发产生更多的电子-空穴对，从而增加了一个自发辐射光子刺激未释放其额外能量的激子产生发射的可能性。一旦电流达到足够高的阈值以上，就会在激子态和价带具有额外电子束缚的原子之间形成载流子反转，导致受激辐射。

如图6.7所示，如果驱动电流低于阈值，则激光二极管表现为相对低效的LED。在阈值以上，输出从低功率自发发射转变为高功率受激发射，激光二极管将输入功率的很大一部分转换为光能，如更陡的斜率所示。因此，阈值电流是决定半导体激光器性能的关键因素。达到阈值所需的电能，即低于阈值的电流中没有转化为光能的部分，变成了必须在激光二极管中消散的热能。这种热能不仅浪费了功率，而且降低了激光器的性能，缩短了其寿命。

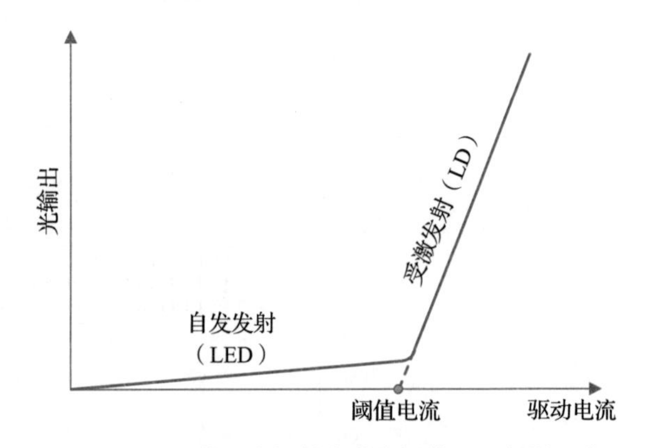

图6.7　二极管的光辐射在激光阈值以上急剧上升

图6.8展示了边缘发射激光二极管的基本结构，它至少由三层组成：p型层、n型层和结层。反射面垂直于薄结层，反射腔沿结平面对齐。由于半导体具有高折射率，大部分未涂覆的固体空气界面将通过受激辐射反射回半导体中，为激光谐振器提供反馈。大电流下的粒子数反转使得半导体激光器的增益很高，因此只有几百微米长的反射腔就可以实现持续的振荡。

边缘发射激光二极管的发射区域很薄，导致光束快速发散。激光二极管也可以制造成从其表面发射，称为表面发射激光二极管。更大的圆形发射区域可以处理更高的功率，并产生高质量的光束，发散度更低。图6.8显示了一个表面发射激光二极管的结构，其谐振腔垂直于有源层，称为VCSEL。VCSEL不是沿着薄有源层的长边振荡，而是垂直于有源层的薄盘表面振荡。为此，在结层的顶部和底部分别集成了两个多层反射镜，光束从表面穿出。通过在半导体中沉积多个反射率略有不同的交变薄层，可以直接制造激光腔所需的高反射镜。这种多层结构形成了一个多层干涉涂层，旨在强烈反射特定波长。因此，基底侧的反射镜传输了一小部分腔光，而有源层上方的反射镜将所有的光反射回腔内。

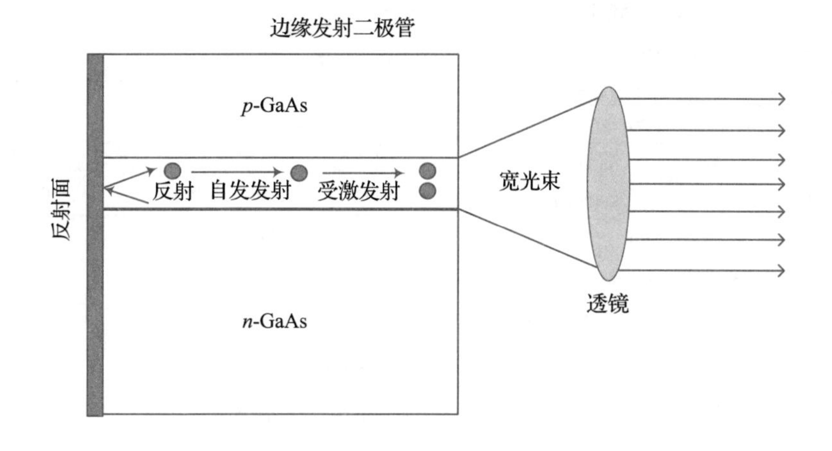

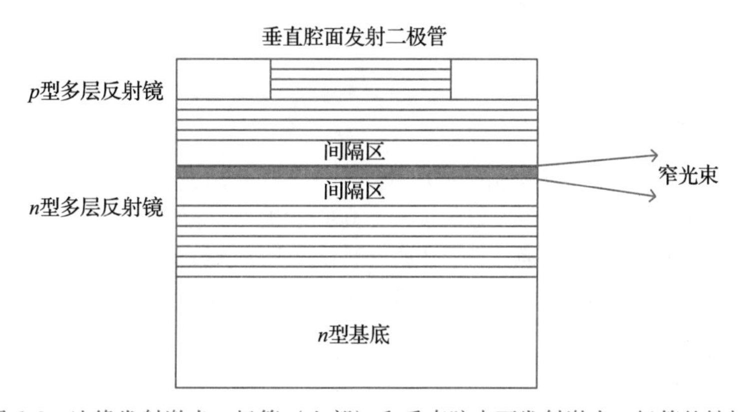

图 6.8　边缘发射激光二极管（上部）和垂直腔表面发射激光二极管的结构

这些结构上的差异使得 VCSEL 的表现与边缘发光二极管大不相同。VCSEL 腔内的总增益较低，因为在顶部和底部反射镜之间振荡的光只通过有源层的一个薄层。虽然单位长度的增益很高，但有源层本身很薄，所以 VCSEL 腔一次往返的总增益很小。这种结构只能产生毫瓦数量级的功率，远低于边缘发射机的最大可用功率。因此，VCSEL 具有较低的阈值电流，这使得其效率显著提高。它们的高效率和低驱动电流也使它们的寿命更长［Hecht，2018］。

与边缘发射二极管不同，表面发射通常来自圆形区域，产生一个圆形的光束。其优点是通过将输出面直对光纤芯，可以将输出光束直接耦合到光纤中。同时，边缘发光二极管的发光孔径较窄。从小孔径发射的光束具有相对较大的发散角。它的典型光束发散度是平行于有源层的 10°和垂直于有源层的 40°。这个发散角比高质量手电筒的光束要大，这使得光束与氦氖激光器或固态激光器的紧密聚焦光束有很大的不同。幸运的是，可以使用外部光学器件来校正这种宽光束发散。柱面透镜将光聚焦在一个方向上，而不是垂直方向上，可以使光束呈圆形。准直透镜可以聚焦来自边缘发射机的快速发散光束，使其看起来像氦氖激光器的光束一样窄。相比之下，VCSEL 要好得多，因为它们从更宽的孔径发射光，典型的发散度为 10°。

与发光二极管类似，激光二极管发射的波长取决于其半导体材料的组成，如表 6-4 所示。此外，表 6-5 中提供了发光二极管和激光二极管主要特性的对比。

表 6-4 典型的激光二极管材料及其峰值波长

半导体材料	峰值波长/m
硝酸铝镓（AIGaN）	$350\sim400\times10^{-9}$
硝酸镓铟（GaInN）	$375\sim440\times10^{-9}$
磺基硒化锌（ZnSSe）	$447\sim480\times10^{-9}$
磷化铝镓铟（AlGaInP）/GaAs	$620\sim680\times10^{-9}$
砷化镓铝（GaAlAs）/GaAs	$750\sim900\times10^{-9}$
GaAs/GaAs	904×10^{-9}
砷化铟镓（InGaAs）/GaAs	$915\sim1\,050\times10^{-9}$
磷化砷化铟镓（InGaAsP）	$1\,100\sim1\,650\times10^{-9}$
磷化砷化铟镓锑（InGaAsSb）	$2\sim5\times10^{-6}$
硫硒化铅（PbSSe）	$4.2\sim8\times10^{-6}$
硒化铅锡（PbSnSe）	$8\sim30\times10^{-6}$
量子级联	$3\sim50\times10^{-6}$

来源：Hecht［2018］/经 John Wiley&Sons 许可。

表 6-5 发光二极管和激光二极管主要特性的对比

特性	LED	LD
光输出功率	低	高
光学线宽	25~100nm	0.01~5nm
调制带宽	千赫兹至数百兆赫兹	千赫兹至数十吉赫兹
转换效率	10%~20%	30%~70%
发散	宽束	高准直束
可靠性	高	中等
一致性	无	有
温度依赖性	低	高
驱动电路	简单	复杂
成本	低	中到高

来源：改编自 ghassemloy 等人［2018］。

6.6.3 光电二极管

光电二极管是一种具有 PN 结的半导体器件，可以将入射光子转换为电流或电压。有时它也被称为光电探测器、光探测器或光传感器。图 6.9 显示了一个典型光电二极管的基本结构，它看起来像一个发光二极管，其原理是进行光子-电子转换。半导体的 p 侧会产生多余的空穴，而 n 侧则有大量的电子。当电子从 n 侧扩散到 p 侧而空穴在相反方向上扩散时，在 n 侧和 p 侧之间会形成一个特定区域。因此，它产生了一个没有自由载流子和内置电压的区域，称为耗尽区，使电流只能在一个方向上从阳极流向阴极。

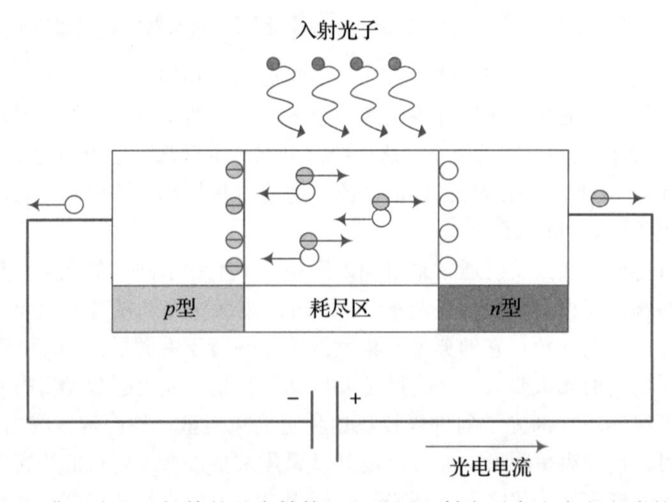

图 6.9 典型光电二极管的基本结构，以及用入射光子产生光电电流的原理

光电二极管通常在 PN 结的反向偏置电压下工作，即光电二极管的 p 侧连接到电源的负极，n 侧连接到正极。当光子撞击二极管时，光电二极管中的价电子吸收光能。如果能量大于半导体材料的带隙，价

电子与母原子的键合就会断开，成为自由电子。自由电子通过携带电流从一个地方自由移动到另一个地方。当一个价电子离开价壳层时，就会产生一个相应的空穴。利用光能形成电子-空穴激子的机理称为内光电效应。如果光子被吸收到 p 侧或 n 侧半导体材料中，且它们离耗尽区足够远，电子-空穴激子将以热的形式重新组合。如果由于内置电场和外电场的作用，在耗尽区产生吸收，则电子空穴对将向相反的两端移动。换句话说，电子向阴极的正电位移动，而空穴向阳极的负电位移动。这些移动的电荷载流子在光电二极管中产生一种称为光电流的电流。

虽然光电二极管的基本工作原理是相似的，但不同类型的光电二极管是为特定的应用而设计的［Lam and Hussain，1992］。例如，PIN 光电二极管是为那些需要高响应速度的应用而开发的。就其结构和功能而言，光电二极管可分为以下主要类型。

- PN 光电二极管：最早发展且最基本的类型是 PN 光电二极管。在 PIN 光电二极管发展之前，它是应用最广泛的光电二极管。由于相对较小，其灵敏度性能与后继产品（即 PIN 光电二极管和 APD）相比并不好。其耗尽区包含很少的自由载流子，并且可以通过增加电压偏置来控制区域宽度。PN 光电二极管的暗电流较低，从而导致噪声较低。
- PIN 光电二极管：目前，应用最广泛的光电二极管是 PIN 型。与 PN 型的主要区别在于，在 P 层和 N 层之间制造了一个本征层，以产生更大的耗尽区。由于 p 型和 n 型半导体之间的本征面积更宽，该二极管可以收集更多的光子。这个本征层是高电阻的，因此增加了光电二极管中的电场强度。由于增加了损耗区域，它提供了一个更低的电容和更高的响应速度。
- APD 光电二极管：在高反向偏置电压（接近击穿电压）的情况下，APD 应用冲击电离（雪崩效应）在材料中产生内部电流增益，这反过来又增加了有效响应度（每个光子产生更大的电流）。它通常具有更高的响应速度和检测弱光的能力。典型的光谱响应范围约为 300～1000nm。在 APD 中，暗电流引起的噪声比 PIN 光电二极管中的噪声高，但增加的信号增益要大得多，从而产生高信噪比。

光电二极管可以由多种半导体材料制成。每种材料都有特定的特征，可以产生具有不同灵敏度、波长范围、噪声水平和响应速度的光电二极管。有四个主要的性能指标用于确定合适的材料。

- 光电二极管的响应速度由 PN 结的电容决定。它是通过载流子穿过 PN 结所花费的时间来测量的。电容直接由耗尽区的宽度决定。
- 响应度是光电流与入射光功率的比值，通常以 A/W（电流与功率之比）为单位，如式（6.6）所示

$$R=\frac{\eta q\lambda}{ch}\approx\frac{\eta\lambda}{1.24} \tag{6.6}$$

  式中，η 为量子效率，定义为载流子产生速率除以光子入射速率，q 为库仑单位的基本电荷，h 为普朗克常数。由于量子效率小于 1，PN 和 PIN 光电二极管的最大响应度约为 0.6A/W，对接收机灵敏度造成了严重限制。这就是为什么 APD 被考虑，它通过在非常高的电场下操作可以将响应度提高一到两个数量级。
- 暗电流是在没有入射光的情况下光电二极管中的电流。这可能是光电二极管中的主要噪声源之一。在没有偏置的情况下，暗电流能够很低。
- 击穿电压是在漏电流或暗电流呈指数级增加之前可以施加到光电二极管的最大反向电压。光电二极管应在低于该最大反向偏置电压的情况下工作。击穿电压随着温度的升高而降低。

为了便于读者了解具体情况，表 6-6 提供了一些具有不同半导体材料的光电二极管的典型性能参数。

表 6-6　光电二极管的典型性能参数

参数	硅		锗		砷化铟镓	
	PIN	APD	PIN	APD	PIN	APD
波长范围/nm	400~1 100	—	800~1 800	—	900~1 700	—
峰值波长/nm	900	830	1 550	1 300	1 300/1 550	1 300/1 550
响应性/(A/W)	0.6	77~130	0.65~0.7	3~28	0.63~0.8	—
量子效率（%）	65~90	77	50~55	55~75	60~70	60~70
增益	1	150~250	1	5~40	1	10~30
偏置电压/V	45~100	220	6~10	20~35	5	<30
暗电流/nA	1~10	0.1~1	50~500	10~500	1~20	1~5
电容/pF	1.2~3	1.3~2	2~5	2~5	0.5~2	0.5
上升时间/ns	0.5~1	0.1~2	0.1~0.5	0.5~0.8	0.06~0.5	0.1~0.5

来源：Ghassemlooy 等人［2018］/经 Taylor&Francis 许可。

6.7　光链路配置

光链路有多种配置，可以根据两个标准进行分类：是否存在视距（LOS）路径和指向性程度，如图 6.10 所示。发射机和接收机之间的 LOS 链路提供了最显著的路径强度和最小的传播延迟。在没有视距链路的情况下，信号传输必须依赖天花板、墙壁或其他漫反射表面的反射，形成非视距（NLOS）传输环境。NLOS 链路可以增加链路的鲁棒性，即使在发射机和接收机之间的直接连接被障碍物阻挡时，也可以实现有效的连接。与具有广播模式的射频频段天线不同，光收发机另外具有与角度相关的特性，即发光二极管/激光二极管的光束角度和探测器的视场（FOV）。如果两端都是定向的，即发射机处是窄波束且接收机处是窄视场，则建立定向链路。定向链路能够增加信号功率，最小化多径效应，并抑制环境光噪声。然而，链路的建立和维护必须采用精确的定位和跟踪，这给通信系统的设计带来了很高的复杂性，特别是在移动环境下。当采用广角波束发射机和宽视场接收机时，该链路称为非定向链路。非定向链路能够减轻对这种指向的需求，使用起来更方便，特别是对于移动终端而言。也可以建立 *s* 混合链路，将具有不同指向性的发射机和接收机结合在一起［Kahn and Barry，1997］。

在定向 LOS 链路中，发射机将光能聚焦在窄波束中，从而在接收机处产生高功率通量密度。同时，具有窄 FOV 的接收机减轻了多径引起的信号失真和环境光噪声。传输速率受到自由空间路径损耗的限制，而不是多径色散的影响。因此，定向 LOS 链路在相同条件下提供了最高的数据速率和最长的通信距离。此外，它还可以提高安全性，因为高度定向的光束很难中断，并且容易被窃听者阻挡。定向 LOS 已经在低比特率、简单的远程控制应用中使用了多年，如家用电气设备电视和音频设备。在过去的十年里，人们越来越关注将定向点对点通信应用于各种户外应用，如校园网络、楼宇间连接、最后一英里接入、蜂窝网络回传和前传、非地面连接、卫星间链路、灾难恢复、某些地形中的光纤更换和临时链路。但是，定向 LOS 链路在覆盖范围和漫游方面存在问题。由于需要调整发射机和接收机之间已建立的对准，因此难以支持移动用户的运动。使用简单的收发机设计同时支持多个用户也具有一定的挑战性。

非定向 LOS 链路被认为是室内通信应用中最灵活的配置。具有宽波束发射机和宽 FOV 接收机的光通信系统可以实现与射频系统类似的广覆盖区域和出色的移动性支持。它通过依赖室内物体表面的反射来

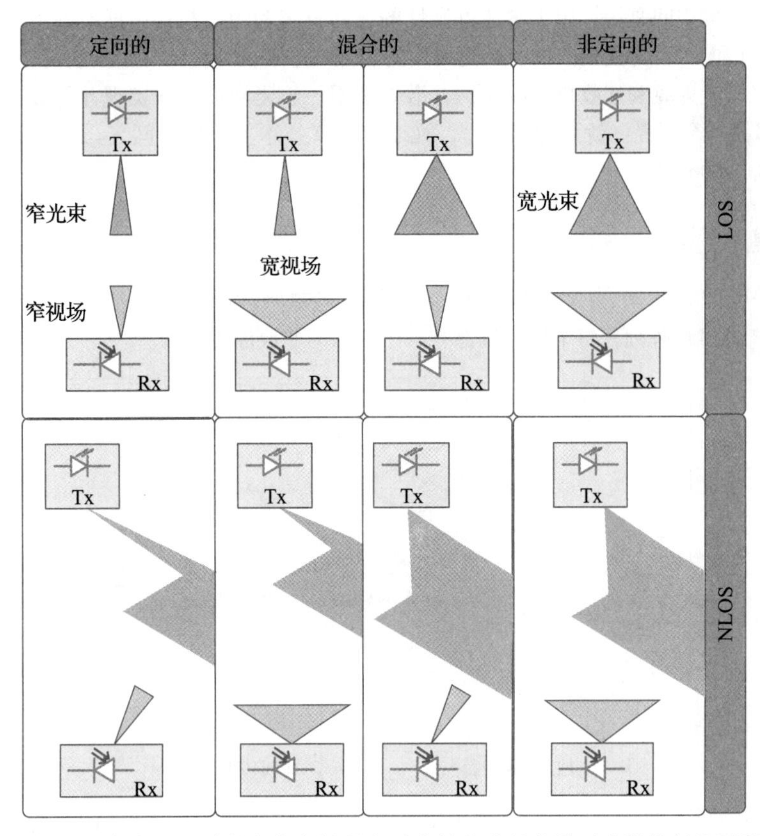

图 6.10　根据是否存在 LOS 路径和指向性程度对光链路进行分类（光学发射机可以产生宽或窄光束，而光学接收机可能具有宽或窄视场）

克服遮挡和阴影，从而在光电二极管处检测到更高部分的透射光能。此外，减少了对精确光束对准和跟踪的需求。然而，非定向 LOS 链路会沿着光路受到高衰减的影响，并且还必须应对多径引起的色散。尽管由于检测器尺寸与波长相比较大，多径传播不会导致多径衰落，但它确实会增加符号间干扰，这是限制数据速率的主要因素。此外，宽视场接收机在室内环境中容易受到强烈环境光噪声的影响，很有可能出现强烈的背景照明，从而降低链路性能 [Ghassemlooy et al.，2018]。

非定向 NLOS 光链路也称为漫射链路，即宽波束发射机通过 NLOS 链路与宽视场接收机连接。由于高鲁棒性和高灵活性，它是室内无线网络最方便的配置，因为它不需要对光束进行任何对准和维护，并且不受阻塞和阴影的影响。这些益处是以高路径损耗为代价的，对于 5m 的水平间隔，损耗通常为 50~70dB。如果存在如人类和家具等临时的障碍物，阻挡了主要的信号路径，这种损失会进一步增加。此外，具有宽视场的光电二极管会收集经过天花板、墙壁和房间物体一次或多次反射的信号。反射会严重衰减信号，典型的反射系数在 0.4~0.9 之间。此外，多径传播可能会引起严重的色散 ISI，从而限制最大传输速率。

6.8　光 MIMO

在传统的射频通信中，MIMO 已经成为移动系统和无线局域网的关键技术。在不消耗宝贵时间或频率资源的情况下，只需在发送端或接收端增加额外的天线，即可实现高数据吞吐率或高可靠性。MIMO 技术可以分为用于高容量的空间复用、用于增加可靠性的空间分集和用于高功率增益的波束赋形。由于光学设备，即LED、LD和PD，都是现成的、广泛可用的、低成本、低功耗且易于安装的，所以OWC可以很容易地部署多个光学发射机和接收机。因此，有潜力使用一组光学设备来实现并行数据传输或使用光学MIMO技术实现多条冗余路径。就其功能而言，光学MIMO技术可以以空间复用或空间调制的形式来实现，这将在以下部分中介绍。

6.8.1 空间复用

非成像光学MIMO系统由N_T个发射机和N_R个接收机组成，如图6.11所示。每个发射机都配备了一个带有K个LED的LD阵列，每个接收机都有一个单独的非成像集中器。

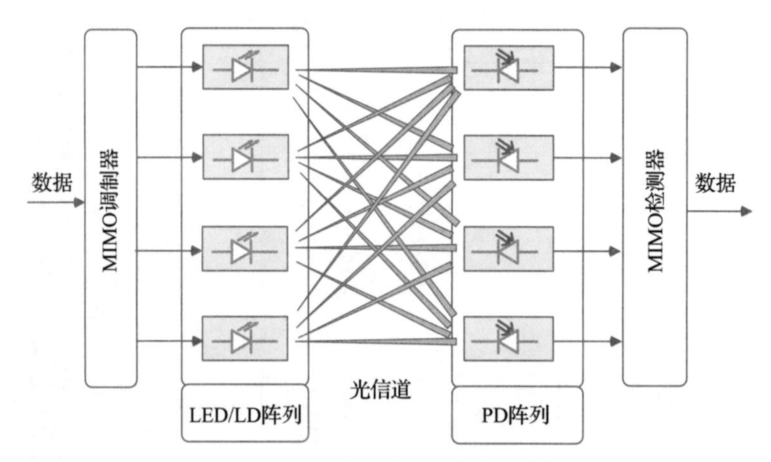

图6.11 非成像光学MIMO系统示意图，其中多个数据流分别由发射机处的LED/LD阵列和接收机处的PD阵列发射和接收

MIMO调制器根据光调制方案（如开-关键控）将串行二进制序列调制成传输的数据流，然后将其转换成N_T个并行数据流。在一个典型的时刻，传输的信号向量可以表示为

$$\boldsymbol{s}=[s_1,s_2,\cdots,s_{N_T}]^{\mathrm{T}} \tag{6.7}$$

式中，s_i，$i=1,2,\cdots,N_T$是第i个发射机的发射信号［Zeng et al.，2009］。

来自所有LED阵列的光通过LOS和散射路径由单独的接收机接收。发射机i和接收机j之间的DC增益可以通过将发射机i处的所有K个LED发射的光功率相加来建模，即

$$h_{ij}=\begin{cases}\sum\limits_{k=1}^{K}\dfrac{A_{rx}^{j}}{d_{ijk}^{2}}R_O(\phi_{ijk})\cos(\psi_{ijk}), & 0\leqslant\psi_{ijk}\leqslant\psi_c\\ 0, & \psi_{ijk}>\psi_c\end{cases} \tag{6.8}$$

式中，A_{rx}^{j}表示接收机j的收集面积，d_{ijk}是第i个发射机处的第k个LED与第j个接收机之间的距离，ϕ_{ijk}和ψ_{ijk}分别表示发射角和入射角，ψ_c代表光电二极管FOV，$R_O(\cdot)$表示LED的朗伯辐射强度，由下式给出

$$R(\phi)=\frac{m+1}{2\pi}\cos^{m}(\phi) \tag{6.9}$$

式中，m为朗伯发射阶数，ϕ为相对于发射机光轴的发射角。用P_{LED}表示LED发射的平均功率，瞬时发射功率等于$P_t=P_{\mathrm{LED}}R(\phi)$，范围为0~$2P_{\mathrm{LED}}$。因此，将该光学MIMO信道矩阵建模为

$$\boldsymbol{H}=\begin{pmatrix} h_{11} & h_{12} & \cdots & h_{1N_T} \\ h_{21} & h_{22} & \cdots & h_{2N_T} \\ \vdots & \vdots & & \vdots \\ h_{N_R1} & h_{N_R2} & \cdots & h_{N_RN_T} \end{pmatrix} \tag{6.10}$$

接收机由一个光学集中器、一个检测器和一个前置放大器组成。假设集中器增益为理论最大值，并且式（6.8）中的收集面积为

$$A_{rx}^{j}=\frac{n^2}{\sin^2(\psi_c)}A_{\mathrm{PD}} \tag{6.11}$$

光电二极管面积 A_{PD} 和聚光器折射率 n 计算。然后，第 j 个接收机处的接收信号可以写为

$$r_j = \gamma P_{\mathrm{LED}}\sum_{i=1}^{N_T} h_{ij}s_i + n_j \tag{6.12}$$

式中，γ 表示光电二极管的响应度，n_j 是噪声电流，可以通过下式计算

$$n_j=2\mathrm{e}\gamma(P_j+P_a)B+i_a^2B \tag{6.13}$$

式中，P_j 是平均接收功率

$$P_j=P_{\mathrm{LED}}\sum_{i=1}^{N_T} h_{ij}s_i \tag{6.14}$$

P_a 代表环境光的功率

$$P_a=2\pi\chi_a A_{rx}^{j}(1-\cos(\psi_c)) \tag{6.15}$$

B 是接收机带宽，i_a 是前置放大器的噪声电流密度。

将接收到的向量表示为

$$\boldsymbol{r}=[r_1,r_2,\cdots,r_{N_R}]^{\mathrm{T}} \tag{6.16}$$

以及噪声向量

$$\boldsymbol{n}=[n_1,n_2,\cdots,n_{N_R}]^{\mathrm{T}} \tag{6.17}$$

得到

$$\boldsymbol{r}=\gamma P_{\mathrm{LED}}\boldsymbol{Hs}+\boldsymbol{n} \tag{6.18}$$

当在接收机处已知 $\boldsymbol{H}$ 时，发射的符号可以根据下式估计

$$\hat{\boldsymbol{s}}=\frac{1}{\gamma P_{\mathrm{LED}}}(\boldsymbol{H}^H\boldsymbol{H})^{-1}\boldsymbol{H}^H\boldsymbol{r} \tag{6.19}$$

与无线电系统不同，OWC 系统可以在接收机处应用成像检测器。来自每个 LED 阵列的光到达接收机并照射到检测器阵列上的任一像素。成像光学 MIMO 系统遵循与非成像情况相同的模型，对通道矩阵 $\boldsymbol{H}$ 进行了修改，其中每个元素为

$$h_{ij}^{\mathrm{IMG}}=a_{ij}h_i' \tag{6.20}$$

式中，h_i' 为第 i 个 LED 阵列在成像镜孔径处成像的归一化功率，a_{ij} 表示该功率中有多少落在第 j 个接收机上。

第一个参数为

$$h_i'=\begin{cases}\displaystyle\sum_{k=1}^{K}\frac{A_{rx}'}{(d_{ik}')^2}R_o(\phi_{ik})\cos(\psi_{ik}), & 0\leqslant\psi_{ik}\leqslant\psi_c \\ 0, & \psi_{ik}>\psi_c\end{cases} \tag{6.21}$$

式中，A'_{rx} 表示成像接收机的收集面积，d'_{ik} 表示发射机 i 中的第 k 个 LED 与聚光透镜中心之间的距离［Zeng et al.，2009］。第二个参数为

$$a_{ij}=\frac{A_{ij}}{\sum_{s=1}^{N_R} A_{is}} \tag{6.22}$$

式中，A_{is} 为第 i 个发射机在第 s 个像素上的图像面积。

6.8.2 空间调制

光学空间调制（OSM）［Mesleh et al.，2011］是一种用于 OWC 的功率高效、带宽高效的单载波传输技术。发射机配备由多个空间分离的 LED 或 LD 组成的光学发射机阵列。这些发射机的布局类似数字调制方案中的星座点图。阵列中的每个发射机都被分配了一个索引，该索引对应称为空间符号的唯一二进制序列。输入的数据位被分组，然后每个序列被映射到空间符号之一。在典型情况下，单个光发射机被激活以发送光信号，而当有源发射机发光时，其他发射机保持静默。有源发射机在特定的时间实例下辐射一定的强度水平。在接收机侧，最优 OSM 检测器用于估计有源发射机的索引。如果有 N_T 个发射机，则系统可以在每个符号周期传送 $\log_2 N_T$ 位。

考虑由 N_T 个发射单元和 NR 个接收单元组成的 OSM 系统。在不失一般性的情况下，为了便于说明，假设 $N_T=4$。在三个连续的符号周期中要发送的数据位是 $[1,1,1,0,0,0]^{\mathrm{T}}$，其被分组为 $[\{1,1\},\{1,0\},\{0,0\}]^{\mathrm{T}}$。每个符号周期根据数据序列来选择一个 LED。

所选 LED 发射光强度为 $s_l=P_t$ 的不归零脉冲，忽略频率和相位信息。

所得传输矩阵由下式给出

$$\boldsymbol{s}(t)=\begin{pmatrix}0 & 0 & s_l\\ 0 & 0 & 0\\ s_l & 0 & 0\\ 0 & s_l & 0\end{pmatrix} \tag{6.23}$$

该矩阵的每一列对应一个典型时刻的传输信号，每一行对应一个特定的 LED。例如，第三个 LED 发射光强度为 P_t 的光，而其他 LED 在第一个符号周期被关闭。第四个 LED 在下一个符号周期内被激活，以此类推。

接收到的信号可以表示为

$$\boldsymbol{y}(t)=\sqrt{\rho}\boldsymbol{H}(t)\otimes\boldsymbol{s}(t)+\boldsymbol{n}(t) \tag{6.24}$$

式中，⊗代表卷积运算，每个接收机单元的平均电信噪比由下式给出

$$\rho=\frac{r^2\overline{P_r}^2}{\sigma^2} \tag{6.25}$$

式中，r 表示光电二极管响应度，即每个接收机单元的平均接收光功率

$$\overline{P}_r=\frac{1}{N_r}\sum_{i=1}^{N_r}P_r^i \tag{6.26}$$

以及发射单元 i 发射时，接收单元 i 的平均接收光功率

$$P_r^i=\sum_{k=0}^{K}\overline{h}_{il}^kP_t \tag{6.27}$$

式中，$\bar{h}_{il}^{k}$ 是第 k 路径的发送单元 l 和接收单元 i 之间的信道路径增益。

光通信系统中的噪声是接收机处的热噪声和由环境光引起的散粒噪声的总和，即

$$\sigma^2=\sigma_{\text{shot}}^2+\sigma_{\text{thermal}}^2 \tag{6.28}$$

其可以被建模为具有双边功率谱密度 σ^2 的独立且同分布的加性高斯白噪声［Kahn and Barry，1997］。同时，OSM 信道被建模为 $N_r \times N_t \times (K+1)$ 矩阵，其中 K 表示传播路径的数量，矩阵定义如下

$$\boldsymbol{H}(t)=\begin{pmatrix} \boldsymbol{h}_{11}(t) & \boldsymbol{h}_{12}(t) & \cdots & \boldsymbol{h}_{1N_t}(t) \\ \boldsymbol{h}_{21}(t) & \boldsymbol{h}_{22}(t) & \cdots & \boldsymbol{h}_{2N_t}(t) \\ \vdots & \vdots & & \vdots \\ \boldsymbol{h}_{N_r1}(t) & \boldsymbol{h}_{N_r2}(t) & \cdots & \boldsymbol{h}_{N_rN_t}(t) \end{pmatrix} \tag{6.29}$$

式中，$\boldsymbol{h}_{ij}(t)=[h_{ij}^{0}(t),h_{ij}^{1}(t),\cdots,h_{ij}^{K}(t)]$ 表示包含发送单元 j 和接收单元 i 之间信道响应的信道向量。

接收机应用改进的最大似然检测来检索主动发射 LED 的索引

$$\hat{l}=\underset{l}{\operatorname{argmax}} p_{\mathrm{y}}(\boldsymbol{y}\mid \bar{\boldsymbol{s}},\hat{\boldsymbol{H}}) \tag{6.30}$$

$$=\underset{l}{\operatorname{argmin}}\ \sqrt{\rho}\,\|\boldsymbol{h}_l s_l\|^2-2(\boldsymbol{y}^{\mathrm{T}}\boldsymbol{h}_l s_l) \tag{6.31}$$

式中，$\hat{\boldsymbol{H}}$ 表示接收机处的信道知识，$\bar{\boldsymbol{s}}$ 是当前符号周期内的传输向量，以及

$$p_{\mathrm{y}}(\boldsymbol{y}\mid \bar{\boldsymbol{s}},\hat{\boldsymbol{H}})=\pi^{-N_t}\exp(-\|\boldsymbol{y}-\sqrt{\rho}\hat{\boldsymbol{H}}\bar{\boldsymbol{s}}\|^2) \tag{6.32}$$

是 $\boldsymbol{y}$ 的概率密度函数，条件是 $\hat{\boldsymbol{H}}$ 和 $\bar{\boldsymbol{s}}$。

此外，空间调制可以同时在空间域和信号域中传输数据。换言之，所选的发射单元可以发射出 $P_1,P_2,\cdots,P_M$ 等多个强度等级的光，而不是只发射一个强度，从而实现另一个自由度。传输的数据位被映射到各自的信号和发射机索引，提供了 $[\log_2(N_T)+\log_2(M)]$(bit/s)/Hz 的增强频谱效率。如图 6.12 所示，位序列（1,1,1,0）由发射机索引 4 和强度水平 P_3 表示。

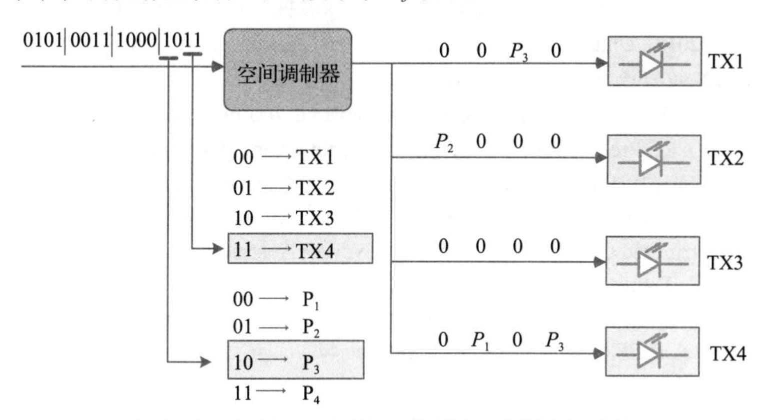

图 6.12 以 $N_T=4$ 和 $M=4$ 为例的空间调制示意图

来源：改编自 Fath 和 Haas［2013］。

6.9 总结

在无线红外通信、可见光通信、无线紫外通信或自由空间光通信等技术基础上，OWC 技术已经研究并发展了几十年。在即将到来的下一代移动通信系统中，它有望成为当前射频系统的一种补充方法。

OWC 具有一些特殊的优势，例如在 IR、可见光和 UV 频段上提供大量充足的光谱资源，以及广泛可用的现成光源和探测器，这些光源和探测器价格低廉、重量轻、节能、可靠且寿命长。通过本章的学习，读者应该对 OWC 有了一个完整的认识，包括其技术优势和挑战、发展历程、各种应用场景、OWC 系统的基本设置、光源和探测器的特性、不同的光链路配置以及光 MIMO 技术。

参考文献

Al-Kinani, A., Wang, C.-X., Zhou, L. and Zhang, W. [2018], 'Optical wireless communication channel measurements and models', *IEEE Communication Surveys and Tutorials* **20**(3), 1939–1962. Third Quarter.

Bergh, A. and Copeland, J. [1980], 'Optical sources for fiber transmission systems', *Proceedings of the IEEE* **68**(10), 1240–1247.

Bergh, A. and Dean, P. [1972], 'Light-emitting diodes', *Proceedings of the IEEE* **60**(2), 156–223.

Elgala, H., Mesleh, R. and Haas, H. [2011], 'Indoor optical wireless communication: Potential and state-of-the-art', *IEEE Communications Magazine* **49**(9), 56–62.

Fath, T. and Haas, H. [2013], 'Performance comparison of MIMO techniques for optical wireless communications in indoor environments', *IEEE Transactions on Communications* **61**(2), 733–742.

Gfeller, F. and Bapst, U. [1979], 'Wireless in-house data communication via diffuse infrared radiation', *Proceedings of the IEEE* **67**(11), 1474–1486.

Ghassemlooy, Z., Popoola, W. and Rajbhandari, S. [2018], *Optical wireless communications: System and channel modelling with MATLAB*, 2nd edn, CRC Press, Taylor & Francis Group, Boca Raton, Florida, The Unites States.

Hecht, J. [2018], *Understanding Lasers: An Entry-Level Guide*, 4th edn, Wiley-IEEE Press, New York, The Unites States.

Held, G. [2008], *Introduction to Light Emitting Diode Technology and Applications*, 1st edn, CRC Press, Taylor & Francis Group, New York, The Unites States.

Hou, R., Chen, Y., Wu, J. and Zhang, H. [2015], A brief survey of optical wireless communication, *in* 'Proceedings of the 13th Australasian Symposium on Parallel and Distributed Computing (AUSPDC)', Sydney, Australia, pp. 41–50.

Juarez, J. C., Dwivedi, A., Hammons, A. R., Jones, S. D., Weerackody, V. and Nichols, R. A. [2006], 'Free-space optical communications for next-generation military networks', *IEEE Communications Magazine* **44**(11), 46–51.

Kahn, J. and Barry, J. [1997], 'Wireless infrared communications', *Proceedings of the IEEE* **85**(12), 265–298.

Karunatilaka, D., Zafar, F., Kalavally, V. and Parthiban, R. [2015], 'LED based indoor visible light communications: State of the art', *IEEE Communication Surveys and Tutorials* **17**(3), 1649–1678.Third Quarter.

Kedar, D. and Arnon, S. [2004], 'Urban optical wireless communication networks: The main challenges and possible solutions', *IEEE Communications Magazine* **42**(5), S2–S7.

第三部分　6G 智能无线网络和空口技术

第 7 章　智能反射面辅助 6G 通信

第 8 章　6G 多维技术和天线技术

第 9 章　6G 蜂窝和无蜂窝大规模 MIMO 技术

第 10 章　6G 自适应非正交多址接入系统

第 7 章 |Chapter 7|

智能反射面辅助 6G 通信

传统的高容量无线系统实现方法（例如密集异构网络设备部署、高频谱效率以及采用更大的带宽）一般伴随以下问题：较高的部署和运营成本、高功耗以及严重的互干扰。为了满足下一代系统严苛的性能需求，业界迫切希望找到一种具备低成本、低复杂度和低能耗特性的颠覆性和革命性的技术来实现容量和性能的可持续增长。近期，智能反射面（Intelligent Reflecting Surface，IRS），又称为可重构智能表面（Reconfigurable Intelligent Surface，RIS），引起了学术界和工业界的广泛关注。它是一项很有潜力的新范式，可以实现无线传输环境的智能重构。通常来说，IRS 是一个二维平面，由大量的小尺寸、无源且低成本的反射单元构成，其中每个反射单元都可以独立的在入射电磁波上叠加一个相位偏移和振幅衰减。与现有无线技术只能被动适应无线传输环境不同，IRS 通过可智能控制的反射主动调整无线环境，从而协作实现细粒度的无源或反射波束赋形。通过合理设计其反射系数，IRS 反射的信号可以与其他路径的信号进行相长叠加，以增加接收机处期望信号的强度；或者进行相消叠加，以降低同频信道干扰。因此，IRS 使智能可编程无线环境成为了可能，为无线系统设计提供了一个新的自由度。

本章主要包括以下主要内容：

- IRS 基本概念、IRS 辅助无线通信的技术优势以及其潜在应用。
- IRS 辅助单天线传输的基础知识，包括级联 IRS 信道、无源波束赋形的信号模型、最优反射系数，以及乘性距离路损的特殊特性。
- IRS 辅助多天线传输的基础知识，包括有源及无源联合波束赋形、预编码以及反射联合优化。
- 双波束 IRS 技术、利用混合模数收发机生成双波束，以及优化设计。
- IRS 辅助宽带通信的基础，包括级联频率选择性衰落信道、IRS 辅助正交频分复用（Orthogonal Frequency-Division Multiplexing，OFDM）传输，以及速率最大化。
- 过时信道状态信息建模、信道老化对 IRS 的影响，以及性能损失分析。另外，介绍了基于机器学习的信道预测原则、循环神经网络、长短期记忆和深度学习的基础知识。

7.1 基本概念

一般来说，无线通信有着严格的性能要求，例如，对 5G 系统来说，要求包括超高的数据速率、高能效、无处不在的覆盖、大规模连接、极高可靠性以及低时延等。这些性能要求主要通过以下三种方式实现。

- 密集异构网络部署：部署更多的网络设备（例如基站、接入点、无线远端射频单元、中继以及分布式天线）可以增加给定地理区域中频谱资源的复用，缩短服务点与用户之间的传播距离。虽然这种方法可以大幅扩展网络覆盖范围、提升系统容量，但是它会导致高昂的成本和运营支出、高能耗和严重的互干扰。

- 高频谱效率：在基站集成大量天线，通过大规模多输入多输出（Multi-Input Multi-Output，MIMO）技术可以获得巨大的空间复用增益。这种方法需要复杂的信号处理技术，将产生高昂的硬件成本和能源消耗。由于传输环境的限制（例如，低秩信道和高天线间相关性，以及天线尺寸等实际限制），仅通过增加天线的方式很难进一步提升频谱效率。
- 更大的带宽：信号带宽的持续增加是无线传输技术发展的趋势之一，从第一代移动通信系统的数十千赫兹到第五代移动通信系统的数百兆赫兹，旨在支持更高的传输速率。相应地，对频谱资源的大量需求导致了频谱短缺问题。在下一代通信系统中，为实现严苛的性能要求（比如，Tbit/s 级别的传输速率），可能会采用更高的频段以利用其丰富的带宽，例如毫米波、太赫兹甚至光频段。高频传输严重的传播损耗和阻塞敏感性必然要求更密集的网络部署和更多的天线（即利用大规模天线阵列带来高波束赋形增益）。这种范式进一步扩大了高成本和运营支出、高能耗以及严重的互干扰问题。

除了进一步发展上述技术以满足下一代系统的需求，业界迫切希望找到一种具备低成本、低复杂度和低能耗特性的颠覆性和革命性的技术来实现容量和性能的可持续增长。另外，限制无线通信性能的最基本原因在于信道的不确定性，包括严重的路径损耗、阴影衰落、时变特性、频率选择性及多径传输等因素。为解决这一基本限制带来的问题，传统方法要么通过利用各种稳健的调制、编码和分集技术来补偿信道损耗和随机性，亦或通过传输参数的自适应控制来适应信道。然而，这些技术不仅需要大量的开销，而且对大部分随机无线信道的适应性有限，因此难以实现高可靠的无线通信。

为此，业界提出一种非常有前景的全新范式，以实现智能、可重构的无线信道传播环境，这一范式有不同的称呼，包括 IRS [Wu and Zhang，2020]、RIS [Yuan et al.，2021]、大型智能表面 [Hu et al.，2018]、大型智能超表面（Large Intelligent Metasurface，LIM）、可编程超表面 [Tang et al.，2020]、可重构超表面、智能墙以及可重构反射阵列。通常来说，IRS 是一个二维平面，由大量的小尺寸、无源且低成本的反射单元构成，其中每个反射单元都可以独立在入射电磁波上叠加一个相位偏移和/或振幅衰减（统称为反射系数）。与现有无线传输技术只能被动适应无线传输环境不同，IRS 通过可智能控制的反射主动调整无线环境，从而协作实现细粒度的无源或反射波束赋形。通过合理设计其反射系数，IRS 反射的信号可以与其他路径的信号进行相长或相消叠加，以增加接收机处期望信号的强度，或者降低同频信道干扰。因此，IRS 使智能可编程无线环境成为了可能，为无线系统设计提供了一个新的自由度。由于其反射单元（例如低成本印刷偶极子）只能被动反射入射电磁波，无须射频（Radio-Frequency，RF）链路进行信号传输和接收。因此，IRS 的硬件成本和功耗会比传统有源天线阵列低几个数量级。此外，反射单元通常具备轻薄、轻量和共形几何等特性，因此 IRS 可以被安装在任意形状的表面上，以满足各种部署场景的需要，同时也可以作为辅助设备透明地集成到现有无线网络中，从而提供极大的灵活性和兼容性。简而言之，IRS 被业界视为一项颠覆性技术，具备低复杂度、低成本、低功耗等突出特点，同时具有极高的性能潜力。

与其他相关技术相比，IRS 具有独特的优势，例如无线中继、反向散射通信以及基于有源表面的大规模 MIMO [Hu et al.，2018]。无线中继通常工作在半双工模式，因此与工作在全双工的 IRS 相比，频谱效率较低。虽然也可以实现全双工中继，但它需要复杂的自干扰消除技术，部署成本很高。此外，由于 IRS 不包含任何有源传输单元（例如功率放大器），它只是通过无源天线阵列反射入射电磁波，因此 IRS 不会引入额外噪声。传统的反向散射，例如射频识别（Radio Frequency Identification，RFID）标签，它通过调制从阅读器发射的反射信号与 RFID 阅读器通信。与反向散射不同，IRS 主要用于辅助现有传输链路，并不携带自身信号。相比之下，反向散射通信中的阅读器需要在其接收机处进行自干扰消除以解码标签消息。另外，IRS 辅助传输中的直接链路和反射链路都携带相同的信号，因此可以在接收机处相干叠加以增强信号强度，从而获得更好的检测性能。IRS也不同于基于有源表面的大规模MIMO，因为它们具有不同的阵列架构（无源vs有源）和操作机制（反射vs传输）[Wu and Zhang，2020]．

基于前述优势，IRS很适合大规模部署在无线网络中，以一种较高性价比的方式显著提升无线网络频谱效率和能效。可以预期，IRS将带来无线系统设计的基本范式转变，即从一味提升大规模MIMO系统中天线数量的规模到IRS辅助的中等规模MIMO，以及从现有的异构无线网络到IRS辅助的混合网络。与大规模MIMO利用成百的有源天线来实现窄波束不同，IRS辅助的MIMO系统主要利用IRS的大孔径特性，通过智能无源反射产生细粒度的反射波束，这可以在不影响用户体验的前提下，降低对基站侧天线规模的需求。通过这种方式，可以显著降低系统开销和能耗，对高频段的无线系统而言效果更佳明显。此外，虽然现有无线网络依托于异构多层体系结构，包括宏站、微站、小站、远端射频头、中继、分布式天线等，但这些网络节点都是通过有源的方式来产生信号，因此需要采用复杂的干扰协调和干扰消除技术。这些传统方式难以避免会增加网络运营的开销，因此很难以一种高性价比的方式维持无线网络容量的增长。与传统方式不同，通过将IRS嵌入无线网络可以将现有的仅由有源节点组成的异构网络转变为一个包含有源和无源节点的全新混合式网络架构。由于IRS与有源器件相比具有更低的开销，它们可以被密集部署到无线网络中，另外，得益于其无源反射和本地覆盖特性，不会为网络整体带来额外的干扰。通过优化混合网络中有源节点和无源IRS的比例，可以实现可持续、绿色、低成本的无线网络容量扩展[Wu et al.，2021]。

图7.1展示了一些IRS辅助无线传输的潜在应用方式[Wu and Zhang，2020]。其中第一种应用场景为覆盖盲区，该场景下用户和其服务基站的直接链路被障碍物（如水泥建筑）阻挡。这种情况下，通过

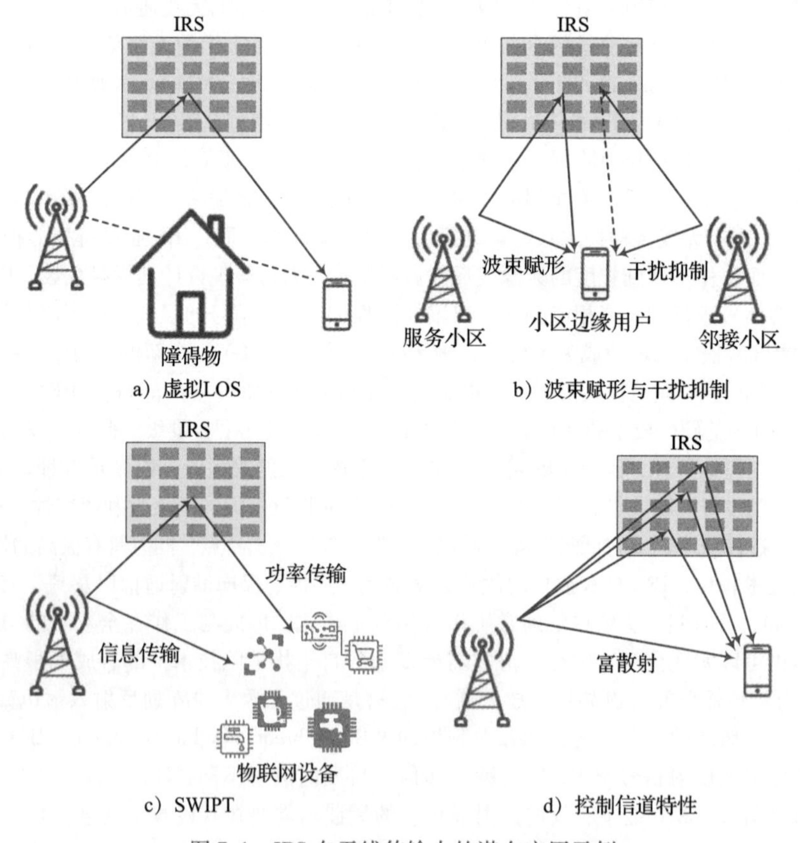

图7.1 IRS在无线传输中的潜在应用示例

部署 IRS 以智能的方式将信号反射避开障碍物，从而在用户和基站间建立虚拟视距（Line-Of-Sight，LOS）链路。这种 IRS 应用方式对于毫米波和太赫兹通信的覆盖延拓尤其有效。第二种应用场景聚焦小区边缘用户，它们在服务小区的信号衰减严重，同时又受到邻小区基站的严重同频干扰。通过在小区边缘部署 IRS 并合理设计其无源波束赋形权重，可以提升期望信号强度，同时抑制小区间干扰。这种应用方式可以形成信号热点区域，也可以在其附近形成无干扰区域。第三种应用场景考虑使用 IRS 辅助无线携能通信（Simultaneous Wireless Information and Power Transfer，SWIPT）。对于物联网（Internet-of-Things，IoT）中的大规模低功耗无源设备部署场景，通过部署大口径 IRS 能以反射波束赋形的方式补偿长距离通信下的无线信号功率衰减，从而提升无线能量传输效率。最后一种应用场景为通过增加期望方向的信号路径，人为控制信道特性，例如提升信道的秩，或者将瑞利衰落信道转换为莱斯衰落信道。

7.2　IRS 辅助单天线传输

本节主要研究 IRS 辅助点对点无线传输的基础信号和信道模型。考虑一个三节点系统，包括基站、用户和 IRS，分别用 $\mathbb{B}$、$\mathbb{U}$ 和 $\mathbb{I}$ 表示，其中 IRS 为平面表面，由 N 个无源反射单元组成。为简单起见，假设基站和用户都仅配备了单天线，信道带宽 B_s 远小于载波频率 f_c，即 $B_s \ll f_c$。一些更普遍的情况，如多天线、多用户、多小区以及多载波宽带系统，将会在后续章节介绍。

7.2.1　信号模型

数学表达上，基带等效复传输信号记为 $s_b(t)$。在射频链路上变频后，发射天线在无线信道上传输一个带通信号

$$s(t)=\Re[s_b(t)\mathrm{e}^{\mathrm{j}2\pi f_c t}] \tag{7.1}$$

式中，$\Re[\cdot]$ 表示复数的实部，j 表示虚部单位，即 $\mathrm{j}^2=-1$。不失一般性，首先关注通过特定 IRS 反射单元进行下行信号传输的情况，记该单元为 n，$n\in\{1,2,\cdots,N\}$。则基站和第 n 个反射单元间的多径衰落信道冲激响应可以建模为

$$h_n(\tau) = \sum_{l=1}^{L}\alpha_{n,l}\delta(\tau-\tau_{n,l}) \tag{7.2}$$

式中，L 表示可解析信号路径的总数，$\alpha_{n,l}$ 和 $\tau_{n,l}$ 表示路径 l 的衰减和传输时延，这里假设信道响应在 $s(t)$ 传输过程中是时变的。

此时，IRS 第 n 个反射单元上的入射信号可以表示为

$$\begin{aligned}
r_n(t) &= h_n(\tau)*s(t)\\
&= \sum_{l=1}^{L}\alpha_{n,l}s(t-\tau_{n,l})\\
&= \sum_{l=1}^{L}\alpha_{n,l}\Re[s_b(t-\tau_{n,l})\mathrm{e}^{\mathrm{j}2\pi f_c(t-\tau_{n,l})}]\\
&= \Re\left[\sum_{l=1}^{L}\alpha_{n,l}s_b(t-\tau_{n,l})\mathrm{e}^{\mathrm{j}2\pi f_c(t-\tau_{n,l})}\right]\\
&= \Re\left[\sum_{l=1}^{L}\alpha_{n,l}\mathrm{e}^{-\mathrm{j}2\pi f_c\tau_{n,l}}s_b(t-\tau_{n,l})\mathrm{e}^{\mathrm{j}2\pi f_c t}\right]\\
&= \Re[(h_n^b(\tau)*s_b(t))\mathrm{e}^{\mathrm{j}2\pi f_c t}]
\end{aligned} \tag{7.3}$$

式中，$*$ 表示线性卷积，基带等效冲激响应为

$$h_n^b(\tau) = \sum_{l=1}^{L} \alpha_{n,l} e^{-j2\pi f_c \tau_{n,l}} \delta(\tau - \tau_{n,l}) \tag{7.4}$$

令第 n 个反射单元引起的幅度衰减和时延分别为 $\beta_n \in [0,1]$ 与 τ_n，忽略硬件缺陷，如相位噪声和器件非线性，则第 n 个反射单元的反射信号可以表示为

$$\begin{aligned} x_n(t) &= \beta_n r_n(t-\tau_n) \\ &= \beta_n \Re[(h_n^b(\tau) * s_b(t-\tau_n)) e^{j2\pi f_c(t-\tau_n)}] \\ &\approx \Re[(h_n^b(\tau) * s_b(t)) \beta_n e^{-j2\pi f_c \tau_n} e^{j2\pi f_c t}] \\ &= \Re[(h_n^b(\tau) * s_b(t)) c_n e^{j2\pi f_c t}] \end{aligned} \tag{7.5}$$

由于窄带无线系统中符号周期远大于反射元件引起的物理时延，即 $T_s = 1/B_s \gg \tau_n$，所以可以将 $s_b(t-\tau_n)$ 近似为 $s_b(t)$，即 $s_b(t-\tau_n) \approx s_b(t)$。令 $c_n = \beta_n e^{j\theta_n}$ 表示第 n 个反射单元的反射系数，其中 $\theta_n = -2\pi f_c \tau_n \in [0, 2\pi)$ 为反射单元引起的相位偏移，且该相位偏移是周期性的，以 2π 为周期。

相似地，第 n 个反射单元和用户间的多径衰落信道冲激响应可以建模为

$$g_n(\tau) = \sum_{\mathfrak{l}=1}^{\mathfrak{L}} \alpha_{n,\mathfrak{l}} \delta(\tau - \tau_{n,\mathfrak{l}}) \tag{7.6}$$

式中，$\mathfrak{L}$ 表示可解析信号路径的总数，$\alpha_{n,\mathfrak{l}}$ 和 $\tau_{n,\mathfrak{l}}$ 表示路径 $\mathfrak{l}$ 的衰减和传输时延，这里假设信道响应在 $x_n(t)$ 传输过程中是时变的。因此，用户接收的第 n 个反射单元信号可以表示为

$$\begin{aligned} y_n(t) &= g_n(\tau) * x_n(t) \\ &= \sum_{\mathfrak{l}=1}^{\mathfrak{L}} \alpha_{n,\mathfrak{l}} x_n(t - \tau_{n,\mathfrak{l}}) \\ &= \sum_{\mathfrak{l}=1}^{\mathfrak{L}} \alpha_{n,\mathfrak{l}} \Re[(h_n^b(\tau) * s_b(t - \tau_{n,\mathfrak{l}})) \beta_n e^{-j2\pi f_c \tau_n} e^{j2\pi f_c(t-\tau_{n,\mathfrak{l}})}] \\ &= \Re\left[\sum_{\mathfrak{l}=1}^{\mathfrak{L}} \alpha_{n,\mathfrak{l}} e^{-j2\pi f_c \tau_{n,\mathfrak{l}}} (h_n^b(\tau) * s_b(t - \tau_{n,\mathfrak{l}})) c_n e^{j2\pi f_c t} \right] \end{aligned} \tag{7.7}$$

定义基带等效冲激响应 $g_n(\tau)$ 为

$$g_n^b(\tau) = \sum_{\mathfrak{l}=1}^{\mathfrak{L}} \alpha_{n,\mathfrak{l}} e^{-j2\pi f_c \tau_{n,\mathfrak{l}}} \delta(\tau - \tau_{n,\mathfrak{l}}) \tag{7.8}$$

则式（7.7）可以写为

$$y_n(t) = \Re[(g_n^b(\tau) * h_n^b(\tau) * s_b(t)) c_n e^{j2\pi f_c t}] \tag{7.9}$$

定义基带等效接收信号为 $y_{n,b}(t)$，则带通接收信号可以表示为

$$y_n(t) = \Re[y_{n,b}(t) e^{j2\pi f_c t}] \tag{7.10}$$

对比式（7.10）和式（7.9），可以得到

$$\begin{aligned} y_{n,b}(t) &= (g_n^b(\tau) * h_n^b(\tau) * s_b(t)) \beta_n e^{-j2\pi f_c \tau_n} \\ &= g_n^b(\tau) * c_n * h_n^b(\tau) * s_b(t) \end{aligned} \tag{7.11}$$

目前为止，基站通过第 n 个反射单元到用户间的级联信道的基带等效冲激响应可以建模为

$$v_n(t) = g_n^b(\tau) * c_n * h_n^b(\tau) \tag{7.12}$$

更进一步，窄带系统的离散时间基带等效信道模型可以表示为

$$v_n = g_n h_n c_n \tag{7.13}$$

这一级联信道包括三个部分，即基站和反射单元间的信道系数、反射系数、反射单元和用户间的信道系数。

窄带模型中，频率平坦信道可使用单抽头信道表示，其中 h_n 和 g_n 分别表示基站到第 n 个反射单元和第 n 个反射单元到用户间的信道系数。通常来说，h_n 是零均值循环对称复高斯随机变量，方差为 σ_h^2，记为$h_n \sim \mathcal{CN}(0,\sigma_h^2)$，同样 $g_n \sim \mathcal{CN}(0,\sigma_g^2)$。值得一提的是，基站通过 IRS 到用户的反射链路在文献［Wu and Zhang，2019］中也称为二元反向散射信道或针孔信道，该链路与直接链路具有截然不同的特征。具体地说，IRS 上每个反射单元就像一个针孔，它将所有收到的多径信号合并到一个物理点上，并将合并后的信号从点源重新散射出去。

假设相邻 IRS 单元反射之间没有信号耦合，即所有 IRS 单元都独立地反射冲激/接收信号。另外，由于路径损耗较大，仅考虑 IRS 一次反射的信号，忽略多次反射信号。在上述条件下，来自所反射单元的接收信号可以建模为所有反射信号的叠加。基于式（7.11）的反射信号模型，全部 N 个反射单元的离散时间信号模型可以通过下式计算

$$y = \left(\sum_{n=1}^{N} g_n c_n h_n\right)\sqrt{P_t}s + z \tag{7.14}$$

式中，y 表示接收符号；s 表示归一化的传输符号，满足 $\mathbb{E}[|s|^2]=1$；P_t 表示基站的传输功率；n 为零均值加性高斯白噪声（additive white Gaussian noise，AWGN），其方差为 σ_n^2，即 $z \sim \mathcal{CN}(0,\sigma_z^2)$。令 $\boldsymbol{h}=[h_1, h_2,\cdots,h_N]^{\mathrm{T}}$，$\boldsymbol{g}=[g_1,g_2,\cdots,g_N]^{\mathrm{T}}$，且 $\boldsymbol{\Theta}=\mathrm{diag}(c_1,c_2,\cdots,c_N)$，可以得到式（7.14）的向量形式

$$y=\boldsymbol{g}^{\mathrm{T}}\boldsymbol{\Theta}\boldsymbol{h}\sqrt{P_t}s+z \tag{7.15}$$

需要说明的是，这里假设 IRS 在入射信号和反射信号间进行线性映射。如果反射单元间有信号耦合或者联合处理，反射矩阵 $\boldsymbol{\Theta}$ 将不再是对角阵。另外，由于接收机会同时收到反射链路和直接链路的信号，记为 $\mathbb{B}$-$\mathbb{I}$-$\mathbb{U}$ 和 $\mathbb{B}$-$\mathbb{U}$，因此用户侧的接收信号可以表示为

$$\begin{aligned} y &= \left(\sum_{n=1}^{N} g_n c_n h_n + h_d\right)\sqrt{P_t}s + z \\ &= (\boldsymbol{g}^{\mathrm{T}}\boldsymbol{\Theta}\boldsymbol{h} + h_d)\sqrt{P_t}s + z \end{aligned} \tag{7.16}$$

式中，$h_d \sim \mathcal{CN}(0,\sigma_d^2)$ 为直接链路的信道系数。图 7.2 展示了 IRS 辅助无线传输的离散时间基带等效模型。

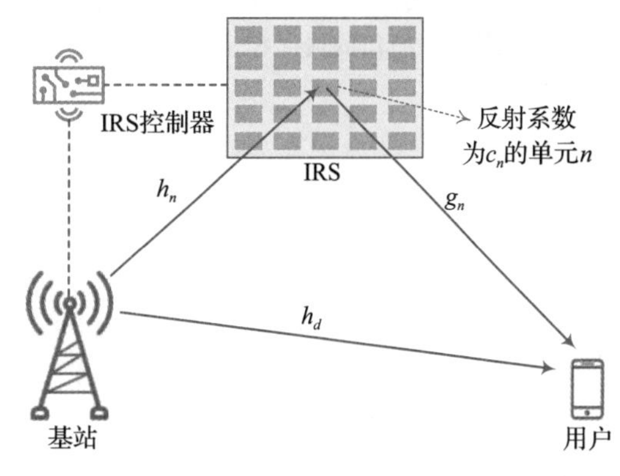

图 7.2　频域平坦信道下 IRS 辅助单用户单天线无线传输的离散时间基带等效模型

7.2.2　无源波束赋形

IRS 信号模型可用于无线功率传输，其中能量收集通常建模为接收信号功率的凹函数和增函数；还可用于信号转发，其中可达数据速率为接收信噪比（Signal-to-Noise Ratio，SNR）的对数函数。因此，IRS 辅助传输的主要任务在于智能调整其反射系数，以实现无源波束赋形或反射波束赋形，从而使 IRS 反射的信号可以与其他路径的信号进行相长或相消叠加，以增加接收机处期望信号的强度，或者降低同频信道干扰。

用户侧的接收 SNR 可以表示为

$$\begin{aligned} \gamma &= \frac{P_t\left|\sum_{n=1}^{N} g_n c_n h_n + h_d\right|^2}{\sigma_z^2} \\ &= \frac{P_t|\boldsymbol{g}^{\mathrm{T}}\boldsymbol{\Theta}\boldsymbol{h}+h_d|^2}{\sigma_z^2} \end{aligned} \tag{7.17}$$

基础的点对点 IRS 辅助传输的信道容量或最大可达速率可以根据公式 $R=\log(1+\gamma)$ 计算。

为了最大化信道容量，反射系数 c_n，$\forall n=1,2,\cdots,N$ 需要根据瞬时信道状态进行优化。忽略常量，同时考虑连续的反射振幅和相移，则该优化问题可以表示为

$$\begin{aligned}&\max_{\beta,\theta}\left|\sum_{n=1}^{N} g_n c_n h_n + h_d\right|^2\\ &\text{s.t.}\quad \beta_n\in[0,1],\quad \forall n=1,2,\cdots,N\\ &\qquad\ \theta_n\in[0,2\pi),\quad \forall n=1,2,\cdots,N,\\ &\boldsymbol{\beta}=[\beta_1,\beta_2,\cdots,\beta_N]^{\mathrm{T}}\quad 和\quad \boldsymbol{\theta}=[\theta_1,\theta_2,\cdots,\theta_N]^{\mathrm{T}}\end{aligned}\tag{7.18}$$

正如我们所知，当所有信号在接收机处相位对齐并进行相干合并时，信号强度达到最大。因此，反射单元 n 的最优相移可以表示为［Wu et al.，2021］

$$\theta_n^{\star}=\mathrm{mod}[\psi_d-(\phi_{h,n}+\phi_{g,n}),2\pi]\tag{7.19}$$

式中，$\phi_{h,n}$、$\phi_{g,n}$ 和 ψ_d 分别表示 h_n、g_n 和 h_d 的相位；$\mathrm{mod}[\cdot]$ 表示取模操作。上式表明，为实现相干合并，每个元件的反射系数要补偿由 $\mathbb{B}$-$\mathbb{I}$ 和 $\mathbb{I}$-$\mathbb{U}$ 链路引入的相位旋转，以产生与直接链路对齐的残余相位。如果直接链路被阻挡，则 h_d 趋于零，因此 ψ_d 可以替换为任意一个随机相位值而不会改变最优结果。

由于不同的信号是同相位的，因此 β_n 的值不会影响相干合并的最优性，这也是上述优化方案的基础。应用式（7.19）的最优相位，式（7.18）的最优问题可以简化为

$$\begin{aligned}&\max_{\beta}\left|\sum_{n=1}^{N}|g_n||h_n|\beta_n+|h_d|\right|^2\\ &\text{s.t.}\quad \beta_n\in[0,1],\quad \forall n=1,2,\cdots,N\end{aligned}\tag{7.20}$$

经过推导可得

$$\begin{aligned}\left|\sum_{n=1}^{N} g_n c_n h_n+h_d\right|^2&=\left|\sum_{n=1}^{N}|g_n||h_n|\beta_n \mathrm{e}^{\mathrm{j}(\theta_n^*+\phi_{h,n}+\phi_{g,n})}+h_d\right|^2\\ &=\left|\sum_{n=1}^{N}|g_n||h_n|\beta_n \mathrm{e}^{\mathrm{j}\psi_d}+|h_d|\mathrm{e}^{\mathrm{j}\psi_d}\right|^2\\ &=\left|\sum_{n=1}^{N}|g_n||h_n|\beta_n+|h_d|\right|^2\left|\mathrm{e}^{\mathrm{j}\psi_d}\right|^2\\ &=\left|\sum_{n=1}^{N}|g_n||h_n|\beta_n+|h_d|\right|^2\end{aligned}\tag{7.21}$$

由于在相干合并下，在每个反射路径的信号强度最大时，可以达到最大的接收功率。因此，最优的反射振幅为 $\beta_n^{\star}=1$，$\forall n=1,2,\cdots,N$。可以发现，不需要分别知道 g_n 和 h_n，当获得整体级联信道信息时，即 g_nh_n，便可以确定每个 IRS 元件的最优反射系数。这一特性可以有效简化信道估计的复杂度。此时，最大接收 SNR 可以表示为

$$\gamma_{\max}=\frac{P_t\left|\sum_{n=1}^{N}|g_n||h_n|+|h_d|\right|^2}{\sigma_z^2}\tag{7.22}$$

关于 IRS 辅助信号传输可达性能的一个基本问题是接收 SNR 如何随反射单元数量 N 增长。在独立同分布（independent identically distributed，i. i. d）瑞利信道假设下，$\gamma_{\max}$ 为只有单一自由度的非中心卡方随机变量。当 N 足够大时，反射链路占据主导地位，此时直接链路可以被忽略，即式（7.22）中 $|h_d|=0$，可以得到

$$\gamma_{\max}=\frac{P_t\left|\sum_{n=1}^{N}|g_n||h_n|\right|^2}{\sigma_z^2} \tag{7.23}$$

根据中心极限定理［Basar，2019］，可得

$$\gamma_{\max}\approx N^2\frac{P_t\pi^2\sigma_h^2\sigma_g^2}{16\sigma_z^2} \tag{7.24}$$

表明 IRS 的部署可以带来 N^2 量级的 SNR 增益。这是因为 IRS 可以在 $\mathbb{I}$-$\mathbb{U}$ 获得 N 倍的无源波束赋形增益，同时可以在 $\mathbb{B}$-$\mathbb{I}$ 链路获得额外的 N 倍孔径增益。

7.2.3　乘性距离路损

值得一提的是，与传统典型镜面反射中的加性距离路损相比，IRS 级联信道经历了乘性距离路损［Wu et al.，2021］。可以知道，信道系数 h_n 和 g_n 由大尺度衰落（即与距离相关的路损和阴影衰落）以及多径传播引起的小尺度衰落决定。特别是，IRS 反射信道的路损反映其平均功率，因此对于链路预算分析和性能评估至关重要。在远场传播环境下，即 IRS 离基站和用户都足够远，令 d_h 和 d_g 分别表示 $\mathbb{B}$-$\mathbb{I}$ 和 $\mathbb{I}$-$\mathbb{U}$ 链路的距离，同时忽略每个反射单元的距离微小差异。为了简单起见，$\mathbb{B}$-$\mathbb{I}$ 信道的功率增益可以表示为

$$\mathbb{E}[|h_n|^2]=\sigma_h^2\propto\frac{1}{d_h^{\alpha_h}} \tag{7.25}$$

$\mathbb{I}$-$\mathbb{U}$ 信道的功率增益可以表示为

$$\mathbb{E}[|g_n|^2]=\sigma_g^2\propto\frac{1}{d_g^{\alpha_g}} \tag{7.26}$$

式中，α_h 和 α_g 表示路径损耗分量。

则级联信道增益可以表示为

$$\mathbb{E}[|h_n g_n|^2]=\sigma_h^2\sigma_g^2\propto\frac{1}{d_h^{\alpha_h}d_g^{\alpha_g}} \tag{7.27}$$

这表明 IRS 级联信道历经双重衰落，简称为乘性距离路损模型。因此，实际中需要大量的 IRS 反射单元来对抗如此严重的功率损失，同时需要通过联合设计它们的反射系数来获得高额的无源波束赋形增益。

相比之下，当完美电导体无限大时，接收信号功率与双跳链路的距离之和成反比，如图 7.3 所示，即

$$\frac{1}{(d_h+d_g)^{\alpha}} \tag{7.28}$$

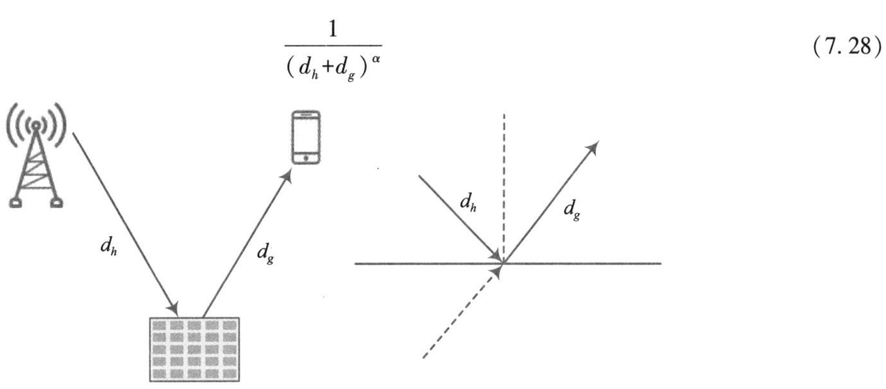

图 7.3　IRS 中的乘性距离路损模型与传统镜像反射中的加性距离路损模型对比

式中，α 表示路损分量。在加性距离路损模型下，反射信号的接收功率与下述情况等效：发射机位于原发射机的镜像点，并与原先具有相同的传输距离 d_h+d_g。

7.3 IRS 辅助多天线传输

本章进一步研究了窄带频率平坦信道下基站多天线的点对点 IRS 辅助传输，在该条件下，下行传输变为多入单出（Multi-Input Single-Output，MISO）系统，上行传输变为单入多出（Single-Input Multi-Output，SIMO）系统。因此，需要联合优化基站侧的有源波束赋形与 IRS 侧的无源波束赋形，以最大化可达频谱效率。简单来说，本章的讨论仅聚焦于下行 MISO 传输，但是其结论同样可用于上行 SIMO 传输。更进一步，当用户终端配备多天线时，该系统变为 IRS 辅助的 MIMO 系统。在讨论完 IRS 辅助的 MISO 联合波束赋形后，将简单介绍 IRS 辅助的 MIMO 系统。

7.3.1 联合有源和无源波束赋形

考虑单用户 MISO 通信系统，其中基站配备 N_b 根天线，用户配备单天线，IRS 配备 N 个无源反射单元。为了描述 IRS 带来的理论性能增益，本节假设已知所有相关信道的状态信息，且信道满足准静态频率平坦衰落。基站侧采用线性波束赋形，用向量 $\boldsymbol{w}\in\mathbb{C}^{N_b\times 1}$ 表示，且 $\|\boldsymbol{w}\|^2\leqslant P_t$，其中 $\|\cdot\|$ 表示复向量的欧几里得范数。此时，用户接收到的离散基站等效信号可以表示为

$$y = \left(\sum_{n=1}^{N} g_n c_n \boldsymbol{h}_n^{\mathrm{T}} + \boldsymbol{h}_d^{\mathrm{T}}\right)\boldsymbol{w}s + z = (\boldsymbol{g}^{\mathrm{T}}\boldsymbol{\Theta}\boldsymbol{H} + \boldsymbol{h}_d^{\mathrm{T}})\boldsymbol{w}s + z \tag{7.29}$$

式中，$\boldsymbol{h}_d=[h_{d,1},h_{d,2},\cdots,h_{d,N_b}]^{\mathrm{T}}\in\mathbb{C}^{N_b\times 1}$ 表示 N_b 根基站天线到用户的信道向量；$\boldsymbol{h}_n=[h_{n,1},h_{n,2},\cdots,h_{n,N_b}]^{\mathrm{T}}\in\mathbb{C}^{N_b\times 1}$ 表示 N_b 根基站天线到第 n 个反射单元的信道向量；$\boldsymbol{g}=[g_1,g_2,\cdots,g_N]^{\mathrm{T}}$，$\boldsymbol{\Theta}=\mathrm{diag}(c_1,c_2,\cdots,c_N)$；$\boldsymbol{H}\in\mathbb{C}^{N\times N_b}$ 表示基站到 IRS 的信道矩阵，该矩阵的第 n 行为 $\boldsymbol{h}_n^{\mathrm{T}}$。

通过联合设计有源波束赋形 $\boldsymbol{w}$ 和无源反射系数 $\boldsymbol{\Theta}$，下述频谱效率可以达到最大

$$R=\log\left(1+\frac{|(\boldsymbol{g}^{\mathrm{T}}\boldsymbol{\Theta}\boldsymbol{H}+\boldsymbol{h}_d^{\mathrm{T}})\boldsymbol{w}|^2}{\sigma_z^2}\right) \tag{7.30}$$

进而变成如下优化问题

$$\begin{aligned}
&\max_{\boldsymbol{\Theta},\boldsymbol{w}} |(\boldsymbol{g}^{\mathrm{T}}\boldsymbol{\Theta}\boldsymbol{H}+\boldsymbol{h}_d^{\mathrm{T}})\boldsymbol{w}|^2\\
&\text{s.t.}\quad \|\boldsymbol{w}\|^2\leqslant P_t\\
&\qquad \beta_n\in[0,1],\quad \forall n=1,2,\cdots,N\\
&\qquad \theta_n\in[0,2\pi),\quad \forall n=1,2,\cdots,N
\end{aligned} \tag{7.31}$$

如前所述，反射衰减的最优值为 $\beta_n=1$，$\forall n=1,2,\cdots,N$。此时，上述优化问题可以简化为下述形式

$$\begin{aligned}
&\max_{\boldsymbol{\Theta},\boldsymbol{w}} |(\boldsymbol{g}^{\mathrm{T}}\boldsymbol{\Theta}\boldsymbol{H}+\boldsymbol{h}_d^{\mathrm{T}})\boldsymbol{w}|^2\\
&\text{s.t.}\quad \|\boldsymbol{w}\|^2\leqslant P_t\\
&\qquad \theta_n\in[0,2\pi),\quad \forall n=1,2,\cdots,N
\end{aligned} \tag{7.32}$$

式中，$\boldsymbol{\Theta}=\mathrm{diag}(\mathrm{e}^{\mathrm{j}\theta_1},\mathrm{e}^{\mathrm{j}\theta_2},\cdots,\mathrm{e}^{\mathrm{j}\theta_N})$。然而，该问题仍然是个非凸优化问题，因为它的目标函数对 $\boldsymbol{\theta}$ 和 $\boldsymbol{w}$ 不是共凹的。实际上，有源和无源波束赋形优化变量间的耦合是相关联合优化问题的主要挑战。为解决该问题，[Wu and Zhang，2019] 提出了两种方案，即使用半正定松弛（Semi-Definite Relaxation，SDR）来获得一个高质量的近似结果作为性能边界，以及使用交替优化（Alternating Optimization，AO），通过迭代

的方式交替优化传输波束赋形和反射系数。

7.3.1.1 SDR 解决方案

如果反射系数 $\boldsymbol{\theta}$ 固定，优化问题将变为典型的多天线传输系统中的波束赋形向量优化问题。因此，最优波束赋形器可以视为一个匹配滤波器，以最大化期望信号强度，此时有

$$\boldsymbol{w}^{\star}=\sqrt{P_t}\frac{(\boldsymbol{g}^{\mathrm{T}}\boldsymbol{\Theta}\boldsymbol{H}+\boldsymbol{h}_d^{\mathrm{T}})^H}{\|\boldsymbol{g}^{\mathrm{T}}\boldsymbol{\Theta}\boldsymbol{H}+\boldsymbol{h}_d^{\mathrm{T}}\|} \tag{7.33}$$

将 $\boldsymbol{w}^{\star}$ 带入式（7.32），则优化问题相应变为仅针对 $\boldsymbol{\theta}$ 的优化问题，即

$$\begin{aligned}\max_{\theta}\quad & \|\boldsymbol{g}^{\mathrm{T}}\boldsymbol{\Theta}\boldsymbol{H}+\boldsymbol{h}_d^{\mathrm{T}}\|^2\\ \text{s.t.}\quad & \theta_n\in[0,2\pi),\quad \forall n=1,2,\cdots,N\end{aligned} \tag{7.34}$$

令 $\boldsymbol{q}=[q_1,q_2,\cdots,q_N]^H$，其中 $q_n=\mathrm{e}^{\mathrm{j}\theta_n}$，式（7.34）中的约束等效于单位恒模约束 $|q_n|=1$，$\forall n$。基于［Wu and Zhang，2019］给出的变换，即 $\boldsymbol{g}^{\mathrm{T}}\boldsymbol{\Theta}\boldsymbol{H}=\boldsymbol{q}^H\boldsymbol{\Phi}$，其中 $\boldsymbol{\Phi}=\mathrm{diag}(\boldsymbol{g}^{\mathrm{T}})\boldsymbol{H}\in\mathbb{C}^{N\times N_b}$，可以得到

$$\|\boldsymbol{g}^{\mathrm{T}}\boldsymbol{\Theta}\boldsymbol{H}+\boldsymbol{h}_d^{\mathrm{T}}\|^2=\|\boldsymbol{q}^H\boldsymbol{\Phi}+\boldsymbol{h}_d^{\mathrm{T}}\|^2 \tag{7.35}$$

则式（7.34）等效于

$$\begin{aligned}\max_{q}\quad & \boldsymbol{q}^H\boldsymbol{\Phi}\boldsymbol{\Phi}^H\boldsymbol{q}+\boldsymbol{q}^H\boldsymbol{\Phi}\boldsymbol{h}_d^*+\boldsymbol{h}_d^{\mathrm{T}}\boldsymbol{\Phi}^H\boldsymbol{q}+\|\boldsymbol{h}_d\|^2\\ \text{s.t.}\quad & |q_n|=1,\quad \forall n=1,2,\cdots,N\end{aligned} \tag{7.36}$$

上述简化后的优化问题是非凸的二次约束二次规划问题，通常是 NP 难题。特别是，单位恒模约束是非凸的且难以处理，这对优化算法设计提出了另一个挑战。因此，现有文献提出了不同的方法来获得高质量的次优解，例如高斯随机化的 SDR［Wu and Zhang，2019］；AO 算法，通过固定其他相位偏移，闭式优化单个相位偏移，通过迭代的方式获得局部最优解；以及通过分支定界法（Branch-and-Bound，BoB）获得全局最优解［Yu et al.，2020］。本节接下来的部分将以 SDR 解决方案为例进行介绍，感兴趣的读者可以参考相关文献了解其他解决方案。

通过引入辅助变量 t，式（7.36）可以写为

$$\begin{aligned}\max_{q}\quad & \bar{\boldsymbol{q}}^H\boldsymbol{R}\bar{\boldsymbol{q}}+\|\boldsymbol{h}_d\|^2\\ \text{s.t.}\quad & |q_n|=1,\quad \forall n=1,2,\cdots,N+1\end{aligned} \tag{7.37}$$

式中

$$\boldsymbol{R}=\begin{pmatrix}\boldsymbol{\Phi}\boldsymbol{\Phi}^H & \boldsymbol{\Phi}\boldsymbol{h}_d^*\\ \boldsymbol{h}_d^{\mathrm{T}}\boldsymbol{\Phi}^H & 0\end{pmatrix} \tag{7.38}$$

并且

$$\bar{\boldsymbol{q}}=\begin{bmatrix}\boldsymbol{q}\\ t\end{bmatrix} \tag{7.39}$$

定义 $\boldsymbol{Q}=\bar{\boldsymbol{q}}\bar{\boldsymbol{q}}^H$，则有 $\bar{\boldsymbol{q}}^H\boldsymbol{R}\bar{\boldsymbol{q}}=\mathrm{tr}(\boldsymbol{R}\bar{\boldsymbol{q}}\bar{\boldsymbol{q}}^H)=\mathrm{tr}(\boldsymbol{R}\boldsymbol{Q})$，需要满足 $\boldsymbol{Q}\succcurlyeq\boldsymbol{0}$ 且 $\mathrm{rank}(\boldsymbol{Q})=1$。此时，优化问题最终简化为

$$\begin{aligned}\max_{Q}\quad & \mathrm{tr}(\boldsymbol{R}\boldsymbol{Q})\\ \text{s.t.}\quad & |q_n|=1,\quad \forall n=1,2,\cdots,N+1\\ & \boldsymbol{Q}\succcurlyeq\boldsymbol{0}\end{aligned} \tag{7.40}$$

上式为凸半正定规划问题。将 $\boldsymbol{Q}$ 分解为 $\boldsymbol{Q}=\boldsymbol{U}\boldsymbol{\Sigma}\boldsymbol{U}^H$，其中 $\boldsymbol{U}$ 是酉矩阵，$\boldsymbol{\Sigma}$ 是对角阵，矩阵维度均为 $(N+1)\times(N+1)$。根据文献［Wu and Zhang，2018］，式（7.37）中优化问题的一个次优解可以表示为

$$\bar{\boldsymbol{q}}=\boldsymbol{U}\boldsymbol{\Sigma}^{1/2}\boldsymbol{r} \tag{7.41}$$

式中，$\boldsymbol{r}$ 是根据 $\boldsymbol{r}\in\mathcal{CN}(\boldsymbol{0},\boldsymbol{I}_{N+1})$ 生成的一个随机向量。最终，式（7.36）表征的优化问题的解可以表示为

$$\boldsymbol{q}=\mathrm{e}^{\mathrm{j}\arg\left(\left[\frac{\bar{q}}{\bar{q}_{N+1}}\right]_{1:N}\right)} \tag{7.42}$$

式中，$[\cdot]_{1:N}$ 表示原向量的前 N 个元素组成的子向量。

虽然使用 SDR 方法进行联合有源和无源波束赋形优化可以达到较好的性能，但该方法需要全局信道状态信息，也就意味着需要庞大的信令交互开销和信道估计操作，尤其对于基站的天线数和 IRS 的反射单元数非常大的情况。另外，计算最优波束赋形向量和反射系数会带来巨大的计算负担，尤其对于信道快速变化的快衰落环境。

7.3.1.2　交替优化

交替优化是一种非常有效的降低 SDR 方案复杂度的算法。其主要思想在于通过迭代的方式优化传输波束赋形和反射系数，直到达到收敛条件。

对于给定的传输波束赋形向量 $\boldsymbol{w}_0$，式（7.32）中的优化问题可以简化为

$$\begin{aligned}\max_{\theta}\quad & \left|(\boldsymbol{g}^{\mathrm{T}}\boldsymbol{\Theta}\boldsymbol{H}+\boldsymbol{h}_d^{\mathrm{T}})\boldsymbol{w}_0\right|^2\\ \text{s.t.}\quad & \theta_n\in[0,2\pi),\quad \forall n=1,2,\cdots,N\end{aligned} \tag{7.43}$$

该优化问题虽然是非凸的，但是可以通过下述不等式得到一个闭式解

$$\left|(\boldsymbol{g}^{\mathrm{T}}\boldsymbol{\Theta}\boldsymbol{H}+\boldsymbol{h}_d^{\mathrm{T}})\boldsymbol{w}_0\right|\leqslant\left|\boldsymbol{g}^{\mathrm{T}}\boldsymbol{\Theta}\boldsymbol{H}\boldsymbol{w}_0\right|+\left|\boldsymbol{h}_d^{\mathrm{T}}\boldsymbol{w}_0\right| \tag{7.44}$$

当且仅当 $\arg(\boldsymbol{g}^{\mathrm{T}}\boldsymbol{\Theta}\boldsymbol{H}\boldsymbol{w}_0)=\arg(\boldsymbol{h}_d^{\mathrm{T}}\boldsymbol{w}_0)\triangleq\varphi_0$ 时，式（7.44）取等，其中 $\arg(\cdot)$ 表示复数的相位，或者复向量的分量相位。

令 $\boldsymbol{q}=[q_1,q_1,\cdots,q_N]^H$，其中 $q_n=\mathrm{e}^{\mathrm{j}\theta_n}$，$\boldsymbol{\chi}=\mathrm{diag}(\boldsymbol{g}^{\mathrm{T}})\boldsymbol{H}\boldsymbol{w}_0\in\mathbb{C}^{N\times 1}$，可得 $\boldsymbol{g}^{\mathrm{T}}\boldsymbol{\Theta}\boldsymbol{H}\boldsymbol{w}_0=\boldsymbol{q}^H\boldsymbol{\chi}\in\mathbb{C}$。此时，通过忽略常量 $\left|\boldsymbol{h}_d^{\mathrm{T}}\boldsymbol{w}_0\right|$，式（7.43）可以转换为

$$\begin{aligned}\max_{q}\quad & \left|\boldsymbol{q}^H\boldsymbol{\chi}\right|\\ \text{s.t.}\quad & \left|q_n\right|=1,\quad \forall n=1,2,\cdots,N\\ & \arg(\boldsymbol{q}^H\boldsymbol{\chi})=\varphi_0\end{aligned} \tag{7.45}$$

对于上式，可以得到最优解，即

$$\boldsymbol{q}^*=\mathrm{e}^{\mathrm{j}(\varphi_0-\arg(\boldsymbol{\chi}))}=\mathrm{e}^{\mathrm{j}(\varphi_0-\arg(\mathrm{diag}(\boldsymbol{g}^{\mathrm{T}})\boldsymbol{H}\boldsymbol{w}_0))} \tag{7.46}$$

相应地，第 n 个反射单元最优相位可以表示为

$$\begin{aligned}\theta_n^{\star}&=\varphi_0-\arg(g_n\boldsymbol{h}_n^{\mathrm{T}}\boldsymbol{w}_0)\\ &=\varphi_0-\arg(g_n)-\arg(\boldsymbol{h}_n^{\mathrm{T}}\boldsymbol{w}_0)\end{aligned} \tag{7.47}$$

式中，$\boldsymbol{h}_n^{\mathrm{T}}\boldsymbol{w}_0\in\mathbb{C}$ 可以视为由第 n 个反射单元感知的有效单入单出（Single-Input Single-Output，SISO）信道，该信道结合了传输波束赋形 $\boldsymbol{w}_0$ 和从基站到反射单元信道 $\boldsymbol{h}_n$ 的影响；g_n 表示第 n 个反射单元到用户的信道系数。式（7.47）表明当信号通过 $\mathbb{B}$-$\mathbb{I}$ 和 $\mathbb{I}$-$\mathbb{U}$ 时相位应该得到补偿，且剩余相位与直接链路上信号的相位对齐，以实现接收机处的相干合并，即达到最优的相位偏移。

一旦已知反射系数，AO 算法可以在给定 $\theta^{\star}$ 或者整体信道信息 $\boldsymbol{g}^{\mathrm{T}}\boldsymbol{\Theta}\boldsymbol{H}+\boldsymbol{h}_d^{\mathrm{T}}$ 时交替优化 $\boldsymbol{w}$。最优波束赋形器可看作一个匹配滤波器，可以最大化期望信号的强度，即

$$\boldsymbol{w}^{\star}=\sqrt{P_t}\frac{(\boldsymbol{g}^{\mathrm{T}}\boldsymbol{\Theta}\boldsymbol{H}+\boldsymbol{h}_d^{\mathrm{T}})^H}{\left\|\boldsymbol{g}^{\mathrm{T}}\boldsymbol{\Theta}\boldsymbol{H}+\boldsymbol{h}_d^{\mathrm{T}}\right\|} \tag{7.48}$$

接下来，再次使用 AO 算法在给定 $\boldsymbol{w}^{\star}$ 时优化 θ。通过迭代上述过程直到收敛。这种交替优化方法具有实际意义，因为传输波束赋形和相位偏移都可以通过封闭形式的表达式获得。

7.3.2　联合预编码和反射

前述讨论主要聚焦 SISO 或 MISO 系统，用户仅配备单天线。一种更常见的场景是 IRS 辅助 MIMO 通信，即基站和用户都配备多天线，此时需要联合优化 IRS 反射系数以及 MIMO 传输的协方差矩阵或者预编码矩阵，这要比无 IRS 参与的传统 MIMO 系统的优化问题困难得多。接下来，本节将会介绍 IRS 辅助 MIMO 通信的系统模型以及优化问题。

考虑一个点对点 MIMO 通信系统，其中包括一个配备 N_b 根天线的基站、一个配备 N_u 根天线的用户，以及一个配备 N 个无源反射单元的 IRS。假设为准静态块衰落频域平坦信道，并考虑一个特定的块衰落，其信道状态信息可以完美获得并且保持基本恒定。此时，如图 7.4 所示，离散时间基带等效系统模型可以表示为

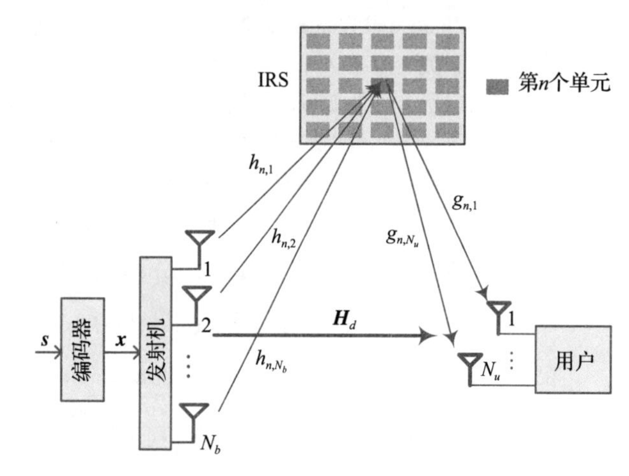

图 7.4　IRS 辅助 MIMO 系统原理图

$$\boldsymbol{y} = \left(\sum_{n=1}^{N} \boldsymbol{g}_n \mathrm{e}^{\mathrm{j}\theta_n} \boldsymbol{h}_n^{\mathrm{T}} + \boldsymbol{H}_d\right)\boldsymbol{x} + \boldsymbol{z} \tag{7.49}$$

式中，$\boldsymbol{y}=[y_1,y_2,\cdots,y_{N_u}]^{\mathrm{T}} \in \mathbb{C}^{N_u\times 1}$ 表示用户接收到的符号向量；$\boldsymbol{H}_d \in \mathbb{C}^{N_u\times N_b}$ 表示基站到用户的直接链路信道矩阵；$\boldsymbol{h}_n=[h_{n,1},h_{n,2},\cdots,h_{n,N_b}]^{\mathrm{T}} \in \mathbb{C}^{N_b\times 1}$ 表示 N_b 个基站天线到第 n 个反射单元的信道向量；$\boldsymbol{g}_n=[g_{n,1},g_{n,2},\cdots,g_{n,N_u}]^{\mathrm{T}} \in \mathbb{C}^{N_u\times 1}$ 表示第 n 个反射单元到 N_u 个用户天线的信道向量；θ_n 为第 n 个反射单元引入的相位旋转（假设最大幅度为 $\beta_n=1$）；$\boldsymbol{z}=[z_1,z_2,\cdots,z_{N_u}]^{\mathrm{T}} \in \mathbb{C}^{N_u\times 1}$ 表示 AWGN 向量，满足 $\boldsymbol{z}\sim\mathcal{CN}(\boldsymbol{0},\sigma_z^2\boldsymbol{I}_{N_u})$；$\boldsymbol{x}=[x_1,x_2,\cdots,x_{N_b}]^{\mathrm{T}} \in \mathbb{C}^{N_b\times 1}$ 表示传输符号向量，传输功率约束为 $\mathbb{E}[\boldsymbol{x}^H\boldsymbol{x}]\leqslant P_t$。传输协方差矩阵定义为 $\boldsymbol{Q}=\mathbb{E}[\boldsymbol{x}\boldsymbol{x}^H] \in \mathbb{C}^{N_b\times N_b}$，功率约束也可以表示为 $\mathrm{tr}(\boldsymbol{Q})\leqslant P_t$。

系统模型也可以等效表示为如下的矩阵形式

$$\boldsymbol{y}=(\boldsymbol{G\Theta H}+\boldsymbol{H}_d)\boldsymbol{x}+\boldsymbol{z} \tag{7.50}$$

式中，对角系数矩阵记为 $\boldsymbol{\Theta}=\mathrm{diag}\{\mathrm{e}^{\mathrm{j}\theta_1},\mathrm{e}^{\mathrm{j}\theta_2},\cdots,\mathrm{e}^{\mathrm{j}\theta_N}\}$；$\boldsymbol{H} \in \mathbb{C}^{N\times N_b}$ 表示基站到 IRS 的信道矩阵，其中第 n 行用 $\boldsymbol{h}_n^{\mathrm{T}}$ 表示；$\boldsymbol{G} \in \mathbb{C}^{N_u\times N}$ 表示 IRS 到用户的信道矩阵，$\boldsymbol{G}=[\mathrm{g}_1,\mathrm{g}_2,\cdots,\mathrm{g}_N]$。将 $\widetilde{\boldsymbol{H}}=\boldsymbol{G\Theta H}+\boldsymbol{H}_d$ 视为传统 MIMO 系统的等效信道矩阵，则 IRS 辅助 MIMO 系统的信道容量可以表示为

$$\begin{aligned} C &= \log_2\det\left(\boldsymbol{I}_{N_u}+\frac{\widetilde{\boldsymbol{H}}\boldsymbol{Q}\widetilde{\boldsymbol{H}}^H}{\sigma_z^2}\right) \\ &= \log_2\det\left(\boldsymbol{I}_{N_u}+\frac{(\boldsymbol{G\Theta H}+\boldsymbol{H}_d)\boldsymbol{Q}(\boldsymbol{G\Theta H}+\boldsymbol{H}_d)^H}{\sigma_z^2}\right) \end{aligned} \tag{7.51}$$

与传统 MIMO 信道不同，其容量只由信道矩阵 $\boldsymbol{H}_d$ 决定，IRS 辅助的 MIMO 信道与 IRS 反射矩阵 $\boldsymbol{\Theta}$ 有关，因为它会影响到等效信道矩阵 $\widetilde{\boldsymbol{H}}=\boldsymbol{G\Theta H}+\boldsymbol{H}_d$ 以及最优传输协方差矩阵 $\boldsymbol{Q}$。为了最大化 IRS 辅助 MIMO

信道的容量，需要联合优化 IRS 反射矩阵以及传输协方差矩阵，其约束条件包括反射系数的单位恒模约束以及发射机的总功率约束。此时，优化问题可以建模为

$$
\begin{aligned}
\max_{\boldsymbol{\Theta},\boldsymbol{Q}} \quad & \log_2\det\left(\boldsymbol{I}_{N_u}+\frac{(\boldsymbol{G\Theta H}+\boldsymbol{H}_d)\boldsymbol{Q}(\boldsymbol{G\Theta H}+\boldsymbol{H}_d)^H}{\sigma_z^2}\right) \\
\text{s.t.} \quad & \theta_n\in[0,2\pi),\quad \forall n=1,2,\cdots,N \\
& \operatorname{tr}(\boldsymbol{Q})\leqslant P_t
\end{aligned} \tag{7.52}
$$

由于目标函数对于反射矩阵是非凹的，且反射系数的单位模约束是非凸的，所以上述问题是一个非凸优化问题。另外，传输协方差矩阵 $\boldsymbol{Q}$ 与 $\boldsymbol{\Theta}$ 在目标函数中存在耦合关系，这使得优化问题更加难以求解。在文献［Zhang and Zhang，2020］中，提出了一种交替算法以解决该问题。具体来说，目标函数首先被转化为一个关于 $\boldsymbol{Q}$ 和 θ_n，$\forall n$ 更容易处理的形式。此时，可以求解两个子问题来实现整体优化问题的求解，即固定所有其他变量时分别优化传输协方差矩阵 $\boldsymbol{Q}$ 或者一个反射系数 θ_n，$\forall n$。这两个子问题都具有闭式最优解，因此可以通过迭代的方式使用交替优化算法获得这些子问题的局部最优解。

除了优化传输协方差矩阵 $\boldsymbol{Q}$，还有一种联合反射及预编码设计以最大化性能的方法。令 $\boldsymbol{x}=\boldsymbol{Ps}$，其中 $\boldsymbol{s}\in\mathbb{C}^{N_s\times 1}$ 表示同时在信道传输的 N_s 个数据符号，满足 $\mathbb{E}[\boldsymbol{ss}^H]=\boldsymbol{I}_{N_s}$；$\boldsymbol{P}\in\mathbb{C}^{N_t\times N_s}$ 表示预编码矩阵，将 N_s 个数据符号编码为 N_b 个传输符号。此时，系统模型可以写为

$$
\boldsymbol{y}=\left(\sum_{n=1}^{N}\boldsymbol{g}_n\mathrm{e}^{\mathrm{j}\theta_n}\boldsymbol{h}_n^{\mathrm{T}}+\boldsymbol{H}_d\right)\boldsymbol{Ps}+\boldsymbol{z}=(\boldsymbol{G\Theta H}+\boldsymbol{H}_d)\boldsymbol{Ps}+\boldsymbol{z} \tag{7.53}
$$

在上述模型下，优化问题变为寻找最优预编码矩阵和反射系数矩阵，即

$$
\begin{aligned}
\max_{\boldsymbol{\Theta},\boldsymbol{P}} \quad & \log_2\det\left(\boldsymbol{I}_{N_u}+\frac{(\boldsymbol{G\Theta H}+\boldsymbol{H}_d)\boldsymbol{PP}^H(\boldsymbol{G\Theta H}+\boldsymbol{H}_d)^H}{\sigma_z^2}\right) \\
\text{s.t.} \quad & \theta_n\in[0,2\pi),\quad \forall n=1,2,\cdots,N \\
& \operatorname{tr}(\boldsymbol{PP}^H)\leqslant P_t
\end{aligned} \tag{7.54}
$$

除了最大化信道容量，还可以通过优化传输协方差矩阵或预编码矩阵来提高其他性能指标。例如，文献［Ye et al.，2020］提出联合优化预编码和反射，以最小化 IRS 辅助 MIMO 通信的误码率。

7.4　双波束智能反射面

通过使用混合波束赋形，基站可以生成一个相互独立的波束对，分别指向 IRS 和用户终端。此时，可以根据估计获得的信道状态信息（Channel State Information，CSI）直接计算出最优反射相位，相关计算与有源波束赋形相互独立。因此，无源和有源波束赋形的优化问题得以解耦，从而可以简化系统设计。与联合优化无源和有源波束赋形不同，解耦的方案可以避免迭代优化带来的高额计算复杂度及时延。另外，还能改善小区边缘的覆盖性能。

7.4.1　混合波束赋形下的双波束

通常，有三种主要的波束赋形结构：数字、模拟以及数模混合。对于大规模天线阵列数字波束赋形的部署，例如毫米波或太赫兹收发机，需要大量的射频器件，例如高功率放大器，这将导致很高的硬件开销以及功耗。与之相对应的是模拟波束赋形，只使用一个射频链路。模拟波束赋形是室内毫米波系统的一种典型应用。然而，它只支持单流传输，且性能受到模拟移相器的硬件影响。通过结合数字与模拟波束赋形，［Zhang et al.，2019］提出一种混合波束赋形结构，可以使用少量的射频链路以及相移网络实

现多流传输。与模拟波束赋形相比，混合波束赋形支持空分复用、分集以及空分多址接入，并且该技术可以使用更低的硬件开销和复杂度实现接近数字波束赋形的频谱效率。

混合波束赋形可以通过不同形式的电路网络实现，有两种基本结构：

- 全连接混合波束赋形。该结构下，传输数据首先在基带编码为 M 个数据流，每流数据由一个独立的射频链路处理。每个射频链路通过模拟网络与全部的 N 个天线连接，其中 $N \gg M$。因此，总共需要 MN 个模拟移相器。
- 部分连接混合波束赋形。该结构下，每个射频链路只和天线单元的子集连接，称为子阵列。这种结构更为实际，因为它将全连接结构下需要的 MN 个模拟移相器降低为 N 个模拟移相器，从而有效地降低了硬件复杂度以及能耗。

不失一般性，本节首先关注部分连接混合波束赋形，相关分析也适用于全连接混合波束赋形。数学上，基带预编码的输出记为 $s_m[t]$，$1 \leqslant m \leqslant M$。在数模转换和上变频后，第 m 个射频链路将以下信号输入模拟网络

$$\Re[s_m[t]\mathrm{e}^{\mathrm{j}2\pi f_0 t}],\quad 1 \leqslant m \leqslant M \tag{7.55}$$

式中，$\Re[\cdot]$ 表示复数的实部，f_0 表示载波频率。在部分连接混合波束赋形中，天线阵列被分为若干个子阵列，每个天线只连接一个射频链路。每个子阵包含 $N_s = N/M$ 个天线单元（这里假设 N_s 为整数）。令第 m 个子阵列的第 n 个天线的相移权重为 $\boldsymbol{\Psi}_{nm}$，其中 $1 \leqslant n \leqslant N_s$ 且 $1 \leqslant m \leqslant M$，则第 m 个子阵列的传输信号可以表示为

$$\boldsymbol{s}_m(t) = [\Re[s_m[t]\mathrm{e}^{\mathrm{j}2\pi f_0 t}\mathrm{e}^{\mathrm{j}\Psi_{1m}}],\cdots,\Re[s_m[t]\mathrm{e}^{\mathrm{j}2\pi f_0 t}\mathrm{e}^{\mathrm{j}\Psi_{N_s m}}]]^{\mathrm{T}} \tag{7.56}$$

当平面波以离开角 θ 的方向辐射到均匀介质时，记第 m 个子阵列的第 n 个天线与参考点的时间差为 $\tau_{nm}(\theta)$。在平坦衰落无线信道下，接收的带通信号可以表示为

$$\begin{aligned} y(t) &= \sum_{m=1}^{M}\sum_{n=1}^{N_s}\Re[h_m(t)s_m[t]\mathrm{e}^{\mathrm{j}2\pi f_0(t-\tau_{nm}(\theta))}\mathrm{e}^{\mathrm{j}\Psi_{nm}}] + n(t) \\ &= \Re\left[\left(\sum_{m=1}^{M}h_m(t)s_m[t]\sum_{n=1}^{N_s}\mathrm{e}^{-\mathrm{j}2\pi f_0\tau_{nm}(\theta)}\mathrm{e}^{\mathrm{j}\Psi_{nm}}\right)\mathrm{e}^{\mathrm{j}2\pi f_0 t}\right] + n(t) \end{aligned} \tag{7.57}$$

式中，$h_m(t)$ 表示第 m 个子阵列和接收机间的信道响应，$n(t)$ 表示噪声［Jiang and Schotten，2022］。

记第 m 个子阵列的相移向量为

$$\boldsymbol{a}_m(\theta) = [\mathrm{e}^{-\mathrm{j}2\pi f_0\tau_{1m}(\theta)},\mathrm{e}^{-\mathrm{j}2\pi f_0\tau_{2m}(\theta)},\cdots,\mathrm{e}^{-\mathrm{j}2\pi f_0\tau_{N_s m}(\theta)}]^{\mathrm{T}} \tag{7.58}$$

记其权重向量（模拟相移）为

$$\boldsymbol{w}_m = [\mathrm{e}^{\mathrm{j}\Psi_{1m}},\mathrm{e}^{\mathrm{j}\Psi_{2m}},\cdots,\mathrm{e}^{\mathrm{j}\Psi N_s m}]^{\mathrm{T}} \tag{7.59}$$

则式（7.57）可以写为

$$\begin{aligned} r(t) &= \Re\left[\left(\sum_{m=1}^{M}h_m(t)s_m[t]\boldsymbol{a}_m^{\mathrm{T}}(\theta)\boldsymbol{w}_m\right)\mathrm{e}^{\mathrm{j}2\pi f_0 t}\right] + n(t) \\ &= \Re\left[\left(\sum_{m=1}^{M}h_m(t)s_m[t]B_m(\theta,t)\right)\mathrm{e}^{\mathrm{j}2\pi f_0 t}\right] + n(t) \end{aligned} \tag{7.60}$$

第 m 个子阵列的波束模式可以表示为

$$B_m(\theta,t) = \boldsymbol{a}_m^{\mathrm{T}}(\theta)\boldsymbol{w}_m = \sum_{n=1}^{N_s}\mathrm{e}^{-\mathrm{j}2\pi f_0\tau_{nm}(\theta)}\mathrm{e}^{\mathrm{j}\Psi_{nm}} \tag{7.61}$$

在接收端下变频及采样后，基带等效接收信号可以简化为（简单起见，忽略时间变量）

$$r = \sum_{m=1}^{M} h_m B_m(\theta) s_m + n \tag{7.62}$$

式中，r 表示接收符号；s_m 表示第 m 个子阵列的调制符号；h_m 表示第 m 个子阵列参考天线和接收机间的信道系数。

不失一般性，下面采用基于两个射频链路的部分连接结构来展示并分析双波束 IRS 方案。如图 7.5 所示，通过混合波束赋形器后可以得到一对波束模式 $B_1(\theta)$ 和 $B_2(\theta)$。在接收端下变频及采样后，基带接收信号可以简化为

$$r = h_1 B_1(\theta_1) s_1 + h_2 B_2(\theta_2) s_2 + n \tag{7.63}$$

式中，h_1 和 h_2 表示第一个和第二个子阵列到用户的参考天线信道系数；θ_1 和 θ_2 分别表示第一个和第二个子阵列传输信号的离开角（departure-of-angles，DOA）。

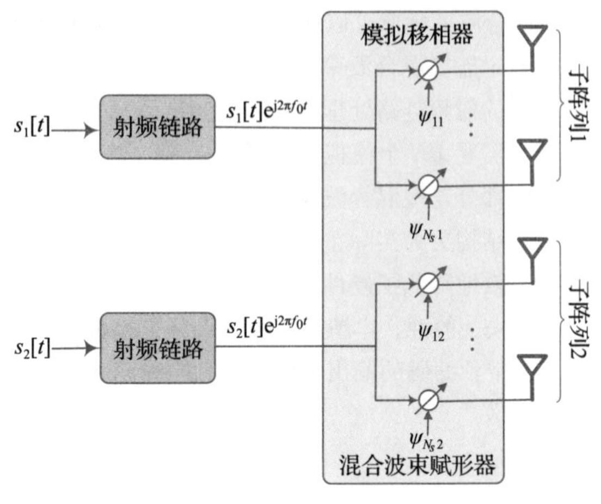

图 7.5　双射频链路的部分连接混合波束赋形框图

7.4.2　双波束 IRS

双波束 IRS 的基本思想是将一个波束指向用户（如传统的波束赋形系统），另一个波束指向 IRS，如图 7.6 所示。由于 IRS 和基站的位置是通过特定方式选择的，它们之间通常不会有遮挡，并且基站到 IRS 的离开角 θ_I 是可以获取的。因此，基站到 IRS 的波束方向可以是固定的，这可以简化系统的设计。混合波束赋形系统中天线间距较小，一般取半波长 $d=\lambda/2$，所以天线间是高度相关的。不失一般性，假设第一个天线子阵列服务 IRS，第二个天线子阵列指向用户。则第一个子阵列到第 n 个反射单元的信道向量可以表示为 $\boldsymbol{h}_n = h_n \boldsymbol{a}_1(\theta_I) \in \mathbb{C}^{N_s \times 1}$，其中 h_n 表示该子阵列的参考天线到 n 个反射单元的信道响应。类似地，第二个子阵列到用户的信道向量可以表示为 $\boldsymbol{h}_d = h_d \boldsymbol{a}_2(\theta_d)$，其中 h_d 表示该子阵列的参考天线到 n 个反射单元的信道响应，θ_d 表示指向用户方向的离开角。令 $\boldsymbol{w}_1$ 和 $\boldsymbol{w}_2$ 分别表示两个天线子阵列的权重向量。同时，假设两个子阵列有相同的传输符号 s，满足 $\mathbb{E}[|s|^2]=1$，则用户端在双波束 IRS 系统中接收到的信号可以表示为

$$\begin{aligned} r &= \sqrt{P_t}\left(\sum_{n=1}^{N} g_n c_n \boldsymbol{h}_n^{\mathrm{T}} \boldsymbol{w}_1 + \boldsymbol{h}_d^{\mathrm{T}} \boldsymbol{w}_2\right) s + n \\ &= \sqrt{P_t}\left(\sum_{n=1}^{N} g_n c_n h_n \boldsymbol{a}_1^{\mathrm{T}}(\theta_I) \boldsymbol{w}_1 + h_d \boldsymbol{a}_2^{\mathrm{T}}(\theta_d) \boldsymbol{w}_2\right) s + n \\ &= \sqrt{P_t}\left(\sum_{n=1}^{N} g_n c_n h_n B_r(\theta_I) + h_d B_d(\theta_d)\right) s + n \end{aligned} \tag{7.64}$$

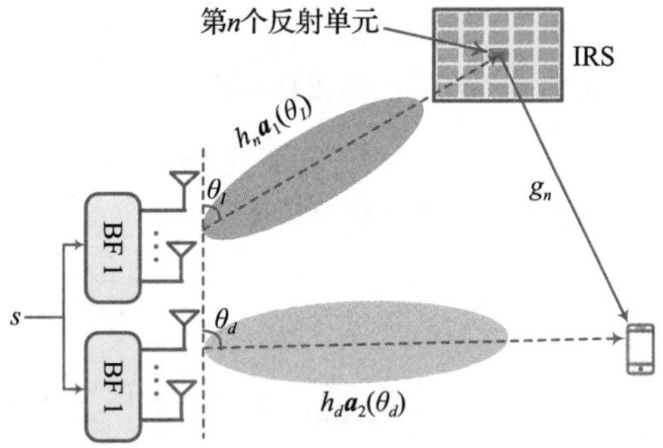

图 7.6　使用混合波束赋形的双波束 IRS 示意图

式中，IRS 与 UE 对应的波束模式分别为 $B_r(\theta) = \boldsymbol{a}_1^{\mathrm{T}}(\theta) \boldsymbol{w}_1$ 和 $B_d(\theta) = \boldsymbol{a}_2^{\mathrm{T}}(\theta) \boldsymbol{w}_2$。

7.4.3 优化设计

在双波束 IRS 系统中，用户端的接收 SNR 可以表示为

$$\gamma=\frac{P_t\left|\sum_{n=1}^{N}g_nc_nh_nB_r(\theta_I)+h_dB_d(\theta_d)\right|^2}{\sigma_n^2} \tag{7.65}$$

优化设计的目标是选择最优的权重向量和反射系数以最大化频谱效率 $R=\log(1+\gamma)$，即解决如下优化问题

$$\begin{aligned}\max_{\boldsymbol{\Theta},\boldsymbol{w}_m}\quad & \left|\sum_{n=1}^{N}g_nc_nh_nB_r(\theta_I)+h_dB_d(\theta_d)\right|^2\\ \text{s. t.}\quad & \|\boldsymbol{w}_m\|^2\leqslant1,\quad m=1,2\\ & \phi_n\in[0,2\pi),\quad \forall n=1,2,\cdots,N\end{aligned} \tag{7.66}$$

由于双波束方案，该优化问题中 $\boldsymbol{\Theta}$ 和 $\boldsymbol{w}_m$，m=1，2 是解耦的。因此，可以独立优化 $\boldsymbol{\Theta}$ 和 $\boldsymbol{w}_m$，这与式（7.32）中的联合优化不同。另外，也可以独立确定 $\boldsymbol{w}_1$ 和 $\boldsymbol{w}_2$。

为获得指向 IRS 的最优波束，需要求解以下问题

$$\begin{aligned}\max_{\boldsymbol{w}_1}\quad & |\boldsymbol{a}_1^{\mathrm{T}}(\theta_I)\boldsymbol{w}_1|^2\\ \text{s. t.}\quad & \|\boldsymbol{w}_1\|^2\leqslant1\end{aligned} \tag{7.67}$$

针对上述问题，需要知道 DOA 信息，而这可以通过经典算法有效获取，例如多信号分类（MUltiple SIgnal Classification，MUSIC）算法以及 ESPRINT 算法［Gardner，1988］。给定估计的 θ_I，最优权重向量为 $\boldsymbol{w}_1=\sqrt{1/N_s}\boldsymbol{a}_1^*(\theta_I)$，此时有

$$B_r(\theta_I)=\sqrt{\frac{1}{N_s}}\boldsymbol{a}_1^{\mathrm{T}}(\theta_I)\boldsymbol{a}_1^*(\theta_I)=\sqrt{N_s} \tag{7.68}$$

由于基站和 IRS 的位置是固定的，因此很容易获得 θ_d，并在一个较长的时间基准下保持恒定。相似地，如果权重向量设置为如下形式，直达链路的波束增益可以表示为 $B_d(\theta_d)=\sqrt{N_s}$

$$\boldsymbol{w}_2=\sqrt{\frac{1}{N_s}}\boldsymbol{a}_2^*(\theta_d) \tag{7.69}$$

简单起见，假设两个波束模式在对方方向的旁瓣可以忽略，即 $|B_d(\theta_I)|=0$ 和 $|B_r(\theta_d)|=0$。

则式（7.66）的优化问题可以简化为

$$\begin{aligned}\max_{\boldsymbol{\Theta}}\quad & N_s\left|\sum_{n=1}^{N}g_nc_nh_n+h_d\right|^2\\ \text{s. t.}\quad & \phi_n\in[0,2\pi),\quad \forall n=1,2,\cdots,N\end{aligned} \tag{7.70}$$

上述问题等效为单天线基站中的 IRS 系统。因此，第 n 个反射单元的最优相移为

$$\phi_n^\star=\mathrm{mod}[\phi_d-(\phi_{h,n}+\phi_{g,n}),2\pi] \tag{7.71}$$

式中，$\phi_{h,n}$、$\phi_{g,n}$ 和 ϕ_d 分别表示 h_n、g_n 和 h_d 的相位；mod[·] 表示取模操作。给定式（7.68）和式（7.69）中的最优波束及最优相移，双波束 IRS 系统中的接收 SNR（式（7.65））达到最大值，为

$$\gamma_{\max}=\frac{N_sP_t\left|\sum_{n=1}^{N}|g_n||h_n|+|h_d|\right|^2}{\sigma_n^2} \tag{7.72}$$

这意味着有源波束赋形增益为 $N_s = N_b/2$ 和无源波束赋形增益为 N^2。

与需要进行迭代优化过程的有源和无源波束赋形联合优化相比，双波束 IRS 参数的计算大幅简化。简而言之，双波束 IRS 系统只需要估计基站到用户的 DOA，并将一个波束指向该用户即可。另外，由于 IRS 和基站的位置是固定且已知的，因此指向 IRS 的波束在很长的时间基准下都是固定的。同时，可以通过获取的 CSI 直接得到 IRS 的最优相移，如式（7.19）所示。

为了更深入了解这项技术，图 7.7 展示了几种传输配置下的接收 SNR 对比。①采用 7.3.1.2 小节中的交替优化算法实现有源和无源波束赋形的联合优化。迭代次数设置为 3，足已达到良好的收敛效果。由于 AO 算法达到的最优结果与 SDR 算法性能一致，且与性能上限相同，为简单起见，其他两条曲线没有在图中展示。②基站-用户最大比传输（maximum-ratio transmission，MRT），设置 $\boldsymbol{w}^\star = \boldsymbol{h}_d^*/\|\boldsymbol{h}_d\|$ 以实现 $\mathbb{B}$-$\mathbb{U}$ 直接链路的匹配滤波。③基站-IRS 最大比传输，设置 $\boldsymbol{w}^\star = \boldsymbol{h}_n^*/\|\boldsymbol{h}_n\|$ 以实现基于 $\mathbb{B}$-$\mathbb{I}$ 的匹配滤波，同时计算出最优的反射相位。由于该链路是 LOS，或单秩信道，$\boldsymbol{h}_n$ 可以是 $\boldsymbol{H}$ 的任意一行。④随机相移，其中 θ_n，$\forall n$ 是随机选择的，基站侧基于合并信道$\left(\boldsymbol{w}^\star = \dfrac{(\boldsymbol{g}^{\mathrm{T}}\boldsymbol{\Theta}\boldsymbol{H}+\boldsymbol{h}_d^{\mathrm{T}})^*}{\|\boldsymbol{g}^{\mathrm{T}}\boldsymbol{\Theta}\boldsymbol{H}+\boldsymbol{h}_d^{\mathrm{T}}\|}\right)$进行最大比传输。⑤基准方案，即无 IRS 辅助的 MISO 系统，设置 $\boldsymbol{w}^\star = \boldsymbol{h}_d^*/\|\boldsymbol{h}_d\|$。

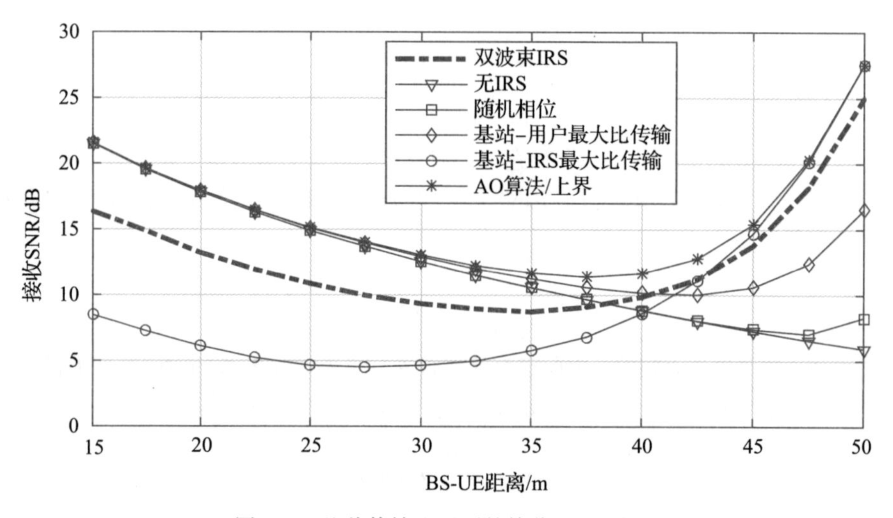

图 7.7 几种传输配置下的接收 SNR 对比

传统无 IRS 辅助的通信系统中，小区边缘用户由于受到严重路损的影响，通常 SNR 很低。小区边缘的问题可以通过部署 IRS 缓解，如图 7.7 所示，IRS 辅助的无线网络小区边缘性能与小区中心性能相当。这主要是因为远离基站的用户离 IRS 更近，因此可以获得更强的反射信号。这表明通过在基站和中继之外额外部署无源 IRS 可以有效扩展系统覆盖能力。特别地，当 UE 位于小区中心的时候，基站-用户最大比传输方案可以实现近似最优的性能，而在小区边缘的 SNR 较低。这主要因为在小区中心直达链路的接收信号占主导地位，而对于小区边缘用户则是反射链路的接收信号占主导地位。另外，可以观察到当用户从基站向 IRS 移动时，基站-IRS 的最大比传输方案表现出截然相反的性能。同时，可以看到采用随机相移方案会掩盖 IRS 的潜能，这也揭示了准确相移的重要性。双波束 IRS 方案可以实现小区边缘与小区中心性能的良好平衡。具体而言，该方案下小区边缘性能接近最优性能，同时降低了实现复杂度。

7.5 IRS 辅助宽带通信

前面部分主要讨论了频率平坦（窄带）信道下的 IRS 辅助通信，可以简单建模为单抽头信道，即 $h\sim\mathcal{CN}(0,\sigma_h^2)$。然而，无线传输技术的一个发展趋势便是信号带宽越来越大，在第一代通信系统中，信号带宽从数十千赫兹到数千赫兹；到了第五代系统，信号带宽可以达到数百兆赫兹，以支持更高的传输速率。因此，实际中大部分无线通信系统都是宽带系统，信号带宽远大于相干带宽，这也导致了严重的频率选择性。

7.5.1 级联频率选择信道

多径衰落信道可以描述为时间 $t-\tau$ 脉冲在时间 t 的响应，即

$$h(\tau,t)=\sum_{l=1}^{L}a_l(t)\delta(\tau-\tau_l(t)) \tag{7.73}$$

式中，$a_l(t)$ 和 $\tau_l(t)$ 分别表示 t 时刻第 l 条路径的衰减和传输时延；L 表示可分辨路径的总数。考虑一个特殊情况，即发射机、接收机和周边环境都保持静态，此时衰减和传输时延不随时间变化。因此，可以获得一个脉冲响应下的线性非时变信道模型

$$h(\tau)=\sum_{l=1}^{L}a_l\delta(\tau-\tau_l) \tag{7.74}$$

实际无线系统中，带通信号在载频 f_c 的带宽下进行传输。然而，无线通信中大多数信号处理，例如信道编码、调制、检测以及信道估计，通常是在基带进行的。因此，获取复基带等效信道是有现实意义的，该模型由 [Tse and Viswanath，2005] 给出，具体如下所示

$$h_b(\tau,t)=\sum_{l=1}^{L}a_l(t)\mathrm{e}^{-2\pi \mathrm{j}f_c\tau_l(t)}\delta(\tau-\tau_l(t)) \tag{7.75}$$

根据采样定理，通过计算离散时间 n 上的第 ζ 个信道滤波抽头系数，可以构建一个更有用的离散时间信道模型，即

$$h_\zeta[n]=\sum_{l=1}^{L}a_l(nT_s)\mathrm{e}^{-2\pi \mathrm{j}f_c\tau_l(nT_s)}\mathrm{sinc}\left(\zeta-\frac{\tau_l(nT_s)}{T_s}\right),\quad \zeta=0,1,\cdots,Z-1 \tag{7.76}$$

式中，$T_s=1/B_s$ 表示信号带宽为 B_s 的采样周期，其中 sinc 函数定义为

$$\mathrm{sinc}(t):=\frac{\sin(\pi t)}{\pi t} \tag{7.77}$$

当各路径的增益和时延是非时变时，可以得到式（7.76）在该特例下的一个简化表达式

$$h_\zeta=\sum_{l=1}^{L}a_l\mathrm{e}^{-2\pi \mathrm{j}f_c\tau_l}\mathrm{sinc}\left(\zeta-\frac{\tau_l}{T_s}\right) \tag{7.78}$$

为了阐述 IRS 辅助 OFDM 传输的系统模型，假设基站和用户都仅配备了单根天线。如 7.2.1 节推导的结果，从基站通过第 n 个反射单元到用户的级联 IRS 信道的基带等效冲激响应可以建模为

$$v_n(t)=g_n^b(\tau)*c_n*h_n^b(\tau) \tag{7.79}$$

换言之，级联信道的冲激响应可以表示为多个项的线性卷积，具体包括：基站到第 n 个反射单元的信道冲激响应、反射系数、第 n 个反射单元到用户的信道冲激响应。根据式（7.78），宽带系统下，从基站到第 n 个反射单元的离散时间基带等效信道可以表示为

$$\boldsymbol{h}_n=[h_n^1,h_n^2,\cdots,h_n^\zeta,\cdots,h_n^{Z_n^{\mathrm{BI}}}]^{\mathrm{T}} \tag{7.80}$$

式中，$Z_n^{\mathbb{BI}}$ 表示反射单元 n 在 $\mathbb{B}$-$\mathbb{I}$ 链路的时延抽头数量。类似地，第 n 个反射单元到用户的离散时间基带等效信道可以表示为

$$\boldsymbol{g}_n=[g_n^1,g_n^2,\cdots,g_n^{\zeta},\cdots,g_n^{Z_n^{\mathbb{IU}}}]^{\mathrm{T}} \tag{7.81}$$

式中，$Z_n^{\mathbb{IU}}$ 表示反射单元 n 在 $\mathbb{I}$-$\mathbb{U}$ 链路的时延抽头数量。

因此，参考式（7.79），从基站通过第 n 个反射单元到用户的级联信道可以建模为

$$\boldsymbol{v}_n=\boldsymbol{g}_n*c_n*\boldsymbol{h}_n=c_n(\boldsymbol{g}_n*\boldsymbol{h}_n) \tag{7.82}$$

上式也可以写为

$$\boldsymbol{v}_n=[v_n^1,v_n^2,\cdots,v_n^{\zeta},\cdots,v_n^{Z_n^{\mathbb{BU}}}]^{\mathrm{T}} \tag{7.83}$$

式中，时延抽头数量为 $Z_n^{\mathbb{BU}}=Z_n^{\mathbb{BI}}+Z_n^{\mathbb{IU}}-1$。此外，直接链路的离散时间基带等效信道可以写为

$$\boldsymbol{h}_d=[h_d^1,h_d^2,\cdots,h_d^{\zeta},\cdots,h_d^{Z_d}]^{\mathrm{T}} \tag{7.84}$$

式中，Z_d 表示直接链路的时延抽头数量。

7.5.2 IRS辅助OFDM系统

OFDM技术无须复杂的均衡处理，只需要使用数字傅里叶变换便能应对多径频率选择性衰落，具备低复杂度、易实现等良好特性。得益于此，OFDM调制技术在有线和无线通信系统过去20多年的发展中占据了主导地位。此外，OFDM技术也被广泛应用于不同的标准中，如LTE-A和5G NR。可以预期，OFDM技术也将在6G系统中发挥重要作用［Jiang et al.，2021］，包括传统6GHz以下频段及高频系统。因此，IRS辅助OFDM传输的建模和设计是非常值得关注的。

在块衰落信道下，OFDM系统中的数据传输以分块的形式进行，其中每个OFDM符号的信道保持恒定。可以将基站在第 t 个OFDM符号的频域传输块写为

$$\tilde{\boldsymbol{x}}[t]=[\tilde{x}_0[t],\cdots,\tilde{x}_m[t],\cdots,\tilde{x}_{M-1}[t]]^{\mathrm{T}} \tag{7.85}$$

式中，波浪号表示频域变量。将 $\tilde{\boldsymbol{x}}[t]$ 变换为时域序列

$$\boldsymbol{x}[t]=[x_0[t],\cdots,x_{m'}[t],\cdots,x_{M-1}[t]]^{\mathrm{T}} \tag{7.86}$$

经过一个 M 点的离散傅里叶逆变换（Inverse Discrete Fourier Transform，IDFT），即

$$x_{m'}[t]=\frac{1}{M}\sum_{m=0}^{M-1}\tilde{x}_m[t]\mathrm{e}^{\frac{2\pi\mathrm{j}m'm}{M}} \tag{7.87}$$

式中，$\forall m'=0,1,\cdots,M-1$。定义离散傅里叶变换（Discrete Fourier Transform，DFT）矩阵

$$\boldsymbol{F}=\begin{bmatrix}\omega_M^{0\cdot 0} & \cdots & \omega_M^{0\cdot(M-1)}\\ \vdots & & \vdots\\ \omega_M^{(M-1)\cdot 0} & \cdots & \omega_M^{(M-1)\cdot(M-1)}\end{bmatrix} \tag{7.88}$$

式中，$\omega_M^{m\cdot m'}=\mathrm{e}^{2\pi\mathrm{j}mm'/M}$，OFDM调制可以写为如下矩阵形式

$$\boldsymbol{x}[t]=\boldsymbol{F}^{-1}\tilde{\boldsymbol{x}}[t]=\frac{1}{M}\boldsymbol{F}*\tilde{\boldsymbol{x}}[t] \tag{7.89}$$

为了避免符号间干扰（Inter-Symbol Interference，ISI），以及保护子载波间的正交性，两个连续的OFDM符号间加入了一个保护间隔，即循环前缀（Cyclic Prefix，CP）或称为循环扩展。所谓插入CP，实际是将一个OFDM符号的最后一部分复制并插入该OFDM符号的最前端。因此，插入CP的OFDM符号可以表示为

$$\boldsymbol{x}^{cp}[t]=[x_{M-N_{cp}}[t],\cdots,x_{M-1}[t],x_0[t],\cdots,x_{M-1}[t]]^{\mathrm{T}} \tag{7.90}$$

如果 CP 的长度不小于信道滤波的长度，即满足

$$N_{cp}\geqslant \max(Z_1^{\mathrm{BU}},\cdots,Z_N^{\mathrm{BU}},Z_d) \tag{7.91}$$

则 ISI 可以被完全消除。传输的信号 $\boldsymbol{x}^{cp}[t]$ 经过直接信道 $\boldsymbol{h}_d$ 到达用户时，接收信号可以表示为 $\boldsymbol{x}^{cp}[t]*\boldsymbol{h}_d$。同时，从基站通过第 n 个反射单元到用户的信道对应一个信号分量 $\boldsymbol{x}^{cp}[t]*\boldsymbol{v}_n=c_n\boldsymbol{x}^{cp}[t]*(\boldsymbol{g}_n*\boldsymbol{h}_n)$。因此，用户接收到的符号向量为

$$\begin{aligned}\boldsymbol{y}^{cp}[t]&=\sum_{n=1}^{N}\boldsymbol{v}_n*\boldsymbol{x}^{cp}[t]+\boldsymbol{h}_d*\boldsymbol{x}^{cp}[t]+\boldsymbol{z}[t]\\&=\sum_{n=1}^{N}c_n(\boldsymbol{g}_n*\boldsymbol{h}_n)*\boldsymbol{x}^{cp}[t]+\boldsymbol{h}_d*\boldsymbol{x}^{cp}[t]+\boldsymbol{z}[t]\end{aligned} \tag{7.92}$$

式中，$\boldsymbol{z}[t]$ 为加性噪声。移除 CP，可以得到

$$\begin{aligned}\boldsymbol{y}[t]&=\sum_{n=1}^{N}\ddot{\boldsymbol{v}}_n\otimes\boldsymbol{x}[t]+\ddot{\boldsymbol{h}}_d\otimes\boldsymbol{x}[t]+\boldsymbol{z}[t]\\&=\left(\sum_{n=1}^{N}\ddot{\boldsymbol{v}}_n+\ddot{\boldsymbol{h}}_d\right)\otimes\boldsymbol{x}[t]+\boldsymbol{z}[t]\end{aligned} \tag{7.93}$$

式中，$\otimes$表示循环卷积［Jiang and Kaiser，2016］，$\ddot{\boldsymbol{v}}_n$ 是一个 M 点的信道滤波，通过在$\boldsymbol{v}_n$ 的尾部补零获得，即

$$\ddot{\boldsymbol{v}}_n=[v_n^1,v_n^2,\cdots,v_n^{\zeta},\cdots,v_n^{Z_n^{\mathrm{BU}}},\underbrace{0,\cdots,0}_{\text{补零}}]^{\mathrm{T}} \tag{7.94}$$

并且

$$\ddot{\boldsymbol{h}}_d=[h_d^1,h_d^2,\cdots,h_d^{\zeta},\cdots,h_d^{Z_d},\underbrace{0,\cdots,0}_{\text{补零}}]^{\mathrm{T}} \tag{7.95}$$

将基站和用户间所有路径的等效信道记为 $\ddot{\boldsymbol{h}}=\sum_{n=1}^{N}\ddot{\boldsymbol{v}}_n+\ddot{\boldsymbol{h}}_d$，则式（7.93）的系统模型可以简化为

$$\boldsymbol{y}[t]=\ddot{\boldsymbol{h}}\otimes\boldsymbol{x}[t]+\boldsymbol{z}[t] \tag{7.96}$$

之后，DFT 解调器输出频域接收信号

$$\tilde{\boldsymbol{y}}[t]=\boldsymbol{F}\boldsymbol{y}[t] \tag{7.97}$$

将式（7.89）和式（7.93）代入式（7.97），应用 DFT 的卷积定理，可以得到

$$\begin{aligned}\tilde{\boldsymbol{y}}[t]&=\boldsymbol{F}(\ddot{\boldsymbol{h}}\otimes\boldsymbol{x}[t])+\boldsymbol{F}\boldsymbol{z}[t]\\&=\sum_{n=1}^{N}\boldsymbol{F}(\ddot{\boldsymbol{v}}_n\otimes\boldsymbol{x}[t])+\boldsymbol{F}(\ddot{\boldsymbol{h}}_d\otimes\boldsymbol{x}[t])+\boldsymbol{F}\boldsymbol{z}[t]\\&=\sum_{n=1}^{N}\tilde{\boldsymbol{v}}_n\odot\tilde{\boldsymbol{x}}[t]+\tilde{\boldsymbol{h}}_d\odot\tilde{\boldsymbol{x}}[t]+\tilde{\boldsymbol{z}}[t]\end{aligned} \tag{7.98}$$

式中，$\odot$表示哈达玛积（Hadamard 积，即对应元素的乘积），并且 $\tilde{\boldsymbol{v}}_n$、$\tilde{\boldsymbol{h}}_d$ 和$\tilde{\boldsymbol{z}}[t]$ 分别表示频域信道响应和噪声，可以通过下式计算

$$\tilde{\boldsymbol{v}}_n=\boldsymbol{F}\ddot{\boldsymbol{v}}_n,\quad \tilde{\boldsymbol{h}}_d=\boldsymbol{F}\ddot{\boldsymbol{h}}_d,\quad \tilde{\boldsymbol{z}}[t]=\boldsymbol{F}\boldsymbol{z}[t] \tag{7.99}$$

另外，可以得到整体频域信道响应

$$\tilde{\boldsymbol{h}}=\boldsymbol{F}\ddot{\boldsymbol{h}}=\boldsymbol{F}\left(\sum_{n=1}^{N}\ddot{\boldsymbol{v}}_n+\ddot{\boldsymbol{h}}_d\right)=\sum_{n=1}^{N}\boldsymbol{F}\ddot{\boldsymbol{v}}_n+\boldsymbol{F}\ddot{\boldsymbol{h}}_d=\sum_{n=1}^{N}\tilde{\boldsymbol{v}}_n+\tilde{\boldsymbol{h}}_d \tag{7.100}$$

典型 OFDM 子载波 m 的信道频率响应（Channel Frequency Response，CFR）可以表示为

$$\tilde{h}_m=\boldsymbol{f}_m\left(\sum_{n=1}^{N}\ddot{\boldsymbol{v}}_n+\ddot{\boldsymbol{h}}_d\right)=\sum_{n=1}^{N}\boldsymbol{f}_m\ddot{\boldsymbol{v}}_n+\boldsymbol{f}_m\ddot{\boldsymbol{h}}_d=\sum_{n=1}^{N}\tilde{v}_{m,n}+\tilde{h}_{m,d} \tag{7.101}$$

式中，$\boldsymbol{f}_m$ 表示 DFT 矩阵 $\boldsymbol{F}$ 的第 m 行；$\widetilde{h}_m$ 表示 $\widetilde{\boldsymbol{h}}$ 的第 m 个元素；$\widetilde{v}_{m,n}$ 和 $\widetilde{h}_{m,d}$ 分别表示 $\widetilde{\boldsymbol{v}}_n$ 和 $\widetilde{\boldsymbol{h}}_d$ 的第 m 个元素。则式（7.98）的系统模型可以重新写为

$$\widetilde{\boldsymbol{y}}[t]=\widetilde{\boldsymbol{h}}\odot\widetilde{\boldsymbol{x}}[t]+\widetilde{\boldsymbol{z}}[t] \tag{7.102}$$

该模型与传统 OFDM 系统模型等效。

最终，IRS 辅助 OFDM 系统的任意频率选择性信道都可以转化为一组 M 个独立的频率平坦子载波。第 m 个子载波上传输的信号可以建模为

$$\begin{aligned}\widetilde{y}_m[t]&=\widetilde{h}_m\widetilde{x}_m[t]+\widetilde{z}_m[t]\\&=\left(\sum_{n=1}^{N}\widetilde{v}_{m,n}+\widetilde{h}_{m,d}\right)\widetilde{x}_m[t]+\widetilde{z}_m[t],\quad m=0,1,\cdots,M-1\end{aligned} \tag{7.103}$$

此时，可以观察发现，IRS 辅助 OFDM 传输在每个子载波上的信号模型与式（7.16）给出的 IRS 辅助窄带传输的信号模型等效。

7.5.3 速率最大化

忽略由于插入 CP 带来的带宽损失，IRS 辅助 OFDM 系统的可达速率（即（bit/s)/Hz 的频谱效率）可以通过下式计算

$$\begin{aligned}R&=\sum_{m=0}^{M-1}\log_2\left(1+\frac{P_m\left|\sum_{n=1}^{N}\widetilde{v}_{m,n}+\widetilde{h}_{m,d}\right|^2}{\sigma_z^2/M}\right)\\&=\sum_{m=0}^{M-1}\log_2\left(1+\frac{P_m\left|\sum_{n=1}^{N}\boldsymbol{f}_m\ddot{\boldsymbol{v}}_n+\boldsymbol{f}_m\ddot{\boldsymbol{h}}_d\right|^2}{\sigma_z^2/M}\right)\end{aligned} \tag{7.104}$$

式中，P_m 表示在 $\sum_{m=0}^{M-1}P_m\leqslant P_t$ 约束下，分配给第 m 个子载波的传输功率。

为了最大化可达速率，反射相移需要满足不同子载波下的频率选择性信道，或者等效地满足不同时延抽头处的时域信道。另外，需要联合优化 $\boldsymbol{\Theta}$ 以及 M 个子载波的传输功率分配向量 $\boldsymbol{p}=[P_0,P_1,\cdots,P_{M-1}]^{\mathrm{T}}$，即如下的优化问题

$$\begin{aligned}\max_{\boldsymbol{\Theta},\boldsymbol{p}}\quad&\sum_{m=0}^{M-1}\log_2\left(1+\frac{P_m\left|\sum_{n=1}^{N}\boldsymbol{f}_m\ddot{\boldsymbol{v}}_n+\boldsymbol{f}_m\ddot{\boldsymbol{h}}_d\right|^2}{\sigma_z^2/M}\right)\\\text{s.t.}\quad&\theta_n\in[0,2\pi),\quad\forall n=1,2,\cdots,N\\&P_m\geqslant 0,\quad\forall m=0,1,\cdots,M-1\\&\sum_{m=0}^{M-1}P_m\leqslant P_t\end{aligned} \tag{7.105}$$

该问题比窄带情况更难求解。为了解决这个问题，［Yang et al.，2020］提出一种基于连续凸近似（Successive Convex Approximation，SCA）的算法，通过一阶泰勒展开的凹下界来逼近目标函数中的非凹速率函数。基于 SCA 的算法可以保证联合优化 IRS 反射系数和传输功率问题收敛到一个驻点，且只需要 N 和 M 的多项式复杂度。

为了进一步降低复杂度，［Zheng and Zhang，2020］提出一种简化算法，将 IRS 的相移设计为仅与时域信道中最强路径相对齐，因此被称为最强信道冲激响应（Channel Impulse Response，CIR）最大化。假

设不同 OFDM 子载波分配的功率相等，即 $P_m=P_t/M$，则式（7.104）可以重写为

$$R=\sum_{m=0}^{M-1}\log_2\left(1+\frac{P_t\left|\sum_{n=1}^{N}\widetilde{v}_{m,n}+\widetilde{h}_{m,d}\right|^2}{\sigma_z^2}\right) \tag{7.106}$$

上式关于 $\boldsymbol{\Theta}$ 是非凸的，因此难以获得其最大值。换个思路，可以考虑借助 Jensen's 不等式获取最大化速率上界，即

$$R\leqslant\log_2\left(1+\frac{1}{M}\sum_{m=0}^{M-1}\frac{P_t\left|\sum_{n=1}^{N}\widetilde{v}_{m,n}+\widetilde{h}_{m,d}\right|^2}{\sigma_z^2}\right) \tag{7.107}$$

为简单起见，忽略常量，则可以得到如下优化问题

$$\begin{aligned}\max_{\boldsymbol{\Theta}}\quad & \sum_{m=0}^{M-1}\left|\sum_{n=1}^{N}\widetilde{v}_{m,n}+\widetilde{h}_{m,d}\right|^2\\ \text{s.t.}\quad & \theta_n\in[0,2\pi),\quad \forall n=1,2,\cdots,N\end{aligned} \tag{7.108}$$

通过利用时域特性，可以采用一种低复杂度的方法解决该优化问题并获得次优解，具体可参考［Zheng and Zhang，2020］提出的最强 CIR 最大化方法。

最后，值得一提的是，IRS 的相移 θ_n，$\forall n$ 对每个 OFDM 子载波的信道响应都有相同的影响。换言之，在给定的时刻，由于硬件限制，每个反射单元对于所有 OFDM 子载波都只能引入相同的相位旋转，而不能实现特定频率的相位旋转。文献［Wu et al.，2021］展示了在理想 IRS 反射系数设计假设下（即对不同的子载波可以有不同的相位旋转）的可达速率上界。可以发现，上述速率上界要远高于基于 SCA 方案（该方案中考虑的 IRS 反射是频率平坦的）获得的速率，并且速率差距随子载波数量的增加而增加。这揭示了 IRS 辅助 OFDM 系统的一个基本限制，即由于无源特性而不能进行特定频率的相位旋转。

7.6 多用户 IRS 通信

考虑到 IRS 对无线传输环境的智能重构能力及硬件限制，集成 IRS 的无线网络将对多用户信号传输带来一些新的变化。例如，缺乏频率选择性反射会导致频分传输方案的性能损失。因此，IRS 对多用户信号传输的影响是值得关注的。

7.6.1 多址接入模型

图 7.8 展示了 IRS 辅助的多用户 MIMO 下行传输系统，其中 IRS 配备了 N 个反射单元，基站配备 N_b 根天线，K 个用户都仅配备单天线。考虑到 IRS 是无源设备，通常采用 TDD 系统以简化信道估计过程。用户在上行训练中向基站发送导频信号，以便基站估计上行 CSI，

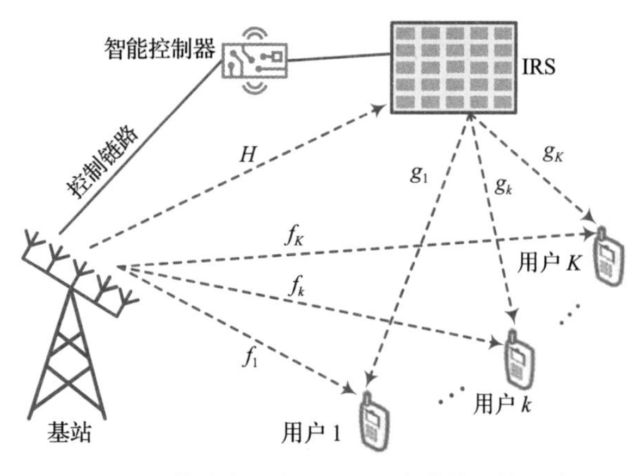

图 7.8　IRS 辅助多用户 MIMO 下行传输系统示意图，由一个多天线基站，K 个单天线用户和一个配备 N 个反射单元的 IRS 组成

之后可以利用 TDD 的上下行信道互易性以最大化下行数据传输速率。为了便于理论分析，假设基站侧已知所有相关信道的完美 CSI。另外，假设信道为频率平坦块衰落。由于从基站或 IRS 到用户的直达链路可能会被阻挡，因此相应的小尺度衰落服从瑞利分布。基于上述假设，天线单元 $n_b \in \{1,2,\cdots,N_b\}$ 和用户 $k \in \mathcal{K} \triangleq \{1,2,\cdots,K\}$ 之间的信道增益是循环对称复高斯随机变量，其均值为 0，方差为 σ_f^2，即 $f_{kN_b} \sim \mathcal{CN}(0,\sigma_f^2)$。因此，从基站和 IRS 到第 k 个用户的信道向量可以分别表示为

$$\boldsymbol{f}_k = [f_{k1}, f_{k2}, \cdots, f_{kN_b}]^{\mathrm{T}} \tag{7.109}$$

和

$$\boldsymbol{g}_k = [g_{k1}, g_{k2}, \cdots, g_{kN}]^{\mathrm{T}} \tag{7.110}$$

式中，$g_{kn} \sim \mathcal{CN}(0,\sigma_g^2)$ 是 IRS 单元 $n \in \mathcal{N} \triangleq \{1,2,\cdots,N\}$ 和用户 k 之间的信道增益。令

$$\boldsymbol{h}_n = [h_{n1}, h_{n2}, \cdots, h_{nN_b}]^{\mathrm{T}} \tag{7.111}$$

表示基站和第 n 个反射单元间的信道向量。基站和 IRS 间的信道矩阵表示为 $\boldsymbol{H} \in \mathbb{C}^{N \times N_b}$，其第 n 行为 $\boldsymbol{h}_n^{\mathrm{T}}$。与随机分布并且移动的用户场景不同，这里考虑选择特定的位置部署 IRS，且 IRS 与基站间没有任何阻挡（LOS 场景），此时信道服从莱斯衰落，即

$$\boldsymbol{H} = \sqrt{\frac{\Gamma \sigma_h^2}{\Gamma+1}} \boldsymbol{H}_{\mathrm{LOS}} + \sqrt{\frac{\sigma_h^2}{\Gamma+1}} \boldsymbol{H}_{\mathrm{NLOS}} \tag{7.112}$$

式中，$\boldsymbol{\Gamma}$ 为莱斯因子；$\boldsymbol{H}_{\mathrm{LOS}}$ 为 LOS 分量，$\boldsymbol{H}_{\mathrm{NLOS}}$ 为多径分量，由独立且服从 $\mathcal{CN}(0,1)$ 的元素构成；基站和 IRS 间的路损为 σ_h^2。

IRS 配备一个智能控制器，可以根据周期性信道估计获得的 CSI 自适应调整每个 IRS 单元的相移。令 $c_{nk} = \beta_{nk} \mathrm{e}^{\mathrm{j}\phi_{nk}}$ 表示第 n 个 IRS 单元对用户 k 的反射系数，且相移为 $\phi_{nk} \in [0,2\pi)$，幅度衰减为 $\beta_{nk} \in [0,1]$。如文献［Wu and Zhang，2019］中所示，最大化接收功率的最优反射衰减为 $\beta_{nk}=1$，$\forall n$，k。由于路径损耗较大，忽略经由 IRS 反射两次或更多次的信号。忽略硬件非理想因素，例如量化的相移以及相位噪声，第 k 个用户接收到的信号可以表示为

$$r_k = \sqrt{P_d} \left(\sum_{n=1}^{N} g_{kn} \mathrm{e}^{\mathrm{j}\phi_{kn}} \boldsymbol{h}_n^{\mathrm{T}} + \boldsymbol{f}_k^{\mathrm{T}} \right) \boldsymbol{s} + n_k \tag{7.113}$$

式中，$\boldsymbol{s}$ 表示基站天线阵列传输的 $N_b \times 1$ 维信号向量；P_d 表示基站的功率限制；n_k 表示 0 均值、方差为 σ_n^2 的 AWGN 信道噪声，即 $n_k \sim \mathcal{CN}(0,\sigma_n^2)$。定义 $\boldsymbol{\Theta}_k = \mathrm{diag}\{\mathrm{e}^{\mathrm{j}\phi_{1k}}, \cdots, \mathrm{e}^{\mathrm{j}\phi_{Nk}}\}$，式（7.113）可以重写为如下矩阵形式

$$r_k = \sqrt{P_d} (\boldsymbol{g}_k^{\mathrm{T}} \boldsymbol{\Theta}_k \boldsymbol{H} + \boldsymbol{f}_k^{\mathrm{T}}) \boldsymbol{s} + n_k \tag{7.114}$$

7.6.2　正交多址接入

本节将分析 IRS 辅助多用户 MIMO 系统下两种典型正交多址（Orthogonal Multiple Access，OMA）方案的可达频谱效率，并提出了一种交替联合优化基站有源波束赋形和 IRS 无源波束赋形的方法。

7.6.2.1　时分多址接入

该方案将信号维度沿时间轴划分为正交分量，称为时间时隙。每个用户在为其分配的时隙上进行全带宽传输。该方案是一种非连续传输方案，可以简化系统设计，因为例如信道估计等处理流程可以在其他用户的时隙进行。TDMA 的另一个优势是可以给单用户分配多个时隙，增加了系统的灵活性。在数学上，一个无线帧被正交地划分为 K 个时隙，其中 CSI 保持恒定。在第 k 个时隙，基站采用线性波束赋形 $\boldsymbol{w}_k \in \mathbb{C}^{N_b \times 1}$，其中 $\|\boldsymbol{w}_k\|^2 \leqslant 1$，向用户 k 发送零均值、单位方差（$\mathbb{E}[|s_k|^2]=1$）的信息符号 s_k。

将 $\boldsymbol{s} = \boldsymbol{w}_k s_k$ 带入式（7.114），可以得到

$$r_k=\sqrt{P_d}\,(\boldsymbol{g}_k^{\mathrm{T}}\boldsymbol{\Theta}_k\boldsymbol{H}+\boldsymbol{f}_k^{\mathrm{T}})\boldsymbol{w}_k s_k+n_k \tag{7.115}$$

通过联合优化有源波束赋形 $\boldsymbol{w}_k$ 和反射矩阵 $\boldsymbol{\Theta}_k$，用户 k 的瞬时 SNR，即

$$\gamma_k=\frac{P_d\left|(\boldsymbol{g}_k^{\mathrm{T}}\boldsymbol{\Theta}_k\boldsymbol{H}+\boldsymbol{f}_k^{\mathrm{T}})\boldsymbol{w}_k\right|^2}{\sigma_n^2} \tag{7.116}$$

可以达到最大，具体可表述为如下优化问题

$$\begin{aligned}\max_{\boldsymbol{\Theta}_k,\boldsymbol{w}_k}\quad & \left|(\boldsymbol{g}_k^{\mathrm{T}}\boldsymbol{\Theta}_k\boldsymbol{H}+\boldsymbol{f}_k^{\mathrm{T}})\boldsymbol{w}_k\right|^2\\ \text{s.t.}\quad & \|\boldsymbol{w}_k\|^2\leqslant 1\\ & \phi_{nk}\in[0,2\pi),\quad \forall n=1,\cdots,N,\quad \forall k=1,\cdots,K\end{aligned} \tag{7.117}$$

该问题是非凸的，因为目标函数关于 $\boldsymbol{\Theta}_k$ 和 $\boldsymbol{w}_k$ 不是共凹的。为了解决这个问题，可以采用［Wu and Zhang，2019］中的方法，迭代交替优化 $\boldsymbol{\Theta}_k$ 和 $\boldsymbol{w}_k$。给定初始传输向量 $\boldsymbol{w}_k^{(0)}$，式（7.117）可以简化为

$$\begin{aligned}\max_{\boldsymbol{\Theta}_k}\quad & \left|(\boldsymbol{g}_k^{\mathrm{T}}\boldsymbol{\Theta}_k\boldsymbol{H}+\boldsymbol{f}_k^{\mathrm{T}})\boldsymbol{w}_k^{(0)}\right|^2\\ \text{s.t.}\quad & \phi_{nk}\in[0,2\pi),\quad \forall n=1,\cdots,N,\quad \forall k=1,\cdots,K\end{aligned} \tag{7.118}$$

虽然上述优化问题的目标函数仍然是非凸的，但是可以通过使用三角不等式获得闭式解

$$\left|(\boldsymbol{g}_k^{\mathrm{T}}\boldsymbol{\Theta}_k\boldsymbol{H}+\boldsymbol{f}_k^{\mathrm{T}})\boldsymbol{w}_k^{(0)}\right|\leqslant\left|\boldsymbol{g}_k^{\mathrm{T}}\boldsymbol{\Theta}_k\boldsymbol{H}\boldsymbol{w}_k^{(0)}\right|+\left|\boldsymbol{f}_k^{\mathrm{T}}\boldsymbol{w}_k^{(0)}\right| \tag{7.119}$$

上述不等式当且仅当下式成立时取等

$$\arg(\boldsymbol{g}_k^{\mathrm{T}}\boldsymbol{\Theta}_k\boldsymbol{H}\boldsymbol{w}_k^{(0)})=\arg(\boldsymbol{f}_k^{\mathrm{T}}\boldsymbol{w}_k^{(0)})\triangleq\varphi_{0k} \tag{7.120}$$

定义 $\boldsymbol{q}_k=[q_{1k},q_{2k},\cdots,q_{Nk}]^H$，其中 $q_{nk}=\mathrm{e}^{\mathrm{j}\phi_{nk}}$，$\boldsymbol{\chi}_k=\mathrm{diag}(\boldsymbol{g}_k^{\mathrm{T}})\boldsymbol{H}\boldsymbol{w}_k^{(0)}\in\mathbb{C}^{N\times1}$，则有 $\boldsymbol{g}_k^{\mathrm{T}}\boldsymbol{\Theta}_k\boldsymbol{H}\boldsymbol{w}_k^{(0)}=\boldsymbol{q}_k^H\boldsymbol{\chi}_k\in\mathbb{C}$。忽略常数项 $\left|\boldsymbol{f}_k^{\mathrm{T}}\boldsymbol{w}_k^{(0)}\right|$，式（7.118）可以转化为

$$\begin{aligned}\max_{\boldsymbol{q}_k}\quad & \left|\boldsymbol{q}_k^H\boldsymbol{\chi}_k\right|\\ \text{s.t.}\quad & \left|q_{nk}\right|=1,\ \forall n=1,\cdots,N,\ \forall k=1,\cdots,K\\ & \arg(\boldsymbol{q}_k^H\boldsymbol{\chi}_k)=\varphi_{0k}\end{aligned} \tag{7.121}$$

式（7.121）的解可以表示为

$$\boldsymbol{q}_k^{(1)}=\mathrm{e}^{\mathrm{j}(\varphi_{0k}-\arg(\boldsymbol{\chi}_k))}=\mathrm{e}^{\mathrm{j}(\varphi_{0k}-\arg(\mathrm{diag}(\boldsymbol{g}_k^{\mathrm{T}})\boldsymbol{H}\boldsymbol{w}_k^{(0)}))} \tag{7.122}$$

相应地，

$$\begin{aligned}\phi_{nk}^{(1)}&=\varphi_{0k}-\arg(g_{nk}\boldsymbol{h}_n^{\mathrm{T}}\boldsymbol{w}_k^{(0)})\\ &=\varphi_{0k}-\arg(g_{nk})-\arg(\boldsymbol{h}_n^{\mathrm{T}}\boldsymbol{w}_k^{(0)})\end{aligned} \tag{7.123}$$

式中，$\boldsymbol{h}_n^{\mathrm{T}}\boldsymbol{w}_k^{(0)}\in\mathbb{C}$ 可以视为到第 n 个反射单元的等效 SISO 信道，其中包含了传输预编码 $\boldsymbol{w}_k^{(0)}$ 和信道响应 $\boldsymbol{h}_n$。式（7.123）表明 IRS 需要补偿反射信号通过级联信道的相位，且剩余相位与信号通过直接链路到达接收机时一致，以实现相干合并。一旦确定第一次迭代的反射相位，即 $\boldsymbol{\Theta}_k^{(1)}=\mathrm{diag}\{\mathrm{e}^{\mathrm{j}\phi_{1k}^{(1)}},\mathrm{e}^{\mathrm{j}\phi_{2k}^{(1)}},\cdots,\mathrm{e}^{\mathrm{j}\phi_{Nk}^{(1)}}\}$，便可以开始交替优化 $\boldsymbol{w}_k$。基站可以应用匹配滤波来最大化期望信号的强度，从而

$$\boldsymbol{w}_k^{(1)}=\frac{(\boldsymbol{g}_k^{\mathrm{T}}\boldsymbol{\Theta}_k^{(1)}\boldsymbol{H}+\boldsymbol{f}_k^{\mathrm{T}})^H}{\|\boldsymbol{g}_k^{\mathrm{T}}\boldsymbol{\Theta}_k^{(1)}\boldsymbol{H}+\boldsymbol{f}_k^{\mathrm{T}}\|} \tag{7.124}$$

在完成第一轮迭代后，基站获得 $\boldsymbol{\Theta}_k^{(1)}$ 和 $\boldsymbol{w}_k^{(1)}$，并作为第二轮迭代的初始输入，以获得 $\boldsymbol{\Theta}_k^{(2)}$ 和 $\boldsymbol{w}_k^{(2)}$。重复上述迭代过程直到收敛，即可获得最优波束赋形器 $\boldsymbol{w}_k^{\star}$ 和最优反射矩阵 $\boldsymbol{\Theta}_k^{\star}$。将 $\boldsymbol{w}_k^{\star}$ 和 $\boldsymbol{\Theta}_k^{\star}$ 代入式（7.116），可以推导出用户 k 的可达频谱效率为

$$R_k=\frac{1}{K}\log\left(1+\frac{P_d\left|\left(\boldsymbol{g}_k^{\mathrm{T}}\boldsymbol{\Theta}_k^{\star}\boldsymbol{H}+\boldsymbol{f}_k^{\mathrm{T}}\right)\boldsymbol{w}_k^{\star}\right|^2}{\sigma_n^2}\right) \tag{7.125}$$

因此，TDMA IRS 系统的总速率可以通过下式计算

$$R_{\mathrm{TDMA}}=\sum_{k=1}^{K}R_k \tag{7.126}$$

7.6.2.2 频分多址接入

在 FDMA 系统中，系统带宽沿频率轴分割成 K 个正交的子信道。每个用户占用一个专门子信道的全部时间资源。基站使用线性预编码 $\boldsymbol{w}_k$ 在第 k 个子信道上传输 s_k，传输功率为 P_d/K。因此，用户 k 的可达频谱效率为

$$R_k=\frac{1}{K}\log\left(1+\frac{P_d/K\left|\left(\boldsymbol{g}_k^{\mathrm{T}}\boldsymbol{\Theta}_k\boldsymbol{H}+\boldsymbol{f}_k^{\mathrm{T}}\right)\boldsymbol{w}_k\right|^2}{\sigma_n^2/K}\right) \tag{7.127}$$

与 TDMA 系统不同，其 IRS 相移可以在不同的时隙动态调整，FDMA 系统的 IRS 表面只能针对特定用户进行优化，而其他用户则受到相位不对齐的反射影响。这主要是因为 IRS 无源单元的硬件限制，即只能以时间选择性的方式调整，而非频率选择性。

不失一般性，假设 FDMA 系统优化 IRS 以辅助用户 $\hat{k}$ 的信号传输，可以使用与 TDMA 相同的交替算法得到最优的 $\boldsymbol{\Theta}_{\hat{k}}^{\star}$ 和 $\boldsymbol{w}_{\hat{k}}^{\star}$。一旦 IRS 的相位调整为用户 $\hat{k}$ 的最优相位，则针对其他 $K-1$ 个用户，记为 $\{i\mid i=1,2,\cdots,K,i\neq\hat{k}\}$，只能基于合并信道增益 $\boldsymbol{g}_i^{\mathrm{T}}\boldsymbol{\Theta}_{\hat{k}}^{\star}\boldsymbol{H}+\boldsymbol{f}_i^{\mathrm{T}}$优化各自的有源波束赋形，而不能实现联合优化。对于用户 i，波束赋形可以优化为

$$\boldsymbol{w}_i^{\star}=\frac{\left(\boldsymbol{g}_i^{\mathrm{T}}\boldsymbol{\Theta}_{\hat{k}}^{\star}\boldsymbol{H}+\boldsymbol{f}_i^{\mathrm{T}}\right)^{H}}{\left\|\boldsymbol{g}_i^{\mathrm{T}}\boldsymbol{\Theta}_{\hat{k}}^{\star}\boldsymbol{H}+\boldsymbol{f}_i^{\mathrm{T}}\right\|} \tag{7.128}$$

则 FDMA IRS 系统的总速率可以通过下式计算

$$\begin{aligned}R_{\mathrm{FDMA}}=&\frac{1}{K}\log\left(1+\frac{P_d\left|\left(\boldsymbol{g}_{\hat{k}}^{\mathrm{T}}\boldsymbol{\Theta}_{\hat{k}}^{\star}\boldsymbol{H}+\boldsymbol{f}_{\hat{k}}^{\mathrm{T}}\right)\boldsymbol{w}_{\hat{k}}^{\star}\right|^2}{\sigma_n^2}\right)+\\&\sum_{i}\frac{1}{K}\log\left(1+\frac{P_d\left|\left(\boldsymbol{g}_i^{\mathrm{T}}\boldsymbol{\Theta}_{\hat{k}}^{\star}\boldsymbol{H}+\boldsymbol{f}_i^{\mathrm{T}}\right)\boldsymbol{w}_i^{\star}\right|^2}{\sigma_n^2}\right)\end{aligned} \tag{7.129}$$

7.6.3 非正交多址接入

虽然以正交复用方式进行信号传输可以消除多用户间干扰，以便接收机实现低复杂度的多用户检测，但是人们普遍认为，OMA 不能实现多用户无线系统的总速率容量。叠加编码和连续干扰消除（successive interference cancelation，SIC）技术使得多个用户可以复用正交资源。在发射机侧，所有信息符号都被叠加到单个波形上，然后接收机可以使用 SIC 迭代解码直到获得其期望信号。

数学上，基站将 K 个信息承载符号叠加到一个复合波形，可以表示为

$$\boldsymbol{s}=\sum_{k=1}^{K}\sqrt{\alpha_k}\,\boldsymbol{w}_k s_k \tag{7.130}$$

式中，α_k 表示功率分配系数，满足 $\sum_{k=1}^{K}\alpha_k\leqslant 1$。现在一个关键问题是如何分配用户间的功率，这对于接收机进行干扰消除非常重要。这也是为何 NOMA 被认为是一种功率域多址接入技术。通常来说，需要给信道增益较小的用户（例如距离基站较远的用户）分配更多的功率，以提升接收 SNR，从而保证较高的检测可靠性。而对于信道增益较强的用户（例如临近基站的用户），可以分配更少的功率，但用户也可以正

确检测出期望信号。以图 7.9 为例，图中展示了 IRS 辅助 NOMA 系统的下行传输，包含一个基站、一个 IRS 和两个用户（1 个距离基站较远和 1 个临近基站）。将式（7.130）代入式（7.114），可以得到用户 k 的接收信号为

$$\begin{aligned} r_k &= \sqrt{P_d}(\boldsymbol{g}_k^{\mathrm{T}}\boldsymbol{\Theta}_k\boldsymbol{H}+\boldsymbol{f}_k^{\mathrm{T}})\sum_{k'=1}^{K}\sqrt{\alpha_{k'}}\boldsymbol{w}_{k'}s_{k'}+n_k \\ &= \underbrace{\sqrt{\alpha_k P_d}(\boldsymbol{g}_k^{\mathrm{T}}\boldsymbol{\Theta}_k\boldsymbol{H}+\boldsymbol{f}_k^{\mathrm{T}})\boldsymbol{w}_k s_k}_{\text{期望信号}}+ \\ &\quad \underbrace{\sqrt{P_d}(\boldsymbol{g}_k^{\mathrm{T}}\boldsymbol{\Theta}_k\boldsymbol{H}+\boldsymbol{f}_k^{\mathrm{T}})\sum_{k'=1,k'\neq k}^{K}\sqrt{\alpha_{k'}}\boldsymbol{w}_{k'}s_{k'}+n_k}_{\text{多用户干扰}} \end{aligned} \tag{7.131}$$

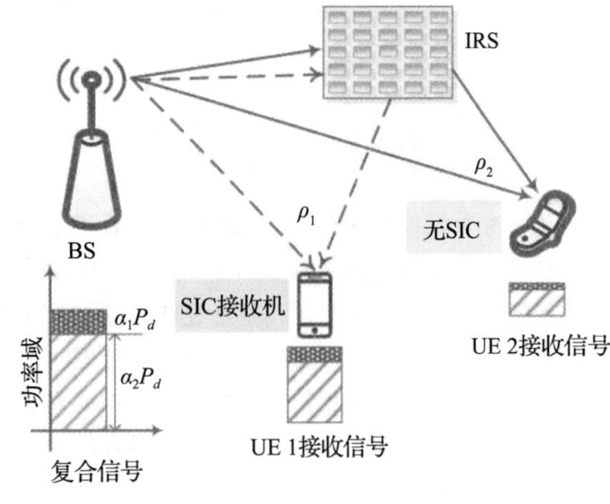

图 7.9　IRS 辅助 NOMA 系统的下行传输示意图

由于硬件限制，IRS 只能辅助一个用户，其他用户则只能共享相应的 IRS 相移设计。如同 FDMA 系统，假设该系统优化了 IRS 以辅助用户 $\hat{k}$ 的信号传输。

可以使用与 TDMA 相同的交替优化算法得到最优的 $\boldsymbol{\Theta}_{\hat{k}}^{\star}$ 和 $\boldsymbol{w}_{\hat{k}}^{\star}$。一旦 IRS 的相位调整为用户 $\hat{k}$ 的最优相位，则针对其他 $k\neq\hat{k}$ 的用户，只能基于合并信道增益 $\boldsymbol{g}_k^{\mathrm{T}}\boldsymbol{\Theta}_{\hat{k}}^{\star}\boldsymbol{H}+\boldsymbol{f}_k^{\mathrm{T}}$来推导其有源波束赋形，从而部分优化其传输。类似式（7.128），用户 k 的波束赋形可以表示为

$$\boldsymbol{w}_k^{\star}=\frac{(\boldsymbol{g}_k^{\mathrm{T}}\boldsymbol{\Theta}_{\hat{k}}^{\star}\boldsymbol{H}+\boldsymbol{f}_k^{\mathrm{T}})^H}{\|\boldsymbol{g}_k^{\mathrm{T}}\boldsymbol{\Theta}_{\hat{k}}^{\star}\boldsymbol{H}+\boldsymbol{f}_k^{\mathrm{T}}\|} \tag{7.132}$$

该系统中，包含所有信息符号的信号 $\boldsymbol{x}$ 被传输给所有的用户。干扰消除的最优顺序为检测功率分配最多的用户（信道增益最弱）到功率分配最少的用户（信道增益最强）。令 $\rho_k=(\boldsymbol{g}_k^{\mathrm{T}}\boldsymbol{\Theta}_{\hat{k}}^{\star}\boldsymbol{H}+\boldsymbol{f}_k^{\mathrm{T}})\boldsymbol{w}_k^{\star}$，$\forall k$ 表示用户 k 合并信道的等效增益。不失一般性，假设用户 1 具有最强的合并信道增益，用户 K 的合并信道增益最弱，即

$$\|\rho_1\|^2\geqslant\|\rho_2\|^2\geqslant\cdots\geqslant\|\rho_K\|^2 \tag{7.133}$$

按照这个顺序，每个 NOMA 用户先解码 s_K，随后从接收信号中减去该分量。在假设完美信道信息和完美检测的情况下，用户 k 在第一轮 SIC 迭代之后将得到

$$\tilde{r}_k=r_k-\rho_k\sqrt{\alpha_K P_d}s_K=\rho_k\sum_{k=1}^{K-1}\sqrt{\alpha_k P_d}s_k+n_k \tag{7.134}$$

在第二轮迭代中，用户使用剩余信号 $\tilde{r}_k$ 解码 s_{K-1}。以此类推，持续进行干扰消除直到每个用户都获得其期望的信号。特别地，对于信道增益最弱的用户，由于给其分配的功率是最多的，该用户可以不经 SIC 直接解码自己的信号。将多用户干扰视为噪声，用户 K 的 SNR 可以写为

$$\gamma_K=\frac{\|\rho_K\|^2\alpha_K P_d}{\|\rho_K\|^2\sum_{k=1}^{K-1}\alpha_k P_d+\sigma_n^2} \tag{7.135}$$

通常，用户 k 可以成功消除用户 k+1 到用户 K 的信号，但是会受到用户 1 到用户 $k-1$ 信号的干扰。因此，用户 k 的接收 SNR 为

$$\gamma_k=\frac{\|\rho_k\|^2\alpha_k P_d}{\|\rho_k\|^2\sum_{k'=1}^{k-1}\alpha_{k'} P_d+\sigma_n^2} \tag{7.136}$$

相应的可达速率为 $R_k=\log(1+\gamma_k)$。IRS 辅助 NOMA 下行传输的总速率可以通过下式计算

$$R_{\text{NOMA}} = \sum_{k=1}^{K} \log\left(1 + \frac{\|\rho_k\|^2 \alpha_k P_d}{\|\rho_k\|^2 \sum_{k'=1}^{k-1} \alpha_{k'} P_d + \sigma_n^2}\right) \tag{7.137}$$

7.7 信道老化与信道预测

为了充分发挥 IRS 在提升功率和频谱效率上的潜能，基站需要知道直达链路和级联链路的瞬时信道状态信息。在频分复用（Frequency-Division Duplex，FDD）系统中，用户侧估计 CSI 并通过有限反馈信道反馈给基站。由于反馈时延，基站处获得的 CSI 可能在实际使用之前就已经过时了。虽然 TDD 系统可以利用信道互异性避免反馈时延，但是由于处理时延的存在，TDD 系统仍可能面临信道过时的问题。因此，需要考虑计算最优反射相位以及配置 IRS 单元花费的时间，尤其是对于高移动性或者高频场景。在实际中，由于 CSI 很快就会过时，系统性能很容易受到反馈和处理时延的影响。这种现象称为信道老化，受到信道衰落和硬件损坏的影响。

除了 IRS 辅助系统，信道老化问题广泛存在于不同的自适应无线通信系统中，会严重影响系统性能，包括 MIMO 预编码［Zheng and Rao，2008］、多用户 MIMO［Wang et al.，2014］、大规模 MIMO、无小区大规模 MIMO［Jiang and Schotten，2021a］、波束赋形、机会中继选择［Jiang and Schotten，2021b］、干扰对齐、闭环发射分集、传输天线选择［Yu et al.，2017］、正交频分多址接入、多点协同（Coordinated Multi-Point，CoMP）传输、物理层安全、移动性管理等。

为了解决信道老化问题，现有文献中提出了很多抑制算法及协议。其中有些技术可以补偿信道老化带来的性能损失，但是以牺牲部分无线资源为代价；有些技术基于过时 CSI 假设进行系统设计以期能优化系统性能。除了上述技术，一种称为信道预测的方法吸引了业界学者的关注，该方法可以在不浪费无线资源的情况下以一种有效的方式直接提升 CSI 准确性。两种基于模型的预测技术，即自回归（Auto-Regressive，AR）模型［Baddour and Beaulieu，2005］和参数模型［Adeogun et al.，2014］，已经被应用到无线信道的统计模型中。AR 预测方法将无线信道建模为一个自回归过程，通过利用过去和当前信道状态的加权线性组合来预测下一时刻的信道状态。AR 模型很简单，但是它容易受到噪声和误差传播的影响，因此它在长时间预测中并不理想［Jiang et al.，2020］。参数模型假设衰落信道是复正弦曲线的叠加，它的参数（例如衰减、相位、空间角度、多普勒频移以及散射体数量）变化比信道衰落速度慢很多，并且可以被准确地评估。除了烦琐的估计过程，估计出的参数在时变信道下将很快过期，因此需要进行迭代地重新估计，这就会导致很高的计算复杂度［Jiang and Schotten，2019b］。

2016 年 3 月，由谷歌 Deep-Mind 开发出的计算机程序 AlphaGO［Silver et al.，2016］，在围棋比赛中战胜了人类围棋冠军，这激发了学者们在几乎所有科学和工程领域探索人工智能（Artificial Intelligence，AI）技术的热情。实际上，无线技术研究领域在很早以前就开始应用 AI 技术来解决通信问题。利用时间序列预测能力［Connor et al.，1994］，一种称为循环神经网络（Recurrent Neural Network，RNN）的经典 AI 技术已被应用在信道预测器中，用于预测单天线频率平坦衰落信道［Jiang and Schotten，2018a，b］，并进一步扩展到 MIMO 频率选择性衰落信道［Jiang and Schotten，2019c］。近期，［Jiang and Schotten，2020b，c］研究了将基于长短期记忆（Long-Short Term Memory，LSTM）及门控循环单元（Gated Recurrent Unit，GRU）的深度神经网络用于衰落信道预测的可行性及有效性。本节将为读者全面介绍信道老化、信道预测以及使用深度学习预测衰落信道的基础原理。

7.7.1　过时信道状态信息

由于反馈和处理时延，上行导频信号传输与下行数据传输之间有一定的时间差，这就导致了根据测量 CSI 获得的 IRS 反射单元相移可能并不准确。另外，测量的 CSI 有可能由于多普勒频移（用户移动性以及高频导致）以及收发机的相位噪声引起的信道波动等原因而过时。

信道抽头增益可以表示为

$$h_l[t] = \sum_i a_i(tT_s)\mathrm{e}^{-\mathrm{j}2\pi f_c \tau_i(tT_s)}\mathrm{sinc}\left[l-\frac{\tau_i(tT_s)}{T_s}\right] \tag{7.138}$$

式中，$l=0,\cdots,L-1$；f_c 表示载波频率；$a_i(tT_s)$ 和 $\tau_i(tT_s)$ 分别表示第 l 个信号路径的采样衰减和时延；T_s 表示采样周期；并且对于 $x\neq 0$，有 $\mathrm{sinc}(x)\triangleq\frac{\sin(x)}{x}$。为了建模 $h_l[t]$ 随时间 t 变化的速度，将抽头增益自相关函数的统计量定义为

$$R_l[\tau]=\mathbb{E}[h_l^*[t]h_l[t+\tau]] \tag{7.139}$$

在 Jakes 模型的典型多普勒频谱下，自相关函数取值如下

$$R_l[\tau]=J_0(2\pi f_d\tau) \tag{7.140}$$

式中，f_d 表示最大多普勒频移；τ 表示过时 CSI 与实际 CSI 之间的时延；$J_0(\cdot)$ 表示第一类零阶贝塞尔函数。特别地，最大多普勒频移可以通过下式计算

$$f_d=\frac{f_c v}{c}=\frac{v}{\lambda} \tag{7.141}$$

式中，v 表示移动物体的速度；c 表示自由空间中的光速；λ 表示载波频率的波长。更具体地，图 7.10 中展示了 50Hz、100Hz 和 200Hz 多普勒频移下衰落信道的自相关值。

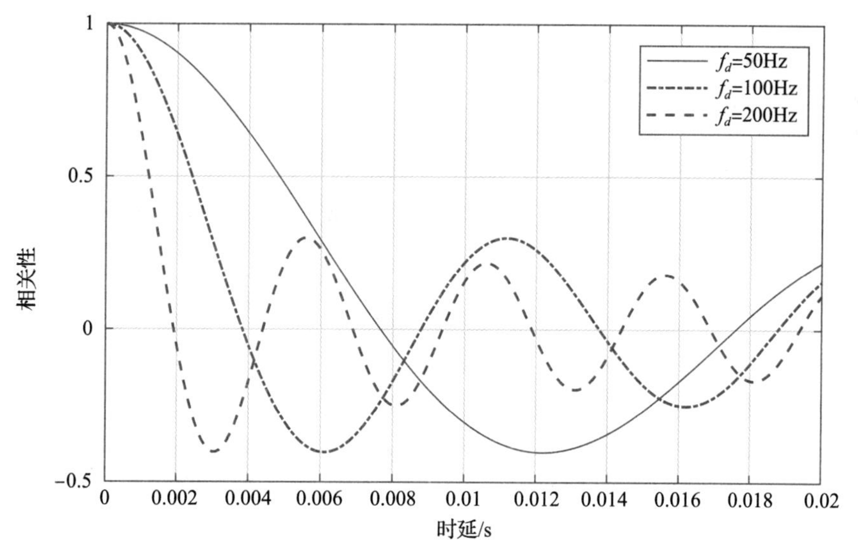

图 7.10　衰落信道在多普勒频移为 50Hz、100Hz 和 200Hz 下的自相关值

7.7.1.1　多普勒频移

为了简单起见，忽略时间索引，将实际的 MIMO 平坦衰落信道表示为 $\boldsymbol{H}=[h_{n_r n_t}]_{N_r\times N_t}$，相应的过时信

道表示为 $\boldsymbol{H}'=[h'_{n_rn_t}]_{N_r\times N_t}$。对引入 IRS 的系统来说，该 MIMO 信道可以建模多天线基站到多天线用户间的信道，或者多天线基站到 IRS 间的信道，或者 IRS 和多天线用户间的信道。可以使用一个相关系数量化独立同分布信道中过时 CSI 的不准确度，即

$$\rho=\frac{|\operatorname{cov}(h_{n_rn_t},h'_{n_rn_t})|}{\mu_h\mu_{h'}} \tag{7.142}$$

式中，$\operatorname{cov}(\cdot)$ 表示两个随机变量的协方差，μ 表示标准差，$h_{n_rn_t}$ 表示传输天线 n_t 和接收天线 n_r 或 n_r^{th} 反射单元间的信道增益。由于 $\boldsymbol{H}$ 和 $\boldsymbol{H}'$ 中的元素都是独立同分布的，ρ 与 n_r 和 n_t 相互独立。因此，式（7.142）可以简化为

$$\rho=\frac{|\operatorname{cov}(h,h')|}{\mu_h\mu_{h'}} \tag{7.143}$$

由于 $\boldsymbol{H}$ 和 $\boldsymbol{H}'$ 中的元素都服从零均值循环对称高斯分布，根据［Ramya and Bhashyam，2009］，它们之间的关系可以表达为

$$\boldsymbol{H}'=\rho\boldsymbol{H}+\sqrt{1-\rho^2}\boldsymbol{E} \tag{7.144}$$

式中，$\boldsymbol{E}=[\varepsilon_{n_rn_t}]_{N_r\times N_t}$ 是由归一化高斯随机变量组成的矩阵，即 $\varepsilon_{n_rn_t}\sim\mathcal{CN}(0,1)$。对于频率平坦衰落的窄带系统，其单抽头信道及过时信道分别记为 h 和 h'。相应地，可以得到

$$h'=\sigma_{h'}\left(\frac{\rho}{\sigma_h}h+\varepsilon\sqrt{1-\rho^2}\right) \tag{7.145}$$

式中，ε 是服从正态分布的随机变量，即 $\varepsilon\sim\mathcal{CN}(0,1)$；$\sigma_{h'}^2$ 表示 h' 的方差。

假设使用 Jakes 模型，$\boldsymbol{H}$ 和 $\boldsymbol{H}'$ 服从联合复高斯分布，其中相关系数取值为 $\rho=J_0(2\pi f_d\tau)$。因此，$\boldsymbol{H}$ 在 $\boldsymbol{H}'$ 条件下服从高斯分布，可以建模为

$$\boldsymbol{H}\mid\boldsymbol{H}'\sim\mathcal{CN}(\rho\boldsymbol{H}',1-\rho^2)$$

在归一化信道增益假设下，即 $\mathbb{E}[|h|^2]=1$，SNR$\bar{\gamma}=\mathbb{E}\left[\frac{|h|^2P_t}{\sigma_n^2}\right]$ 可以简化为 $\bar{\gamma}=P_t/\sigma_n^2$。因此，瞬时 SNR$\gamma=\frac{\|\boldsymbol{H}\|^2P_t}{\sigma_n^2}$ 可以重新写为 $\gamma=\|\boldsymbol{H}\|^2\bar{\gamma}$。以其过时版本 $\gamma'=\|\boldsymbol{H}'\|^2\bar{\gamma}$ 为条件，γ 服从自由度为 2 的非中心卡方分布。其概率密度函数（Probability Density Function，PDF）可以表示为［Jiang et al.，2016］

$$f_{\gamma|\gamma'}(\gamma\mid\gamma')=\frac{1}{\bar{\gamma}(1-\rho^2)}\mathrm{e}^{-\frac{\gamma+\rho^2\gamma'}{\bar{\gamma}(1-\rho^2)}}J_0\left(\frac{2\sqrt{\rho^2\gamma\gamma'}}{\bar{\gamma}(1-\rho^2)}\right) \tag{7.146}$$

7.7.1.2　相位噪声

由于发射机振荡器的不完美，传输信号会在从基带信号到带通信号的上变频处理中受到相位噪声的影响，同理，在接收机处也存在该影响。此类相位噪声是随机且时变的，导致了过时的 CSI，相当于多普勒频移的影响。利用完善的维纳过程［Khanzadi et al.，2016］，基站和用户在离散时刻 t 的相位噪声可以建模为

$$\begin{cases}\Delta\phi_t=\phi_t-\phi_{t-1}, & \Delta\phi_t\sim\mathcal{CN}(0,\sigma_\phi^2)\\ \Delta\varphi_t=\varphi_t-\varphi_{t-1}, & \Delta\varphi_t\sim\mathcal{CN}(0,\sigma_\varphi^2)\end{cases} \tag{7.147}$$

式中，增量方差为 $\sigma_i^2=4\pi^2f_cc_iT_s$，$\forall i=\phi,\varphi$，$T_s$ 为符号周期，c_i 为振荡器相关的常量。由于 IRS 采用无源反射单元，不含 RF 器件，因此反射表面不会引入额外的相位噪声。

7.7.2 信道老化对 IRS 的影响

实际上，用于计算最优反射相位所采用的估计 CSI 与在选择相位反射信号时的实际 CSI 大不相同。对于 IRS 增强的通信系统，使用过时的 CSI 可能会严重影响系统性能。

考虑多普勒频移与相位噪声的影响，可以用下式表示基站和用户间直达链路在 u 时刻的整体信道增益

$$\mathfrak{h}_d = h_d \mathrm{e}^{\mathrm{j}(\phi_u+\varphi_u)} \tag{7.148}$$

式中，ϕ_u 和 φ_u 分别表示基站和用户在 u 时刻的相位噪声。在 p 时刻估计得到的过时信道增益可以表示为

$$\begin{aligned}\mathfrak{h}_d' &= h_d' \mathrm{e}^{\mathrm{j}(\phi_p+\varphi_p)} \\ &= (\rho h_d+\varepsilon\sqrt{1-\rho^2})\mathrm{e}^{\mathrm{j}(\phi_u-\Delta\phi_u+\varphi_u-\Delta\psi_u)}\end{aligned} \tag{7.149}$$

式中，ϕ_p 和 φ_p 分别表示基站和用户在 p 时刻的相位噪声。类似地，由于 IRS 单元是无源的，可以得到基站和第 n 个 IRS 单元之间的实际 CSI 为

$$\mathfrak{h}_n = h_n \mathrm{e}^{\mathrm{j}\phi_u} \tag{7.150}$$

相应的 p 时刻的过时 CSI 可以表示为

$$\begin{aligned}\mathfrak{h}_n' &= h_n' \mathrm{e}^{\mathrm{j}\phi_p} \\ &= (\rho h_n+\varepsilon\sqrt{1-\rho^2})\mathrm{e}^{\mathrm{j}(\phi_u-\Delta\phi_u)}\end{aligned} \tag{7.151}$$

第 n 个 IRS 单元和用户间的实际 CSI 与过时 CSI 可以分别表示为

$$\mathfrak{g}_n = g_n \mathrm{e}^{\mathrm{j}\psi_u} \tag{7.152}$$

和

$$\begin{aligned}\mathfrak{g}_n' &= g_n' \mathrm{e}^{\mathrm{j}\psi_p} \\ &= (\rho g_n+\varepsilon\sqrt{1-\rho^2})\mathrm{e}^{\mathrm{j}(\psi_u-\Delta\psi_u)}\end{aligned} \tag{7.153}$$

在信道状况较好时，即当多普勒频移较小并且振荡器的质量较好时，信道呈现慢衰落特性，此时信道老化问题并不明显，相应的性能损失基本可以忽略。否则，在快衰落或者低成本硬件条件下，需要认真考虑信道老化问题带来的影响。

在 IRS 增强的通信系统中，用户的接收信号可以表示为

$$y = \left(\sum_{n=1}^{N} \mathfrak{g}_n c_n \mathfrak{h}_n + \mathfrak{h}_d\right)\sqrt{P_t}s+z \tag{7.154}$$

然而，基站只有过时的信道信息 $\mathfrak{g}_n'$、$\mathfrak{h}_n'$ 和 $\mathfrak{h}_d'$。此时，反射单元 n 的最优相位设置为

$$\theta_n^{\star} = \mathrm{mod}[\psi_d-(\phi_{h,n}+\phi_{g,n}),2\pi] \tag{7.155}$$

式中，$\phi_{h,n}$、$\phi_{g,n}$ 和 ψ_d 分别表示 $\mathfrak{g}_n'$、$\mathfrak{h}_n'$ 和 $\mathfrak{h}_d'$ 的相位；mod[·] 表示取模操作。则最大接收 SNR 可以表示为

$$\gamma_{\max} = \frac{P_t\left|\sum_{n=1}^{N}|g_n||h_n|\mathrm{e}^{\mathrm{j}\phi_e}+|h_d|\mathrm{e}^{\mathrm{j}\psi_e}\right|^2}{\sigma_z^2} \tag{7.156}$$

式中，用 $\mathrm{e}^{\mathrm{j}\phi_e}$ 和 $\mathrm{e}^{\mathrm{j}\psi_e}$ 来表示由于信道老化导致的残余相位（误差），它们会破坏接收机所期望的相干合并，从而导致系统性能恶化。

7.7.3 经典信道预测

基于典型统计方法，可以建立预测模型，使用一组传输参数来近似动态的衰落信道。在已知现在和过去信道信息的情况下，可以推导出这些参数，并推断之后的 CSI。现有的基于模型的信道预测方法主要采用两类策略，即自回归模型和参数模型 [Jiang and Schotten，2019a]。本节接下来将介绍这两类模型的基础原理、参数估计方法和限制。

7.7.3.1 自回归模型

通过利用时变信道在时域的自相关性，该技术可以将信道冲激响应建模为 AR 过程并使用卡尔曼滤波器（Kalman Filter，KF）估计其系数。随后，可以构建一个线性预测器，基于对当前和过去信道系数的加权合并来推断未来的信道系数。令 AR(p) 表示阶数为 p 的复 AR 过程，可以使用时域递归表示为 [Baddour and Beaulieu，2005]

$$x[n] = \sum_{k=1}^{p} a_k x[n-k] + w[n] \tag{7.157}$$

式中，$w[n]$ 是复高斯噪声，均值为 0、方差为 σ_p^2；$\{a_1, a_2, \cdots, a_p\}$ 表示 AR 系数。则 AR(p) 的功率谱密度（Power Spectral Density，PSD）为

$$S_{xx}(f) = \frac{\sigma_p^2}{\left|1 + \sum_{k=1}^{p} a_k \mathrm{e}^{-2\pi j f k}\right|^2} \tag{7.158}$$

在瑞利衰落信道中，与衰落信号的同相位或正交部分相关联的理论 PSD 有一个著名的 U 型限带形式，即

$$S(f) = \begin{cases} \dfrac{1}{\pi f_d \sqrt{1-\left(\dfrac{f}{f_d}\right)^2}}, & |f| \leqslant f_d \\ 0, & f > f_d \end{cases} \tag{7.159}$$

式中，f_d 为最大多普勒频移，单位为 Hz。相应的离散时间自回归函数为

$$R[n] = J_0(2\pi f_m |n|) \tag{7.160}$$

式中，f_m 为归一化的最大多普勒频移 $f_m = f_d T_s$。只要阶数足够大，AR 模型可以近似任意谱。期望的自相关函数 $R[n]$ 和 AR(p) 模型参数的基础关系可以表示为如下矩阵形式

$$\boldsymbol{v} = \boldsymbol{R}\boldsymbol{a} \tag{7.161}$$

其中

$$\boldsymbol{R} = \begin{bmatrix} R[0] & R[-1] & \cdots & R[-p+1] \\ R[1] & R[0] & \cdots & R[-p+2] \\ \vdots & \vdots & & \vdots \\ R[p-1] & R[p-2] & \cdots & R[0] \end{bmatrix} \tag{7.162}$$

$$\boldsymbol{a} = [a_1 \quad a_2 \quad \cdots \quad a_p]^{\mathrm{T}} \tag{7.163}$$

$$\boldsymbol{v} = [R[1] \quad R[2] \quad \cdots \quad R[p]]^{\mathrm{T}} \tag{7.164}$$

并且

$$\sigma_p^2 = R[0] + \sum_{k=1}^{p} a_k R[k] \tag{7.165}$$

将式（7.162）~式（7.164）代入式（7.161），可以得到AR系数。随后，可以构建KF预测器对单天线频率平坦衰落信道进行预测，即

$$\hat{h}[t+1]=\sum_{k=1}^{p}a_k h[t-k+1] \tag{7.166}$$

将一个MIMO信道视为一组相互独立的子信道，则KF预测器也可以对多天线系统的信道进行预测

$$\hat{\boldsymbol{H}}[t+1]=\sum_{k=1}^{p}a_k\boldsymbol{H}[t-k+1] \tag{7.167}$$

由于该方案只利用了各子信道的时间相关性，而忽略了MIMO信道中多天线的空间和频率相关性，因此该方案并不是最优的。另外，该方案易受噪声影响［Jiang and Schotten，2019b］并且存在误差传播的问题，因此在实际应用中存在一定局限性。

7.7.3.2 参数模型

该方案将衰落信道建模为有限数量的复正弦信号的叠加，每个复正弦信号有各自的幅度、多普勒频移以及相位［Adeogun et al.，2014］。其原理在于与信道的衰落速率相比，多径参数变化缓慢，如果已知这些参数，则可以推断出一定时间范围内的未来CSI。

根据常用的正弦波之和模型，MIMO信道可以表示为P个散射源的叠加

$$\boldsymbol{H}(t)=\sum_{p=1}^{P}\alpha_p\boldsymbol{a}_r(\theta_p)\boldsymbol{a}_t^{\mathrm{T}}(\phi_p)\mathrm{e}^{\mathrm{j}\omega_p t} \tag{7.168}$$

式中，α_p为第p个散射源的幅度；ω_p表示其多普勒频移；θ_p和ϕ_p分别表示到达角和离开角；$\boldsymbol{a}_r$表示接收天线阵列响应向量；$\boldsymbol{a}_t$表示发射天线阵列响应向量。以均匀线性天线阵列为例，其M个天线等间距均匀排布，则它的阵列响应可以表示为

$$\boldsymbol{a}(\psi)=[1,\mathrm{e}^{-\mathrm{j}\frac{2\pi}{\lambda}d\sin(\psi)},\cdots,\mathrm{e}^{-\mathrm{j}\frac{2\pi}{\lambda}(M-1)d\sin(\psi)}]^{\mathrm{T}} \tag{7.169}$$

式中，ψ表示离开角或到达角；d表示天线间距；λ表示载波频率的波长。使用该模型进行MIMO信道估计，实际上等效为参数估计问题，需要估计其散射源的数量、每条路径的振幅和多普勒频移，以及到达角和离开角。换言之，构建参数模型的主要工作是在已知一定数量的离散时间信道增益采样$\{\boldsymbol{H}[k]\mid k=1,\cdots,K\}$时，找出$\hat{P}$和$\{\hat{\alpha}_p,\hat{\theta}_p,\hat{\phi}_p,\hat{\omega}_p\}_{p=1}^{\hat{P}}$。

根据文献［Jiang and Schotten，2019a］，对于参数模型，估计参数的过程可以分为以下步骤：

（1）使用K个可用的信道矩阵来构建一个足够大的矩阵，以在所有维度中都具备所需的平移不变性结构。因此，构建一个维度为$N_rQ\times N_tL$的block-Hankel矩阵，可以写为

$$\hat{\boldsymbol{D}}=\begin{bmatrix}\boldsymbol{H}[1] & \boldsymbol{H}[2] & \cdots & \boldsymbol{H}[S]\\ \boldsymbol{H}[2] & \boldsymbol{H}[3] & \cdots & \boldsymbol{H}[S+1]\\ \vdots & \vdots & & \vdots\\ \boldsymbol{H}[Q] & \boldsymbol{H}[Q+1] & \cdots & \boldsymbol{H}[K]\end{bmatrix} \tag{7.170}$$

式中，Q表示Hankel矩阵的大小，且有$S=K-Q+1$。

（2）从转换后的数据中，计算包含时间和空间相关性的协方差矩阵。该空间-时间协方差矩阵$\hat{\boldsymbol{C}}$可以根据式$\hat{\boldsymbol{C}}=\hat{\boldsymbol{D}}\hat{\boldsymbol{D}}^H/(N_tS)$获得，其中$(\cdot)^H$表示共轭转置。

（3）随后，可以使用最小描述长度（Minimum Description Length，MDL）准则估计主导散射源的数量

$$\hat{P}=\arg\min_{p=1,\cdots,N_rQ-1}\left[S\log(\lambda_p)+\frac{1}{2}(p^2+p)\log S\right] \tag{7.171}$$

式中，λ_p表示$\hat{\boldsymbol{C}}$的第p个特征值。

（4）利用$\hat{\boldsymbol{C}}$的不变性结构联合估计结构参数。充分利用经典的估计算法，例如MUSIC和旋转不变性

技术来估算信号参数（Estimation of Signal Parameters by Rotational Invariance Techniques，ESPRIT）[Gardner，1988]，可以计算出到达角、离开角和多普勒频移，即 $\{\hat{\theta}_p,\hat{\phi}_p,\hat{\omega}_p\}_{p=1}^{\hat{P}}$。

（5）得到估计的结构参数 $\{\hat{\theta}_p,\ \hat{\phi}_p,\ \hat{\omega}_p\}_{p=1}^{\hat{P}}$，与 $\hat{P}$ 一起可以计算出复振幅 $\{\hat{\alpha}_p\}_{p=1}^{\hat{P}}$。

（6）一旦确定所有的参数，可以按下式进行信道预测

$$\hat{\boldsymbol{H}}(\tau)=\sum_{p=1}^{\hat{P}}\hat{\alpha}_p\boldsymbol{a}_r(\hat{\theta}_p)\boldsymbol{a}_t^{\mathrm{T}}(\hat{\phi}_p)\mathrm{e}^{\mathrm{j}\hat{\omega}_p\tau} \tag{7.172}$$

式中，τ 表示待预测 CSI 的时间范围。

通过以上步骤可以发现，参数估计过程非常繁杂，会导致较高的计算复杂度。更重要的是，随着移动环境的变化，尤其是在快速衰落信道中，所估计出来的参数将很快变得不可用。这意味着需要周期性地进行信道估计，对于实际应用而言不具备吸引力。为了克服传统信道预测的弱点，一些机器学习技术展现出了较大的潜能。接下来将介绍基于机器学习的信道预测，包括循环神经网络、长短期记忆以及浅层和深层网络中的门控循环单元的基本原理。

7.7.4　循环神经网络

循环神经网络（Recurrent Neural Network，RNN）是一类在时间序列预测中展现出极大潜能的机器学习方法[Connor et al.，1994]。与仅从训练数据中学习的前馈网络不同，RNN 可以利用其对过去状态的记忆来处理输入序列。

RNN 有几个变体，其中 Jordan 网络目前常被用来构建信道预测器。通常，一个简单的神经网络包含三个层：具有 N_i 个神经元的输入层、具有 N_h 个神经元的隐藏层，以及具有 N_o 个输出的输出层，如图 7.11 所示。前一层的激活神经元和后一层神经元输入之间的每个连接都被赋予一个权重。令 w_{ln} 表示连接第 n 个输入和第 l 个隐藏神经元之间的权重，令 v_{ol} 表示连接第 l 个隐藏神经元和第 o 个输出之间的权重，其中 $1\leqslant n\leqslant N_i$，$1\leqslant l\leqslant N_h$ 且 $1\leqslant o\leqslant N_o$。构建如下的 $N_h\times N_i$ 权重矩阵 $\boldsymbol{W}$

$$\boldsymbol{W}=\begin{bmatrix} w_{11} & \cdots & w_{1N_i} \\ \vdots & & \vdots \\ w_{N_h1} & \cdots & w_{N_hN_i} \end{bmatrix} \tag{7.173}$$

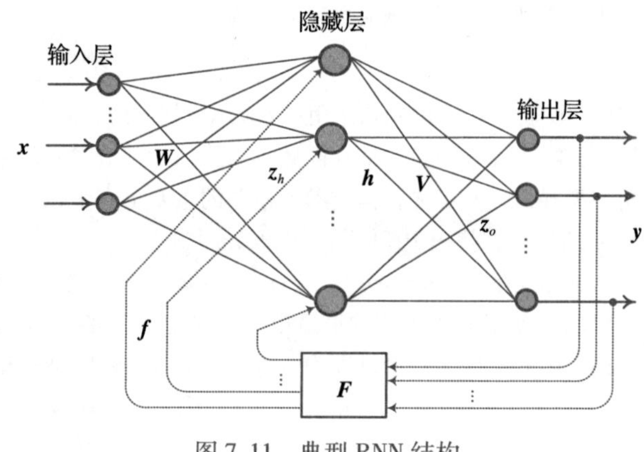

图 7.11　典型 RNN 结构

将时刻 t 的输入层激活向量以及循环分量（反馈）分别记为

$$\boldsymbol{x}(t)=[x_1(t),x_2(t),\cdots,x_{N_i}(t)]^{\mathrm{T}} \tag{7.174}$$

和

$$\boldsymbol{f}(t)=[f_1(t),f_2(t),\cdots,f_{N_h}(t)]^{\mathrm{T}} \tag{7.175}$$

隐藏层的输入可以表示为如下矩阵形式

$$\boldsymbol{z}_h(t)=\boldsymbol{W}\boldsymbol{x}(t)+\boldsymbol{f}(t)+\boldsymbol{b}_h \tag{7.176}$$

式中，$\boldsymbol{b}_h=[b_1^h,\cdots,b_{N_h}^h]^{\mathrm{T}}$ 表示隐藏层的偏差向量。用矩阵 $\boldsymbol{F}$ 表示前一个时刻的输出（即 $\boldsymbol{y}(t-1)=[y_1(t-1),\cdots,y_{N_o}(t-1)]^{\mathrm{T}}$）到循环分量的映射矩阵，即

$$\boldsymbol{f}(t)=\boldsymbol{F}\boldsymbol{y}(t-1) \tag{7.177}$$

神经网络的行为取决于激活函数，通常分为线性、线性整流、门限、sigmoid 和正切函数。一般采用 sigmoid 函数来处理非线性问题，其定义为

$$S(x)=\frac{1}{1+\mathrm{e}^{-x}} \tag{7.178}$$

将式（7.177）代入式（7.178），隐藏层的激活函数可以写为

$$\boldsymbol{h}(t)=S(\boldsymbol{z}_h(t))=S(\boldsymbol{W}\boldsymbol{x}(t)+\boldsymbol{F}\boldsymbol{y}(t-1)+\boldsymbol{b}_h) \tag{7.179}$$

式中，$S(\boldsymbol{z}_h)$ 表示逐元素操作，即

$$S(\boldsymbol{z}_h)=[S(z_1),S(z_2),\cdots,S(z_{N_h})]^{\mathrm{T}} \tag{7.180}$$

类似式（7.173），引入另一个权重矩阵 $\boldsymbol{V}$，其维度为 $N_o \times N_h$，矩阵元素表示为 $\{v_{ol}\}$。则输出层的输入为 $\boldsymbol{z}_o(t)=\boldsymbol{V}\boldsymbol{h}(t)+\boldsymbol{b}_y$，其中 $\boldsymbol{b}_y$ 为输出层的偏差向量，则输出向量可以表示为

$$\boldsymbol{y}(t)=S(\boldsymbol{z}_o(t))=S(\boldsymbol{V}\boldsymbol{h}(t)+\boldsymbol{b}_y) \tag{7.181}$$

与其他的数据驱动 AI 技术一样，RNN 的操作分为两个阶段：训练和预测。神经网络的训练通常基于一种称为反向传播（Back-Propagation，BP）的快速算法。基于给定的训练数据集，神经网络前向馈送输入数据，并将输出结果 $\boldsymbol{y}$ 和期望值 $\boldsymbol{y}_0$ 进行对比。通过代价函数（例如 $C=\|\boldsymbol{y}_0-\boldsymbol{y}\|^2$）测量预测误差，将其反向传输给神经网络，从而迭代更新权重和偏差，直到达到一定收敛条件。为了对这一过程有更直观的认识，接下来将简要介绍前馈网络中与梯度下降学习相结合的 BP 算法。

从初始网络状态开始，随机设置 $\{\boldsymbol{W},\boldsymbol{V},\boldsymbol{b}_h,\boldsymbol{b}_y\}$。

（1）输入训练示例 $(\boldsymbol{x},\boldsymbol{y}_0)$。

（2）前馈：对于隐藏层，它的输入 $\boldsymbol{z}_h$ 和激活向量 $\boldsymbol{h}$ 可以分别通过式（7.176）和式（7.179）计算。简单起见，假设应用在前馈网络的 BP 算法不包含循环分量。因此，计算输入的精确方程为 $\boldsymbol{z}_h(t)=\boldsymbol{W}\boldsymbol{x}(t)+\boldsymbol{b}_h$。另外，也能得到式（7.181）中的 $\boldsymbol{z}_0$ 和 $\boldsymbol{y}$。

（3）根据下式计算输出误差 $\boldsymbol{e}^y=[e_1^y,e_2^y,\cdots,e_{N_o}^y]^{\mathrm{T}}$

$$\boldsymbol{e}^y=\nabla_y C\odot S'(\boldsymbol{z}_o) \tag{7.182}$$

式中，∇表示元素的偏导数向量，即$\nabla_y C=\left[\frac{\partial C}{\partial y_1},\cdots,\frac{\partial C}{\partial y_{N_o}}\right]^{\mathrm{T}}$。$S'(\boldsymbol{z}_o)$ 表示激活函数关于相应输入 $\boldsymbol{z}_o$ 的导数。以式（7.178）中的 sigmoid 函数为例，有

$$S'(\boldsymbol{z}_o)=\frac{\partial S(\boldsymbol{z}_o)}{\partial \boldsymbol{z}_o}=S(\boldsymbol{z}_o)(1-S(\boldsymbol{z}_o)) \tag{7.183}$$

（4）反向传播算法（BP）：将 $\boldsymbol{e}^y$ 反向传输给隐藏层以推导误差向量，即

$$\boldsymbol{e}^h=\boldsymbol{V}^{\mathrm{T}}\boldsymbol{e}^y\odot S'(\boldsymbol{z}_h) \tag{7.184}$$

（5）梯度下降：基于反向传播误差，根据以下规则更新权重矩阵和偏差向量

$$\begin{cases}\boldsymbol{W}=\boldsymbol{W}-\eta\boldsymbol{e}^h\boldsymbol{x}^{\mathrm{T}}\\ \boldsymbol{V}=\boldsymbol{V}-\eta\boldsymbol{e}^y\boldsymbol{h}^{\mathrm{T}}\\ \boldsymbol{b}_h=\boldsymbol{b}_h-\eta\boldsymbol{e}^h\\ \boldsymbol{b}_y=\boldsymbol{b}_y-\eta\boldsymbol{e}^y\end{cases} \tag{7.185}$$

式中，η 表示学习速率。

迭代更新权重和偏差，直到代价函数低于一个预定义的门限，或者迭代次数达到最大值。完成训练过程之后，相应的神经网络便可以用于处理接下来的样本。训练 RNN 通常使用一种 BP 算法的变体，称

为时间反向传播（Back-Propagation Through Time，BPTT）。该算法需要以时间步长对循环神经网络进行展开，形成伪前馈网络以便应用BP算法进行训练。基于此，文献［Jiang and Schotten，2019a］设计了更先进或更有效的方法，如实时循环学习以及扩展的卡尔曼滤波。

7.7.5　基于RNN的信道预测

通过比较MIMO信道模型以及神经网络结构，可以发现它们之间存在很高的相似性，都具有权重矩阵连接的多输入和输出。通过将输入和输出神经元数设置为发送和接收天线数，神经网络可以很好地处理MIMO信道。RNN预测器可以实现灵活的配置以按需预测频率平坦或频率选择性衰落信道的信道响应或包络。接下来将从最简单的实例开始讨论，即使用RNN预测单天线系统下的平坦衰落信道，之后逐步扩展到对频率选择性MIMO信道的预测。

7.7.5.1　平坦衰落信道预测

考虑SISO平坦衰落信道的离散时间等效基带模型：

$$r[t]=h[t]s[t]+n[t] \tag{7.186}$$

RNN预测器的主要目标是获得预测值$\hat{h}[t+\tau]$以尽可能接近真实值$h[t+\tau]$。为了处理复信道增益，需要具备复权重值的神经网络，以下称为复值RNN。在t时刻，可以通过信道估计获得$h[t]$，同时可以简单地使用抽头延迟线记忆一系列之前时刻的值$h[t-1],h[t-2],\cdots,h[t-d]$。将这$d+1$个信道增益作为输入馈入RNN，即

$$\boldsymbol{x}[t]=[h[t],h[t-1],\cdots,h[t-d]]^{\mathrm{T}} \tag{7.187}$$

结合延迟反馈，可以获得未来信道增益的预测值$\boldsymbol{y}[t]=[\hat{h}[t+1]]^{\mathrm{T}}$。

将该预测器扩展到平坦衰落MIMO信道是很简单的。为了适应RNN的输入层，需要将信道矩阵向量化为$N_tN_r\times 1$的向量，即

$$\boldsymbol{h}[t]=\overrightarrow{\boldsymbol{H}}[t]=[h_{11}[t],h_{12}[t],\cdots,h_{N_rN_t}[t]] \tag{7.188}$$

结合d个过去值$\boldsymbol{H}[t-1],\boldsymbol{H}[t-2],\cdots,\boldsymbol{H}[t-d]$，RNN的输入为

$$\boldsymbol{x}[t]=[\boldsymbol{h}[t],\boldsymbol{h}[t-1],\cdots,\boldsymbol{h}[t-d]]^{\mathrm{T}} \tag{7.189}$$

得到的预测结果可表示为$\boldsymbol{y}[t]=\hat{\boldsymbol{h}}^{\mathrm{T}}[t+1]$，可以转换为矩阵的形式$\hat{\boldsymbol{H}}[t+1]$。

与复值RNN相比，实值RNN的复杂度更低且预测准确性更高，但是其只能处理实数值的数据。幸运的是，复值信道增益可以分解为两个实数值，即$h=h^r+\mathrm{j}h^i$。因此，文献［Jiang and Schotten，2018b］采用将实部和虚部解耦的方式，提出使用实值RNN构建一个更简单且具备更高准确性的预测器。该方案中，不需要使用两个RNN，实数和虚数部分可以在一个预测器中联合处理。此时，神经网络输入为

$$\boldsymbol{x}[t]=[h^r[t],h^i[t],\cdots,h^r[t-d],h^i[t-d]]^{\mathrm{T}} \tag{7.190}$$

相应的输出为$\boldsymbol{y}[t]=[\hat{h}^r[t+1],\hat{h}^i[t+1]]^{\mathrm{T}}$，之后合成信道增益的预测值$\hat{h}[t+1]=\hat{h}^r[t+1]+\mathrm{j}\hat{h}^i[t+1]$。相似地，$\boldsymbol{H}[t]$可以分解为

$$\boldsymbol{H}[t]=\boldsymbol{H}_R[t]+\mathrm{j}\boldsymbol{H}_I[t] \tag{7.191}$$

式中，$\boldsymbol{H}_R=\Re(\boldsymbol{H})=[h^r_{n_rn_t}]_{N_r\times N_t}$表示由信道增益的实数部分组成的矩阵，$\boldsymbol{H}_I=\Im(\boldsymbol{H})=[h^i_{n_rn_t}]_{N_r\times N_t}$表示由信道增益的虚数部分组成的矩阵。类似式（7.188），将这些矩阵向量化

$$\boldsymbol{h}_r[t]=\overrightarrow{\boldsymbol{H}}_R[t]=[h^r_{11}[t],h^r_{12}[t],\cdots,h^r_{N_rN_t}[t]] \tag{7.192}$$

将

$$\boldsymbol{x}[t]=[\boldsymbol{h}_r[t],\boldsymbol{h}_i[t],\cdots,\boldsymbol{h}_r[t-d],\boldsymbol{h}_i[t-d]]^{\mathrm{T}} \tag{7.193}$$

馈入神经网络，相应的输出记为 $\boldsymbol{y}[t]=[\hat{\boldsymbol{h}}_r[t+1],\hat{\boldsymbol{h}}_i[t+1]]^{\mathrm{T}}$，转化为矩阵形式 $\hat{\boldsymbol{H}}_R[t+D]$ 和 $\hat{\boldsymbol{H}}_I[t+D]$。之后便可以得到预测矩阵为 $\hat{\boldsymbol{H}}[t+1]=\hat{\boldsymbol{H}}_R[t+1]+\mathrm{j}\,\hat{\boldsymbol{H}}_I[t+1]$。

许多自适应传输系统只需要知道信道响应的包络 $|h|$，而不需要知道复值增益 h。对于这种情况，可以直接应用实值 RNN，从而实现更低的复杂度、更快的训练过程、更高的预测准确度。已知 t 时刻的信道包络 $|h[t]|$，以及前序时间的信道包络 $|h[t-1]|$，$|h[t-2]|$，$\cdots$，$|h[t-d]|$，则输入可以写为

$$\boldsymbol{x}[t]=[|h[t]|,|h[t-1]|,\cdots,|h[t-d]|]^{\mathrm{T}} \tag{7.194}$$

它经过神经网络输出为 $|\hat{h}[t+1]|$。更进一步，令 $\boldsymbol{Q}[t]=[|h_{n_rn_t}[t]|]_{N_r\times N_t}$，其中元素 $(n_r,n_t)^{\mathrm{th}}$ 表示 $\boldsymbol{H}[t]$ 中的包络 $h_{n_rn_t}[t]$。相似地，$\boldsymbol{Q}[t]$ 可以向量化为

$$\boldsymbol{q}[t]=\overrightarrow{\boldsymbol{Q}}[t]=[|h_{11}[t]|,|h_{12}[t]|,\cdots,|h_{N_rN_t}[t]|] \tag{7.195}$$

输入序列 $\boldsymbol{x}[t]=[\boldsymbol{q}[t],\boldsymbol{q}[t-1],\cdots,\boldsymbol{q}[t-d]]^{\mathrm{T}}$，可以得到预测值 $\boldsymbol{y}[t]=\hat{\boldsymbol{q}}[t+1]$，进一步可转化为 $\hat{\boldsymbol{Q}}[t+1]$。

7.7.5.2 频率选择性衰落信道预测

考虑频率选择性 SISO 系统中的离散时间模型：

$$r[t]=\sum_{l=0}^{L-1}h_l[t]s[t-l]+n[t] \tag{7.196}$$

式中，s 和 r 表示发送和接收符号；$h_l[t]$ 表示时变信道滤波器在时刻 t 的第 l 个抽头；n 为加性噪声。为简单起见，忽略时间索引，则频率选择信道可以建模为一个线性的 L 抽头滤波器

$$\boldsymbol{h}=[h_0,h_1,\cdots,h_{L-1}]^{\mathrm{T}} \tag{7.197}$$

可以通过 OFDM 调制将其转化为 N 个正交的窄带信道，具体如下所示

$$\tilde{r}_n[t]=\tilde{h}_n[t]\tilde{s}_n[t]+\tilde{n}_n[t],\quad n=0,1,\cdots,N-1 \tag{7.198}$$

式中，$\tilde{s}_n[t]$、$\tilde{r}_n[t]$ 和 $\tilde{n}_n[t]$ 分别表示第 n 个子载波的传输信号、接收信号和噪声。根据离散傅里叶变换的栅栏效应，信道滤波器的频率响应 $\tilde{\boldsymbol{h}}=[\tilde{h}_0,\tilde{h}_1,\cdots,\tilde{h}_{N-1}]^{\mathrm{T}}$ 是以下向量的 DFT

$$\boldsymbol{h}'=[h_0,h_1,\cdots,h_{L-1},0,\cdots,0]^{\mathrm{T}} \tag{7.199}$$

$\boldsymbol{h}'$ 通过在式（7.197）的 $\boldsymbol{h}$ 尾部补 $N-L$ 个零获得。

可以直接将式（7.198）扩展到多天线系统，表示为

$$\tilde{\boldsymbol{r}}_n[t]=\tilde{\boldsymbol{H}}_n[t]\tilde{\boldsymbol{s}}_n[t]+\tilde{\boldsymbol{n}}_n[t]\quad n=0,1,\cdots,N-1 \tag{7.200}$$

式中，$\tilde{\boldsymbol{s}}_n[t]$ 表示在 t 时刻子载波 n 上 $N_t\times1$ 维的传输符号向量；$\tilde{\boldsymbol{r}}_n[t]$ 是 $N_r\times1$ 维的接收符号向量；$\tilde{\boldsymbol{n}}[t]$ 是加性噪声向量。发送天线 n_t 和接收天线 n_r 间的子信道等效于频率选择性 SISO 信道，即

$$\boldsymbol{h}^{n_rn_t}=[h_0^{n_rn_t},h_1^{n_rn_t},\cdots,h_{L-1}^{n_rn_t}]^{\mathrm{T}} \tag{7.201}$$

相似地，可以通过 DFT 得到该信道的频率响应，即

$$\tilde{\boldsymbol{h}}^{n_rn_t}=[\tilde{h}_0^{n_rn_t},\tilde{h}_1^{n_rn_t},\cdots,\tilde{h}_{N-1}^{n_rn_t}]^{\mathrm{T}} \tag{7.202}$$

此时，子载波 n 上的信道矩阵可以表示为

$$\tilde{\boldsymbol{H}}_n[t]=[\tilde{h}_n^{n_rn_t}[t]]_{N_r\times N_t} \tag{7.203}$$

频域信道预测的主要思想是将频率选择性信道转换为一组正交的频率平坦子载波，之后使用频域预测器来预测每个子载波上的频率响应［Jiang and Schotten，2019c］。在 t 时刻，子载波 n 的信道可以表示为 $\tilde{\boldsymbol{H}}_n[t]$，连同其时延信道 $\tilde{\boldsymbol{H}}_n[t-1],\cdots,\tilde{\boldsymbol{H}}_n[t-d]$ 馈入 RNN。简单起见忽略时间索引，这些矩阵可以向量化为

$$\tilde{\boldsymbol{h}}_n=\mathrm{vec}(\tilde{\boldsymbol{H}}_n)=[\tilde{h}_n^{11},\tilde{h}_n^{12},\cdots,\tilde{h}_n^{N_rN_t}] \tag{7.204}$$

RNN 输出 D 步预测，即 $\hat{\boldsymbol{h}}_n[t+D]=[\hat{h}_n^{11}[t+D],\cdots,\hat{h}_n^{N_rN_t}[t+D]]^{\mathrm{T}}$，其矩阵形式为 $\hat{\boldsymbol{H}}_n[t+D]$。

虽然预测是在子载波级进行，考虑到信道频率相关性，不需要处理全部 N 个子载波。对于导频辅助系统，仅预测携带导频符号的子载波上的 CSI 就足够了。假设每 N_P 个子载波上嵌入一个导频，则一共有 $P=\left\lfloor \frac{N}{N_P} \right\rfloor$ 个导频子载波，其中 $\lfloor\cdot\rfloor$ 表示下取整。给定预测值 $\hat{\boldsymbol{H}}_p[t+D]$，$p=1,\cdots,P$，可以使用频域差值来得到所有子载波上的预测值 $\hat{\boldsymbol{H}}_n[t+D]$，$n=0,\cdots,N-1$。

7.7.6　长短期记忆

RNN 可以将有限个历史信息存储在内部状态中，因此很擅长处理数据序列，在时间序列预测方面具有极大潜能。然而，在使用基于梯度的 BPTT 训练技术时，存在梯度爆炸和梯度消失的问题，反向传播的误差信号往往会非常大，导致权值波动或者趋于 0，这意味着需要非常长的训练时间，又或者根本无法完成训练。

为此，Hochreiter 和 Schmidhuber 在 1977 年的开创性工作中设计了一种优雅的 RNN 结构——长短期记忆（Long Short-Term Memory，LSTM）［Hochreiter and Schmidhuber，1997］。LSTM 在处理长期依赖方面的关键创新是在循环隐藏层中引入了称为记忆单元的特殊单元和调节信息流的乘法门。在原有的 LSTM 结构中，每个记忆块包含两个门：一个是输入门，防止存储的记忆内容被无关噪声干扰；另一个是输出门，控制将记忆信息应用于生成输出激活的程度。LSTM 的一个缺点在于，当处理没有被分割成子序列的连续输入流时，其内部状态会无限增长，并最终导致网络崩溃，为此［Gers et al.，2000］中引入了遗忘门。在通过自回归连接循环回到自身之前，遗忘门会缩放内存单元的内部状态。尽管 LSTM 的历史并不长，但它已经成功应用于序列预测和标记任务。并且，LSTM 已经在机器翻译、语音识别、手写识别等许多领域取得了最先进的技术成果，并获得了巨大的商业成功，例如谷歌翻译和苹果的 Siri 等许多史无前例的智能服务都证明了这一点。

与深度 RNN 由多个循环隐藏层组成相似，深度 LSTM 网络通过叠加多个 LSTM 层实现。不失一般性，图 7.12 展示了深度 LSTM 网络的一个示例，包含一个输入层、三个隐藏层、一个输出层。在任意时间点，数据向量 $\boldsymbol{x}$ 经过输入前馈层得到 $\boldsymbol{d}^{(1)}$，作为第一个隐藏层记忆单元的激活。伴随着从上一个时间步长反馈的循环单元，生成 $\boldsymbol{d}^{(2)}$ 并传输给第二个隐藏层。持续递归，直到输出层根据 $\boldsymbol{d}^{(4)}$ 获得 $\boldsymbol{y}$。随着时间的展开，第 l 个隐藏层的记忆块在时间步长 $t-1$ 有两个内部状态，即短期状态 $\boldsymbol{s}_{t-1}^{(l)}$ 和长期状态 $\boldsymbol{c}_{t-1}^{(l)}$。从左到右遍历记忆元，$\boldsymbol{c}_{t-1}^{(l)}$ 在遗忘门先丢弃一些旧的记忆，整合输入门再选择一些新的记忆，然后作为当前的长期状态 $\boldsymbol{c}_t^{(l)}$ 输出。输入向量 $\boldsymbol{d}_t^{(l)}$ 和之前的短期记忆 $\boldsymbol{s}_{t-1}^{(l)}$ 馈入四个不同的全连接（Fully Connected，FC）层，生成门激活向量为

$$\boldsymbol{f}_t^{(l)}=\sigma_g(\boldsymbol{W}_f^{(l)}\boldsymbol{d}_t^{(l)}+\boldsymbol{U}_f^{(l)}\boldsymbol{s}_{t-1}^{(l)}+\boldsymbol{b}_f^{(l)}) \tag{7.205}$$

$$\boldsymbol{i}_t^{(l)}=\sigma_g(\boldsymbol{W}_i^{(l)}\boldsymbol{d}_t^{(l)}+\boldsymbol{U}_i^{(l)}\boldsymbol{s}_{t-1}^{(l)}+\boldsymbol{b}_i^{(l)}) \tag{7.206}$$

$$\boldsymbol{o}_t^{(l)}=\sigma_g(\boldsymbol{W}_o^{(l)}\boldsymbol{d}_t^{(l)}+\boldsymbol{U}_o^{(l)}\boldsymbol{s}_{t-1}^{(l)}+\boldsymbol{b}_o^{(l)}) \tag{7.207}$$

式中，$\boldsymbol{W}$ 和 $\boldsymbol{U}$ 为 FC 层的权重矩阵；$\boldsymbol{b}$ 表示偏差向量；角标 f、l 和 o 分别对应遗忘门、输入门和输出门；σ_g 表示 sigmoid 激活函数

$$\sigma_g(x)=\frac{1}{1+e^{-x}} \tag{7.208}$$

在遗忘门丢弃旧的记忆，并加入在当前记忆输入中选择的新的信息，定义为

$$\boldsymbol{g}_t^{(l)}=\sigma_h(\boldsymbol{W}_g^{(l)}\boldsymbol{d}_t^{(l)}+\boldsymbol{U}_g^{(l)}\boldsymbol{s}_{t-1}^{(l)}+\boldsymbol{b}_g^{(l)}) \tag{7.209}$$

之前的长期记忆 $\boldsymbol{c}_{t-1}^{(l)}$ 可以转换为

$$\boldsymbol{c}_t^{(l)} = \boldsymbol{f}_t^{(l)} \otimes \boldsymbol{c}_{t-1}^{(l)} + \boldsymbol{i}_t^{(l)} \otimes \boldsymbol{g}_t^{(l)} \tag{7.210}$$

式中，$\otimes$表示 Hadamard 乘积（元素间操作），σ_h 表示双曲切线函数，记作 tanh，其定义为

$$\sigma_h(x) = \frac{e^{2x}-1}{e^{2x}+1} \tag{7.211}$$

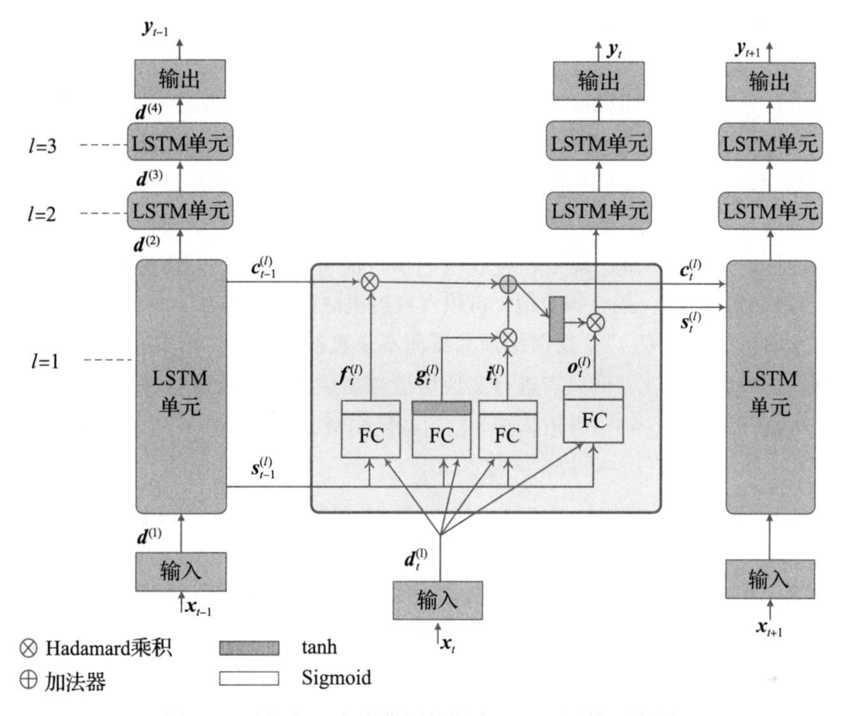

图 7.12　包含三个隐藏层的深度 LSTM 网络示意图

来源：改编自 [Jiang and Schotten，2020a]

除了 sigmoid 和 tanh 函数，还有其他常用的激活函数，例如线性整流函数（Rectified Linear Unit，ReLU），可以写为

$$\sigma_r(x) = \max(0, x) \tag{7.212}$$

如果输入负值，则输出 0，如果输入正值，则返回该值。更进一步，$\boldsymbol{c}_t$ 通过 tanh 函数后，由输出门滤波生成当前的短期记忆，即该记忆块的输出

$$\boldsymbol{s}_t^{(l)} = \boldsymbol{d}_t^{(l+1)} = \boldsymbol{o}_t^{(l)} \otimes \sigma_h(\boldsymbol{c}_t^{(l)}) \tag{7.213}$$

LSTM 出现以来，其原始结构不断演化。[Cho et al.，2014] 于 2014 年提出了一个具有更少参数的简化版本，称为门循环单元或 GRU，在某些小数据集的情况下，表现出比 LSTM 更好的性能。GRU 的记忆块中，短期状态和长期状态合并为单一状态，并使用一个单一的门 $\boldsymbol{z}_t^{(l)}$ 替代遗忘门和输入门

$$\boldsymbol{z}_t^{(l)} = \sigma_g(\boldsymbol{W}_z^{(l)} \boldsymbol{d}_t^{(l)} + \boldsymbol{U}_z^{(l)} \boldsymbol{s}_{t-1}^{(l)} + \boldsymbol{b}_z^{(l)}) \tag{7.214}$$

GRU 移除了输出门，新引入一个中间状态 $\boldsymbol{r}_t^{(l)}$，即

$$\boldsymbol{r}_t^{(l)} = \sigma_g(\boldsymbol{W}_r^{(l)} \boldsymbol{d}_t^{(l)} + \boldsymbol{U}_r^{(l)} \boldsymbol{s}_{t-1}^{(l)} + \boldsymbol{b}_r^{(l)}) \tag{7.215}$$

相似地，前一个时间步长的隐藏状态丢弃记忆元中旧的记忆，并加载新的信息，形成当前状态：

$$\boldsymbol{s}_t^{(l)}=(1-\boldsymbol{z}_t^{(l)})\otimes\boldsymbol{s}_{t-1}^{(l)}+\boldsymbol{z}_t^{(l)}\otimes\sigma_h(\boldsymbol{W}_s^{(l)}\boldsymbol{d}_t^{(l)}+\boldsymbol{U}_s^{(l)}(\boldsymbol{r}_t^{(l)}\otimes\boldsymbol{s}_{t-1}^{(l)})+\boldsymbol{b}_s^{(l)}) \tag{7.216}$$

7.7.7 基于深度学习的信道预测

为阐明下行预测器的运行原理，本节研究了一个点对点的平坦衰落 MIMO 系统，该系统中有 N_t 个发送天线和 N_r 个接收天线。其传输模型为

$$\boldsymbol{r}[t]=\boldsymbol{H}[t]\boldsymbol{s}[t]+\boldsymbol{n}[t] \tag{7.217}$$

式中，$\boldsymbol{r}[t]$ 和 $\boldsymbol{s}[t]$ 分别表示 t 时刻的接收和发送信号向量；$\boldsymbol{n}[t]$ 表示加性噪声向量；$\boldsymbol{H}[t]$ 表示 $N_r\times N_t$ 维的信道矩阵，其第（n_r,n_t）个元素 $h_{n_rn_t}$ 表示发送天线 n_t 和接收天线 n_r 间的信道复增益。发射机获得 CSI 反馈以调整其传输参数适应时变信道。由于反馈时延 τ，当发射机根据 $\boldsymbol{H}[t]$ 选择参数时，瞬时信道增益已经变为 $\boldsymbol{H}[t+\tau]$，并且大概率 $\boldsymbol{H}[t+\tau]\neq\boldsymbol{H}[t]$，尤其对于高移动性信道。过时 CSI 对于大部分无线技术而言都会造成性能损失。因此，需要在接收机侧执行信道预测以获得预测的 CSI 值 $\hat{\boldsymbol{H}}[t+D]$，其中 $D\gg\tau$，以抵消反馈时延的影响，或者等效地，可以在发射机侧进行预测。

接收机估计瞬时信道矩阵 $\boldsymbol{H}[t]$，反馈给预测器而不是直接反馈给发射机。对于大多数自适应传输，只需预测信道增益的幅度 $|h_{n_rn_t}|$，即只需进行实值信道数据预测。为了适应神经网络的输入层，在预测器中加入了一个数据预处理层，将信道矩阵转为信道幅度向量，类似于：

$$\boldsymbol{H}[t]\rightarrow[|h_{11}[t]|,|h_{12}[t]|,\cdots,|h_{N_rN_t}[t]|]^{\mathrm{T}} \tag{7.218}$$

将图 7.12 中的 $\boldsymbol{x}_t$ 替换为上式的信道向量，并通过一系列隐藏层，最终在输出层生成 $\hat{\boldsymbol{H}}[t+D]$，即获得 D 步长的预测。

除了幅度预测，预测器也可以进行复信道增益的预测。此时，通常需要基于复值深度神经网络构建预测器，而这在目前的人工智能软件工具中并没有得到很好的实现。取而代之的，可以使用一个实值网络来预测信道增益的实部和虚部，此时数据预处理层将 $\boldsymbol{H}[t]$ 转化为

$$[\Re(h_{11}[t]),\cdots,\Re(h_{N_rN_t}[t]),\Im(h_{11}[t]),\cdots,\Im(h_{N_rN_t}[t])]^{\mathrm{T}} \tag{7.219}$$

式中，$\Re(\cdot)$ 和 $\Im(\cdot)$ 分别表示实部单元和虚部单元。将该向量馈入 t 时刻的预测器后，可以通过合并预测得到的实部和虚部来获得 $\hat{\boldsymbol{H}}[t+D]$。

除了平坦衰落信道，预测器也可以应用于频率选择性信道，例如通过 OFDM 调制将相应信道转化为一组 N 个窄带子信道［Jiang and Kaiser，2016］。在第 n 个子载波处，传输信号可以表示为

$$\tilde{\boldsymbol{r}}_n[t]=\tilde{\boldsymbol{H}}_n[t]\tilde{\boldsymbol{s}}_n[t]+\tilde{\boldsymbol{n}}_n[t],\quad n=0,1,\cdots,N-1 \tag{7.220}$$

式中，$\tilde{\boldsymbol{r}}_n[t]$ 表示在 t 时刻，子载波 n 上的 N_r 个接收符号；$\tilde{\boldsymbol{s}}_n[t]$ 对应 N_t 个传输符号；$\tilde{\boldsymbol{n}}_n[t]$ 表示加性噪声向量。令 $\tilde{\boldsymbol{H}}_n[t]=[\tilde{h}_n^{n_rn_t}[t]]_{N_r\times N_t}$ 表示频域信道矩阵，其中 $1\leqslant n_r\leqslant N_r$，$1\leqslant n_t\leqslant N_t$；$\tilde{h}_n^{n_rn_t}\in\mathbb{C}^{1\times1}$ 表示子载波 n 上发送天线 n_t 和接收天线 n_r 之间的 CFR。在每个子载波上的预测过程和平坦衰落信道的预测过程一致。

7.8 总结

IRS 通过使用大量的小尺寸、无源、低开销的反射单元，可以实现智能可编程的无线传输环境。因此，它为 6G 无线系统的设计提供了一个新的自由度，以低成本、低复杂度、低能耗的方式实现容量和性能的可持续增长。本章介绍了 IRS 辅助单天线和多天线基站的系统模型和信号传输模型，同时考虑了频

率平坦和频率选择性衰落信道。展示了有源和无源波束赋形的联合优化以及双波束 IRS 传输。另外，给出了信道老化对 IRS 的影响，以及基于机器学习的信道预测方法。本章可作为一个教程材料，以便读者进一步开展这一有前景的课题研究工作。

参考文献

Adeogun, R. O., Teal, P. D. and Dmochowski, P. A. [2014], 'Extrapolation of MIMO mobile-to-mobile wireless channels using parametric-model-based prediction', *IEEE Transactions on Vehicular Technology* **64**(10), 4487–4498.

Baddour, K. and Beaulieu, N. [2005], 'Autoregressive modeling for fading channel simulation', *IEEE Transactions on Wireless Communications* **4**, 1650–1662.

Basar, E. [2019], Transmission through large intelligent surfaces: A new frontier in wireless communications, *in* 'Proceedings of 2019 European Conference on Networks and Communications (EuCNC)', Valencia, Spain, pp. 112–117.

Cho, K., van Merrienboer, B., Gulcehre, C., Bahdanau, D., Bougares, F., Schwenk, H., Bengio, Y. [2014], 'Learning phrase representations using RNN encoder-decoder for statistical machine translation', *preprint arXiv:1406.1078*.

Connor, J., Martin, R. and Atlas, L. (1994], 'Recurrent neural networks and robust time series prediction', *IEEE Transactions on Neural Networks* **5**(2), 240–254.

Gardner, W. [1988], 'Simplification of MUSIC and ESPRIT by exploitation of cyclostationarity', *Proceedings of the IEEE* **76**(7), 845–847.

Gers, F. A., Schmidhuber, J., Cummins, F. [2000], 'Learning to forget: Continual prediction with LSTM', *Neural Computation* **12**(10), 2451–2471.

Hochreiter, S. and Schmidhuber, J. [1997], 'Long short-term memory', *Neural Computation* **9**(8), 1735–1780.

Hu, S., Rusek, F. and Edfors, O. [2018], 'Beyond massive MIMO: The potential of data transmission with large intelligent surfaces', *IEEE Transactions on Signal Processing* **66**(10), 2746–2758.

Jiang, W. and Kaiser, T. [2016], From OFDM to FBMC: Principles and Comparisons, *in* F. L. Luo and C. Zhang, eds, *'Signal Processing for 5G: Algorithms and Implementations'*, John Wiley&Sons and IEEE Press, United Kingdom, Chapter 3.

Jiang, W. and Schotten, H. [2018*a*], Neural network-based channel prediction and its performance in multi-antenna systems, *in* 'Proceedings of 2018 IEEE Vehicular Technology Conference (VTC-Fall)', Chicago, USA.

Jiang, W. and Schotten, H. D. [2018*b*], Multi-antenna fading channel prediction empowered by artificial intelligence, *in* 'Proceedings of 2018 IEEE Vehicular Technology Conference (VTC-Fall)', Chicago, USA.

Jiang, W. and Schotten, H. [2019*a*], 'Neural network-based fading channel prediction: A comprehensive overview', *IEEE Access* **7**, 118112–118124.

Jiang, W. and Schotten, H. D. [2019*b*], A comparison of wireless channel predictors: Artificial Intelligence versus Kalman filter, *in* 'Proceedings of 2019 IEEE International Communications Conference (ICC)', Shanghai, China.

Jiang, W. and Schotten, H. D. [2019*c*], Recurrent neural network-based frequency-domain channel prediction for wideband communications, *in* 'Proceedings of 2019 IEEE Vehicular Technology Conference (VTC)', Kuala Lumpur, Malaysia.

Jiang, W. and Schotten, H. D. [2020*a*], 'Deep learning for fading channel prediction', *IEEE Open Journal of the Communications Society* **1**, 320–332.

Jiang, W. and Schotten, H. D. [2020*b*], A deep learning method to predict fading channel in multi-antenna systems, *in* 'Proceedings of 2020 IEEE Vehicular Technology Conference (VTC-Spring)', Antwerp, Belgium.

Jiang, W. and Schotten, H. D. [2020*c*], Recurrent neural networks with long short-term memory for fading channel prediction, *in* 'Proceedings of 2018 IEEE Vehicular Technology Conference (VTC-Spring)', Antwerp, Belgium.

Jiang, W. and Schotten, H. D. [2021*a*], 'Cell-free massive MIMO-OFDM transmission over frequency-selective fading channels', *IEEE Communications Letters* **25**(8), 2718–2722.

Jiang, W. and Schotten, H. D. [2021*b*], 'A simple cooperative diversity method based on deep-learning-aided relay selection', *IEEE Transactions on Vehicular Technology* **70**(5), 4485–4500.

Jiang, W. and Schotten, H. D. [2022], Initial access for millimeter-wave and terahertz communications with hybrid beamforming, *in* 'Proceedings of 2022 IEEE International Communications Conference (ICC)', Seoul, South Korea.

Jiang, W., Kaiser, T. and Vinck, A. J. H. [2016], 'A robust opportunistic relaying strategy for co-operative wireless communications', *IEEE Transactions on Wireless Communications* **15**(4), 2642–2655.

Jiang, W., Strufe, M. and Schotten, H. [2020], Long-range fading channel prediction using recurrent neural network, *in* 'Proceedings of 2020 IEEE Consumer Communications and Networking Conference (CCNC)', Las Vegas, USA.

Jiang, W., Han, B., Habibi, M. A. and Schotten, H. D. [2021], 'The road towards 6G: A comprehensive survey', *IEEE Open Journal of the Communications Society* **2**, 334–366.

Khanzadi, M. R., Krishnan, N., Wu, Y. i., Amat, A. G., Eriksson, T. and Schober, R. [2016], 'Linear massive MIMO precoders in the presence of phase noise – a large-scale analysis', *IEEE Transactions on Vehicular Technology* **65**(5), 3057–3071.

Ramya, T. R. and Bhashyam, S. [2009],'Using delayed feedback for antenna selection in MIMO systems', *IEEE Transactions on Wireless Communications* **8**(12), 6059–6067.

Silver, D., Huang, A., Maddison, C. J., Guez, A., Sifre, L., van den Driessche, G., Schrittwieser, J., Antonoglou, I., Panneershelvam, V., Lanctot, M., Dieleman, S., Grewe, D., Nham, J., Kalchbrenner, N., Sutskever, I., Lillicrap, T., Leach, M., Kavukcuoglu, K., Graepel, T. and Hassabis, D. [2016], 'Mastering the game of Go with deep neural networks and tree search', *Nature* **529**, 484–489.

Tang, W., Chen, M. Z., Dai, J. Y., Zeng, Y., Zhao, X., Jin, S., Cheng, Q. and Cui, T. J. [2020], 'Wireless communications with programmable metasurface: New paradigms, opportunities, and challenges on transceiver design', *IEEE Wireless Communications* **27**(2), 180–187.

Tse, D. and Viswanath, P. [2005], *Fundamentals of Wireless Communication*, Cambridge University Press, Cambridge, United Kingdom.

Wang, Q., Greenstein, L. J., Cimini, L. J., Chan, D. S. and Hedayat, A. [2014], 'Multi-user and single-user throughputs for downlink MIMO channels with outdated channel state information', *IEEE Wireless Communications Letters* **3**, 321–324.

Wu, Q. and Zhang, R. [2018], Intelligent reflecting surface enhanced wireless network: Joint active and passive beamforming design, Abu Dhabi, United Arab Emirates.

Wu, Q. and Zhang, R. [2019], 'Intelligent reflecting surface enhanced wireless network via joint active and passive beamforming', *IEEE Transactions on Wireless Communications* **18**(11), 5394–5409.

Wu, Q. and Zhang, R. [2020], 'Towards smart and reconfigurable environment: Intelligent reflecting surface aided wireless network', *IEEE Communications Magazine* **58**(1), 106–112.

Wu, Q., Zhang, S., Zheng, B., You, C. and Zhang, R. [2021], 'Intelligent reflecting surface-aided wireless communications: A tutorial', *IEEE Transactions on Communications* **69**(5), 3313–3351.

Yang, Y., Zheng, B., Zhang, S. and Zhang, R. [2020], 'Intelligent reflecting surface meets OFDM: Protocol design and rate maximization', *IEEE Transactions on Communications* **68**(7), 4522–4535.

Ye, J., Guo, S. and Alouini, M.-S. [2020], 'Joint reflecting and precoding designs for SER minimization in reconfigurable intelligent surfaces assisted MIMO systems', *IEEE Transactions on Wireless Communications* **19**(8), 5561–5574.

Yu, X., Xu, W., Leung, S.-H. and Wang, J. [2017], 'Unified performance analysis of transmit antenna selection with OSTBC and imperfect CSI over Nakagami-m fading channels', *IEEE Transactions on Vehicular Technology* **67**, 494–508.

Yu, X., Xu, D. and Schober, R. [2020], Optimal beamforming for MISO communications via intelligent reflecting surfaces, *in* 'Proceedings of 2020 IEEE 21st International Workshop on Signal Processing Advances in Wireless Communications (SPAWC)', Atlanta, USA.

Yuan, X., Zhang, Y.-J. A., Shi, Y., Yan, W. and Liu, H. [2021], 'Reconfigurable-intelligent-surface empowered wireless communications: Challenges and opportunities', *IEEE Wireless Communications* **28**(2), 136–143.

Zhang, S. and Zhang, R. [2020], 'Capacity characterization for intelligent reflecting surface aided MIMO communication', *IEEE Journal on Selected Areas in Communications* **38**(8), 1823–1838.

Zhang, J., Yu, X. and Letaief, K. B. [2019], 'Hybrid beamforming for 5G and beyond millimeter-wave systems: A holistic view', *IEEE Open Journal of the Communications Society* **1**, 77–91.

Zheng, B. and Zhang, R. [2020], 'Intelligent reflecting surface-enhanced OFDM: Channel estimation and reflection optimization', *IEEE Wireless Communications Letters* **9**(4), 518–522.

Zheng, J. and Rao, B. D. [2008], 'Capacity analysis of MIMO systems using limited feedback transmit precoding schemes', *IEEE Transactions on Signal Processing* **56**, 2886–2901.

第 8 章 |Chapter 8|

6G 多维技术和天线技术

由于从不同传播路径到达接收机的多个信号相消叠加，无线通信会遭受深度衰落。这将导致一系列连续的错误符号，也是导致无线传输性能不佳的主要原因。分集技术利用独立的衰落路径携带相同的信息，只要其中一条路径是好的，就可以实现可靠的通信。由于时间和频率资源的限制，时间分集和频率分集并不是最佳选择。而空间分集也称天线分集，通过简单地在发射机或接收机上添加天线阵列就可以实现，并不会损失任何宝贵的无线资源，因而变得很有吸引力。空间分集可以进一步分为不同的形式：接收合并通过在接收机上采用多根天线来处理独立的衰落信号；传输分集通过使用多根传输天线来携带时空域中相同的信息；传输天线选择则机会性地选择最好的信道。当天线间距小并且没有极化时，不同天线相对应的信号路径高度相关。在这种情况下，不存在空间分集。因此，波束赋形可以通过引导波束将能量集中到所需的方向或减轻干扰信号来实现功率增益。在丰富的散射环境下，在发射机和接收机上使用多根天线可以通过空间多路复用并行数据流来实现额外的自由度。MIMO 信道容量随天线数量线性增加，而空间分集或波束赋形信道容量仅以对数尺度增加。

本章将重点介绍多天线传输的基本原理，包括

- 空间分集的基本原理及其特殊优势。
- 接收机通过合并多路空间信号来实现接收分集，包括最大比合并、选择合并和等增益合并。
- 用于传输分集的空时编码设计，包括空时格码、Alamouti 码和空时分组码。
- 用于功率增益或干扰抑制的技术，包括具有高相关性天线阵列的传统波束赋形和低相关性阵列的单流预编码。
- 发射天线选择的原理和优点。
- 实现空间多路复用增益的点对点 MIMO 或单用户 MIMO 的基本原理、发射机的 MIMO 预编码和典型的 MIMO 检测方法（即线性解码和连续干扰消除）。

8.1 空间分集

与加性高斯白噪声（Additive White Gaussian Noise，AWGN）信道相比，无线信道由于来自不同传播路径的信号副本的相消组合而存在深度衰落问题。在极低的信噪比（Signal-to-Noise Ratio，SNR）下，深度衰落会带来连续的符号和位错误，使得无线通信性能不佳，因而有必要利用各种分集技术来提高性能。分集的基本思想是通过多条路径传输承载相同信息的信号，信号在每条路径上的衰落都相互独立，这可以确保接收机获得多个独立的信号副本，并且只要其中一个副本是强的，就可实现可靠通信。

实现分集的方法很多。跨时隙的分集，也即时间分集，可以通过编码和交织获得。信息位是被编码的，编码后的符号通过交织分散在多个相干周期，以便码字的不同部分经历独立的衰落。类似地，如果信道足够宽以表现出频率选择性，也可以利用频率分集。常用的利用频率分集来提高性能的技术有单载波均衡、直接序列扩频和正交频分复用（Orthogonal Frequency Division Multiplexing，OFDM）等。或者可以使用间隔足够大或极化的多个发射或接收天线来探索空间分集或天线分集。在蜂窝网络中，基于基站和多用户之间的信道是不同的，因此可以利用宏分集或多用户分集。无线系统通常采用几种不同类型的分集来实现更好的性能。

在无线通信中，某些无线资源如时间和频率是宝贵的，并且无法在特定位置人为生成。时间分集在多个时隙上重复相同的信息，浪费了时间资源。此外，在多个相干周期中进行交织和编码会增加系统延迟，当信道相干时间较长时，这对于延迟敏感的应用可能是不可接受的。频率分集中也存在相同的缺点，如在扩频技术中，窄带信号占用了较大的带宽。以硬件成本和功耗为代价，可以通过在发射机或接收机上增加天线阵列来实现空间分集，而不会损失宝贵的无线资源。当天线间距离足够大时，不同天线接收到的信号相关性较低。换句话说，不同的天线或多或少独立地衰减，从而产生独立的信号路径。低衰落相关性所需的天线距离取决于波长和局部散射环境。地面上的移动终端通常被许多散射体包围，此时信道在较短的距离上去相关，典型的仅需半个波长的天线间距就足以实现相对较低的相关性；对于安装在高塔上的典型宏基站，通常需要几到几十个波长的天线间距才能确保低衰落相关性。另一种实现低天线间相关性的方法是使用垂直极化波和水平极化波的不同极化。虽然它们的平均接收功率大致相同，但由于相对任意极化的散射角是随机的，因此两条路径同时处于深度衰落的可能性很低。它有时也称为极化分集。空间分集可以分为以下几种形式：

- 接收分集在接收机上使用多根天线在单输入多输出（Single Input Multiple Output，SIMO）信道上形成独立的衰落路径。除了有分集增益，该机制还有功率增益。
- 发射分集利用多个发射天线在多输入单输出（Multiple Input Single Output，MISO）信道上发射携带相同信息的信号，但需要设计空时码来解决编码问题。发射分集对蜂窝系统的下行链路很有吸引力，并允许低复杂性、低成本、轻量级移动终端。

具有多根收发天线的多输入多输出信道（Multi-Input Multi-Output，MIMO）提供了更高阶的分集。除了提供空间分集，MIMO 信道还提供了额外的自由度来并行传输多个数据流，即空间多路复用，这将在后续章节进行介绍。

- 发射天线选择（Transmit Antenna Selection，TAS）从多根发射天线中选择一根天线来传输信号。如果所选天线具有最强的 SNR，那么发射天线选择可以实现等于所有发射天线数目的分集阶数。发射天线选择可以大大降低实施复杂性，降低硬件成本并提高功效。

8.2 接收合并

历史上最常应用的空间分集形式是在接收端使用天线阵列来实现接收分集。它合并独立的衰落路径来获得组合信号，然后检测该组合信号来恢复原始符号。不同合并方案的复杂性和性能不同。通常采用线性合并技术，由此产生的信号只是所有分支接收信号的加权和。

图 8.1 描述了从 N_r 根不同天线接收到的信号 $r_1, r_2, \cdots, r_{N_r}$ 的线性合并结构。如果天线间距离足够远或者天线被极化了，则假设每个信道都经历了独立同分布（Independent and Identically Distributed，i. i. d. ）的频率平坦瑞利衰落。如果信号带宽远大于信道相干带宽，那么无线信道会遭受频率选择性衰落。诸如 OFDM 之类的多载波技术可以将频率选择性衰落信道转换为频率平坦衰落信道。因此，本章仅采用频率

平坦衰落信道。随后的章节将讨论在频率选择性衰落信道上的多天线技术。考虑发送端、无线链路和接收端对信道的影响，可以建模信道为由幅度增益和相移组成的复乘性失真。发射天线和第 n_r 根接收天线之间的信道系数通常可以用复圆对称高斯随机变量 $h_{n_r} \sim \mathcal{CN}(0,1)$ 来表示，其中 $n_r=1,2,\cdots,N_r$。典型的信道中存在相移旋转 θ_{n_r} 和相应的增益 a_{n_r}，即

$$h_{n_r}=a_{n_r}\mathrm{e}^{\mathrm{j}\theta_{n_r}} \tag{8.1}$$

式中，θ_{n_r} 和 a_{n_r} 都是实数标量。因此，天线 n_r 接收到的信号为

$$r_{n_r}=h_{n_r}s+n_{n_r} \tag{8.2}$$

式中，传输信号 s 的平均功率为 P，n_{n_r} 表示方差为 σ_n^2 的 AWGN，即 $n_r \sim \mathcal{CN}(0,\sigma_n^2)$。所有的分支具有相同的平均 SNR

$$\bar{\gamma}_n=\frac{P}{\sigma_n^2} \tag{8.3}$$

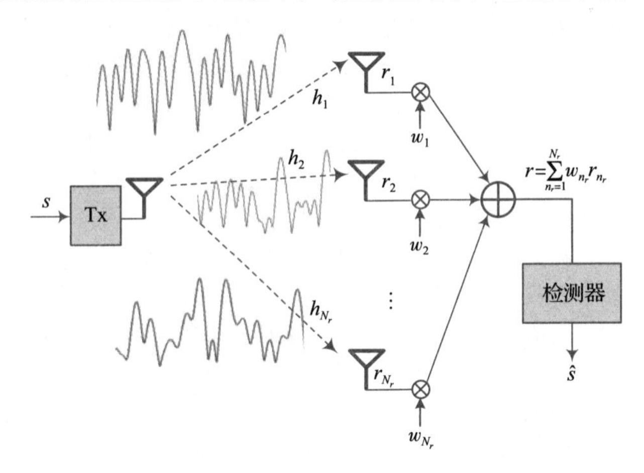

图 8.1　具有线性合并器的多天线接收分集原理图，其中信号从单个发射天线经过独立衰落的频率平坦信道到达 N_r 根接收天线

在每根天线上多路复用权重的主要目的是补偿相应的信道相位，从而确保对齐接收信号的相位来最大化信号强度。如果没有该相位对齐，信号将无法在合并上相干叠加，导致最终信号由于所有接收到信号的相干相消叠加而表现出严重的衰落。因此，典型的复值权重 w_{n_r} 应包含相移 $-\theta_{n_r}$ 来进行补偿。线性合并器的输出信号为

$$r = \sum_{n_r=1}^{N_r} w_{n_r} r_{n_r} \tag{8.4}$$

令 γ 表示组合信号 r 的瞬时 SNR。信噪比 γ 随机变化，其分布是分集路径数量、每条路径的衰落分布和合并机制的函数。给定信噪比 γ 及其统计信息，通常用中断概率和平均错误概率两个度量指标来衡量分集性能。平均错误概率可表示为

$$\bar{P} = \int_0^{+\infty} P(\gamma) f_\gamma(\gamma)\mathrm{d}\gamma \tag{8.5}$$

式中，$P(\gamma)$ 是在 AWGN 中的错误概率，$f_\gamma(\gamma)$ 表示瞬时 SNR 的功率密度函数（Power Density Function，PDF）。中断概率是信噪比 γ 小于等于目标 SNR 值 γ_0 的概率，可表示为

$$P_{\mathrm{out}} = \mathbb{P}(\gamma \leqslant \gamma_0) = \int_0^{\gamma_0} f_\gamma(\gamma)\mathrm{d}\gamma \tag{8.6}$$

式中，$\mathbb{P}$ 表示数学概率。

在接下的几部分将介绍三种典型的组合技术：

- 选择合并（Selection Combining，SC）选择具有最高 SNR 的路径，并检测所选定路径的信号。
- 最大比合并（Maximal Ratio Combining，MRC）基于路径信号的最优线性组合（匹配滤波器）来决策。
- 等增益合并（Equal-Gain Combining，EGC）仅相加共相位处理后的路径信号。

8.2.1　选择合并

在选择合并中，选择最大 SNR $\max(\gamma_{n_r})$ 的天线接收信号在接收机上进行处理，其中 $n_r=1,2,\cdots,N_r$。SC 接收机只需要一个可以切换到被选定接收天线的 RF 链，不仅具有低硬件成本、低复杂性和低功耗的优点，而且不需要多个分支之间的共相位，因此可以应用选择合并技术于相干检测或微分调制。

选择合并的权重可以求解为

$$w_{n_r}=\begin{cases}1, & \text{if} \quad n_r=\arg\max\limits_{n_r}(\gamma_{n_r})\\ 0, & \text{其他}\end{cases} \tag{8.7}$$

线性合并器输出的瞬时信噪比为

$$\gamma_{\mathrm{SC}}=\max_{n_r}(\gamma_{n_r}) \tag{8.8}$$

可推导信噪比 γ_{SC} 的累积分布函数（Cumulative Distribution Function，CDF）为

$$\begin{aligned}F_{\gamma_{\mathrm{SC}}}(\gamma)&=\mathbb{P}(\gamma_{\mathrm{SC}}<\gamma)\\&=\mathbb{P}(\max_{n_r}(\gamma_{n_r})<\gamma)\\&=\prod_{n_r=1}^{N_r}\mathbb{P}(\gamma_{n_r}<\gamma)=\prod_{n_r=1}^{N_r}F_{\gamma_{n_r}}(\gamma)\end{aligned} \tag{8.9}$$

式中，$F_{\gamma_{n_r}}(\gamma)$ 表示接收天线 n_r 处的平均 SNR。假设瑞利衰落独立同分布，可知 γ_{n_r} 服从指数分布。因此

$$F_{\gamma_{n_r}}(\gamma)=1-\mathrm{e}^{-\gamma/\overline{\gamma}_{n_r}} \tag{8.10}$$

式中，$\overline{\gamma}_{n_r}$ 是第 n_r 根接收天线的平均 SNR。对于任意的 $n_r=1,2,\cdots,N_r$，使用 $\overline{\gamma}_{n_r}=\overline{\gamma}_n$，可简化式（8.10）为

$$F_{\gamma_{n_r}}(\gamma)=1-\mathrm{e}^{-\gamma/\overline{\gamma}_n} \tag{8.11}$$

将式（8.11）代入（8.9），可得

$$F_{\gamma_{\mathrm{SC}}}(\gamma)=[1-\mathrm{e}^{-\gamma/\overline{\gamma}_n}]^{N_r} \tag{8.12}$$

这意味着即使所有的分支服从瑞利衰落，合并后的信号不再服从瑞利分布。

那么，在选择合并下，将 $\gamma=\gamma_0$ 代入式（8.12），可得目标信噪比 γ_0 的中断概率为

$$P_{\mathrm{out}}^{\mathrm{SC}}(\gamma_0)=\mathbb{P}(\gamma_{\mathrm{SC}}\leqslant\gamma_0)=F_{\gamma_{\mathrm{SC}}}(\gamma_0)=[1-\mathrm{e}^{-\gamma_0/\overline{\gamma}_n}]^{N_r} \tag{8.13}$$

相对于 γ，对式（8.12）微分，可得 γ_{SC} 的 PDF 为

$$f_{\gamma_{\mathrm{SC}}}(\gamma)=\frac{\partial F_{\gamma_{\mathrm{SC}}}(\gamma)}{\partial\gamma}=\frac{N_r}{\overline{\gamma}_n}[1-\mathrm{e}^{-\gamma/\overline{\gamma}_n}]^{N_r-1}\mathrm{e}^{-\gamma/\overline{\gamma}_n} \tag{8.14}$$

在 AWGN 中，错误概率取决于接收信噪比。但是由于多径衰落，无线信道中接收信号的功率是随机变化的。因此，可将衰落信道视为一个具有可变增益的 AWGN。通过对 AWGN 中的错误概率在衰落分布上进行积分，可以计算出误码率（Bit Error Rate，BER）和误符号率（Symbol Error Rate，SER），其中平均概率可根据式（8.5）来计算。表 8-1 列出了 AWGN 中几种典型数字调制的 BER 和 SER。除了差分相移键控（Differential Phase Shift Keying，DPSK），大多数调制方案都不存在闭式表达式。差分键控的 BER 可表示为

$$
\begin{aligned}
\bar{P}_b &= \int_0^{\infty} \frac{1}{2} \mathrm{e}^{-\gamma} f_{\gamma_{SC}}(\gamma)\,\mathrm{d}\gamma \\
&= \int_0^{\infty} \frac{1}{2} \mathrm{e}^{-\gamma} \frac{N_r}{\bar{\gamma}_n} [1 - \mathrm{e}^{-\gamma/\bar{\gamma}_n}]^{N_r-1} \mathrm{e}^{-\gamma/\bar{\gamma}_n}\,\mathrm{d}\gamma \\
&= \frac{N_r}{2} \sum_{n_r=0}^{N_r-1} (-1)^{n_r} \frac{\binom{N_r-1}{n_r}}{1 + n_r + \bar{\gamma}_n}
\end{aligned} \tag{8.15}
$$

表 8-1　相干调制的误符号率和误码率

调制	误符号率	误码率
BPSK	—	$P_b(\gamma_b) = Q(\sqrt{2\gamma_b})$
QPSK	$P_s(\gamma_s) \approx 2Q(\sqrt{\gamma_s})$	$P_b(\gamma_b) = Q(\sqrt{2\gamma_b})$
DPSK	$P_s(\gamma_s) = \frac{1}{2}\mathrm{e}^{-\gamma_s}$	$P_b(\gamma_b) = \frac{1}{2}\mathrm{e}^{-\gamma_b}$
MPSK	$P_s(\gamma_s) \approx 2Q\left(\sqrt{2\gamma_s}\sin\left(\frac{\pi}{M}\right)\right)$	$P_b(\gamma_b) = \frac{2}{\log_2 M} Q\left(\sqrt{2\gamma_b \log_2 M}\sin\left(\frac{\pi}{M}\right)\right)$
MQAM	$P_s(\gamma_s) \approx 4Q\left(\sqrt{\frac{3\bar{\gamma}_s}{M-1}}\right)$	$P_b(\gamma_b) \approx \frac{4}{\log_2 M} Q\left(\sqrt{\frac{3\bar{\gamma}_b \log_2 M}{M-1}}\right)$

声明：$Q(x) = \frac{1}{\sqrt{2\pi}} \int_x^{\infty} \exp\left(-\frac{u^2}{2}\right) \mathrm{d}u$

来源：Goldsmith [2005]/经由剑桥大学出版社授权。

由于分集增益，整体接收的SNR的更有利分布会导致误差概率或中断概率的更快下降。特别是，使用称为分集阶数的度量标准来反映误差概率在平均SNR中衰减的速度。当误差性能以 $c\bar{\gamma}_n^{-N_r}$ 形式表示时，N_r 为分集阶数，其中 c 是取决于特定调制和编码方式的常数，$\bar{\gamma}_n$ 是每个分支的平均SNR。性能增益随分集阶数非线性增长。从单天线（即无分集阶数）到两根天线可获得最显著的增益。相比将分集分支的数量从1增加到2，从2增加到3所获得的增益要少得多。随着 N_r 的增加带来的额外增益一般会减少[Goldsmith，2005]，该规律也可以通过组合信号的平均SNR来证明

$$
\begin{aligned}
\bar{\gamma}_{SC} &= \int_0^{\infty} \gamma f_{\gamma_{SC}}(\gamma)\,\mathrm{d}\gamma \\
&= \int_0^{\infty} \gamma \frac{N_r}{\bar{\gamma}_n} [1 - \mathrm{e}^{-\gamma/\bar{\gamma}_n}]^{N_r-1} \mathrm{e}^{-\gamma/\bar{\gamma}_n}\,\mathrm{d}\gamma \\
&= \bar{\gamma}_n \sum_{n_r=1}^{N_r} \frac{1}{n_r}
\end{aligned} \tag{8.16}
$$

式中，$\bar{\gamma}_{SC}$ 随 N_r 数量的增加而增加，但增量幅度显著减小。

根据式（8.15），图8.2显示了正交相移键控（Quadrature Phase Shift Keying，QPSK）调制下SC的平均误码率随分支平均信噪比的变化。例如，当误码率为 10^{-3} 时，分集阶数从1增加到2时的信噪比增益约为12dB，而从两路分支到四路分支只产生了大约6dB的增益。将分集数进一步增加至8和16，额外增益分别降至3dB和不到2dB。

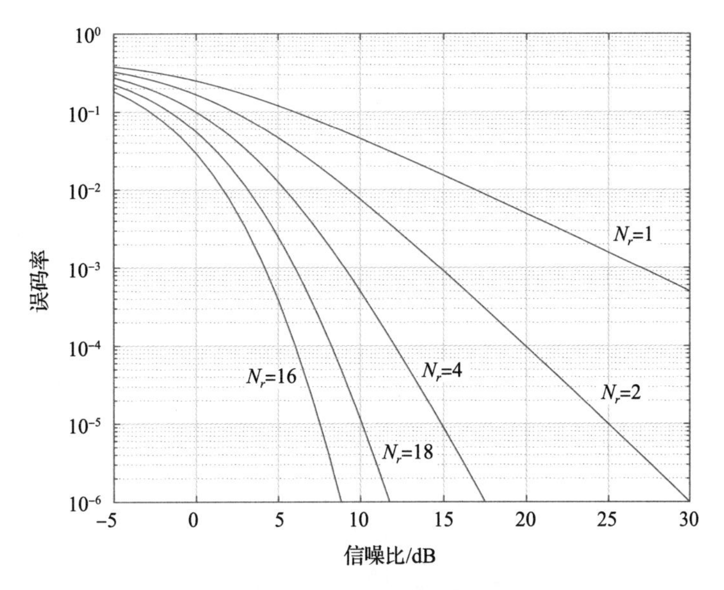

图 8.2 在独立同分布的瑞利衰落信道下，选择合并在 QPSK 下 SC 的平均误码率性能

8.2.2 最大比合并

MRC 接收机也是一个匹配滤波器，它可以通过对每个分支的接收信号按照信号强度的比例进行加权来最大化组合信号的信噪比，还可以对齐不同天线上接收信号的相位来补偿相应的信道相位。假设通过信道估计可以获得第 n_r 根接收天线的完美信道状态信息（Channel State Information，CSI）h_{n_r}。使用权重

$$w_{n_r}=h^*_{n_r},\quad n_r=1,2,\cdots,N_r \tag{8.17}$$

式中，$(\cdot)^*$ 表示复共轭，将式（8.17）代入式（8.14）便可得到线性合并器的组合信号

$$\begin{aligned} r_{\mathrm{MRC}} &= \sum_{n_r=1}^{N_r} h^*_{n_r} r_{n_r} = \sum_{n_r=1}^{N_r} h^*_{n_r}(h_{n_r}s+n_{n_r}) \\ &= \sum_{n_r=1}^{N_r} |h_{n_r}|^2 s+\sum_{n_r=1}^{N_r} h^*_{n_r} n_{n_r} \end{aligned} \tag{8.18}$$

代入 $\bar{\gamma}_n=P/\sigma_n^2$，瞬时信噪比为

$$\gamma_{\mathrm{MRC}} = \sum_{n_r=1}^{N_r} |h_{n_r}|^2 \frac{P}{\sigma_n^2} = \left(\sum_{n_r=1}^{N_r} |h_{n_r}|^2\right)\bar{\gamma}_n \tag{8.19}$$

在独立同分布瑞利分布 $h_{n_r}\sim\mathcal{CN}(0,1)$，$n_r=1,2,\cdots,N_r$ 下，项

$$\sum_{n_r=1}^{N_r} |h_{n_r}|^2 \tag{8.20}$$

是 $2N_r$ 个独立实高斯随机变量的二次方和。因此，整体的接收信噪比 γ_{MRC} 是期望值为 $\bar{\gamma}_{\mathrm{MRC}}=N_r\bar{\gamma}_n$、方差为 $2N_r\bar{\gamma}_n$ 的卡方分布。因此，信噪比 γ_{MRC} 的 PDF 可表示为

$$f_{\gamma_{\mathrm{MRC}}}(\gamma)=\frac{\gamma^{N_r-1}\mathrm{e}^{-\gamma/\bar{\gamma}_n}}{\bar{\gamma}_n^{N_r}(N_r-1)!},\quad \gamma\geqslant 0 \tag{8.21}$$

式中，!表示非负整数的阶乘，即

$$n!=n\cdot(n-1)\cdot(n-2)\cdots 2\cdot 1 \tag{8.22}$$

然后将式（8.21）代入式（8.6），可得到 MRC 的中断概率为

$$\begin{aligned}P_{\mathrm{out}}^{\mathrm{MRC}}(\gamma_0)&=\mathbb{P}(\gamma_{\mathrm{MRC}}\leqslant\gamma_0)\\&=\int_0^{\gamma_0}f_{\gamma_{\mathrm{MRC}}}(\gamma)\,\mathrm{d}\gamma\\&=1-\mathrm{e}^{-\gamma_0/\bar{\gamma}_n}\sum_{n_r=1}^{N_r}\frac{(\gamma_0/\bar{\gamma}_n)^{n_r-1}}{(n_r-1)!}\end{aligned} \tag{8.23}$$

同时，可通过应用式（8.5）来计算平均错误概率。例如，独立同分布瑞利衰落下 QPSK 调制的误码率为

$$\begin{aligned}\bar{P}_b&=\int_0^{\infty}Q(\sqrt{2\gamma})f_{\gamma_{\mathrm{MRC}}}(\gamma)\,\mathrm{d}\gamma\\&=\left(\frac{1-F}{2}\right)^{N_r}\sum_{n_r=0}^{N_r-1}\binom{N_r+n_r-1}{n_r}\left(\frac{1+F}{2}\right)^{n_r}\end{aligned} \tag{8.24}$$

式中，

$$F=\sqrt{\frac{\bar{\gamma}_n}{1+\bar{\gamma}_n}} \tag{8.25}$$

使用泰勒级数展开 $1/\bar{\gamma}_n$ 可得到在高信噪比下的近似：

$$\frac{1-F}{2}\approx\frac{1}{4\bar{\gamma}_n}\quad 和\quad \frac{1+F}{2}\approx 1 \tag{8.26}$$

而且

$$\sum_{n_r=0}^{N_r-1}\binom{N_r+n_r-1}{n_r}=\binom{2N_r-1}{N_r} \tag{8.27}$$

使用式（8.26）和式（8.27），可以近似式（8.24）为

$$\bar{P}_b\approx\binom{2N_r-1}{N_r}\left(\frac{1}{4\bar{\gamma}_n}\right)^{N_r} \tag{8.28}$$

这意味着错误概率以信噪比的 N_r 次方的速率衰减。在有 N_r 根天线的系统中，其最大分集阶数为 N_r，因此 MRC 接收机在高信噪比下实现了全分集阶数。

8.2.3　等增益合并

等增益合并是一种更简单的合并技术。等增益合并不考虑每一个信号分支的信道增益，其所有信号分支的权重都相等。它只旋转不同接收天线上信号的相位，以确保信号相加时的相位对齐。
应用权重

$$\omega_{n_r}=\mathrm{e}^{-\mathrm{j}\theta_{n_r}},\quad n_r=1,2,\cdots,N_r \tag{8.29}$$

可得到线性合成器的输出信号

$$
\begin{aligned}
r_{\mathrm{EGC}} &= \sum_{n_r=1}^{N_r} w_{n_r} r_{n_r} = \sum_{n_r=1}^{N_r} w_{n_r}(h_{n_r} s + n_{n_r}) \\
&= \sum_{n_r=1}^{N_r} \mathrm{e}^{-\mathrm{j}\theta_{n_r}}(|h_{n_r}|\mathrm{e}^{\mathrm{j}\theta_{n_r}} s + n_{n_r}) \\
&= \sum_{n_r=1}^{N_r} |h_{n_r}| s + \sum_{n_r=1}^{N_r} \mathrm{e}^{-\mathrm{j}\theta_{n_r}} n_{n_r}
\end{aligned} \tag{8.30}
$$

瞬时 SNR 为

$$
\gamma_{\mathrm{EGC}} = \frac{1}{N_r}\left(\sum_{n_r=1}^{N_r} |h_{n_r}|\right)^2 \frac{P}{\sigma_n^2} = \frac{1}{N_r}\left(\sum_{n_r=1}^{N_r} |h_{n_r}|\right)^2 \bar{\gamma}_n \tag{8.31}
$$

对于任意的 N_r，不存在 γ_{EGC} 的一般 PDF 和 CDF 的闭合解。在独立同分布瑞利衰落下，Goldsmith [2005] 给出了当 $N_r=2$ 时的 CDF 的表达式

$$
F_{\gamma_{\mathrm{EGC}}}(\gamma) = 1 - \mathrm{e}^{-2\gamma/\bar{\gamma}_n} - \mathrm{e}^{-\gamma/\bar{\gamma}_n}\sqrt{\frac{\pi\gamma}{\bar{\gamma}_n}}\left[1 - 2Q\left(\sqrt{\frac{2\gamma}{\bar{\gamma}_n}}\right)\right] \tag{8.32}
$$

令式（8.32）中的 $\gamma=\gamma_0$，可得中断概率

$$
\begin{aligned}
P_{\mathrm{out}}^{\mathrm{EGC}}(\gamma_0) &= \mathbb{P}(\gamma_{\mathrm{EGC}} \leqslant \gamma_0) = F_{\gamma_{\mathrm{EGC}}}(\gamma_0) \\
&= 1 - \mathrm{e}^{-2\gamma_0/\bar{\gamma}_n} - \mathrm{e}^{-\gamma_0/\bar{\gamma}_n}\sqrt{\frac{\pi\gamma_0}{\bar{\gamma}_n}}\left[1 - 2Q\left(\sqrt{\frac{2\gamma_0}{\bar{\gamma}_n}}\right)\right]
\end{aligned} \tag{8.33}
$$

式（8.32）对 γ 微分得到 PDF

$$
\begin{aligned}
f_{\gamma_{\mathrm{EGC}}}(\gamma) &= \frac{\partial F_{\gamma_{\mathrm{EGC}}}(\gamma)}{\partial \gamma} \\
&= \frac{1}{\bar{\gamma}_n}\mathrm{e}^{-2\gamma/\bar{\gamma}_n} + \sqrt{\pi}\,\mathrm{e}^{-\gamma/\bar{\gamma}_n}\left(\frac{1}{\sqrt{4\gamma\bar{\gamma}_n}} - \frac{1}{\bar{\gamma}_n}\sqrt{\frac{\gamma}{\bar{\gamma}_n}}\right) \times \left[1 - 2Q\left(\sqrt{\frac{2\gamma_0}{\bar{\gamma}_n}}\right)\right]
\end{aligned} \tag{8.34}
$$

同样，使用 EGC 接收机，可得 QPSK 的平均误码率为

$$
\bar{P}_b = \int_0^{\infty} Q(\sqrt{2\gamma}) f_{\gamma_{\mathrm{EGC}}}(\gamma)\,\mathrm{d}\gamma = \frac{1}{2}\left[1 - \sqrt{1 - \left(\frac{1}{1+\bar{\gamma}_n}\right)^2}\right] \tag{8.35}
$$

EGC 的性能与 MRC 相当接近，通常，EGC 以不到 1dB 的功率为代价，在获得相同增益的同时具备更低的复杂度。

8.3　空时编码

接收分集在大多数散射环境中是切实可行的，因此是一种常用的缓解多径衰落影响的技术。但是，接收分集不适用于某些部署场景，例如在蜂窝系统的下行链路场景中，特别是工作在 6GHz 以下频段的移动终端很难集成天线阵列。作为一种替代方案，空间分集也称发射分集，可以通过在发射机上使用多根天线来实现。由于具备更大的空间、充足的功率供应和强大的处理能力，多天线的吸引力主要体现在基站侧。发射分集提供了等效的空间分集增益，而不需要在移动终端上增加额外的接收天线和相应的射频链路。因此，通过同时在上行链路上使用接收分集和在下行链路上使用传输分集，蜂窝系统变得更加经济。

发射分集的设计依赖于发射端是否已知 CSI。当发送端已知 CSI（CSIT）时，系统非常类似接收分集。通过将复数权重值 $h_{n_t}^*$ 与发射天线 n_t 的发射信号相乘，这些信号在空中共相组合，产生一个等效 MRC 接收分集的信号。CSIT 的发射分集不仅实现了空间分集，而且带来了功率增益。CSIT 的发射分集也称为发射波束赋形（在低相关天线上）或预编码，这将在 8.5 节详细讨论。本节的重点是发送端不知道 CSI 的情况。

8.3.1　重复编码

如果发射机不知道下行信道的相关信息，则多根发射天线不能提供波束赋形，只能提供空间分集。不同信道之间需要较低的互相关性，这可通过足够大的天线间距或不同的天线极化来实现。在这样的天线配置下，仍然需要使用重复编码等方法来实现多根发射天线所提供的空间分集。重复编码通过同时在 N_t 根发射天线上重复发送相同的符号 N_t 次。与接收分集中每根天线接收到的信号都经历一个独立的衰落信道相比，在多根发射天线上传输同一个信号不能自然地形成多条独立的路径。图 8.3 展示了一种重复编码策略，其中两根发射天线发送相同的信号 $s(t)\mathrm{e}^{\mathrm{j}2\pi f_c t}$，并平均分配发射能量。

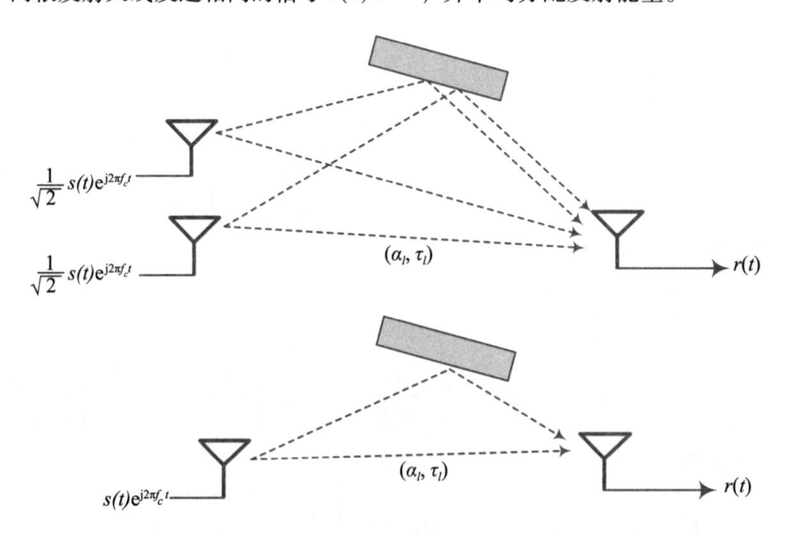

图 8.3　单天线传输与每根天线都发射相同信号多天线传输的比较

接收到的信号为

$$r(t)=\sum_{l=1}^{L_1}\frac{\alpha_l}{\sqrt{2}}s(t-\tau_l)\mathrm{e}^{\mathrm{j}2\pi f_c(t-\tau_l)}+\sum_{l=1}^{L_2}\frac{\alpha_l}{\sqrt{2}}s(t-\tau_l)\mathrm{e}^{\mathrm{j}2\pi f_c(t-\tau_l)} \tag{8.36}$$

式中，L_1 和 L_2 分别表示发射天线 1 和 2 的传播路径总数，α_l 和 τ_l 分别表示路径 l 的幅度增益和时延。在窄带假设下，信号带宽远小于载频，因此基带信号在 $\tau_n(\theta)$ 的间隔内几乎保持不变，即 $s(t)\approx s(t-\tau_n(\theta))$ 成立。那么式（8.36）变为

$$r(t)=\sum_{l=1}^{L_1+L_2}\frac{\alpha_l}{\sqrt{2}}s(t)\mathrm{e}^{\mathrm{j}2\pi f_c(t-\tau_l)}=\left(\sum_{l=1}^{L_1+L_2}\frac{\alpha_l}{\sqrt{2}}\mathrm{e}^{-\mathrm{j}2\pi f_c\tau_l}\right)s(t)\mathrm{e}^{\mathrm{j}2\pi f_c t} \tag{8.37}$$

传输信号是 $s(t)\mathrm{e}^{\mathrm{j}2\pi f_c t}$，可得信道响应

$$h(\tau)=\sum_{l=1}^{L_1+L_2}\frac{\alpha_l}{\sqrt{2}}\mathrm{e}^{-\mathrm{j}2\pi f_c\tau_l} \tag{8.38}$$

信号-天线传输的信道响应可表示为

$$h(\tau)=\sum_{l=1}^{L}\alpha_l e^{-j2\pi f_c \tau_l} \tag{8.39}$$

从接收机的角度看，除了多条传播路径，传输相同信号的双天线信道与单天线情况没有区别。因此，没有分集可用。

另外，通过基带等效模型也可以得到相同的结论。在两根发射天线上使用重复编码，每根信号天线的总发射功率相同时，两根天线上的发射符号都为$\frac{1}{\sqrt{2}}s$。使用信道增益 $h_i \sim \mathcal{CN}(0,1)$，$i=1,2$，则接收到的信号为

$$r=\frac{1}{\sqrt{2}}(h_1+h_2)s+n \tag{8.40}$$

有效信道$\frac{1}{\sqrt{2}}(h_1+h_2)$ 是两个复高斯随机变量的和，因此是一个零均值、单位方差的复高斯随机变量，即$\frac{1}{\sqrt{2}}(h_1+h_2)\sim\mathcal{CN}(0,1)$。可见，这等价于单天线传输

$$r=hs+n \tag{8.41}$$

式中，$h\sim\mathcal{CN}(0,1)$。换句话说，当在多根发射天线上应用重复编码时，系统无法获得空间分集增益。

一种实现发射分集的全分集阶数的方法是在 N_t 个符号周期内在 N_t 根发射天线上发送相同的符号，但这是在时域而不是空间域的重复编码。在同一时刻，仅有一根天线被激活，而其他天线保持沉默。这种重复编码相当浪费自由度，因而可以考虑专门为发射分集系统设计空时编码。空时编码是指实现多发射天线联合编码的一套方案。在这些方案中，生成和同时传输与发射天线数量相等的若干编码符号，且每根天线一个符号。空时编码器生成这些符号，接收端使用适当的信号处理和解码程序来最大化分集增益［Gesbert et al.，2003］。空时编码概念最初是由 Tarokh 等人于 1998 年以网格编码的形式提出的，也称为空时网格编码（Space-Time Trellis Code，STTC）。后来 Alamouti 提出了最简单同时也是最优雅之一的空时编码——Alamouti 方案［Alamouti，1998］，该方案已成功应用于通用移动通信系统（Universal Mobile Telecommunications System，UMTS）和后续系统如长期演进（Long-Term Evolution，LTE）和 LTE 演进版本。Alamouti 方案是专门针对两根发射天线设计的，而空时编码可以推广到任意天线数目。这种对任意发射天线数目具有线性组合的广义空时码通常称为空时分组码（Space-Time Block Codes，STBC）［Tarokh et al.，1999］。

8.3.2　空时格码

Seshadri 和 Winters［1993］首次尝试设计空时码。然而，开发空时编码的关键里程碑最初是由 Tarokh 等人在 20 世纪 90 年代末通过引入 STTC 完成的［Tarokh et al.，1998］。考虑由 N_t 根发射天线和一根接收天线组成的无线通信系统，其中信道是准静态和频率平坦的。这些网格码的编码取决于编码器的当前状态和输入符号。在每一时刻 t，通过选择转换路径

$$\boldsymbol{c}_t=[c_1^t,c_2^t,\cdots,c_{N_t}^t]^{\mathrm{T}} \tag{8.42}$$

来编码输入符号 s_t。然后，这些编码符号由 N_t 根天线同时传输，其中天线 n_t 发送符号 $c_{n_t}^t$，$n_t=1,2,\cdots,N_t$。

图 8.4 给出了 STTC 的一个示例，针对两根发射天线，设计了 QPSK 四种状态的网格码。图中还给出了 QPSK 星座和网格描述的标注。矩阵的每一行表示对应状态转换的边缘标签。边缘标签 c_1c_2 表示符号 c_1

和符号 c_2 分别通过第一根天线和第二根天线同时传输。在每个块开始和结束时，编码器需要位于零状态。因为第一个符号周期的输入符号为 0，初始状态为 0。第一个被选择分支的标签为 00，然后，选择的第二个分支的标签变为 03 来发送符号 3。所选的第三个分支被标记为 33，表示从状态 3 发送符号 3。此过程不断迭代，直到整个输入符号块传输完毕。

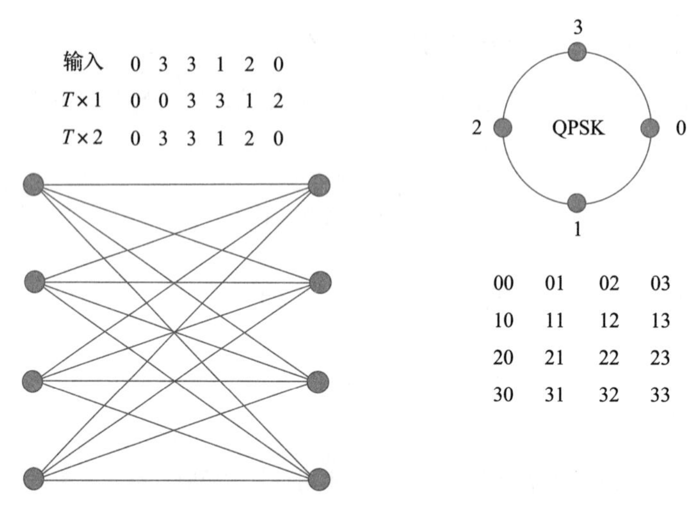

图 8.4　两根发射天线下 QPSK 四种状态的空时网格编码示例

假设块长度为 T，那么码向量序列为

$$\boldsymbol{C}=\{\boldsymbol{c}_1,\boldsymbol{c}_2,\cdots,\boldsymbol{c}_T\} \tag{8.43}$$

用 r_t 表示 t 时刻接收到的符号，标记为 $\boldsymbol{c}_t$ 的转换的分支度量为

$$|r_t-\boldsymbol{h}_t^{\mathrm{T}}\boldsymbol{c}_t|^2 \tag{8.44}$$

式中，向量 $\boldsymbol{h}_t=[h_1,h_2,\cdots,h_{N_t}]^{\mathrm{T}}$ 表示 N_t 根传输天线和接收天线间的信道。然后使用 Viterbi 算法［Viterbi, 2006］计算具有最低累积度量的路径。考虑解码器错误地决定支持合法码向量序列的概率，并定义错误矩阵为

$$\widetilde{\boldsymbol{C}}=\{\widetilde{\boldsymbol{c}}_1,\widetilde{\boldsymbol{c}}_2,\cdots,\widetilde{\boldsymbol{c}}_T\} \tag{8.45}$$

$$\boldsymbol{A}[\boldsymbol{C},\widetilde{\boldsymbol{C}}]=\sum_{t=1}^{T}(\boldsymbol{c}_t-\widetilde{\boldsymbol{c}}_t)(\boldsymbol{c}_t-\widetilde{\boldsymbol{c}}_t)^* \tag{8.46}$$

在瑞利衰落信道下，决策传输符号 $\boldsymbol{C}$ 上界为 $\widetilde{\boldsymbol{C}}$ 的概率为

$$\mathbb{P}(\boldsymbol{C}\rightarrow\widetilde{\boldsymbol{C}})\leqslant\left(\prod_{i=1}^{r}\beta_i\right)^{-N_t}\left(\frac{E_s}{4N_0}\right)^{-rN_t} \tag{8.47}$$

式中，E_s 是信号的能量，N_0 为噪声谱密度，r 是误差矩阵 $\boldsymbol{A}$ 的秩，β_i，$i=1,2,\cdots,r$ 表示矩阵 $\boldsymbol{A}$ 的非零特征值［Gesbert et al., 2003］。

8.3.3　Alamouti 编码

在不损失任何带宽效率的情况下，STTC 提供了与发射天线数相等的分集增益和一个依赖编码复杂度（即网格中的状态数）的编码增益。但它需要在接收机处使用多维度维特比算法进行解码。当天线数量固定时，STTC 的解码复杂度（由解码器上的格子状态数衡量）随分集水平和传输速率呈指数级增长。

为了解决解码复杂度问题，Siavash M. Alamouti 在 1998 年发明了一个用于 2 根传输天线的空时编码方

案［Alamouti，1998］。Alamouti 方案支持仅基于接收端线性处理的最大似然（Maximum-Likelihood，ML）检测。它是在全符号速率下具有全发送分集的唯一复符号 STBC。该方案工作在两个连续的符号周期内，并假定在这两个符号周期内衰落是恒定的。输入符号被分成两组，且每组两个符号。在给定的符号周期内，同时从两根天线发射每组的两个符号 s_1 和 s_2。如图 8.5 所示，在第一个符号周期内，天线 1 发射的信号为 s_1，天线 2 发射的信号为 s_2；在接下来的符号周期内，天线 1 发射信号 $-s_2^*$，天线 2 发射信号 s_1^*。设 h_1 和 h_2 分别为第一根发射天线和第二根发射天线到单接收天线的信道系数，那么在两个符号周期内接收到的符号可以表示为

$$\begin{cases} r_1 = h_1 s_1 + h_2 s_2 + n_1 \\ r_2 = -h_1 s_2^* + h_2 s_1^* + n_2 \end{cases} \tag{8.48}$$

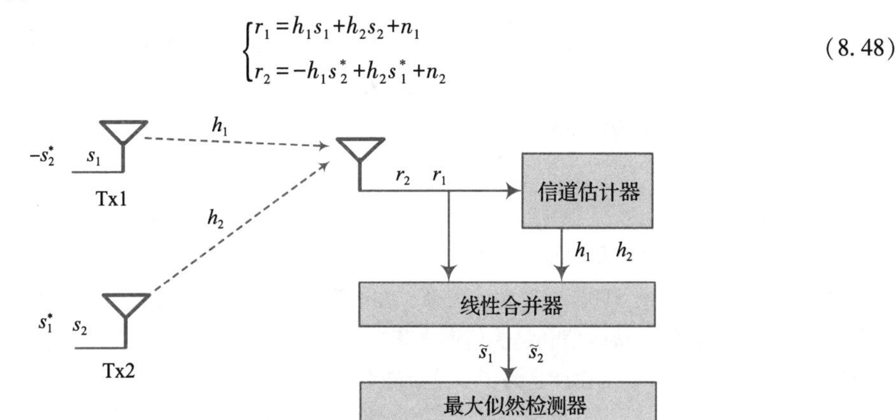

图 8.5　具有单接收机的双支路发射分集系统下的 Alamouti 方案

合并器构建发送给 ML 检测器的两个组合符号为

$$\begin{aligned} \tilde{s}_1 &= h_1^* r_1 + h_2 r_2^* \\ \tilde{s}_2 &= h_2^* r_1 - h_1 r_2^* \end{aligned} \tag{8.49}$$

将式（8.48）代入式（8.49），可得

$$\begin{aligned} \tilde{s}_1 &= (|h_1|^2 + |h_2|^2) s_1 + h_1^* n_1 + h_2 n_2^* \\ \tilde{s}_2 &= (|h_1|^2 + |h_2|^2) s_2 - h_1 n_2^* + h_2^* n_1 \end{aligned} \tag{8.50}$$

这等价于由两支路最大比合并得到的结果。因此，接收信号的瞬时信噪比为

$$\gamma_{\text{ala}} = (|h_1|^2 + |h_2|^2) \frac{P}{\sigma_n^2} \tag{8.51}$$

因此，在没有任何传输速率损失（全速率）下，Alamouti 方案实现了分集阶数为 2（全分集）。此外，Alamouti 方案不需要发送端已知 CSI。

或者，可以用向量形式表示编码和解码过程。按如下方式预编码符号 $\boldsymbol{s} = [s_1, s_2]^{\mathrm{T}}$：

$$\begin{pmatrix} s_1 \\ s_2 \end{pmatrix} \xrightarrow{\text{预编码}} \begin{pmatrix} s_1 & -s_2^* \\ s_2 & s_1^* \end{pmatrix} \tag{8.52}$$

预编码矩阵的行对应空间域，即不同的天线，而预编码矩阵的列则代表时间域。

构建接收符号向量 $\boldsymbol{r} = [r_1, r_2^*]^{\mathrm{T}}$、噪声向量 $\boldsymbol{n} = [n_1, n_2^*]^{\mathrm{T}}$ 和复合信道矩阵

$$\boldsymbol{H} = \begin{pmatrix} h_1 & h_2 \\ h_2^* & -h_1^* \end{pmatrix} \tag{8.53}$$

那么，可将式（8.48）写成矩阵形式

$$\boldsymbol{r}=\boldsymbol{H}\boldsymbol{s}+\boldsymbol{n} \tag{8.54}$$

可以通过简单地使用迫零（Zero-Forcing，ZF）解码来检测传输的符号

$$\hat{\boldsymbol{s}}=\boldsymbol{H}^H\boldsymbol{r}=\boldsymbol{H}^H\boldsymbol{H}\boldsymbol{s}+\boldsymbol{H}^H\boldsymbol{n} \tag{8.55}$$

进而得到

$$\hat{\boldsymbol{s}}=\begin{pmatrix} |h_1|^2+|h_2|^2 & 0 \\ 0 & |h_1|^2+|h_2|^2 \end{pmatrix}\boldsymbol{s}+\boldsymbol{H}^H\boldsymbol{n} \tag{8.56}$$

同时，可以使用最小均方误差（Minimum Mean-Square Error，MMSE）的方法来获得更好的检测性能

$$\hat{\boldsymbol{s}}=(\boldsymbol{H}^H\boldsymbol{H}+\sigma_n^2\boldsymbol{I})^{-1}\boldsymbol{H}^H\boldsymbol{r} \tag{8.57}$$

式中，σ_n^2 为噪声方差，$\boldsymbol{I}$ 为单位矩阵。

8.3.4　空时块编码

Alamouti 方案在简单性和性能方面很有吸引力，这推动了类似编码技术的发展。利用正交设计理论，针对两根以上发射天线的 STBC 也被设计出来。在 STBC 中，编码后的数据符号被分割成 N_t 个流并在 N_t 根发射天线上同时传输。接收信号是受信道衰落和噪声扰动而失真的 N_t 个发射信号的线性叠加。在简单的译码算法约束下，STBC 的设计是为了在给定数量的发射天线下实现最大分集阶数。编码的正交性使得 ML 解码只基于接收端进行线性处理，而不是像维特比算法那样进行联合检测。

推广的正交方法可以为任意数量的发射天线提供实值星座和复值星座的 STBC。对于使用任意实值星座［如脉冲幅度调制（Pulse-Amplitude Modulation，PAM）］的任意数量的发射天线，这些编码实现了最大可能的传输速率。一个大小为 N_t 的实正交设计是一个 $N_t \times N_t$ 矩阵，其中矩阵的项为$\pm s_1, \pm s_2, \cdots, \pm s_{N_t}$。最简单的正交设计是大小为 2×2 的矩阵

$$\mathcal{O}_2=\begin{pmatrix} s_1 & s_2 \\ -s_2 & s_1 \end{pmatrix} \tag{8.58}$$

该矩阵满足

$$\mathcal{O}_2^{\mathrm{T}}\mathcal{O}_2=\begin{pmatrix} s_1^2+s_2^2 & 0 \\ 0 & s_1^2+s_2^2 \end{pmatrix}=(s_1^2+s_2^2)\boldsymbol{I}_2 \tag{8.59}$$

式中，$\boldsymbol{I}_2$ 是大小为 2 的单位矩阵。给定一个正交设计，可以对 $\mathcal{O}$ 的某些列求负来得到另一个正交设计，其中第一行的所有项都为正。因此，4×4 正交设计为

$$\mathcal{O}_4=\begin{pmatrix} s_1 & s_2 & s_3 & s_4 \\ -s_2 & s_1 & -s_4 & s_3 \\ -s_3 & s_4 & s_1 & -s_2 \\ -s_4 & -s_3 & s_2 & s_1 \end{pmatrix} \tag{8.60}$$

通过将 N_t 个实值符号 $s_1, s_2, \cdots, s_{N_t}$ 编码到 $\mathcal{O}_{N_t}(s_1, s_2, \cdots, s_{N_t})$，然后在 N_t 根发射天线上同时发送 $\mathcal{O}_{N_t}$ 的每一行，STBC 可以实现全速率和全分集。对于任意复值星座如 PSK 和 QAM，在任意数量的发射天线下，STBC 可实现 1/2 的最大传输速率。此外，在 2 根、3 根和 4 根发射天线的特定情况下使用任意复值星座，STBC 可以分别实现全部、3/4 和 3/4 的最大传输速率的［Tarokh et al.，1999］。例如，使用四根发射天线传输的速率 1/2 码为

$$\mathcal{G}_4=\begin{pmatrix} s_1 & s_2 & s_3 & s_4 \\ -s_2 & s_1 & -s_4 & s_3 \\ -s_3 & s_4 & s_1 & -s_2 \\ -s_4 & -s_3 & s_2 & s_1 \\ s_1^* & s_2^* & s_3^* & s_4^* \\ -s_2^* & s_1^* & -s_4^* & s_3^* \\ -s_3^* & s_4^* & s_1^* & -s_2^* \\ -s_4^* & -s_3^* & s_2^* & s_1^* \end{pmatrix} \tag{8.61}$$

式中，s_1、s_2、s_3、s_4 表示复值星座点，而式（8.60）中的 s_1、s_2、s_3、s_4 为实值符号。这意味着 4 根天线在 8 个符号周期内传输 4 个复符号。

具有复线性处理的 STBC，期望得到高于 1/2 的速率。只有对于 $N_t<5$ 的具体设计。在 $N_t=2$ 时，Alamouti 方案实现了全速率。对于 $N_t=3$ 和 $N_t=4$，通过正交设计，将 $N_t=4$ 时的最大速率限制为 3/4。

$$\mathcal{G}_4=\begin{pmatrix} s_1 & s_2 & \frac{s_3}{\sqrt{2}} & \frac{s_3}{\sqrt{2}} \\ -s_2^* & s_1^* & \frac{s_3}{\sqrt{2}} & -\frac{s_3}{\sqrt{2}} \\ \frac{s_3^*}{\sqrt{2}} & \frac{s_3^*}{\sqrt{2}} & \frac{-s_1-s_1^*+s_2-s_2^*}{2} & \frac{s_1-s_1^*-s_2-s_2^*}{2} \\ \frac{s_3^*}{\sqrt{2}} & -\frac{s_3^*}{\sqrt{2}} & \frac{s_1-s_1^*+s_2+s_2^*}{2} & -\frac{s_1+s_1^*+s_2-s_2^*}{2} \end{pmatrix} \tag{8.62}$$

8.4　发射天线选择

只有在大量的发射天线中使用空时码，才有可能实现高分集阶数。然而，设计和实现高维空时码具有挑战性。STBC 只需要两个发射天线就可以实现复杂星座的全传输速率。大量发射天线的 STBC 设计在计算上具有挑战性，并且 ML 解码在指数级范围内变得非常复杂。此外，传统多天线系统的射频链路数目与天线数目相等，这导致了高的复杂度、硬件成本和功耗。因此，用低成本、低复杂度和节能的方法来实现高分集阶数是很有吸引力的［Sanayei and Nosratinia，2004］。

除了从接收机到发射机的反馈信道，TAS 在接收分集方面与 SC 相似。在任何时候，选择一根或几根具有最高信噪比的天线来传输信号，将大幅减少所需射频链路的数量，在硬件成本和尺寸、实现复杂性和功耗方面效益显著。有趣的是，TAS 可以实现的全分集阶数与参与选择的所有发射天线数量相等，而不是同时发射信号的天线数量［Yu et al.，2018］。

图 8.6 显示了具有 N_t 根发射天线和一根接收天线的多天线系统的 TAS 原理。多根接收天线在该系统中是可选的，但当联合使用接收合并时使用多根接收天线。通过在发射信号中插入天线特有的导频符号或参考信号，可以在接收机上准确地估计出瞬时 CSI。考虑一个频率平坦衰落信道，接收端可以获得 t 时刻的 $1\times N_t$ 维信道向量，可表示为

$$\boldsymbol{h}[t]=[h_1[t],h_2[t],\cdots,h_{N_t}[t]] \tag{8.63}$$

式中，h_{N_t} 是第 N 根发射天线与接收天线之间的复信道系数。假设从 N_t 根发射天线中选择 L 根天线，则

可能选择的总数量是 n 选 k 的组合$\binom{N_t}{L}$。对于第$j\left(1\leqslant j\leqslant\binom{N_t}{L}\right)$个选择，用维度为 $1\times N_t$ 的向量$\boldsymbol{h}_j[t]$ 表示来自 L 根可能的传输天线的信道向量，它是向量$\boldsymbol{h}[t]$ 的子集。根据 CSI 的知识，即本例中的$\boldsymbol{h}[t]$，接收机会找出信道整体增益最大的最佳选择：

$$j_0=\arg\max_{1\leqslant j\leqslant\binom{N_t}{L}}\|\boldsymbol{h}_j[t]\|^2 \tag{8.64}$$

式中，$\|\cdot\|$表示矩阵或向量的 Frobenius 范数［Chen et al.，2005］。接收机将所选选项 j_0 的索引通过反馈信道反馈给发射机。发射机一收到反馈，就激活属于选择 j_0 的天线来发射信号。

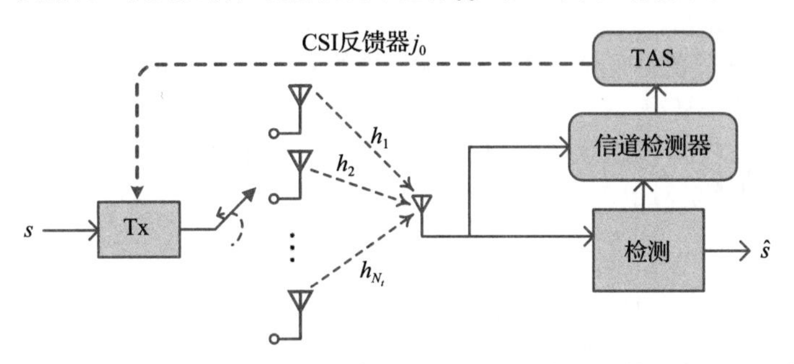

图 8.6　单流传输中具有最大瞬时信噪比的最佳天线的发射天线选择示意图

在不失一般性的前提下，使用单一天线选择，即 $L=1$，来分析性能。因此，选择的最佳天线是

$$n_b=\arg\max_{1\leqslant n_t\leqslant N_t}\{|h_{n_t}[t]|^2\} \tag{8.65}$$

那么，接收信号的瞬时信噪比为

$$\gamma_b=\max_{n_t=1,\cdots,N_t}(\gamma_{n_t}) \tag{8.66}$$

式中，γ_{n_t} 表示从第 n 根发射天线传输到接收天线信号的瞬时信噪比。可推导 γ_b 的 CDF 为

$$\begin{aligned}F_{\gamma_b}(\gamma)&=\mathbb{P}(\gamma_b<\gamma)\\&=\mathbb{P}(\max_{n_t}(\gamma_{n_t})<\gamma)\\&=\prod_{n_t=1}^{N_t}\mathbb{P}(\gamma_{n_t}<\gamma)=\prod_{n_t=1}^{N_t}F_{\gamma_{n_t}}(\gamma)\end{aligned} \tag{8.67}$$

在独立同分布的瑞利衰落假设下，可重写式（8.67）为

$$F_{\gamma_b}(\gamma)=[1-\mathrm{e}^{-\frac{\gamma}{\bar{\gamma}_n}}]^{N_t} \tag{8.68}$$

则瞬时信噪比 γ_{n_t} 的 CDF 为

$$F_{\gamma_{n_t}}(\gamma)=1-\mathrm{e}^{-\frac{\gamma}{\bar{\gamma}_n}} \tag{8.69}$$

相对于 γ，微分式（8.68）可得到 γ_b 的 PDF 为

$$f_{\gamma_b}(\gamma)=\frac{\partial F_{\gamma_b}(\gamma)}{\partial\gamma}=\frac{N_t}{\bar{\gamma}_n}[1-\mathrm{e}^{-\frac{\gamma}{\bar{\gamma}_n}}]^{N_t-1}\mathrm{e}^{-\frac{\gamma}{\bar{\gamma}_n}} \tag{8.70}$$

给定接收信噪比的 PDF，可根据式（8.5）来计算平均误码率。例如，DPSK 调制的平均误码率的闭式表达式为

$$
\begin{aligned}
\overline{P}_b &= \int_0^{\infty} \frac{1}{2}\mathrm{e}^{-\gamma} f_{\gamma_b}(\gamma)\,\mathrm{d}\gamma \\
&= \int_0^{\infty} \frac{1}{2}\mathrm{e}^{-\gamma} \frac{N_t}{\overline{\gamma}_n}\left[1-\mathrm{e}^{-\gamma/\overline{\gamma}_n}\right]^{N_t-1}\mathrm{e}^{-\gamma/\overline{\gamma}_n}\mathrm{d}\gamma \\
&= \frac{N_t}{2}\sum_{n_t=0}^{N_t-1}(-1)^{n_t}\frac{\begin{pmatrix} N_t-1 \\ n_t \end{pmatrix}}{1+n_t+\overline{\gamma}_n}
\end{aligned} \tag{8.71}
$$

然后，通过将 $\gamma=\gamma_0$ 代入式（8.68）可以获得给定目标信噪比 γ_0 下发射天线选择系统的中断概率

$$
P_{\text{out}}^{\text{TAS}}(\gamma_0)=\mathbb{P}(\gamma_b \leqslant \gamma_0)=F_{\gamma_b}(\gamma_0)=\left[1-\mathrm{e}^{-\frac{\gamma_0}{\overline{\gamma}_n}}\right]^{N_t} \tag{8.72}
$$

为了深入了解可实现的分集阶数，进一步分析渐近性能。应用泰勒级数展开可得

$$
\mathrm{e}^{-\frac{\gamma_0}{\overline{\gamma}_n}}=\sum_{m=0}^{\infty}\frac{\left(-\frac{\gamma_0}{\overline{\gamma}_n}\right)^m}{m!}=1+\left(-\frac{\gamma_0}{\overline{\gamma}_n}\right)+\frac{\left(-\frac{\gamma_0}{\overline{\gamma}_n}\right)^2}{2!}+\cdots \tag{8.73}
$$

在高信噪比下，可得

$$
1-\mathrm{e}^{-\frac{\gamma_0}{\overline{\gamma}_n}} \approx \frac{\gamma_0}{\overline{\gamma}_n} \tag{8.74}
$$

得到式（8.72）的近似结果为

$$
P_{\text{out}}^{\text{TAS}}(\gamma_0)=\left[1-\mathrm{e}^{-\frac{\gamma_0}{\overline{\gamma}_n}}\right]^{N_t} \approx \left(\frac{\gamma_0}{\overline{\gamma}_n}\right)^{N_t} \tag{8.75}
$$

这表明，在具有单接收天线的 TAS 中，TAS 选择单根发射天线可以获得等于所有发射天线数目 N_t 的全分集阶数。

8.5 波束赋形

当天线阵列有多根天线、天线间距小且天线无极化时，不同天线对应的信号路径高度相关。因而没有空间分集，只能应用波束赋形来实现功率增益。在发送端进行的波束赋形称为发射波束赋形，在接收机进行的波束赋形称为接收波束赋形。除了功率增益，波束赋形还可以消除特定方向上的干扰信号。如果发射机有多个发射天线，且天线间距较大或有天线极化，则天线之间的互相关性较低。

如前所述，可以使用空时编码来利用独立衰落路径以获得空间分集。此外，相干波束赋形还可用于低相关天线阵列来实现发射分集和功率增益。这种技术也称为发射机侧波束赋形、MIMO 波束赋形、预编码或单流预编码。为了区分这两种形式，使用术语经典波束赋形来指代高相关性天线阵列上的波束赋形，而术语单流预编码来指代低相关性天线阵列上的波束赋形。与高相关天线仅表现相位差异不同，不同的低相关天线所对应信号的相位和瞬时增益都可能不同。因此，经典波束赋形只调整信号相位，而预编码同时控制相位和振幅。

8.5.1 经典波束赋形

波束赋形一词来源于早期的空间滤波器。该滤波器形成笔形射束来接收来自特定方向的信号，并衰

减来自其他方向的信号［Veen and Buckley，1988］。波束的形成似乎暗指了发射机的能量辐射，然而，波束赋形既可以为辐射信号也可为接收信号提供定向波束。波束的方向性可以将信号能量集中在一个较窄的方向上，从而获得较高的信号功率，抑制对其他信道的同信道干扰，并减小多径时延扩展。接收空间传播信号的无线系统设计经常遇到信号干扰问题。所需要的信号和干扰通常来自不同的空间位置。这种空间分离可用于在所需信号方向形成高增益波束（波束赋形），而在干扰方向形成高衰减零陷（波束零陷）。

传统的波束赋形是全数字的，它通过简单地将基带信号与加权向量相乘来形成所需的波束。然而，数字波束赋形要求每个天线元件都有一个射频链路，这导致了大规模阵列的能耗和硬件成本难以担负。因此，可采用能够降低实现复杂度的模拟波束赋形。模拟波束赋形采用模拟移相器调节信号相位，并且只需要一个射频链路来控制波束，因而具有低硬件成本和能耗。然而，由于模拟电路只能部分调整信号的相位，很难使波束恰如其分地适应特定的信道条件，这导致了相当大的性能损失。因此，可以使用混合模拟-数字波束赋形来平衡全数字和全模拟波束赋形的优点，特别是在毫米波传输场景下［Zhanget al.，2019］。混合波束赋形可以显著减少射频链路的数量，从而降低硬件成本和能源消耗，同时实现与数字波束赋形相当的性能。

考虑由 N 根全向天线组成的阵列（忽略发射机端 N_t 和接收机端 N_r 的差异），用索引 $n=1,\cdots,N$ 来表示这 N 根天线。全向天线可以把信号辐射到频率为 f_0 的不相关正弦点源的远场均匀介质中。如图 8.7 所示，平面波从第 n 个发射单元传播到位于离开角 θ 所示方向的接收天线所花费的时间为

$$\tau_n(\theta)=\frac{\boldsymbol{r}_n\cdot\boldsymbol{u}(\theta)}{c} \tag{8.76}$$

式中，$\boldsymbol{r}_n$ 为第 n 个元素相对于参考点的位置向量，$\boldsymbol{u}(\theta)$ 是角度为 θ 时的单位向量，c 为平面波波前的传播速度，· 表示内积操作。

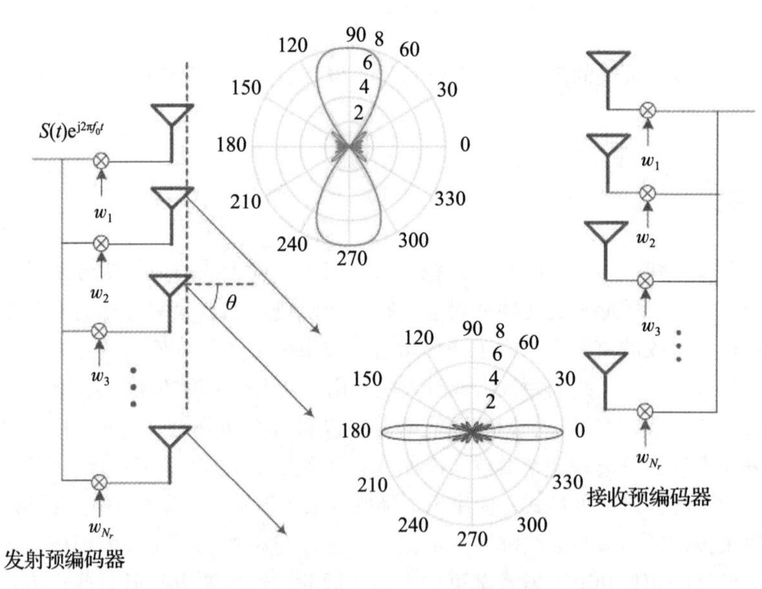

图 8.7　具有两个可能模式示例的发射波束器和接收波束器的示意图（波束赋形可以通过在每个分支上复用复数加权系数来实现数字波束赋形，也可以通过移相器网络实现模拟波束赋形）

接收机观察由复数符号表示的参考元件传输的信号为

$$s(t)e^{j2\pi f_0 t} \tag{8.77}$$

式中，$s(t)$ 表示复基带信号。第 n 个元素的波前到达时间与参考元素相差 $\tau_n(\theta)$。因此，可把接收到来自第 n 个元素的信号表示为

$$s(t)\mathrm{e}^{\mathrm{j}2\pi f_0[t-\tau_n(\theta)]} \tag{8.78}$$

该表达式基于阵列信号处理的窄带假设，即假设信号带宽足够窄，阵列维数足够小，以致于基带信号在 $\tau_n(\theta)$ 间隔内几乎保持恒定，即 $s(t)\approx s(t-\tau_n(\theta))$ 成立。

接收到来自所有 N 个元素的整体信号为

$$y(t)=\sum_{n=1}^{N}s(t)\mathrm{e}^{\mathrm{j}2\pi f_0[t-\tau_n(\theta)]}+n(t) \tag{8.79}$$

式中，$n(t)$ 表示接收天线端的高斯白噪声。窄带波束赋形器的基本原理是通过将复数权值 $w_n(t)$ 与基带信号复用，或直接改变信号相位 $w_n(t)=\mathrm{e}^{\mathrm{j}\theta_n(t)}$ 来在每个元件上施加信号相移。因此，具有波束赋形的接收信号为

$$y(t)=\sum_{n=1}^{N}w_n^*(t)s(t)\mathrm{e}^{\mathrm{j}2\pi f_0[t-\tau_n(\theta)]}+n(t) \tag{8.80}$$

对于具有相同元素间距 d 且第一个元素位于原点的均匀线性阵列（Uniform Linear Array，ULA），可以重写式（8.76）为［Jiang and Yang，2012］

$$\tau_n(\theta)=\frac{d}{c}(n-1)\sin\theta \tag{8.81}$$

在 AWGN 信道中，将式（8.81）代入式（8.80）可得接收信号为

$$\begin{aligned}y(t)&=\sum_{n=1}^{N}w_n^*(t)s(t)\mathrm{e}^{\mathrm{j}2\pi f_0t}\mathrm{e}^{-\mathrm{j}\frac{2\pi}{\lambda}(n-1)d\sin\theta}+n(t)\\&=\left(\sum_{n=1}^{N}w_n^*(t)\mathrm{e}^{-\mathrm{j}\frac{2\pi}{\lambda}(n-1)d\sin\theta}\right)s(t)\mathrm{e}^{\mathrm{j}2\pi f_0t}+n(t)\\&=g(\theta,t)s(t)\mathrm{e}^{\mathrm{j}2\pi f_0t}+n(t)\end{aligned} \tag{8.82}$$

式中，$g(\theta,t)$ 表示波束赋形效应，称为波束模式。

定义权重向量

$$\boldsymbol{w}(t)=[w_1(t),w_2(t),\cdots,w_N(t)]^{\mathrm{T}} \tag{8.83}$$

和 ULA 的导向向量

$$\boldsymbol{a}(\theta)=[1,\mathrm{e}^{-\mathrm{j}\frac{2\pi}{\lambda}d\sin\theta},\mathrm{e}^{-\mathrm{j}\frac{2\pi}{\lambda}2d\sin\theta},\cdots,\mathrm{e}^{-\mathrm{j}\frac{2\pi}{\lambda}(N-1)d\sin\theta}]^{\mathrm{T}} \tag{8.84}$$

可计算 ULA 的波束模式为

$$g(\theta,t)=\boldsymbol{w}^H(t)\boldsymbol{a}(\theta) \tag{8.85}$$

图 8.7 展示了在八元 ULA 上形成的两种波束模式。可以集中辐射能量在一个特定的方向，该方向上的功率增益等于天线元件的数量。换句话说，相对于具有相同功率的全向天线，八元天线的功率增益为 8（0°和 180°的接收波束，90°和 270°的发射波束）。通过改变加权向量或调整相位，可以根据移动用户的角度信息将波束转向任何特定方向。通过使用多重信号分类（MUSIC）和通过合理不变性技术估计信号参数（ESPRIT）［Gardner，1988］等经典算法可以估计这些信息。假设移动用户的角度为 θ_0，令

$$\boldsymbol{w}=\boldsymbol{a}(\theta_0)=[1,\mathrm{e}^{-\mathrm{j}\frac{2\pi}{\lambda}d\sin\theta_0},\cdots,\mathrm{e}^{-\mathrm{j}\frac{2\pi}{\lambda}(N-1)d\sin\theta_0}]^{\mathrm{T}} \tag{8.86}$$

将形成指向所需角度的波束。波束模式为

$$g(\theta)=\boldsymbol{w}^H(t)\boldsymbol{a}(\theta)=\sum_{n=1}^{N}\mathrm{e}^{-\mathrm{j}\frac{2\pi d}{\lambda}(n-1)[\sin\theta-\sin\theta_0]} \tag{8.87}$$

这在目标角度 θ_0 处实现了峰值幅度

$$g(\theta_0)=\sum_{n=1}^{N}\mathrm{e}^{\mathrm{j}0}=N \tag{8.88}$$

等于功率增益 $|g(\theta_0)|^2/N=N$。简而言之，波束赋形所带来的功率增益等于天线阵列中的单元数 N。接收机处的接收波束赋形原理与发射波束赋形原理是等价的。发射机和接收机可以联合应用发射和接收波束赋形来实现更高的功率增益。

8.5.2　单流预编码

低互相关性通常意味着天线间隔足够大或极化方向不同。低相关条件下的单流预编码原理与高相关条件下的经典波束赋形相似。在其各自天线上传输的信号都要乘以一个复权值。然而，与传统波束赋形只调整信号相位不同，预编码应同时考虑传输信号的相位和振幅。这反映了不同信道的相位和瞬时增益因低相关性而都有所不同。

经典波束赋形和预编码的另一个关键区别是预编码需要信道信息，也就是 CSIT。因此，为了跟踪衰落变化，特别是快速衰落环境中的变化，预编码权重的调整通常在相对较短的时间尺度上进行。例如，在频分双工（Frequency-Division Duplex，FDD）中，上行链路和下行链路在不同的频率载波中传输，它们的信道衰落通常是不相关的。在这种情况下，接收端需要获取下行信道信息，然后通过反馈信道将下行信道信息报告给发送端。或者，接收机可以从预定义码本有限的向量集中选择最佳预编码向量。因为只改变了所选向量的索引，所以它是行之有效的。尽管如此，由于预定义向量和最佳预编码向量之间的差异，仍然存在性能损失。此外，时分双工（Time-Division Duplex，TDD）系统中的下行链路和上行链路通常具有很高的相关性，其中上行链路和下行链路在相同频率的载波上但不重叠的时隙上传输。在这种情况下，发射机至少在理论上可以从上行链路的测量中确定瞬时下行链路衰落，从而避免了反馈需求。

假设发射机有 N_t 根天线，记第 n_t 根发射天线的复权值为 v_{n_t}，$n_t=1,2,\cdots,N_t$。预编码器将一个传输符号 s 编码为 N_t 个编码的符号

$$s_{n_t}=v_{n_t}s,\quad n_t=1,2,\cdots,N_t \tag{8.89}$$

如图 8.8 所示，这些编码信号在 N_t 根天线上同时传输。预编码也可以通过使用预编码向量 $\boldsymbol{v}=[v_1,v_2,\cdots,v_{N_t}]^{\mathrm{T}}$ 来表示

$$\boldsymbol{s}=\boldsymbol{v}s \tag{8.90}$$

式中，$\boldsymbol{s}=[s_1,s_2,\cdots,s_{N_t}]^{\mathrm{T}}$ 表示传输符号向量。

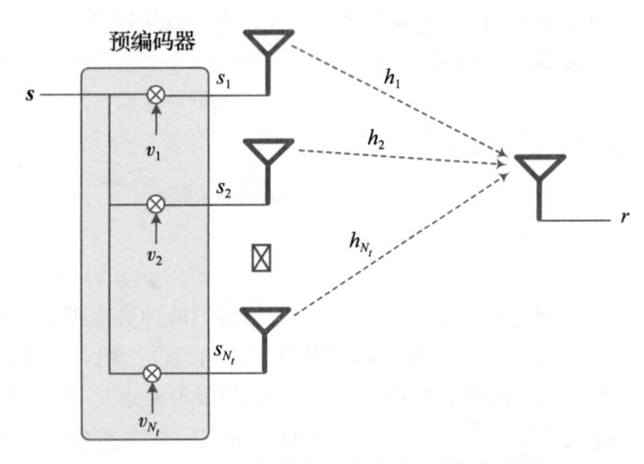

图 8.8　具有预编码的多发射天线示意图

假设从不同天线发射的信号只受频率平坦衰落 h_{n_t}，$n_t=1,2,\cdots,N_t$ 的影响。在总发射功率固定不变的情况下，为了最大化接收信号功率，预编码权值应根据下式来选择

$$v_{n_t}=\frac{h_{n_t}^{*}}{\sqrt{\sum_{n_t=1}^{N_t}|h_{n_t}|^2}} \tag{8.91}$$

即相应归一化信道系数的复共轭［Dahlman et al.，2011］。使用预编码向量的目的有三个：

- 通过相位旋转发射信号来补偿瞬时信道相位，并确保接收信号相位对齐；

- 将功率根据信道瞬时功率增益分配给不同的天线，即将更多的功率分配给信道条件好的天线；
- 保持整体发射功率恒定。

假设接收机只有一根天线，则可表示接收信号为

$$r_{\text{pre}} = \sum_{n_t=1}^{N_t} h_{n_t} v_{n_t} s + n = \sum_{n_t=1}^{N_t} \frac{h_{n_t}^* h_{n_t} s}{\sqrt{\sum_{n_t=1}^{N_t} |h_{n_t}|^2}} + n$$

$$= \left(\sqrt{\sum_{n_t=1}^{N_t} |h_{n_t}|^2}\right) s + n$$

通过该接收信号，接收端可以直接获取发送信号。接收信号的瞬时信噪比为

$$\gamma_{\text{pre}} = \sum_{n_t=1}^{N_t} |h_{n_t}|^2 \frac{P}{\sigma_n^2} = \left(\sum_{n_t=1}^{N_t} |h_{n_t}|^2\right) \bar{\gamma}_n \tag{8.92}$$

它等于最大比合并的接收信噪比，见式（8.19）。这意味着在多根低相关天线上的瞬时 CSI 预编码可以实现与发射天线数量相等的全分集阶数。单流预编码性能与接收端 MRC 的性能相当。

值得注意的是，当权值被限制为单位增益且仅提供相移时，也可以根据式（8.90）对经典波束赋形进行建模。用 h_1 表示参考天线的信道响应。那么，天线阵列的信道响应应为 $h_1 \boldsymbol{a}(\theta_0)$，即天线 n_t 的阵列响应为 $h_{n_t} = h_1 \mathrm{e}^{-\mathrm{j}\frac{2\pi}{\lambda}(n_t-1)d\sin\theta_0}$。应用式（8.91），可得预编码权重为

$$v_{n_t} = \frac{h_{n_t}^*}{\sqrt{\sum_{n_t=1}^{N_t} |h_{n_t}|^2}} = \frac{h_1^* \mathrm{e}^{\mathrm{j}\frac{2\pi}{\lambda}(n_t-1)d\sin\theta_0}}{\sqrt{N_t |h_1|^2}} \tag{8.93}$$

由此产生的接收信号为

$$\begin{aligned} r_{bf} &= \sum_{n_t=1}^{N_t} h_{n_t} v_{n_t} s + n \\ &= \sum_{n_t=1}^{N_t} \frac{(h_1^* \mathrm{e}^{\mathrm{j}\frac{2\pi}{\lambda}(n_t-1)d\sin\theta_0})(h_1 \mathrm{e}^{-\mathrm{j}\frac{2\pi}{\lambda}(n_t-1)d\sin\theta_0})}{\sqrt{N_t |h_1|^2}} s + n \\ &= \sqrt{N_t |h_1|^2} s + n \end{aligned} \tag{8.94}$$

波束赋形的接收信噪比为

$$\gamma_{bf} = N_t |h_1|^2 \frac{P}{\sigma_n^2} \tag{8.95}$$

总功率相同的单天线（参考天线）发射的接收信噪比为

$$\gamma_1 = |h_1|^2 \frac{P}{\sigma_n^2} \tag{8.96}$$

与单天线情况相比，波束赋形可实现 N_t 的功率增益。

考虑多天线接收机，然后用信道矩阵 $\boldsymbol{H}$ 建模信道响应，其预编码方法与单天线接收机类似，但变得更加复杂，特别是当多个并行数据流同时传输时。不同于空间分集，多天线接收机下的预编码是为了获得更高信道容量的空间多路复用的预编码，这将在后续章节中介绍。

8.6 空间复用

前面研究了多根发射天线或接收天线的应用，通过相干合并、空时编码、天线选择或波束赋形来实现空间分集或功率增益（有时称为阵列增益）。通过在发射端和接收端分别同时使用多个发射和接收天线，可以获得更高阶的分集和功率增益。空间分集可以被视为一种提高信道衰落信噪比的方法。这样的增益在无线系统功率受限的低SNR状态下更为显著，但在表现出带宽受限的高SNR状态下则变得微乎其微。本节将研究一种利用具有多根发射天线和多根接收天线的MIMO信道的新方法。在丰富的散射环境下，MIMO信道可通过为信号传输提供额外的空间维度来获得自由度增益［Tse and Viswanath，2005］。可以通过空间多路复用并行数据流来利用这些自由度，从而实现信道容量的线性增加。换句话说，这种MIMO信道的容量与天线数量成正比。相比之下，空间分集或波束赋形的信道容量仅随天线数量（分集阶数）以对数尺度增加。本节将介绍在点对点MIMO（也称为单用户多输入多输出（Single-User Multi-Input Multi-Output，SU-MIMO））系统中空间多路复用的基本原理，然后讨论MIMO预编码和检测。

8.6.1 单用户MIMO

考虑有N_t根发射天线和N_r根接收天线的窄带无线信道，该信道可用$N_t \times N_r$的矩阵$\boldsymbol{H}$来描述。如前所述，使用空间分集和波束赋形可以提高接收信号的质量，并使信号的最大可用信噪比增益正比于$N_t \times N_r$。信道容量可表示为

$$C=\log_2\left(1+N_tN_r\frac{P}{\sigma_n^2}\right) \tag{8.97}$$

当信噪比很小（$\gamma \to 0$）时，有

$$\log_2(1+\gamma)\approx\gamma\log_2(e) \tag{8.98}$$

这意味着在低功率状态下容量随分集阶数近似线性增长。如果系统功率有限，功率每增加3dB（或翻倍），容量也会翻倍［Tse and Viswanath，2005］。然而，如果接收到的信噪比落入带宽限制区域，空间分集增益会迅速减少并趋于饱和。当高信噪比$\gamma \gg 1$时，有

$$\log_2(1+\gamma)\approx\log_2(\gamma) \tag{8.99}$$

这意味着信道容量仅随分集阶数呈对数增长。换句话说，功率每增加3dB，信道容量仅增加1bit。

单用户MIMO信道的基带等效信道模型可表示为

$$\boldsymbol{r}=\boldsymbol{H}\boldsymbol{s}+\boldsymbol{n} \tag{8.100}$$

式中，$\boldsymbol{r}=[r_1,r_2,\cdots,r_{N_r}]^{\mathrm{T}}\in\mathcal{C}^{N_r\times 1}$表示接收信号向量，$\boldsymbol{s}=[s_1,s_2,\cdots,s_{N_t}]^{\mathrm{T}}\in\mathcal{C}^{N_t\times 1}$表示发射信号向量且其总功率约束为$P$，即$\mathbb{E}[\boldsymbol{s}^H\boldsymbol{s}]\leqslant P$。等价地，由于$\boldsymbol{s}^H\boldsymbol{s}=\mathrm{tr}(\boldsymbol{s}\boldsymbol{s}^H)$，并交换期望和矩阵迹，可得

$$\mathrm{tr}(\mathbb{E}[\boldsymbol{s}\boldsymbol{s}^H])\leqslant P \tag{8.101}$$

在某些讨论中，功率约束的第二种形式更有用。用$\boldsymbol{n}=[n_1,n_2,\cdots,n_{N_r}]^{\mathrm{T}}\in\mathcal{C}^{N_r\times 1}$表示加性复高斯噪声向量。破坏不同接收信号的噪声通常是独立的、零均值的、具有相等的方差σ_n^2，即$\mathbb{E}[\boldsymbol{n}\boldsymbol{n}^H]=\sigma_n^2\boldsymbol{I}_{N_r}$，也可以用$\boldsymbol{n}\sim\mathcal{CN}(0,\sigma_n^2\boldsymbol{I}_{N_r})$来表示。在平坦衰落的假设下，MIMO信道可以建模为$N_r\times N_t$矩阵，即

$$\boldsymbol{H}=\begin{pmatrix} h_{11} & h_{12} & \cdots & h_{1N_t} \\ h_{21} & h_{22} & \cdots & h_{2N_t} \\ \vdots & \vdots & & \vdots \\ h_{N_r1} & h_{N_r2} & \cdots & h_{N_rN_t} \end{pmatrix} \tag{8.102}$$

如图 8.9 所示，式中第 n_r 行第 n_t 列的项 $h_{n_r n_t}$ 表示发射天线 n_t 与接收天线 n_r 之间的信道系数，其中 $n_r=1,2,\cdots,N_r$，$n_t=1,2,\cdots,N_t$。$\boldsymbol{H}$ 是遵循特定概率分布的复值随机矩阵，信道的每一次使用都对应 H 的一次独立实现。一般情况下，每一项都是一个均值为零、实部和虚部相互独立且方差为 1/2 的复圆对称高斯随机变量，记为 $h\sim\mathcal{CN}(0,1)$。该选择模拟了一个瑞利衰落环境，接收天线和发射天线之间足够的分离使得每个发射-接收天线对的衰落是独立的。在所有情况下，$\boldsymbol{H}$ 的实现都是确定性的，接收机获得信道输出 $(\boldsymbol{r},\boldsymbol{H})$［Telatar，1999］。$(\cdot)^*$、$(\cdot)^{\mathrm{T}}$ 和 $(\cdot)^{H*}$ 分别表示向量或矩阵的共轭、转置和共轭转置操作。

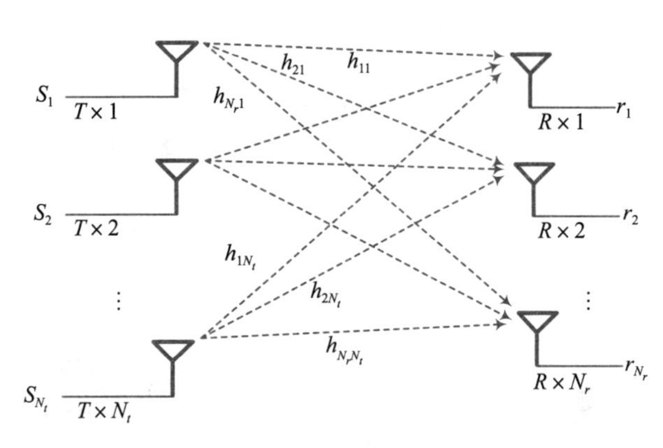

图 8.9　具有 N_t 根发射天线和 N_r 根接收天线的 MIMO 信道示意图，其中发射天线 n_t 与接收天线 n_r 之间的信道系数用 $h_{n_r n_t}$ 表示

单天线系统在平坦衰落信道中的香农容量（单位：(bit/s)/Hz）为

$$C=\log_2\left(1+|h|^2\frac{P}{\sigma_n^2}\right) \tag{8.103}$$

通过部署多天线接收，可提升 SIMO 系统的容量为

$$C=\log_2\left(1+\frac{P}{\sigma_n^2}\sum_{n_r=1}^{N_r}|h_{n_r}|^2\right) \tag{8.104}$$

类似地，如果选择发射机上没有 CSI 的发射分集，可得 MISO 系统的容量为

$$C=\log_2\left(1+\frac{P}{N_t\sigma_n^2}\sum_{n_t=1}^{N_t}|h_{n_t}|^2\right) \tag{8.105}$$

式中，N_t 的归一化确保了总发射功率固定，并且与多根接收天线的情况不同，它没有阵列（功率）增益。如式（8.104）或式（8.105）所示，SIMO 或 MISO 信道的容量与天线数量呈对数关系。

Telatar［1999］和 Foschini and Gans［1998］证明了 MIMO 信道可以随

$$N_m=\min(N_t,N_r) \tag{8.106}$$

线性增长，而非对数增长。广义容量的公式为

$$C=\log_2\det\left[\boldsymbol{I}_{N_r}+\frac{P}{N_t\sigma_n^2}\boldsymbol{H}\boldsymbol{H}^H\right] \tag{8.107}$$

式中，det[·] 表示矩阵的行列式。这是一个向量高斯信道，因此它的容量可以通过将向量信道分解为一组并行的、独立的标量高斯子信道来计算。

在基本的线性代数中，线性变换可以表示为旋转、缩放和和另一个旋转这三个运算的组合。因此，任何矩阵都可以被奇异值分解（Singular Value Decomposition，SVD）为

$$\boldsymbol{H}=\boldsymbol{U}\boldsymbol{\Sigma}\boldsymbol{V}^H \tag{8.108}$$

式中，酉矩阵 $\boldsymbol{U}\in\mathcal{C}^{N_r\times N_r}$ 和 $\boldsymbol{V}\in\mathcal{C}^{N_t\times N_t}$ 满足

$$\boldsymbol{U}^H\boldsymbol{U}=\boldsymbol{U}\boldsymbol{U}^H=\boldsymbol{I}_{N_r} \tag{8.109}$$

$$\boldsymbol{V}^H\boldsymbol{V}=\boldsymbol{V}\boldsymbol{V}^H=\boldsymbol{I}_{N_t} \tag{8.110}$$

$\boldsymbol{\Sigma}\in\mathcal{R}^{N_r\times N_t}$ 是对角线元素为非负实数而非对角元素为零的矩形矩阵，且其对角线元素一般是 $\boldsymbol{H}$ 的有序奇异值，由 $\lambda_1\geqslant\lambda_2\geqslant\cdots\geqslant\lambda_{N_m}$ 表示。那么，当 $N_r<N_t$ 时，$\boldsymbol{\Sigma}$ 类似如下形式

$$\boldsymbol{\Sigma}=\begin{pmatrix}\lambda_1 & 0 & \cdots & 0 & 0 & \cdots & 0\\ 0 & \lambda_2 & \cdots & 0 & 0 & \cdots & 0\\ \vdots & \vdots & & \vdots & \vdots & & \vdots\\ 0 & 0 & \cdots & \lambda_{N_m} & 0 & \cdots & 0\end{pmatrix} \tag{8.111}$$

或者当 $N_r>N_t$ 时，$\boldsymbol{\Sigma}$ 类似如下形式［Yang，2016］：

$$\boldsymbol{\Sigma}=\begin{pmatrix}\lambda_1 & 0 & \cdots & 0\\ 0 & \lambda_2 & \cdots & 0\\ \vdots & \vdots & & \vdots\\ 0 & 0 & \cdots & \lambda_{N_m}\\ 0 & 0 & \cdots & 0\\ \vdots & \vdots & & \vdots\\ 0 & 0 & \cdots & 0\end{pmatrix} \tag{8.112}$$

定义矩阵

$$\boldsymbol{W}=\begin{cases}\boldsymbol{H}\boldsymbol{H}^H, & N_r\leqslant N_t\\ \boldsymbol{H}^H\boldsymbol{H}, & N_r>N_t\end{cases} \tag{8.113}$$

这些奇异值 λ_1，λ_2，$\cdots$，λ_{N_m} 也是 $\boldsymbol{W}$ 的非零特征值，$\boldsymbol{U}$ 的列是 $\boldsymbol{H}\boldsymbol{H}^H$ 的特征向量，$\boldsymbol{V}$ 的列是 $\boldsymbol{H}^H\boldsymbol{H}$ 的特征向量。因此，可以重写式（8.100）为

$$\boldsymbol{r}=\boldsymbol{U}\boldsymbol{\Sigma}\boldsymbol{V}^H\boldsymbol{s}+\boldsymbol{n} \tag{8.114}$$

如果发射机已知 $\boldsymbol{r}$，则发射机可以预编码信息符号向量 $\boldsymbol{x}=[x_1,x_2,\cdots,x_{N_t}]^{\mathrm{T}}$ 为

$$\boldsymbol{s}=\boldsymbol{V}\boldsymbol{x} \tag{8.115}$$

并且 $\boldsymbol{V}^H\boldsymbol{V}=\boldsymbol{I}_{N_t}$，因此可得

$$\boldsymbol{r}=\boldsymbol{U}\boldsymbol{\Sigma}\boldsymbol{V}^H\boldsymbol{V}\boldsymbol{x}+\boldsymbol{n}=\boldsymbol{U}\boldsymbol{\Sigma}\boldsymbol{x}+\boldsymbol{n} \tag{8.116}$$

如图8.10所示，如果接收机使用 $\boldsymbol{U}^H$ 来解码接收信号，那么可得

$$\boldsymbol{y}=\boldsymbol{U}^H\boldsymbol{r}=\boldsymbol{U}^H\boldsymbol{U}\boldsymbol{\Sigma}\boldsymbol{x}+\boldsymbol{U}^H\boldsymbol{n}=\boldsymbol{\Sigma}\boldsymbol{x}+\boldsymbol{z} \tag{8.117}$$

预编码并不会改变功率限制，这是因为

$$\mathbb{E}[\boldsymbol{x}^H\boldsymbol{x}]=\mathbb{E}[\boldsymbol{s}^H\boldsymbol{V}^H\boldsymbol{V}\boldsymbol{s}]=\mathbb{E}[\boldsymbol{s}^H\boldsymbol{s}]\leqslant P \tag{8.118}$$

类似地，$\boldsymbol{z}=\boldsymbol{U}^H\boldsymbol{n}$ 与 $\boldsymbol{n}$ 服从相同的分布，即 $\boldsymbol{z}\sim\mathcal{CN}(0,\sigma_n^2\boldsymbol{I}_{N_r})$。当 $N_r<N_t$ 时，展开 $\boldsymbol{y}=\boldsymbol{\Sigma}\boldsymbol{x}+\boldsymbol{z}$ 可得

$$\begin{pmatrix}y_1\\ y_2\\ \vdots\\ y_{N_r}\end{pmatrix}=\begin{pmatrix}\lambda_1 & 0 & \cdots & 0 & 0 & \cdots & 0\\ 0 & \lambda_2 & \cdots & 0 & 0 & \cdots & 0\\ \vdots & \vdots & & \vdots & \vdots & & \vdots\\ 0 & 0 & \cdots & \lambda_{N_m} & 0 & \cdots & 0\end{pmatrix}\begin{pmatrix}x_1\\ x_2\\ x_3\\ \vdots\\ x_{N_t}\end{pmatrix}+\begin{pmatrix}z_1\\ z_2\\ \vdots\\ z_{N_r}\end{pmatrix} \tag{8.119}$$

这意味着可以得到 N_m 个并行的高斯信道：

$$y_n=\lambda_n x_n+z_n,\quad 对于\ n=1,\cdots,N_m \tag{8.120}$$

可直接将所有并行子信道的容量相加来计算并行信道下的容量。假设发射天线之间是等功率分配的，可表示信道容量为

$$C=\sum_{n=1}^{N_m}\log_2\left(1+\lambda_n^2\frac{P}{N_t\sigma_n^2}\right) \tag{8.121}$$

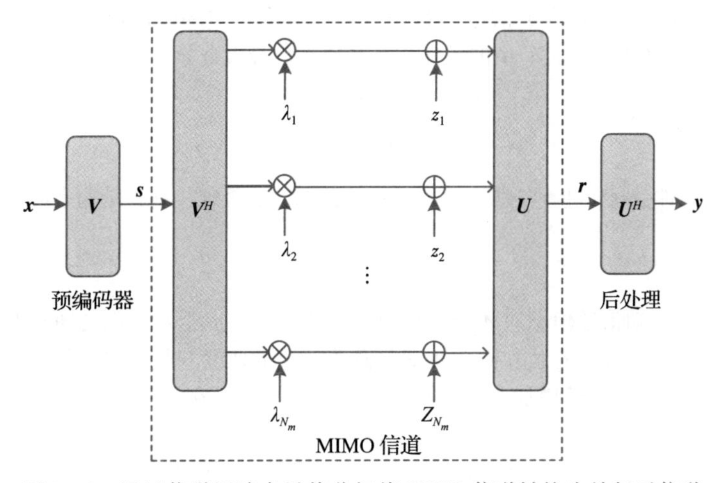

图 8.10　通过信道矩阵奇异值分解将 MIMO 信道转换为并行子信道

另外，也可以通过代入 $\boldsymbol{H}=\boldsymbol{U\Sigma V}^H$ 到式（8.107）得到容量为

$$\begin{aligned} C &= \log_2 \det\left[\boldsymbol{I}_{N_r}+\frac{P}{N_t\sigma_n^2}\boldsymbol{U\Sigma V}^H\boldsymbol{V\Sigma}^H\boldsymbol{U}^H\right] \\ &= \log_2 \det\left[\boldsymbol{I}_{N_r}+\frac{P}{N_t\sigma_n^2}\boldsymbol{U\Sigma\Sigma}^H\boldsymbol{U}^H\right] \\ &= \log_2 \det\left[\boldsymbol{U}\left(\boldsymbol{I}_{N_r}+\frac{P}{N_t\sigma_n^2}\boldsymbol{\Sigma\Sigma}^H\right)\boldsymbol{U}^H\right] \\ &= \log_2 \det\left[\boldsymbol{I}_{N_r}+\frac{P}{N_t\sigma_n^2}\boldsymbol{\Sigma\Sigma}^H\right] \end{aligned} \tag{8.122}$$

应用式（8.112）可得

$$\boldsymbol{\Sigma\Sigma}^H=\begin{pmatrix} \lambda_1^2 & 0 & \cdots & 0 & 0 & \cdots & 0 \\ 0 & \lambda_2^2 & \cdots & 0 & 0 & \cdots & 0 \\ \vdots & \vdots & & \vdots & \vdots & & \vdots \\ 0 & 0 & \cdots & \lambda_{N_m}^2 & 0 & \cdots & 0 \\ 0 & 0 & \cdots & 0 & 0 & \cdots & 0 \\ \vdots & \vdots & & \vdots & \vdots & & \vdots \\ 0 & 0 & \cdots & 0 & 0 & \cdots & 0 \end{pmatrix} \tag{8.123}$$

因此，可进一步表示式（8.122）为

$$C=\sum_{n=1}^{N_m}\log_2\left(1+\lambda_n^2\frac{P}{N_t\sigma_n^2}\right) \tag{8.124}$$

这与式（8.121）完全相同。每个具有非零特征值的子信道都可以支持一个数据流，因此 MIMO 信道可以支持多个数据流的空间复用。信道容量现在随天线数量线性增长，并行子信道的最大数量等于发射和接收天线数量的最小值。

有两个关键参数决定性能。一个参数是秩，即信道矩阵中非零奇异值的个数

$$r\leqslant \min(N_t, N_r) \tag{8.125}$$

秩表示 MIMO 信道提供的并行子信道的数目，对于全秩，MIMO 信道提供的空间自由度为 $N_m=\min(N_t,N_r)$。另一个参数是信道矩阵 $\boldsymbol{H}$ 的条件数，其定义为最大奇异值与最小奇异值的比值

$$c=\frac{\max\limits_{n=1,2,\cdots,N_m}(\lambda_n)}{\min\limits_{n=1,2,\cdots,N_m}(\lambda_n)} \tag{8.126}$$

如果信道矩阵的条件数接近于1，则该信道矩阵是良态的；否则，它就是病态的。

8.6.2 MIMO 预编码

尽管只有在接收机已知信道信息时才能实现 MIMO 的增益，但当发射机已知 CSI（称为 CSIT）时可以获得更好的性能。例如，在具有独立同分布瑞利衰落信道的四发双收天线系统中，发射机利用 CSI 可以在信噪比为-5dB 时将信道容量增加一倍，并在信噪比为 5dB 时获得额外的 1.5（bit/s）/Hz 容量增益[Paulraj，2007]。为此，发射机需要在发射前根据瞬时 CSI 对发射信号进行预编码。本小节将研究单用户 MIMO 系统中全 CSIT 或有限 CSIT 的预编码。

8.6.2.1 发射机已知全部 CSI

在利用信道互易性的 TDD 系统或在缓慢衰落的 FDD 系统中，发射机追踪信道变化是可实现的。尽管 CSI 不准确，但使用完美的 CSIT 进行预编码从理论上讲也是必要的。如前所述，在信道矩阵满秩的假设下，SVD 预编码可以实现逼近的容量。预编码器是 $\boldsymbol{V}$，在子信道间采用注水策略来分配功率，即

$$P_n=\left(\mu-\frac{N_0}{\lambda_n^2}\right)^+ \tag{8.127}$$

选择 μ 时要满足总功率约束

$$\mathbb{E}\left[\sum_{n=1}^{N_m}\left(\mu-\frac{N_0}{\lambda_n^2}\right)^+\right]\leqslant P \tag{8.128}$$

然而，$\boldsymbol{H}$ 并不总是一个全秩矩阵，$\boldsymbol{H}$ 的秩与空间自由度的个数相等。传输层数即传输秩 N_L 应该不大于瞬时信道矩阵的秩，即 $N_L\leqslant r\leqslant N_m$。请注意，传输秩不一定等于矩阵秩。例如，可以在一个秩为四的信道上传输两个数据流。

如果 $N_L=r\leqslant N_m$，信道矩阵包含 $N_L\leqslant N_m$ 个非零奇异值。利用 $\boldsymbol{\Sigma}$ 中全零的行或列，可以将式（8.108）中给出的 SVD 公式改写为等价形式

$$\boldsymbol{H}=\boldsymbol{U}\boldsymbol{\Sigma}\boldsymbol{V}^H=\widetilde{\boldsymbol{U}}\widetilde{\boldsymbol{\Sigma}}\widetilde{\boldsymbol{V}}^H \tag{8.129}$$

式中，$\widetilde{\boldsymbol{U}}\in\mathcal{C}^{N_r\times N_L}$ 表示 $\boldsymbol{U}\in\mathcal{C}^{N_r\times N_r}$ 的前 N_L 列（因为剩余 N_r-N_L 列将与 $\boldsymbol{\Sigma}$ 中相应的最后几行中的零相乘），$\widetilde{\boldsymbol{V}}^H\in\mathcal{C}^{N_L\times N_t}$ 表示 $\boldsymbol{V}^H\in\mathcal{C}^{N_t\times N_t}$ 的前 N_L 列，$\widetilde{\boldsymbol{\Sigma}}\in\mathcal{C}^{N_L\times N_L}$ 等于

$$\widetilde{\boldsymbol{\Sigma}}=\begin{pmatrix}\lambda_1 & 0 & \cdots & 0\\ 0 & \lambda_2 & \cdots & 0\\ \vdots & \vdots & & \vdots\\ 0 & 0 & \cdots & \lambda_{N_L}\end{pmatrix} \tag{8.130}$$

如图 8.11 所示，信息符号 $\boldsymbol{x}=[x_1,x_2,\cdots,x_{N_L}]^{\mathrm{T}}$ 在信道编码后被解复用为 N_L 个流，每个流被映射到预编码器的一层。对于具有部分秩的 SVD 预编码，预编码矩阵是 $\boldsymbol{P}=\widetilde{\boldsymbol{V}}$，那么传输符号的向量 $\boldsymbol{s}=[s_1,s_2,\cdots,s_{N_t}]^{\mathrm{T}}$ 可表示为

$$s=Px \tag{8.131}$$

采用线性检测器 $D=\widetilde{U}^{H}$，接收机计算

$$y=Dr=\widetilde{U}^{H}r=\widetilde{U}^{H}(\widetilde{U}\widetilde{\Sigma}\widetilde{V}^{H}\widetilde{V}x+n)=\widetilde{\Sigma}x+\widetilde{n} \tag{8.132}$$

这将转化为 AWGN 信道中的一般检测问题。

图 8.11 描述了单用户 MIMO 系统中线性预编码的典型结构。这意味着在发射机上应用一个大小为 $N_t\times N_L$ 的预编码矩阵进行线性处理。在单层情况下，空间多路复用的线性预编码回到基于预编码的波束赋形。在单流预编码（或低相关天线阵列上的发射波束赋形）中，如 8.5 节所述，每根发射天线以适当的权重发射相同的信号来最大限度地提高信号的信噪比，该权重可以调整相位和增益。在 SU-MIMO 系统中，预编码通过同时从发射天线发射多个具有独立和适当权重的数据流来最大化链路吞吐量。预编码有两个目的：

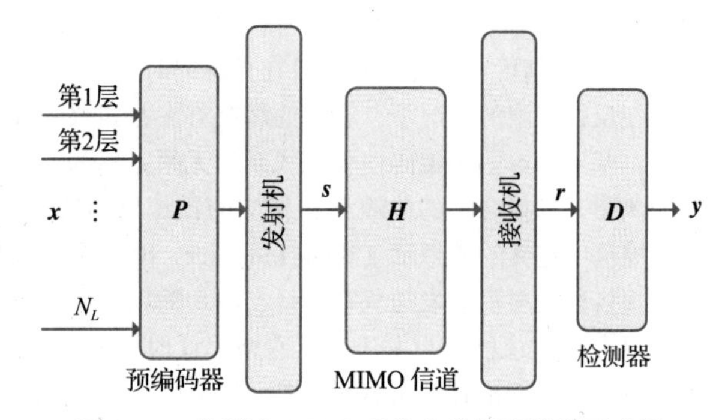

图 8.11　单用户 MIMO 系统中线性预编码示意图

- 当空间复用的传输层数等于发射天线数（$N_L=N_t$）时，预编码可用于并行信号的正交化，从而改善接收机的信号分离。
- 当空间复用的传输层数小于发射天线数（$N_L<N_t$）时，预编码可以通过空间复用和波束赋形的结合映射 N_L 个空间复用信号到 N_t 根发射天线。

SVD 预编码可以有效地将 MIMO 信道转换为一组并行子信道。但是，误差性能主要取决于具有最小奇异值的子信道。只要适当选择子信道对，就可以通过对子信道对进行联合编码来实现显著的性能改进。子信道配对的想法来自旋转编码。如图 8.12 所示，将原始星座图旋转角度 θ 后的旋转编码矩阵为

$$\begin{pmatrix}\cos\theta & \sin\theta\\ -\sin\theta & \cos\theta\end{pmatrix} \tag{8.133}$$

子信道配对可由 Mohammed 等人［2011］提出的 X-code 和 Y-code 来实现，使用配对矩阵 G 来配对不同的子信道，可以提高整体的分集阶数。例如，当 $N_L=6$ 时，X-code 结构为

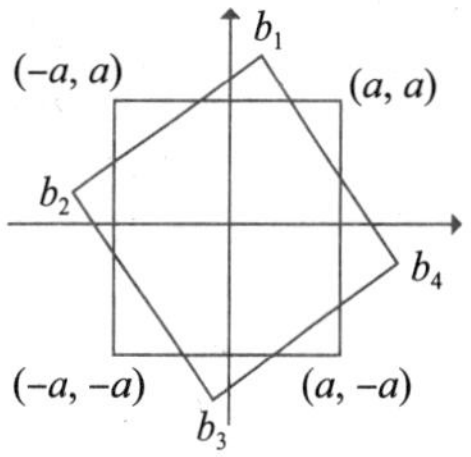

$$G=\begin{pmatrix}\cos\theta_1 & & & & & \sin\theta_1\\ & \cos\theta_2 & & & \sin\theta_2 & \\ & & \cos\theta_3 & \sin\theta_3 & & \\ & & -\sin\theta_3 & \cos\theta_3 & & \\ & -\sin\theta_2 & & & \cos\theta_2 & \\ -\sin\theta_1 & & & & & \cos\theta_1\end{pmatrix} \tag{8.134}$$

图 8.12　原始星座和旋转后的星座

那么，预编码矩阵为

$$P=\widetilde{V}G \tag{8.135}$$

X-code 具有比标准 SVD 预编码更好的误码性能。然而，当子信道对条件不佳时，X-code 的性能会下降，X-code 这种情况下的性能退化以及进一步降低复杂度的动机导致了 Y-code 的产生。Y-code 的结构和性能细节可参考 Mohammed et al.［2011］。

8.6.2.2 发射机已知部分 CSI

实际中，发射机在准确及时地获得时变信道响应，特别是快速衰落环境中的 CSI 方面存在困难，而且获取成本高昂。有限的反馈资源、相关的反馈延迟、传输误差和调度滞后降低了 FDD 系统中具有短信道相干时间的 CSIT 的系统性能。在 TDD 系统中，天线校准误差和上下行链路传输切换时间的滞后再次限制了 CSIT 的精度。因此，发射机在预编码时通常只有不完美的、局部的瞬时 CSI。

在反馈有限的情况下，有效的解决方案是定义一组有限且发送机和接收机都已知的预编码矩阵，即码本。基于码本的预编码使得无线系统无须完整的 CSIT，这大大减少了反馈开销。接收机根据对参考信号的测量来选择合适的传输秩和相应的预编码矩阵。然后，将包含所选秩和预编码矩阵的信息以 3GPP LTE 规范中定义的秩指示（Rank Indicator，RI）和预编码矩阵指示（Precoding-Matrix Indicator，PMI）等形式报告给发射机。发送机在选择实际传输秩和预编码矩阵时，并不一定遵循接收机提供的 RI/PMI，RI 和 PMI 仅为建议值。当发送机不遵循建议时，发送机必须明确地告知接收机使用的预编码矩阵。此外，如果发射机使用推荐的预编码矩阵，则只发送确认信号。

为了便于读者具体理解，在此以 LTE 规定的预编码码本为例。LTE 系统支持使用 2 个天线端口和 4 个天线端口的多天线传输。定义码本为

- 一层和两层的两个天线端口，分别对应大小为 2×1 和 2×2 的预编码矩阵，如表 8-2 所示。
- 一层、两层、三层和四层的四个天线端口，分别对应大小为 4×1、4×2、4×3 和 4×4 的预编码矩阵，如表 8-3 所示。

表 8-2 带有两个天线端口的 LTE 预编码码本

层数 N_L	码本索引					
	0	1	2	3	4	5
一层	$\begin{bmatrix}1\\0\end{bmatrix}$	$\begin{bmatrix}0\\1\end{bmatrix}$	$\frac{1}{\sqrt{2}}\begin{bmatrix}1\\1\end{bmatrix}$	$\frac{1}{\sqrt{2}}\begin{bmatrix}1\\-1\end{bmatrix}$	$\frac{1}{\sqrt{2}}\begin{bmatrix}1\\j\end{bmatrix}$	$\frac{1}{\sqrt{2}}\begin{bmatrix}1\\-j\end{bmatrix}$
两层	$\frac{1}{\sqrt{2}}\begin{bmatrix}1&0\\0&1\end{bmatrix}$	$\frac{1}{2}\begin{bmatrix}1&1\\1&-1\end{bmatrix}$	$\frac{1}{2}\begin{bmatrix}1&1\\j&-j\end{bmatrix}$			

来源：改编自 3GPP TS36.211［2018］。

表 8-3 带有四个天线端口的 LTE 预编码码本

码本索引	U_n	层数 N_L			
		1	2	3	4
0	$\mathbf{u}_0=[1,-1,-1,1]^{\mathrm{T}}$	$\mathbf{W}_0^{(1)}$	$\frac{1}{\sqrt{2}}\mathbf{W}_0^{(14)}$	$\frac{1}{\sqrt{3}}\mathbf{W}_0^{(124)}$	$\frac{1}{2}\mathbf{W}_0^{(1234)}$
1	$\mathbf{u}_1=[1,-j,1,j]^{\mathrm{T}}$	$\mathbf{W}_1^{(1)}$	$\frac{1}{\sqrt{2}}\mathbf{W}_1^{(12)}$	$\frac{1}{\sqrt{3}}\mathbf{W}_1^{(123)}$	$\frac{1}{2}\mathbf{W}_1^{(1234)}$
2	$\mathbf{u}_2=[1,1,-1,1]^{\mathrm{T}}$	$\mathbf{W}_2^{(1)}$	$\frac{1}{\sqrt{2}}\mathbf{W}_2^{(12)}$	$\frac{1}{\sqrt{3}}\mathbf{W}_2^{(123)}$	$\frac{1}{2}\mathbf{W}_2^{(3214)}$
3	$\mathbf{u}_3=[1,j,1,-j]^{\mathrm{T}}$	$\mathbf{W}_3^{(1)}$	$\frac{1}{\sqrt{2}}\mathbf{W}_3^{(12)}$	$\frac{1}{\sqrt{3}}\mathbf{W}_3^{(123)}$	$\frac{1}{2}\mathbf{W}_3^{(3214)}$
4	$\mathbf{u}_4=\left[1,\frac{-1-j}{\sqrt{2}},-j,\frac{1-j}{\sqrt{2}}\right]^{\mathrm{T}}$	$\mathbf{W}_4^{(1)}$	$\frac{1}{\sqrt{2}}\mathbf{W}_4^{(14)}$	$\frac{1}{\sqrt{3}}\mathbf{W}_4^{(124)}$	$\frac{1}{2}\mathbf{W}_4^{(1234)}$

（续）

码本索引	U_n	层数 N_L			
		1	2	3	4
5	$\mathbf{u}_5=\left[1,\frac{1-j}{\sqrt{2}},j,\frac{-1-j}{\sqrt{2}}\right]^{\mathrm{T}}$	$\mathbf{W}_5^{(1)}$	$\frac{1}{\sqrt{2}}\mathbf{W}_5^{(14)}$	$\frac{1}{\sqrt{3}}\mathbf{W}_5^{(124)}$	$\frac{1}{2}\mathbf{W}_5^{(1234)}$
6	$\mathbf{u}_6=\left[1,\frac{1+j}{\sqrt{2}},-j,\frac{-1+j}{\sqrt{2}}\right]^{\mathrm{T}}$	$\mathbf{W}_6^{(1)}$	$\frac{1}{\sqrt{2}}\mathbf{W}_6^{(13)}$	$\frac{1}{\sqrt{3}}\mathbf{W}_6^{(134)}$	$\frac{1}{2}\mathbf{W}_6^{(1324)}$
7	$\mathbf{u}_7=\left[1,\frac{-1+j}{\sqrt{2}},j,\frac{1+j}{\sqrt{2}}\right]^{\mathrm{T}}$	$\mathbf{W}_7^{(1)}$	$\frac{1}{\sqrt{2}}\mathbf{W}_7^{(13)}$	$\frac{1}{\sqrt{3}}\mathbf{W}_7^{(134)}$	$\frac{1}{2}\mathbf{W}_7^{(1324)}$
8	$\mathbf{u}_8=[1,-1,1,1]^{\mathrm{T}}$	$\mathbf{W}_8^{(1)}$	$\frac{1}{\sqrt{2}}\mathbf{W}_8^{(12)}$	$\frac{1}{\sqrt{3}}\mathbf{W}_8^{(124)}$	$\frac{1}{2}\mathbf{W}_8^{(1234)}$
9	$\mathbf{u}_9=[1,-j,-1,-j]^{\mathrm{T}}$	$\mathbf{W}_9^{(1)}$	$\frac{1}{\sqrt{2}}\mathbf{W}_9^{(14)}$	$\frac{1}{\sqrt{3}}\mathbf{W}_9^{(134)}$	$\frac{1}{2}\mathbf{W}_9^{(1234)}$
10	$\mathbf{u}_{10}=[1,1,1,-1]^{\mathrm{T}}$	$\mathbf{W}_{10}^{(1)}$	$\frac{1}{\sqrt{2}}\mathbf{W}_{10}^{(13)}$	$\frac{1}{\sqrt{3}}\mathbf{W}_{10}^{(123)}$	$\frac{1}{2}\mathbf{W}_{10}^{(1324)}$
11	$\mathbf{u}_{11}=[1,j,-1,j]^{\mathrm{T}}$	$\mathbf{W}_{11}^{(1)}$	$\frac{1}{\sqrt{2}}\mathbf{W}_{11}^{(13)}$	$\frac{1}{\sqrt{3}}\mathbf{W}_{11}^{(134)}$	$\frac{1}{2}\mathbf{W}_{11}^{(1324)}$
12	$\mathbf{u}_{12}=[1,-1,-1,1]^{\mathrm{T}}$	$\mathbf{W}_{12}^{(1)}$	$\frac{1}{\sqrt{2}}\mathbf{W}_{12}^{(12)}$	$\frac{1}{\sqrt{3}}\mathbf{W}_{12}^{(123)}$	$\frac{1}{2}\mathbf{W}_{12}^{(1234)}$
13	$\mathbf{u}_{13}=[1,-1,1,-1]^{\mathrm{T}}$	$\mathbf{W}_{13}^{(1)}$	$\frac{1}{\sqrt{2}}\mathbf{W}_{13}^{(13)}$	$\frac{1}{\sqrt{3}}\mathbf{W}_{13}^{(123)}$	$\frac{1}{2}\mathbf{W}_{13}^{(1324)}$
14	$\mathbf{u}_{14}=[1,1,-1,-1]^{\mathrm{T}}$	$\mathbf{W}_{14}^{(1)}$	$\frac{1}{\sqrt{2}}\mathbf{W}_{14}^{(13)}$	$\frac{1}{\sqrt{3}}\mathbf{W}_{14}^{(123)}$	$\frac{1}{2}\mathbf{W}_{14}^{(3214)}$
15	$\mathbf{u}_{15}=[1,1,1,1]^{\mathrm{T}}$	$\mathbf{W}_{15}^{(1)}$	$\frac{1}{\sqrt{2}}\mathbf{W}_{15}^{(12)}$	$\frac{1}{\sqrt{3}}\mathbf{W}_{15}^{(123)}$	$\frac{1}{2}\mathbf{W}_{15}^{(1234)}$

来源：3GPP TS36.211［2018］/ETSI。

与表 8-2 显式提供两个天线端口的预编码矩阵不同，表 8-3 中的预编码矩阵需要进一步解释。对于典型的第 n 行，$n=0,1,\cdots,15$，可计算对应的 $\boldsymbol{W}_n$ 为

$$\boldsymbol{W}_n=\boldsymbol{I}-\frac{2\boldsymbol{u}_n\boldsymbol{u}_n^H}{\boldsymbol{u}_n^H\boldsymbol{u}_n} \tag{8.136}$$

并且 $\boldsymbol{W}_n^{(i_a i_b)}$ 表示由矩阵 $\boldsymbol{W}_n$ 第 i_a 和第 i_b 列组成的子矩阵。例如

$$\boldsymbol{W}_0=\frac{1}{2}\begin{bmatrix}1&1&1&1\\1&1&-1&-1\\1&-1&1&-1\\1&-1&-1&1\end{bmatrix} \tag{8.137}$$

和

$$\boldsymbol{W}_0^{(1)}=\frac{1}{2}\begin{bmatrix}1\\1\\1\\1\end{bmatrix},\quad \boldsymbol{W}_0^{(14)}=\frac{1}{2}\begin{bmatrix}1&1\\1&-1\\1&-1\\1&1\end{bmatrix} \tag{8.138}$$

上述机制也称为基于闭环码本的多天线传输预编码。开环预编码是预编码的一种变体，它不依赖来自接收机的任何详细的预编码矩阵推荐，也不需要用于传输实际预编码矩阵的任何显式信令。相反，开环预编码以发射机和接收机都预先知道的决定方式来选择预编码矩阵。开环预编码可用于由于PMI报告的延迟而很难获得准确反馈的高移动性场景。

除了基于码本的预编码，LTE Release 9还引入了非码本的预编码。尽管该术语容易引起歧义，但实际上它仍然可以使用预定义码本里给出的预编码矩阵。与基于码本的预编码相比，主要的区别是该预编码变体在预编码前使用了解调参考信号。预编码参考信号的传输允许接收机在没有显式的发射机预编码信息的情况下，解调和恢复传输层。基于预编码参考信号的信道估计反映了信号遍历的信道，包括预编码的影响，因此可以直接用于相干解调。因此，接收机只需要知道传输秩而无须任何预编码矩阵信息，也就是说发射机可以使用任意预编码矩阵，并且不需要显式信令［Dahlman et al.，2011］。

8.6.3　MIMO检测

当发射机知道信道信息时，SVD结构使发射机能够通过信道发送并行数据流，并使数据流在互不干扰的情况下正交地到达接收机。这是通过预旋转数据来实现的，这样，并行流就可以沿着信道的特征模式来发送。当发射机不知道信道时，预编码是不可能实现的。但是，如果采用适当的MIMO检测算法也可以获得全部的自由度。空间多路复用信号的检测是MIMO无线通信系统中重要的接收功能之一。这是因为，除了加性噪声和信道衰落，接收到的信号还包含由多根发射天线同时传输造成的空间干扰。因此，设计、分析和实现有效的单处理算法来检测存在这种空间干扰的接收信号是有吸引力的。

假定系统模型为

$$\boldsymbol{r}=\boldsymbol{H}\boldsymbol{s}+\boldsymbol{n} \tag{8.139}$$

其中，接收机知道理想的信道矩阵$\boldsymbol{H}$，但发射机不知道$\boldsymbol{H}$。在发射机处没有预编码，即$\boldsymbol{P}=\boldsymbol{I}$，这意味着不同的发射天线传输独立的数据流。注意，在CSIT情况下，接收机和发射机都知道预编码矩阵，并且可以视预编码矩阵$\boldsymbol{P}$的影响为整体信道响应的一部分。当接收机已知预编码矩阵时，预编码信号的检测类似检测独立传输的信号。因此，本部分主要针对没有CSIT的MIMO检测，但同样适用于后者。

本节的其余部分介绍了几种著名的MIMO检测算法，包括最优ML检测、线性检测（匹配滤波器、ZF和MMSE）和非线性检测（串行干扰消除（Successive Interference Cancelation，SIC））。

8.6.3.1　最大似然检测

接收端根据信道矩阵$\boldsymbol{H}$和观测值$\boldsymbol{r}$，生成传输符号向量$\boldsymbol{s}$的估计$\hat{\boldsymbol{s}}$，即

$$\hat{\boldsymbol{s}}=f(\boldsymbol{H},\boldsymbol{r}) \tag{8.140}$$

从平均误差概率最小的角度出发，ML算法实现了最优检测器。ML检测器解决了一个非线性优化问题，即最小化观测值$\boldsymbol{r}$和假设的接收信号$\boldsymbol{H}\boldsymbol{s}$之间欧氏距离的二次方。因此，应用欧式范数，式（8.140）变为

$$\hat{\boldsymbol{s}}=\arg\min_{\boldsymbol{s}\in\mathcal{X}^{N_t}}\|\boldsymbol{r}-\boldsymbol{H}\boldsymbol{s}\|^2 \tag{8.141}$$

N维复数空间$\mathbb{C}^N$的欧几里得范数$\|\cdot\|$定义为

$$\|\boldsymbol{x}\|=\sqrt{|x_1|^2+|x_2|^2+\cdots+|x_N|^2} \tag{8.142}$$

在所有可能传输向量的集合$\boldsymbol{s}\in\mathcal{X}^{N_t}$上来最小化平均误差概率。具体来说，样本空间总共有$|\mathcal{X}|^{N_t}$个向量，其中$\mathcal{X}$是所有星座点的集合，$|\cdot|$表示集合的基数。如果通过穷举方式来计算该优化问题的确切解，复杂度会随着发射天线数量的增加呈指数级增长。可见穷举只适用于小的N_t，但当N_t较大时穷举就

不再适用了。因此需要获得 ML 的确切解以作为评估各种检测算法的基准。为此，通常会应用 ML 性能的低复杂度界限。

8.6.3.2　线性检测

线性检测通过对接收到的符号向量进行线性变换，得到传输符号向量的软估计

$$\tilde{s}=\phi(\boldsymbol{r})=\boldsymbol{D}\boldsymbol{r} \tag{8.143}$$

式中，$\boldsymbol{D}$ 是检测矩阵。线性检测也称为 MIMO 均衡，在空间上解耦了信道的影响。线性检测器与求逆或分解一个维度为 $N_r\times N_t$ 的矩阵具有相同数量级的复杂度，因此极具吸引力。然后通过将 $\tilde{s}$ 的每一项映射到其最近的星座点来获得硬估计

$$\hat{s}_n=\underset{s\in\mathcal{X}}{\operatorname{argmin}}\left|\tilde{s}_n-s\right| \tag{8.144}$$

式中，$\hat{\boldsymbol{s}}_n=[\hat{s}_1,\hat{s}_2,\cdots,\hat{s}_{N_t}]^{\mathrm{T}}$。

用 $\boldsymbol{h}_n$，$n=1,2,\cdots,N_t$ 来表示信矩阵 $\boldsymbol{H}$ 的第 n 列，则可以重写式（8.139）为下式，以匹配滤波器。

$$\boldsymbol{r}=\boldsymbol{H}\boldsymbol{s}+\boldsymbol{n}=\sum_{n=1}^{N_t}\boldsymbol{h}_n s_n+\boldsymbol{n} \tag{8.145}$$

用 s_m 表示发射天线 m 发送的期望符号。为了检测 s_m，检测器可以只聚焦发射天线 m，并简单地将其他天线的信号（天线间干扰）视为噪声。因此，检测器认为

$$\boldsymbol{r}=\underbrace{\boldsymbol{h}_m s_m}_{\text{期望信号}}+\underbrace{\sum_{n=1,n\neq m}^{N_t}\boldsymbol{h}_n s_n+\boldsymbol{n}}_{\text{噪声}} \tag{8.146}$$

式中，第一项是检测 s_m 的期望分量，第二项是噪声。忽略其他发射天线，可将 MIMO 信道转换为 SIMO 信道：

$$\boldsymbol{r}=\boldsymbol{h}s+\boldsymbol{n} \tag{8.147}$$

如图 8.13 所示，类似 SIMO 信道中的匹配滤波器，接收机应用最大比合并来获得软估计 $\tilde{s}_m$。MIMO 信道的匹配滤波（Matched-Filter，MF）检测器使用 N_t 个并行且独立的去相关器来分别检测 N_t 个传输符号。

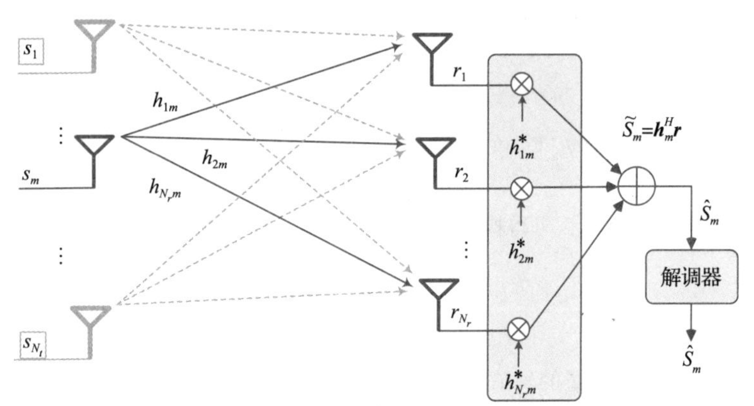

图 8.13　基于匹配滤波器的 MIMO 检测原理，除了 s_m 表示的期望符号，其他发射信号均被视为噪声。忽略其他发射天线，可将 MIMO 信道视为 SIMO 信道，在接收机应用最大比合并来得到软估计 $\tilde{s}_m$，其中 $\boldsymbol{h}_m$ 表示 $\boldsymbol{H}$ 的第 m 列

s_m 的软估计为

$$\tilde{s}_m = \frac{\boldsymbol{h}_m^H}{\|\boldsymbol{h}_m\|^2}\boldsymbol{r} = s_m + \frac{\sum_{n=1,n\neq m}^{N_t} \boldsymbol{h}_m^H \boldsymbol{h}_n s_n + \boldsymbol{n}}{\|\boldsymbol{h}_m\|^2} \tag{8.148}$$

随后，根据式（8.144），将 $\tilde{s}_m$ 映射到具有最小欧式距离的星座点来获得硬估计 $\hat{s}_m$。也可以用向量形式表示 MF 检测：

$$\tilde{\boldsymbol{s}} = \boldsymbol{H}^H \boldsymbol{r} \tag{8.149}$$

这意味着检测矩阵为

$$\boldsymbol{D} = \boldsymbol{H}^H \tag{8.150}$$

当 $N_t \ll N_r$ 时，MF 实现了次优的性能。但随着发射天线数目的增加，天线间干扰水平会提高，MF 的性能也会严重恶化。

相对于在 MF 检测中最大化目标信号的强度，迫零旨在通过对接收信号向量进行线性变换来完全消除来自其他传输流的干扰（也称干扰置零）。基于观测值和信道信息（$\boldsymbol{r},\boldsymbol{H}$）来求解优化问题

$$\tilde{\boldsymbol{s}} = \underset{s}{\arg\min} \|\boldsymbol{r} - \boldsymbol{H}\boldsymbol{s}\|^2 \tag{8.151}$$

与式（8.141）相比，ZF 的输出是软估计而不是硬估计，因而消除了符号 $\boldsymbol{s}$ 上的星座约束，这可以大大降低复杂度。

当 $\boldsymbol{H}$ 是可逆方阵时，可求解为

$$\tilde{\boldsymbol{s}} = \boldsymbol{H}^{-1} \boldsymbol{r} \tag{8.152}$$

式中，$(\cdot)^{-1}$ 表示矩阵的逆。

如果 $\boldsymbol{H}$ 是不可逆方阵或者 $\boldsymbol{H}$ 不是方阵，则使用伪逆（又称 Moore-Penrose 伪逆）

$$\boldsymbol{H}^{\dagger} = (\boldsymbol{H}^H \boldsymbol{H})^{-1} \boldsymbol{H}^H \tag{8.153}$$

用 $\boldsymbol{h}_k^{\dagger}$，$k=1,2,\cdots,N_t$ 来表示 $\boldsymbol{H}^{\dagger} \in \mathcal{C}^{N_t \times N_r}$ 的第 k 行。因为 $\boldsymbol{H}^{\dagger}\boldsymbol{H} = \boldsymbol{I} \in \mathcal{C}^{N_t \times N_t}$，$\boldsymbol{h}_k^{\dagger}\boldsymbol{H}$ 是一个第 k 项是 1、其余项都是 0 的 $1 \times N_t$ 维的行向量。重写式（8.152）中的符号，典型符号 s_k 的软估计为

$$\tilde{s}_k = \boldsymbol{h}_k^{\dagger}\boldsymbol{r} = \boldsymbol{h}_k^{\dagger}\boldsymbol{H}\boldsymbol{s} + \boldsymbol{h}_k^{\dagger}\boldsymbol{n} = s_k + \boldsymbol{h}_k^{\dagger}\boldsymbol{n} \tag{8.154}$$

然后，根据式（8.144）将 $\tilde{s}_k$ 映射到具有最小欧式距离的星座点来获得硬估计 $\hat{s}_k$。

如果 $\boldsymbol{H}$ 的最小奇异值过小，那么 ZF 可以放大噪声，这可通过 $\tilde{s}_k$ 的 SNR

$$\gamma_{\tilde{s}_k} = \frac{|s_k|^2}{\|\boldsymbol{h}_k^{\dagger}\|^2 \sigma_n^2} \tag{8.155}$$

来证明，可见噪声方差是之前的 $\|\boldsymbol{h}_k^{\dagger}\|^2$ 倍。在低信噪比下，放大的噪声占主导地位，ZF 检测器的性能可能比 MF 检测器的差。

以向量形式表示 ZF 检测，那么可得检测矩阵为

$$\boldsymbol{D} = \boldsymbol{H}^{\dagger} = (\boldsymbol{H}^H \boldsymbol{H})^{-1} \boldsymbol{H}^H \tag{8.156}$$

或

$$\boldsymbol{D} = \boldsymbol{H}^{-1} \tag{8.157}$$

如果 $\boldsymbol{H}$ 是可逆矩阵。传输向量的软估计等于

$$\begin{aligned} \tilde{\boldsymbol{s}} = \boldsymbol{H}^{\dagger}\boldsymbol{r} &= (\boldsymbol{H}^H \boldsymbol{H})^{-1} \boldsymbol{H}^H (\boldsymbol{H}\boldsymbol{s} + \boldsymbol{n}) \\ &= \boldsymbol{s} + (\boldsymbol{H}^H \boldsymbol{H})^{-1} \boldsymbol{H}^H \boldsymbol{n} \\ &= \boldsymbol{s} + \tilde{\boldsymbol{n}} \end{aligned} \tag{8.158}$$

其中流间干扰被完全取消，因此取名 ZF。计算 $\boldsymbol{H}^{\dagger}$ 的复杂度大约是 N_t 的立方，这比 MF 检测器高出一个数量级的复杂度。

为了减少 ZF 检测中噪声放大的影响，可应用线性检测器来最小化传输符号向量和估计向量之间的最小均方误差。也就是选择最优检测矩阵 $\boldsymbol{D}$ 来满足

$$\min_{\boldsymbol{D}} \mathbb{E}[\ \|\boldsymbol{s}-\boldsymbol{D}\boldsymbol{r}\|^2] \tag{8.159}$$

等效地，它求解一个优化方程

$$\widetilde{\boldsymbol{s}}=\arg\min_{\boldsymbol{s}} \|\boldsymbol{r}-\boldsymbol{H}\boldsymbol{s}\|^2+\lambda\|\boldsymbol{s}\|^2,\quad 对于\ \lambda>0 \tag{8.160}$$

在式（8.151）中增加正则化项来缓解噪声放大的影响。求解为

$$\boldsymbol{D}=(\boldsymbol{H}^H\boldsymbol{H}+\sigma_n^2\boldsymbol{I})^{-1}\boldsymbol{H}^H \tag{8.161}$$

MMSE 检测器的性能优于 MF 检测器和 ZF 检测器。在高信噪比下，因为当 σ_n^2 很小时，可以忽略逆运算中第二项的影响，所以 MMSE 检测器接近 ZF 检测器［Chockalingam and Rajan，2014］。在低信噪比下，由于 $\boldsymbol{H}^H\boldsymbol{H}$ 的对角线元素突出，MMSE 检测器类似 MF 检测器。

8.6.3.3 串行干扰消除

相比最优 ML 检测，线性检测器（MF、ZF 和 MMSE）实现更简单，但其误差性能要差得多。一类基于干扰消除的非线性检测器通过迭代消除来检测流的干扰，可显著提高剩余流的检测性能。典型的干扰消除技术包括 SIC 和并行干扰消除（Parallel Interference Cancelation，PIC）。SIC 因其低复杂度而更具吸引力。起初，线性检测器首先检测最强数据流中的符号。因此，如果应用的检测器分别是 MF、ZF 和 MMSE，则该技术也称为 MF-SIC、ZF-SIC 和 MMSE-SIC。一旦成功检测到数据流，可以使用检测到的符号和已知的信道矩阵来估计其对应的干扰。然后，从接收信号向量中减去这种干扰来减少剩余数据流的整体干扰。如果成功解码第一个流，从第二个检测器的角度来看，只有 N_t-1 个流。这个过程一直迭代，直到最后一个检测器没有遇到来自其他数据流的任何干扰（假设前面每个阶段的减法都成功）。

MIMO 技术的早期突破是由于垂直贝尔实验室分层时空（Vertical Bell Laboratories Layered Space-Time，V-BLAST）架构的成功演示［Wolniansky et al.，1998；Foschini，1996］。在 V-BLAST 中，演示了 ZF-SIC 检测，总结如下：

（1）符号检测：构建 $\boldsymbol{H}^{\dagger}=(\boldsymbol{H}^H\boldsymbol{H})^{-1}\boldsymbol{H}^H$，并根据 $\|\boldsymbol{h}_k^{\dagger}\|^2$ 来确定最强流，其中 $\boldsymbol{h}_k^{\dagger}$，$n=1,2,\cdots,N_t$ 表示 $\boldsymbol{H}^{\dagger}$ 的第 k 行。用 k_b 来表示最强流的索引，应用 $\widetilde{s}_{k_b}=\boldsymbol{h}_{k_b}^{\dagger}\boldsymbol{r}$ 可得软估计。如图 8.14 所示，然后可从 $\widetilde{s}_{k_b}$ 获得硬估计 $\hat{s}_{k_b}$。

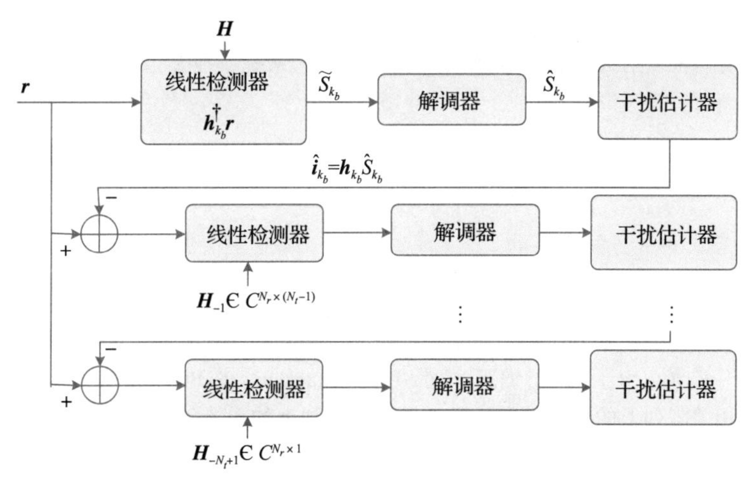

图 8.14 串行干扰消除示意图：一组线性检测器，每个检测器估计一个数据流，估计的干扰在每个阶段从接收的向量中依次消除

（2）干扰估计：估计由于第 k_b 个符号造成的流间干扰向量

$$\hat{\boldsymbol{i}}_{k_b}=\boldsymbol{h}_{k_b}\hat{s}_{k_b} \tag{8.162}$$

式中，$\boldsymbol{h}_{k_b}$ 表示信道矩阵 $\boldsymbol{H}$ 的第 k_b 列。

（3）干扰消除：减去此干扰，形成一个新的接收向量

$$\boldsymbol{r}_{-1}=\boldsymbol{r}-\hat{\boldsymbol{i}}_{k_b} \tag{8.163}$$

式中，$\boldsymbol{r}_{-1}\in\mathbb{C}^{N_r\times1}$。同时，删除 $\boldsymbol{H}$ 的第 k_b 列可得子矩阵 $\boldsymbol{H}_{-1}\in\mathbb{C}^{N_r\times(N_t-1)}$，删除 $\boldsymbol{s}$ 的第 k_b 项可得 $\boldsymbol{s}_{-1}\in\mathbb{C}^{(N_t-1)\times1}$，最终得到

$$\boldsymbol{r}_{-1}=\boldsymbol{H}_{-1}\boldsymbol{s}_{-1}+\boldsymbol{n} \tag{8.164}$$

它相当于没有第 k_b 根发射天线、有 N_t-1 根发射天线和 N_r 根接收天线的 MIMO 系统。

（4）后续操作：令 $\boldsymbol{r}=\boldsymbol{r}_{-1}$ 和 $\boldsymbol{H}=\boldsymbol{H}_{-1}$，继续执行步骤 1 直到成功检测所有的符号。

对于 MMSE-SIC 和 MF-SIC，除了步骤 1 中对应的检测矩阵分别变为 $(\boldsymbol{H}^H\boldsymbol{H}+\sigma_n^2\boldsymbol{I})^{-1}\boldsymbol{H}^H$ 和 $\boldsymbol{H}^H$，其他处理过程相同。

为帮助读者深入理解，以一个简单的 MIMO 系统为例。该系统有三根发射天线和两根接收天线。在信道

$$\boldsymbol{H}=\begin{bmatrix} h_{11} & h_{12} & h_{13} \\ h_{21} & h_{22} & h_{23} \end{bmatrix} \tag{8.165}$$

上传输符号向量 $\boldsymbol{s}=[s_1,s_2,s_3]^{\mathrm{T}}$ 产生接收信号向量

$$\boldsymbol{r}=\begin{bmatrix} r_1 \\ r_2 \end{bmatrix}=\begin{bmatrix} h_{11}s_1+h_{12}s_2+h_{13}s_3 \\ h_{21}s_1+h_{22}s_2+h_{23}s_3 \end{bmatrix} \tag{8.166}$$

假设 s_3 首先被正确检测到，即 $\hat{s}_3=s_3$，估计其对应的干扰为

$$\hat{\boldsymbol{i}}_3=\boldsymbol{h}_3\hat{s}_3=\begin{bmatrix} h_{13}s_3 \\ h_{23}s_3 \end{bmatrix} \tag{8.167}$$

从 $\boldsymbol{r}$ 取消 $\hat{\boldsymbol{i}}_3$ 可得

$$\boldsymbol{r}_{-1}=\boldsymbol{r}-\hat{\boldsymbol{i}}_3=\begin{bmatrix} h_{11}s_1+h_{12}s_2 \\ h_{21}s_1+h_{22}s_2 \end{bmatrix} \tag{8.168}$$

它相当于一个有两根发射天线和两根接收天线的 MIMO 系统，在 2×2 MIMO 信道传输符号向量 $\boldsymbol{s}=[s_1,s_2]^{\mathrm{T}}$。

$$\boldsymbol{H}=\begin{bmatrix} h_{11} & h_{12} \\ h_{21} & h_{22} \end{bmatrix} \tag{8.169}$$

8.7 总结

本章探讨了多天线传输的基本原理，包括空间分集、波束赋形和空间多路复用。空间分集可以通过接收合并（如 MRC、EGC、SC）、空时编码（如 STTC、Alamouti、STBC）和 TAS 等方法有效地对抗无线信道的深衰落。高相关阵列上的常规波束赋形和低相关阵列上的单流波束赋形（又称发射预编码）可以带来功率增益。此外，波束控制还能抑制特定方向的干扰。一种更引人注目的多天线技术是 MIMO，它在发射机和接收机都使用多个天线，通过空间多路复用并行数据流来获取额外的自由度。在丰富的散射环境下，MIMO 信道容量随天线数量的增加呈线性增加，而空间分集和波束赋形只能带来对数级的增加。然

而，在单用户 MIMO 系统中实现空间多路复用受到终端硬件和信道条件的限制。下一章将研究多用户 MIMO 和大规模 MIMO，这将进一步释放多天线传输的潜力。

参考文献

3GPP TS36.211 [2018], Evolved universal terrestrial radio access (E-UTRA); physical channels and modulation (release 14), Technical specification, 3GPP.

Alamouti, S. [1998], 'A simple transmit diversity technique for wireless communications', *IEEE Journal on Selected Areas in Communications* **16**(8), 1451–1458.

Chen, Z., Yuan, J. and Vucetic, B. [2005], 'Analysis of transmit antenna selection/maximal-ratio combining in Rayleigh fading channels', *IEEE Transactions on Vehicular Technology* **54**(4), 1312–1321.

Chockalingam, A. and Rajan, B. S. [2014], *Large MIMO Systems*, Cambridge University Press, New York, USA.

Dahlman, E., Parkvall, S. and Sköld, J. [2011], *4G LTE/LTE-Advanced for Mobile Broadband*, Academic Press, Elsevier, Oxford, The United Kingdom.

Foschini, G. [1996], 'Layered space-time architecture for wireless communication in a fading environment when using multi-element antennas', *Bell Labs Technical Journal* **1**(2), 41–59.

Foschini, G. and Gans, M. [1998], 'On limits of wireless communications in a fading environment when using multiple antennas', *Wireless Personal Communications* **6**, 311–335.

Gardner, W. [1988], 'Simplification of MUSIC and ESPRIT by exploitation of cyclostationarity', *Proceedings of the IEEE* **76**(7), 845–847.

Gesbert, D., Shafi, M., shan Shiu, D., Smith, P. and Naguib, A. [2003], 'From theory to practice: An overview of MIMO space-time coded wireless systems', *IEEE Journal on Selected Areas in Communications* **21**(3), 281–302.

Goldsmith, A. [2005], *Wireless Communications*, Cambridge University Press, Stanford University, California.

Jiang, W. and Yang, X. [2012], An enhanced random beamforming scheme for signal broadcasting in multi-antenna systems, *in* 'Proceedings of IEEE 23rd International Symposium on Personal, Indoor and Mobile Radio Communications (PIMRC)', Sydney, Australia, pp. 2055–2060.

Mohammed, S. K., Viterbo, E., Hong, Y. and Chockalingam, A. [2011], 'MIMO precoding with X- and Y-codes', *IEEE Transactions on Information Theory* **57**(6), 3542–3566.

Paulraj, M. V. A. [2007], 'MIMO wireless linear precoding', *IEEE Signal Processing Magazine* **24**(5), 86–105.

Sanayei, S. and Nosratinia, A. [2004] , 'Antenna selection in MIMO systems', *IEEE Communications Magazine* **42**(10), 68–73.

Seshadri, N. and Winters, J. [1993], Two signaling schemes for improving the error performance of frequency-division-duplex (FDD) transmission systems using transmitter antenna diversity, in '*Proceedings of IEEE 43rd Vehicular Technology Conference (VTC)*', *Secaucus, USA*.

Tarokh, V., Seshadri, N. and Calderbank, A. [1998], '*Space-time codes for high data rate wireless communication: Performance criterion and code construction*', *IEEE Transactions on Information Theory* **44**(2), 744–765.

Tarokh, V., Jafarkhani, H. and Calderbank, A. [1999], '*Space-time block codes from orthogonal designs*', *IEEE Transactions on Information Theory* **45**(5), 1456–1467.

Telatar, E. [1999], 'Capacity of multi-antenna Gaussian channels', *European Transactions on Telecommunications* **10**(6), 585–595.

Tse, D. and Viswanath, P. [2005], *Fundamentals of Wireless Communication*, Cambridge University Press, Cambridge, United Kingdom.

Veen, B. V. and Buckley, K. [1988], '*Beamforming: A versatile approach to spatial filtering*', *IEEE ASSP Magazine* **5**(2), 4–24.

Viterbi, A. [2006], '*A personal history of the Viterbi algorithm*', *IEEE Signal Processing Magazine* **23**(4), 120–142.

Wolniansky, P., Foschini, G., Golden, G. and Valenzuela, R. [1998], V-BLAST: An architecture for realizing very high data rates over the rich-scattering wireless channel, in '*Proceedings of 1998 International Symposium on Signals, Systems, and Electronics*', Pisa, Italy, pp. 295–300.

Yang, X.-Z. [2016], *Communication Road: From Calculus to 5G (Chinese Edition)*, Electronic Industry Press, Beijing, China.

Yu, X., Xu, W., Leung, S.-H. and Wang, J. [2018], '*Unified performance analysis of transmit antenna selection with OSTBC and imperfect CSI over Nakagami-m fading channels*', *IEEE Transactions on Vehicular Technology* **67**(1), 494–508.

Zhang, J., Yu, X. and Letaief, K. B. [2019], '*Hybrid beamforming for 5G and beyond millimeter-wave systems: A holistic view*', *IEEE Open Journal of the Communications Society* **1**, 77–91.

|Chapter 9| 第9章

6G 蜂窝和无蜂窝大规模 MIMO 技术

多用户 MIMO（Multi-User MIMO，MU-MIMO）系统中，基站侧配备多根天线，同时服务多个配置单天线或少量天线的用户终端。通过空间复用向多个终端同时发送数据流，MU-MIMO 相较于单用户 MIMO（Single-User MIMO，SU-MIMO）而言，具有三个显著优势。首先，MU-MIMO 有利于低复杂度、低成本、节能的终端设备的使用。其次，由于数据流分配给分布在不同空间位置上的终端设备，因此在传播环境不佳的情况下，MU-MIMO 技术比 SU-MIMO 技术更具鲁棒性。最后，MU-MIMO 将多个数据流同时发送给多个用户，从信息论的角度分析，MU-MIMO 的信道容量高于单用户 MIMO 的信道容量。虽然 MU-MIMO 技术在许多方面具有许多优势，但当采用可达容量极限的编码及解码时，例如脏纸编码（dirty-paper coding），复杂度会呈指数级增加，从而使实现高阶空间复用变得困难。此外，在 MU-MIMO 技术中，发射机需要获取下行信道状态信息（Channel State Information，CSI），随着服务天线数量的增加，获取信道状态信息所需的开销增大，传统 MU-MIMO 的系统容量面临瓶颈。为此，相关学者提出了一种名为大规模 MIMO（Massive MIMO）的革命性技术。大规模 MIMO 技术的目标并非一定要达到信道容量的极限，而是通过增加天线和用户数量来提高系统的性能。在大规模 MIMO 系统中，基站通过获取的信道信息来进行下行预编码和上行解码。利用时分双工（Time Division Duplex，TDD）系统的信道互异性，获取 CSI 的开销取决于终端设备的数量。因此，基站侧可以配备大规模的天线阵列，其数量通常为活跃用户数的数倍，而用户终端的天线规模可以较小，从而可以降低其实现复杂度。当基站侧的天线趋于无穷时，会产生信道硬化效应，此时可以完全消除不相关的接收机噪声和快衰落的影响。然而，在共址 MIMO 中，通常只有在小区中心的用户才可以获得较好的性能。大部分位于小区边缘的用户由于受到邻区干扰的影响，通常性能较差。为此，业界提出一种分布式大规模 MIMO 系统，称为无蜂窝大规模 MIMO（Cell-Free Massive MIMO），该系统中的大量服务天线随机分布在一片区域内。所有天线通过前传网络以相位相干的方式协作，并在同一时频资源中为所有用户提供服务，不存在蜂窝或蜂窝边界的概念。由于这种无蜂窝大规模 MIMO 系统结合了分布式 MIMO 和大规模 MIMO，因此可以兼顾两种系统的优势。

本章主要内容包括：

- 介绍了 MU-MIMO 的信息论基础，包括对 MIMO 广播信道和多用户信道的总容量分析。
- 介绍了可以实现最大容量的“脏纸编码”的基本原理，以及其次优、低复杂度的对应方法，即迫零预编码和块对角化的原理。
- 介绍了大规模 MIMO 的基本系统模型，包括信道信息的获取、下行链路的线性预编码以及上行链路的线性检测。
- 讨论了多小区大规模 MIMO 系统中的导频污染问题，以及下行和上行数据传输的系统模型。

- 介绍了无蜂窝大规模 MIMO 的系统模型，通过上行训练获取信道状态信息以及上行数据传输。
- 讨论了无蜂窝大规模 MIMO 系统中使用共轭波束赋形和迫零预编码的性能，以及信道老化对系统性能的影响。

9.1　多用户 MIMO

前面章节已经讨论了空间复用技术，即多输入多输出（MIMO）技术，可以将多个并行数据流同时传输到单个接收机上。发射机和接收机同时采用多天线并联合使用预编码和检测技术，可以分离空间复用信号并抑制流间干扰。该技术又称为单用户 MIMO 或 SU-MIMO。作为空间复用的直接扩展，由多个发射天线形成的并行传输流可以传输至具备单天线或少量多天线的不同接收机，反之亦然。在移动通信系统或无线局域网中，上述扩展称为多用户 MIMO（MU-MIMO），即配备多天线的基站或接入点与多个终端进行通信。配备单个或少量天线的一组终端可以形成一个虚拟阵列以获得空间复用增益。由于基站具有相对强大的信号处理能力和充足的电量供应，因此由基站侧承担并行数据流在空间上分离的重任。更具体地，基站采用预编码或波束赋形向多用户进行下行传输，并在上行链路进行多用户检测。可以看出，MU-MIMO 相对于 SU-MIMO 的一个显著优势是对于配备少量天线的低成本终端，仍然可以获得空间复用增益。这是移动行业实现规模经济的必要条件。

MU-MIMO 和 SU-MIMO 的另一个根本区别在于信道的差异。获得空间复用增益与良好的信道状况密不可分。在 SU-MIMO 系统中，天线空间特征之间的非相关性需要具有较大天线间距的丰富散射环境或使用天线极化。在 MU-MIMO 系统中，不同终端高度分散分布，因此其空间特征很天然地具备非相关性。用户终端通过地理位置区分，信号朝不同方向传输，因此即使无线环境中仅有少量散射体也不会影响非相关特性。此外，MU-MIMO 除了空间复用增益，还能获得多用户增益。

然而，MU-MIMO 的性能取决于发射机获取的准确信道状态信息（Channel State Information，CSI）。现有研究已经证明了通过少量的反馈，即有助于实现将传输的功率调整到接收天线方向。更确切地说，SU-MIMO 中 CSI 的准确性仅影响信噪比（Signal-to-Noise Ratio，SNR），而不会影响复用增益。然而，对于 MU-MIMO 系统来说，发射机获得的 CSI 准确性会直接影响复用增益。因此，及时获取准确 CSI 对于 MU-MIMO 发射机至关重要，然而由于反馈资源受限和无线信道的时变特性，使得这项任务非常具有挑战性。

9.1.1　广播和多址信道

SU-MIMO 是对称的点对点系统，因此可以用发射机和接收机来描述，不需要区分下行和上行。相比之下，MU-MIMO 是一个非对称系统，其中从基站到多个终端的下行链路传输称为高斯 MIMO 广播信道，而从多个终端到基站的上行链路传输称为高斯 MIMO 多址接入信道。

在 MU-MIMO 系统中，K 个用户终端使用同一时频资源与基站进行通信，第 k 个用户终端配备 N_k 根天线，其中 $k=1,\cdots,K$，因此所有终端共有 $N_u=\sum_{k=1}^{K}N_k$ 根天线。假设基站配备 N_b 根天线，则该蜂窝系统的下行链路形成一个 $N_u\times N_b$ 维的信道，而在上行链路形成一个 $N_b\times N_u$ 维的信道。基站侧最大可以支持 $N_m=\min(N_b,N_u)$ 个并行数据流，假设终端 k 被分配了 L_k 流数据，则其满足 $L_k\leqslant\min(N_k,N_b)$，且 $\sum_{k=1}^{K}L_k\leqslant N_m$。这样的 MU-MIMO 配置可以表示为（$([N_1,N_2,\cdots,N_K],N_b)$）系统，用于下行链路，或者上行（$N_b,[N_1,N_2,\cdots,N_K]$），用于上行链路。

对于上行传输而言，K 个用户终端同时向基站发送信息。令 $\boldsymbol{H}_{ul}^{(k)}\in\mathbb{C}^{N_b\times N_k}$ 表示从第 k 个用户终端到基

站的信道矩阵，其中每个元素表示从终端发射天线到基站接收天线的信道增益。假设活跃用户终端随机分布在蜂窝小区内，并且终端的天线具有足够的空间间隔，从而用户信道是独立的衰落信道。此时可以采用典型的平坦瑞利衰落信道来描述信道模型，信道系数均值为零、方差为循环对称高斯复数随机变量，即 $h\sim\mathcal{CN}(0,1)$。

基站处的接收信号可以表示为

$$\boldsymbol{r}=\sum_{k=1}^{K}\boldsymbol{H}_{ul}^{(k)}\boldsymbol{s}_k+\boldsymbol{n} \tag{9.1}$$

式中，$\boldsymbol{r}\in\mathbb{C}^{N_b\times1}$、$\boldsymbol{s}_k\in\mathbb{C}^{N_k\times1}$ 和 $\boldsymbol{n}\in\mathbb{C}^{N_b\times1}$ 分别表示接收符号向量、第 k 个用户终端发送的信号向量以及噪声向量。第 k 个用户终端的传输功率受限于 $\mathbb{E}[\boldsymbol{s}_k^H\boldsymbol{s}_k]\leqslant P_k$ 或 $\mathrm{tr}(\mathbb{E}[\boldsymbol{s}_k\boldsymbol{s}_k^H])\leqslant P_k$，而每根接收天线的噪声是零均值、方差为 σ_n^2 的独立复高斯噪声，即 $\boldsymbol{n}\sim\mathcal{CN}(0,\sigma_n^2\boldsymbol{I}_{N_b})$。

用户终端采用线性预编码时，信号向量 $\boldsymbol{u}_k\in\mathbb{C}^{L_k\times1}$ 经过用户 k 预编码矩阵 $\boldsymbol{T}_k\in\mathbb{C}^{N_k\times L_k}$ 后，生成发送信号向量

$$\boldsymbol{s}_k=\boldsymbol{T}_k\boldsymbol{u}_k \tag{9.2}$$

令 $\boldsymbol{H}_{ul}\in\mathbb{C}^{N_b\times N_u}$ 表示整个 MU-MIMO 多址接入信道，$\boldsymbol{H}_{ul}$ 可以表示为

$$\boldsymbol{H}_{ul}=[\boldsymbol{H}_{ul}^{(1)},\boldsymbol{H}_{ul}^{(2)},\cdots,\boldsymbol{H}_{ul}^{(K)}] \tag{9.3}$$

所有 K 个用户终端的发送符号可以表示为

$$\boldsymbol{s}=\begin{bmatrix}\boldsymbol{s}_1\\ \vdots\\ \boldsymbol{s}_K\end{bmatrix} \tag{9.4}$$

因此，可以重写式（9.1）为

$$\boldsymbol{r}=\sum_{k=1}^{K}\boldsymbol{H}_{ul}^{(k)}\boldsymbol{s}_k+\boldsymbol{n}=\sum_{k=1}^{K}\boldsymbol{H}_{ul}^{(k)}\boldsymbol{T}_k\boldsymbol{u}_k+\boldsymbol{n}=\boldsymbol{H}_{ul}\boldsymbol{s}+\boldsymbol{n} \tag{9.5}$$

这相当于具有 N_u 根发射天线和 N_b 根接收天线的 SU-MIMO 系统模型，即用户 k 发送信号 $\boldsymbol{s}_K$ 到基站，基站在信道 $\boldsymbol{H}_{ul}^{(k)}$ 上接收信号分量为 $\boldsymbol{r}_k=\boldsymbol{H}_{ul}^{(K)}\boldsymbol{s}_k$，总接收信号向量为 $\boldsymbol{r}=\sum_{k=1}^{K}\boldsymbol{r}_k$。

对于下行链路传输而言，基站在相同的时频资源上向 K 个用户终端发送信号，如图 9.1 所示，此时整个系统可以建模为

$$\boldsymbol{r}=\boldsymbol{H}_{dl}\boldsymbol{s}+\boldsymbol{n} \tag{9.6}$$

式中，$\boldsymbol{H}_{dl}\in\mathbb{C}^{N_u\times N_b}$ 表示基站中 N_b 根发射天线与 K 个用户终端上 N_u 根接收天线之间的信道矩阵，$\boldsymbol{r}\in\mathbb{C}^{N_u\times1}$、$\boldsymbol{s}\in\mathbb{C}^{N_b\times1}$ 和 $\boldsymbol{n}\in\mathbb{C}^{N_u\times1}$ 分别表示所有用户终端的接收信号向量、基站发送信号向量和噪声向量。基站的功率约束由 $\mathbb{E}[\boldsymbol{s}^H\boldsymbol{s}]\leqslant P$ 或 $\mathrm{tr}(\mathbb{E}[\boldsymbol{s}\boldsymbol{s}^H])\leqslant P$ 等价表示。

式（9.6）可以分解为

$$\begin{bmatrix}\boldsymbol{r}_1\\ \boldsymbol{r}_2\\ \vdots\\ \boldsymbol{r}_K\end{bmatrix}=\begin{bmatrix}\boldsymbol{H}_{dl}^{(1)}\\ \boldsymbol{H}_{dl}^{(2)}\\ \vdots\\ \boldsymbol{H}_{dl}^{(K)}\end{bmatrix}\boldsymbol{s}+\begin{bmatrix}\boldsymbol{n}_1\\ \boldsymbol{n}_2\\ \vdots\\ \boldsymbol{n}_K\end{bmatrix} \tag{9.7}$$

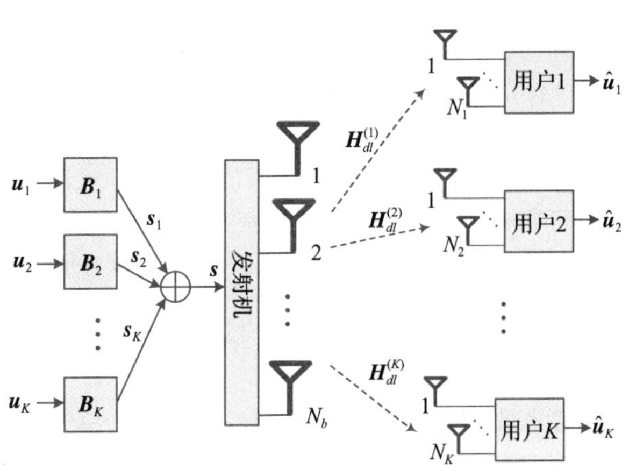

图 9.1　MU-MIMO 系统下行链路示意图

式中，$\boldsymbol{r}_k=[\boldsymbol{r}_1^{\mathrm{T}},\boldsymbol{r}_2^{\mathrm{T}},\cdots,\boldsymbol{r}_K^{\mathrm{T}}]^{\mathrm{T}}\in\mathbb{C}^{N_k\times 1}$ 和 $\boldsymbol{n}_k=[\boldsymbol{n}_1^{\mathrm{T}},\boldsymbol{n}_2^{\mathrm{T}},\cdots,\boldsymbol{n}_K^{\mathrm{T}}]^{\mathrm{T}}\in\mathbb{C}^{N_k\times 1}$ 分别表示第 k 个用户终端处的接收信号向量和噪声向量，$\boldsymbol{H}_{dl}^{(k)}\in\mathbb{C}^{N_k\times N_b}$ 表示基站到第 k 个用户的空间信道。

因此，用户终端 k 的接收信号可以表示为

$$\boldsymbol{r}_k=\boldsymbol{H}_{dl}^{(k)}\boldsymbol{s}+\boldsymbol{n}_k,\quad k=1,2,\cdots,K \tag{9.8}$$

式中，$\boldsymbol{H}_{dl}^{(k)}$ 是由矩阵 $\boldsymbol{H}_{dl}$ 中的 N_k 行组成的子矩阵，即

$$\boldsymbol{H}_{dl}=\begin{bmatrix}\boldsymbol{H}_{dl}^{(1)}\\ \vdots\\ \boldsymbol{H}_{dl}^{(K)}\end{bmatrix} \tag{9.9}$$

令 $\boldsymbol{u}_k\in\mathbb{C}^{L_k\times 1}$ 表示面向用户 k 的信息符号向量，则其可以通过下式进行独立预编码

$$\boldsymbol{s}_k=\boldsymbol{B}_k\boldsymbol{u}_k \tag{9.10}$$

式中，$\boldsymbol{B}_k\in\mathbb{C}^{N_b\times L_k}$ 是用户 k 的预编码矩阵，$\boldsymbol{s}_k$ 是传输信号向量 $\boldsymbol{s}$ 中用于给用户 k 传输的分量，$\boldsymbol{s}$ 满足

$$\boldsymbol{s}=\sum_{k=1}^{K}\boldsymbol{s}_k=\sum_{k=1}^{K}\boldsymbol{B}_k\boldsymbol{u}_k \tag{9.11}$$

或者，可以通过联合预编码生成传输信号

$$\boldsymbol{s}=\boldsymbol{B}\boldsymbol{u} \tag{9.12}$$

式中，$\boldsymbol{B}\in\mathbb{C}^{N_b\times L}$ 是所有信息符号 $\boldsymbol{u}\in\mathbb{C}^{L\times 1}=[\boldsymbol{u}_1^{\mathrm{T}},\boldsymbol{u}_2^{\mathrm{T}},\cdots,\boldsymbol{u}_K^{\mathrm{T}}]^{\mathrm{T}}$ 的预编码矩阵，其中数据流的总数为 $L=\sum_{k=1}^{K}L_K$，可以得到

$$\boldsymbol{B}=[\boldsymbol{B}_1,\boldsymbol{B}_2,\cdots,\boldsymbol{B}_K] \tag{9.13}$$

所以，式（9.8）可以改写为

$$\boldsymbol{r}_k=\boldsymbol{H}_{dl}^{(k)}\boldsymbol{s}+\boldsymbol{n}_k=\boldsymbol{H}_{dl}^{(k)}\boldsymbol{B}\boldsymbol{u}+\boldsymbol{n}_k=\boldsymbol{H}_{dl}^{(k)}\sum_{k=1}^{K}\boldsymbol{B}_k\boldsymbol{u}_k+\boldsymbol{n}_k \tag{9.14}$$

同样，式（9.6）可以改写为

$$\boldsymbol{r}=\boldsymbol{H}_{dl}\boldsymbol{s}+\boldsymbol{n}=\boldsymbol{H}_{dl}\boldsymbol{B}\boldsymbol{u}+\boldsymbol{n}=\boldsymbol{H}_{dl}\sum_{k=1}^{K}\boldsymbol{B}_k\boldsymbol{u}_k+\boldsymbol{n} \tag{9.15}$$

9.1.2　多用户总容量

在点对点系统中，信道容量提供了性能极限的衡量标准：在满足速率 $R<C$ 时可以实现具有任意小错误概率的可靠通信，而在 $R>C$ 时则不可能实现可靠通信。对于由一个基站和 K 个用户终端组成的多用户系统，这一概念被扩展为一个类似的性能指标，称为容量域，表征一个 K 维空间$\mathfrak{C}\in\mathbb{R}_+^K$，其中 $\mathbb{R}_+$表示非负实值数的集合，$\mathfrak{C}$是所有 K 个数值（$R_1,R_2,\cdots,R_K$）的集合，使得一般用户 k 可以同时以速率 R_k 与其他用户可靠地通信。由于共享传输资源，因此存在如下问题需要权衡：如果一个用户想要更高的速率，那么其他一些用户必须牺牲自已的速率。根据该容量区域，可以推导出性能指标，即总容量

$$C_{\text{sum}}=\max_{(R_1,R_2,\cdots,R_K)\in\mathfrak{C}}\left(\sum_{k=1}^{K}R_k\right) \tag{9.16}$$

表示可以实现的最大总吞吐量。

考虑最简单的多用户系统，该系统由一个单天线接收机和两个配备单发射天线的用户组成。用户 1 和用户 2 在上行 AWGN 信道向接收机发送符号 s_1 和 s_2，则接收符号可以表示为

$$r=s_1+s_2+n \tag{9.17}$$

式中，s_1 和 s_2 的功率约束分别为 P_1 和 P_2，复高斯噪声 $n\sim\mathcal{CN}(0,\sigma_n^2)$。用户1和用户2的速率分别记为 R_1 和 R_2，形成的容量域如下

$$\mathfrak{C}=\left\{(R_1,R_2)\in\mathbb{R}_+^2 \;\middle|\; \begin{array}{c} R_1<\log_2\left(1+\dfrac{P_1}{\sigma_n^2}\right) \\ R_2<\log_2\left(1+\dfrac{P_2}{\sigma_n^2}\right) \\ R_1+R_2<\log_2\left(1+\dfrac{P_1+P_2}{\sigma_n^2}\right) \end{array}\right\} \tag{9.18}$$

在式（9.18）中，第一个约束条件表示当系统中只有用户1时，用户1能够达到的速率受限于单用户系统速率上界。同样，第二个约束条件表示当系统中只有用户2时，用户2能够达到的速率上限。第三个约束条件表示，多用户系统的总速率是受限的，其上限为一个点对点系统的容量，其中该点对点系统的接收信号功率为这两个用户的接收信号功率之和。

非常有趣的是，在某一用户达到其单用户速率约束时，而另一个用户可以同时以非零的速率传输，这是多用户系统相较于单用户系统的优势。可以通过两步连续干扰消除实现。在第一步中，接收机检测用户1的符号，将来自用户2的信号视为有色噪声。用户1可达速率为

$$R_1=\log_2\left(1+\frac{P_1}{P_2+\sigma_n^2}\right) \tag{9.19}$$

从 r 中减去 s_1，则接收机可以检测到仅具有附加白噪声的 s_2。此时，

$$R_2=\log_2\left(1+\frac{P_2}{\sigma_n^2}\right) \tag{9.20}$$

因此，总速率为

$$C_{\text{sum}}=R_1+R_2=\log_2\left(1+\frac{P_1}{P_2+\sigma_n^2}\right)+\log_2\left(1+\frac{P_2}{\sigma_n^2}\right) \tag{9.21}$$

上述推导可以扩展到一个两用户系统，即一个配备 N_b 天线的基站与两个多天线用户 $k=1,2$ 进行通信。用户 k 配备有 N_k 根天线，在上行链路平坦的信道中同时发送 $\boldsymbol{s}_k\in\mathbb{C}^{N_k\times 1}$，发射功率的约束为

$$tr(\boldsymbol{R}_k)\leqslant P_k \tag{9.22}$$

式中，$\boldsymbol{R}_k=\mathbb{E}[\boldsymbol{s}_k\boldsymbol{s}_k^H]$ 是 $\boldsymbol{s}_k$ 的协方差矩阵。令 $\boldsymbol{H}_k\in\mathbb{C}^{N_b\times N_k}$ 表示用户 k 到基站的信道矩阵，容量域可表示为

$$\mathfrak{C}=\left\{(R_1,R_2)\in\mathbb{R}_+^2 \;\middle|\; \begin{array}{c} R_1<\log_2\det\left[\boldsymbol{I}_{N_b}+\dfrac{\boldsymbol{H}_1\boldsymbol{R}_1\boldsymbol{H}_1^H}{\sigma_n^2}\right] \\ R_2<\log_2\det\left[\boldsymbol{I}_{N_b}+\dfrac{\boldsymbol{H}_2\boldsymbol{R}_2\boldsymbol{H}_2^H}{\sigma_n^2}\right] \\ C_{sum}<\log_2\det\left[\boldsymbol{I}_{N_b}+\dfrac{\boldsymbol{H}_1\boldsymbol{R}_1\boldsymbol{H}_1^H+\boldsymbol{H}_2\boldsymbol{R}_2\boldsymbol{H}_2^H}{\sigma_n^2}\right] \end{array}\right\} \tag{9.23}$$

前两个约束条件表明，任何一个用户的可达速率都受SU-MIMO系统容量的约束，其中该SU-MIMO系统有 N_k 根发射天线和 N_b 根接收天线。第三个约束意味着两个用户的和容量等于一个点对点系统，其中将两个活跃用户视为一个配备 N_1+N_2 根发射天线的单用户，发送独立的信号并受到不同的功率约束。图9.2为容量域的一个示例。A点对应的是一个最佳情况，即接收机首先检测到 s_1，把由用户2引起的用户间干扰视为有色噪声。用户1的最大速率约束由Tse和Viswanath［2005］给出

$$R_1=\log_2\det\left[\boldsymbol{I}_{N_b}+\left(\boldsymbol{I}_{N_b}+\frac{\boldsymbol{H}_2\boldsymbol{R}_2\boldsymbol{H}_2^H}{\sigma_n^2}\right)^{-1}\frac{\boldsymbol{H}_1\boldsymbol{R}_1\boldsymbol{H}_1^H}{\sigma_n^2}\right] \tag{9.24}$$

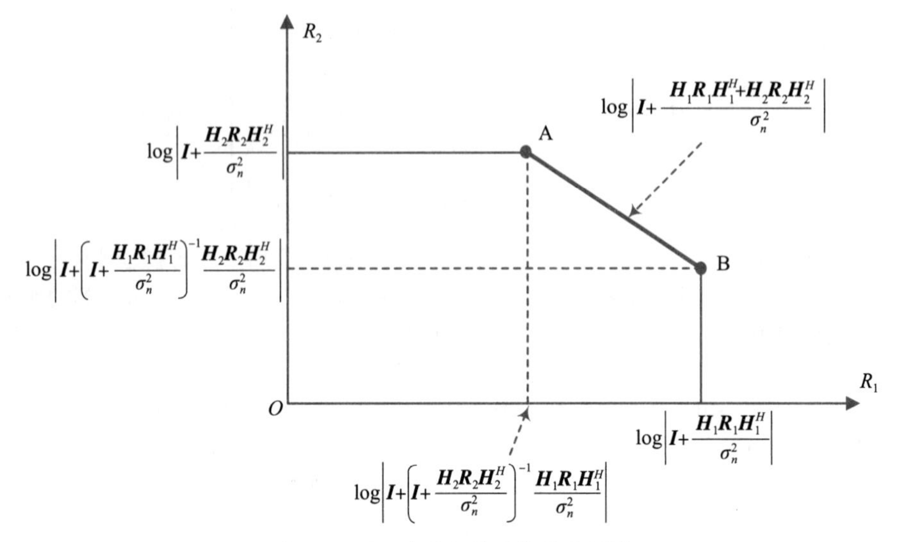

图 9.2　两用户多天线系统的容量域

然后，接收机可以检测到 s_2，其速率为

$$R_2=\log_2\det\left[\boldsymbol{I}_{N_b}+\frac{\boldsymbol{H}_2\boldsymbol{R}_2\boldsymbol{H}_2^H}{\sigma_n^2}\right] \tag{9.25}$$

与由基站和用户 2 组成的 SU-MIMO 系统相同。如果改变干扰消除的顺序，那么可获得 B 点的性能。线段 AB 上的其他点包含了所有最优工作点的集合，可使总容量达到最大，这个线段上的任何点都可以通过在点 A 和点 B 之间的干扰消除优先级上进行时间共享来实现。

图 9.2 中仅展示了两用户的情况，但是可以很自然地推广到 K 用户的情况。此时，容量区域是一个 K 维多面体，可以描述为

$$\mathfrak{C}=\left\{(R_1,\cdots,R_K)\in\mathbb{R}_+^K\ \middle|\ \begin{array}{l} R_k<\log_2\det\left[\boldsymbol{I}_{N_b}+\dfrac{\boldsymbol{H}_k\boldsymbol{R}_k\boldsymbol{H}_k^H}{\sigma_n^2}\right],\ \forall k \\ C_{\text{sum}}<\log_2\det\left[\boldsymbol{I}_{N_b}+\dfrac{\sum_{k=1}^{K}\boldsymbol{H}_k\boldsymbol{R}_k\boldsymbol{H}_k^H}{\sigma_n^2}\right]\end{array}\right\} \tag{9.26}$$

可以看到一个 MU-MIMO 系统的总容量通常严格地大于该系统中任何用户的单用户容量，这是多用户传输的一个显著优势。

9.1.3　脏纸编码

在 MU-MIMO 系统的上行链路中，基站接收的信号由来自不同用户的数据流非正交叠加形成。因此，这意味着，数据检测过程可以采用许多广为熟悉的多用户检测技术来完成。特别是，最佳接收机可基于最大似然原理或最大后验（Maximum A Posteriori，MAP）概率准则实现［Sanguinetti and Poor，2009］。最佳接收机在性能上接近无干扰系统，但代价是极高的复杂度，而且复杂度随用户和数据流数量的增加呈现指数级增长。次优检测算法在接收机处采用线性变换，包括匹配滤波器、迫零或最小均方误差（Mean

Square Error，MSE）检测器，可以在性能和复杂性之间实现合理的权衡。另外，采用带有干扰消除的非线性检测（例如，迫零（ZF）-串行干扰消除（SIC）、匹配滤波器（MF）-SIC 和最小均方误差（MMSE）-SIC），可以获得更好的性能。因此，本小节忽略上行链路，只关注下行链路传输中的多用户预编码或波束赋形算法，将重点研究脏纸编码和两个线性预编码方案，即迫零预编码和块对角化（Block Diagonalization，BD）预编码。

脏纸预编码的名称来自 Costa [1983] 关于高斯信道容量的一篇论文“*Writing on Dirty Paper*”，其中高斯信道的容量可以表示为

$$r=s+i+n \tag{9.27}$$

式中，$i\sim\mathcal{N}(0,I)$ 为干扰，$i\sim\mathcal{N}(0,\sigma^2)$ 为高斯噪声，接收信号为 $r\in\mathbb{R}$，发送信号为 $s\in\mathbb{R}$，用于传输 u，且满足 $s^2\leqslant P$。如果发射机和接收机均不知道 i，则容量为

$$C=\frac{1}{2}\log_2\left(1+\frac{P}{\sigma^2+I}\right) \tag{9.28}$$

Costa 得出了一个令人惊讶的结果，即如果 i 对编码器来说是完全已知的，则该系统的容量与信噪比为 P/σ^2 的标准高斯信道的容量相同：

$$C=\frac{1}{2}\log_2\left(1+\frac{P}{\sigma^2}\right) \tag{9.29}$$

而与干扰无关。Costa 的这项工作得益于一个类比：一张纸上假如已经写了很多内容或者已经有很多污点了，但是再在上面写上一些信息的话，这份信息在未知墨水颜色与位置下还是可读的。这种思路可拓展到通信领域中，即设计传输信号

$$s=u-i \tag{9.30}$$

来实现，最优的发射机可根据干扰特性调整传输信号而不是试图消除干扰。

脏纸预编码技术已被应用于 MIMO 广播信道，用于设计达到最佳容量的传输策略。在发射机完全已知 CSI 的情况下，它可以完全消除多用户干扰的影响，并实现 AWGN 信道的容量，而不会导致功率的损失，并且不需要接收机已知干扰信号。

考虑一个多天线发射机和多个单天线接收机的系统，式（9.6）中描述的系统模型可以改写为：

$$\boldsymbol{r}=\boldsymbol{H}\boldsymbol{s}+\boldsymbol{n} \tag{9.31}$$

式中，$\boldsymbol{H}\in\mathbb{C}^{K\times N_b}$ 表示 N_b 个发射天线和 K 个单天线接收机之间的信道矩阵，$\boldsymbol{r}\in\mathbb{C}^{K\times1}$、$\boldsymbol{s}\in\mathbb{C}^{N_b\times1}$ 和 $\boldsymbol{n}\in\mathbb{C}^{K\times1}$ 分别表示接收向量、发射向量和噪声向量。信道信息 $\boldsymbol{H}$ 对发射机和所有接收机来说都是已知的，并且功率约束受限于 $\mathbb{E}[\boldsymbol{s}^H\boldsymbol{s}]\leqslant P$。

令 $\boldsymbol{s}=\boldsymbol{B}\boldsymbol{u}$，其中 $\boldsymbol{B}\in\mathbb{C}^{N_b\times K}$ 表示预编码矩阵，$\boldsymbol{u}$ 的元素通过使用高斯码本进行连续的脏纸编码生成 [Caire and Shamai，2003]，式（9.31）可以转化为：

$$\boldsymbol{r}=\boldsymbol{H}\boldsymbol{B}\boldsymbol{u}+\boldsymbol{n}=\boldsymbol{W}\boldsymbol{u}+\boldsymbol{n} \tag{9.32}$$

经过预编码的信道产生了一组 $k=1,2,\cdots,K$ 干扰信道

$$r_k = w_{kk}u_k + \sum_{k'<k} w_{kk'}u_{k'} + \sum_{k'>k} w_{kk'}u_{k'} + n_k \tag{9.33}$$

式中，$w_{kk'}$代表 W 的第（k,k'）个元素，r_k、u_k 和 n_k 分别表示 $\boldsymbol{r}$、$\boldsymbol{u}$ 和 $\boldsymbol{n}$ 的第 k 个元素。发射功率受 $\mathbb{E}[u_k u_k^*]\leqslant P_k$ 限制。在给定干扰信道顺序的情况下，编码器将由用户 $k'<k$ 引起的干扰信号 $\sum_{k'<k} w_{kk'}u_k$ 视为已知的非因果信号，而用户 k 的检测器将由用户 $k'>k$ 引起的干扰信号 $\sum_{k'>k} w_{kk'}u_{k'}$ 视为额外的噪声。通过在发射机上应用 DPC，并在每个接收机上应用最小欧几里得距离译码，可达的和速率为

$$R_{\mathrm{DPC}} = \sum_{k=1}^{K} \log\left(1 + \frac{|w_{kk}|^2 P_k}{\sigma_n^2 + \sum_{k'>k} |w_{kk'}|^2 P_{k'}}\right) \tag{9.34}$$

可以通过 QR 分解 $\boldsymbol{H}=\boldsymbol{L}\boldsymbol{Q}$ 来选择预编码矩阵，其中 $\boldsymbol{Q}\in\mathbb{C}^{N_m\times N_b}$ 的各行之间相互正交，满足 $\boldsymbol{Q}\boldsymbol{Q}^H=\boldsymbol{I}$，$\boldsymbol{L}\in\mathbb{C}^{K\times N_m}$ 为下三角矩阵，且 $N_m=\min(K,N_b)$。令 $\boldsymbol{B}=\boldsymbol{Q}^H$，则接收向量为

$$\boldsymbol{r}=\boldsymbol{H}\boldsymbol{B}\boldsymbol{u}+\boldsymbol{n}=\boldsymbol{L}\boldsymbol{Q}\boldsymbol{Q}^H\boldsymbol{u}+\boldsymbol{n}=\boldsymbol{L}\boldsymbol{u}+\boldsymbol{n} \tag{9.35}$$

对应于一组 K 个干扰信道，如果 $N_b\geqslant K$，即

$$r_k = l_{kk}u_k + \sum_{k'<k} l_{kk'}u_{k'} + n_k, \quad k = 1,\cdots,K \tag{9.36}$$

式中，$l_{kk'}$代表矩阵 $\boldsymbol{L}$ 的第（k,k'）个元素。输入信号 $\boldsymbol{u}$ 由连续的脏纸编码生成，其中干扰信号 $\sum_{k'<k} l_{kk'}u_{k'}$ 在发射机处是非因果已知的。可能存在这样的编码方案，用户 k 观测不到来自用户 $k'<k$ 的干扰。同时，正如式（9.36）所示，预编码矩阵的选择是为了迫使来自 $k'>k$ 的干扰信号为 0。因此，这个方案也被称为迫零-脏纸编码（Zero-Forcing DPC，ZF-DPC）。

此时，MU-MIMO 系统被转化为与 SU-MIMO 系统相同的一组平行子信道，即

$$r_k=l_{kk}u_k+n_k, \quad k=1,\cdots,K \tag{9.37}$$

可达总速率为［Caire and Shamai，2001］

$$R_{\mathrm{DPC}} = \sum_{k=1}^{K} \log\left(1 + \frac{|l_{kk}|^2 P_k}{\sigma_n^2}\right) \tag{9.38}$$

上式可根据功率分配 P_k，$k=1,2,\cdots,K$ 和用户排序进行联合优化。

9.1.4 迫零预编码

尽管从信息论的角度来看，脏纸编码具有重要意义，但其在发射机和接收机侧的实现复杂度都非常高，而接近容量的实际编码设计仍然是一个未解决的问题。已经有一些相关的研究尝试讨论这一方向，例如将 Tomlinson-Harashima Precoding（THP）推广为多维向量量化方案。此外，一种次优但复杂度较低的多用户传输策略是线性预编码，也称为线性发射波束赋形。

在接收机配置单天线的情况下，干扰消除只能在基站上完成。最直接的方法是在传输之前进行信道反转，称为迫零预编码或 ZF 线性波束赋形。它在发射端对信道矩阵进行预反转，使得用户间干扰在所有接收机处完全消失。当用户数量小于发射天线数量时，即 $N_b>K$，可以很容易地应用这种方法。同时，只需采用适当的用户选择算法，它也可以适用于 $N_b<K$ 的情况。这种方案简单易实现，同时又能获得良好的性能，尤其是在用户数量较大的情况下。

将预编码矩阵设为信道矩阵的伪逆，即

$$\boldsymbol{B}=\boldsymbol{H}^H(\boldsymbol{H}\boldsymbol{H}^H)^{-1} \tag{9.39}$$

此时，接收信号为

$$\boldsymbol{r}=\boldsymbol{H}\boldsymbol{B}\boldsymbol{u}+\boldsymbol{n}=\boldsymbol{H}\boldsymbol{H}^H(\boldsymbol{H}\boldsymbol{H}^H)^{-1}\boldsymbol{u}+\boldsymbol{n}=\boldsymbol{u}+\boldsymbol{n} \tag{9.40}$$

其中用户间干扰信号被完全抑制。此时，接收机 k 观察到

$$r_k=u_k+n_k \tag{9.41}$$

其等效于 AWGN 信道，ZF 预编码系统的总吞吐量由下式给出

$$R_{\mathrm{ZF}} = \sum_{k=1}^{K} \log\left(1 + \frac{P_k}{\sigma_n^2}\right) \tag{9.42}$$

分析和数值结果表明，与最优的脏纸预编码方案相比，迫零预编码的低复杂度是以不可忽略的总速

率损失为代价的，特别是当 $K \leqslant N_b$ 时，造成这种损失的主要原因是功率抬升效应，这种效应发生在病态信道矩阵的伪逆计算中。

改进迫零预编码性能的方法之一是在 $K \gg N_b$ 时，通过用户选择技术来获得多用户分集增益。令 $\mathcal{A} \subset \{1,2,\cdots,K\}$ 表示所选用户的集合，不同的选择会导致不同的和速率，因此可以通过考虑所有可能的集合来获得系统的最大速率

$$R_{\max} = \max_{\mathcal{A} \subset \{1,2,\cdots,K\}} R_{\mathrm{ZF}} \tag{9.43}$$

下面描述了一种基于贪婪用户选择的迫零预编码算法［Sanguinetti and Poor，2009］：

1. 初始化

令 $n=1$ 并寻找最优用户

$$k_1 = \arg \max_{k=1,2,\cdots,K} (\|\boldsymbol{h}_k\|^2) \tag{9.44}$$

式中，$\boldsymbol{h}_k$ 是矩阵 $\boldsymbol{H}$ 的第 k 列。

令 $\mathcal{A}_1 = \{k_1\}$，并将可达总速率表示为 $R_{\max}(\mathcal{A}_1)$。

2. 当 $n \leqslant k$

从未被选中的用户中找到用户 k_n，该用户满足

$$k_n = \arg \max_{k \in \{1,2,\cdots,K\} - \mathcal{A}_{n-1}} R_{\max}(\mathcal{A}_{n-1} \cup \{k\}) \tag{9.45}$$

令 $\mathcal{A}_n = \mathcal{A}_{n-1} + \{k_n\}$，并将可达速率表示为 $R_{\max}(\mathcal{A}_n)$。

如果 $R_{\max}(\mathcal{A}_n) < R_{\max}(\mathcal{A}_{n-1})$，则停止，并令 $n=n-1$；

3. 根据所选用户集合确定预编码矩阵 $\boldsymbol{W}$。

9.1.5　块对角化

在接收机配置多天线的情况下，只要将每个用户的多个接收天线视为独立的单天线接收机，便可以直接应用迫零预编码。然而，尽管接收机体系架构复杂度低，但它不能在信号检测处理中利用多个接收天线的协作增益。为了克服这一缺点，Choi［2004］和 Murch［2004］及 Spencer［2004］等分别提出了块对角化预编码方案，其原理是发射机完全抑制用户间的干扰，同时每个接收机则减轻各自数据流之间的干扰。

通过在基站使用基于分解方法的发射预编码技术，可以将 MU-MIMO 广播信道转化为多个并行的 SU-MIMO 信道，且每个等效的 SU-MIMO 信道具有与传统 SU-MIMO 信道相同的特性。因此，任何 SU-MIMO 技术，例如贝尔实验室垂直分层空时码（Vertical Bell Laboratories Layer Space-Time，V-BLAST）、最大似然检测、线性检测（例如 ZF、MF 和 MMSE）和基于奇异值分解的预编码，都可以应用于 MU-MIMO 系统的每个用户。同时，多用户系统的发射天线数量每增加一根，每个用户的空间信道维度将加一。

根据式（9.14），该系统可以建模为

$$\begin{aligned} \boldsymbol{r}_k &= \boldsymbol{H}^{(k)} \sum_{k=1}^{K} \boldsymbol{B}_k \boldsymbol{u}_k + \boldsymbol{n}_k \\ &= \underbrace{\boldsymbol{H}^{(k)} \boldsymbol{B}_k \boldsymbol{u}_k}_{\text{期望信号}} + \underbrace{\boldsymbol{H}^{(k')} \sum_{k'=1,k' \neq k}^{K} \boldsymbol{B}_{k'} \boldsymbol{u}_{k'}}_{\text{多用户干扰}} + \boldsymbol{n}_k \end{aligned} \tag{9.46}$$

式中，第二项表示其他 $K-1$ 个用户对用户 k 的干扰，因此其主要目标是完全消除其他用户的干扰。当 $\boldsymbol{B}_{k'} \neq \boldsymbol{0}$，该目标可以表示为

$$\boldsymbol{H}^{(k')} \sum_{k'=1,k' \neq k}^{K} \boldsymbol{B}_{k'} \boldsymbol{u}_{k'} = \boldsymbol{0} \tag{9.47}$$

由于 $\boldsymbol{u}_{k'} \neq \boldsymbol{0}$，上式等效为

$$\boldsymbol{H}^{(k')} \sum_{k'=1,k'\neq k}^{K} \boldsymbol{B}_{k'} = \boldsymbol{0} \tag{9.48}$$

正如在 Choi 和 Murch［2004］的工作中所提出的，该问题可以通过 $\boldsymbol{H}$ 子矩阵的奇异值分解（Singular Value Decomposition，SVD）来解决。

$$\widetilde{\boldsymbol{H}}_k = \begin{bmatrix} \boldsymbol{H}^{(1)} \\ \vdots \\ \boldsymbol{H}^{(k-1)} \\ \boldsymbol{H}^{(k+1)} \\ \vdots \\ \boldsymbol{H}^{(K)} \end{bmatrix} = \boldsymbol{U}_k \boldsymbol{\Sigma} \boldsymbol{V}_k^H = \boldsymbol{U}_k \begin{bmatrix} \boldsymbol{\Sigma}' & \boldsymbol{0} \\ \boldsymbol{0} & \boldsymbol{0} \end{bmatrix} [\boldsymbol{V}_k^{\varnothing} \quad \boldsymbol{V}_k^0]^H \tag{9.49}$$

式中，$\widetilde{\boldsymbol{H}}_k \in \mathbb{C}^{\widetilde{N}_k \times N_b}$，$\widetilde{N}_k = \sum_{k'=1,k'\neq k}^{K} N_k$ 表示信道矩阵 $\boldsymbol{H}$ 删除用户 k 的行后的子矩阵。对角矩阵最小列的零列数量为 $\widetilde{N}_x$，满足 $\widetilde{N}_x \geqslant N_b - \widetilde{N}_k$。矩阵 $\boldsymbol{V}_k^0 \in \mathbb{C}^{N_b \times \widetilde{N}_x}$ 对应于这些零列。因此，用户 k 的预编码矩阵为

$$\boldsymbol{B}_k = \boldsymbol{V}_k^0 \boldsymbol{A}_k \tag{9.50}$$

式中，$\boldsymbol{A}_k$ 是一个非零的 $\widetilde{N}_k \times L_k$ 维矩阵，它可以通过一些准则单独设计，也可以与接收机的结构进行联合设计。

为便于进一步理解，此处提供一个具体的示例来说明 BD 的过程。考虑一个由四天线基站和两个用户组成的 MU-MIMO 系统，其中用户 1 配有单天线，用户 2 配有两根天线，信道矩阵表示为

$$\boldsymbol{H} = \begin{bmatrix} 2.0563-1.1151\mathrm{i} & -0.7482+0.0237\mathrm{i} & 0.7767+0.2476\mathrm{i} & -1.4509-0.1853\mathrm{i} \\ 0.5835+0.3592\mathrm{i} & -0.3314-0.9431\mathrm{i} & -0.1965-0.2115\mathrm{i} & -0.2502-1.2376\mathrm{i} \\ 0.9751+0.1994\mathrm{i} & -0.1927+0.7973\mathrm{i} & 0.4961+0.0162\mathrm{i} & -0.5824-0.2020\mathrm{i} \end{bmatrix} \tag{9.51}$$

应用奇异值分解

$$\widetilde{\boldsymbol{H}}_1 = [0.9751+0.1994\mathrm{i} \quad -0.1927+0.7973\mathrm{i} \quad 0.4961+0.0162\mathrm{i} \quad -0.5824-0.2020\mathrm{i}] \tag{9.52}$$

可以得到

$$\boldsymbol{V}_1 = \begin{bmatrix} -0.6444+0.1318\mathrm{i} & 0.0418-0.5404\mathrm{i} & -0.3254+0.0416\mathrm{i} & 0.4012+0.0705\mathrm{i} \\ 0.1273+0.5269\mathrm{i} & 0.8225+0.0142\mathrm{i} & 0.0302+0.1034\mathrm{i} & 0.0022-0.1338\mathrm{i} \\ -0.3278+0.0107\mathrm{i} & 0.0134-0.1069\mathrm{i} & 0.9350+0.0052\mathrm{i} & 0.0790+0.0178\mathrm{i} \\ 0.3849-0.1335\mathrm{i} & 0.0235+0.1318\mathrm{i} & 0.0752-0.0301\mathrm{i} & 0.8997+0.0080\mathrm{i} \end{bmatrix} \tag{9.53}$$

然后可推导出

$$\boldsymbol{V}_1^0 = \begin{bmatrix} 0.0418-0.5404\mathrm{i} & -0.3254+0.0416\mathrm{i} & 0.4012+0.0705\mathrm{i} \\ 0.8225+0.0142\mathrm{i} & 0.0302+0.1034\mathrm{i} & 0.0022-0.1338\mathrm{i} \\ 0.0134-0.1069\mathrm{i} & 0.9350+0.0052\mathrm{i} & 0.0790+0.0178\mathrm{i} \\ 0.0235+0.1318\mathrm{i} & 0.0752-0.0301\mathrm{i} & 0.8997+0.0080\mathrm{i} \end{bmatrix} \tag{9.54}$$

同样地，可以得到

$$\boldsymbol{V}_2^0 = \begin{bmatrix} -0.3605-0.2350\mathrm{i} & 0.2311+0.1576\mathrm{i} \\ -0.4085-0.1008\mathrm{i} & -0.5849-0.3009\mathrm{i} \\ 0.7751+0.0742\mathrm{i} & -0.1731+0.0567\mathrm{i} \\ -0.0554+0.1684\mathrm{i} & 0.6666+0.1070\mathrm{i} \end{bmatrix} \tag{9.55}$$

令 $\boldsymbol{V}^0=[\boldsymbol{V}_1^0,\boldsymbol{V}_2^0]$，可以得到

$$\boldsymbol{H}\boldsymbol{V}^0=\begin{bmatrix}-1.11-1.42i & -0.04+0.64i & -0.34-0.35i & 0 & 0\\ 0.09-1.12i & -0.36-0.46i & -0.15-0.91i & 0 & 0\\ 0 & 0 & 0 & 0.30-0.64i & 0.09-0.38i\end{bmatrix} \tag{9.56}$$

式（9.56）表明信道矩阵已经成功块对角化。相应地，$\boldsymbol{A}_1\in\mathbb{C}^{3\times L_1}$，其中 $L_1=1$ 或 2，且 $\boldsymbol{A}_2\in\mathbb{C}^{2\times 1}$，形成了两个并列的SU-MIMO信道。Choi 和 Murch［2004］提供的解决方案并不是实现BD的唯一解决方法，还存在其他方法，例如Chen等人［2007］提出的解决方案。

9.2 大规模MIMO

从蜂窝网络的角度来看，基站需要同时支持一定数量的活跃用户终端。SU-MIMO是点对点MIMO系统，其中多个发射和接收天线专用于单个用户进行空间复用。然而，这并不意味着系统中只有一个用户。相对地，不同的用户可以通过时分复用或频分复用在正交的时频资源单元中进行传输。理论上，通过同时增加发射天线和接收天线的数量，其信道容量将呈线性增长。然而，SU-MIMO由于存在以下三个实际因素，因此难以扩展到高阶空间复用。首先，由于硬件尺寸、电源和设备成本的限制，将过多的天线嵌入用户终端并采用先进的信号处理算法来分离高维数据流是十分具有挑战性的。其次，即使在丰富的散射环境中，紧凑的天线阵列也难以在点对点链路中支持大量独立的子信道。特别是在视径条件下，信道矩阵的最小秩为1。最后，信道容量在低SNR区域增长缓慢，例如，当用户处于小区边缘时，会存在高路径损耗和强小区间干扰［Marzetta，2015］。

通过将空间复用流分配给多个用户终端，MU-MIMO与SU-MIMO相比具有两个基本优势。首先，MU-MIMO只需要单天线用户终端即可实现，有利于使用低复杂度、低成本、省电的设备。其次，由于用户终端的空间分布，其受传播环境的影响较小。即使在视径条件下，如果用户终端之间的典型角度间隔大于基站阵列的角度分辨率，它仍然能够良好地运行。然而，传统的MU-MIMO仍然难以扩展到高阶空间复用，因为可达容量预编码和解码带来了指数级的复杂度。此外，发射机需要获取下行链路的CSI，而获取CSI所需开销随天线数量和用户数量的增加而增加。

由Marzetta［2010］提出的大规模MIMO通过增加系统规模而不试图完全达到完整的香农极限，打破了这种可扩展性限制。它与基于香农理论的实践有以下三个方面的不同：

- 只有基站为了下行预编码和上行解码需要知道信道信息，而终端不需要知道信道信息。利用TDD系统的信道互易性，用于获取CSI所需的开销取决于终端的数量，与基站天线的数量无关。
- 基站侧配备大规模天线阵列，使得服务天线的数量通常增加到活动用户数量的几倍。用户数量规模保持较小，从而实现复杂度较低。
- 在下行链路中采用简单的线性预编码复用，在上行链路中采用线性解码。随着基站天线数量的增加，线性预编码和解码的性能可以接近香农极限。

9.2.1 CSI获取

可以使用相干块来定义时间-频率平面，在该平面内信道被视为时不变且频率平坦。在时间域中，相干块的持续时间等于信道相干时间 T_c，而在频域中，其宽度等于信道相干带宽 B_c。时频资源单元的数量为 $\tau_c=T_cB_c$，可用于传输 τ_c 个复值符号。大规模MIMO技术依赖于实际传播信道的测量响应，为此，需要为每个用户终端分配一个唯一的参考信号（每个相干块都需要），并保证这些参考信号相互正交。不失一

般性，本节只考虑一个相干块，其中信号传输分为三个阶段：上行数据传输、上行训练和下行数据传输。本节第一部分将探究如何在大规模 MIMO 系统中获取 CSI。

单小区大规模 MIMO 系统通常由具有 M 根天线的基站和 K 个单天线用户终端组成，其中 $M \gg K$，用户终端 $k(k=1,2,\cdots,K)$ 被分配给一个长为 τ_p 的参考信号，向量形式为 $\boldsymbol{\phi}_k \in \mathbb{C}^{\tau_p \times 1}$，其中 $\tau_c \geqslant \tau_p \geqslant K$。为了形成 K 个正交参考信号，需满足以下条件

$$\boldsymbol{\Phi}^H \boldsymbol{\Phi} = \boldsymbol{I}_K \tag{9.57}$$

式中，$\boldsymbol{\Phi} \in \mathbb{C}^{\tau_p \times K}$ 由下式给出

$$\boldsymbol{\Phi} = [\phi_1, \phi_2, \cdots, \phi_K] \tag{9.58}$$

这些用户终端通过 τ_p 个时频资源单元同时发送参考信号。传输的信号可以表示为

$$\boldsymbol{X}_p = \sqrt{p_u \tau_p} \boldsymbol{\Phi}^H \tag{9.59}$$

式中，每个用户终端消耗的总功率归一化为参考信号的长度，p_u 表示上行功率约束。参考信号以最大可能功率进行传输，这里不考虑功率控制。

然后，基站观察到 $M \times \tau_p$ 个接收符号

$$\boldsymbol{Y}_p = \boldsymbol{G}_u \boldsymbol{X}_p + \boldsymbol{Z}_p \tag{9.60}$$

式中，$\boldsymbol{Z}_p$ 表示 $M \times \tau_p$ 的独立复高斯噪声，每个单元 $z \sim \mathcal{CN}(0, \sigma_n^2)$，$\boldsymbol{G}_u \in \mathbb{C}^{M \times K}$ 表示 K 个用户终端到基站的 M 根天线的上行链路信道矩阵。用户终端 K 和天线 M 之间的复信道系数表示为

$$g_{mk} = \sqrt{\beta_{mk}} h_{mk} \tag{9.61}$$

式中，大尺度衰落系数为 β_{mk}，小尺度衰落一般为独立同分布的瑞利衰落，即 $h_{mk} \sim \mathcal{CN}(0,1)$。一个合理的假设是，系统已知 β_{mk}（例如通过测量）。因为大尺度衰落取决于传播距离和阴影，所以可以进一步假设典型用户终端的所有 β_{mk} 是相同的，即 $\beta_{mk} = \beta_k$，$\forall m = 1,2,\cdots,M$。接下来可以得到 $g_{mk} \sim \mathcal{CN}(0, \beta_k)$ 的先验分布。式（9.61）可以进一步简化为

$$g_{mk} = \sqrt{\beta_k} h_{mk} \tag{9.62}$$

基站利用已知的参考信号对接收信号进行去相关处理

$$\begin{aligned} \widetilde{\boldsymbol{Y}}_p = \boldsymbol{Y}_p \boldsymbol{\Phi} &= \boldsymbol{G}_u \boldsymbol{X}_p \boldsymbol{\Phi} + \boldsymbol{Z}_p \boldsymbol{\Phi} \\ &= \sqrt{p_u \tau_p} \boldsymbol{G}_u \boldsymbol{\Phi}^H \boldsymbol{\Phi} + \boldsymbol{Z}_p \boldsymbol{\Phi} \\ &= \sqrt{p_u \tau_p} \boldsymbol{G}_u + \widetilde{\boldsymbol{Z}}_p \end{aligned} \tag{9.63}$$

式中，由于与酉矩阵相乘，$\widetilde{\boldsymbol{Z}}_p \in \mathbb{C}^{M \times K}$ 的每一项也是独立的复高斯噪声 $\widetilde{Z} \sim \mathcal{CN}(0, \sigma_n^2)$ [Marzetta et al., 2016]。由于 g 和 z 的独立性，式（9.63）可以分解为

$$\widetilde{y}_{mk,p} = \sqrt{p_u \tau_p} g_{mk} + \widetilde{z}_{mk} \tag{9.64}$$

使用线性 MMSE 进行信道估计，估计值 [Tse and Viswanath, 2005] 可由下式获得

$$\hat{g}_{mk} = \mathbb{E}[g_{mk} \mid \widetilde{y}_{mk,p}] = \frac{\mathbb{E}[\widetilde{y}_{mk,p}^* g_{mk}] \widetilde{y}_{mk,p}}{\mathbb{E}[|\widetilde{y}_{mk,p}|^2]} = \left(\frac{\sqrt{p_u \tau_p} \beta_k}{p_u \tau_p \beta_k + \sigma_n^2} \right) \widetilde{y}_{mk,p}$$

令 $\hat{g}_{mk}$ 表示 g_{mk} 的估计，$\hat{g}_{mk}$ 表示由加性噪声引起的估计误差，则

$$\hat{g}_{mk} = g_{mk} - \widetilde{g}_{mk} \tag{9.65}$$

$\hat{g}_{mk}$ 的方差计算如下

$$\mathbb{E}[|\hat{g}_{mk}|^2] = \frac{p_u \tau_p \beta_k^2}{p_u \tau_p \beta_k + \sigma_n^2} \tag{9.66}$$

式中，$\hat{g}_{mk} \sim \mathcal{CN}(0,\alpha_k)$，$\alpha_k = \dfrac{p_u \tau_p \beta_k^2}{p_u \tau_p \beta_k + \sigma_n^2}$。因此 MSE 为

$$\mathbb{E}[\,|\,\tilde{g}_{mk}\,|^2\,] = \beta_k - \alpha_k = \frac{\sigma_n^2 \beta_k}{p_u \tau_p \beta_k + \sigma_n^2} \tag{9.67}$$

9.2.2 上行链路线性检测

在上行链路中，K 个用户终端同时向基站发送各自的符号。用户终端之间没有明确的协作来执行联合预编码，它们唯一能做的就是独立加权各自的符号。用 η_k 来表示典型用户终端 k 的功率控制系数，满足 $0 \leqslant \eta_k \leqslant 1$。发射的符号 u_k，$k=1,2,\cdots,K$ 与功率约束 p_u 不相关。

因此，发射符号向量 $\boldsymbol{u} = [u_1, u_2, \cdots, u_k]^{\mathrm{T}}$ 的协方差矩阵为

$$\mathbb{E}[\boldsymbol{u}\boldsymbol{u}^H] = p_u \boldsymbol{I}_K \tag{9.68}$$

典型用户终端 k 的传输符号为 $\sqrt{\eta_k}\,u_k$。因此，基站观察到 $M \times 1$ 的接收符号向量如下

$$\boldsymbol{r} = \boldsymbol{G}_u \boldsymbol{D}_\eta \boldsymbol{u} + \boldsymbol{n} \tag{9.69}$$

式中，$\boldsymbol{D}_\eta \in \mathbb{C}^{K \times K}$ 是由功率控制系数 η_k，$k=1,2,\cdots,K$ 生成的对角矩阵，即

$$\mathrm{D}_\eta = \begin{bmatrix} \sqrt{\eta_1} & 0 & \cdots & 0 \\ 0 & \sqrt{\eta_2} & \cdots & 0 \\ \vdots & \vdots & & \vdots \\ 0 & 0 & \cdots & \sqrt{\eta_K} \end{bmatrix} \tag{9.70}$$

基站根据接收信号和信道信息执行检测过程以恢复传输符号。这个过程在数学上可以表示为

$$\hat{\boldsymbol{u}} = f(\boldsymbol{r}, \boldsymbol{G}_u) \tag{9.71}$$

其中假设基站可以获得完美信道信息（可以在文献中找到信道估计误差对性能的影响，例如［Marzetta et al.，2016］）。从实用的角度来看，线性检测在实现良好性能的同时具有较低的复杂度，因此备受青睐。对于大规模 MIMO 系统的上行检测，通常应用三种线性算法。

9.2.2.1 匹配滤波

匹配滤波（也称为最大比合并）的原理是尽可能放大期望信号，同时忽略用户间干扰。对于单用户传输的情况，这是最佳的方法。解码矩阵可由 $\boldsymbol{G}_u^H$ 给出，得到的后处理输出为

$$\tilde{\boldsymbol{u}} = \boldsymbol{G}_u^H \boldsymbol{r} = \boldsymbol{G}_u^H \boldsymbol{G}_u \boldsymbol{D}_\eta \boldsymbol{u} + \boldsymbol{G}_u^H \boldsymbol{n}$$

将上式展开得到第 k 个软估计

$$\tilde{u}_k = \underbrace{\|\boldsymbol{g}_k\|^2 \sqrt{\eta_k}\,u_k}_{\text{期望信号}} + \underbrace{\sum_{i=1,i\neq k}^{K} \boldsymbol{g}_k^H \boldsymbol{g}_i \sqrt{\eta_i}\,u_i}_{\text{用户间干扰}} + \underbrace{\boldsymbol{g}_k^H \boldsymbol{n}}_{\text{噪声}} \tag{9.72}$$

式中，$\boldsymbol{g}_k \in \mathbb{C}^{M \times 1}$ 是 $\boldsymbol{G}_u$ 的第 k 列，或者写为 $\boldsymbol{G}_u = [\boldsymbol{g}_1, \boldsymbol{g}_2, \cdots, \boldsymbol{g}_K]$。将用户间干扰视为有色噪声，基站可以得到每个传输符号 u_k 的硬估计 $\hat{u}_k$。

9.2.2.2 迫零检测

为了实现更好的性能，可以通过完全消除用户间干扰来实现，而不是仅仅最大化期望信号的强度。解码矩阵是信道矩阵的伪逆矩阵，即 $(\boldsymbol{G}_u^H \boldsymbol{G}_u)^{-1} \boldsymbol{G}_u^H$。因此，后处理输出为

$$\begin{aligned} \tilde{\boldsymbol{u}} &= (\boldsymbol{G}_u^H \boldsymbol{G}_u)^{-1} \boldsymbol{G}_u^H \boldsymbol{r} \\ &= (\boldsymbol{G}_u^H \boldsymbol{G}_u)^{-1} \boldsymbol{G}_u^H \boldsymbol{G}_u \boldsymbol{D}_\eta \boldsymbol{u} + (\boldsymbol{G}_u^H \boldsymbol{G}_u)^{-1} \boldsymbol{G}_u^H \boldsymbol{n} \\ &= \boldsymbol{D}_\eta \boldsymbol{u} + (\boldsymbol{G}_u^H \boldsymbol{G}_u)^{-1} \boldsymbol{G}_u^H \boldsymbol{n} \end{aligned} \tag{9.73}$$

类似地，将上述等式展开可得到第 k 个软估计

$$\tilde{u}_k = \underbrace{\sqrt{\eta_k}\, u_k}_{\text{期望信号}} + \underbrace{\boldsymbol{g}_k \boldsymbol{n}}_{\text{噪声}} \tag{9.74}$$

式中，$\boldsymbol{g}_k \in \mathbb{C}^{1\times M}$ 表示 $(\boldsymbol{G}_u^H \boldsymbol{G}_u)^{-1}\boldsymbol{G}_u^H$ 的第 k 行。现在用户间干扰已经完全消除，但是如果解码矩阵条件较差，噪声可能会被放大。

9.2.2.3　最小均方误差检测

为了缓解迫零检测对噪声放大的影响，解码矩阵可以正则化为 $(\boldsymbol{G}_u^H \boldsymbol{G}_u + \sigma_n^2 \boldsymbol{I})^{-1}\boldsymbol{G}_u^H$。它可以最小化估计符号的 MSE，因此被称为 MMSE 检测或正则化 ZF 检测。后处理输出形式为

$$\begin{aligned}\tilde{\boldsymbol{u}} &= (\boldsymbol{G}_u^H \boldsymbol{G}_u + \sigma_n^2 \boldsymbol{I})^{-1}\boldsymbol{G}_u^H \boldsymbol{r} \\ &= (\boldsymbol{G}_u^H \boldsymbol{G}_u + \sigma_n^2 \boldsymbol{I})^{-1}\boldsymbol{G}_u^H \boldsymbol{G}_u \boldsymbol{u} + (\boldsymbol{G}_u^H \boldsymbol{G}_u + \sigma_n^2 \boldsymbol{I})^{-1}\boldsymbol{G}_u^H \boldsymbol{n}\end{aligned} \tag{9.75}$$

在 $\sigma_n^2 \to 0$ 的低信噪比区域，正则化 ZF 检测实现了与 ZF 检测相当的性能。在 $\sigma_n^2 \gg 0$ 的高信噪比条件下，它的性能表现类似匹配滤波。因此，正则化 ZF 检测在整个信噪比范围内表现良好。

9.2.3　下行链路线性预编码

在大规模 MIMO 系统的下行链路中，基站通过预编码或发送波束赋形的方式，在空间上复用 K 个用户终端的信息承载符号，表示为 $\boldsymbol{u} = [u_1, u_2, \cdots, u_k]^{\mathrm{T}}$，然后在相同的时频资源单元上发送空间复用信号。与上行链路传输的显著区别在于，下行可以在 M 个发射天线之间执行联合处理。用 η_k 来表示第 k 个信息符号的功率控制系数，且 η_k，$k=1,2,\cdots,K$ 是联合确定的，满足

$$\sum_{k=1}^{K} \eta_k \leqslant 1 \tag{9.76}$$

接下来，发送符号向量 $\boldsymbol{s} = [s_1, s_2, \cdots, s_M]^{\mathrm{T}}$ 可以由下式得到

$$\boldsymbol{s} = \boldsymbol{P}\boldsymbol{D}_\eta \boldsymbol{u} \tag{9.77}$$

式中，$\boldsymbol{P}$ 表示维度为 $M\times K$ 的预编码矩阵，$\boldsymbol{D}_\eta$ 由式（9.70）给出。选择非负功率控制系数，并对预编码矩阵进行缩放，以确保总发射功率满足约束条件

$$\mathbb{E}[\boldsymbol{s}^H \boldsymbol{s}] = \mathrm{tr}(\mathbb{E}[\boldsymbol{s}\boldsymbol{s}^H]) \leqslant \boldsymbol{P} \tag{9.78}$$

总的来说，$K\times 1$ 的所有用户终端的接收符号向量由下式给出

$$\boldsymbol{r} = \boldsymbol{G}_d \boldsymbol{s} + \boldsymbol{n} = \boldsymbol{G}_u^{\mathrm{T}} \boldsymbol{s} + \boldsymbol{n} \tag{9.79}$$

式中，$\boldsymbol{G}_d \in \mathbb{C}^{K\times M}$ 表示从基站到用户终端的信道矩阵，由于 TDD 系统的信道互易性，假设 $\boldsymbol{G}_d = \boldsymbol{G}_u$。与线性检测类似，线性预编码也有三种典型的方法，即最大比预编码也称为共轭波束赋形、ZF 预编码和正则化 ZF 预编码。

9.2.3.1　共轭波束赋形

为了最大化传输的阵列增益，预编码矩阵表示为 $\boldsymbol{P}_{cb} = \alpha_{cb}\boldsymbol{G}_d^H$，其中 α_{cb} 为归一化标量。此时，接收符号向量为

$$\boldsymbol{r} = \boldsymbol{G}_d \boldsymbol{s} + \boldsymbol{n} = \boldsymbol{G}_d \boldsymbol{P}_{cb} \boldsymbol{D}_\eta \boldsymbol{u} + \boldsymbol{n} = \alpha_{cb} \boldsymbol{G}_d \boldsymbol{G}_d^H \boldsymbol{D}_\eta \boldsymbol{u} + \boldsymbol{n} \tag{9.80}$$

等效地，第 k 个用户终端处观察到

$$r_k = \underbrace{\alpha_{cb} \|\boldsymbol{g}_k\|^2 \sqrt{\eta_k}\, u_k}_{\text{期望信号}} + \underbrace{\alpha_{cb} \sum_{i=1, i\neq k}^{K} \boldsymbol{g}_k \boldsymbol{g}_i^H \sqrt{\eta_i}\, u_i}_{\text{用户间干扰}} + \underbrace{\boldsymbol{n}}_{\text{噪声}} \tag{9.81}$$

式中，$\boldsymbol{g}_k \in \mathbb{C}^{1\times M}$ 是 $\boldsymbol{G}_d$ 的第 k 行。与式（9.72）相比，共轭波束赋形可以在后处理后形成一个相当于软估

计的接收信号［Yang and Marzetta，2013］，这简化了用户终端的信号检测。

9.2.3.2　迫零预编码

通过在发射机进行迫零预编码，可以完全抑制接收信号的用户间干扰。预编码矩阵是信道矩阵的伪逆矩阵，即 $\boldsymbol{P}_{\mathrm{ZF}}=\alpha_{\mathrm{ZF}}\boldsymbol{G}_d^H(\boldsymbol{G}_d\boldsymbol{G}_d^H)^{-1}$。接收符号向量变为

$$\begin{aligned}\boldsymbol{r}=\boldsymbol{G}_d\boldsymbol{s}+\boldsymbol{n}&=\boldsymbol{G}_d\boldsymbol{P}_{\mathrm{ZF}}\boldsymbol{D}_\eta\boldsymbol{u}+\boldsymbol{n}\\&=\alpha_{\mathrm{ZF}}\boldsymbol{G}_d\boldsymbol{G}_d^H(\boldsymbol{G}_d\boldsymbol{G}_d^H)^{-1}\boldsymbol{D}_\eta\boldsymbol{u}+\boldsymbol{n}\\&=\alpha_{\mathrm{ZF}}\boldsymbol{D}_\eta\boldsymbol{u}+\boldsymbol{n}\end{aligned}\tag{9.82}$$

因此，第 k 个用户终端的观测值由下式表示

$$r_k=\underbrace{\alpha_{\mathrm{ZF}}\sqrt{\eta_k}u_k}_{\text{期望信号}}+\underbrace{n_k}_{\text{噪声}}\tag{9.83}$$

这相当于一个 AWGN 信道

$$\tilde{r}_k=u_k+\tilde{n}_k\tag{9.84}$$

因为 $\alpha_{\mathrm{ZF}}\sqrt{\eta_k}$ 是确定性的，并且很容易得到。

9.2.3.3　正则化迫零预编码

通过正则化手段可以形成 ZF 预编码和共轭波束赋形的线性组合。在矩阵 $\boldsymbol{G}_d\boldsymbol{G}_d^H$ 求逆之前加入一个对角负载因子，则预编码矩阵变为

$$\boldsymbol{P}_{\mathrm{rZF}}=\alpha_{\mathrm{rZF}}\boldsymbol{G}_d^H(\boldsymbol{G}_d\boldsymbol{G}_d^H+\delta\boldsymbol{I})^{-1}\tag{9.85}$$

然后，发送符号向量为

$$\boldsymbol{s}=\alpha_{\mathrm{rZF}}\boldsymbol{G}_d^H(\boldsymbol{G}_d\boldsymbol{G}_d^H+\delta\boldsymbol{I})^{-1}\boldsymbol{D}_\eta\boldsymbol{u}\tag{9.86}$$

式中，$\delta>0$ 为正则化因子，可以基于设计要求进行优化。正则化 ZF 预编码在 $\delta\to0$ 时转化为 ZF 预编码，在 $\delta\gg0$ 时转化为共轭波束赋形。

9.3　多小区大规模 MIMO

从蜂窝网络的角度来看，小区的下行链路和上行链路传输往往会受到其相邻小区的影响，尤其是上行链路训练。考虑一个具有非重叠小区网络的蜂窝系统，通常情况下，两个相邻的小区通常被分配到正交的频带上，以消除小区间的干扰。图 9.3 展示了一个由频率复用因子为 7 的六边形小区组成的网络。假设共 L 个小区，索引分别为 $l=1,2,\cdots,L$。这些小区共享同一频带，因此被称为共信道小区，而忽略与其他共信道小区之间由于显著分隔距离而产生的可忽略相互干扰。每个小区由一个具有 M 根天线的基站和 K 个单天线用户组成。

用 $g_{mk}^{l\mu}$ 来模拟小区 l 基站的第 m 根服务天线和小区 μ 的第 k 个用户之间的信道，其中以小区 l 为中心，小区 μ 是其附近的共信道小区之一。一般信道增益为

$$g_{mk}^{l\mu}=\sqrt{\beta_{mk}^{l\mu}}h_{mk}^{l\mu}\tag{9.87}$$

式中，大尺度衰落系数 $\beta_{mk}^{l\mu}$ 为非负常数（假设已知），小尺度衰落增益 $h_{mk}^{l\mu}$ 为独立同分布零均值、循环对称复高斯随机变量，即 $h_{mk}^{l\mu}\in\mathcal{CN}(0,1)$。$\beta_{mk}^{l\mu}$ 描述了慢变化的路径损耗和缓慢变化的阴影衰落，可以在较长时间范围内获取，而 $h_{mk}^{l\mu}$ 建模了变化相对较快的衰落，需要快速获取并应用。由于小区布局和阴影衰落是由常数值 $\beta_{mk}^{l\mu}$ 决定的，所以小区布局和阴影衰落模型的具体细节是不相关的。在 TDD 系统中，假设前向和反向链路的信道互易，即 $g_{mk}^{l\mu}=g_{km}^{l\mu}$，并假设存在块衰落，即 $h_{mk}^{l\mu}$ 在多个符号周期内保持不变。

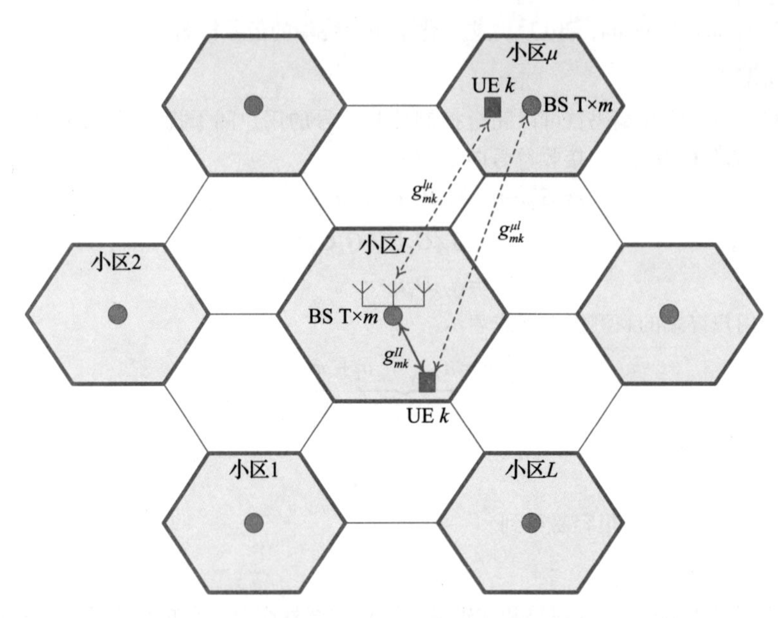

图 9.3 多小区大规模 MIMO 系统模型

由于多径信号的相长和相消叠加，不同的用户天线对之间通常具有不同的小尺度衰落系数。相比之下，大尺度衰落系数对于同一基站的所有天线都是相同的，仅与用户有关，因为它与传播距离和阴影衰落相关。因此，式（9.87）中的 $\beta_{mk}^{l\mu}$ 可以替换为 $\beta_{k}^{l\mu}$，即

$$g_{mk}^{l\mu}=\sqrt{\beta_k^{l\mu}}h_{mk}^{l\mu} \tag{9.88}$$

从小区 μ 的所有 K 个用户到小区 l 基站的上行信道矩阵可以表示为

$$\boldsymbol{G}^{l\mu}=\begin{pmatrix} g_{11}^{l\mu} & g_{12}^{l\mu} & \cdots & g_{1K}^{l\mu} \\ g_{21}^{l\mu} & g_{22}^{l\mu} & \cdots & g_{2K}^{l\mu} \\ \vdots & \vdots & & \vdots \\ g_{M1}^{l\mu} & g_{M2}^{l\mu} & \cdots & g_{MK}^{l\mu} \end{pmatrix}=\boldsymbol{H}^{l\mu}(\boldsymbol{B}^{l\mu})^{1/2} \tag{9.89}$$

式中

$$\boldsymbol{H}^{lu}=\begin{pmatrix} h_{11}^{l\mu} & h_{12}^{l\mu} & \cdots & h_{1K}^{l\mu} \\ h_{21}^{l\mu} & h_{22}^{l\mu} & \cdots & h_{2K}^{l\mu} \\ \vdots & \vdots & & \vdots \\ h_{M1}^{l\mu} & h_{M2}^{l\mu} & \cdots & h_{MK}^{l\mu} \end{pmatrix} \tag{9.90}$$

$$\boldsymbol{B}^{lu}=\begin{pmatrix} \beta_1^{l\mu} & & & \\ & \beta_2^{l\mu} & & \\ & & \ddots & \\ & & & \beta_K^{l\mu} \end{pmatrix} \tag{9.91}$$

从小区 l 基站到小区 μ 的所有 K 个用户的下行信道矩阵是 $\boldsymbol{G}^{l\mu}$ 的转置，即

$$(\boldsymbol{G}^{l\mu})^{\mathrm{T}}=\begin{pmatrix} g_{11}^{l\mu} & g_{21}^{l\mu} & \cdots & g_{M1}^{l\mu} \\ g_{12}^{l\mu} & g_{22}^{l\mu} & \cdots & g_{M2}^{l\mu} \\ \vdots & \vdots & & \vdots \\ g_{1K}^{l\mu} & g_{2K}^{l\mu} & \cdots & g_{MK}^{l\mu} \end{pmatrix} \tag{9.92}$$

需要注意的是，从小区 l 的所有 K 个用户到小区 μ 基站的上行信道矩阵表示为

$$\boldsymbol{G}^{\mu l}=\begin{pmatrix} g_{11}^{\mu l} & g_{12}^{\mu l} & \cdots & g_{1K}^{\mu l} \\ g_{21}^{\mu l} & g_{22}^{\mu l} & \cdots & g_{2K}^{\mu l} \\ \vdots & \vdots & & \vdots \\ g_{M1}^{\mu l} & g_{M2}^{\mu l} & \cdots & g_{MK}^{\mu l} \end{pmatrix} \tag{9.93}$$

式中，上标的第一个字母表示基站所在小区的索引，上标的第二个字母表示用户所在小区的索引。

9.3.1　导频污染

在多小区大规模 MIMO 系统中，小区 l，$l=1,2,\cdots,L$ 中的用户终端 k，$k=1,2,\cdots,K$ 分配到的参考信号记为 $\boldsymbol{\phi}_{k,l}\in\mathbb{C}^{\tau_p\times 1}$。理想情况下，同一小区内和相邻共信道小区内的用户使用的参考信号是正交的，也就是说

$$\boldsymbol{\phi}_{k,l}^{H}\boldsymbol{\phi}_{i,\mu}=\delta[k-i]\delta[l-\mu] \tag{9.94}$$

式中，$\delta[\cdot]$ 是狄拉克函数

$$\delta[n]=\begin{cases}1 & n=0\\ 0 & 其他\end{cases} \tag{9.95}$$

按向量的形式，其满足

$$\boldsymbol{\Phi}_{l}^{H}\boldsymbol{\Phi}_{\mu}=\delta[l-\mu]\boldsymbol{I}_{K} \tag{9.96}$$

式中，$\tau_p\geqslant K$，$\boldsymbol{\Phi}_{l}\in\mathbb{C}^{\tau_p\times K}$ 由下式给出

$$\boldsymbol{\Phi}_{l}=[\boldsymbol{\phi}_{1,l},\boldsymbol{\phi}_{2,l},\cdots,\boldsymbol{\phi}_{K,l}] \tag{9.97}$$

然而，具有给定周期和带宽的正交参考序列的数量是有限的，这限制了可以服务的用户数量。为了处理更多的用户，相邻小区使用非正交的参考信号。因此，一个用户信道向量的估计可能会与使用非正交参考信号的其他用户的信道向量相关联。目前，已有许多将参考序列分配给不同小区用户的方案。一个简单的方案是在所有共信道小区中重复使用同一组正交参考序列。这意味着，一个小区的第 k 个用户将被分配到参考序列 $\boldsymbol{\Phi}_{k}$。然而，在相邻共信道小区中，分配给用户的相同参考序列会相互干扰，从而导致导频污染［Lu et al.，2014］。

考虑一个由 L 个共信道小区组成的系统，假设其他在不同频带上工作的小区是理想分隔的。所有 L 个小区使用相同的一组 K 个参考序列 $\boldsymbol{\Phi}=[\boldsymbol{\Phi}_{1},\boldsymbol{\Phi}_{2},\cdots,\boldsymbol{\Phi}_{K}]$，每个小区中的第 k 个用户分配了相同的参考序列 $\boldsymbol{\Phi}_{k}$。假设所有 L 个小区中的用户终端同时发送参考信号，并且进一步假设来自不同小区的传输是同步的（从导频污染的角度来看，这可能是最坏的情况）。发送信号可以表示为

$$\boldsymbol{X}_{p}=\sqrt{P_{r}\tau_{p}}\boldsymbol{\Phi}^{H} \tag{9.98}$$

式中，采用了归一化使得每个用户终端的总功率等于参考信号长度，P_r 表示反向链路中的功率约束。然后，小区 l 基站观察到 $M\times\tau_p$ 长度的接收符号

$$\boldsymbol{Y}_{p}^{l}=\sum_{\mu=1}^{L}\boldsymbol{G}^{l\mu}\boldsymbol{X}_{p}+\boldsymbol{Z}_{p} \tag{9.99}$$

式中，$\boldsymbol{Z}_p$ 为 $M\times\tau_p$ 的独立复高斯噪声，每个单元 $z\sim\mathcal{CN}(0,\sigma_n^2)$，$\boldsymbol{G}^{l\mu}\in\mathbb{C}^{M\times K}$ 按照式（9.89）中的定义，表示小区 μ 的 K 个用户终端到小区 l 的 M 根基站天线的上行链路信道矩阵。

基站利用已知的参考信号对接收信号进行去相关处理

$$\begin{aligned}\widetilde{\boldsymbol{Y}}_p^l &= \frac{1}{\sqrt{P_r\tau_p}}\boldsymbol{Y}_p^l\boldsymbol{\Phi} = \frac{1}{\sqrt{P_f\tau_p}}\sum_{\mu=1}^{L}\boldsymbol{G}^{l\mu}\boldsymbol{X}_p\boldsymbol{\Phi}+\frac{1}{\sqrt{P_r\tau_p}}\boldsymbol{Z}_p\boldsymbol{\Phi}\\ &= \sum_{\mu=1}^{L}\boldsymbol{G}^{l\mu}\boldsymbol{\Phi}^H\boldsymbol{\Phi}+\frac{1}{\sqrt{P_r\tau_p}}\boldsymbol{Z}_p\boldsymbol{\Phi}\\ &= \underbrace{\boldsymbol{G}^{ll}}_{\text{期望}}+\underbrace{\sum_{\mu=1,\mu\neq l}^{L}\boldsymbol{G}^{l\mu}}_{\text{导频污染}}+\frac{1}{\sqrt{P_r\tau_p}}\widetilde{\boldsymbol{Z}}_p\end{aligned}\tag{9.100}$$

式中，由于与酉矩阵相乘，$\widetilde{\boldsymbol{Z}}_p=\boldsymbol{Z}_p\boldsymbol{\Phi}$ 的每一项也是独立的复高斯噪声 $\widetilde{z}\sim\mathcal{CN}(0,\sigma_n^2)$。上式可以分解为

$$\widetilde{y}_{mk,p}^l = g_{mk}^{ll}+\sum_{\mu=1,\mu\neq l}^{L}g_{mk}^{l\mu}+\frac{1}{\sqrt{P_r\tau_p}}\widetilde{z}_{mk}\tag{9.101}$$

用线性 MMSE 进行信道估计，估计值［Tse and Viswanath，2005］为

$$\begin{aligned}\hat{g}_{mk}^{ll} &= \mathbb{E}[g_{mk}^{ll}\mid\widetilde{y}_{mk,p}^l]=\frac{\mathbb{E}[(\widetilde{y}_{mk,p}^l)^*g_{mk}^{ll}]\widetilde{y}_{mk,p}^l}{\mathbb{E}[|\widetilde{y}_{mk,p}^l|^2]}\\ &= \left(\frac{\beta_k^{ll}}{\sum_{\mu=1}^{L}\beta_k^{l\mu}+\frac{\sigma_n^2}{P_r\tau_p}}\right)\widetilde{y}_{mk,p}^l\end{aligned}\tag{9.102}$$

$\hat{g}_{mk}^{ll}$ 的方差计算如下

$$\mathbb{E}[|\hat{g}_{mk}^{ll}|^2] = \frac{P_r\tau_p(\beta_k^{ll})^2}{P_r\tau_p\sum_{\mu=1}^{L}\beta_k^{l\mu}+\sigma_n^2} = \alpha_k^{ll}\tag{9.103}$$

接下来，可以得到 $\hat{g}_{mk}^{ll}\sim\mathcal{CN}(0,\alpha_k^{ll})$。令 $\widetilde{g}_{mk}^{ll}$ 表示由于附加噪声和导频污染引起的估计误差，则

$$\widetilde{g}_{mk}^{ll}=g_{mk}^{ll}-\hat{g}_{mk}^{ll}\tag{9.104}$$

因此，该信道估计的 MSE 由下式计算

$$\mathbb{E}[|\widetilde{g}_{mk}|^2]=\beta_k^{ll}-\alpha_k^{ll}\tag{9.105}$$

等价地，式（9.100）也可以表示为

$$\begin{aligned}\widetilde{\boldsymbol{Y}}_p^l &= \boldsymbol{G}^{ll}+\sum_{\mu=1,\mu\neq l}^{L}\boldsymbol{G}^{l\mu}+\frac{1}{\sqrt{P_r\tau_p}}\widetilde{\boldsymbol{Z}}_p\\ &= \boldsymbol{H}^{ll}(\boldsymbol{B}^{ll})^{1/2}+\sum_{\mu=1,\mu\neq l}^{L}\boldsymbol{H}^{l\mu}(\boldsymbol{B}^{l\mu})^{1/2}+\frac{1}{\sqrt{P_r\tau_p}}\widetilde{\boldsymbol{Z}}_p\end{aligned}\tag{9.106}$$

已知 $\boldsymbol{B}^{l\mu}$，$\boldsymbol{H}^{ll}$ 的 MMSE 估计值为［Jose et al.，2011］：

$$\hat{\boldsymbol{H}}^{ll} = \sqrt{P_r\tau_p}(\boldsymbol{B}^{ll})^{1/2}\left(\sigma_n^2\boldsymbol{I}+P_r\tau_p\sum_{\mu=1}^{L}\boldsymbol{B}^{l\mu}\right)^{-1}\widetilde{\boldsymbol{Y}}_p^l\tag{9.107}$$

9.3.2　上行链路数据传输

在多小区大规模 MIMO 系统的上行链路中，每个小区中的 K 个用户终端独立地向它们各自的基站发

送信号。令 u_k^μ，$\forall k=1,2,\cdots,K$，$\mu=1,2,\cdots,L$ 表示来自小区 μ 中用户 k 的零均值、单位方差符号。来自小区 μ 中所有 K 个用户的信息符号向量为 $\boldsymbol{u}_\mu=[u_1^\mu,u_2^\mu,\cdots,u_K^\mu]^{\mathrm{T}}$。

忽略功率控制，第 l 个小区中基站接收到一个 $M\times1$ 的向量，其中包含了所有 L 个小区中所有终端发送的信号，即

$$\begin{aligned}\boldsymbol{r}_l &= \sqrt{P_r}\sum_{\mu=1}^{L}\boldsymbol{G}^{l\mu}\boldsymbol{u}_\mu + \boldsymbol{n}_l \\ &= \underbrace{\sqrt{P_r}\boldsymbol{G}^{ll}\boldsymbol{u}_l}_{\text{期望信号}} + \underbrace{\sqrt{P_r}\sum_{\mu=1,\mu\neq l}^{L}\boldsymbol{G}^{l\mu}\boldsymbol{u}_\mu}_{\text{小区间干扰}} + \boldsymbol{n}_l\end{aligned} \tag{9.108}$$

式中，P_r 为反向链路功率约束，$\boldsymbol{G}^{l\mu}\in\mathbb{C}^{M\times K}$ 为小区 μ 中 K 个用户到小区 l 中基站的上行链路信道矩阵。

等效地，在小区 l 的第 m 根基站天线处接收的信号可以表示为

$$\begin{aligned}r_m^l &= \sqrt{P_r}\sum_{\mu=1}^{L}\sum_{k=1}^{K}g_{mk}^{l\mu}u_k^\mu + n_m^l \\ &= \underbrace{\sqrt{P_r}\sum_{k=1}^{K}g_{mk}^{ll}u_k^l}_{\text{期望信号}} + \underbrace{\sqrt{P_r}\sum_{\mu=1,\mu\neq l}^{L}\sum_{k=1}^{K}g_{mk}^{l\mu}u_k^\mu}_{\text{小区间干扰}} + n_m^l\end{aligned} \tag{9.109}$$

假设使用匹配滤波来检测 $\boldsymbol{u}_l$，则第 l 个基站通过将接收到的信号乘以其估计 CSI $\hat{\boldsymbol{G}}_u$ 的共轭来处理该信号，见式（9.100），$\hat{\boldsymbol{G}}_u$ 可以重写为

$$\begin{aligned}\hat{\boldsymbol{G}}^{ll} &= \sum_{\mu=1}^{L}\boldsymbol{G}^{l\mu} + \boldsymbol{W}_l \\ &= \sum_{\mu=1}^{L}\boldsymbol{H}^{l\mu}(\boldsymbol{B}^{l\mu})^{1/2} + \boldsymbol{W}_l\end{aligned} \tag{9.110}$$

进一步有

$$\begin{aligned}\boldsymbol{y}_l &= (\hat{\boldsymbol{G}}^{ll})^H\boldsymbol{r}_l \\ &= \left[\sum_{\mu=1}^{L}\boldsymbol{G}^{l\mu} + \boldsymbol{W}_l\right]^H\left[\sqrt{P_r}\sum_{\mu'=1}^{L}\boldsymbol{G}^{l\mu'}\boldsymbol{u}_{\mu'} + \boldsymbol{n}_l\right]\end{aligned} \tag{9.111}$$

根据 Marzetta [2010]，有

$$\frac{1}{M}[\boldsymbol{G}^{l\mu}]^H\boldsymbol{G}^{l\mu'}=(\boldsymbol{B}^{l\mu})^{1/2}\left(\frac{[\boldsymbol{H}^{l\mu}]^H\boldsymbol{H}^{l\mu'}}{M}\right)(\boldsymbol{B}^{l\mu'})^{1/2} \tag{9.112}$$

随着基站天线数量的无限增长，即 $M\to+\infty$，有

$$\frac{[\boldsymbol{H}^{l\mu}]^H\boldsymbol{H}^{l\mu'}}{M}\longrightarrow\boldsymbol{I}_K\delta[\mu-\mu'] \tag{9.113}$$

将式（9.112）和式（9.113）代入式（9.111），得到

$$\frac{1}{\sqrt{P_r}M}\boldsymbol{y}_l\longrightarrow\sum_{\mu=1}^{L}\boldsymbol{B}^{l\mu}\boldsymbol{u}_\mu \tag{9.114}$$

处理后信号的第 k 项变成

$$\frac{1}{\sqrt{P_r}M}y_k^l\longrightarrow\beta_k^{ll}u_k^l + \sum_{\mu=1,\mu\neq l}^{L}\beta_k^{l\mu}u_k^\mu \tag{9.115}$$

当基站天线数趋于无穷时，可以完全消除不相关的接收机噪声和快衰落的影响，并且来自本小区终端的传输不会产生干扰。然而，来自使用相同导频序列的其他小区中的用户终端的传输会产生残留干扰。有效信号干扰比（Signal-to-Interference Ratio，SIR）为

$$\gamma_k^l = \frac{(\beta_k^{ll})^2}{\sum_{\mu=1,\mu\neq l}^{L}(\beta_k^{l\mu})^2} \tag{9.116}$$

这是一个随数值，取决于用户终端的随机位置和阴影衰落。

9.3.3 下行链路数据传输

在多小区大规模MIMO系统的下行链路中，第μ个基站通过预编码矩阵独立地向其相应小区中的K个用户终端发送承载消息的符号向量$\boldsymbol{u}_\mu=[u_1^\mu,u_2^\mu,\cdots,u_K^\mu]^{\mathrm{T}}$，其中$u_k^\mu$，$\forall k=1,2,\cdots,K$，$\mu=1,2,\cdots,L$表示传输给小区$\mu$中用户$k$的零均值、单位方差符号。应用共轭波束赋形，$\boldsymbol{u}_\mu$与其对信道矩阵估计的共轭相乘。此时，基站$\mu$发射符号的向量可以根据下式计算

$$\boldsymbol{s}_\mu=(\hat{\boldsymbol{G}}^{\mu\mu})^*\boldsymbol{u}_\mu \tag{9.117}$$

式中，$\hat{\boldsymbol{G}}^{\mu\mu}\in\mathbb{C}^{M\times K}$表示小区$\mu$中$K$个用户和小区$u$中基站之间的上行链路信道矩阵的估计值。

第l个小区中K个用户获得包括来自所有L个基站接收信号的$K\times1$向量，即

$$\begin{aligned}\boldsymbol{r}_l &= \sqrt{P_f}\sum_{\mu=1}^{L}(\boldsymbol{G}^{l\mu})^{\mathrm{T}}\boldsymbol{s}_\mu+\boldsymbol{n}_l\\ &= \sqrt{P_f}\sum_{\mu=1}^{L}(\boldsymbol{G}^{l\mu})^{\mathrm{T}}(\hat{\boldsymbol{G}}^{\mu\mu})^*\boldsymbol{u}_\mu+\boldsymbol{n}_l\\ &= \sqrt{P_f}\sum_{\mu=1}^{L}(\boldsymbol{G}^{l\mu})^{\mathrm{T}}\left(\sum_{\mu'=1}^{L}\boldsymbol{G}^{\mu\mu'}+\boldsymbol{W}_\mu\right)^*\boldsymbol{u}_\mu+\boldsymbol{n}_l\end{aligned} \tag{9.118}$$

式中，P_f是前向链路功率约束，$\boldsymbol{G}^{l\mu}\in\mathbb{C}^{M\times K}$表示小区$\mu$中$K$个用户到小区$l$基站的上行链路信道矩阵，并且由于信道互易性，下行链路信道矩阵等于$(\boldsymbol{G}^{l\mu})^{\mathrm{T}}$。

当基站天线数量趋于无穷时，即$M\to+\infty$，类似式（9.114），有

$$\frac{1}{\sqrt{P_f}M}\boldsymbol{r}_l\longrightarrow\sum_{\mu=1}^{L}\boldsymbol{B}^{\mu l}\boldsymbol{u}_\mu \tag{9.119}$$

接收信号第k项变成

$$\frac{1}{\sqrt{P_f}M}r_k^l\longrightarrow\sum_{\mu=1}^{L}\beta_k^{\mu l}u_k^\mu=\beta_k^{ll}u_k^l+\sum_{\mu=1,\mu\neq l}^{L}\beta_k^{\mu l}u_k^\mu \tag{9.120}$$

进一步，有效SIR为

$$\gamma_k^l=\frac{(\beta_k^{ll})^2}{\sum_{\mu=1,\mu\neq l}^{L}(\beta_k^{\mu l})^2} \tag{9.121}$$

9.4 无蜂窝大规模MIMO

具有大规模天线阵列的基站在相同的时间-频率资源上可以同时为小区中的多个用户提供服务，这种无线接入技术具有很大的潜力。通过简单的信号处理，它可以提供高吞吐量、可靠性和能效。大规模天线可以按照分布式或集中式来部署。集中式大规模MIMO指的是所有服务天线都位于一个紧凑的区域内，具有低回传要求和联合处理能力。然而，集中式部署下通常只有小区中心的用户可以获得较好的性能。对于小区边缘用户，由于受到小区间干扰和切换问题的影响，其性能往往比较差。为了实现高系统容量而采用密集化部署也将导致严重的小区间干扰和更频繁的切换［Zhang et al.，2020］。

因此，如今在蜂窝网络中大多数的流量拥塞都发生在小区边缘。在 5G 网络中，所谓的 95%用户数据速率指：保证 95%用户的通信质量，从而定义用户体验的性能，但 5G 网络的用户体验速率并不出彩。一种解决该问题的潜在方案是将每个用户与多个分布式天线相连接。如果网络中只有一个巨大的小区，则不会出现小区间干扰并且也不需要跨小区切换。截至目前，已有研究者探索过这种解决方案，使用了例如网络 MIMO、分布式 MIMO、分布式天线阵列和协作多点（Coordinated Multi-Point，CoMP）传输和接收等技术。由于分布式系统能够更有效地利用空间多样性来对抗信号阴影衰落，因此相对于集中式系统，分布式系统能够以增加回传需求为代价提供更高的覆盖范围和更好的网络性能。

在［Ngo et al. 2017］中，提出了一种分布式大规模 MIMO 系统，该系统中，服务天线数量远大于服务的用户数，且用户分布在广阔区域中。所有天线通过前端网络以相位相干的方式进行协作，并在相同的时间-频率资源上为所有用户提供服务。为了避免获取信道状态信息（CSI）所需的大量开销，该系统采用了 TDD 模式并利用了信道互易性。由于没有小区或小区边界，该系统称为无蜂窝大规模 MIMO。这种系统结合了分布式 MIMO 和大规模 MIMO 的概念，因此有望具有这两种系统的全部优势。

9.4.1　无蜂窝网络布局

假设无蜂窝大规模 MIMO 系统包含 M 个接入点（Access Points，AP）和 K 个用户，其中 $M \gg K$。所有 AP 和用户终端都配备有单根天线，并随机分布在一定区域内。此外，所有 AP 都通过回传网络连接到中央处理器（Central Processing Unit，CPU），如图 9.4 所示，假设回传带宽无限大且传输无错误，只关注预编码和检测。所有 M 个接入点在相同的时频资源上同时服务所有 K 个用户。使用 TDD 技术，对从接入点到用户的下行链路传输和从用户到接入点的上行链路传输进行区分。每个相干时间间隔被分成三个阶段：上行链路训练、下行链路数据传输和上行链路数据传输。在上行链路训练阶段，用户向 AP 发送参考信号，每个 AP 独立地估计所有用户的信道。利用 TDD 系统的信道互易性，基站从估计的上行链路 CSI 获取下行链路 CSI。使用所获取的 CSI 进行下行预编码，并检测上行链路中用户发送的信号。可以采用

$$g_{mk} = \sqrt{\beta_{mk}} h_{mk} \tag{9.122}$$

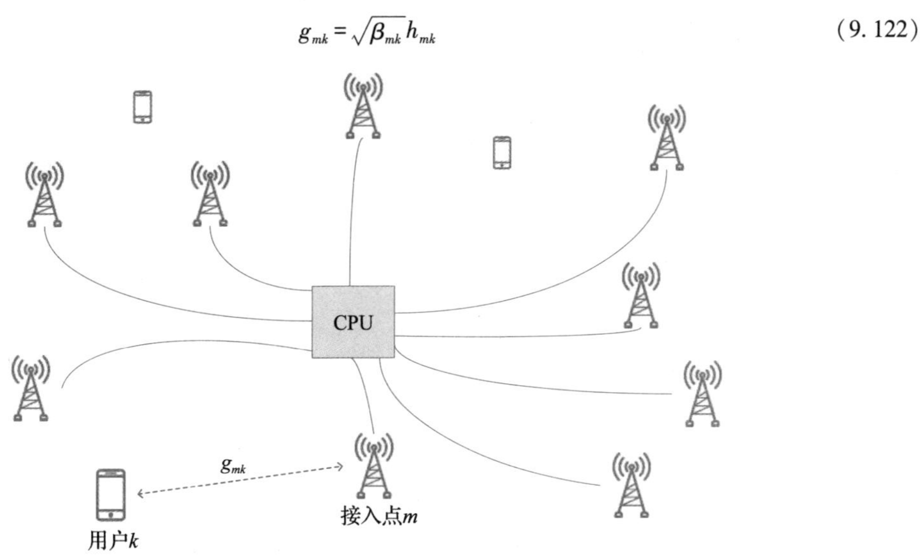

图 9.4　无蜂窝大规模 MIMO 系统示意图，其中由中央处理单元控制的 M 个单天线接入点为 K 个用户终端服务

来描述 AP $m=1,\cdots,M$ 和用户终端（User Equipment，UE）$k=1,\cdots,K$ 之间的衰落信道模型，其中 β_{mk} 和 h_{mk} 分别表示大尺度和小尺度衰落。假设小尺度衰落是频率平坦的［Jiang and Schotten，2021b］，并建模为零均值和单位方差的循环对称复高斯随机变量，即 $h_{mk}\sim\mathcal{CN}(0,1)$。大尺度衰落与频率无关，并且在相对长的时期内保持恒定。其计算方法如下

$$\beta_{mk}=10^{\frac{PL_{mk}+X_{mk}}{10}}\tag{9.123}$$

式中，$X_{mk}\sim\mathcal{N}(0,\sigma_{sd}^2)$ 为阴影衰落，PL_{mk} 为路径损耗。Ngo 等人［2017］应用了 COST-Hata 模型，即

$$PL_{mk}=\begin{cases}-L-35\log_{10}(d_{mk}), & d_{mk}>d_1\\ -L-15\log_{10}(d_1)-20\log_{10}(d_{mk}), & d_0<d_{mk}\leqslant d_1\\ -L-15\log_{10}(d_1)-20\log_{10}(d_0), & d_{mk}\leqslant d_0\end{cases}\tag{9.124}$$

式中，d_{mk} 表示 AP m 和 UE k 之间的距离，d_0 和 d_1 是三斜率模型的断点，以及

$$\begin{aligned}L=&46.3+33.9\log_{10}(f_c)-13.82\log_{10}(h_{AP})-[1.1\log_{10}(f_c)-0.7]h_{UE}+\\&1.56\log_{10}(f_c)-0.8\end{aligned}\tag{9.125}$$

式中，载频为 f_c，h_{AP} 为 AP 的天线高度，h_{UE} 为 UE 的天线高度。与从用户终端 k 到所有基站天线的大尺度衰落相同的（由 $\beta_{mk}=\beta_k$，$\forall m=1,2,\cdots,M$ 表示）集中式大规模 MIMO 不同，分布式大规模 MIMO 的用户终端 k 和 AP m 之间的每对天线具有唯一的 β_{mk}。图 9.5 展示了一个无蜂窝大规模 MIMO 系统的示例，其中包含 $M=128$ 个 AP 和 $K=20$ 个 UE。

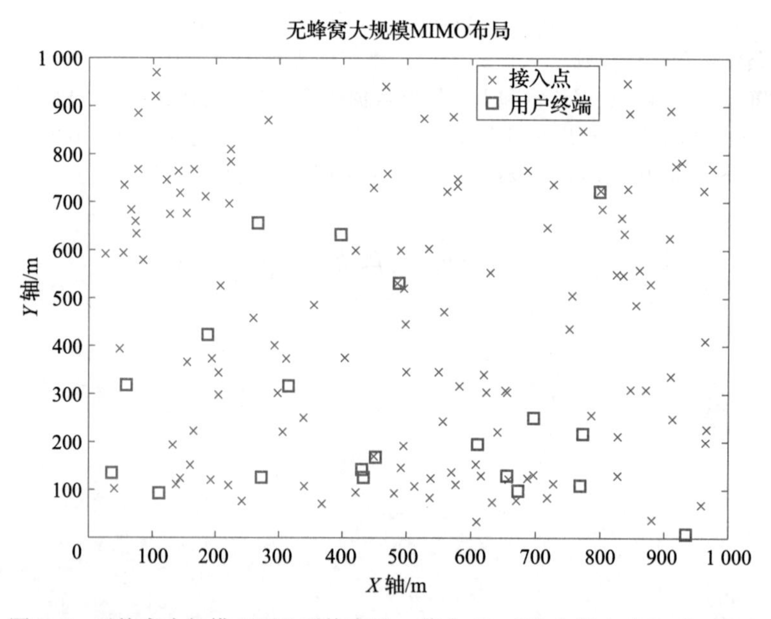

图 9.5　无蜂窝大规模 MIMO 系统布局，其中 $M=128$ 个接入点和 $K=20$ 个用户终端分布在边长为 1km 的正方形区域内

9.4.2　上行链路训练

作为大规模 MIMO 系统，用户终端 k 分配了正交参考序列 $\boldsymbol{\Phi}_k\in\mathbb{C}^{\tau_p\times 1}$，其中 $\tau_p\geqslant K$。这些用户终端在 τ_p 个时间-频率资源单元上同时发送参考信号，从而产生发送信号

$$\boldsymbol{X}_p=\sqrt{p_u\tau_p}\boldsymbol{\Phi}^H \tag{9.126}$$

式中

$$\boldsymbol{\Phi}=[\phi_1,\phi_2,\cdots,\phi_K] \tag{9.127}$$

然后，第 m 个 AP 接收到 $1\times\tau_p$ 的符号向量

$$\boldsymbol{y}_m^p=\boldsymbol{g}_m\boldsymbol{X}_p+\boldsymbol{z}_m^p \tag{9.128}$$

式中，$\boldsymbol{z}_m^p$ 对应 $1\times\tau_p$ 的独立复高斯噪声，其中每个元素 $z\sim\mathcal{CN}(0,\sigma_n^2)$，$\boldsymbol{g}_m\in\mathbb{C}^{1\times K}$ 表示从 K 个用户终端到 AP m 的空间特征，可以表示为

$$\boldsymbol{g}_m=[g_{m1},g_{m2},\cdots,g_{mK}] \tag{9.129}$$

对应上行链路信道矩阵 $\boldsymbol{G}_u\in\mathbb{C}^{M\times K}$ 的第 m 行。

与基站执行联合信道估计的大规模 MIMO 系统不同，无蜂窝系统中的每个 AP 独立地估计其自身的空间特征 $\boldsymbol{g}_m$

$$\begin{aligned}\widetilde{\boldsymbol{y}}_m^p=\boldsymbol{y}_m^p\boldsymbol{\Phi}&=\boldsymbol{g}_m\boldsymbol{X}_p\boldsymbol{\Phi}+\boldsymbol{z}_m^p\boldsymbol{\Phi}\\&=\sqrt{p_u\tau_p}\boldsymbol{g}_m\boldsymbol{\Phi}^H\boldsymbol{\Phi}+\boldsymbol{z}_m^p\boldsymbol{\Phi}\\&=\sqrt{p_u\tau_p}\boldsymbol{g}_m+\widetilde{\boldsymbol{z}}_m^p\end{aligned} \tag{9.130}$$

式中，$\widetilde{\boldsymbol{z}}_m^p\in\mathbb{C}^{1\times K}$ 由于与酉矩阵相乘，其每个元素也是独立的复高斯噪声 $\widetilde{z}\sim\mathcal{CN}(0,\sigma_n^2)$。等价地，有

$$\widetilde{y}_{mk,p}=\sqrt{p_u\tau_p}g_{mk}+\widetilde{z}_{mk},\quad \forall k=1,2,\cdots,K \tag{9.131}$$

采用线性 MMSE 估计，AP m 得到如下估计

$$\hat{g}_{mk}=\mathbb{E}[g_{mk}\mid\widetilde{y}_{mk,p}]=\left(\frac{\sqrt{p_u\tau_p}\beta_{mk}}{p_u\tau_p\beta_{mk}+\sigma_n^2}\right)\widetilde{y}_{mk,p},\quad \forall k=1,2,\cdots,K$$

$\hat{g}_{mk}$ 的方差计算如下

$$\mathbb{E}[\mid\hat{g}_{mk}\mid^2]=\frac{p_u\tau_p\beta_{mk}^2}{p_u\tau_p\beta_{mk}+\sigma_n^2}=\alpha_{mk} \tag{9.132}$$

因此 $\hat{g}_{mk}\sim\mathcal{CN}(0,\alpha_{mk})$。信道估计的 MSE 为

$$\mathbb{E}[\mid\widetilde{g}_{mk}\mid^2]=\epsilon_{mk}=\beta_{mk}-\alpha_{mk}=\frac{\sigma_n^2\beta_{mk}}{p_u\tau_p\beta_{mk}+\sigma_n^2} \tag{9.133}$$

对应 $\hat{g}_{mk}\sim\mathcal{CN}(0,\epsilon_{mk})$。在随后的预编码和解码中，假设 AP m 已知其自身空间特征估计

$$\hat{\boldsymbol{g}}_m=[\hat{g}_{m1},\hat{g}_{m2},\cdots,\hat{g}_{mK}] \tag{9.134}$$

9.4.3　上行链路信号检测

类似蜂窝大规模 MIMO 系统的上行链路，无蜂窝网络中的 K 个用户终端同时向 M 个 AP 发送它们各自的符号。这些用户终端并没有直接合作来执行联合预编码。因此，它们只能独立加权各自的符号。发送的符号 u_k，$k=1,2,\cdots,K$ 是零均值、单位方差且互不相关的，因此向量 $\boldsymbol{u}=[u_1,u_2,\cdots,u_K]^{\mathrm{T}}$ 的协方差矩阵为

$$\mathbb{E}[\boldsymbol{u}\boldsymbol{u}^H]=\boldsymbol{I}_K \tag{9.135}$$

用户终端 k 的发射符号为 $\sqrt{\eta_k}u_k$，其中 η_k 表示功率控制系数，满足 $0\leqslant\eta_k\leqslant1$。因此，接收符号向量可由下式计算

$$\boldsymbol{r}=\sqrt{P_r}\boldsymbol{G}\boldsymbol{D}_\eta\boldsymbol{u}+\boldsymbol{n} \tag{9.136}$$

式中，P_r 为功率约束、$\boldsymbol{G}\in\mathbb{C}^{M\times K}$ 为上行链路信道矩阵，$\boldsymbol{D}_\eta=\mathrm{diag}\{\sqrt{\eta_1},\cdots,\sqrt{\eta_K}\}$ 为对角矩阵。

等价地，在第 m 个 AP 处可观察到

$$\begin{aligned} r_m &= \sqrt{P_r}\boldsymbol{g}_m\boldsymbol{D}_\eta\boldsymbol{u}+n_m \\ &= \sqrt{P_r}\sum_{k=1}^{K} g_{mk}\sqrt{\eta_k}u_k+n_m \end{aligned} \tag{9.137}$$

式中，$\boldsymbol{g}_m=[g_{m1},g_{m2},\cdots,g_{mK}]$ 是第 m 个 AP 的空间特征，等效于 $\boldsymbol{G}$ 的第 m 行。

类似地，可以应用三种典型算法来恢复信息符号，即匹配滤波、迫零检测和最小均方误差检测。

9.4.3.1　匹配滤波

为了检测 u_k，第 m 个 AP 通过将接收信号乘以其本地 CSI $\hat{g}_{mk}$ 的共轭来预处理接收信号，并将结果 $\hat{g}_{mk}^*r_m$ 发送到 CPU，从而得到

$$\begin{aligned} r_i &= \sum_{m=1}^{M}\hat{g}_{mi}^*r_m \\ &= \sum_{m=1}^{M}\hat{g}_{mi}^*\left(\sqrt{P_r}\sum_{k=1}^{K}g_{mk}\sqrt{\eta_k}u_k+n_m\right) \\ &= \underbrace{\sqrt{P_r}\sum_{m=1}^{M}\hat{g}_{mi}^*g_{mi}\sqrt{\eta_i}u_i}_{\text{期望信号}}+\underbrace{\sqrt{P_r}\sum_{m=1}^{M}\hat{g}_{mi}^*\sum_{k=1,k\neq i}^{K}g_{mk}\sqrt{\eta_k}u_k}_{\text{用户间干扰}}+\underbrace{\sum_{m=1}^{M}\hat{g}_{mi}^*n_m}_{\text{噪声}} \end{aligned} \tag{9.138}$$

将用户间干扰视为有色噪声，CPU 可以得到 u_i，$\forall i=1,2,\cdots,K$ 的硬估计 $\hat{u}_i$。

9.4.3.2　迫零检测

在这种情况下，每个 AP 需要通过前端网络向 CPU 发送其观测值 r_m 和本地 CSI$\hat{\boldsymbol{g}}_m$。因此，CPU 知道 $\boldsymbol{r}$ 并建立解码矩阵为 $(\hat{\boldsymbol{G}}^H\hat{\boldsymbol{G}})^{-1}\hat{\boldsymbol{G}}^H$。因此，后处理的输出为

$$\begin{aligned} \tilde{\boldsymbol{u}} &= (\hat{\boldsymbol{G}}^H\hat{\boldsymbol{G}})^{-1}\hat{\boldsymbol{G}}^H\boldsymbol{r} \\ &= \sqrt{P_r}(\hat{\boldsymbol{G}}^H\hat{\boldsymbol{G}})^{-1}\hat{\boldsymbol{G}}^H\boldsymbol{G}\boldsymbol{D}_\eta\boldsymbol{u}+(\hat{\boldsymbol{G}}^H\hat{\boldsymbol{G}})^{-1}\hat{\boldsymbol{G}}^H\boldsymbol{n} \end{aligned}$$

忽略估计误差，即 $\hat{\boldsymbol{G}}=\boldsymbol{G}$，有

$$\tilde{\boldsymbol{u}}=\sqrt{P_r}\boldsymbol{D}_\eta\boldsymbol{u}+(\hat{\boldsymbol{G}}^H\hat{\boldsymbol{G}})^{-1}\hat{\boldsymbol{G}}^H\boldsymbol{n} \tag{9.139}$$

分解这一等式可以得到第 k 个软估计为

$$\tilde{u}_k=\underbrace{\sqrt{P_r\eta_k}u_k}_{\text{期望信号}}+\underbrace{\mathfrak{g}_k\boldsymbol{n}}_{\text{噪声}} \tag{9.140}$$

式中，$\mathfrak{g}_k\in\mathbb{C}^{1\times M}$ 表示 $(\hat{\boldsymbol{G}}^H\hat{\boldsymbol{G}})^{-1}\hat{\boldsymbol{G}}^H$ 的第 k 行。用户间干扰被完全消除，并且可以从 $\tilde{u}_k$ 推导出硬估计 $\hat{u}_k$。

9.4.3.3　最小均方误差检测

为了减轻迫零检测中噪声放大的影响，CPU 可以采用 MMSE 方法来最小化估计符号的 MSE。每个 AP 需要通过前端网络向 CPU 发送其观测值 r_m 和本地 CSI $\hat{\boldsymbol{g}}_m$。因此，CPU 获知 $\boldsymbol{r}$ 并建立解码矩阵 $(\hat{\boldsymbol{G}}^H\hat{\boldsymbol{G}}+\sigma_n^2\boldsymbol{I})^{-1}\hat{\boldsymbol{G}}^H$。后处理的输出变成

$$\begin{aligned} \tilde{\boldsymbol{u}} &= (\hat{\boldsymbol{G}}^H\hat{\boldsymbol{G}}+\sigma_n^2\boldsymbol{I})^{-1}\hat{\boldsymbol{G}}^H\boldsymbol{r} \\ &= \sqrt{P_r}(\hat{\boldsymbol{G}}^H\hat{\boldsymbol{G}}+\sigma_n^2\boldsymbol{I})^{-1}\hat{\boldsymbol{G}}^H\boldsymbol{G}\boldsymbol{D}_\eta\boldsymbol{u}+(\hat{\boldsymbol{G}}^H\hat{\boldsymbol{G}}+\sigma_n^2\boldsymbol{I})^{-1}\hat{\boldsymbol{G}}^H\boldsymbol{n} \end{aligned} \tag{9.141}$$

9.4.4 共轭波束赋形

在无蜂窝大规模 MIMO 系统的下行链路中，通常采用两种典型的传输方法，即共轭波束赋形和迫零预编码，用于对 K 个用户终端的信息符号进行空间复用，表示为 $\boldsymbol{u}=[u_1,u_2,\cdots,u_K]^{\mathrm{T}}$，这些符号归一化处理如下

$$\mathbb{E}[|u_k|^2]=1,\quad k=1,2,\cdots,K \tag{9.142}$$

应用共轭波束赋形的无蜂窝大规模 MIMO 系统的工作原理如下：

- AP m 测量 β_{mk}，$k=1,2,\cdots,K$，并将其报告给 CPU。通常，相对于信道相干时间，大尺度衰落在相对长的时间段内保持恒定。因此，认为 β_{mk} 是完美的，测量及分发的开销很小。
- CPU 计算功率控制系数 η_{mk}，$\forall m$，$\forall k$，并将它们发送到相应的 AP，功率控制系数是 β_{mk} 的函数。同时，CPU 将承载信息的符号 $\boldsymbol{u}$ 分配给所有 AP。需要注意的是，对于几十个符号周期，β_{mk} 应该是相同的，因此只需要发送 $\boldsymbol{u}$。
- 用户以 τ_p 的持续时间同步发送导频序列 $\boldsymbol{\phi}_k$，$k=1,\cdots,K$。
- 第 m 个 AP 获取其自身空间特征的估计值 $\hat{\boldsymbol{g}}_m=[\hat{g}_{m1},\hat{g}_{m2},\cdots,\hat{g}_{mK}]^{\mathrm{T}}$，其中 $m=1,\cdots,M$。
- AP 将信道估计视为真实信道，并使用共轭波束赋形生成发送信号。第 m 个 AP 发送信号

$$s_m = \sqrt{\eta_{mk}P_m}\hat{\boldsymbol{g}}_m^H\boldsymbol{u} = \sqrt{P_m}\sum_{k=1}^{K}\sqrt{\eta_{mk}}\hat{g}_{mk}^*u_k \tag{9.143}$$

式中，P_m 是 AP m 的发射功率限制。功率控制系数的选择受限于

$$\mathbb{E}[|s_m|^2]\leqslant P_m,\quad \forall m = 1,2,\cdots,M \tag{9.144}$$

应用式（9.132）和式（9.142），可以得到

$$\sum_{k=1}^{K}\eta_{mk}\mathbb{E}[|\hat{g}_{mk}|^2]\leqslant 1 \tag{9.145}$$

或

$$\sum_{k=1}^{K}\eta_{mk}\leqslant\frac{1}{\mathbb{E}[|\hat{g}_{mk}|^2]}=\frac{p_u\tau_p\beta_{mk}+\sigma_n^2}{p_u\tau_p\beta_{mk}^2} \tag{9.146}$$

那么，$\forall i=1,2,\cdots,K$，第 i 个用户的观测值为

$$\begin{aligned} r_i &= \sum_{m=1}^{M}g_{mi}s_m + n_i \\ &= \sum_{m=1}^{M}g_{mi}\Big(\sqrt{P_m}\sum_{k=1}^{K}\sqrt{\eta_{mk}}\hat{g}_{mk}^*u_k\Big) + n_i \\ &= \underbrace{\sum_{m=1}^{M}\sqrt{P_m\eta_{mi}}g_{mi}\hat{g}_{mi}^*u_i}_{\text{期望信号}} + \underbrace{\sum_{m=1}^{M}\sqrt{P_m}\sum_{k=1,k\neq i}^{K}\sqrt{\eta_{mk}}g_{mi}\hat{g}_{mk}^*u_k}_{\text{多用户干扰}} + n_i \end{aligned}$$

当基站天线数量趋于无穷时，不相关噪声和快信道衰落的影响消失了。这是大规模 MIMO 系统中信道硬化的结果［Marzetta，2010］。因此，接收信号的检测是在假设普通用户 k 只知道信道统计特性的条件下进行的，即 $\mathbb{E}[|\hat{g}_{mk}^*|^2]=\alpha_{mk}$，$\forall m=1,2,\cdots,M$，因为在下行链路中没有参考信号和信道估计。因此，第 i 个用户的观察结果可以重写为（为简洁起见，假设每个 AP 的功率约束是相同的，即 $P_m=P_f$，$\forall m=1,2,\cdots,M$）

$$
\begin{aligned}
r_i &= \sum_{m=1}^{M}\sqrt{P_f\eta_{mi}}[\hat{g}_{mi}+\tilde{g}_{mi}]\hat{g}_{mi}^{*}u_i+\sum_{m=1}^{M}\sum_{k=1,k\neq i}^{K}\sqrt{P_f\eta_{mk}}[\hat{g}_{mi}+\tilde{g}_{mi}]\hat{g}_{mk}^{*}u_k+n_i \\
&= \sum_{m=1}^{M}\sqrt{P_f\eta_{mi}}\,|\hat{g}_{mi}|^2u_i+\sum_{m=1}^{M}\sum_{k=1,k\neq i}^{K}\sqrt{P_f\eta_{mk}}\hat{g}_{mi}\hat{g}_{mk}^{*}u_k+ \\
&\quad \sum_{m=1}^{M}\sum_{k=1}^{K}\sqrt{P_f\eta_{mk}}\tilde{g}_{mi}\hat{g}_{mk}^{*}u_k+n_i \\
&= \underbrace{\sum_{m=1}^{M}\sqrt{P_f\eta_{mi}}\alpha_{mi}u_i}_{\mathcal{S}_0:\text{有用信号}}+\underbrace{\sum_{m=1}^{M}\sqrt{P_f\eta_{mi}}(|\hat{g}_{mi}|^2-\alpha_{mi})u_i}_{\mathcal{I}_1:\text{用户处无CSI}}+ \\
&\quad \underbrace{\sum_{m=1}^{M}\sum_{k=1,k\neq i}^{K}\sqrt{P_f\eta_{mk}}\hat{g}_{mi}\hat{g}_{mk}^{*}u_k}_{\mathcal{I}_2:\text{多用户干扰}}+\underbrace{\sum_{m=1}^{M}\sum_{k=1}^{K}\sqrt{P_f\eta_{mk}}\tilde{g}_{mi}\hat{g}_{mk}^{*}u_k}_{\mathcal{I}_3:\text{估计误差}}+\underbrace{n_i}_{\mathcal{N}_4}
\end{aligned}
\tag{9.147}
$$

由于不同用户的信息符号是独立的，并且加性高斯噪声与信息符号和信道实现不相关，因此 $\mathcal{S}_0$、$\mathcal{I}_1$、$\mathcal{I}_2$、$\mathcal{I}_3$ 和 $\mathcal{N}_4$ 是互不相关的［Nayebi et al.，2017］。根据 Hassibi and Hochwald［2003］，对互信息而言，最坏情况的噪声是具有方差等于 $\mathcal{I}_1+\mathcal{I}_2+\mathcal{I}_3+\mathcal{N}_4$ 的高斯加性噪声。

因此，用户 k 的下行链路可达速率的下界为

$$R_i=\log(1+\gamma_i) \tag{9.148}$$

式中

$$
\begin{aligned}
\gamma_i &= \frac{\mathbb{E}[|\mathcal{S}_0|^2]}{\mathbb{E}[|\mathcal{I}_1+\mathcal{I}_2+\mathcal{I}_3+\mathcal{N}_4|^2]} \\
&= \frac{\mathbb{E}[|\mathcal{S}_0|^2]}{\mathbb{E}[|\mathcal{I}_1|^2]+\mathbb{E}[|\mathcal{I}_2|^2]+\mathbb{E}[|\mathcal{I}_3|^2]+\mathbb{E}[|\mathcal{N}_4|^2]}
\end{aligned}
\tag{9.149}
$$

$$\mathbb{E}[|\mathcal{S}_0|^2]=P_f\left(\sum_{m=1}^{M}\sqrt{\eta_{mi}}\alpha_{mi}\right)^2 \tag{9.150}$$

$$\mathbb{E}[|\mathcal{I}_1|^2]=P_f\sum_{m=1}^{M}\eta_{mi}\alpha_{mi}^2 \tag{9.151}$$

$$\mathbb{E}[|\mathcal{I}_2|^2]=P_f\sum_{m=1}^{M}\sum_{k=1,k\neq i}^{K}\eta_{mk}\alpha_{mi}\alpha_{mk} \tag{9.152}$$

$$\mathbb{E}[|\mathcal{I}_3|^2]=P_f\sum_{m=1}^{M}\sum_{k=1}^{K}\eta_{mk}\epsilon_{mi}\alpha_{mk} \tag{9.153}$$

将式（9.149）~式（9.153）代入式（9.148），可得

$$R_i=\log\left(1+\frac{P_f\left(\sum_{m=1}^{M}\sqrt{\eta_{mi}}\alpha_{mi}\right)^2}{\sigma_n^2+P_f\sum_{m=1}^{M}\sum_{k=1}^{K}\eta_{mk}\beta_{mi}\alpha_{mk}}\right) \tag{9.154}$$

9.4.5　迫零预编码

迫零预编码的原理是在已知下行链路信道的情况下，完全抑制不同用户之间的干扰。应用 ZF 预编码的无蜂窝大规模 MIMO 系统操作如下：

- AP m 测量 β_{mk}，$k=1,2,\cdots,K$，并报告给 CPU。
- CPU 按照共轭波束赋形根据 β_{mk} 计算功率控制系数。由于 $\eta_{1k}=\cdots=\eta_{Mk}$，$\forall k$，功率系数应该是仅与 k 相关的函数，即 $\eta_{mk}=\eta_k$。

- 用户同步发送导频序列 $\boldsymbol{\phi}_k$，$k=1,\cdots,K$。
- 第 m 个 AP 获取其自身空间特征的估计值 $\hat{\boldsymbol{g}}_m=[\hat{g}_{m1},\hat{g}_{m2},\cdots,\hat{g}_{mK}]^{\mathrm{T}}$，其中 $m=1,\cdots,M$。
- 每个 AP 向 CPU 发送其本地 CSI，因此 CPU 获得全局 CSI $\hat{\boldsymbol{G}}=[\hat{\boldsymbol{g}}_1,\hat{\boldsymbol{g}}_2,\cdots,\hat{\boldsymbol{g}}_M]\in\mathbb{C}^{K\times M}$。
- CPU 按照以下方式对信息符号进行联合编码

$$\boldsymbol{s}=\hat{\boldsymbol{G}}^H(\hat{\boldsymbol{G}}\hat{\boldsymbol{G}}^H)^{-1}\boldsymbol{D}_\eta\boldsymbol{u} \tag{9.155}$$

式中，$\boldsymbol{D}_\eta\in\mathbb{C}^{K\times K}$ 是由功率控制系数组成的对角矩阵，即 $\boldsymbol{D}_\eta=\mathrm{diag}\{\sqrt{\eta_1},\cdots,\sqrt{\eta_K}\}$。

- CPU 将预编码的符号 s_m 分配给 AP m，这些 AP 向用户同步发送它们各自的符号。然后，接收符号向量可以重写为

$$\begin{aligned}\boldsymbol{r}&=\sqrt{P_f}\boldsymbol{G}\boldsymbol{s}+\boldsymbol{n}\\&=\sqrt{P_f}\boldsymbol{G}\hat{\boldsymbol{G}}^H(\hat{\boldsymbol{G}}\hat{\boldsymbol{G}}^H)^{-1}\boldsymbol{D}_\eta\boldsymbol{u}+\boldsymbol{n}\end{aligned} \tag{9.156}$$

等效地，第 i 个用户观察到

$$\begin{aligned}r_i&=\sqrt{P_f}\boldsymbol{g}_i\boldsymbol{s}+n_i\\&=\sqrt{P_f}\boldsymbol{g}_i\hat{\boldsymbol{G}}^H(\hat{\boldsymbol{G}}\hat{\boldsymbol{G}}^H)^{-1}\boldsymbol{D}_\eta\boldsymbol{u}+n_i\\&=\sqrt{P_f}(\hat{\boldsymbol{g}}_i+\tilde{\boldsymbol{g}}_i)\hat{\boldsymbol{G}}^H(\hat{\boldsymbol{G}}\hat{\boldsymbol{G}}^H)^{-1}\boldsymbol{D}_\eta\boldsymbol{u}+n_i\\&=\underbrace{\sqrt{P_f\eta_i}u_i}_{\mathcal{S}_0:\text{有用信号}}+\underbrace{\sqrt{P_f}\tilde{\boldsymbol{g}}_i\hat{\boldsymbol{G}}^H(\hat{\boldsymbol{G}}\hat{\boldsymbol{G}}^H)^{-1}\boldsymbol{D}_\eta\boldsymbol{u}}_{\mathcal{I}_1:\text{估计误差}}+\underbrace{n_i}_{\mathcal{I}_2:\text{噪声}}\end{aligned} \tag{9.157}$$

式中，$\boldsymbol{g}_i\in\mathbb{C}^{1\times M}=[g_{1i},g_{2i},\cdots,g_{Mi}]$ 代表用户 i 的实际信道特征，它是信道矩阵 $\boldsymbol{G}$ 的第 i 行，$\hat{\boldsymbol{g}}_i\in\mathbb{C}^{1\times M}=[\hat{g}_{1i},\hat{g}_{2i},\cdots,\hat{g}_{Mi}]$表示 $\boldsymbol{g}_i$ 的估计，相应的估计误差 $\tilde{\boldsymbol{g}}_i=\boldsymbol{g}_i-\hat{\boldsymbol{g}}_i$。

由于发送符号、加性噪声和信道实现的独立性，$\mathcal{S}_0$、$\mathcal{I}_1$ 和 $\mathcal{I}_2$ 这三项是互不相关的。按照最坏情况下的不相关加性噪声［Hassibi and Hochwald，2003］，使用 ZF 预编码用户 i 的可实现速率的下限为

$$R_i^{\mathrm{ZF}}=\log(1+\gamma_i^{\mathrm{ZF}}) \tag{9.158}$$

式中

$$\gamma_i^{\mathrm{ZF}}=\frac{\mathbb{E}[|\mathcal{S}_0|^2]}{\mathbb{E}[|\mathcal{I}_1|^2]+\mathbb{E}[|\mathcal{I}_2|^2]} \tag{9.159}$$

根据 Nayebi et al.［2017］，$\mathcal{I}_1$ 的方差可以计算为

$$\begin{aligned}\mathbb{E}[|\mathcal{I}_1|^2]&=P_f\mathbb{E}[|\tilde{\boldsymbol{g}}_i\hat{\boldsymbol{G}}^H(\hat{\boldsymbol{G}}\hat{\boldsymbol{G}}^H)^{-1}\boldsymbol{D}_\eta\boldsymbol{u}|^2]\\&=P_f\mathrm{tr}(\boldsymbol{D}_\eta^2\mathbb{E}[(\hat{\boldsymbol{G}}\hat{\boldsymbol{G}}^H)^{-1}\hat{\boldsymbol{G}}\mathbb{E}[\tilde{\boldsymbol{g}}_i^H\tilde{\boldsymbol{g}}_i]\hat{\boldsymbol{G}}^H(\hat{\boldsymbol{G}}\hat{\boldsymbol{G}}^H)^{-1}])\end{aligned} \tag{9.160}$$

用χ_k^i，$k=1,2,\cdots,K$ 表示专用于用户 i 的 $K\times K$ 矩阵的第 k 个对角线元素：

$$\mathbb{E}[(\hat{\boldsymbol{G}}\hat{\boldsymbol{G}}^H)^{-1}\hat{\boldsymbol{G}}\mathbb{E}[\tilde{\boldsymbol{g}}_i^H\tilde{\boldsymbol{g}}_i]\hat{\boldsymbol{G}}^H(\hat{\boldsymbol{G}}\hat{\boldsymbol{G}}^H)^{-1}] \tag{9.161}$$

式中，$\mathbb{E}[\tilde{\boldsymbol{g}}_i^H\tilde{\boldsymbol{g}}_i]$ 是一个对角矩阵，第 m 个对角元素为ϵ_{mi}，即

$$\mathbb{E}[\tilde{\boldsymbol{g}}_i^H\tilde{\boldsymbol{g}}_i]=\begin{bmatrix}\epsilon_{1i}&0&\cdots&0\\0&\epsilon_{2i}&\cdots&0\\\vdots&\vdots&&\vdots\\0&0&\cdots&\epsilon_{Mi}\end{bmatrix} \tag{9.162}$$

则式（9.159）可以进一步表示为

$$\gamma_i^{\mathrm{ZF}}=\frac{P_f\eta_i}{\sigma_n^2+P_f\sum_{k=1}^{K}\eta_k\chi_k^i} \tag{9.163}$$

9.4.6 信道老化的影响

在无蜂窝大规模 MIMO 系统中，线性预编码主要通过两种方式实现：共轭波束赋形和迫零预编码。其中，共轭波束赋形利用本地 CSI 在每个 AP 独立产生发送信号。虽然它对回传要求较低，但容易受到用户之间的干扰，因此在频谱和功率效率方面不如迫零预编码。然而，在无蜂窝架构中，迫零预编码需要通过前端网络在 CPU 和 AP 之间交换瞬时 CSI 和预编码数据。这不仅会导致高实现复杂度和显著的回传负担，还会导致相当大的传播和处理延迟。实际上，系统性能很容易受到这种延迟的影响，因为 CSI 知识很快就会过时，即所谓的信道老化，它受到信道衰落和不完善硬件的影响。

9.4.6.1 信道老化

在参考信号探测上行链路信道时刻与基于估计 CSI 进行下行链路数据传输时刻之间，会存在处理和传播延迟导致的时间间隔。而在用户移动性和相位噪声的影响下，获取的 CSI 可能会过时。

- 用户移动性。AP 和 UE 以及它们周围的反射体之间的相对运动会导致信道的时变性。给定典型 UE 的移动速度 u_k，其最大多普勒频移由 $f_d^k=v_k/\lambda$ 获得，其中 λ 表示载波频率的波长。移动性越高，信道变化越快。为了量化由多普勒效应引起的 CSI 老化，按照 Jiang and Schotten [2021c] 中的定义，应用了一种称为相关系数的度量

$$\rho_k=\frac{\mathbb{E}[h_{mk,d}h_{mk,p}^*]}{\sqrt{\mathbb{E}[|h_{mk,p}|^2]\mathbb{E}[|h_{mk,d}|^2]}} \tag{9.164}$$

式中，$h_{mk,p}$ 和 $h_{mk,d}$ 分别表示在上行链路训练（由 p 表示）和实际下行链路数据传输（由 d 表示）时 AP m 和 UE k 之间的小尺度信道衰落。在 Jakes 模型的经典多普勒频谱下，它的取值如下所示

$$\rho_k=J_0(2\pi f_d^k\Delta\tau) \tag{9.165}$$

式中，$\Delta\tau$代表总延迟，$J_0(\cdot)$ 表示第一类零阶贝塞尔函数。根据 Jiang et al. [2016]，有

$$h_{mk,d}=(\rho_k h_{mk,p}+\kappa_{mk}\sqrt{1-\rho_k^2}) \tag{9.166}$$

式中，κ_{mk} 是具有标准正态分布 $\kappa_{mk}\sim\mathcal{CN}(0,1)$ 的随机变量。

- 相位噪声。无蜂窝大规模 MIMO 系统具有以低成本的收发机实现大规模 MIMO 系统的优势，但这也引发了硬件损害的问题。与集中式大规模 MIMO 系统中的公共振荡器不同，无蜂窝大规模 MIMO 系统中的每个分布式 AP 必须运行一个本地振荡器。由于发射机的振荡器不完美，在从基带到通带信号的上变频处理过程中，传输信号会遭受相位噪声的影响，接收机同理。这种相位噪声不仅是随机的，而且是时变的，导致了类似用户移动产生的 CSI 过时问题。

利用维纳过程 [Krishnan et al., 2016]，第 m 个 AP 和第 k 个 UE 在离散时刻 t 的相位噪声可以建模为

$$\begin{cases}\phi_{m,t}=\phi_{m,t-1}+\Delta\phi_t, & \Delta\phi_t\sim\mathcal{CN}(0,\sigma_\phi^2)\\ \varphi_{k,t}=\varphi_{k,t-1}+\Delta\varphi_t, & \Delta\varphi_t\sim\mathcal{CN}(0,\sigma_\varphi^2)\end{cases} \tag{9.167}$$

式中，增量方差由 $\sigma_i^2=4\pi^2 f_c c_i T_s$，$\forall i=\phi$ 给出，其中 T_s 为符号周期和 c_i 为振荡器相关常数。

现在还可以用以下形式

$$g_{mk,t}=\sqrt{\beta_{mk}}h_{mk,t}e^{j(\phi_{m,t}+\varphi_{k,t})} \tag{9.168}$$

来表示在 t 时刻 AP m 和 UE k 之间的整体信道增益，这结合了路径损耗、阴影衰落、小尺度衰落和相位噪声的影响。特别地，获取的 CSI $g_{mk,p}=\sqrt{\beta_{mk}}h_{mk,p}e^{j(\phi_{m,p}+\varphi_{k,p})}$ 是其实际值 $g_{mk,d}=\sqrt{\beta_{mk}}h_{mk,d}e^{j(\phi_{m,d}+\varphi_{k,d})}$ 的过时版本。在信道由于低移动性表现为慢衰落并且振荡器质量高的良好条件下，信道老化的影响并不明显，性能损失可能很小。但如果处于快衰落的环境中，或者应用低成本硬件时，信道老化的影响就会更加严重。

- 传输和处理延迟。假设 AP 和 UE 的同步良好，β_{mk} 完美可用，并且前端传输网络提供无差错和无限的容量。如图 9.6 所示，传播和处理延迟可以建模如下：
  ⓐ用户以持续时间 T_p 同时向 AP 发送他们的参考信号 $\boldsymbol{i}_k$，$k=1,\cdots,K$。传播延迟为 τ_{ul}。
  ⓑ第 m 个 AP 估计其自己的信道特征 $\hat{g}_{mk,p}$，$\forall k$，处理时间为 τ_{ce}。
  ⓒAP m 发送其本地 CSI $\hat{\boldsymbol{g}}_m=[\hat{g}_{m1,p},\cdots,\hat{g}_{mK,p}]^{\mathrm{T}}\in\mathbb{C}^{K\times1}$ 到 CPU，导致 τ_{fh}^u 的传播时延。
  ⓓCPU 用 $\hat{\boldsymbol{G}}=[\hat{\boldsymbol{g}}_1,\cdots,\hat{\boldsymbol{g}}_M]\in\mathbb{C}^{K\times M}$ 对承载符号 $\boldsymbol{U}\in\mathbb{C}^{K\times N_T}$ 的信息块进行预编码，其中 N_T 表示每个用户的符号数。发送的符号块由 $\boldsymbol{X}=\hat{\boldsymbol{G}}^H(\hat{\boldsymbol{G}}\hat{\boldsymbol{G}}^H)^{-1}\boldsymbol{D}_\eta\boldsymbol{U}$ 给出。预编码用时为 τ_{ZF}。
  ⓔCPU 给 AP m 分配预编码符号向量 $\boldsymbol{x}_m\in\mathbb{C}^{1\times N_T}$，用时 τ_{fh}^d。
  ⓕAP m 的发射机在接收到 $\boldsymbol{x}_m$ 之后需要 τ_{tx} 的准备时间才能开始发送，并且信号传播需用时 τ_{dl}。

特别地，令 $\Delta\tau$ 表示参考信号探测信道时刻和所有 AP 同步发送预编码符号时刻之间的间隔。如图 9.6 所示，有

$$\Delta\tau=T_p+\tau_{ce}+\tau_{fh}^u+\tau_{ZF}+\tau_{fh}^d+\tau_{tx} \tag{9.169}$$

其按照采样周期归一化为 $n_{\Delta\tau}=\left[\dfrac{\Delta\tau}{T_s}\right]$。

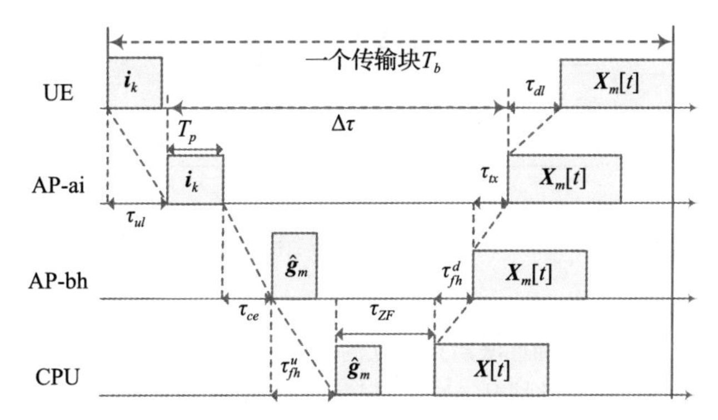

图 9.6　M 个 AP 服务 K 个用户的无蜂窝大规模 MIMO 系统中迫零预编码的时间对齐示意图。基于参考信号 $\boldsymbol{i}_k$，AP m 获得 $\hat{\boldsymbol{g}}_m$ 并将其传送给 CPU。由于时延 $\Delta\tau$，下行数据传输期间的 CSI 发生变化，即 $g_{mk,d}\neq g_{mk,p}$。AP-ai 代表 AP 的空中接口，AP-bh 表示与前端网络交互的部分

来源：Jiang and Schotten [2021a]/经 IEEE 许可。

9.4.6.2　性能下降

根据式（9.168），下行链路数据传输期间的整体 CSI 由下式给出

$$g_{mk,d}=\sqrt{\beta_{mk}}h_{mk,d}\mathrm{e}^{\mathrm{j}(\phi_{m,d}+\varphi_{k,d})} \tag{9.170}$$

用 $\hat{g}_{mk,p}$ 表示 $g_{mk,p}$ 的估计值，则由加性噪声引起的估计误差可以计算如下

$$\tilde{g}_{mk,p}=g_{mk,p}-\hat{g}_{mk,p} \tag{9.171}$$

式（9.166）中的新分量对应整个 CSI 中的复合元素，可以写为 $e_{mk}=\sqrt{\beta_{mk}}\kappa_{mk}\mathrm{e}^{\mathrm{j}(\phi_{m,p}+\varphi_{k,p})}$。将式（9.166）代入式（9.170）并应用式（9.171），得到

$$\begin{aligned}g_{mk,d}&=\sqrt{\beta_{mk}}(\rho_k h_{mk,p}+\kappa_{mk}\sqrt{1-\rho_k^2})\mathrm{e}^{\mathrm{j}(\phi_{m,d}+\varphi_{k,d}+\phi_{m,p}+\varphi_{k,p}-\phi_{m,p}-\varphi_{k,p})}\\&=(\rho_k g_{mk,p}+e_{mk}\sqrt{1-\rho_k^2})\mathrm{e}^{\mathrm{j}(\phi_{m,d}+\varphi_{k,d}-\phi_{m,p}-\varphi_{k,p})}\\&=(\rho_k\hat{g}_{mk,p}+\rho_k\tilde{g}_{mk,p}+e_{mk}\sqrt{1-\rho_k^2})\mathrm{e}^{\mathrm{j}(\phi_{m,d}-\phi_{m,p})}\mathrm{e}^{\mathrm{j}(\varphi_{k,d}-\varphi_{k,p})}\end{aligned} \tag{9.172}$$

定义 $\hat{\boldsymbol{G}}$ 的第 k 行为 $\hat{\boldsymbol{g}}_k=[\hat{g}_{1k,p},\cdots,\hat{g}_{Mk,p}]$，$\widetilde{\boldsymbol{g}}_k=[\widetilde{g}_{1k,p},\widetilde{g}_{2k,p},\cdots,\widetilde{g}_{Mk,p}]$，$\boldsymbol{e}_k=[e_{1k},\cdots,e_{Mk}]$，并定义对角阵

$$\Delta\boldsymbol{\Phi}=\text{diag}\{\mathrm{e}^{\mathrm{j}(\phi_{1,d}-\phi_{1,p})},\cdots,\mathrm{e}^{\mathrm{j}(\phi_{M,d}-\phi_{M,p})}\} \tag{9.173}$$

构建信道向量 $\boldsymbol{g}_{k,d}=[g_{1k,d},\cdots,g_{Mk,d}]\in\mathbb{C}^{1\times M}$，并将式（9.172）代入其中，得

$$\boldsymbol{g}_{k,d}=\mathrm{e}^{\mathrm{j}(\varphi_{k,d}-\varphi_{k,p})}(\rho_k\hat{\boldsymbol{g}}_k+\rho_k\widetilde{\boldsymbol{g}}_k+\sqrt{1-\rho_k^2}\boldsymbol{e}_k)\Delta\boldsymbol{\Phi} \tag{9.174}$$

当存在过时 CSI 时，式（9.157）中给出的用户 k 的接收信号可以重写为

$$\begin{aligned}
r_k &=\sqrt{P_f}\boldsymbol{g}_{k,d}\boldsymbol{s}+n_k\\
&=\sqrt{P_f}\boldsymbol{g}_{k,d}\hat{\boldsymbol{G}}^H(\hat{\boldsymbol{G}}\hat{\boldsymbol{G}}^H)^{-1}\boldsymbol{D}_\eta\boldsymbol{u}+n_k\\
&=\sqrt{P_f}\mathrm{e}^{\mathrm{j}(\varphi_{k,d}-\varphi_{k,p})}\left(\rho_k\hat{\boldsymbol{g}}_k+\rho_k\widetilde{\boldsymbol{g}}_k+\sqrt{1-\rho_k^2}\boldsymbol{e}_k\right)\times\\
&\quad\Delta\boldsymbol{\Phi}\hat{\boldsymbol{G}}^H(\hat{\boldsymbol{G}}\hat{\boldsymbol{G}}^H)^{-1}\boldsymbol{D}_\eta\boldsymbol{u}+n_k\\
&=\underbrace{\sqrt{P_f\eta_k}\mathrm{e}^{\mathrm{j}(\varphi_{k,d}-\varphi_{k,p})}\mathrm{e}^{-\frac{n_{\Delta\tau}\sigma_\phi^2}{2}}\rho_k u_k}_{\mathcal{D}_0:\text{期望信号}}+\\
&\quad\underbrace{\sqrt{P_f}\mathrm{e}^{\mathrm{j}(\varphi_{k,d}-\varphi_{k,p})}\rho_k\widetilde{\boldsymbol{g}}_k\Delta\boldsymbol{\Phi}\hat{\boldsymbol{G}}^H(\hat{\boldsymbol{G}}\hat{\boldsymbol{G}}^H)^{-1}\boldsymbol{D}_\eta\boldsymbol{u}}_{\mathcal{I}_1:\text{等效噪声}}+\\
&\quad\underbrace{\sqrt{P_f(1-\rho_k^2)}\mathrm{e}^{\mathrm{j}(\varphi_{k,d}-\varphi_{k,p})}\boldsymbol{e}_k\Delta\boldsymbol{\Phi}\hat{\boldsymbol{G}}^H(\hat{\boldsymbol{G}}\hat{\boldsymbol{G}}^H)^{-1}\boldsymbol{D}_\eta\boldsymbol{u}}_{\mathcal{I}_2:\text{等效噪声}}+\underbrace{n_k}_{\mathcal{I}_3}
\end{aligned} \tag{9.175}$$

在推导过程中，根据文献 Krishnan et al. [2016]，$T_{\mathrm{PN}}=\lim\limits_{M\to\infty}\dfrac{1}{M}\mathrm{tr}\{\Delta\boldsymbol{\Phi}\}=\mathrm{e}^{-n_{\Delta\tau}\sigma_\phi^2/2}$，这意味着当 $M\to\infty$ 时，相位噪声硬化为确定值。

信息符号、估计误差、新分量和加性噪声是独立的，因此式（9.175）中的项 $\mathcal{D}_0$、$\mathcal{I}_1$、$\mathcal{I}_2$、$\mathcal{I}_3$ 互不相关。应用未校正的高斯噪声来代表最差情况 [Ngo et al., 2017]，用户 k 的可实现速率下界由 $\log_2(1+\gamma_k)$ 界定，其中有效信干噪比（signal-to-interference-plus-noise ratio，SINR）为

$$\gamma_k=\frac{\mathbb{E}[|\mathcal{D}_0|^2]}{\mathbb{E}[|\mathcal{I}_1|^2]+\mathbb{E}[|\mathcal{I}_2|^2]+\mathbb{E}[|\mathcal{I}_3|^2]} \tag{9.176}$$

可以直接得到

$$\mathbb{E}[|\mathcal{D}_0|^2]=P_f\eta_k\rho_k^2\mathrm{e}^{-n_{\Delta\tau}\sigma_\phi^2} \tag{9.177}$$

以及 $\mathbb{E}[|\mathcal{I}_3|^2]=\sigma_n^2$。与式（9.160）类似，$\mathcal{I}_1$ 的方差计算如下

$$\begin{aligned}
\mathbb{E}[|\mathcal{I}_1|^2]&=\mathbb{E}[|\sqrt{P_f}\mathrm{e}^{\mathrm{j}(\varphi_{k,d}-\varphi_{k,p})}\rho_k\widetilde{\boldsymbol{g}}_k\Delta\boldsymbol{\Phi}\hat{\boldsymbol{G}}^H(\hat{\boldsymbol{G}}\hat{\boldsymbol{G}}^H)^{-1}\boldsymbol{D}_\eta\boldsymbol{u}|^2]\\
&=P_f\rho_k^2\mathbb{E}[|\widetilde{\boldsymbol{g}}_k\Delta\boldsymbol{\Phi}\hat{\boldsymbol{G}}^H(\hat{\boldsymbol{G}}\hat{\boldsymbol{G}}^H)^{-1}\boldsymbol{D}_\eta\boldsymbol{u}|^2]\\
&=P_f\rho_k^2\mathrm{e}^{-n_{\Delta\tau}\sigma_\phi^2}\mathrm{tr}\{\boldsymbol{D}_\eta^2\mathbb{E}[(\hat{\boldsymbol{G}}\hat{\boldsymbol{G}}^H)^{-1}\hat{\boldsymbol{G}}\mathbb{E}[\widetilde{\boldsymbol{g}}_k^H\widetilde{\boldsymbol{g}}_k]\hat{\boldsymbol{G}}^H(\hat{\boldsymbol{G}}\hat{\boldsymbol{G}}^H)^{-1}]\}\\
&=P_f\rho_k^2\mathrm{e}^{-n_{\Delta\tau}\sigma_\phi^2}\sum_{i=1}^{K}\eta_i\chi_{ki}
\end{aligned} \tag{9.178}$$

式中，χ_{ki} 表示下式的第 i 个对角线元素

$$\mathbb{E}[(\hat{\boldsymbol{G}}\hat{\boldsymbol{G}}^H)^{-1}\hat{\boldsymbol{G}}\mathbb{E}[\widetilde{\boldsymbol{g}}_k^H\widetilde{\boldsymbol{g}}_k]\hat{\boldsymbol{G}}^H(\hat{\boldsymbol{G}}\hat{\boldsymbol{G}}^H)^{-1}] \tag{9.179}$$

同样，$\mathcal{I}_2$ 的方差由下式给出

$$\begin{aligned}\mathbb{E}[|\mathcal{I}_2|^2]&=\mathbb{E}[|\sqrt{P_f(1-\rho_k^2)}\mathrm{e}^{\mathrm{j}(\varphi_{k,d}-\varphi_{k,p})}\boldsymbol{e}_k\Delta\boldsymbol{\Phi}\hat{\boldsymbol{G}}^H(\hat{\boldsymbol{G}}\hat{\boldsymbol{G}}^H)^{-1}\boldsymbol{D}_\eta\boldsymbol{u}|^2]\\&=P_f(1-\rho_k^2)\mathbb{E}[|\boldsymbol{e}_k\Delta\boldsymbol{\Phi}\hat{\boldsymbol{G}}^H(\hat{\boldsymbol{G}}\hat{\boldsymbol{G}}^H)^{-1}\boldsymbol{D}_\eta\boldsymbol{u}|^2]\\&=P_f(1-\rho_k^2)\mathrm{e}^{-n_{\Delta\tau}\sigma_\phi^2}\mathrm{tr}\{\boldsymbol{D}_\eta^2\mathbb{E}[(\hat{\boldsymbol{G}}\hat{\boldsymbol{G}}^H)^{-1}\hat{\boldsymbol{G}}\boldsymbol{E}_k\hat{\boldsymbol{G}}^H(\hat{\boldsymbol{G}}\hat{\boldsymbol{G}}^H)^{-1}]\}\\&=P_f(1-\rho_k^2)\mathrm{e}^{-n_{\Delta\tau}\sigma_\phi^2}\sum_{i=1}^{K}\eta_i\xi_{ki}\end{aligned}\tag{9.180}$$

式中，$\boldsymbol{E}_k=\mathbb{E}[\boldsymbol{e}_k^H\boldsymbol{e}_k]=\mathrm{diag}\{\beta_{1k},\beta_{2k},\cdots,\beta_{Mk}\}\in\mathbb{C}^{M\times M}$，$\xi_{ki}$ 为 $\mathbb{E}[(\hat{\boldsymbol{G}}\hat{\boldsymbol{G}}^H)^{-1}\hat{\boldsymbol{G}}\boldsymbol{E}_k\hat{\boldsymbol{G}}^H(\hat{\boldsymbol{G}}\hat{\boldsymbol{G}}^H)^{-1}]$ 的第 i 个对角线元素。

将式（9.178）和式（9.180）代入式（9.176），得

$$\gamma_k=\frac{\rho_k^2\eta_k}{\rho_k^2\sum_{i=1}^{K}\eta_i\chi_{ki}+(1-\rho_k^2)\sum_{i=1}^{K}\eta_i\xi_{ki}+\dfrac{\sigma_n^2}{P_f\mathrm{e}^{-n_{\Delta\tau}\sigma_\phi^2}}}\tag{9.181}$$

考虑到空口传播时延 $n_{ai}=\left\lceil\dfrac{\tau_{ul}+\tau_{dl}}{T_s}\right\rceil$ 和时延 $n_{\Delta\tau}$，第 k 个用户的可达频谱效率由下式给出

$$R_k=\left(1-\frac{n_{ai}+n_{\Delta\tau}}{T_b}\right)\log_2(1+\gamma_k)\tag{9.182}$$

图 9.7 通过改变速度 v 或累积相位噪声 T_{PN}，比较了每个用户频谱效率（Spectral Efficiency，SE）的累积分布函数（Cumulative Distribution Functions，CDF）。使用完美 CSI 的迫零预编码（Zero-Forcing Precoding，ZFP）的性能曲线作为基准，其中 UE 是静止的（$v=0$km/h），并且收发机具有完美的本地振荡器（$T_{\mathrm{PN}}=0°$）。为了观察用户移动性的影响，首先设置 $T_{\mathrm{PN}}=0°$，并选择三个典型值：$v=30$km/h、50km/h、120km/h。不失一般性，总延迟简单地设置为 $\Delta\tau=1$ms，因为用户移动性的老化效应由速度和时延共同决定。即使在 $v=30$km/h 的低速率下，这相当于非常高的相关性 $\rho=0.97$，性能恶化已经显著。具

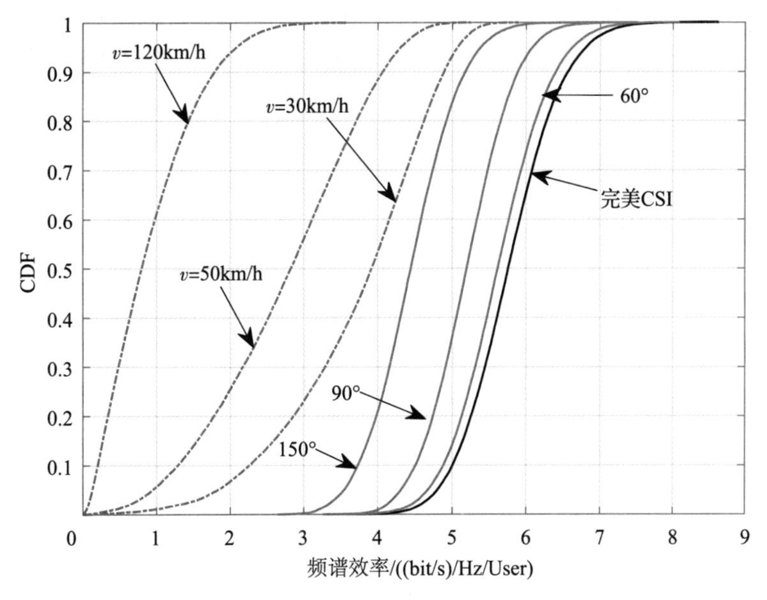

图 9.7　不同用户移动性和相位噪声条件下的 CDF 比较

来源：Jiang and Schotten [2021a]/经 IEEE 许可。

体而言，与基准的4.8（bit/s）/Hz 相比，5%的单用户 SE 减少到1.8（bit/s）/Hz，相当于损失62.5%的性能。50%（中值）的单用户 SE 降低32%，从5.7（bit/s）/Hz 降至3.9（bit/s）/Hz。随着 v 的增加，性能损失变得更为显著。在 $v=120\mathrm{km/h}$ 的高移动速率下，5%的用户和中值 SE 进一步降低至0.13（bit/s）/Hz 和0.79（bit/s）/Hz，分别相当于97%和86%的极高性能损失。此外，通过使用所选择的相位噪声 $T_{\mathrm{PN}}^2=60°$、90°、150°来观察相位噪声的影响，其中 UE 设置为静止（$v=0\mathrm{km/h}$）。如图所示，60°的小相位噪声下，性能损失较小。相位噪声增加到150°时，5%的用户和中值 SE 退化到3.5（bit/s）/Hz 和4.5（bit/s）/Hz，分别相当于27%和23%的性能损失。

9.5　机会性无蜂窝通信

利用宽带系统中 OFDM 传输所实现的频域自由度以及不同接入点之间的远近效应，无蜂窝大规模 MIMO 系统可以实现机会通信，从而提高其功率效率和频谱效率。其关键思想是将正交频域资源分配给不同的用户，使得每个子载波或资源块（Resource Block，RB）仅承载单个用户的信息。这种配置不仅避免了多用户干扰，而且简化了系统设计。随后，机会性地选择一些具有较小大尺度衰落的接入点（定义为近端 AP）来为该用户提供服务，同时在为该用户分配的子载波或 RB 上，停用具有较大大尺度衰落的远端 AP。此外，每个子载波上激活 AP 的数量变少，这使得下行链路导频可用，从而用户可以执行相干检测。机会性 AP 选择（Opportunistic AP Selection，OAS）方案的主要技术优势有以下两方面：

- 机会增益：从用户的角度来看，近端 AP 具有较小的路径损耗，具有良好的信道。相比之下，远端 AP 传输的能量会在长距离传播过程中浪费。换句话说，在相同发射功率下，使用近端 AP 会获得比使用远端 AP 更强的接收功率，从而带来更高的功率效率和频谱效率。
- 相干增益：从每个子载波或资源块的角度来看，只有少数 AP 为单个用户服务。因此，将高维大规模 MIMO 系统转化为低维多输入单输出（Multiple-Input Single-Output，MISO）系统，可以减轻下行链路的导频开销，该开销与基站天线数量成比例。用户可以通过估计下行链路导频来获得瞬时 CSI，而不是仅统计 CSI，然后执行相干检测。因此，通过机会性 AP 选择可以解决限制大规模 MIMO 下行性能的基本问题。

9.5.1　无蜂窝大规模宽带系统

考虑一个无蜂窝大规模 MIMO 系统，其中连接到 CPU 的 M 个随机分布的 AP 为相应区域内的 K 个用户服务。为不失一般性，假设每个 AP 和 UE 配备了单天线。考虑宽带系统中的频率选择性衰落，其中 AP m 和用户 k 之间的信道可以建模为基带等效基础上的线性时变滤波器，即

$$\boldsymbol{h}_{mk}[t]=[h_{mk,0}[t],h_{mk,1}[t],\cdots,h_{mk,L_{mk}-1}[t]]^{\mathrm{T}} \tag{9.183}$$

式中，滤波器长度 L_{mk} 取决于延迟扩展和采样间隔。考虑到大尺度衰落 β_{mk}，AP m 和用户 k 之间的信道滤波器可以建模为

$$\begin{aligned}\boldsymbol{g}_{mk}[t]&=[g_{mk,0}[t],g_{mk,1}[t],\cdots,g_{mk,L_{mk}-1}[t]]^{\mathrm{T}}\\&=\sqrt{\beta_{mk}}\boldsymbol{h}_{mk}[t]\end{aligned} \tag{9.184}$$

式中，$g_{mk,l}[t]=\sqrt{\beta_{mk}}h_{mk,l}[t]$，$\forall l=0,1,\cdots,L_{mk}-1$。从用户的角度来看，无蜂窝结构导致了不同 AP 之间的远近效应。因此，接入点可以分为两类：近端接入点和端远接入点，从传统蜂窝系统中基站的角度来看，类似近端用户和远端用户。

OFDM 系统中，信号传输是以块为单位组织的。AP m 在第 t 个 OFDM 符号上的频域符号块如下式所示

$$\widetilde{\boldsymbol{x}}_m[t]=[\widetilde{x}_{m,0}[t],\widetilde{x}_{m,1}[t],\cdots,\widetilde{x}_{m,N-1}[t]]^{\mathrm{T}} \tag{9.185}$$

通过进行 N 点的离散傅里叶逆变换（Inverse Discrete Fourier Transform，IDFT），$\widetilde{\boldsymbol{x}}_m[t]$ 被转换为时域序列

$$\boldsymbol{x}_m[t]=[x_{m,0}[t],x_{m,1}[t],\cdots,x_{m,N-1}[t]]^{\mathrm{T}} \tag{9.186}$$

式中

$$x_{m,n'}[t]=\frac{1}{N}\sum_{n=0}^{N-1}\widetilde{x}_{m,n}[t]\mathrm{e}\frac{2\pi\mathrm{j}n'n}{N},\quad \forall n' \tag{9.187}$$

定义离散傅里叶变换（Discrete Fourier Transform，DFT）矩阵为

$$\boldsymbol{D}=\begin{bmatrix}\Omega_N^{00} & \cdots & \Omega_N^{0(N-1)}\\ \vdots & & \vdots\\ \Omega_N^{(N-1)0} & \cdots & \Omega_N^{(N-1)(N-1)}\end{bmatrix} \tag{9.188}$$

式中，$\Omega_N^{nn'}=\mathrm{e}^{-\frac{2\pi\mathrm{j}n'n}{N}}$ 为第 N 个单位根，OFDM 调制以矩阵形式表示为

$$\boldsymbol{x}_m[t]=\boldsymbol{D}^{-1}\widetilde{\boldsymbol{x}}_m[t]=\frac{1}{N}\boldsymbol{D}^{*}\widetilde{\boldsymbol{x}}_m[t] \tag{9.189}$$

两个传输块之间插入了循环前缀（Cyclic prefix，CP）以保持子载波正交性并避免符号间干扰。带有 CP 的发送基带信号由 $\boldsymbol{x}_m^{cp}[t]$ 表示。通过无线信道，它在用户 k 处产生接收信号分量 $\boldsymbol{x}_m^{cp}[t]*\boldsymbol{g}_{mk}[t]$，其中 $*$ 表示线性卷积。因此，用户 k 处的接收信号由下式给出

$$\boldsymbol{y}_k^{cp}[t]=\sum_{m=1}^{M}\boldsymbol{g}_{mk}[t]*\boldsymbol{x}_m^{cp}[t]+\boldsymbol{z}_k[t] \tag{9.190}$$

式中，$\boldsymbol{z}_k[t]$ 表示零均值和方差为 σ_z^2 的加性高斯白噪声向量，即 $\boldsymbol{z}_k\sim\mathcal{CN}(0,\sigma_z^2\boldsymbol{I})$。去掉 CP，可以得到

$$\boldsymbol{y}_k[t]=\sum_{m=1}^{M}\boldsymbol{g}_{mk}^{N}[t]\otimes\boldsymbol{x}_m[t]+\boldsymbol{z}_k[t] \tag{9.191}$$

式中，$\otimes$代表循环卷积，$\boldsymbol{g}_{mk}^{N}[t]$ 是 $\boldsymbol{g}_{mk}^{N}[t]$ 的长为 N 的零填充向量。频域接收信号由下式计算

$$\widetilde{\boldsymbol{y}}_k[t]=\boldsymbol{D}\boldsymbol{y}_k[t] \tag{9.192}$$

将式（9.191）代入式（9.192），并应用卷积定理 [Jiang and Kaiser，2016]，得到

$$\begin{aligned}\widetilde{\boldsymbol{y}}_k[t]&=\sum_{m=1}^{M}\boldsymbol{D}(\boldsymbol{g}_{mk}^{N}[t]\otimes\boldsymbol{x}_m[t])+\boldsymbol{D}\boldsymbol{z}_k[t]\\&=\sum_{m=1}^{M}\widetilde{\boldsymbol{g}}_{mk}[t]\odot\widetilde{\boldsymbol{x}}_m[t]+\widetilde{\boldsymbol{z}}_k[t]\end{aligned} \tag{9.193}$$

式中，$\odot$代表哈达玛乘积。对于典型的子载波 n，下行链路信号模型表示为

$$\widetilde{y}_{k,n}[t]=\sum_{m=1}^{M}\widetilde{g}_{mk,n}[t]\widetilde{x}_{m,n}[t]+\widetilde{z}_{k,n}[t],\quad k\in\{1,\cdots,K\} \tag{9.194}$$

9.5.2　机会性 AP 选择

从接入点到用户的下行传输和从用户到接入点的上行传输是通过时分复用（Time-division multiplexing，TDM）来分离的（在信道完美互易的假设下）。由于无线帧的长度通常小于信道相干时间，因此信道条件在帧内被视为恒定。为了简化分析，忽略信号的时间索引。

无蜂窝大规模 MIMO-OFDM 系统中机会性 AP 选择如图 9.8 所示，OAS 方案的通信过程描述如下：

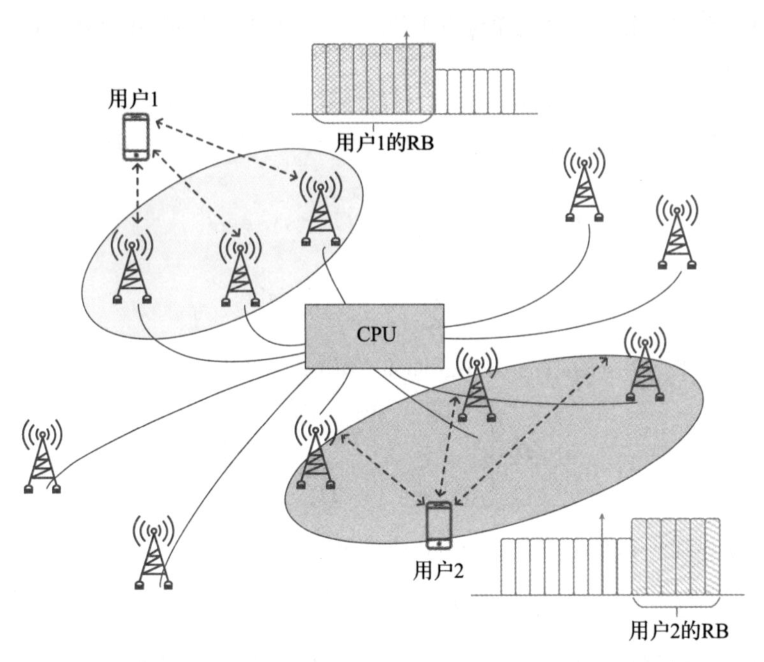

图 9.8　无蜂窝大规模 MIMO-OFDM 系统中机会性 AP 选择示意图

- AP m，$\forall m$ 长期预测大尺度衰落 β_{mk}，$k=1,2,\cdots,K$，并定期向 CPU 报告该信息。因此，CPU 具有大尺度全局 CSI $\boldsymbol{B}\in\mathbb{C}^{M\times K}$，其中 $[\boldsymbol{B}]_{m,k}=\beta_{mk}$，这里 $[\cdot]_{m,k}$ 表示矩阵的第 (m,k) 个元素。由于 β_{mk} 与频率无关且变化缓慢，因此这种测量实际上很容易实现。
- UE k，$\forall k$ 通过上行链路信令使用标量 $r_{q,k}$ 周期性地报告其数据速率请求。然后，CPU 可知 $\boldsymbol{r}_q=\{r_{q,1},r_{q,2},\cdots,r_{q,K}\}$。
- 频域资源分配：CPU 根据用户请求做出资源分配决定，即 $\{B_1,\cdots,B_K\}=f(\boldsymbol{r}_q)$，其中 $f(\cdot)$ 的具体实现基于一些特定的标准，例如公平性、优先级和性能。资源池由 N 个 OFDM 子载波组成，用子载波索引集合 $B=\{0,1,2,\cdots,N-1\}$ 表示。使用 B_k 来表示分配给用户 k 的子载波的索引，则有 $\bigcup_{k=1}^{K}B_k\in B$（当所有子载波都被分配时，$\bigcup_{k=1}^{K}B_k\in B$）。子载波被正交分配，满足 $B_k\cap B_{k'}=\varnothing$，$\forall k'\neq k$。资源分配的时间间隔取决于系统设计。
- 机会性选择：CPU 根据大尺度衰落为每个用户机会性选择 AP。假设所选择的 AP 的数量是 M_s，其中 $1\leqslant M_s\leqslant M$。按照它们的大尺度衰落从小到大对 AP 的索引进行排序，然后选择前 M_s 个 AP，用 $M_k=\{\ddot{m}_1^k,\cdots,\ddot{m}_{M_s}^k\}$ 来表示用户 k 的机会性 AP 集合。如果 $M_s=M$，所有接入点都参与传输，无须选择。如果 $M_s=1$，则仅确定具有最大大尺度衰落的单个 AP，即

$$\ddot{m}_1^k=\arg\max_{m=1,\cdots,M}(\boldsymbol{b}_k) \tag{9.195}$$

式中，$\boldsymbol{b}_k$ 表示 $\boldsymbol{B}$ 的第 k 行。
- 上行链路传输：用户 k，$\forall k$ 在其分配的子载波上传输其数据和特定的导频序列 B_k。机会性 AP 在 M_k 中对上行链路 CSI $\hat{g}_{mk,n}$ 进行估计，其中 $m\in M_k$，$n\in B_k$。AP 利用上行链路 CSI 来相干地检测上行链路数据。
- 共轭波束赋形：随后，AP m，$\forall m\in M_k$ 根据信道互易性得到下行链路 CSI $\hat{g}_{mk,n}$。然后，在分配的

子载波 B_k 上，AP m 发送调制符号 $s_{k,n}$，$n\in B_k$，其中 $\mathbb{E}[\,|s_{k,n}|^2]=1$，并发送下行导频序列。在频域中应用共轭波束赋形，第 m 个 AP 发送的符号为

$$\tilde{x}_{m,n}=\sqrt{\eta_{mk}P_d}\,\hat{g}^*_{mk,n}s_{k,n} \tag{9.196}$$

式中，$\sqrt{\eta_{mk}}$，$0\leqslant\sqrt{\eta_{mk}}\leqslant 1$ 表示功率控制系数，P_d 是每个 AP 的统一功率约束。

- 相干检测：用户 k 估计下行链路信道状态信息 $\hat{g}_{mk,n}$，其中 $m\in M_k$，$n\in B_k$。并借助 $\hat{g}_{mk,n}$ 相干检测下行链路数据。

9.5.3 频谱效率分析

本节研究了三种不同方案的性能，以阐明机会性选择和下行链路信道估计的增益。首先，分析了无机会性 AP 选择的传统 CFmMIMO-OFDM 系统在 SE 方面的性能，由全 AP 表示，作为比较基准。其次，推导出了在 M 个 AP 中选择 M_s 个机会性 AP 但不插入下行导频的系统性能。最后，分析了插入下行导频的机会性 AP 选择的 SE，表示为 OAS-DP。

作为基准，将传统 CFmMIMO［Nayebi et al.，2017］中的共轭波束赋形直接应用于 CFmMIMO-OFDM 中的每个子载波上。为此，在传输之前，每个 AP 对 K 个符号进行复用，即用于用户 k 的 $s_{k,n}$，其中 $k=1,\cdots,K$。对于功率控制系数 $\sqrt{\eta_{mk}}$，$0\leqslant\eta_{mk}\leqslant 1$，第 m 个 AP 在子载波 n 上的发送信号为

$$\tilde{x}_{m,n}=\sqrt{P_d}\sum_{k=1}^{K}\sqrt{\eta_{mk}}\,\hat{g}^*_{mk,n}s_{k,n} \tag{9.197}$$

式中，$\hat{g}_{mk,n}$ 表示 $\tilde{g}_{mk,n}$ 的估计，$\hat{g}_{mk,n}=\tilde{g}_{mk,n}-\xi_{mk,n}$，$\xi_{mk,n}$ 是由加性噪声引起的估计误差。与 $\hat{g}_{mk,n}\in\mathcal{CN}(0,\beta_{mk})$［Jiang and Schotten，2021a］相比，应用 MMSE 估计，得到 $\hat{g}_{mk,n}\in\mathcal{CN}(0,\alpha_{mk})$，其中 $\alpha_{mk}=\dfrac{P_u\beta_{mk}^2}{P_u\beta_{mk}+\sigma_z^2}$，$P_u$ 为上行功率约束。

在传统的 CFmMIMO 中，在大量天线上插入导频的开销过高，因此没有下行链路导频和信道估计。因此，假设每个用户只知道信道统计特性 $\mathbb{E}[\,|\hat{g}_{mk,n}|^2]=\alpha_{mk}$，而不知道信道信息 $\hat{g}_{mk,n}$，也称为信道硬化。将式（9.197）代入式（9.194），在用户 k 处的接收信号可以表示为：

$$\begin{aligned}\tilde{y}_{k,n}&=\sqrt{P_d}\sum_{m=1}^{M}\tilde{g}_{mk,n}\sum_{k'=1}^{K}\sqrt{\eta_{mk'}}\,\hat{g}^*_{mk',n}s_{k',n}+\tilde{z}_{k,n}\\&=\underbrace{\sqrt{P_d}\sum_{m=1}^{M}\sqrt{\eta_{mk}}\,\mathbb{E}[\,|\hat{g}_{mk,n}|^2]s_{k,n}}_{\text{期望信号}}+\underbrace{\sqrt{P_d}\sum_{m=1}^{M}\hat{g}_{mk,n}\sum_{k'\neq k}^{K}\sqrt{\eta_{mk'}}\,\hat{g}^*_{mk',n}s_{k',n}}_{\text{用户间干扰}}+\\&\quad\underbrace{\sqrt{P_d}\sum_{m=1}^{M}\sqrt{\eta_{mk}}\left(|\hat{g}_{mk,n}|^2-\mathbb{E}[\,|\hat{g}_{mk,n}|^2]\right)s_{k,n}}_{\text{统计误差}}+\\&\quad\underbrace{\sqrt{P_d}\sum_{m=1}^{M}\xi_{mk,n}\sum_{k'=1}^{K}\sqrt{\eta_{mk'}}\,\hat{g}^*_{mk',n}s_{k',n}}_{\text{信道估计误差}}+\underbrace{\tilde{z}_{k,n}}_{\text{噪声}}\end{aligned}$$

用户 k 在子载波 n，$\forall n=0,1,\cdots,N-1$ 上的频谱效率受 $\log_2(1+\gamma_k^{\langle n\rangle})$ 限制，其中

$$\gamma_k^{\langle n\rangle}=\frac{\left(\sum\limits_{m=1}^{M}\sqrt{\eta_{mk}}\,\alpha_{mk}\right)^2}{\sum\limits_{m=1}^{M}\beta_{mk}\sum\limits_{k'=1}^{K}\eta_{mk'}\alpha_{mk'}+\dfrac{1}{\gamma_t}} \tag{9.198}$$

传输信噪比 $\gamma_t = P_d/\sigma_z^2$。

OAS 方案利用频域提供的自由度，为不同的用户分配正交资源。由于每个 OFDM 子载波仅容纳单个用户，因此用户间干扰消失。因此，将 $K=1$ 代入式（9.198），得出第一种方案在全 AP 传输下的性能，即

$$\gamma_k^{\langle n\rangle} = \frac{\left(\sum_{m=1}^{M}\sqrt{\eta_{mk}}\alpha_{mk}\right)^2}{\sum_{m=1}^{M}\beta_{mk}\eta_{mk}\alpha_{mk}+\frac{1}{\gamma_t}} \tag{9.199}$$

为了阐明机会性选择的效果，接下来研究了在不添加下行链路导频的情况下选择 M_s 个 AP 的性能。换句话说，每个用户只知道信道统计特性，而不知道实际信道信息。将式（9.196）代入式（9.194），得到用户 k 在子载波 $n\in B_k$ 上的接收信号

$$\begin{aligned}\tilde{y}_{k,n} &= \sqrt{P_d}\sum_{m\in\mathbb{M}_k}\tilde{g}_{mk,n}\sqrt{\eta_{mk}}\hat{g}_{mk,n}^{*}s_{k,n}+\tilde{z}_{k,n}\\ &= \underbrace{\sqrt{P_d}\sum_{m\in\mathbb{M}_k}\sqrt{\eta_{mk}}\mathbb{E}[\,|\hat{g}_{mk,n}|^2]s_{k,n}}_{\text{期望信号}}+\\ &\quad\underbrace{\sqrt{P_d}\sum_{m\in\mathbb{M}_k}\sqrt{\eta_{mk}}(\,|\hat{g}_{mk,n}|^2-\mathbb{E}[\,|\hat{g}_{mk,n}|^2])s_{k,n}}_{\text{统计误差}}+\\ &\quad\underbrace{\sqrt{P_d}\sum_{m\in\mathbb{M}_k}\xi_{mk,n}\sqrt{\eta_{mk}}\hat{g}_{mk,n}^{*}s_{k,n}}_{\text{信道估计误差}}+\underbrace{\tilde{z}_{k,n}}_{\text{噪声}}\end{aligned} \tag{9.200}$$

需要注意的是，用户 k 在子载波 $n\in\{B-B_k\}$ 上接收的信号为 $\tilde{y}_{k,n}=0$。类似地，用户 k 在子载波 $n\in B_k$ 上频谱效率的下界由 $\log_2(1+\gamma_k^{\langle n\rangle})$ 决定，其中

$$\gamma_k^{\langle n\rangle} = \frac{\left(\sum_{m\in\mathbb{M}_k}\sqrt{\eta_{mk}}\alpha_{mk}\right)^2}{\sum_{m\in\mathbb{M}_k}\eta_{mk}\beta_{mk}\alpha_{mk}+\frac{1}{\gamma_t}} \tag{9.201}$$

由于存在机会性 AP 选择，在所提出的方案中，每个子载波上只有少量的激活 AP，而其他远端 AP 被关闭。从子载波的角度来看，它是一个低维的 MISO 系统，其中插入下行链路导频的开销是可以接受的。因此，用户 k 获得的是信道状态信息估计值 $\hat{g}_{mk,n}$，而不是信道统计特性 α_{mk}。因此，式（9.200）中用户 k 处的接收信号可以重写为

$$\begin{aligned}\tilde{y}_{k,n} &= \sqrt{P_d}\sum_{m\in\mathbb{M}_k}\tilde{g}_{mk,n}\sqrt{\eta_{mk}}\hat{g}_{mk,n}^{*}s_{k,n}+\tilde{z}_{k,n}\\ &= \underbrace{\sqrt{P_d}\sum_{m\in\mathbb{M}_k}\sqrt{\eta_{mk}}\,|\hat{g}_{mk,n}|^2s_{k,n}}_{\text{期望信号}}+\underbrace{\sqrt{P_d}\sum_{m\in\mathbb{M}_k}\xi_{mk,n}\sqrt{\eta_{mk}}\hat{g}_{mk,n}^{*}s_{k,n}}_{\text{信道估计误差}}+\underbrace{\tilde{z}_{k,n}}_{\text{噪声}}\end{aligned} \tag{9.202}$$

应用相干检测，用户 k 在子载波 $n\in B_k$ 上的频谱效率由 $\log_2(1+\gamma_k^{\langle n\rangle})$ 表示，其中

$$\gamma_k^{\langle n\rangle} = \frac{\left(\sum_{m\in\mathbb{M}_k}\sqrt{\eta_{mk}}\,|\hat{g}_{mk,n}|^2\right)^2}{\sum_{m\in\mathbb{M}_k}\eta_{mk}(\beta_{mk}-\alpha_{mk})\alpha_{mk}+\frac{1}{\gamma_t}} \tag{9.203}$$

图 9.9 展示了不同方案的 CDF。首先，全 AP 的曲线代表了传统的 CFmMIMO-OFDM 系统性能，其中

所有 $M=128$ 个 AP 在子载波上服务于分配的用户，而没有机会性 AP 选择。所实现的 95%频谱效率约为 2.2 (bit/s)/Hz，而 50%或中值频谱效率约为 3.2 (bit/s)/Hz。如果根据大尺度衰落选择 $M_s=10$ 个 AP 激活，并且每个 AP 的功率约束与全 AP 的功率约束相同，则 OAS 功率节省方案所实现的 SE 略次于全 AP。其 95% SE 约为 1.9 (bit/s)/Hz，中值 SE 约为 2.7 (bit/s)/Hz。然而，它在功率效率方面明显优于全 AP 方案，因为只有 $M_s=10$ 个 AP 是激活的，与全 AP 中 $M=128$ 个 AP 相比，相当于节省 92.19%的功率。这是因为远接入点的功率由于严重的传播损耗不能有效地转换为接收功率，关闭远接入点不会影响用户的总接收功率。

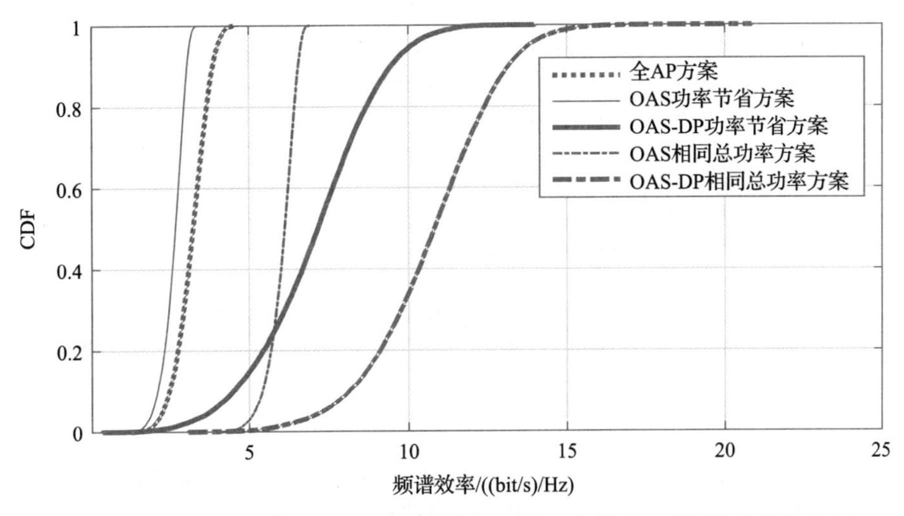

图 9.9　无蜂窝大规模 MIMO-OFDM 系统中不同方案的可实现频谱效率的 CDF

为公平比较，假设所选 AP 具有与全 AP 相同的总功率，即每个机会性 AP 使用的功率为 $M/M_s=12.8$。如 OAS 相同总功率的 CDF 所示，95% SE 增加到 5.2 (bit/s)/Hz，并且中值 SE 达到 6.1 (bit/s)/Hz。接下来，可以观察到下行链路导频带来了显著的性能增益（使能用户侧的相干检测）。即使总发射功率小于全 AP 的 10%，OAS-DP 功率节省方案也实现了约 3.8 (bit/s)/Hz 的 95% SE 和 7.2 (bit/s)/Hz 的中值 SE。与全 AP 相比，它在 95%和中值 SE 中分别实现了约 70%和 125%的性能增益，同时实现了 10 倍的功率效率。在总功率相同的情况下，借助下行导频的机会性 AP 选择的优势更加显著。在这种情况下，95% SE 显著增加到 7.4 (bit/s)/Hz，并且中值 SE 达到 10.8 (bit/s)/Hz。简而言之，数值结果证实了机会性 AP 选择以及增强的下行链路 CSI 在提高无蜂窝大规模 MIMO 系统中功率和频谱效率方面的巨大优势。

9.6　总结

本章首先介绍了多用户 MIMO 技术的关键问题，包括著名的容量可达方法——脏纸编码的原理。MU-MIMO 技术有助于使用低复杂度、低成本的用户终端，并且不易受传播环境的影响。最重要的是，它可以实现比 SU-MIMO 信道容量更高的总吞吐量。然而，传统的 MU-MIMO 仍然难以扩展用于高阶空间复用。因此，本章研究了一项名为大规模 MIMO 的革命性技术，该技术通过增加系统规模而不是试图实现完整的香农极限来打破可扩展性障碍。在本章的最后，介绍了一种称为“无蜂窝大规模 MIMO”的分布式大规模 MIMO 系统，其中大量服务天线被随机分布在一定区域内。这种无蜂窝的设计对于某些 5G 和即将到来的 6G 部署场景非常具有吸引力，例如专用于工业站点的园区或专用网络。

参考文献

Caire, G. and Shamai, S. [2001], On achievable rates in a multi-antenna Gaussian broadcast channel, *in* 'Proceedings of 2001 IEEE International Symposium on Information Theory', Washington, DC, USA, p. 147.

Caire, G. and Shamai, S. [2003], 'On the achievable throughput of a multiantenna Gaussian broadcast channel', *IEEE Transactions on Information Theory* **49**(3), 1691–1706.

Chen, R., Heath, R. W. and Andrews, J. G. [2007], 'Transmit selection diversity for unitary precoded multiuser spatial multiplexing systems with linear receivers', *IEEE Transactions on Signal Processing* **55**(3), 1159–1171.

Choi, L.-U. and Murch, R. [2004], 'A transmit preprocessing technique for multiuser MIMO systems using a decomposition approach', *IEEE Transactions on Wireless Communications* **3**(1), 20–24.

Costa, M. [1983], 'Writing on dirty paper', *IEEE Transactions on Information Theory* **29**(3), 439–441.

Hassibi, B. and Hochwald, B. [2003], 'How much training is needed in multiple-antenna wireless links?', *IEEE Transactions on Information Theory* **49**(4), 951–963.

Jiang, W. and Kaiser, T. [2016], From OFDM to FBMC: Principles and Comparisons, *in* F. L. Luo and C. Zhang, eds, '*Signal Processing for 5G: Algorithms and Implementations*', John Wiley & Sons and IEEE Press, United Kingdom, Chapter 3.

Jiang, W. and Schotten, H. [2021a], 'Impact of channel aging on zero-forcing precoding in cell-free massive MIMO systems', *IEEE Communications Letters* **25**(9), 3114–3118.

Jiang, W. and Schotten, H. D. [2021*b*], 'Cell-free massive MIMO-OFDM transmission over frequency-selective fading channels', *IEEE Communications Letters* **25**(8), 2718–2722.

Jiang, W. and Schotten, H. D. [2021*c*], 'A simple cooperative diversity method based on deep-learning-aided relay selection', *IEEE Transactions on Vehicular Technology* **70**(5), 4485–4500.

Jiang, W., Kaiser, T. and Vinck, A. J. H. [2016], 'A robust opportunistic relaying strategy for co-operative wireless communications', *IEEE Transactions on Wireless Communications* **15**(4), 2642–2655.

Jose, J., Ashikhmin, A., Marzetta, T. L. and Vishwanath, S. [2011], 'Pilot contamination and precoding in multi-cell TDD systems', *IEEE Transactions on Wireless Communications* **10**(8), 2640–2651.

Krishnan, R., Khanzadi, M. R., Krishnan, N., Wu, Y., Amat, A. G., Eriksson, T. and Schober, R. [2016], 'Linear massive MIMO precoders in the presence of phase noise – a large-scale analysis', *IEEE Transactions on Vehicular Technology* **65**(5), 3057–3071.

Lu, L., Li, G. Y., Swindlehurst, A. L., Ashikhmin, A. and Zhang, R. [2014], 'An overview of massive MIMO: Benefits and challenges', *IEEE Journal of Selected Topics in Signal Processing* **8**(5), 742–758.

Marzetta, T. L. [2010], 'Noncooperative cellular wireless with unlimited numbers of base station antennas', *IEEE Transactions on Wireless Communications* **9**(11), 3590–3600.

Marzetta, T. L. [2015], 'Massive MIMO: An introduction', *Bell Labs Technical Journal* **20**, 11–22.

Marzetta, T. L., Larsson, E. G., Yang, H. and Ngo, H. Q. [2016], *Fundamentals of Massive MIMO*, Cambridge University Press, Cambridge, United Kingdom.

Nayebi, E., Ashikhmin, A., Marzetta, T. L., Yang, H. and Rao, B. D. [2017], 'Precoding and power optimization in cell-free massive MIMO systems', *IEEE Transactions on Wireless Communications* **16**(7), 4445–4459.

Ngo, H. Q., Ashikhmin, A., Yang, H., Larsson, E. G. and Marzetta, T. L. [2017], 'Cell-free massive MIMO versus small cells', *IEEE Transactions on Wireless Communications* **16**(3), 1834–1850.

Sanguinetti, L. and Poor, H. V. [2009], Fundamentals of multi-user MIMO communications, *in* V. Tarokh, ed., '*New Directions in Wireless Communications Research*', Springer, Boston, USA, Chapter 6, pp. 139–173.

Spencer, Q., Swindlehurst, A. and Haardt, M. [2004], 'Zero-forcing methods for downlink spatial multiplexing in multiuser MIMO channels', *IEEE Transactions on Signal Processing* **52**(2), 461–471.

Tse, D. and Viswanath, P. [2005], *Fundamentals of Wireless Communication*, Cambridge University Press, Cambridge, United Kingdom.

Yang, H. and Marzetta, T. L. [2013], 'Performance of conjugate and zero-forcing beamforming in large-scale antenna systems', *IEEE Journal on Selected Areas in Communications* **31**(2), 172–179.

Zhang, J., Bjornson, E., Matthaiou, M., Ng, D. W. K., Yang, H. and Love, D. J. [2020], 'Prospective multiple antenna technologies for beyond 5G', *IEEE Journal on Selected Areas in Communications* **38**(8), 1637–1660.

第 10 章 |Chapter 10|

6G 自适应非正交多址接入系统

为了支持更高的传输速率，信号带宽越来越宽是无线通信的技术趋势之一。但随着符号周期的缩短，多径衰落中时延扩展引起的符号间干扰变得更加严重，这极大限制了可实现的传输速率。在传统的单载波传输中，针对宽带系统，往往需要有数百个抽头的均衡器来消除符号间干扰，这对于实际网络实现来说复杂度极高。在这一方面，多载波调制通过将一个宽带信号分割成一系列正交窄带信号提供了一种高效的解决方案。作为一种多载波调制，正交频分复用（Orthogonal Frequency-Division Multiplexing，OFDM）无须复杂的均衡，仅使用简单的数字傅里叶变换即可应对多径频率选择性衰落。自 Chang [1966] 首次提出以来，它已成为过去二十年来有线和无线通信系统最主流的波形设计技术，并被广泛应用于许多知名标准，例如数字用户线路（Digital Subscriber Line，DSL）、地面数字视频广播（DVB-T）、Wi-Fi、WiMAX、LTE、LTE-Advanced 和 5G NR。此外，蜂窝网络需要在有限的时频资源上同时容纳大量活跃用户。由于带宽资源稀缺且成本高昂，高效地为用户分配无线资源是上行和下行链路信道设计的关键方面。在空间上分布的多个用户之间共享通信信道的方法称为多址接入。传统的多址技术从时域、频域或码域上正交地对信号进行区分。正交频分多址（Orthogonal Frequency-Division Multiple Access，OFDMA）通过同时利用时频资源提供了一种高效灵活的多址技术，实现了 OFDM 应用在多用户系统中的扩展。

迄今为止，大多数的移动系统都基于正交多址技术来实现简单的系统设计和低复杂度的接收机。为了满足海量连接、高频谱效率、低时延和提高公平性的异构需求，5G 系统采用了非正交多址接入（Non-Orthogonal Multiple Access，NOMA）的新技术作为其多址接入方式之一。与传统的正交接入方案相比，NOMA 的关键特征是通过非正交资源分配，以复杂的用户间干扰消除为代价，可为比正交资源单元数量更多的用户提供服务。在即将到来的 6G 系统设计中，预计正交多址和 NOMA 都会进一步发展并发挥关键作用。

本章对正交多址技术和 NOMA 均会进行介绍，具体包括：

- 无线宽带通信中的频率选择性衰落信道建模。
- 多载波调制的基本原理，包括合成和分析滤波器、多相实现和滤波器组多载波。
- OFDM 技术的全面介绍，包括其基本原理、基于数字傅里叶变换的高效实现、循环前缀的插入、频域信号处理和带外发射抑制。
- 下行链路的 OFDMA 传输以及上行链路的单载波 FDMA。
- 循环时延分集的基本原理和优点。
- 多小区 OFDMA 和去蜂窝大规模 MIMO-OFDMA 系统。
- NOMA 技术的基本原理，包括功率域和码域 NOMA 原理、多用户叠加传输、免授权传输。

10.1　频率选择性衰落信道

多径衰落信道可以用 t 时刻对 $t-\tau$ 时刻的输入冲击响应来描述，即

$$h(\tau,t) = \sum_{l=1}^{L} a_l(t)\delta(\tau - \tau_l(t)) \tag{10.1}$$

式中，$a_l(t)$ 和 $\tau_l(t)$ 分别表示第 l 条路径在 t 时刻的衰减和传播时延，L 是可解析路径的总数。该表达式说明了移动用户、不规则移动的波束反射和吸收的影响，以及所有求解麦克斯韦方程组的复杂表述，最终都可归结到由线性时变信道滤波器的冲击响应表示的输入-输出关系。在发射机、接收机和环境都静止的特定情况下，信号衰减和传播时延不随时间变化，可描述信道为线性时不变信道，并表示其冲击响应为［Tse and Viswanath，2005］

$$h(\tau) = \sum_{l=1}^{L} a_l\delta(\tau - \tau_l) \tag{10.2}$$

实际的无线通信是在载波频率为 f_c 的带宽内进行的通带传输。然而，无线通信中的大部分信号处理，如信道编码、调制、检测、同步和估计，通常是在基带上实现的。因此，获得一个复杂的基带等效模型是有意义的：

$$h_b(\tau,t) = \sum_{l=1}^{L} a_l(t)\delta(\tau - \tau_l(t))e^{-2\pi j f_c \tau_l(t)} \tag{10.3}$$

下一步，需要将连续时间信道转换为离散时间信道。依照采样定理，通过信道滤波器在（离散）时间 n 的第 ζ 个抽头可以得到一个更加实用的离散时间信道模型，即

$$h_\zeta[n] = \sum_{l=1}^{L} a_l(nT_s)e^{-2\pi j f_c \tau_l(nT_s)}\operatorname{sinc}\left(\zeta - \frac{\tau_l(nT_s)}{T_s}\right),\quad \zeta = 0,1,\cdots,Z-1 \tag{10.4}$$

式中，$T_s = 1/B_w$ 表示传输信号带宽为 B_w 时的采样周期，sinc 函数定义为

$$\operatorname{sinc}(t) := \frac{\sin(\pi t)}{\pi t} \tag{10.5}$$

在特殊情况下，当在多径增益和时延都是时不变时，式（10.4）可进一步简化为

$$h_\zeta = \sum_{l=1}^{L} a_l e^{-2\pi j f_c \tau_l}\operatorname{sinc}\left(\zeta - \frac{\tau_l}{T_s}\right) \tag{10.6}$$

那么，基带等效系统的离散时间输入输出关系可以表示为

$$y[n] = \sum_{\zeta=0}^{Z-1} h_\zeta[n]x[n-\zeta] \tag{10.7}$$

假设信道滤波器具有无限长度 Z，它由系统的时延扩展和采样率决定。图 10.1 举例说明了在不同采样率下根据 3GPP 扩展典型城区（Extended Typical Urban，ETU）生成的滤波器抽头系数。当采样率变大时，分辨率也就变得更好，从而可以获得具备更多抽头、描述更精确的信道滤波器。

当冲激信号通过多径信道时，接收到的信号将表现为脉冲序列，每个冲激对应一条直射径或非视距路径。无线信号传播的一个重要特征是由各种传播路径的不同到达时间引起的多径时延扩展或时间色散。假设式（10.3）给出的多径信道模型中的 τ_1 代表第一个到达的多径分量的传播时间，那么作为零时延的参考，可认为最小超量时延等于 τ_1。同时，最后到达的多径分量的传播时延为 τ_L。时延扩展可以简单地通过最短和最长可解析路径之间的到达时间差来衡量，也称为最大超量时延，表示为

$$T_d := \tau_L - \tau_1 \tag{10.8}$$

无线信道的冲激响应在时频上会发生变化，时延扩展决定了它在频率上的变化速度。两个任意多径

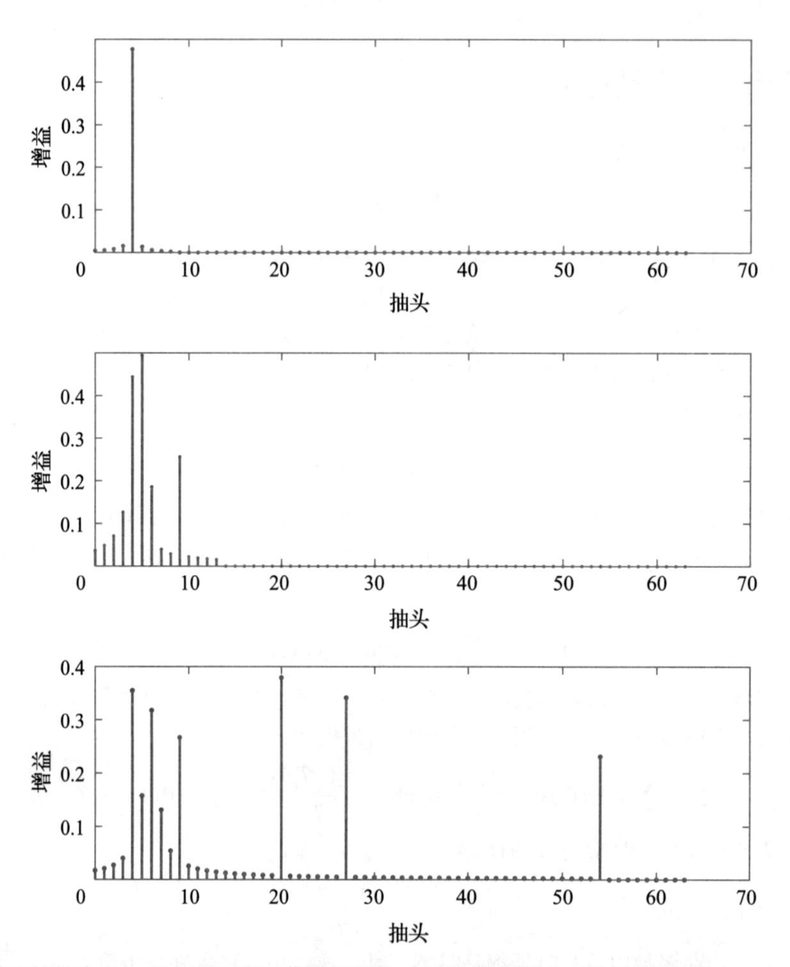

图 10.1　时延扩展为5ms的3GPP ETU信道模型生成的滤波器抽头系数示意图（上、中、下三图对应的采样率分别为0.1MHz、1.0MHz、10MHz）

来源：改编自 Jiang 和 Schotten［2019］。

分量 i 和 j 之间存在相位差 $2\pi f(\tau_i-\tau_j)$。假设所有路径之间的最大相位差为 $2\pi fT_d$，当相位差增加或减少 π 时，整体频率响应的幅度会发生显著变化。因此，频域中无线信道衰落率的相干带宽定义为

$$B_c := \frac{1}{2T_d} \tag{10.9}$$

在窄带传输中，传输信号的带宽通常远小于相干带宽，即 $B_w \ll B_c$。此时，整个带宽上的衰落都具备高相关性，称为频率平坦衰落。在这种情况下，时延扩展远小于符号周期 T_s，因此单个抽头便足以表示信道滤波器，如

$$h=-1.3162+0.3671i \tag{10.10}$$

其图示如图10.1中最上方图所示。相应地，式（10.7）中的输入输出关系也可以简化为

$$y[n]=h[n]x[n] \tag{10.11}$$

反之，如果信号带宽 $B_w \gg B_c$，相隔大于相干带宽的两个频率点的响应会相对独立。此时，宽带通信会受到频率选择性衰落和符号间干扰（Inter-Symbol Interference，ISI）的影响。多径时延分布在多个符号

上，信道滤波器必须通过由一系列抽头来表示，如

$$\begin{aligned}\boldsymbol{h}=[&-1.316+0.367i,-0.144-0.08161i,0.0772+0.0243i,-0.0515-0.014i\\&0.0386+0.0097i,-0.0308-0.0074i,0.0257+0.0060i,-0.0220-0.0051i\\&0.0192+0.0044i,-0.0171-0.0038i,0.0154+0.0034i,-0.0140-0.0031i\\&0.0128+0.0028i,-0.0118-0.0026i,0.0110+0.0024i,-0.0102-0.0022i]\end{aligned}\tag{10.12}$$

在无线通信中，消除 ISI 的机制在宽带信号格式和接收机结构设计中非常重要。多种技术都可以用来减轻由于多径时延扩展引起的失真，包括单载波均衡、扩频和多载波调制。前两种是经典技术，具体原理可以参考［Goldsmith，2005］等文献。下面将简要介绍多载波调制的原理，旨在为读者提供一个详细的说明。

10.2 多载波调制

为了支持更高的传输速率，日益增加的信号带宽是当前无线通信的技术趋势之一［Jiang et al.，2021］。在传统的单载波传输中，较高的频域带宽对应较短的时域符号周期。随着符号周期的降低，多径衰落信道中的时延扩展会导致 ISI 更加严重，并极大地限制了可实现的传输速率。传统来讲，接收机通过数字滤波器（也称为均衡器）来弥补通道中产生的失真，其所需的滤波器抽头数与信号带宽成正比。为了有效消除极大带宽信号中的 ISI，均衡器可能需要数百个抽头，这在实际系统中实现起来是非常复杂的。因此，必须找到单载波传输的替代方案。多载波调制（Multi-Carrier Modulation，MCM）作为一种宽带通信技术，将宽带信号分成一组正交窄带信号。窄带信号的符号周期大大延长，远大于宽带信号的符号周期。因此，如果时延扩展与扩展符号周期相比可以忽略不计，那么 MCM 系统就可以有效减轻 ISI 的影响。

10.2.1 合成滤波器和分析滤波器

在多载波调制中，一组滤波器（也称为滤波器组）用于在发射机上合成多载波信号。相应地，接收机需要用另一个滤波器组来解析接收到的多载波信号。当信号 $x(t)$ 通过具有冲激响应 $h(t)$ 的信道时，合成信号由下式给出

$$s(t)=h(t)*x(t)\tag{10.13}$$

式中，$*$ 表示线性卷积。如图 10.2 所述，一个合成滤波器组由一组用 $h_n(t)$，$(n=1,2,\cdots,N)$ 的滤波器组成。每一个滤波器独立地响应其冲激为

$$s_n(t)=h_n(t)*x_n(t)\tag{10.14}$$

对每一个滤波器的输出信号进行求和，合成复合信号，由下式给出

$$s(t)=\sum_{n=1}^{N}s_n(t)=\sum_{n=1}^{N}h_n(t)*x_n(t)\tag{10.15}$$

虽然 $h_n(t)$ 原则上可以是任意可能的滤波，但合成滤波器的冲激响应是专门为处理 MCM 系统中每个子载波的输入信号而设计的。第 n 个子载波上的传输信号表示为

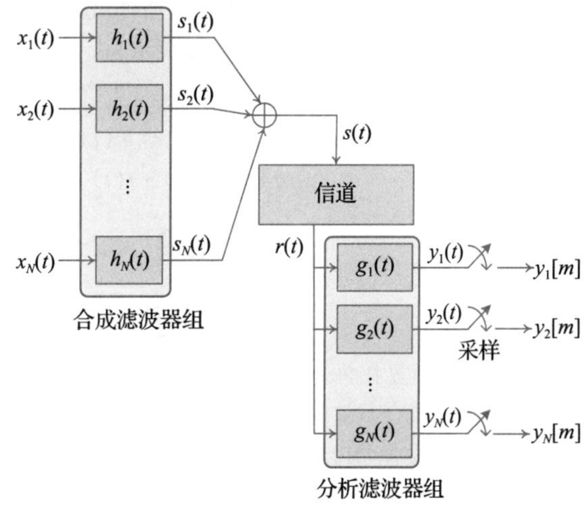

图 10.2　发射机上的合成滤波器组和接收机上的分析滤波器组组成的多载波调制系统框图

$$x_n(t) = \sum_{m=-\infty}^{\infty} u_{m,n}\delta(t - mT), \quad n = 1,\cdots,N \tag{10.16}$$

式中，$u_{m,n}$ 代表在 m 个符号间隔内第 n 个子载波上的相应时频资源单元所对应的信息承载符号，N 是子载波的总数，T 是符号周期。

将式（10.16）代入式（10.15）可以得到连续时间的基带多载波信号

$$s(t) = \sum_{m=-\infty}^{+\infty}\sum_{n=1}^{N} u_{m,n}h_n(t - mT) \tag{10.17}$$

为了实现子载波之间的正交性，子载波之间的间隔 Δf 必须是符号周期倒数的整数倍。通常来讲，Δf 被设置为 $1/T$ 以便最大化频谱效率［Jiang and Kaiser，2016］。通常，在等效基带模型上子载波的频率可以被表示为

$$f_n = n\Delta f = \frac{n}{T}, \quad n = 1,2,\cdots,N \tag{10.18}$$

基于专门设计的原型滤波器 $p_T(t)$，并在子载波频率 f_n 上进行调制，合成滤波器如下

$$h_n(t) = p_T(t)\mathrm{e}^{2\pi\mathrm{j}f_nt+\mathrm{j}\phi_n} = p_T(t)\mathrm{e}^{2\pi\mathrm{j}n\Delta ft+\mathrm{j}\phi_n} \tag{10.19}$$

式中，ϕ_n 代表相移。将式（10.19）带入式（10.17），基带多载波信号可以重写为

$$\begin{aligned} s(t) &= \sum_{m=-\infty}^{\infty}\sum_{n=1}^{N} u_{m,n}p_T(t - mT)\mathrm{e}^{2\pi\mathrm{j}n\Delta f(t-mT)+\mathrm{j}\phi_n} \\ &= \sum_{m=-\infty}^{\infty}\sum_{n=1}^{N} u_{m,n}p_T(t - mT)\mathrm{e}^{2\pi\mathrm{j}n\Delta ft+\mathrm{j}\phi_n}\mathrm{e}^{-2\pi\mathrm{j}nm\Delta fT} \\ &= \sum_{m=-\infty}^{\infty}\sum_{n=1}^{N} u_{m,n}p_T(t - mT)\mathrm{e}^{2\pi\mathrm{j}n\Delta ft+\mathrm{j}\phi_n} \end{aligned} \tag{10.20}$$

其中

$$\mathrm{e}^{-2\pi\mathrm{j}nm\Delta fT} = \mathrm{e}^{-2\pi\mathrm{j}nm} = \mathrm{e}^{\mathrm{j}0} = 1 \tag{10.21}$$

相应地，接收机配备了由一组滤波器组成的分析滤波器组，这些滤波器具有共同的输入多载波信号 $r(t)$。尽管可以采用任意的滤波器，但在多载波通信中每个分析滤波器处理接收信号 $r(t)$ 的不同子载波。为简单起见，忽略信道衰减和加性噪声，分析滤波器组的输入信号等于合成滤波器组的生成信号，即 $r(t) = s(t)$。与合成滤波器类似，分析滤波器基于专门设计的原型滤波器 $p_T(t)$。类似式（10.19），一种典型的分析滤波器的冲激响应可以表示为

$$g_k(t) = p_R(t)\mathrm{e}^{-(2\pi\mathrm{j}f_kt+\mathrm{j}\phi_k)} = p_R(t)\mathrm{e}^{-(2\pi\mathrm{j}k\Delta ft+\mathrm{j}\phi_k)}, \quad k = 1,2,\cdots,N \tag{10.22}$$

将 $r(t)$ 输入一个典型的分析滤波器 $g_k(t)$，经计算后其结果为

$$\begin{aligned} y_k(t) &= g_k(t) * r(t) \\ &= \sum_{m=-\infty}^{\infty}\sum_{n=1}^{N} u_{m,n}p_R(t) * p_T(t - mT)\mathrm{e}^{2\pi\mathrm{j}n\Delta ft+\mathrm{j}\phi_n}\mathrm{e}^{-2\pi\mathrm{j}k\Delta ft-\mathrm{j}\phi_k} \\ &= \sum_{m=-\infty}^{\infty}\sum_{n=1}^{N} u_{m,n}p_R(t) * p_T(t - mT)\mathrm{e}^{2\pi\mathrm{j}(n-k)\Delta ft+\mathrm{j}(\phi_n-\phi_k)} \end{aligned} \tag{10.23}$$

为了正确恢复在每一个时频资源单元上的信息承载符号，需满足以下两个主要准则：

- 频域上没有载波间干扰（Inter-Carrier Interference，ICI）。
- 时域上没有 ISI。

首先，各子载波在符号周期内需要构成一个正交集，以避免 ICI 的产生，即

$$\frac{1}{T}\int_0^T \mathrm{e}^{2\pi\mathrm{j}(n-k)\Delta ft+\mathrm{j}(\phi_n-\phi_k)}\mathrm{d}t = \delta[n - k] \tag{10.24}$$

为了实现正交性，子载波间隔需要等于符号周期倒数的整数倍。如前所述，通常选择 $\Delta f=1/T$ 作为子载波间隔来最大化频谱效率。对于指数形式的子载波 $e^{2\pi jn\Delta ft}$，$t\in[0,T)$，每个子载波都有两个分量：同相（I）和正交（Q）分量。承载信息的符号 $u_{m,n}$ 是复数值，可表示为 $u_{m,n}=a_{m,n}+jb_{m,n}$，其中 $a_{m,n}$ 和 $b_{m,n}$ 是实数值。子载波 n 上的调制信号用 $\Re[u_{m,n}e^{2\pi jn\Delta ft}]$ 表示，则它可以转换为下述 I 和 Q 分支的形式

$$a_{m,n}\cos(2\pi n\Delta ft)-b_{m,n}\sin(2\pi n\Delta ft) \tag{10.25}$$

也就是说，信息承载符号的实部在子载波的 I 路信号分量上调制，而虚部则在 Q 路信号分量上调制。如图 10.3 所示，在一个符号周期 T 内，正弦波 $\cos(2\pi n\Delta ft)$ 和 $\sin(2\pi n\Delta ft)$，$n=1,2,3$ 相互正交，可以满足式（10.24）的要求。

其次，两个原型滤波器应满足输出信号在时域不引起 ISI 的条件。这并不意味着连续的符号之间不能存在任何重叠，但至少要保证在采样点处没有干扰，即

$$p_T(t)*p_R(t)\Big|_{t_s=iT}=\begin{cases}1, & i=0\\0, & i\neq 0\end{cases}$$

式中，$t_s=iT$ 表示时间坐标轴上的采样点。这样的约束条件可以通过脉冲形成 sinc 函数信号来满足。

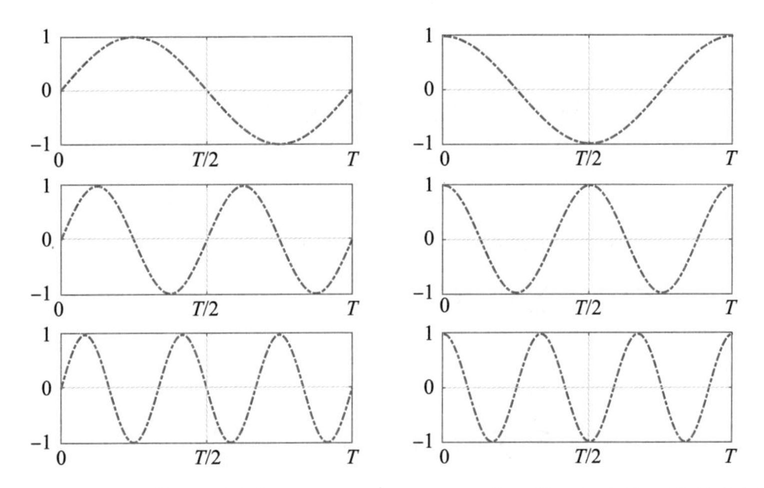

图 10.3 一组正交信号示例［Jiang and Kaiser，2016］。第一列中的正弦波信号对应 $\sin(2\pi n\Delta ft)$，$n=1,2,3$；第二列中的余弦波信号对应 $\cos(2\pi n\Delta ft)$

10.2.2 多项实现

具有 N 个子载波且间隔为 Δf 的多载波信号，其信号带宽为 $B_w=N\Delta f$。根据采样定理［Oppenheim et al.，1998］，采样间隔 T_s 取值可以等于信号带宽的倒数，即

$$T_s=\frac{1}{B_w}=\frac{1}{N\Delta f}=\frac{T}{N} \tag{10.26}$$

式中，T 为符号周期的长度，则每个符号周期内对应的信号采样数为 $T/T_s=N$。离散时间原型滤波器可以通过采样率为 T_s 的连续时间原型滤波器 $p_T(t)$ 得到

$$p_T[l]=p_T(lT_s),\quad l=0,1,\cdots,\mathfrak{L}-1 \tag{10.27}$$

离散时间原型滤波器的长度有可能大于符号周期，$\mathfrak{L}$ 可以选择为 N 的整数倍。假设重叠因子为 K，即原型滤波器的长度为符号周期的 K 倍，也就是

$$\mathfrak{L}=KN \tag{10.28}$$

在信号处理领域［Oppenheim et al.，1998］，Z 变换是一种重要的分析工具，它可以将离散时间序列转化为复频域表达。$p_T[l]$ 的 Z 变换如下

$$P_T(z) = \sum_{l=0}^{\mathfrak{L}-1} p_T[l]z^{-l} = \sum_{l=0}^{KN-1} p_T[l]z^{-l} \tag{10.29}$$

令 $l=k'N+n'$，其中 $k'=0,1,\cdots,(K-1)$，$n=0,1,\cdots,(N-1)$，可以进一步转换式（10.29）为

$$\begin{aligned} P_T(z) &= \sum_{n'=0}^{N-1}\sum_{k'=0}^{K-1} p_T[k'N+n']z^{-(k'N+n')} \\ &= \sum_{n'=0}^{N-1} z^{-n'} \sum_{k'=0}^{K-1} p_T[k'N+n']z^{-k'N} \end{aligned} \tag{10.30}$$

构建一个包含 N 个子序列的序列 $p_T^{n'}[k']=k'N+n'$，$n'=0,1,\cdots,(N-1)$，其中原型滤波器 $p_T[l]$ 的第 n' 个多项表达 $p_T^{n'}[k']$ 的长度为 K。$p_T^{n'}[k']$ 的 Z 变换为

$$P_T^{n'}(z^N) = \sum_{k'=0}^{K-1} p_T[k'N+n']z^{-k'N} \tag{10.31}$$

这一等式称为 $P_T(z)$ 的第 n' 个多项分解。将式（10.31）代入式（10.30）可以得到

$$P_T(z) = \sum_{n'=0}^{N-1} P_T^{n'}(z^N)z^{-n'} \tag{10.32}$$

即为原型滤波器的多项分解。

类似地，采样间隔为 T_s 的采样 $h_n(t)$ 也可以得到其多项分解

$$\begin{aligned} h_n[l] = h_n(lT_s) &= p_T[l]e^{2\pi jn\Delta f lT_s + j\phi_n} \\ &= p_T[l]e^{2\pi jnl/N + j\phi_n}, \quad l=0,1,\cdots,\mathfrak{L}-1 \end{aligned} \tag{10.33}$$

Jiang 和 Kaiser［2016］计算了合成滤波器第 n 项的 Z 变换为

$$\begin{aligned} H_n(z) &= \sum_{l=0}^{\mathfrak{L}-1} h_n[l]z^{-l} \\ &= \sum_{l=0}^{\mathfrak{L}-1} p_T[l]e^{2\pi jnl/N + j\phi_n} z^{-l} \\ &= \sum_{n'=0}^{N-1}\sum_{k'=0}^{K-1} p_T[k'N+n']e^{2\pi jn(k'N+n')/N + j\phi_n} z^{-(k'N+n')} \\ &= e^{j\phi_n}\sum_{n'=0}^{N-1} e^{2\pi jnn'/N}z^{-n'} \sum_{k'=0}^{K-1} p_T[k'N+n']e^{2\pi jnk'}z^{-k'N} \\ &= e^{j\phi_n}\sum_{n'=0}^{N-1} e^{2\pi jnn'/N} P_T^{n'}(z^N)z^{-n'} \end{aligned} \tag{10.34}$$

合成滤波器组由 N 个滤波器组成，其 Z 变换可以按矩阵形式表示为

$$\begin{bmatrix} H_1(z) \\ H_2(z) \\ \vdots \\ H_N(z) \end{bmatrix} = \begin{bmatrix} e^{j\phi_1} \\ e^{j\phi_2} \\ \vdots \\ e^{j\phi_N} \end{bmatrix} \begin{bmatrix} 1 & 1 & \cdots & 1 \\ 1 & W^{-1} & \cdots & W^{-N+1} \\ \vdots & \vdots & & \vdots \\ 1 & W^{-N+1} & \cdots & W^{(-N+1)^2} \end{bmatrix} \begin{bmatrix} P_T^0(z^N) \\ P_T^1(z^N)z^{-1} \\ \vdots \\ P_T^N(z^N)z^{-N+1} \end{bmatrix} \tag{10.35}$$

式中，W^N 为单位根 $W=e^{-j2\pi/N}$ 的 N 次方。等式右侧中，左边的向量代表相位旋转，中间的矩阵表示逆离散傅里叶变换（Discrete Fourier Transform，DFT），右边的向量是原型滤波器的多项分解。

10.2.3　滤波器组多载波

理论上，可以通过滤波器组的方法实现旁瓣尽可能小的原型滤波器。这种多载波传输的形式称为滤

波器组多载波（Filter Bank Multi-Carrier，FBMC），具有出色的带外（Out-of-band，OOB）发射特性［Jiang and Schellmann，2012］。采用下列频域系数可以构成具有重叠因子 $K=4$ 的原型滤波器

$$p=[1, 0.97196, 0.707, 0.235147] \tag{10.36}$$

基于这些参数，原型滤波器的频率响应可以通过插值得到，表示为

$$P(f) = \sum_{k=-K+1}^{K-1} p_k \frac{\sin\left(\pi NK\left[f-\frac{k}{NK}\right]\right)}{NK\sin\left(\pi\left[f-\frac{k}{NK}\right]\right)} \tag{10.37}$$

式中，N 是子载波的总数，K 是重叠因子，p_k 可从上述系数中映射得到，即 $p_0=1$，$p_{\pm1}=0.97196$，$p_{\pm2}=0.707$，$p_{\pm3}=0.235147$。那么，它的冲激响应 $p_T(t)$ 可以通过如下的逆傅里叶变换得到：

$$p_T(t) = 1 + \sum_{k=1}^{K-1} p_k \cos\left(\frac{2\pi kt}{KT}\right) \tag{10.38}$$

FBMC 子载波的频率响应非常紧凑。FBMC 子载波的波动可以忽略不计，两个非相邻子载波之间甚至没有 ICI。然而，这种频率特征是以时域为代价的，上述原型滤波器不是仅占据单个符号的矩形原型滤波器，而是要跨越 $K=4$ 个符号。通过采样 $p_T(t)$ 后，可得到一个长度为 KN 的离散时间原型滤波器：

$$\begin{aligned} p_T[s] &= p_T(sT_s) \\ &= 1 + \sum_{k=1}^{K-1} p_k \cos\left(\frac{2\pi ksT_s}{KNT_s}\right) \\ &= 1 + \sum_{k=1}^{K-1} p_k \cos\left(\frac{2\pi ks}{KN}\right), \quad s = 0,1,\cdots,KN-1 \end{aligned} \tag{10.39}$$

那么，第 n' 个多相分量可由下式得到：

$$p_T^{n'}[k'] = p_T[k'N+n'], \quad k'=0,1,\cdots,K-1 \tag{10.40}$$

这其实是一个长度为 K 的有限冲激响应（Finite Impulse Response，FIR）滤波器。这个滤波器可以用于 FBMC 的第 n' 个子载波，N 个这样的 FIR 滤波器共同构成了产生 FBMC 信号的多项网络。得益于 DFT 的使用，FBMC 和正交频分复用（Orthogonal Frequency-Division Multiplexing，OFDM）传输之间的区别仅在于多相实现。因此，广泛应用于无线保真（Wireless Fidelity，Wi-Fi）、4G LTE 和 5G NR 等移动和无线通信系统的 OFDM 技术可以视为 FBMC 的一个特例。作为一种具备在即将到来的 6G 通信系统有应用前景的技术，OFDM 技术的原理和关键问题将在后面讨论。

10.3　OFDM 技术

由于能够处理多径频率选择性衰落，且通过数字傅里叶变换简单地实现而不需要复杂的均衡器设计，OFDM 技术在过去二十年中已成为有线和无线通信系统中最主要的调制技术。它已广泛应用于诸多知名标准，例如数字用户线（DSL）、地面数字视频广播（DVB-T）、Wi-Fi、全球微波接入互操作（Worldwide Inter-operability for Microwave Access，WiMAX）、LTE 和 LTE-Advanced。在与所有可能的技术进行广泛地比较后，综合权衡了性能、复杂性、可比性和鲁棒性，OFDM 被采纳为 5G NR 的关键技术之一。同时，无论是在传统的 6GHz 以下频段还是在高频段，预计 OFDM 都将作为未来 6G 传输的关键技术［Jiang and Schotten，2021c］。

作为一种多载波调制技术，与其他多载波窄带信道的频分复用技术相比，OFDM 的主要特点包括：

- 采用了大量的正交子载波，而非仅用了少量的无重叠载波。
- 时域上采用简单的矩形脉冲整形，频域上采用 sinc 型的子载波频谱，如图 10.4 所示。

- 将子载波间隔 $\Delta f=1/T$ 的频域子载波紧密排列，其中 T 是符号周期持续时间。

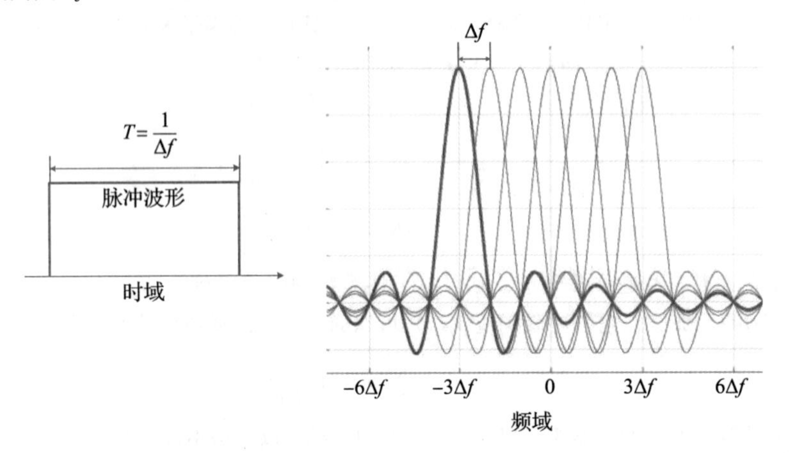

图 10.4　OFDM 信号在时域的矩形原型滤波器和在频域的正交 OFDM 子载波的分布

OFDM 技术可以视为是 FMBC 的一种特例，如图 10.4 所示，可建模其矩形原型滤波器［jiang and Zhao，2012］为：

$$p_0(t)=\begin{cases}1, & -\dfrac{T}{2}\leqslant t<\dfrac{T}{2}\\ 0, & 其他\end{cases} \tag{10.41}$$

当采样间隔为 $T_s=T/N$ 时，可以表示其离散时间矩形原型滤波器为：

$$p_0[l]=\begin{cases}1, & 0\leqslant l<N-1\\ 0, & 其他\end{cases} \tag{10.42}$$

其对应傅里叶变换为

$$\begin{aligned}P_0(f) &= \int_{-\infty}^{\infty} p_0(t)\mathrm{e}^{-2\pi jft}\mathrm{d}t\\ &= \int_{-T/2}^{T/2}\mathrm{e}^{-2\pi jft}\mathrm{d}t = \frac{\sin\pi fT}{\pi f} = T\mathrm{sinc}\left(\frac{f}{\Delta f}\right)\end{aligned} \tag{10.43}$$

从中可以看出，一个频域上的 sinc 型频谱就可以实现子载波的正交。

相应地，式（10.19）和式（10.22）中的合成及分析滤波器可以分别表示为：

$$h_n(t)=\begin{cases}\mathrm{e}^{2\pi jn\Delta ft+j\phi_n}, & -\dfrac{T}{2}\leqslant t<\dfrac{T}{2}\\ 0, & 其他\end{cases} \tag{10.44}$$

和

$$g_k(t)=\begin{cases}\mathrm{e}^{-(2\pi jk\Delta ft+j\phi_k)}, & -\dfrac{T}{2}\leqslant t<\dfrac{T}{2}\\ 0, & 其他\end{cases} \tag{10.45}$$

由于相位的旋转不会影响 OFDM 子载波的正交性，因此可以忽略相位并使用 $\phi_n=0$，$\forall n=1,2,\cdots,N$。在复基带表示下，在符号周期 $mT\leqslant t<(m+1)T$ 中的基本 OFDM 信号 $s(t)$ 可以由下式给出：

$$s(t) = \sum_{n=0}^{N-1} s_n(t) = \sum_{n=0}^{N-1} u_{m,n}\mathrm{e}^{2\pi jn\Delta ft} \tag{10.46}$$

式中，$s_n(t)$ 是第 n 个调制子载波 $f_n=n\Delta f$ 上的信号。第 n 个子载波上的非调制信号的傅里叶变换可以通过下式得到：

$$\begin{aligned} P_n(f) &= \int_{-\infty}^{\infty} p_0(t)\,\mathrm{e}^{2\pi \mathrm{j} n\Delta f t}\mathrm{e}^{-2\pi \mathrm{j} f t}\mathrm{d}t \\ &= \int_{-T/2}^{T/2} \mathrm{e}^{2\pi \mathrm{j} n\Delta f t}\mathrm{e}^{-2\pi \mathrm{j} f t}\mathrm{d}t \\ &= T\mathrm{sinc}\left(\frac{f}{\Delta f} - n\right) \end{aligned} \tag{10.47}$$

也就是说，只需将 $P_0(f)$ 的频谱在频率轴上平移 $n\Delta f$ 即可得到第 n 个子载波的频谱，即 $P_n(f)=P_0(f-n\Delta f)$，如图 10.4 所示。

OFDM 调制解调的基本原理如图 10.5 所示。OFDM 解调使用一组相关器，其中每个相关器对应一个子载波。由于子载波之间具有正交性，在理想情况下，即使相邻子载波的频谱有所重叠，两个任意 OFDM 子载波都不会存在任何干扰。因此，避免 OFDM 子载波之间的干扰不是简单地通过频分复用将频域分离，而是通过为每个子载波采用特定频域结构以及选取子载波间隔等于符号率即 $\Delta f=1/T$ [Dahlman et al., 2011] 的共同作用下产生的子载波正交性。

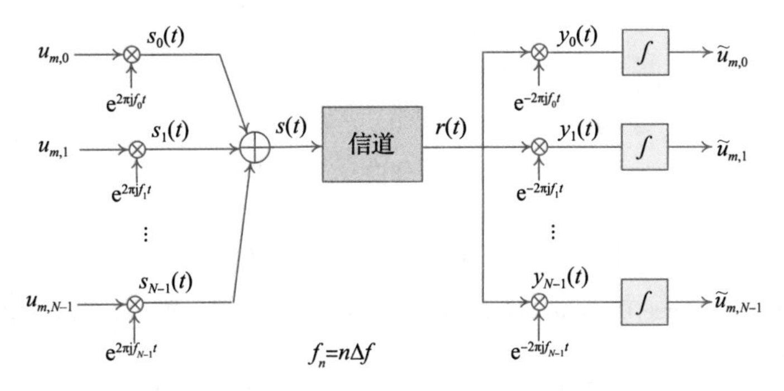

图 10.5　正交子载波上 OFDM 调制解调的基本原理

忽略信道衰减和加性噪声，即 $r(t)=s(t)$，经过相应的分析滤波器 $g_k(t)$ 后，第 m 个符号 k 个子载波上的信号输出为：

$$\begin{aligned} y_k(t) &= \sum_{n=0}^{N-1} u_{m,n}\mathrm{e}^{2\pi \mathrm{j} n\Delta f t}\mathrm{e}^{-2\pi \mathrm{j} k\Delta f t} \\ &= \sum_{n=0}^{N-1} u_{m,n}\mathrm{e}^{2\pi \mathrm{j}(n-k)\Delta f t} \end{aligned}$$

对一个符号周期进行积分，得到

$$\begin{aligned} \tilde{u}_{m,k} &= \frac{1}{T}\int_{mT}^{(m+1)T} y_k(t)\,\mathrm{d}t \\ &= \frac{1}{T}\int_{mT}^{(m+1)T} \sum_{n=0}^{N-1} u_{m,n}\mathrm{e}^{2\pi \mathrm{j}(n-k)\Delta f t}\mathrm{d}t \\ &= \frac{1}{T}\int_{mT}^{(m+1)T} u_{m,n}\mathrm{d}t + \underbrace{\frac{1}{T}\sum_{n=0,n\neq k}^{N-1} u_{m,n}\int_{mT}^{(m+1)T} \mathrm{e}^{2\pi \mathrm{j}(n-k)\Delta f t}\mathrm{d}t}_{\text{载波间干扰}} \end{aligned}$$

由于子载波间存在正交性，ICI 原则上可以被消除，进一步可以得到

$$\tilde{u}_{m,k}=u_{m,n},\quad \forall n=k \tag{10.48}$$

这样，信息承载符号 $u_{m,n}$ 可以在第 m 个符号周期内的第 n 个子载波发送，在单个符号周期内可以并行传输共 N 个信息承载符号。

10.3.1 DFT 实现

尽管图 10.5 中所示的调制-相关器组可用于描述 OFDM 调制和解调的基本原理，但它并不是最适合实际实现的结构。实际上，由于其特定的设计和子载波间间隔的特定选择，应用 DFT 处理可以低复杂度实现 OFDM。如果子载波的数量是 2 的整数次幂，则 OFDM 可以通过快速傅里叶变换（Fast Fourier Transform，FFT）更加高效实现。

得益于矩形脉冲成形，OFDM 符号在时域内并没有重叠（即重叠因子 $K=1$）。因此，式（10.31）中的多相分解可以简化为

$$\begin{aligned} P_0^{n'}(z^N) &= \sum_{k'=0}^{K-1} p_0[k'N+n']z^{-k'N} \\ &= \sum_{k'=0}^{0} p_0[n']z^0 \\ &= 1, \quad n'=0,1,\cdots,N-1 \end{aligned} \tag{10.49}$$

因此，式（10.35）也可以重写为

$$\begin{bmatrix} H_1(z) \\ H_2(z) \\ \vdots \\ H_N(z) \end{bmatrix} = \begin{bmatrix} 1 & 1 & \cdots & 1 \\ 1 & W^{-1} & \cdots & W^{-N+1} \\ \vdots & \vdots & & \vdots \\ 1 & W^{-N+1} & \cdots & W^{(-N+1)^2} \end{bmatrix} \tag{10.50}$$

这与离散傅里叶逆变换（Inverse Discrete Fourier Transform，IDFT）是等效的，也就是说，OFDM 信号通过 IDFT 调制器生成是可行的。

由于 $B_w=N\Delta f$ 可以视为 OFDM 传输的标准带宽，离散时间 OFDM 信号可以通过采样定理，以 $f_s\geqslant N\Delta f$ 的采样速率对式（10.46）中的 $s(t)$ 进行采样来获得。假设采样率是子载波间隔的整数倍，即 $f_s=N_s\Delta f$，其中 $N_s\geqslant N$，这在 OFDM 中称为过采样。举例来说，LTE 支持传输大约 $N=1200$ 个子载波，而 DFT 大小选择为 $N_s=2048$，当给定 LTE 中的 $\Delta f=15\text{kHz}$ 时，对应的采样率 $f_s=N_s\Delta f=30.72\text{MHz}$。此外的 2048－1024＝848 个子载波则会被分配空符号'0'而不携带任何内容，通常称为虚拟 OFDM 子载波［Jiang，2016］。

基于这些假设，在第 m 个符号期间采样的 OFDM 信号，即离散时间 OFDM 序列可以表示为

$$\begin{aligned} s^m[k] = s(kT_s) &= \sum_{n=0}^{N-1} s_n(kT_s) \\ &= \sum_{n=0}^{N-1} u_{m,n} e^{2\pi j n \Delta f k T_s} \\ &= \sum_{n=0}^{N-1} u_{m,n} e^{2\pi j nk/N_s}, \quad k=0,1,\cdots,N_s-1 \end{aligned} \tag{10.51}$$

在传输符号后面添加一些虚拟子载波，可以得到传输符号的等效表达为

$$a_{m,n}=\begin{cases} u_{m,n}, & 0\leqslant n<N \\ 0, & N\leqslant n<N_s \end{cases} \tag{10.52}$$

那么，式（10.51）可以重写为

$$s^m[k] = \sum_{n=0}^{N-1} u_{m,n} e^{2\pi j nk/N_s}$$

$$= \sum_{n=0}^{N-1} u_{m,n} e^{2\pi jnk/N_s} + \sum_{n=N}^{N_s-1} 0 \cdot e^{2\pi jnk/N_s} \tag{10.53}$$
$$= \sum_{n=0}^{N_s-1} a_{m,n} e^{2\pi jnk/N_s}$$

这与 N_s 点的 IDFT 是等效的。这说明在经过数模转换后，离散时间 OFDM 序列信号和调制符号的 DFT 是等价的。

OFDM 是一种分块传输方法。调制符号块 $\boldsymbol{u}_m=[u_{m,0},u_{m,1},\cdots,u_{m,N-1}]^{\mathrm{T}}$ 首先补零至 N_s 长：

$$\boldsymbol{a}_m=[u_{m,0},u_{m,1},\cdots,u_{m,N-1},0,\cdots,0]^{\mathrm{T}} \tag{10.54}$$

对 $\boldsymbol{a}_m$ 进行 IDFT 处理，可以得到 OFDM 序列为

$$\boldsymbol{s}_m=[s_m[0],s_m[1],\cdots,s_m[N_s-1]]^{\mathrm{T}} \tag{10.55}$$

采用单位 $\omega_{N_s}=e^{-2\pi j/N_s}$ 的 N_s 次根定义矩阵

$$\boldsymbol{F}=\begin{pmatrix} \omega_{N_s}^{0\cdot 0} & \omega_{N_s}^{0\cdot 1} & \cdots & \omega_{N_s}^{0\cdot (N_s-1)} \\ \omega_{N_s}^{1\cdot 0} & \omega_{N_s}^{1\cdot 1} & \cdots & \omega_{N_s}^{1\cdot (N_s-1)} \\ \vdots & \vdots & & \vdots \\ \omega_{N_s}^{(N_s-1)\cdot 0} & \omega_{N_s}^{(N_s-1)\cdot 1} & \cdots & \omega_{N_s}^{(N_s-1)\cdot (N_s-1)} \end{pmatrix} \tag{10.56}$$

OFDM 调制（也就是 IDFT）可以进一步写为如下矩阵形式：

$$\boldsymbol{s}_m=\boldsymbol{F}^*\boldsymbol{a}_m=N_s\boldsymbol{F}^{-1}\boldsymbol{a}_m \tag{10.57}$$

式中，上标 $(\cdot)^*$ 表示共轭复数，$(\cdot)^{-1}$ 表示方阵的逆。

如图 10.6 所示，一个由 N 个调制子载波组成的 OFDM 信号，与调制符号经过 N_s 点 DFT 得到的 OFDM 序列具有相同的包络。类似地，用 $f_s=N_s\Delta f$ 的采样率替换 N 个解相关器组，然后进行 N_s 点的 DFT/FFT 运算，可以将 DFT 处理用于 OFDM 解调的实现。

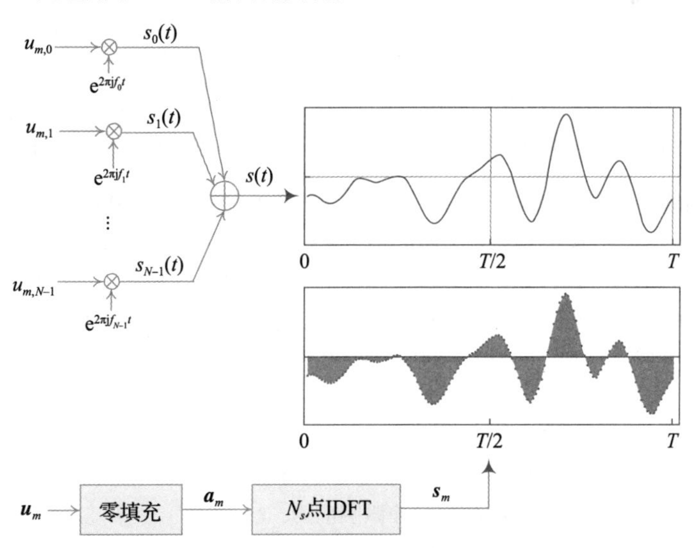

图 10.6　调制符号直接进行 DFT 变换与正交子载波上多载波调制的等价性。上半部分中的 OFDM 符号通过叠加 $N=8$ 个调制后子载波得到，下半部分的 OFDM 序列通过对包含了 8 个调制符号以及末尾补了 56 个 0 的 64 ∗ 1 维向量进行 64 点 IDFT 得到

10.3.2　循环前缀

前面阐述了无损的 OFDM 信号在接收端进行解调时不会受到子载波间干扰的影响。每个子载波在一个 OFDM 符号周期内具有整数个复指数的周期，从而实现了正交性。其数学表达式为

$$e^{2\pi j f_n t}=e^{2\pi j n\Delta f t}=e^{2\pi j\frac{nt}{T}},\quad -\frac{T}{2}\leqslant t<\frac{T}{2} \tag{10.58}$$

但是实际中，这种正交性可能会在时间色散信道中损失。因为在这样的环境下，一条路径的相关区间将与另一条路径的符号边缘重叠；同时由于两个连续符号之间的调制符号可能不同，积分区间与复指数周期的整数倍对应关系不一定会得到满足。因此，时间色散信道不仅会导致符号间干扰，还会在 OFDM 传输中造成载波间干扰，如图 10.7 所示。

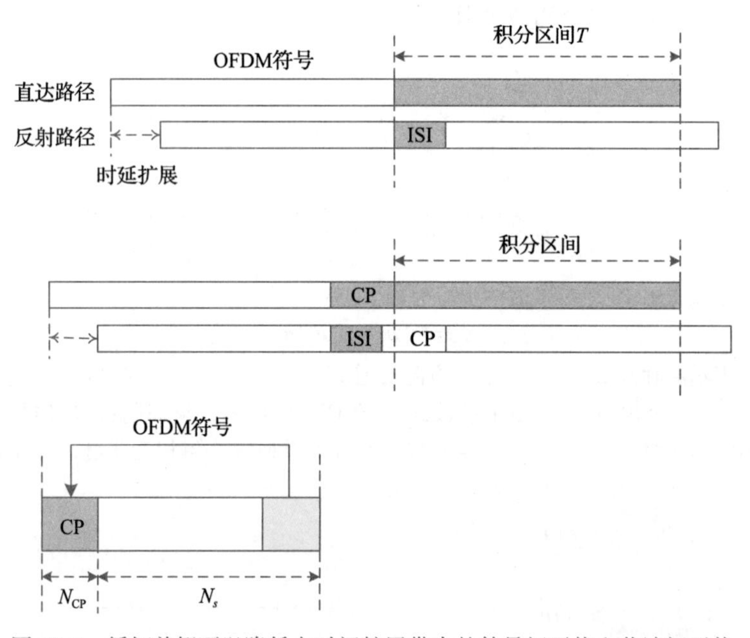

图 10.7　循环前缀可以降低由时间扩展带来的符号间干扰和载波间干扰

为了解决这个问题并使得 OFDM 符号对于时间色散有更好的鲁棒性，Pelez 和 Ruiz［1980］提出了循环前缀（Cyclic Prefix，CP），最初也称为循环扩展，它指的是 OFDM 的前缀。循环前缀的插入操作是指将 OFDM 符号的最后一部分复制，并插入 OFDM 符号的开始部分。这样的插入操作会使得 OFDM 的符号长度从 T 变成 $T_0=T+T_{CP}$，其中 T_{CP} 是循环前缀的长度，这也就导致了 OFDM 符号速率的下降。如果解调器的相关间隔仍然在符号周期 T 内执行，则只要 CP 持续时间大于时延扩展，就可以保证子载波的正交性。

实际中，CP 的插入是在离散时间的 OFDM 序列上进行的，其中，最后 N_{CP} 个样本被复制并插入数据块的开头，使得数据块长度从 N_s 增加到 N_s+N_{CP}。在解调器端，相应的样本在开始 DFT 解调之前被舍弃。假定频率选择性衰落信道在时间 m 的离散时间冲激响应为

$$\boldsymbol{h}_m=[h_m[0],h_m[1],\cdots,h_m[\mathfrak{L}-1]]^{\mathrm{T}} \tag{10.59}$$

式中，$\mathfrak{L}$ 表示带通滤波器的长度。当第 m 个 OFDM 符号 s_m 通过信道时，离散时间基带合成信号的符号表示由 Oppenheim 等人［1998］计算得到。

$$\boldsymbol{r}_m=\boldsymbol{h}_m * \boldsymbol{s}_m \tag{10.60}$$

式中，$*$ 表示线性卷积。输出信号的长度为 $\mathfrak{L}+N_s-1$，由于频率选择性信道的带通滤波器的长度 $\mathfrak{L}$ 大于 1，因此输出信号的长度大于输入信号。可以表示相应的接收信号为

$$\boldsymbol{r}_m=[r_m[0],r_m[1],\cdots,r_m[Q-1]]^{\mathrm{T}} \tag{10.61}$$

式中，$Q=\mathfrak{L}+N_s-1$，

$$\boldsymbol{r}_m[q]=\sum_{l=0}^{\mathfrak{L}-1}h_m[l]s_m[q-l],\quad q=0,1,\cdots,Q-1 \tag{10.62}$$

在没有 CP 的情况下，每个 OFDM 符号末尾残留的长度为 $\mathfrak{L}-1$ 的样本与其后续 OFDM 符号重叠，这将引起 ISI 并破坏子载波间正交性。直观上，在两个连续的 OFDM 符号之间插入一个保护间隔可以吸收前一个 OFDM 符号的残差。已知式（10.55），则插入 CP 的 OFDM 序列可以表示为

$$\boldsymbol{x}_m=[\underbrace{s_m[N_s-N_{\mathrm{CP}}],\cdots,s_m[N_s-1]}_{\text{CP插入}},s_m[0],s_m[1],\cdots,s_m[N_s-1]]^{\mathrm{T}} \tag{10.63}$$

将 $\boldsymbol{x}_m$ 与 $\boldsymbol{h}_m$ 卷积，可得

$$\boldsymbol{y}_m=\boldsymbol{h}_m * \boldsymbol{x}_m \tag{10.64}$$

式中，$\boldsymbol{y}_m$ 的长度为 $S=\mathfrak{L}+N_s+N_{\mathrm{CP}}-1$。因而可以重新表示接收信号为

$$\boldsymbol{y}_m=[y_m[0],y_m[1],\cdots,y_m[S-1]] \tag{10.65}$$

式中，每项为

$$y_m[s]=\sum_{l=0}^{\mathfrak{L}-1}h_m[l]x_m[s-l] \tag{10.66}$$

只要时延扩展的跨度不超过 CP 的长度，符号间干扰就可以被吸收，同时由于子载波正交性在积分区间内保持不变，因此也可以避免载波间干扰。循环前缀插入的缺点是随着 OFDM 符号率的降低会带来功率和带宽的损失。为了最小化这种损失，方法之一是减小子载波间间隔 Δf，这也会导致符号周期 T 随之增加。然而，由于高多普勒扩展，这将会增加 OFDM 传输对快速信道波动的灵敏度。同时要明确，CP 不一定要覆盖信道时间扩展的整个长度。通常，由于循环前缀未完全覆盖残留的信道时间扩展，功率损耗和信号损失（符号间和子载波间干扰）之间存在着平衡。

10.3.3　频域信号处理

应用循环前缀能够

- 消除前序符号的 ISI；
- 保持子载波的正交性；
- 在带通滤波器中将线性卷积转化为循环卷积，使得可以进行简单的频域信号处理。

假设循环前缀足够长，则无线时间扩散信道的线性卷积将在解调器积分区间表现为循环卷积。OFDM 调制、无线时间扩展信道和 OFDM 解调的组合结构可以视为一组并行的频域子信道，如图 10.8 所示。

在接收端，CP 会被丢弃，只有 N_{CP} 到 $N_{\mathrm{CP}}+N_s-1$ 这一积分区间内的样本会用于解调。因而可以表示 DFT 解调器的输入为

$$\begin{aligned}\ddot{\boldsymbol{y}}_m&=[\ddot{y}_m[0],\ddot{y}_m[1],\cdots,\ddot{y}_m[N_s-1]]^{\mathrm{T}}\\&=[y_m[N_{\mathrm{CP}}],y_m[N_{\mathrm{CP}}+1],\cdots,y_m[N_{\mathrm{CP}}+N_s-1]]^{\mathrm{T}}\end{aligned} \tag{10.67}$$

式中，y_m 与式（10.65）中相同。令人惊讶的是，这一序列恰好等于 s_m 与长度补零至 N_s 的带通滤波器的循环卷积：

$$\ddot{\boldsymbol{y}}_m=\boldsymbol{s}_m\otimes\boldsymbol{h}_{N_s} \tag{10.68}$$

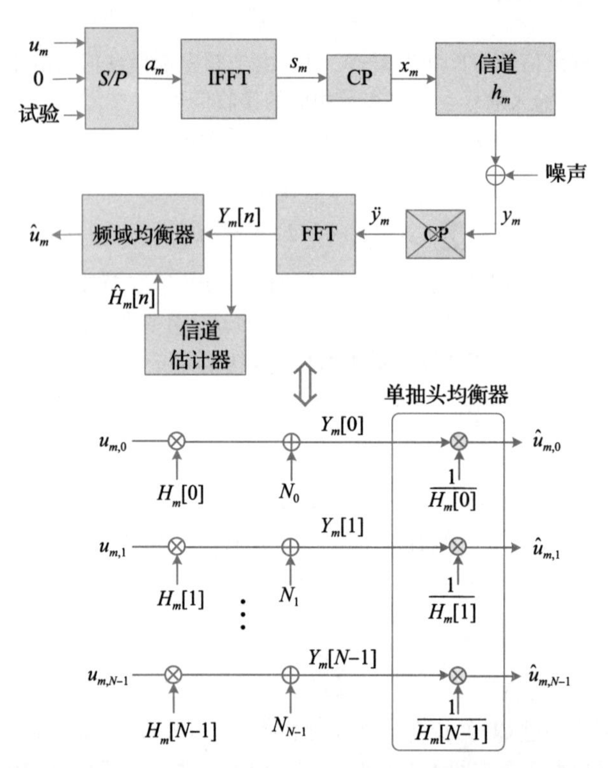

图 10.8　端到端的 OFDM 通信系统框图及其等效频域表示

同时也可得到，

$$\begin{aligned}\ddot{y}_m[k] &= y_m[N_{\mathrm{CP}}+k]\\ &= \sum_{i=0}^{N_s-1} s_m[i]h_{N_s}[(k-i)_{N_s}],\quad \forall k=0,\cdots,N_s-1\end{aligned}\tag{10.69}$$

式中，⊗表示循环卷积，$(\cdot)_{N_s}$ 表示 N_s 的周期平移，以及

$$\begin{aligned}\boldsymbol{h}_{N_s} &= [h_{N_s}[0],h_{N_s}[1],\cdots,h_{N_s}[N_s-1]]^{\mathrm{T}}\\ &= [h_m[0],h_m[1],\cdots,h_m[\mathfrak{L}-1],\underbrace{0,\cdots,0}_{N_s-\mathfrak{L}}]^{\mathrm{T}}\end{aligned}\tag{10.70}$$

在 OFDM 传输中使用循环卷积能够实现简单的频域处理和单抽头均衡［Jiang and Schotten，2019］。根据信号处理理论，两个相同长度的有限长序列在时域的循环卷积，而非线性卷积，对应于它们在频域的 DFT 序列乘积。数学上，如果 $\ddot{\boldsymbol{y}}_m=\boldsymbol{s}_m\otimes\boldsymbol{h}_{N_s}$，则有

$$Y_m[n]=H_m[n]X_m[n],\quad \forall n=0,1,\cdots,N_s-1\tag{10.71}$$

式中，$Y_m[n]$ 和 $X_m[n]$ 是频域上接收和发送序列的第 n 项，分别是 $\ddot{\boldsymbol{y}}_m$ 和 $\boldsymbol{s}_m$ 进行 DFT 后的结果，即

$$\begin{aligned}Y_m[n] &= \sum_{k=0}^{N_s-1}\ddot{y}_m[k]\mathrm{e}^{-2\pi \mathrm{j}nk/N_s}\\ &= \sum_{k=0}^{N_s-1} y_m[k+N_{\mathrm{CP}}]\mathrm{e}^{-2\pi \mathrm{j}nk/N_s}\end{aligned}\tag{10.72}$$

$$X_m[n] = \sum_{k=0}^{N_s-1} s_m[k]e^{-2\pi jnk/N_s} \tag{10.73}$$

回看式（10.57），OFDM 序列 $\boldsymbol{s}_m$ 是承载信息符号

$$\boldsymbol{a}_m=[u_{m,0},u_{m,1},\cdots,u_{m,N-1},0,\cdots,0]^{\mathrm{T}} \tag{10.74}$$

的 IDFT 变换。因此可知，

$$X_m[n]=a_m[n],\quad \forall n=0,1,\cdots,N_s-1 \tag{10.75}$$

$$X_m[n]=u_{m,n},\quad \forall n=0,1,\cdots,N-1 \tag{10.76}$$

考虑频域噪声 $N_m[n]$，可以重写式（10.71）为

$$Y_m[n]=H_m[n]u_{m,n}+N_m[n],\quad \forall n=0,1,\cdots,N-1 \tag{10.77}$$

这意味着可以把 OFDM 传输视为一组并行的频域子信道，如图 10.8 所示。通过对 $\boldsymbol{h}_{N_s}$ 进行 DFT 变换可得到复频域信道抽头 $H_m[n]$，$n=0,1,2,\cdots,N-1$ 为

$$H_m[n] = \sum_{l=0}^{N_s-1} h_{N_s}[l]e^{-2\pi jnl/N_s} = \sum_{l=0}^{\mathfrak{L}-1} h_m[l]e^{-2\pi jnl/N_s} \tag{10.78}$$

由于在每个子载波上调制和解调是独立进行的，在频域上进行信道估计和均衡会更加简单。假设 $P[n]$ 是接收端已知的发送符号，通常称作导频，则在导频的插入点上可以通过式（10.79）得到信道响应：

$$\hat{H}_p[n]=\frac{Y_p[n]}{P[n]} \tag{10.79}$$

式中，$Y_P[n]$ 是与 $P[n]$ 对应的接收符号。基于对导频的信道估计结果 $\hat{H}_P[n]$，在所有子载波上的信道响应 $\hat{H}[n]$ 可以通过插值操作得到。因此，发送信号的恢复可以通过一个简单的单抽头均衡器实现：

$$\hat{X}[n]=\frac{Y[n]}{\hat{H}[n]} \tag{10.80}$$

信道估计的算法可以更加先进，既可以是最简单的线性插值后求平均，也可以是更加依赖信道时频域特征的 MMSE 估计。

10.3.4　带外传输

由于大旁瓣的衰减渐近于 f^{-2}，OFDM 信号的 OOB 功率泄漏对于实际系统来说超出了其承受范围。OFDM 信号对其邻道的干扰在-20dB 左右，远高于 3GPP LTE 规定的-45dB 的邻道干扰功率比（Adjacent Channel Interference power Ratio，ACIR）要求。此外，对于一些特定的部署场景，例如白色电视频段的认知无线电网络［Jiang et al.，2013；Jiang，2012］，联邦通信委员会（Federal Communications Commission，FCC）将 ACIR 的定义大幅降低至-72dB。在 OFDM 系统中插入保护频带方式的实现方法具备低复杂性，故通常被采用以最小化功率泄漏。尽管整个信道带宽都在分配的 LTE 专用信道中，但是这部分频谱并不能完全用来传输信号：位于频谱带边缘的子载波不能被使用，而是通过应用虚拟 OFDM 子载波来插入保护频带。保护频带的插入某种程度上减轻了 OOB 功率泄漏量，但不可避免地造成了频谱效率损失。信道带宽是指分配给特定系统的频谱资源的总量，而传输带宽是发射信号实际占用的频谱宽度。显然，传输带宽是不能大于信道带宽的。在 LTE 中，资源块（Resource Block，RB）被定义为一组 OFDM 子载波，由跨越 180kHz 信号带宽的 12 个子载波构成。LTE 中的传输带宽可由传输 RB 的数量计算得到。例如 1.4MHz 的信道最多可以传输 6 个 RB，相当于 1.08MHz 的传输带宽。信道带宽和传输带宽之间的差值即为保护频带的宽度。为了定量评估频谱效率的损失，作为示例，表 10-1 中总结了 3GPP LTE 中指定的与

保护频带相关的参数。从这张表可以看出，在 LTE 系统中，由于保护频带的使用导致的频谱效率损失超过 10%。

表 10-1　3GPP LTE 中传输带宽的配置

信道带宽/MHz	1.4	3	5	10	15	20
RB 数量	6	15	25	50	75	100
传输带宽/MHz	1.08	2.7	4.5	9	13.5	18
防护频带/MHz	0.32	0.3	0.5	1	1.5	2
频谱损耗	22.85%	10%	10%	10%	10%	10%

来源：Jiang and Kaiser [2016]/获得 IEEE 许可。

除了插入保护频带，为了抑制 OFDM 信号的功率泄漏，还设计了先进的信号处理算法，例如时域窗口、主动干扰消除、子载波加权、频谱预编码和低通滤波 [Jiang and Schellmann，2012]。

- 时域窗口：该方案对传输信号应用适当的窗口，例如半正弦窗或汉宁窗，将符号边界处的信号幅度平滑为零，可以显著抑制旁瓣。不同的窗函数可以统一表示为

$$w(t)=R(t/T)*g(t) \tag{10.81}$$

式中，$R(t)$ 表示归一化的矩形冲激

$$R(t)=\begin{cases}1, & 0\leqslant t<1\\ 0, & \text{否则}\end{cases} \tag{10.82}$$

通常使用的半正弦冲激可以定义为

$$g(t)=\frac{\pi}{2\beta T}\sin\left(\frac{\pi t}{\beta T}\right)R(t/\beta T) \tag{10.83}$$

式中，β 代表滚降因子。值得注意的是，$\beta>0$ 有效地增加了 OFDM 符号的持续时间，进而增加了开销并降低了频谱效率。即使使用较小的 β 值，通过时间窗口的方式也可以实现相当大的旁瓣抑制。此外与 DFT 处理相比，由每个 OFDM 符号的窗口化引起的计算复杂度可以忽略不计。

- 主动干扰消除：另一个降低 OFDM 旁瓣的方式是在 OFDM 频谱的边缘插入额外的对消子载波。在第 n 个符号上传播的数据符号为 $\boldsymbol{u}_m=[u_{m,0},u_{m,1},\cdots,u_{m,N-1}]^{\mathrm{T}}$。插入 N_c 个额外的复数符号 $\boldsymbol{g}_m=[g_{m,1},g_{m,2},\cdots,g_{m,N_c}]^{\mathrm{T}}$ 后，可表示为

$$\boldsymbol{a}_m=[g_{m,1},\cdots,g_{m,\frac{N_c}{2}},u_{m,0},\cdots,u_{m,N-1},g_{m,\frac{N_c}{2}+1},\cdots,g_{m,N_c}]^{\mathrm{T}} \tag{10.84}$$

为了测量功率泄露，在 OOB 频谱范围内选择 L 个频点进行测量。将 f_{l,n_c} 定义为第 n_c 对消子载波对第 l 个测量点的取值，可以形成一个由 f_{l,n_c} 构成的 $L\times N_c$ 维的矩阵 $\boldsymbol{C}$。用 $\boldsymbol{f}_m$ 表示一个 L 维向量，其中的元素表示承载 $\boldsymbol{u}_m$ 的子载波对 L 个测量点的取值。进而，优化问题可以表述为线性最小二乘问题 [Brandes et al.，2006]，即

$$\boldsymbol{g}_m=\underset{\widetilde{\boldsymbol{g}}_m}{\operatorname{argmin}}\|\boldsymbol{f}_m+\boldsymbol{C}\widetilde{\boldsymbol{g}}_m\| \tag{10.85}$$

解决这个问题就变成了寻找优化权重向量 $\boldsymbol{g}_m$ 以最小化 OOB 功率泄露。为了简化这一优化过程，符号 $g_{m,nc}$ 可以被限制为预先定义的量化符号。式（10.85）中的优化过程可以通过穷举法搜索得到。

- 子载波加权：子载波加权将每个信息符号与优化权重相乘，如 [Cosovic et al.，2006] 所述：

$$\hat{u}_{m,n}=g_{m,n}u_{m,n},\quad n=0,\cdots,N-1 \tag{10.86}$$

式中，权重向量可以通过求解下述优化问题得到：

$$\boldsymbol{g}_m = \underset{\widetilde{\boldsymbol{g}}_m}{\arg\min} \| \boldsymbol{S}\widetilde{\boldsymbol{g}}_m \|^2 \tag{10.87}$$

式中，$\boldsymbol{S}$ 是 $L\times N$ 维矩阵，元素 $S_{l,n}$ 代表了第 n 个子载波在第 l 个频率测量点上的映射，与主动干扰消除中的一致。

主动干扰消除中的消除子载波权重和该方案中信息符号的权重都是数据相关的，因此必须通过解决每个 OFDM 符号的约束优化问题来确定。这两种方法的代价是峰均功率比增加以及平均信干噪比降低，从而导致误码率（Bit Error Rate，BER）性能下降。

- 频谱预编码：为了避免基于每个 OFDM 符号迭代计算权重，Jiang 和 Zhao［2012］提出了一种称为频谱预编码的数据独立算法，其中传输符号在 OFDM 调制之前被预编码为

$$\widetilde{\boldsymbol{a}}_k = \boldsymbol{G}\boldsymbol{a}_k \tag{10.88}$$

预编码矩阵 $\boldsymbol{G}$ 旨在保证 OFDM 信号及其前 n 阶导数在相位和幅度上连续。用 $x_m(t)$，$mT\leqslant t<(m+1)T$ 表示带有 CP 的第 m 个 OFDM 符号，通过使两个连续的 OFDM 符号的 n 阶导数连续，可以显著降低旁瓣，可由下式表示（Chung［2008］）

$$\left.\frac{\mathrm{d}^n}{\mathrm{d}t^n}x_{m-1}(t)\right|_{t=mT} = \left.\frac{\mathrm{d}^n}{\mathrm{d}t^n}x_m(t)\right|_{t=mT} \tag{10.89}$$

增加导数的阶数 n，由于预编码将导致信号在子载波上的分布不均匀，BER 性能会降低。对此，可以通过迭代解码的方式，以额外的计算复杂性为代价进行补偿。选择合适的 n 将是 OOB 功率泄漏降低和复杂度间的权衡问题。

- 低通滤波：另外一种实际有效的方式是利用低通滤波，在数模转换之前对传输信号进行滤波：

$$\widetilde{s}[n] = s[n] * f[n] \tag{10.90}$$

式中，$s[n]$ 表示 OFDM 序列，$f[n]$ 表示一个 FIR 滤波器。通过设计具有大 OOB 衰减的滤波器，可以显著抑制 OFDM 信号的旁瓣。例如，具有 88 个抽头的低通滤波器可以实现 50dB 的旁瓣衰减［Jiang and Schellmann，2012］。

10.4　正交频分多址接入

蜂窝网络需要在有限的时频资源上同时容纳大量活跃用户。由于带宽资源通常稀缺珍贵，因此在用户之间有效分配无线资源是上行链路（uplink，UL）和下行链路（downlink，DL）信道设计的关键考量。在地理上分布的多个用户之间共享通信信道称为多址接入。最常见的多址技术，是将信号从不同维度正交或非正交地分成信道，然后将这些信道分配给不同的用户，包括时分多址（TDMA）、频分多址（FDMA）、码分多址（CDMA）和空分多址（SDMA）。作为 OFDM 传输实现多用户系统的扩展，正交频分多址（OFDMA）提供了一种高效灵活的时频资源网格多址技术。

10.4.1　正交频分多址

为便于陈述，上一节中的讨论默认地假设 OFDM 传输是在点对点通信链路中执行的。在这种情况下，下行链路中所有 OFDM 子载波都用于单个用户的数据传输，并且上行链路中单个用户也被分配了所有的子载波。由于子载波之间的独立性，OFDM 传输也可作为用户复用或多址方案，允许多个用户同时进行频分复用传输。在下行链路中，OFDM 子载波的某一个子集用于支持一个用户传输，另一个子集用于另一个用户。类似地，在上行链路中，一个用户通过 OFDM 子载波的一个子集传输数据，而另一个用户可

以同时通过另一个 OFDM 子载波子集传输数据。

如图 10.9 所示，空间分布的三个用户被分配到 OFDM 子载波的三个不同部分子集。最简单的方式是为每个用户分配一组连续的子载波用于发送和接收数据。同时，用户的子载波可以分布在整个带宽上以利用频率分集，但代价是实施复杂度较高，并且更容易受到硬件损伤的影响。

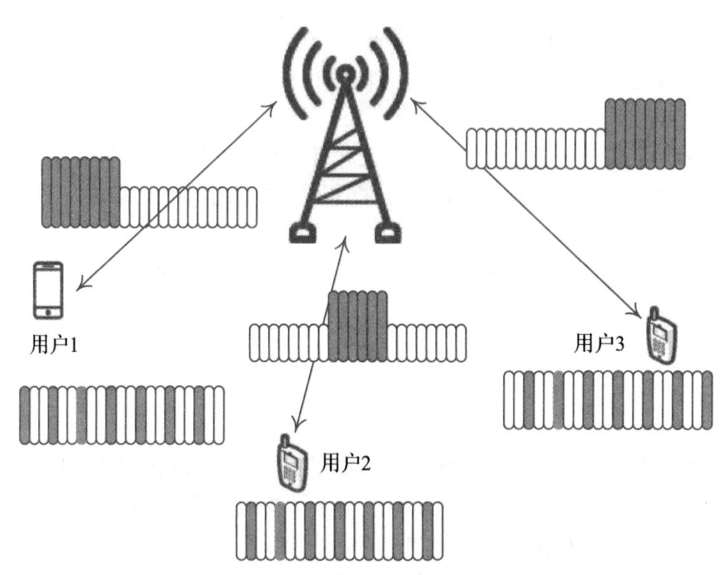

图 10.9 OFDMA 利用连续的子载波支持多个用户的传输

当 OFDMA 被用作上行多址接入方案时，来自不同终端的发射信号必须在大致相同的时间到达基站。具体地说，时间到达差应小于循环前缀的长度，以保持子载波的正交性，从而避免不同用户之间的载波间干扰。但由于存在传播时延的差异，故需要控制各个终端的上行传输时序，例如让远离基站的终端提前发送信号。这种传输定时控制应调整每个终端的传输定时，以确保上行传输到达基站的时间大致对齐。此外，由于传输时间随着终端在小区内的移动而变化，因此传输时序控制应该是一个动态过程，要不断调整每个终端的准确时序。

此外，由于频率误差，即使传输定时控制十分完美，也存在载波间干扰。这种干扰通常很低，具有合理的频率误差和多普勒扩展。然而，这是基于假定不同子载波的接收功率电平至少近似相同。实际上，上行链路中的传播距离和相应的路径损耗可能有很大差异，因此接收到的信号强度可能存在着显著差异，这意味着除非完全保持子载波正交性，否则较强的子载波会对其较弱的相邻子载波存在潜在的显著干扰。为避免这种情况，可能需要在 OFDMA 中应用某种上行功率控制，以降低靠近基站的用户终端的传输功率，并确保所有接收到的信号将大致处于相同的功率水平［Dahlman et al.，2011］。

10.4.2 单载波频分多址

与任何多载波调制一样，OFDM 传输的一个主要技术挑战是其传输信号的瞬时功率的显著变化。这种功率变化通常通过峰均功率比（Peak-to-Average Power，PAPR）来衡量，其定义为

$$\text{PAPR} := \frac{\max\limits_{n=0,\cdots,N_s}\left(|s_m[n]|^2\right)}{\mathbb{E}\left[|s_m[n]|^2\right]} \tag{10.91}$$

或

$$\text{PAPR}:=\frac{\max\limits_{mT\leq t<(m+1)T}\left(\left|s_m(t)\right|^2\right)}{\dfrac{1}{T}\displaystyle\int_{t=mT}^{(m+1)T}\left|s_m(t)\right|^2\mathrm{d}t}\tag{10.92}$$

高 PAPR 会导致功率放大器效率降低以及成本提高。由于对移动终端的低功耗和低成本的要求，这对于上行传输是一个特有的设计约束。几种解决方法被提出用于解决这一问题，如频带预留，其中 OFDM 子载波的子集不用于数据传输，而是调制以抑制最大峰值；选择性加扰，从使用的多个加扰信号中选择具有最低 PAPR 的传输信号。然而，这些方法大部分在降低功率变化方面都有局限性。因此，由于具有极低 PAPR 的恒定包络，更宽频带的单载波传输是很有吸引力的多载波传输的替代方案，尤其是在移动终端的上行链路中。

单载波特性是通过称为 DFT-spread OFDM 或 DFT-s-OFDM 的传输方案实现的，该方案在传输信号的瞬时功率上具有微小变化，并且能够实现灵活的带宽分配。DFT-s-OFDM 的基本原理是在正常的 OFDM 传输中进行基于 DFT 的预编码。首先对 M 个信息承载符号块进行大小为 M 的 DFT；然后将其输出分配给由大小为 N_s 的 IFFT 实现的 OFDM 调制器的 M 个连续或分布式子载波的子集（通常假设 N_s 为 2 的整数幂，而 M 更灵活）。如果 DFT 的大小 M 等于 IFFT 的大小 N_s，级联的 DFT-IFFT 处理将相互抵消，传输信号属于单载波传输。但是，如果 M 小于 N_s 并且 IFFT 的其余输入设置为零，OFDM 调制的输出则是具有低功率变化的信号，表现出单载波特性。DFT-s-OFDM 与普通 OFDM 传输相比的主要优势是瞬时传输功率的 PAPR 较低，从而提高了功率放大器效率，降低了功耗，从而实现低成本移动终端。

用户传输信号的标称带宽为 $M\Delta f$。因此，通过动态调整块大小 M，可以改变传输信号的瞬时带宽，从而实现灵活的带宽分配。此外，通过将 DFT 输出分配给不同的 OFDM 子载波子集，在频域内传输的信号可以发生平移，进而多个用户可以通过使用 DFT-s-OFDM 同时传输他们的数据，在实现单载波传输等低功率变化的同时实现 OFDMA。因此，该技术称为单载波频分多址（SC-FDMA），已被用作 3GPP 长期演进（Long Term Evolution，LTE）和 5GNR 中的上行传输方案。如图 10.10 所示，一般可假设两个用户分别向同一个基站传输

$$\boldsymbol{u}_1=[u_1[0],u_1[1],\cdots,u_1[M_1-1]]^{\mathrm{T}}\tag{10.93}$$

$$\boldsymbol{u}_2=[u_2[0],u_2[1],\cdots,u_2[M_2-1]]^{\mathrm{T}}\tag{10.94}$$

每个用户对其传输的符号进行 OFDM 调制前都对其进行 DFT 预编码，例如，对于用户 1：

$$\tilde{u}_1[n]=\sum_{m=0}^{M_1-1}u_1[m]\mathrm{e}^{-2\pi\mathrm{j}nm/M_1},\quad n=0,1,\cdots,M_1-1\tag{10.95}$$

那么，用户 1 和用户 2 的预编码符号可以被分配给 OFDM 子载波的不同部分，得到

$$\boldsymbol{a}_1=[\underbrace{0,\cdots,0}_{N_s-M_1-M_2},\tilde{u}_1[0],\cdots,\tilde{u}_1[M_1-1],\underbrace{0,\cdots,0}_{M_2}]^{\mathrm{T}}\tag{10.96}$$

$$\boldsymbol{a}_2=[\underbrace{0,\cdots,0}_{N_s-M_2},\tilde{u}_2[0],\cdots,\tilde{u}_2[M_2-1]]^{\mathrm{T}}\tag{10.97}$$

为方便起见，忽略信道衰减和加性噪声，接收端得到了用户 1 和用户 2 信号的结合。进行 N_s 点的 FFT 解调，可以得到

$$\boldsymbol{a}_{rx}=[\underbrace{0,\cdots,0}_{N_s-M_1-M_2},\tilde{u}_1[0],\cdots,\tilde{u}_1[M_1-1],\tilde{u}_2[0],\cdots,\tilde{u}_2[M_2-1]]^{\mathrm{T}}\tag{10.98}$$

分离不同用户的信号并对其分别进行 M_1 和 M_2 点的 IDFT，可以成功求解来自两个用户的信息符号 u_1 和 u_2。

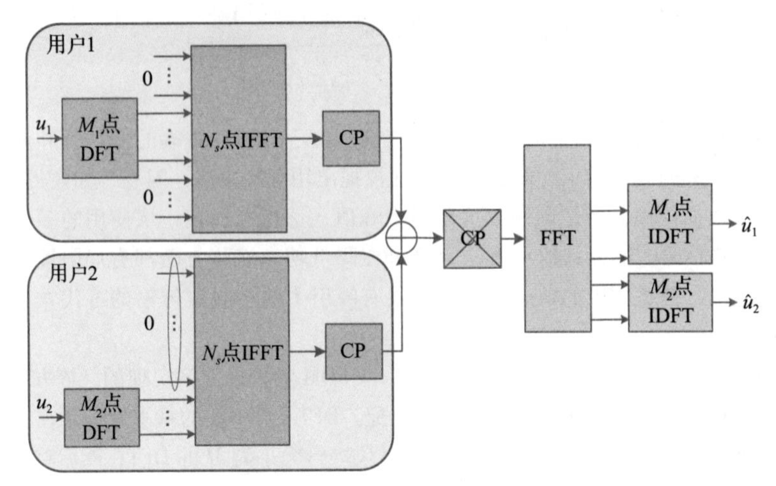

图 10.10　基于 DFT-s-OFDM 实现的 SC-FDMA 系统框图，其中 u_1 和 u_2 为同一基站的用户

10.4.3　循环时延分集

在单载波宽带传输如宽带 CDMA 中，每个调制符号都分布在整个信号带宽上。由于信道具有高度的频率选择性，因此传输的信号会经历具有相对高增益和衰减的频率部分。这种在具有不同瞬时信道质量的多个频率部分上的信息传输获得了频率分集增益。此外，在 OFDM 传输中，每个调制符号都被限制在一个窄带子载波中。因此，一些调制符号可能会受限于具有较低瞬时信道增益的频率部分。所以，即使信道在整个 OFDM 传输带宽上具有较高的频率选择性，单个调制符号也无法利用频率分集。这也就导致了 OFDM 传输的误码性能较低，并且明显低于单载波宽带系统中的误码率。

受时间色散影响的无线信道，传输信号通过多个具有不同时延的独立衰落路径传播到接收机，提供了多径分集或等效的频率分集。前面提到，多径衰落信道的脉冲响应为

$$h(\tau,t) = \sum_{l} a_l(t)\delta(\tau - \tau_l(t)) \tag{10.99}$$

式中，$a_l(t)$ 和 $\tau_l(t)$ 分别表示路径 l 的时变衰落和时延。其频率响应由 Tse 和 Viswanath［2005］计算

$$H(f;t) = \int_{-\infty}^{\infty} h(\tau,t)\mathrm{e}^{-2\pi \mathrm{j} f\tau}\,\mathrm{d}\tau = \sum_{l} a_l(t)\mathrm{e}^{-2\pi \mathrm{j} f\tau_l(t)} \tag{10.100}$$

不同路径之间存在相位差 $2\pi f[\tau_{l_1}(t)-\tau_{l_2}(t)]$，导致频率选择性衰落。这意味着当 f 变化 $B_c=1/2T_d$ 时，频率响应会发生显著变化，其中 B_c 是相干带宽，T_d 代表时延扩展。这也说明更大的时延扩展对应于更快的频率响应变化，或者等效地，更严格的频率选择性。

如果信道本身不是时间色散的或频率选择性不足，则可以使用时延分集技术来创建人工时间色散，或者等效地，通过在多个发送天线上发送具有时延的相同信号来人为制造频率选择性。被引入的时延应确保信号带宽上能有适当的频率选择性。时延分集对终端侧是透明的，终端侧观察到的是一个受时间色散影响的单个无线信道。因此，时延分集可以直接用于现有的移动通信系统，而不会在传统空口标准中出现任何兼容性问题。

循环时延分集（Cyclic-Delay Diversity，CDD）类似时延分集，主要区别在于它以块为单位操作并对不同的天线应用循环移位，而不是线性时延。因此，循环时延分集适用于基于块的传输方案，例如 OFDM 和 DFT-s-OFDM。在 OFDM 传输的情况下，时域信号的循环移位对应 OFDM 调制之前的频率相关相移，如

图 10.11 所示。类似时延分集，这将创建接收机所看到的人为频率选择性。为了避免时延长度的限制，CDD 循环移位 OFDM 符号中的样本，而不是对整个符号添加线性时延。假设发射机配备了 N_t 个天线阵列，索引为 $n_t=1,2,\cdots,N_t$，对应的循环时延为 σ_{n_t}，接收机具有单天线。根据 DFT 的移位定理［Oppenheim et al.，1998］，时域上有限长度序列的循环移位对应频域中相位因子的相乘，并且该相位随指数递增。参考式（10.53），可得原始的 OFDM 调制为

$$s[k]=\sum_{n=0}^{N_s-1}a_n\mathrm{e}^{2\pi\mathrm{j}nk/N_s} \tag{10.101}$$

其循环移位表示为

$$\begin{aligned}s[(k-\sigma_{n_t})_{N_s}]&=\sum_{n=0}^{N_s-1}a_n\mathrm{e}^{2\pi\mathrm{j}n(k-\sigma_{n_t})/N_s}\\&=\sum_{n=0}^{N_s-1}a_n\mathrm{e}^{2\pi\mathrm{j}nk/N_s}\mathrm{e}^{-2\pi\mathrm{j}n\sigma_{n_t}/N_s}\\&=\sum_{n=0}^{N_s-1}(a_n\mathrm{e}^{\mathrm{j}n\phi_{n_t}})\mathrm{e}^{2\pi\mathrm{j}nk/N_s}\end{aligned} \tag{10.102}$$

以及 $\phi_{n_t}=-\dfrac{2\pi\mathrm{j}\sigma_{n_t}}{N_s}$

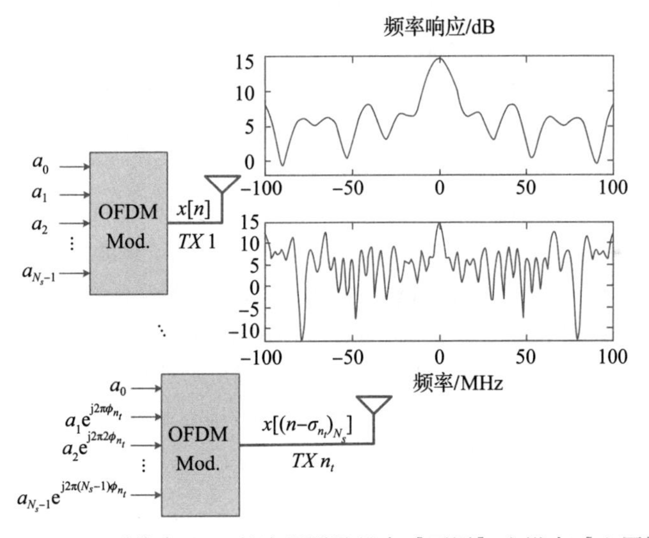

图 10.11 OFDM 系统中 CDD 的流程图及具有［下图］和没有［上图］CDD 的时间色散衰落信道的频率响应的比较

综上所述，无线信道中的多径传播引起的时延扩展提高了频率选择性。通过使用多个发射天线人为地引入更大的时延，时延分集可以增加信道频率响应的变化率，促进频率分集的利用。CDD 是 OFDM 系统中时延分集的一种特殊实现，用循环移位代替线性时延。由于频域中的相位旋转对应时域信号的循环移位。在 DFT 调制之前向每个传输符号添加额外的相移 $\tilde{a}_n=a_n\mathrm{e}^{\mathrm{j}n\phi_{n_t}}$，在该相位根据子载波索引线性增加的情况下，生成的 OFDM 序列变为原始序列的循环移位版本，移位为 σ_{n_t}。除了更大的时延扩展，接收机将这些信号与来自单个发射机的多径分量进行同样的处理，这提高了频率选择性。

10.4.4 多小区 OFDMA

在早期的移动系统中，基站通常通过将天线安装在高海拔处并发射大功率无线信号来覆盖直径数十千米的广阔区域。该覆盖区域内的所有移动用户共享整个被分配的频谱，导致系统容量有限。为了满足对高容量日益增长的需求，出现了频率复用的蜂窝网络概念。1947 年，William R. Young 首次报告了他关于在大范围内采用六边形小区布局的想法，以便每部移动电话都可以连接到至少一个小区。随后，Douglas H. Ring 扩展了 Young 的概念，并在 1947 年 12 月 11 日概述了题为“移动电话-广域覆盖”的技术备忘录，草拟了标准蜂窝网络的基本设计 [Ring，1947 年]。

由于信号功率会随着传播距离的增加而急剧衰减，因此可以在空间分离的位置复用相同的频谱。如果距离足够大，则同信道干扰并不会产生影响。将可用频谱划分为 β 个非重叠部分，并将 β 相邻小区集群中的每个小区分配给不同的部分。因此，相邻小区不使用相同信道可以有效降低同频干扰。β 表示信道可以复用的频率，称为频率复用因子。通过频率复用，每个 β 相邻小区，也称为集群，共享整个频谱。根据小区排列的几何形状和干扰消除模式，复用因子可能不同。

典型的干扰避免方案将频带划分为（如，3 个）相等的子带再分配给小区，以便相邻小区总是使用不同的频率。这种方案称为硬频率复用，所引起的相邻小区干扰较低，但代价是容量损失很大，因为每个小区只能使用三分之一的频谱资源。比如，众所周知的 GSM 标准基于 TDMA 多址接入技术，就采用了 3 作为频率复用因子。在蜂窝网络中分配频率的最简单方案是使用 1 作为复用因子，即将所有频率分配给每个小区，最大限度地利用频谱。例如，利用高干扰抑制技术，CDMA 系统可以令复用因子为 1，称为通用频率复用。然而，在这种情况下，会发现小区间干扰较高，特别是小区边缘收到的有用信号最弱而干扰信号最强。

由于多载波传输的灵活性，可以在单个子载波的粒度上实现频率复用。这也就意味着，除了传统的频率复用方法只能在不同的小区分配不同的载波，还可以将不同的子载波分配给不同的小区。为了进行高效小区间干扰协调（ICIC）和频谱使用的最大化，基于 OFDMA 蜂窝系统的设计应该认真考虑多小区基础上的频率分配方案。分数频率复用（Fractional Frequency Reuse，FFR）和软频率复用（Soft Frequency Reuse，SFR）[Yang，2014] 是两种广为人知的方法，已被提出用于提高多载波通信系统中的频谱效率并降低 ICI。在 FFR 和 SFR 中，子载波被分成不同的组，在小区中心和小区边缘区别处理。

在 FFR 方案中，带宽被分成两个子带，每个小区相应地分为内部和外部。一个子带专用于内部，并在所有小区中心重复使用。另一个子带被进一步划分为三个不重叠的部分，分别分配给三个相邻的小区，使得小区边缘的小区间干扰最小化。SFR 方案在 Yang 向 3GPP 递交的提案 R1-050507 [Yang，2005] 中提出，在小区内部采用频率复用因子 1，在靠近小区边缘的小区外区域采用频率复用因子 3。对于小区内部，通过限制发射功率，形成一些互不干扰的孤岛。如图 10.12 所示，移动台 11 和 12 链接到基站 1，移动台 21 和 22 链接到基站 2，移动台 31 和 32 链接到基站 3。移动台 11、21 和 31 位于 3 个小区的交叉点，移动台 12、22、32 位于各自小区的内部。对于小区边缘的移动台，为其分配不同的子载波以避免小区间干扰。对于靠近基站的移动站，所有子载波都可用，相比之下，FFR 只有一小部分子载波可用。当小区中心子载波与小区边缘子载波的功率比为 0 时，SFR 相当于复用因子为 3 的硬频率复用。当功率比为 1 时，SFR 相当于复用系数为 1 的通用频率复用。通过在 0~1 范围内调整功率比，相应地可以实现频率复用因子从 3 到 1 的变化。这就是其可以被称为软频率复用方案的原因。

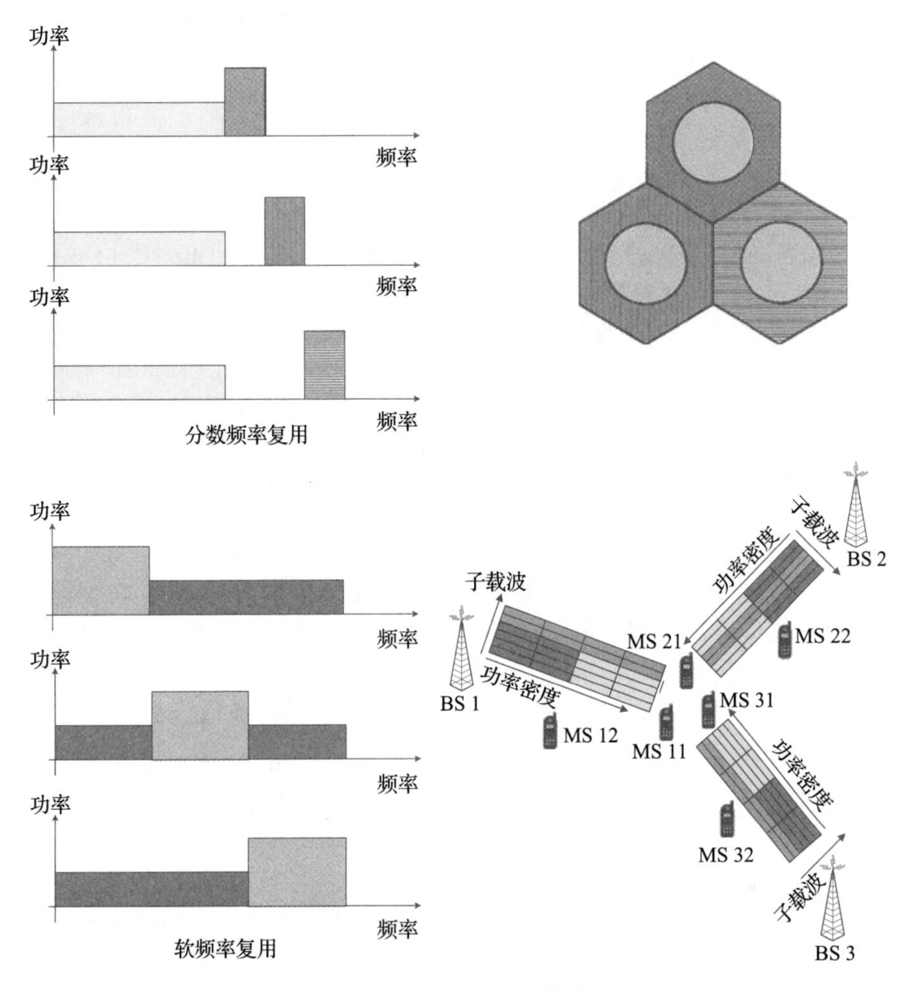

图 10.12 FFR 和 SFR 的原理

来源：改编自 Yang [2015]。

10.5 无蜂窝大规模 MIMO-OFDMA 系统

目前，蜂窝网络中的大多数流量拥塞发生在小区边缘。所谓的用以保证 95%用户服务的 95%用户数据速率，用于定义用户体验性能，但在 5G 网络中仍然表现平平。为了解决这些问题，或许可以为每个用户连接大量分布式天线。但如果网络只由一个巨大的小区构成，就不会出现小区间干扰。目前提出了一种分布式大规模多输入多输出（MIMO），使用大量天线为分布在广阔区域中的数量少得多的自主用户提供服务。所有天线通过前传网络以相位相干方式协作，并在同一时频资源中为所有用户提供服务。由于没有蜂窝小区以及蜂窝小区边缘的概念，该系统被称为无蜂窝大规模 MIMO。由于能够更有效地利用空间分集来对抗阴影衰落，这种分布式系统可以提供比集中式系统高得多的覆盖效果，但会增加回传要求。另一方面，为了满足更高吞吐量的需求，尤其是在毫米波和太赫兹通信等高频段 [Jiang and Schotten, 2022a, b]，移动通信的信号带宽越来越宽，但是宽带通信会受到衰落信道高频率选择性的影响。因此，将无蜂窝大规模 MIMO 与 OFDM 传输相结合，产生的无蜂窝大规模 MIMO-OFDM（MIMO-OFDMA）[Jiang and Schotten，2021b]，在即将到来的 6G 通信系统中有广泛的应用前景。

10.5.1　系统模型

假设有这样一个地理区域：M 个随机的分布式接入点（Access points，AP）通过前传网络连接到 1 个中央处理单元（Central Processing Unit，CPU）并且服务 K 个用户。在没有产生损耗的情况下，假定每个 AP 和用户都为单天线配置，但都便于适配多天线 AP。与传统的无蜂窝大规模 MIMO（Cell-Free massive MIMO，CFmMIMO）要求 $K \ll M$ 相比，无蜂窝大规模 MIMO-OFDM（Cell-Free massive MIMO-OFDM，CDmMIMO-OFDM）的用户数是可扩展的，从很小的 $K \ll M$ 到非常大的 $K \gg M$。用户被分成组，每个组被分配到不同的 RB。因此，在每个子载波或 RB 上仍满足用户数量远小于 AP 数量的约束。在 CFmMIMO 传输中 [Jiang and Schotten，2021a]，假设小尺度衰落是频率平坦的，可被建模为具有零均值和单位方差的圆对称复高斯随机变量，即 $h[t] \sim \mathcal{CN}(0,1)$。上述假设仅适用于窄带通信。然而，当前和未来的移动通信大多是宽带的，存在严重的频率选择性问题。频率选择性衰落信道被建模为时变线性滤波器 $\boldsymbol{h}[t]=[h_0[t],\cdots,h_{L-1}[t]]^{\mathrm{T}}$，其中滤波器长度 L 与多径时延扩展 T_d 和采样间隔 T_s 有关。抽头增益由下式计算

$$h_l[t] = \sum_i a_i(tT_s)\mathrm{e}^{-\mathrm{j}2\pi f_c \tau_i(tT_s)} \operatorname{sinc}\left[l - \frac{\tau_i(tT_s)}{T_s}\right] \tag{10.103}$$

对于 $l=0,\cdots,L-1$，载波频率为 f_c，第 i 个信号路径的时变衰减为 $a_i(t)$，时延为 $\tau_i(t)$。AP m 和用户 k 之间的衰落信道由下式给出

$$\begin{aligned}\boldsymbol{g}_{mk}[t] &= [g_{mk,0}[t],\cdots,g_{mk,L_{mk}-1}[t]]^{\mathrm{T}} \\ &= \sqrt{\beta_{mk}[t]}[h_{mk,0}[t],\cdots,h_{mk,L_{mk}-1}[t]]^{\mathrm{T}} = \sqrt{\beta_{mk}[t]}\boldsymbol{h}_{mk}[t]\end{aligned} \tag{10.104}$$

式中，$g_{mk,l}[t]=\sqrt{\beta_{mk}[t]}h_{mk,l}[t]$ 和 $\beta_{mk}[t]$ 表示大尺度衰落，与频率无关且变化缓慢，L_{mk} 表示信道长度。

如图 10.13 所示，在 OFDM 系统中的数据传输按块组织。用

$$\tilde{\boldsymbol{x}}_m[t]=[\tilde{x}_{m,0}[t],\cdots,\tilde{x}_{m,n}[t],\cdots,\tilde{x}_{m,N-1}[t]]^{\mathrm{T}} \tag{10.105}$$

表示 AP m 在第 t 个 OFDM 符号上的频域传输块。通过 N 点的 IDFT 将 $\tilde{\boldsymbol{x}}_m[t]$ 转换为时域序列

$$\boldsymbol{x}_m[t]=[x_{m,0}[t],\cdots,x_{m,k}[t],\cdots,x_{m,N-1}[t]]^{\mathrm{T}} \tag{10.106}$$

式中

$$x_{m,k}[t] = \frac{1}{N}\sum_{n=0}^{N-1}\tilde{x}_{m,n}[t]\mathrm{e}^{2\pi\mathrm{j}kn/N}, \quad k = 0,1,\cdots,N-1 \tag{10.107}$$

定义具有原始 N 次单位根 $\omega_N^{n\cdot k}=\mathrm{e}^{2\pi\mathrm{j}nk/N}$ 的 DFT 矩阵为

$$\boldsymbol{F}=\begin{bmatrix}\omega_N^{0\cdot 0} & \cdots & \omega_N^{0\cdot(N-1)} \\ \vdots & & \vdots \\ \omega_N^{(N-1)\cdot 0} & \cdots & \omega_N^{(N-1)\cdot(N-1)}\end{bmatrix} \tag{10.108}$$

则 OFDM 调制可写成如下式所示的矩阵形式

$$\boldsymbol{x}_m[t]=\boldsymbol{F}^{-1}\tilde{\boldsymbol{x}}_m[t]=\frac{1}{N}\boldsymbol{F}*\tilde{\boldsymbol{x}}_m[t] \tag{10.109}$$

在两个连续块之间添加长度为 N_{CP} 的循环前缀，用于避免符号间干扰并保持子载波的正交性。因此，传输信号可由下式表示

$$\boldsymbol{x}_m^{\mathrm{CP}}[t]=\Big[\underbrace{x_{m,N-N_{\mathrm{CP}}}[t],\cdots,x_{m,N-1}[t]}_{\text{循环前缀}},x_{m,0}[t],\cdots,x_{m,N-1}[t]\Big]^{\mathrm{T}} \tag{10.110}$$

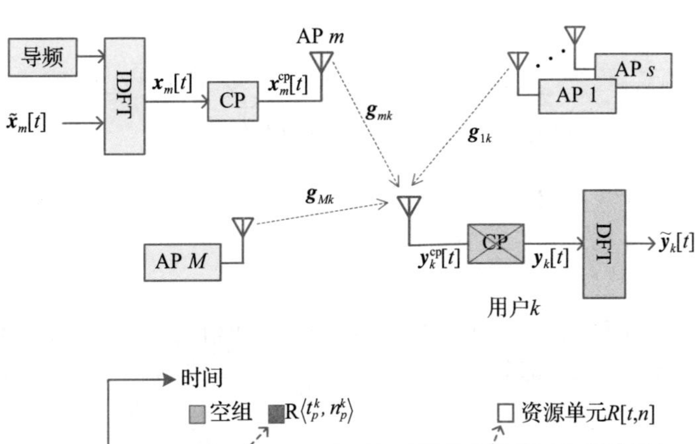

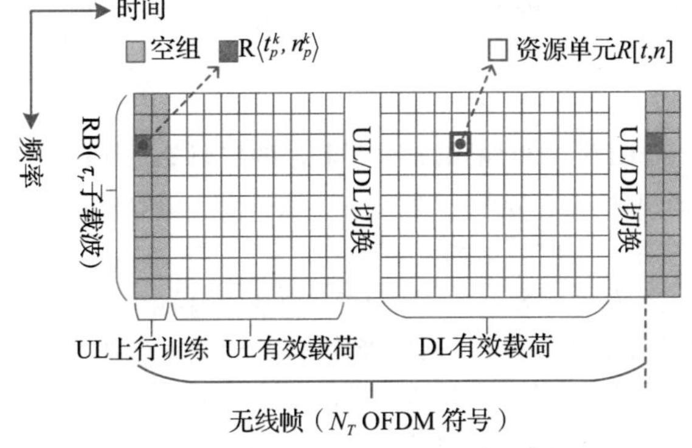

图 10.13　M 个 AP 服务 K 个用户的无蜂窝大规模 MIMO-OFDM 系统示意图，以及单个 RB 的时频资源网格

信号 $\boldsymbol{x}_m^{\mathrm{CP}}[t]$ 通过信道 $\boldsymbol{g}_{mk}[t]$ 到达典型用户 k，结果为 $\boldsymbol{x}_m^{\mathrm{CP}}[t]*\boldsymbol{g}_{mk}[t]$，其中 $*$ 表示线性卷积。因此，用户 k 处的总接收信号是 $\boldsymbol{y}_k^{\mathrm{CP}}[t]=\sum_{m=1}^{M}\boldsymbol{x}_m^{\mathrm{CP}}[t]*\boldsymbol{g}_{mk}[t]+\boldsymbol{z}_k[t]$，其中 $\boldsymbol{z}_k[t]$ 是加性噪声向量。移除 CP，得到

$$\boldsymbol{y}_k[t]=\sum_{m=1}^{M}\boldsymbol{g}_{mk}^{N}[t]\otimes\boldsymbol{x}_m[t]+\boldsymbol{z}_k[t] \tag{10.111}$$

式中，$\otimes$表示循环卷积［Jiang and Kaiser，2016］，$\boldsymbol{g}_{mk}^{N}[t]$ 是在 $\boldsymbol{g}_{mk}[t]$ 尾部补零形成的 N 点信道滤波器

$$\boldsymbol{g}_{mk}^{N}[t]=[g_{mk,0}[t],\cdots,g_{mk,L_{mk}-1}[t],0,\cdots,0]^{\mathrm{T}} \tag{10.112}$$

DFT 解调器输出频域接收信号

$$\tilde{\boldsymbol{y}}_k[t]=\boldsymbol{F}\boldsymbol{y}_k[t] \tag{10.113}$$

将式（10.109）和式（10.111）代入式（10.113），并应用 DFT 的卷积定理，可得

$$\begin{aligned}\tilde{\boldsymbol{y}}_k[t]&=\sum_{m=1}^{M}\boldsymbol{F}(\boldsymbol{g}_{mk}^{N}[t]\otimes\boldsymbol{x}_m[t])+\boldsymbol{F}\boldsymbol{z}_k[t]\\&=\sum_{m=1}^{M}\tilde{\boldsymbol{g}}_{mk}[t]\odot\tilde{\boldsymbol{x}}_m[t]+\tilde{\boldsymbol{z}}_k[t]\end{aligned} \tag{10.114}$$

式中，$\odot$表示哈达玛积（逐元素相乘），频域的信道响应为

$$\tilde{\boldsymbol{g}}_{mk}[t]=\boldsymbol{F}\boldsymbol{g}_{mk}^{N}[t] \tag{10.115}$$

噪声为

$$\tilde{\boldsymbol{z}}_k[t]=\boldsymbol{F}\boldsymbol{z}_k[t] \tag{10.116}$$

最后，一个频率选择性信道被转化为一组 N 个独立的频率平坦子载波。传输在第 n 个子载波上的 DL

信号为

$$\widetilde{y}_{k,n}[t] = \sum_{m=1}^{M} \widetilde{g}_{mk,n}[t]\widetilde{x}_{m,n}[t] + \widetilde{z}_{k,n}[t], \quad k \in \{1,\cdots,K\} \tag{10.117}$$

式中，$\widetilde{g}^{N}_{mk}[t]$ 是 $\widetilde{\boldsymbol{g}}^{N}_{mk}[t]$ 的第 n 个元素。相似地，可表示 UL 传输为

$$\widetilde{y}_{m,n}[t] = \sum_{k=1}^{K} \widetilde{g}_{mk,n}[t]\widetilde{x}_{k,n}[t] + \widetilde{z}_{m,n}[t], \quad m \in \{1,\cdots,M\} \tag{10.118}$$

10.5.2　通信过程

从 AP 到用户的 DL 传输和从用户到 AP 的 UL 传输按照理想信道互易性的假设通过时分双工（TDD）分开。一个无线帧主要被分成三个部分：上行链路训练、上行链路载荷数据传输和下行链路载荷数据传输。

10.5.2.1　上行链路训练

用 $\mathscr{R}\langle t,n\rangle$ 表示第 t 个 OFDM 符号的第 n 个子载波的资源单元（RU）。一个无线帧的时频域资源被分成 N_{RB} 个 RB，每个 RB 包含 $\lambda_{RB}=N/N_{RB}$（假定为整数）个连续的子载波，如图 10.13 所示。第 r 个 RB 由下式定义，$r\in\{1,\cdots,N_{RB}\}$。

$$\mathcal{B}_r \triangleq \{\mathscr{R}\langle t,n\rangle \mid 1\leqslant t\leqslant N_T \text{ 和 } (r-1)\lambda_{RB}\leqslant n<r\lambda_{RB}\} \tag{10.119}$$

CFmMIMO 中无线帧的传输是在相干时间内进行的，一个 RB 的宽度小于相干带宽。利用时间和频率的相关性，可以通过对导频的信道估计进行插值来获得任意 RU 的信道系数。不失一般性，采用块衰落模型，即假定一个 RB 内所有 RU 的信道系数相同，即

$$\widetilde{g}_{mk,n}[t]=\widetilde{g}^{r}_{mk} \Leftarrow \mathscr{R}\langle t,n\rangle \in \mathcal{B}_r \tag{10.120}$$

传统 CFmMIMO 系统的信道估计依赖时域导频序列，其中正交序列的最大数量为 τ_p，使用 τ_p 个导频符号。如果 $K\leqslant\tau_p$，导频污染可避免。然而，由于帧长度的限制，在 $K>\tau_p$ 时一些用户需要共享相同的序列，这将导致导频污染。相比之下，由于从频域获取额外自由度，CFmMIMO-OFDM 能够通过频分复用提供更多的正交导频。为了估计 $\widetilde{g}^{r}_{mk}$，$\mathcal{B}_r$ 上的每个用户只需要 1 个导频符号。假定前 τ_p 个 OFDM 符号专用于 UL 训练，一个 RB 有 $N_p=\tau_p\lambda_{RB}$ 个正交导频。分配给 $\mathcal{B}_r$ 的用户数记为 K_r，如果 $K_r\leqslant N_p$，则不存在导频污染，这是一个非常宽松的条件。用 $\mathscr{R}\langle t^k_p,n^k_p\rangle$ 来表示为用户 k 的导频符号保留的 RU，其中 $1\leqslant t^k_p\leqslant\tau_p$，$(r-1)\lambda_{RB}\leqslant n^k_p\leqslant r\lambda_{RB}$，$k\in\{1,\cdots,K_r\}$。其他用户在这个 RU 上保持沉默（null）以实现正交性。可根据下面数学公式来分配导频

$$\widetilde{x}_{k,n}[t]=\begin{cases}\sqrt{p_u}\mathbb{P}_k, & \text{如果 } t=t^k_p \wedge n=n^k_p\\ 0, & \text{否则}\end{cases}, \quad 1\leqslant t\leqslant\tau_p \tag{10.121}$$

式中，$\wedge$ 表示逻辑与，$\mathbb{P}_k$ 是已知的导频符号且 $\mathbb{E}[|\mathbb{P}_k|^2]=1$，$p_u$ 表示上行传输功率限制。

将式（10.120）和式（10.121）代入式（10.118），得到第 m 个 AP 在 $\mathscr{R}\langle t^k_p,n^k_p\rangle$ 的接收信号：

$$\begin{aligned}\widetilde{y}_{m,n^k_p}[t^k_p] &= \sum_{k=1}^{K_r}\widetilde{g}_{mk,n^k_p}[t^k_p]\widetilde{x}_{k,n^k_p}[t^k_p] + \widetilde{z}_{m,n^k_p}[t^k_p]\\ &= \widetilde{g}_{mk,n^k_p}[t^k_p]\widetilde{x}_{k,n^k_p}[t^k_p] + \sum_{k'\neq k}^{K_r}\widetilde{g}_{mk',n^k_p}[t^k_p]\widetilde{x}_{k',n^k_p}[t^k_p] + \widetilde{z}_{m,n^k_p}[t^k_p]\\ &= \sqrt{p_u}\,\widetilde{g}_{mk,n^k_p}[t^k_p]\mathbb{P}_k + \widetilde{z}_{m,n^k_p}[t^k_p]\\ &= \sqrt{p_u}\,\widetilde{g}^{r}_{mk}\mathbb{P}_k + \widetilde{z}_{m,n^k_p}[t^k_p]\end{aligned} \tag{10.122}$$

记 $\hat{g}^r_{mk}$ 为 $\tilde{g}^r_{mk}$ 的估计值，则 $\hat{g}^r_{mk}=\tilde{g}^r_{mk}-\xi^r_{mk}$，其中估计误差 ξ^r_{mk} 是由加性噪声引起的。利用 MMSE 估计得到

$$\hat{g}^r_{mk}=\left(\frac{R_{gg}\mathbb{P}^*_k}{R_{gg}\mid\mathbb{P}_k\mid^2+R_{nn}}\right)\tilde{y}_{m,n^k_p}[t^k_p]=\left(\frac{\beta_{mk}\mathbb{P}^*_k}{\beta_{mk}\mid\mathbb{P}_k\mid^2+\sigma^2_z}\right)\tilde{y}_{m,n^k_p}[t^k_p] \tag{10.123}$$

式中，$R_{gg}=\mathbb{E}[\mid\tilde{g}^r_{mk}\mid^2]=\beta_{mk}$，$R_{nn}=\mathbb{E}[\mid\tilde{z}_{m,n}[t]\mid^2]=\sigma^2_z$。$\hat{g}^r_{mk}$ 的方差可计算为

$$\begin{aligned}\mathbb{E}[\hat{g}^r_{mk}(\hat{g}^r_{mk})^*]&=\mathbb{E}\left[\frac{\beta^2_{mk}\mid\mathbb{P}_k\mid^2\mid\sqrt{p_u}\,\tilde{g}^r_{mk}\mathbb{P}_k+\tilde{z}_{m,n^k_p}[t^k_p]\mid^2}{(\beta_{mk}\mid\mathbb{P}_k\mid^2+\sigma^2_z)^2}\right]\\&=\frac{\beta^2_{mk}\mathbb{E}[\mid\sqrt{p_u}\,\tilde{g}^r_{mk}\mathbb{P}_k+\tilde{z}_{m,n^k_p}[t^k_p]\mid^2]}{(\beta_{mk}+\sigma^2_z)^2}\\&=\frac{p_u\beta^2_{mk}}{p_u\beta_{mk}+\sigma^2_z}\end{aligned} \tag{10.124}$$

因此相比 $\tilde{g}^r_{mk}\in\mathcal{CN}(0,\beta_{mk})$，$\hat{g}^r_{mk}\in\mathcal{CN}(0,\alpha_{mk})$，其中 $\alpha_{mk}=\dfrac{p_u\beta^2_{mk}}{p_u\beta_{mk}+\sigma^2_z}$。

10.5.2.2 上行链路载荷数据传输

假定 τ_u 个 OFDM 符号用于 UL 传输，在 RU $\mathscr{R}\langle t,n\rangle\in\mathcal{B}_r$ 上，所有 K_r 个用户同时将他们的信号传输给 AP，其中 $\tau_p\leqslant t\leqslant\tau_p+\tau_u$。第 k 个用户通过功率控制系数 $0\leqslant\sqrt{\psi_k}\leqslant1$ 对信号 $q_{k,n}[t]$ 进行加权，使其满足

$$\mathbb{E}[\mid q_{k,n}[t]\mid^2]=1 \tag{10.125}$$

将 $\tilde{x}_{k,n}[t]=\sqrt{\psi_k p_u}q_{k,n}[t]$ 代入式（10.118）得到

$$\tilde{y}_{m,n}[t]=\sqrt{p_u}\sum_{k=1}^{K_r}\tilde{g}_{mk,n}[t]\sqrt{\psi_k}q_{k,n}[t]+\tilde{z}_{m,n}[t] \tag{10.126}$$

10.5.2.3 下行链路载荷数据传输

CFmMIMO 在 DL 中应用共轭波束赋形，CFmMIMO-OFDM 采用频域共轭波束赋形。在 $\mathscr{R}\langle t,n\rangle\in\mathcal{B}_r$ 上，$\tau_p+\tau_u<t\leqslant N_T$，每个 AP 在传输前多路复用总共 K_r 个符号，即 $s_{k,n}[t]$ 用于用户 k，$k=1,\cdots,K_r$。加上功率控制系数 $0\leqslant\eta_{mk}\leqslant1$，第 m 个 AP 的传输信号为

$$\tilde{x}_{m,n}[t]=\sqrt{p_d}\sum_{k=1}^{K_r}\sqrt{\eta_{mk}}(\hat{g}_{mk,n}[t])^*s_{k,n}[t] \tag{10.127}$$

将式（10.127）代入式（10.117），得到用户 k 的接收信号如下式所示

$$\begin{aligned}\tilde{y}_{k,n}[t]&=\sqrt{p_d}\sum_{m=1}^{M}\tilde{g}_{mk,n}[t]\sum_{k'=1}^{K_r}\sqrt{\eta_{mk'}}(\hat{g}_{mk',n}[t])^*s_{k',n}[t]+\tilde{z}_{k,n}[t]\\&=\underbrace{\sqrt{p_d}\sum_{m=1}^{M}\sqrt{\eta_{mk}}\mid\hat{g}_{mk,n}[t]\mid^2 s_{k,n}[t]}_{\text{期望信号}}+\\&\quad\underbrace{\sqrt{p_d}\sum_{m=1}^{M}\hat{g}_{mk,n}[t]\sum_{k'\neq k}^{K_r}\sqrt{\eta_{mk'}}(\hat{g}_{mk',n}[t])^*s_{k',n}[t]}_{\text{多用户干扰}}+\\&\quad\underbrace{\sqrt{p_d}\sum_{m=1}^{M}\xi_{mk,n}[t]\sum_{k'=1}^{K_r}\sqrt{\eta_{mk'}}(\hat{g}_{mk',n}[t])^*s_{k',n}[t]}_{\text{信道估计误差}}+\underbrace{\tilde{z}_{k,n}[t]}_{\text{噪声}}\end{aligned} \tag{10.128}$$

因为在 DL 中没有导频和信道估计，所以假定每个用户已知信道统计信息

$$\mathbb{E}\left[\sum_{m=1}^{M}\sqrt{\eta_{mk}}\left|\hat{g}_{mk,n}[t]\right|^{2}\right] \tag{10.129}$$

而不是信道实现 $\hat{g}_{mk,n}$。可以推断出用户 k 在 $\mathscr{R}\langle t,n\rangle\in\mathcal{B}_r$ 上的频谱效率下限是 $\log_2(1+\gamma_k^{\langle t,n\rangle})$，其中

$$\gamma_k^{\langle t,n\rangle}=\frac{p_d\left(\sum_{m=1}^{M}\sqrt{\eta_{mk}}\alpha_{mk}\right)^2}{\sigma_z^2+p_d\sum_{m=1}^{M}\beta_{mk}\sum_{k'=1}^{K_r}\eta_{mk'}\alpha_{mk'}} \tag{10.130}$$

这意味着小规模衰落的影响消失了（又名信道硬化）。因此对于所有 $\mathscr{R}\langle t,n\rangle\in\mathcal{B}_r$，有 $\gamma_k^{\langle t,n\rangle}=\gamma_k^r$。

10.5.3 用户特定的资源分配

传统的 CFmMIMO 系统只能支持非常少的 $K\ll M$ 用户具有一致的服务质量。通过利用频域，CfmMIMO-OFDM 可以适应不同数量的用户，从几个 $K\ll M$ 到大量的 $K\gg M$，并且可以灵活地为异构用户提供不同的数据速率。如图 10.14 所示，

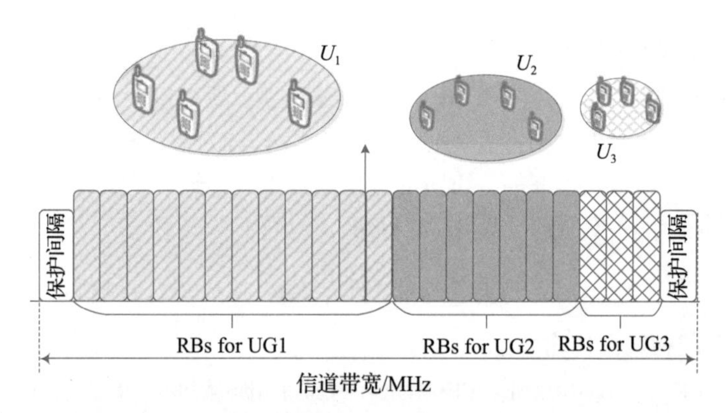

图 10.14 无蜂窝大规模 MIMO-OFDM 系统中用户特定资源分配图示

根据用户对数据吞吐量的需求，将所有用户

$$\mathscr{U}=\{u_1,u_2,\cdots,u_K\} \tag{10.131}$$

分成不同的组 $\mathscr{U}_s$，$s=1,2,\cdots,S$。这些组满足

$$\bigcup_{s=1}^{S}\mathscr{U}_s=\mathscr{U} \tag{10.132}$$

和

$$\mathscr{U}_s\cap\mathscr{U}_{s'}=\varnothing,\quad\forall s'\neq s \tag{10.133}$$

$\mathscr{U}_s$ 中的用户数满足 $|\mathscr{U}_s|\ll M$ 和 $\sum_{s=1}^{S}|\mathscr{U}_s|=K$，其中 $|\cdot|$ 代表集合的基数。资源池为 $B=\{\mathcal{B}_r\mid 1\leqslant r\leqslant N_{\mathrm{RB}}\}$，分配粒度是 RB。用 B_s 表示分配给 $\mathscr{U}_s$ 的 RB，$\bigcup_{s=1}^{S}B_s\in B$（当所有 RB 被使用时，$\bigcup_{s=1}^{S}B_s=B$）和 $B_s\cap B_{s'}=\varnothing$，$\forall s'\neq s$。如果 $\mathcal{B}_r\in B_s$，则由这个 RB 服务的用户数为 $K_r=|\mathscr{U}_s|$。对于每一个 $k\in\mathscr{U}_s$ 的用户，DL 中每个用户的数据速率为

$$R_k = \left(1 - \frac{\tau_p + \tau_u}{N_T}\right) \sum_{\mathcal{B}_r \in B_s} \lambda_{\mathrm{RB}} \Delta f \log_2(1 + \gamma_k^r) \tag{10.134}$$

式中，Δf 是子载波间间隔。因此，这个系统 DL 总的数据吞吐量为 $R_d = \sum_{s=1}^{S} \sum_{k \in \mathscr{U}_s} R_k$。

10.6　非正交多址接入

有效的多址接入技术的设计是蜂窝系统的一个关键方面，这一直是区分第一代到第五代不同无线通信的主要方式。例如，1G 采用 FDMA，2G 大部分使用 TDMA，3G 使用 CDMA。在 4G 中，OFDMA 和 SC-FDMA 分别用于 DL 和 UL 传输。这些技术大多数都遵循正交多址接入（Orthogonal Multiple Access，OMA）的理念，其中一个正交资源单元如一个时隙、一个子载波和一个正交扩频码专用于单个用户。在这种方式下，可以以合理的复杂度实现复用增益，同时减少多用户干扰。

为了满足海量连接、高频谱效率、低时延和提高公平性的异构需求，5G 系统采用了一种名为非正交多址接入（Non-Orthogonal Multiple Access，NOMA）的全新技术作为其多接入方式之一。与传统的 OMA 方案相比，NOMA 的关键区别特征是在非正交资源共享的帮助下服务于比正交资源单元数量更多的用户，在接收端以复杂的用户间干扰消除为代价。Ding 等人［2017］提供了一个简单的例子来说明 NOMA 相对于 OMA 的优越性。考虑这样一种情况，为公平起见，需要为信道条件非常差的用户提供服务，例如该用户有高优先级数据或长时间未被服务。在这种情况下，OMA 的使用意味着尽管信道条件差，但稀缺的带宽资源之一被该用户单独占用是不可避免的。这种设计会损害整个系统的频谱效率和容量。在这种情况下，使用 NOMA 可以确保信道条件较差的用户得到服务，并且信道条件较好的用户可以同时访问相同的资源。因此，如果要保证用户的公平性，NOMA 的系统容量可以比 OMA 大很多。除了频谱效率的提升，NOMA 还可以有效支持更多用户，确保物联网部署场景下的海量连接。

10.6.1　NOMA 基础

尽管正交复用的用户间干扰能够在接收机处实现低复杂度的多用户检测（Multi-User Detection，MUD），但人们普遍认为 OMA 无法达到多用户无线系统的总速率容量。发射机处的叠加编码和接收机处的串行干扰消除（Successive Interference Cancellation，SIC）使得多个用户可以重复使用每个正交资源单元。在发送端，所有单独的信息符号叠加成一个波形，而接收端的 SIC 对信号进行迭代解码，直到获得所需信号。这种方案有时称为功率域 NOMA。本节将分别从 DL 和 UL 传输的角度介绍 NOMA 的基本原理及其与 OMA 总速率容量的比较。

10.6.1.1　下行非正交复用

在 DL 中，一个单天线基站叠加了 K 个单天线用户的信息承载符号。基站处的复用信号可由下式表示

$$s = \sum_{k=1}^{K} \sqrt{\alpha_k P_d} s_k \tag{10.135}$$

式中，一般用户 k 的信息承载符号 s_k 满足 $\mathbb{E}[|s_k|^2]=1$，功率分配系数 α_k 满足 $\sum_{k=1}^{K} \alpha_k \leqslant 1$，$k=1,2,\cdots,K$，$P_d$ 表示基站总的发射功率。挑战在于如何在用户之间分配功率，这对于接收机的干扰消除至关重要。这就是为什么 NOMA 被认为是一种功率域多址接入。通常，更多的功率会分配给具有较小信道增益的用户，例如距离基站较远的用户，以提高接收 SNR，从而保证较高的检测可靠性。尽管分配给具有更强信道增益的用户如靠近基站的用户的功率更少，但它能够以合理的 SNR 正确检测其信号。用户 i 观察到的接收

信号为

$$\begin{aligned} r_i &= g_i s + n_i \\ &= g_i \sum_{k=1}^{K} \sqrt{\alpha_k P_d} s_k + n_i \\ &= \underbrace{g_i s_i}_{\text{期望信号}} + \underbrace{g_i \sum_{k=1,k\neq i}^{K} \sqrt{\alpha_k P_d} s_k}_{\text{多用户干扰}} + n_i \end{aligned} \tag{10.136}$$

式中，g_i 表示基站与用户 k 之间的复信道增益，n_i 是具有零均值和功率谱密度 N_0(W/Hz) 的白高斯噪声。不失一般性，可以假设用户 1 有最强的信道增益，用户 K 的最弱，即

$$|g_1| \geqslant |g_2| \geqslant \cdots \geqslant |g_K| \tag{10.137}$$

将包含了所有信息符号的相同信号 s 传输给所有用户。干扰消除的最佳顺序是检测分配功率最多（信道增益最弱）的用户到分配功率最少（信道增益最强）的用户。按照这个顺序，每个用户首先解码 s_K，然后从接收到的信号中减去它的分量。假设无差错检测和理想的信道信息，用户 i 在第一次 SIC 迭代后可得

$$\tilde{r}_i = r_i - \sqrt{\alpha_K P_d} g_i s_K = g_i \sum_{k=1}^{K-1} \sqrt{\alpha_k P_d} s_k + n_i \tag{10.138}$$

在第二次迭代中，每个用户在没有最弱用户干扰的情况下使用剩余信号 $\tilde{r}_i$ 解码 s_{K-1}。直到每个用户都得到它自己的信号后取消迭代。特别地，因为被分配了最多的功率，最弱的用户直接解码其自己的信号而无须连续的干扰消除。因此，用户 K 的 SNR 可表达为

$$\gamma_K = \frac{|g_K|^2 \alpha_K P_d}{|g_K|^2 \sum_{k=1}^{K-1} \alpha_k P_d + N_0 B_w} \tag{10.139}$$

式中，B_w 表示信号带宽。一般来说，用户 i 的 SNR 为

$$\gamma_i = \frac{|g_i|^2 \alpha_i P_d}{|g_i|^2 \sum_{k=1}^{i-1} \alpha_k P_d + N_0 B_w} \tag{10.140}$$

可达速率为

$$R_i = B_w \log\left(1 + \frac{|g_i|^2 \alpha_i P_d}{|g_i|^2 \sum_{k=1}^{i-1} \alpha_k P_d + N_0 B_w}\right) \tag{10.141}$$

DL NOMA 传输的总速率为

$$R = \sum_{i=1}^{K} R_i \tag{10.142}$$

在两个用户的情况下，如图 10.15 所示，小区边缘的远端用户分配到更多功率，小区中心的近端用户分配到更少的功率。不管 g_1 和 g_2 有什么不同，这个功率比都会保留在任何一个用户的接收信号中。近端用户首先检测远端用户 s_2 的符号，然后从接收信号中减去其再生分量，得到可达速率为

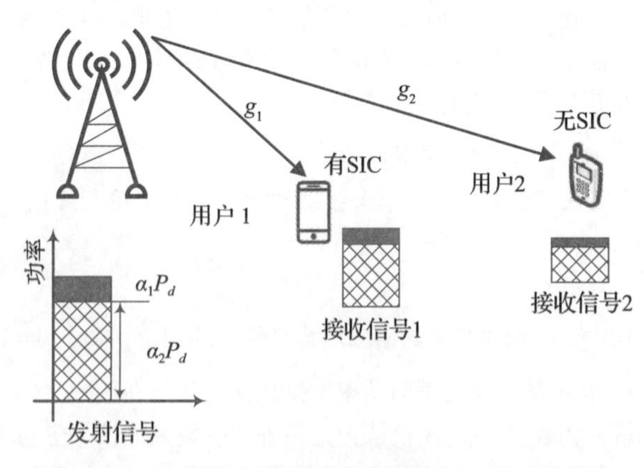

图 10.15　由基站、远端用户和近端用户组成的下行链路 NOMA 图示

$$R_1=\log\left(1+\frac{|g_1|^2\alpha_1 P_d}{N_0}\right) \tag{10.143}$$

假设信号带宽归一化为 $B_w=1\text{Hz}$。远端用户通过将近端用户的信号视为有色噪声来直接检测其信号，得到可达速率为

$$R_2=\log\left(1+\frac{|g_2|^2\alpha_2 P_d}{|g_2|^2\alpha_1 P_d+N_0}\right) \tag{10.144}$$

因此，使用 NOMA 的双用户 DL 传输的总速率为

$$R=R_1+R_2=\log\left(1+\frac{|g_1|^2\alpha_1 P_d}{N_0}\right)+\log\left(1+\frac{|g_2|^2\alpha_2 P_d}{|g_2|^2\alpha_1 P_d+N_0}\right) \tag{10.145}$$

以 OMA 方案作为比较，近端用户分配 $\eta\text{Hz}(0<\eta<1)$ 带宽，将剩余的 $(1-\eta)\text{Hz}$ 带宽留给远端用户，相应的可达速率为

$$\begin{aligned} R_1&=\eta\log\left(1+\frac{|g_1|^2\alpha_1 P_d}{\eta N_0}\right)\\ R_2&=(1-\eta)\log\left(1+\frac{|g_2|^2\alpha_2 P_d}{(1-\eta)N_0}\right) \end{aligned} \tag{10.146}$$

假定近端用户和远端用户分别满足$\frac{|g_1|^2 P_d}{N_0}=20\text{dB}$，$\frac{|g_2|^2 P_d}{N_0}=0\text{dB}$。当相等的带宽（即 $\eta=0.5$）和相等的功率（即 $\alpha_1=\alpha_2=0.5$）分配给具有比例公平标准的任一用户时，根据式（10.146）计算得到 OMA 每个用户的速率为

$$\begin{aligned} R_1&=0.5\log_2(1+100)=3.3291(\text{bit/s})/\text{Hz}\\ R_2&=0.5\log_2(1+1)=0.5(\text{bit/s})/\text{Hz} \end{aligned} \tag{10.147}$$

此外，当 NOMA 中的功率分配为 $\alpha_1=0.2$ 和 $\alpha_2=0.8$ 时，根据式（10.143）和式（10.144）计算得到每个用户的速率为

$$\begin{aligned} R_1&=\log_2(1+20)=4.3923(\text{bit/s})/\text{Hz}\\ R_2&=\log_2(1+0.8/1.2)=0.7370(\text{bit/s})/\text{Hz} \end{aligned} \tag{10.148}$$

就 OMA 方案而言，对应大约 32%和 47%的频谱效率增益［Saito et al.，2013］。

这种增益是充分利用用户之间信道增益的差异来获得的。与 OMA 相比，较大的差异通常对应 NOMA 的更高频谱效率增益，反之亦然。如果两个用户具有相同的信道条件，即 $|g_1|=|g_2|$，式（10.145）中的 NOMA 总速率可重写为

$$\begin{aligned} R&=\log\left(1+\frac{|g_1|^2\alpha_1 P_d}{N_0}\right)+\log\left(1+\frac{|g_2|^2\alpha_2 P_d}{|g_2|^2\alpha_1 P_d+N_0}\right)\\ &=\log\left(1+\frac{|g_1|^2 P_d}{N_0}\right)=\log\left(1+\frac{|g_2|^2 P_d}{N_0}\right) \end{aligned} \tag{10.149}$$

这与 OMA 的总速率完全相同。这意味着如果用户具有相同或相似的信道条件，NOMA 的性能增益就会消失。

10.6.1.2　上行链路非正交多址接入

NOMA 的 UL 传输与其 DL 传输对应略有不同，其中配备单天线的 K 个空间分布用户同时通过同一资源单元向单天线基站传输其信息承载符号。基站处的接收信号可表示为

$$r=\sum_{k=1}^{K}g_k\sqrt{P_k}s_k+n \tag{10.150}$$

式中，用户 k 的信息承载符号 s_k 满足 $\mathbb{E}[|s_k|^2]=1$，P_k 表示用户 k 的功率约束，g_k 表示用户 k 到基站的复信道增益，$k=1,2,\cdots,K$，n 是具有零均值和功率谱密度 N_0(W/Hz) 的白高斯噪声。相似地，可以假定用户 1 有最强的信道增益，用户 K 的最弱，即

$$|g_1|\geqslant|g_2|\geqslant\cdots\geqslant|g_K| \tag{10.151}$$

作为一种功率域技术，功率分配在 NOMA 的 DL 中起着至关重要的作用。它至少有两个主要功能：在接收信号处人为地产生足够的功率差，以便连续的干扰消除，以及保证小区边缘用户合理的接收功率。在 UL 中，用户可以再次根据他们在 DL 中的位置优化他们的发射功率。然而，用户可能很好地分布在小区覆盖范围内，并且来自不同用户的接收功率水平已经很好地分开。

基站可以首先解码接收功率最大的用户符号，将所有其他用户的信号视为有色噪声。然后，从接收信号中消除相应的干扰，并继续解码具有第二大接收功率的另一个用户符号。该 SIC 过程将在基站迭代，直到所有符号被检测出来。

按照 $1\to2\to\cdots\to K$ 的解码次序，典型用户 k 的可达速率可由下式计算

$$R_k=B_w\log\left(1+\frac{|g_k|^2P_k}{\sum_{i=k+1}^{K}|g_i|^2P_i+N_0B_w}\right) \tag{10.152}$$

在两个用户的情况下，如图 10.16 所示，小区中心的近端用户以功率 P_1 向基站发射 s_1，而小区边缘的远端用户同时以功率 P_2 发射 s_2。它们的功率可以相同，或者远端用户具有更高的功率以保证合理的接收信号强度。实际上，g_1 和 g_2 的差异会在这两个用户的接收信号分量之间产生足够的功率差异，而不管它们的发射功率差异如何。基站可以先不用 SIC 直接检测近端用户，得到可达速率

$$R_1=\log\left(1+\frac{|g_1|^2P_1}{|g_2|^2P_2+N_0}\right) \tag{10.153}$$

假设信号带宽归一化为 $B_w=1\text{Hz}$。然后，基站消除第一用户的干扰，检测第二用户的信号，得到可达速率

$$R_2=\log\left(1+\frac{|g_2|^2P_2}{N_0}\right) \tag{10.154}$$

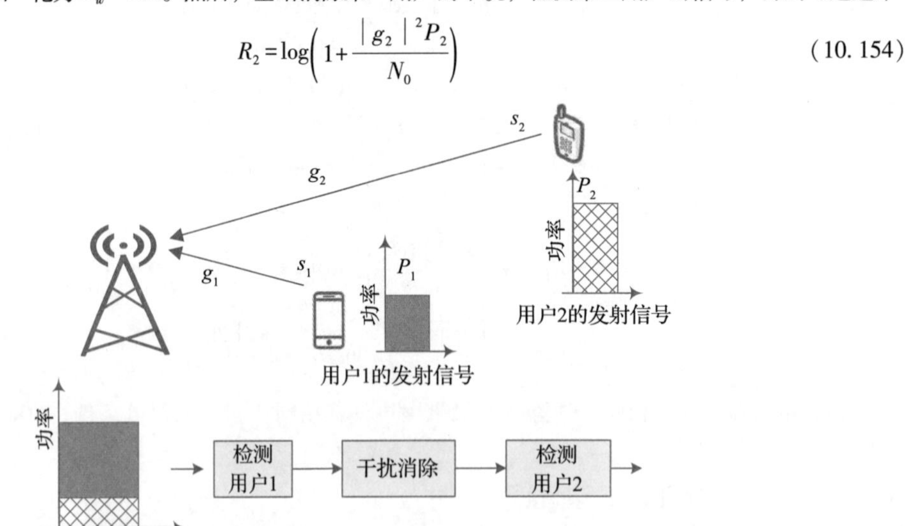

图 10.16　由基站、远端用户和近端用户组成的上行链路 NOMA 图示

那么双用户 UL NOMA 传输的总速率为

$$\begin{aligned}R &= R_1+R_2\\ &=\log\left(1+\frac{|g_1|^2P_1}{|g_2|^2P_2+N_0}\right)+\log\left(1+\frac{|g_2|^2P_2}{N_0}\right)\\ &=\log\left(1+\frac{|g_1|^2P_1+|g_2|^2P_2}{N_0}\right)\end{aligned} \tag{10.155}$$

如果基站首先直接检测远端用户，然后在没有用户间干扰的情况下检测近端用户，则它们的可达速率分别为

$$\begin{aligned}R_1&=\log\left(1+\frac{|g_1|^2P_1}{N_0}\right)\\ R_2&=\log\left(1+\frac{|g_2|^2P_2}{|g_1|^2P_1+N_0}\right)\end{aligned} \tag{10.156}$$

有趣地是，如果不考虑由于首先检测远端用户的低 SNR 而导致的更高错误概率，则无论 SIC 顺序如何，双用户 UL NOMA 传输的总速率都是相同的，因为

$$\begin{aligned}R &= R_1+R_2\\ &=\log\left(1+\frac{|g_1|^2P_1}{N_0}\right)+\log\left(1+\frac{|g_2|^2P_2}{|g_1|^2P_1+N_0}\right)\\ &=\log\left(1+\frac{|g_1|^2P_1+|g_2|^2P_2}{N_0}\right)\end{aligned} \tag{10.157}$$

正好等于式（10.155）。因此，具有 NOMA 的双用户 UL 传输形成以下容量区域

$$\mathfrak{C}=\left\{(R_1,R_2)\in\mathbb{R}_+^2 \left| \begin{aligned} R_1&\leqslant\log\left(1+\frac{|g_1|^2P_1}{N_0}\right)\\ R_2&\leqslant\log\left(1+\frac{|g_2|^2P_2}{N_0}\right)\\ R_1+R_2&\leqslant\log\left(1+\frac{|g_1|^2P_1+|g_2|^2P_2}{N_0}\right)\end{aligned}\right.\right\} \tag{10.158}$$

在 OMA 方案中，第一个用户占用总时频资源的 η，第二个用户占用总时频资源的（$1-\eta$）。它们的可达速率可由下式计算

$$\begin{aligned}R_1&=\eta\log\left(1+\frac{|g_1|^2P_1}{\eta N_0}\right)\\ R_2&=(1-\eta)\log\left(1+\frac{|g_2|^2P_2}{(1-\eta)N_0}\right)\end{aligned} \tag{10.159}$$

假定近端用户和远端用户分别满足$\frac{|g_1|^2P_d}{N_0}=20\text{dB}$，$\frac{|g_2|^2P_d}{N_0}=0\text{dB}$。当相等的带宽（即 $\eta=0.5$）分配给具有比例公平标准的任一用户时，根据式（10.159）计算得到 OMA 每个用户的速率为

$$\begin{aligned}R_1&=0.5\log_2(1+200)=3.8255(\text{bit/s})/\text{Hz}\\ R_2&=0.5\log_2(1+2)=0.7925(\text{bit/s})/\text{Hz}\end{aligned} \tag{10.160}$$

相反，首先解码近端用户，UL NOMA 传输的每用户速率可根据式（10.153）和式（10.154）计算为

$$R_1=\log_2(1+50)=5.6724(\text{bit/s})/\text{Hz}$$
$$R_2=\log_2(1+1)=1(\text{bit/s})/\text{Hz} \tag{10.161}$$

就 OMA 方案而言，对应大约 48%和 26%的频谱效率增益。

颠倒 SIC 顺序，即首先解码远端用户，UL NOMA 传输的每用户速率可根据式（10.156）计算为

$$R_1=\log_2(1+100)=6.6582(\text{bit/s})/\text{Hz}$$
$$R_2=\log_2(1+1/101)=0.0142(\text{bit/s})/\text{Hz} \tag{10.162}$$

这些结果对于近端用户的频谱效率增益约为 74%，而远端用户的频谱效率损失为-98%，这意味着 SIC 排序的重要性。可以看出，不同的 SIR 排序获得了相同的总速率 $R=6.6724$（bit/s）/Hz，这验证了式（10.155）和式（10.157）的等价性。

10.6.2　多用户叠加编码

随着接收机实现和硬件能力的进步，干扰消除在移动终端中变得更加经济实惠。它使得非正交传输更加可行。在 DL 中，NOMA 是一种很有前途的技术，可以提高系统容量并改善用户体验，例如 3GPP 中针对 DL 移动宽带服务指定的多用户叠加传输（Multi-User Superposition Transmission，MUST）。通常，可以在每个正交资源单元上复用多个用户。然而，考虑到叠加更多用户时增益递减和信令开销，通常关注双用户叠加。

最简单的方法是线性叠加，将两个或多个协同调度用户的编码位独立映射为分量星座符号，并以自适应功率比叠加。图 10.17 演示了两个用户的直接叠加编码，其中近端用户和远端用户的 n 和 m 个编码位被同时传输，分别表示为 $b_1,b_2,\cdots,b_n$ 和 $c_1,c_2,\cdots,c_m$。这些位分别使用传统相移键控（Phase-Shift Keying，PSK）或正交调幅（Quadrature Amplitude Modulation，QAM）调制器进行调制，每个调制器具有 2^n 和 2^m 个星座点。采用近端用户和远端用户之间灵活的功率分配，表示为 $\alpha_1 P_d$ 和 $\alpha_2 P_d$。在一定的公平标准下，选择功率比 α_1/α_2 同时考虑信道增益等，以最大化总速率。通过适当的功率系数缩放后，将两个调制符号 s_1 和 s_2 叠加，结果为

$$s=\sqrt{\alpha_1 P_d}s_1+\sqrt{\alpha_2 P_d}s_2 \tag{10.163}$$

复合符号 s 有 2^{n+m} 个星座点。图中的 16 点星座是远近用户均采用 QPSK 的示例，其中 $\alpha_1<0.5$，因为近端用户被分配了一小部分功率，因此其符号幅度较小。远端用户的符号具有更大的功率，决定了复合符号位于哪个象限。也就是说，近端用户的星座点取决于远端用户的星座点。如图所示，远端用户 00 的编码位先决定第一象限，然后根据近端用户 10 的编码位选择第一象限的四个点中的一个。

虽然任何一个用户的星座都遵循格雷映射（即相邻的两个星座点只有一个二进制数不同），但是直接叠加的星座并不是一种格雷映射，因此会导致容量损失。非格雷映射星座在很大程度上依赖高级接收机。在这种情况下，符号级干扰消除不能充分解决由于用户间干扰导致的模糊星座。需要例如码字级干扰消除等更复杂的接收机，以实现可接受的性能。即使在没有信道解码的情况下在符号级执行干扰消除，格雷映射也能确保稳健的性能，因此这比码字级干扰消除要简单得多。如图 10.17 所示，将编码后的位输入一个位转换器 $G(\cdot)$ 可以保证复合星座的格雷特性。或者，可以采用基于位分区的方案而不是功率分区来实现格雷映射，其中星座是具有均匀间隔矩形网格的传统 QAM 映射器，并且两个或多个用户的编码位直接叠加到复合星座的符号上［Yifei，2016］。

3GPP 研究项目“DL 多用户叠加传输研究”正在进行，以评估支持 DL MUST 的潜在 LTE 增强的系统性能。目标包括定义部署场景和 MUST 评估方法、识别潜在的 MUST 方案和相应的 LTE 增强，以及评估可能 MUST 方案的可行性和系统级性能。因此，3GPP 在 3GPP TR36.859［2015］中推荐了三种不同类别的 MUST。

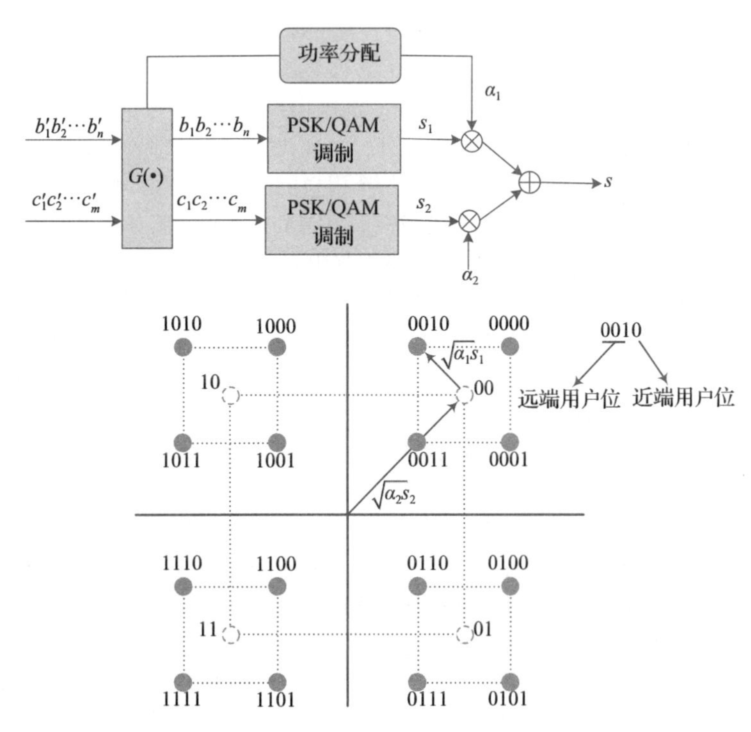

图 10.17 远端用户和近端用户下行叠加传输的复合星座示例

- MUST 类别 1：分量星座和非格雷映射复合星座自适应功率比叠加传输，其中两个或多个共同调度用户的编码位独立映射到分量星座符号，但复合星座没有格雷映射。
- MUST 类别 2：分量星座和格雷映射复合星座自适应功率比叠加传输，其中两个或多个共同调度用户的编码位联合映射到分量星座，再对复合星座进行格雷映射。
- MUST 类别 3：在格雷映射复合星座上使用标签位分配的叠加传输，其中两个或多个共同调度用户的编码位直接映射到复合星座的符号上。

因此，3GPP 已经建议了几种候选接收机方案，以实现用于远距离和近距离用户的各种 MUST 方案。有前景的远端用户的接收机方案包括：

- 具有干扰抑制组合的线性 MMSE。
- 最大似然检测。
- 降低复杂度的最大似然检测。
- 符号级干扰消除。

近端用户的接收机方案包括：

- 最大似然检测。
- 降低复杂度的最大似然检测。
- 符号级干扰消除。
- 线性码字级连续干扰消除。
- 最大似然码字级连续干扰消除。

10.6.3 上行免授权传输

传统移动系统中的大多数UL传输正交调度用户，每个用户都有一个专用的时频资源单元。这样的用户调度导致了网络和终端之间的大量信令开销。此外，在现代物联网的部署场景中，数据有效载荷通常是零散的、较小的，但连接数量却非常庞大。由于每个用户的巨大开销和严格的控制机制导致了设备的高功耗，使得低成本、低功耗的终端设计更具挑战性。NOMA允许同时服务更多的用户，它有利于免授权传输，因此系统不受正交资源数量及其调度粒度的严格限制。

为了减轻非正交传输中资源冲突的影响，可以应用扩频。历史上，非正交传输已用于IS-95、CDMA2000和宽带码分多址（Wideband Code Division Multiple Access，WCDMA）等的UL传输，主要为电路交换语音用户提供连续但小的数据流。这些系统基于直接序列扩频，允许多个用户通过一组扩频码共享一个公共时频资源。同样，传播的概念可以用在UL中，以通过更先进的技术实现大规模连接。相比功率域NOMA的传统设计，它提出了一种称为码域NOMA的非正交传输设计新理念。UL免授权传输由以下关键部分组成［Yifei，2016］。

- 扩频：基于直接序列扩频的3G技术证明，扩频可以提高系统抗同频干扰和用户间干扰的鲁棒性。因子图是设计优化的有效工具。在一个因子图中，若干个变量节点连接若干个因子节点。变量节点和因子节点之间的连接定义了非正交访问方案的关键属性。此外，连接图为接收机实现提供了指导，例如基于低密度签名的扩散，通过避免变量节点和因子节点之间的全连接度量计算，可以降低检测复杂度。此外，与二进制序列相比，非二进制复杂序列具有较低的不同序列之间的互相关性，即使它们很短。当这些用户随机选择扩展序列时，这些功能可以促进在共享资源中容纳更多活跃用户。
- 操作模式：在免授权传输中，链路适配以长期方式执行。长期意味着调制和编码方案（Modulation and Coding Scheme，MSC）的选择仅取决于大规模衰落和开环功率控制。由于大范围衰落的波动变化相对缓慢，因此调制编码方案（Modulation Coding Scheme，MCS）不会经常调整，免授权调度的重点不在于最大化系统容量。
- 接收机设计：两种接收机备受关注。
  - 比特级连续干扰消除；
  - 消息传递算法（Message Passing Algorithm，MPA）。

  比特级干扰消除类似码字级连续干扰消除。对于UL，比特级干扰消除变得比DL更实惠，因为基站需要解码所有活动设备的位。MPA是因子图的最大似然检测的次优算法。检测过程是迭代的，类似LDPC（低密度奇偶校验）解码器，其中信念度量或外部信息在变量节点和因子节点之间来回流动。

为UL NOMA设计了不同的方案，以支持大规模连接并实现低时延的免授权传输。例如，在新无线UL传输的设计过程中，总共向3GPP提交了15项提案［Chen et al.，2018］，包括码域和功率域实现，即稀疏码多址接入（Sparse Code Multiple Access，SCMA）、多用户共享接入（Multi-User Shared Access，MUSA）、低码率扩展、频域扩展、非正交编码多址接入（Non-orthogonal Coded Multiple Access，NCMA）、NOMA、模式分多址接入（Pattern Division Multiple Access，PDMA）、资源扩展多址接入（Resource Spread Multiple Access，RSMA）、交织网格多路访问（Interleave-Grid Multiple Access，IGMA）、带有签名向量扩展的低密度传播（Low Density Spreading with Signature Vector Extension，LDS-SVE）、低码率和基于签名的共享访问（Low code rate and Signature-based Shared Access，LSSA）、非正交编码多址（Non-Orthogonal Coded Access，NOCA）、交织多址（Interleave-Division Multiple Access，IDMA）、复分多址（Repetition-Division Multiple Access，RDMA）和组正交编码访问（Group Orthogonal Coded Access，GOCA）。不管它们的特定属性如何，这些方案具有共同的基础和许多相似之处。为了更好地理解 NOMA，后续部分将介绍几种典型码域 NOMA 方案的原理和详细设计。

10.6.4　码域 NOMA

除了在功率域区分不同用户的信号，如 10.6.1 节所述，NOMA 的实际实现也可以在码域实现。最具代表性的码域 NOMA 方案包括基于低密度签名（Low-Density Signature，LDS）的 CDMA 或 OFDM，以及 SCMA。本部分将简要介绍它们的基本原理和主要特点，以使读者深入了解这些基于扩展的非正交传输方案。

10.6.4.1　低密度签名的 CDMA/OFDM

当活跃用户数大于处理增益时，即在过载情况下，传统的 CDMA 不再能实现正交信道化。使用密集密度结构，接收信号的每个码片都包含来自系统中所有共同调度用户的贡献。换句话说，每个用户都会受到每个码片上所有其他用户的多址干扰。如果签名的互相关矩阵遵循一定的格式，则可以降低最优 MUD 算法的复杂度，但其复杂度仍然太高，难以承受。受 LDPC 码中低密度结构的成功启发，Hoshyar 等人［2008］提出了一种新颖的基于 LDS 的 CDMA 传输。与迭代码片级消息传递算法或基于 MPA 的检测一起，与采用最优 MUD 的传统结构相比，其可实现的性能接近单用户系统的性能，在可承受的计算复杂度下具有 200%的过载系数。

考虑一个 UL CDMA 系统，其中 K 个同步用户在一组长度为 N 扩展序列的帮助下同时向基站发送其符号 x_k，$k=1,2,\cdots,K$。调制符号 x_k 是通过将一系列独立的信息位映射到星座字母表而形成的。然后，调制符号与扩展序列 $\boldsymbol{s}_k=[s_{1,k},s_{2,k},\cdots,s_{N,k}]^{\mathrm{T}}$ 相乘，唯一地分配给每个用户。在传统的 CDMA 结构中，扩展序列的每个分量通常采用非零值，这些值针对某些约束进行了优化，例如高自相关和低互相关。然后，码片 $n=1,2,\cdots,N$ 的接收信号可被表示为

$$y_n = \sum_{k=1}^{K} g_k s_{n,k} x_k + z_n \tag{10.164}$$

式中，g_k 表示用户 k 和基站间的信道增益，$s_{n,k}$ 是扩展序列 $\boldsymbol{s}_k$ 的第 n 个分量，z_k 表示加性高斯噪声。

将 N 个连续码片逐个符号堆叠在一起，接收信号向量 $\boldsymbol{y}=[y_1,y_2,\cdots,y_N]^{\mathrm{T}}$ 是所有用户发射信号的叠加，可以表示为

$$\begin{aligned}\boldsymbol{y} &= \sum_{k=1}^{K} g_k \boldsymbol{s}_k x_k + \boldsymbol{z} \\ &= \boldsymbol{H}\boldsymbol{x} + \boldsymbol{z}\end{aligned} \tag{10.165}$$

式中，$\boldsymbol{x}=[x_1,x_2,\cdots,x_K]^{\mathrm{T}}$，$\boldsymbol{z}=[z_1,z_2,\cdots,z_N]^{\mathrm{T}}$，有效接收签名 $\boldsymbol{H}=[g_1\boldsymbol{s}_1,g_2\boldsymbol{s}_2,\cdots,g_K\boldsymbol{s}_K]$。

如图 10.18 所示，LDS 结构没有优化 N 个码片的签名，而是有意安排每个用户将其调制符号分布在少量 d_v 个码片上，然后进行零填充，使得处理增益仍然为 N。此外，令 d_c 为单个码片内允许干扰的最大用户数。然后为每个用户唯一地交错扩展和填充序列，使得所得签名矩阵变得稀疏。这种低密度结构可以用指示矩阵表示，其中第 n 行第 k 列的条目 1 表示用户 k 在码片 n 上传播其信号，0 表示用户 k 在该码片上关闭。指示矩阵第 n 行 1 位置的集合表示第 n 个码片贡献数据的用户集合，第 k 列表示用户 k 在其上传播其数据的码片集合。记 ξ_n 和 ζ_k 分别为第 n 行和第 k 列 1 位置的集合，可重写式（10.164）为

$$y_n = \sum_{k\in\xi_n} g_k s_{n,k} x_k + z_n \tag{10.166}$$

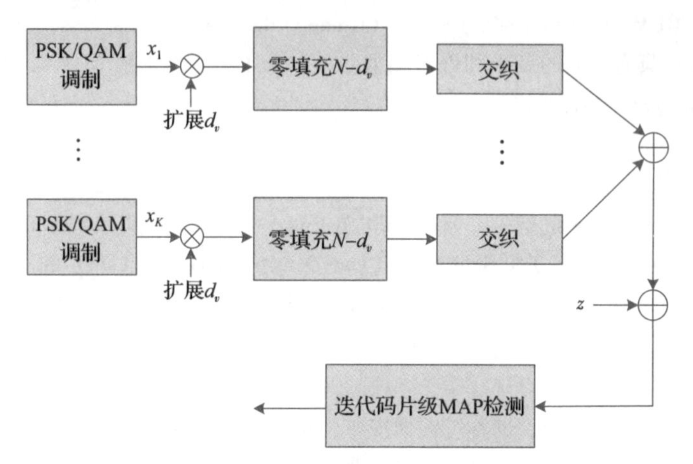

图 10.18 LDS-CDMA 系统框图，其中多个用户同时向基站传输其符号

这样一来，每个码片上的叠加信号数将小于活跃用户数，从而降低了多用户干扰。例如，下面这个指示矩阵

$$\begin{bmatrix} 1 & 1 & 1 & 0 & 0 & 0 \\ 1 & 0 & 0 & 1 & 1 & 0 \\ 0 & 1 & 0 & 1 & 0 & 1 \\ 0 & 0 & 1 & 0 & 1 & 1 \end{bmatrix} \tag{10.167}$$

表示 $K=6$ 个用户将它们的符号 x_k，$k=1,\cdots,6$ 叠加在 $N=4$ 个码片上。由于用户数量大于正交资源单元数量，因此实现了 NOMA。每个用户使用仅由两个非零分量组成的唯一 4 码片扩展序列来扩展其符号，即 $d_v=2$。每个码片仅容纳三个用户，即 $d_c=3$，而不是所有六个用户，因此多址接入干扰减少。同时，扩展操作可以用一个因子图表示，该因子图包含多个变量节点和因子节点，如图 10.19 所示。变量节点通常表示调制符号或编码位，因子节点表示正交时频资源单元。变量节点和因子节点之间的连接可以区分非正交接入方案。一个变量节点可以连接到多个因子节点，这实际上就是扩展过程。一个因子节点可以连接到多个变量节点，这意味着非正交资源分配［Yifei，2016］。

如果用 OFDM 子载波替换每个码片，则在 OFDM 上应用低密度扩展很简单，形成一种称为低密度结构 OFDM 或 LDS-OFDM 的新技术［Hoshyar et al.，2010 年］。需要注意的是，LDS-CDMA 和 LDS-OFDM 的设计约束是用户数大于码片（或子载波）数，即 $K>N$，才能实现 NOMA。同时，每个码片或子载波对应的用户数应小于码片或子载波数，例如 $d_c<N$ 以保证多址干扰低于传统的密集结构。

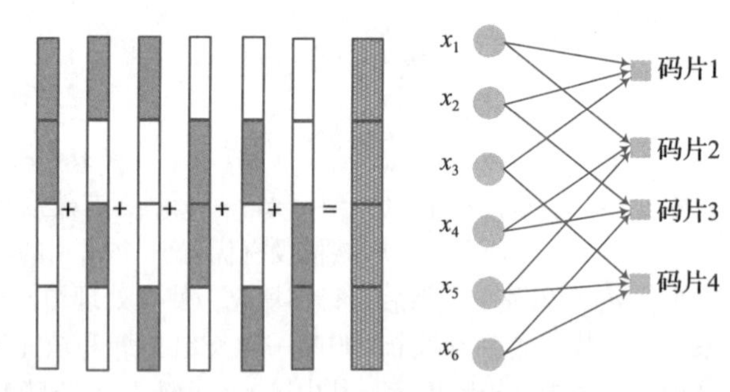

图 10.19 指示矩阵及其对应因子图的示例

10.6.4.2 稀疏码多址接入

SCMA 是基本 LDS-CDMA 的增强版本。LDS-CDMA 和 SCMA 的原理是一样的：利用低密度（稀疏非零分量序列）来降低接收端 MPA 检测的复杂度。SCMA 的关键思想是合并星座映射和扩展，将编码位直接映射到码字。整个过程可以解释为从二进制域到复杂多维域的编码过程。SCMA 已在 Nikopour 和 Baligh

[2013] 中提出，具有以下特征：

- 二进制域数据直接编码成从预定义码本集中选择的多维复域码字。
- 通过设计多个码本实现多址接入，每层或每用户一个。
- 码字稀疏，因此 MPA 多用户检测适用于检测具有合理复杂度的复用码字。
- 非正交传输是通过复用大于扩频因子的层数或用户数来实现的。

不失一般性，可以假设有 K 个码本可用于 K 个用户或 K 个空间层。每个码本由长度为 N 的 M 个码字组成，每个码字中非零多维元素的个数为 d_v。特定码本的所有码字都包含相同 $N-d_v$ 维的零，并且不同码本中零的位置是不同的，以避免任何一对用户的碰撞。因此，码本的最大数量受限于 N 和 d_v 的选择，等于$\binom{N}{d_v}$。码字中的非零值可以取各种复数值。每个用户或层将 $\log_2 M$ 编码位直接映射到多维复杂码字。所有用户或层的选定码字叠加成复用码字，通过 N 个共享正交资源单元传输，例如 CDMA 码片或 OFDM 子载波。

例如，如图 10.20 所示，一个 SCMA 系统中有 $K=6$ 个用户，每个用户都有一个唯一码本。码字的长度为 $N=4$，特定码本的所有码字在相同的两个维度中包含 $d_v=2$ 个非零复数值。因此，它最多可以支持 $\binom{4}{2}=6$ 个不同的码本，并且不同码本中的非零位置不同，便于避免碰撞。对于每个用户的一对编码位，例如用户 1 的 00 和用户 2 的 11 被映射到每个码本中的复杂码字。为 6 个用户选择的码字被叠加成一个多路复用码字，然后通过 $N=4$ 个共享正交资源传输。

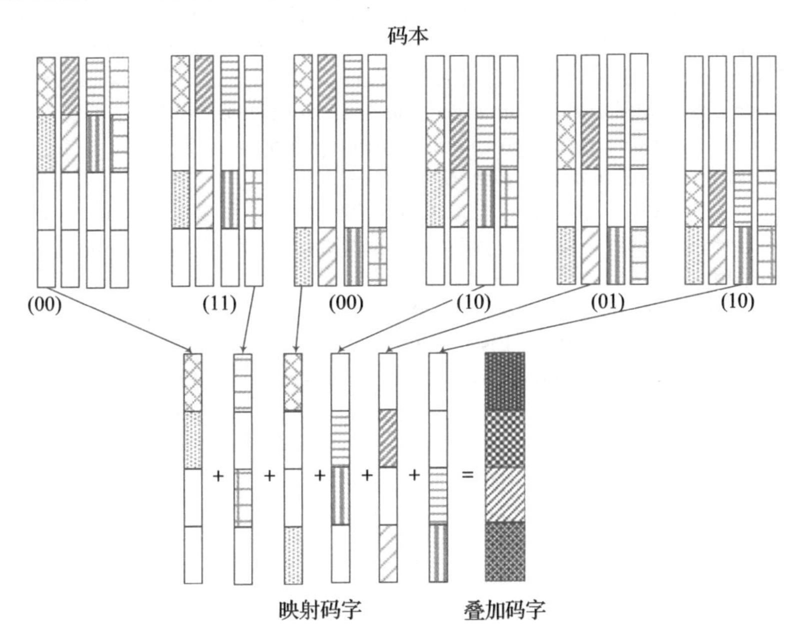

图 10.20　具有 6 个用户和 4 个子载波的 SCMA 系统图示

10.7　总结

在 Chang [1966] 提出 OFDM 的原始概念之后，随后出现了两项根本性突破：Weinstein 和 Ebert [1971] 提出的利用 FFT 的有效实现，以及 Peled 和 Ruiz[1980] 提出的循环前缀的使用。然后，OFDM

在过去二十年中已成为有线和无线通信系统中最主要的调制技术。它已广泛应用于许多知名标准，例如 xDSL、DVB-T、Wi-Fi、WiMAX、LTE 和 LTE-Advanced 等。在对所有可能的技术进行广泛比较后，OFDMA 已被采纳为 5G NR 的关键要素之一，这是对其性能、复杂性、可比性和稳健性进行综合权衡的结果。在移动通信史上，这是首次出现同一种多址技术成为两代移动系统的基础。预计 OFDM、OFDMA 和 SC-FDMA 也将成为即将到来的 6G 传输的关键技术，无论是在传统的 6GHz 以下频段还是在高频段。此外，由于 NOMA 在频谱效率和海量连接方面的优势，5G 标准还集成了 NOMA。预计将有更多更先进、更高效的 NOMA 方案被设计出来，并将其更紧密地集成到下一代系统中。

参考文献

3GPP TR36.859 (2015), Study on downlink multiuser superposition transmission (MUST) for LTE (release 13), Technical Report 36.859, The 3rd Generation Partnership Project.

Brandes, S., Cosovic, I. and Schnell, M. (2006), 'Reduction of out-of-band radiation in OFDM systems by insertion of cancellation carriers', *IEEE Communications Letters* **10**(6), 420–422.

Chang, R. W. (1966), 'Synthesis of band-limited orthogonal signals for multichannel data transmission', *Bell System Technology Journal* **45**, 1775–1796.

Chen, Y., Bayesteh, A., Wu, Y., Ren, B., Kang, S., Sun, S., Xiong, Q., Qian, C., Yu, B., Ding, Z., Wang, S., Han, S., Hou, X., Lin, H., Visoz, R. and Razavi, R. (2018), 'Toward the standardization of non-orthogonal multiple access for next generation wireless networks', *IEEE Communications Magazine* **56**(3), 19–27.

Chung, C.-D. (2008), 'Spectral precoding for rectangularly pulsed OFDM', *IEEE Transactions on Communications* **56**(9), 1498–1510.

Cosovic, I., Brandes, S. and Schnell, M. (2006), 'Subcarrier weighting: A method for sidelobe supression in OFDM systems', *IEEE Communications Letters* **10**(6), 444–446.

Dahlman, E., Parkvall, S. and Sköld, J. (2011), *4G LTE/LTE-Advanced for Mobile Broadband*, Academic Press, Elsevier, Oxford, The United Kingdom.

Ding, Z., Lei, X., Karagiannidis, G. K., Schober, R., Yuan, J. and Bhargava, V. K. (2017), 'A survey on non-orthogonal multiple access for 5G networks: Research challenges and future trends', *IEEE Journal on Selected Areas in Communications* **35**(10), 2181–2195.

Goldsmith, A. (2005), *Wireless Communications*, Cambridge University Press, Stanford University, California.

Hoshyar, R., Wathan, F. P. and Tafazolli, R. (2008), 'Novel low-density signature for synchronous CDMA systems over AWGN channel', *IEEE Transactions on Signal Processing* **56**(4), 1616–1626.

Jiang, W. (2012), Multicarrier transmission schemes in cognitive radio, *in* 'Proceedings of 2012 International Symposium on Signals, Systems, and Electronics (ISSSE)', Potsdam, Germany.

Jiang, W. (2016), 'Method for dynamically setting virtual subcarriers, receiving method, apparatus and system'. U.S. Patent, US9,319,885, 19 April 2016.

Jiang, W. and Kaiser, T. (2016), From OFDM to FBMC: Principles and comparisons, *in* F. L. Luo and C. Zhang, eds, '*Signal Processing for 5G: Algorithms and Implementations*', John Wiley & Sons and IEEE Press, United Kingdom, Chapter 3.

Jiang, W. and Schellmann, M. (2012), Suppressing the out-of-band power radiation in multi-carrier systems: A comparative study, *in* 'Proceedings of 2012 IEEE Global Communications Conference (GLOBECOM)', Anaheim, CA, USA, pp. 1477–1482.

Jiang, W. and Schotten, H. D. (2019), Recurrent neural network-based frequency-domain channel prediction for wideband communications, *in* 'Proceedings of IEEE 89th Vehicular Technology Conference (VTC2019-Spring)', Kuala Lumpur, Malaysia.

Jiang, W. and Schotten, H. (2021a), 'Impact of channel aging on zero-forcing precoding in cell-free massive MIMO systems', *IEEE Communications Letters* **25**(9), 3114–3118.

Jiang, W. and Schotten, H. D. (2021b), 'Cell-free massive MIMO-OFDM transmission over frequency-selective fading channels', *IEEE Communications Letters* **25**(8), 2718–2722.

Jiang, W. and Schotten, H. D. (2021c), The kick-off of 6G research worldwide: An overview, *in* 'Proceedings of 2021 IEEE Seventh International Conference on Computer and Communications (ICCC)', Chengdu, China.

Jiang, W. and Schotten, H. D. (2022a), Initial access for millimeter-wave and terahertz communications with hybrid beamforming, *in* 'Proceedings of 2022 IEEE International Communications Conference (ICC)', Seoul, South Korea.

Jiang, W. and Schotten, H. D. (2022b), Initial beamforming for millimeter-wave and terahertz communications in 6G mobile systems, *in* 'Proceedings of 2022 IEEE Wireless Communications and Networking Conference (WCNC)', Austin, USA.

Jiang, W. and Zhao, Z. (2012), Low-complexity spectral precoding for rectangularly pulsed OFDM, *in* 'Proceedings of 2012 IEEE Vehicular Technology Conference (VTC Fall)', Quebec City, QC, Canada.

Jiang, W., Cao, H., Nguyen, T. T., Güven, A. B., Wang, Y., Gao, Y., Kabbani, A., Wiemeler, M., Kreul, T., Zheng, F. and Kaiser, T. (2013), Key issues towards beyond LTE-advanced systems with cognitive radio, *in* 'Proceedings of 2013 14th Workshop on Signal Processing Advances in Wireless Communications (SPAWC)', Darmstadt, Germany, pp. 510–514.

Jiang, W., Han, B., Habibi, M. A. and Schotten, H. D. (2021), 'The road towards 6G: A comprehensive survey', *IEEE Open Journal of the Communications Society* **2**, 334–366.

Nikopour, H. and Baligh, H. (2013), Sparse code multiple access, *in* 'Proceedings of 2013 IEEE 24th Annual International Symposium on Personal, Indoor, and Mobile Radio Communications (PIMRC)', London, UK, pp. 332–336.

Oppenheim, A. V., Willsky, A. S. and Nawab, S. H. (1998), *Signals and Systems*, second edn, Pearson Education Inc., Prentice-Hall, New Jersey, The United States.

Peled, A. and Ruiz, A. (1980), Frequency domain data transmission using reduced computational complexity algorithms, *in* 'Proceedings of 1980 IEEE International Conference on Acoustics, Speech, and Signal Processing (ICASSP)', Denver, CO, USA, pp. 964–967.

Ring, D. H. (1947), 'Mobile telephony - wide area coverage', *Bell Telephone Laboratories*.

Saito, Y., Kishiyama, Y., Benjebbour, A., Nakamura, T., Li, A. and Higuchi, K. (2013), Non-orthogonal multiple access (NOMA) for cellular future radio access, *in* 'Proceedings of 2013 IEEE 77th Vehicular Technology Conference (VTC Spring)', Dresden, Germany.

Tse, D. and Viswanath, P. (2005), *Fundamentals of Wireless Communication*, Cambridge University Press, Cambridge, United Kingdom.

Weinstein, S. and Ebert, P. (1971), 'Data transmission by frequency-division multiplexing using the discrete Fourier transform', *IEEE Transactions on Communication Technology* **19**(5), 628–634.

Yang, X. (2005), Soft frequency reuse scheme for UTRAN LTE, *in* '3GPP TSG RAN WG1 Meeting #41, R1-050507', Athens, Greece.

Yang, X. (2014), 'A multilevel soft frequency reuse technique for wireless communication systems', *IEEE Communications Letters* **18**(11), 1983–1986.

Yifei, Y. (2016), Non-orthogonal multi-user superposition and shared access, *in* F. L. Luo and C. Zhang, eds, '*Signal Processing for 5G: Algorithms and Implementations*', John Wiley & Sons and IEEE Press, United Kingdom, Chapter 6.